山东省航空航天学会
2020 学术年会论文集

张明习　编

北京航空航天大学出版社

内 容 简 介

《山东省航空航天学会2020学术年会论文集》共收录论文60余篇。本论文集由三篇组成：第一篇主旨报告；第二篇特邀报告；第三篇学术报告，其中又分为航天技术、设计技术、工艺技术、计量检测技术、材料技术、精益管理技术、空域管理技术、管理技术、通信技术和无人机技术。本论文集是山东省航空航天学会会员从事科学研究和工程技术工作一年来所取得的成果，内容丰富，理论水平较高，具有一定的技术参考价值和应用价值。

图书在版编目(CIP)数据

山东省航空航天学会2020学术年会论文集 / 张明习编. -- 北京 : 北京航空航天大学出版社, 2020.10

ISBN 978-7-5124-3379-3

Ⅰ. ①山… Ⅱ. ①张… Ⅲ. ①航空工程－学术会议－文集②航天工程－学术会议－文集 Ⅳ. ①V-53

中国版本图书馆CIP数据核字(2020)第205725号

山东省航空航天学会2020学术年会论文集

张明习 编

责任编辑 杨 昕

*

北京航空航天大学出版社出版发行

北京市海淀区学院路37号(邮编100191)　http://www.buaapress.com.cn

发行部电话:(010)82317024　传真:(010)82328026

读者信箱: goodtextbook@126.com　邮购电话:(010)82316936

北京九州迅驰传媒文化有限公司印装　各地书店经销

*

开本:787×1 092　1/16　印张:23.25　字数:610千字

2020年11月第1版　2020年11月第1次印刷

ISBN 978-7-5124-3379-3　定价:89.00元

前　言

山东省航空航天学会2020学术年会的宗旨是：持续关注山东省航空航天科研成果、技术创新；推动成员单位助力山东新旧动能转换；搭建交流与合作平台，促进山东省航空航天领域的科技进步、产业升级。

本论文集是山东省航空航天学会2020学术年会交流论文的汇编。该学术年会由山东省航空航天学会主办，由高性能电磁窗航空科技重点实验室具体承办。论文集展现了近期山东省内从事航空航天技术研究的科研院所、企业和高等院校有关专业一线工程技术人员的工程实践和科研成果。

本论文集由三篇组成：第一篇主旨报告；第二篇特邀报告；第三篇学术报告，其中包括航天技术、设计技术、工艺技术、计量检测技术、材料技术、精益管理技术、空域管理技术、管理技术、通信技术和无人机技术。论文集共收录论文60余篇，内容丰富，具有一定的理论性、实用性和参考价值。

衷心感谢各位论文作者为此付出的辛勤劳动，愿大家与山东省内从事航空航天科学理论和工程技术研究的学者、同仁继续共同努力，为发展我国航空航天科学技术而不懈奋斗，为实现中华民族伟大复兴的中国梦贡献智慧和力量！

张明习

2020年10月

目　　录

第一篇　主旨报告

第二篇　特邀报告

第三篇　学术报告

航天技术

设计技术

工艺技术

计量测试技术

材料技术

精益管理技术

空域管理技术

管理技术

通信技术

无人机技术

第一篇　主旨报告

深耕电磁调控，推动融合创新
——论现代飞机电磁功能结构的时代内涵与发展使命

张明习

（中国航空工业集团公司济南特种结构研究所，山东·济南，250023）

自20世纪初莱特兄弟发明飞机实现动力飞行以来，航空科学技术蓬勃发展。尤其是在第二次世界大战之后，飞机逐渐由单一的机械系统组合体向高度耦合的机械/电子系统综合体演进，在追求优异气动性能、大载重、高可靠性、高效费比的同时，还逐步具备了信息获取、处理、交互和应用的能力，自动化、信息化、智能化水平持续提升。推动这些进步的关键因素之一是各类传感器在飞机上的广泛应用。探测、通信、导航、火控、电子对抗、敌我识别等机载电子系统已经成为现代飞机的重要组成部分。为保证各类机载电子系统正常工作，在飞机机体上设置相应的电磁信号透过窗口成为必然选择，电磁窗的概念应运而生，它在工程领域的具象形式是各类雷达天线罩。雷达天线罩技术作为航空科学技术的一个分支，在需求牵引和基础理论发展的支持下不断革新升级，从重点关注高效电磁透波逐步拓展到电磁隐身与透波一体化。另一方面，飞机隐身需求又催生出完全针对电磁隐身、隔断透波的电磁隐身结构技术。目前，飞机设计师更愿意将雷达天线罩（电磁窗）和电磁隐身结构统称为电磁功能结构。电磁功能结构技术涵盖并有机整合了雷达天线罩和电磁隐身结构两个技术领域，是实现飞机平台电磁波调控及相关功能性能的关键手段和途径。

一、电磁功能结构的技术发展历程

电磁功能结构技术不是一门独立的专业技术，而是跨专业、跨学科的综合集成，涉及空气动力学、机械结构、强度、热力学、电磁场与微波、材料学、工艺学、检测技术、测量技术、表面保护等专业。由于其对航空武器装备发展的重要作用，世界各工业发达国家，特别是军事大国都给予极高的关注。

电磁功能结构涉及的首要方面是雷达天线罩，它既是飞机结构的重要组成部分，也是机载电子系统的重要组成部分。雷达天线罩无论与何种雷达天线匹配，以及无论安装在飞机的任一部位，都能起到保护天线免受外部载荷影响，维持飞机良好的气动外形的作用，同时对天线传输性能影响最小，确保各类机载电子系统预期功能实现。雷达天线罩作为保护飞机“眼睛”的防护镜，其性能优劣直接影响机载电子系统的性能。没有高性能的雷达天线罩，再先进的飞机也难以完成目标搜索跟踪、高精度侦察、电子干扰、数据通信等任务，也就难以达到克敌制胜的目的。

从1941年世界上第一个飞机雷达罩——安装在道格拉斯B－18A飞机上的有机玻璃薄壁雷达罩问世以来，随着飞机性能和雷达性能不断提升，对雷达天线罩的技术要求也不断提高，从而推动了雷达天线罩技术不断发展。总体来看，雷达天线罩技术与机载雷达技术的发展保持一致，二代机装备单脉冲火控雷达罩，三代机装备机械扫描脉冲多普勒火控雷达罩，四代机装备宽带相控阵隐身火控雷达罩。20世纪60年代后，各类军用飞机逐渐形成全天候飞行、快速突防、高机动、超视距攻击、精确打击、传感器多功能集成等特性，并随着脉冲多普勒雷达、宽带共口径电子对抗系统、先进相控阵雷达等机载电子系统的陆续研发应用，对雷达天线罩研发涉及的电磁学、结构力学、空气动力学、材料学、工艺学、微波测量等学科领域的发展提出了更高要求。在第四代战斗机的研制中，隐身性能因其具有改变战场规则的重要作用而备受关注。机头雷达舱作为飞机前向三大电磁散射源之一，与之配套的雷达罩是隐身设计实现过程中技术难度最大的攻关内容之一。F-22飞机机头雷达罩被称为“F-22飞机结构最为复杂的部件之一”，在设计中综合考虑了带内高效传输、带外隐身、包括鸟撞完好性在内的结构载荷、环境侵蚀、雷电防护、维护保障等众多因素，在透波/隐身结构一体化设计及测试、高性能透波复合材料、制造工艺等方面显示了突出的先进性。

电磁隐身结构技术的发展起步晚于雷达天线罩，主要作用是在维持良好气动外形和承载的前提下，提升飞机的隐身性能。电磁隐身结构与雷达天线罩所涉及的学科专业相近，绝大部分技术同源。早期的电磁隐身结构应用于U-2、SR-71等飞机，但受限于当时的基础理论和工程技术，达到的隐身效果有限。战略轰炸机B-2、第四代战斗机F-22和F-35等高性能隐身飞机的研制，除借助优良的隐身气动外形，更加强调通过功能结构的技术手段提升电磁波调控效能，从而促进了电磁隐身结构技术的发展。目前，电磁功能结构技术已成为支撑新一代军机全向宽频谱隐身的核心技术之一。

二、电磁功能结构的时代内涵

要准确归纳飞机电磁功能结构的时代内涵，首先应明晰其研究内容和边界。电磁功能结构的发展需要电磁场与微波、结构强度、材料工艺、制造加工、测试计量等多个学科和专业支撑，所涉及的设计、制造、测试、维护等各环节的关键技术均源于这些学科和专业，也就是本领域的主要研究内容。而研究边界则可从多个角度进行审视，各类机械接口划定的结构实体范围是显而易见的物理边界，外部需求规定的电磁场、应力场、温度场和耐环境指标范围是较为抽象的性能边界，为实现需求而必须储备的技术能力范围是体系化的技术边界。需要指出的是，飞机电磁功能结构的研究内容和边界在持续演变，所面临的新问题也越来越复杂。这些新问题的解决必将带来电磁功能结构的新发展，促使其内涵产生新变化，因此理清发展趋势应是准确阐释内涵的前提和基础。

那么电磁功能结构的发展趋势是什么呢？我们不妨从以机载雷达天线罩为例，从几个方面进行梳理。首先是技术指标的拓展提升。机载雷达天线罩最初仅仅关注透波率等少数几个指标；随着机载雷达的发展，瞄准误差、瞄准误差变化率、方向图畸变等电性能参数成为必须考虑的设计点，并提出了以镜像波瓣、远区副瓣为特征指标的低反射要求，电性能指标增加到多达十余项之多；三代机雷达天线罩的频带宽度进一步扩展，传输性能要求进一步提高，副瓣电平影响的控制更加严格；三代半、四代机雷达天线罩则是窄带扩展到宽带，透波兼具隐身，火控兼具电子对抗，从而使性能更加全面和优异。其次是设计分析方法的改进创新。从二维射线跟踪法发展到几何光学法、物理光学法、积分方程法等三维计算分析方法；随着计算机技术应用于雷达天线罩对天线辐射方向图的影响分析，电性能设计从此进入精细化设计阶段；有限元法、矩量法、时域有限差分法等低频算法和高低频混合算法得到了发展应用；四代机雷达罩以宽带频率选择表面技术为重要基础，相关的RCS设计仿真分析、电性能全波算法仿真分析、电磁建模与超算仿真取得了长足进展。再次是结构形式的优化完善。等壁厚实芯半波壁结构、变厚度实芯半波壁结构、A型夹层结、C型夹层，变厚度(单向/双向)变壁厚夹层结构、电抗加载结构、频率选择表面夹层结构等雷达天线罩罩壁结构形式先后出现，性能不断提升；装机连接结构、防雷击分流条、防雨蚀系统等组件不断完善。最后是相关学科和专业的协同发展。具有低介电、低损耗、轻质高强等特性的透波复合材料体系相继研发成功并投入应用；高效高精度变厚度软介质数控加工、频率选择表面阵子三维激光刻蚀等加工手段广泛应用于三代半、四代机雷达罩的研制，并向智能化方向发展；发展了远场、近场、压缩场电性能测试技术，为适应宽带高效测试，有源相控阵雷达天线罩电性能自动跟踪测试技术、扫频技术、时域门技术等得到充分应用，压缩场RCS测试为隐身雷达罩天线罩和电磁隐身结构性能验证提供了有力保障。综合来看，现代飞机电磁功能结构在技术指标、设计方法、结构形式和相关学科专业的技术水平等方面都有了质的飞跃，其内涵应该这样阐述：可实现高效精准电磁调控，具有优异电磁传输、隐身、承载等特性的多功能复合材料结构。

三、电磁功能结构的发展使命

我国对电磁功能结构技术的研究起步较晚。航空工业于1979年底成立了飞机雷达天线罩专业化研究机构。20世纪80年代后，我国机载高性能雷达天线罩的需求量不断增加，相关的电性能设计、强度计算分析、功能透波复合材料制备及应用、先进制造工艺、微波测量、计量检测等技术取得了飞速发展，相继攻克人工介质材料制备及应用、氰酸酯树脂及其复合材料体系制备及应用、频选雷达罩宽带电性能设计仿真与试验、隐身性能设计仿真与试验、有源相控阵雷达罩电性能试验、电厚度检测与控制、整体表面金属化/阵子图形高精度加工、无损检测等关键技术。进入21世纪，电磁功能结构工程技术人员在超材料、人工智能、等离子体、增材制造等前沿技术领域稳步开展原理探索和融合创新，积极推进共形天线罩、有源频选结构、电磁智能蒙皮等重点技术发展方向的预先研究，增强了电磁隐身结构的技术研究和工程应用实力。经过四十余年的发展，我国的机载雷达天线罩技术基本经历了全部类型雷达天线罩的研制和应用，有力支撑了一大批军民用飞机的成功研制；电磁隐身结构进入型号发展阶段，为配套对象的隐身性能提升奠定了坚实基础；电磁功能结构技术体系初步建立，技术储备比较充足，能够较好地支撑新一代飞机的跨越式发展。

未来飞机将呈现出“向信息化、隐身化、网络化、智能化发展，向全维度、无疆域扩展”的趋势，将具有全向宽频谱隐身、高超声速飞行、超强势态感知、高效信息交互、智能化响应等特征，其机载电子系统则朝着分布式天线孔径、天线孔径综合、射频前端综合、多传感器融合等方向发展。为实现上述构想，新型电磁功能结构的性能和功能也必须大幅提升拓展，全向宽频谱隐身、超宽频带透波、高透波、耐大功率、耐高温、共形/承载一体化、分布式孔径、透波/隐身自适应将成为发展重点。

总结好发展现状，判断准发展方向，我们就可以阐明电磁功能结构的发展使命。“自主创新、重点跨越、支撑发展、引领未来”，这是对发展使命的较好凝练。为深入践行使命和担当，我们尚需做好以下几个层面的工作。一是基础理论探索与研究，加强超材料、共形天线罩、有源频选结构、电磁智能蒙皮、新型电磁隐身结构领域的基础研究，探索机理机制，建立设计准则，掌握设计方法；二是学科交叉和融合创新，跟踪论证人工智能、大数据、云计算、5G、区块链等技术在电磁功能结构研制和应用中的助推作用，促进天线、微机电系统、增材制造等学科与电磁功能结构技术的有机融合；三是基础技术能力提升，例如提出电磁建模与仿真的新算法，采用基于模型的系统工程提高正向设计能力，开发新型功能透波复合材料和隐身材料，建成智能制造和高性能电磁特性试验系统等；四是专业体系建设和完善，统筹制定具有较强前瞻性的专业发展战略规划，优化专业布局和研发布局，补齐电磁功能结构技术体系现有短板；五是标准规范制定，修订完善现有机载雷达天线罩领域的标准规范，并向电磁隐身结构领域拓展，制定电磁功能结构综合技术顶层标准；六是人才队伍建设，造就国际一流的专业领军人才和创新团队，加强基础研究人才培养，健全以创新能力、质量、实效、贡献为导向的人才评价标准。

现代飞机电磁功能结构是征服空天的必要基础，是驾驭电磁波的关键要素，是战场制胜的重要支撑。电磁功能结构技术的发展始终充满着生命力，在现代航空科学技术跌宕磅礴的发展史上留下了浓重的一笔，未来将擘画更为精彩的画卷。世界正经历百年未有之大变局，挑战与机遇共存，我们将坚定实施创新驱动战略，向电磁功能结构的高边疆和新边疆奋力迈进，为实现航空强国战略目标贡献强大力量。

第二篇　特邀报告

三旋翼无人机舵机堵塞故障下的鲁棒自适应跟踪控制

郝伟　胡波　杜玉杰　马文来
（滨州学院飞行学院，山东·滨州，256600）

摘要：本文针对三旋翼无人机发生舵机堵塞故障情形设计了一种非线性鲁棒自适应跟踪控制算法。将动力学模型分为高度子系统、外环平动位置子系统和内环姿态子系统。高度子系统和外环平动位置子系统采用I&I自适应方法对模型参数不确定性进行补偿，得到外环子系统的虚拟控制输入和内环子系统控制目标。内环姿态子系统首先采用自适应滑模观测器对舵机堵塞故障进行观测，然后设计了RISE控制算法对故障观测误差和外部扰动进行补偿。采用Lyapunov方法对内外环系统的稳定性进行了证明。硬件在环仿真结果表明，论文所提方法对三旋翼飞行器舵机堵塞故障具有较好的容错性能。

关键词：三旋翼无人机；自适应控制；鲁棒控制；容错控制；硬件在环仿真

1　引　言

近年来，多旋翼无人机在敌情侦测、航空摄影、灾后救援、快递运送等军事和民用领域得到了广泛的应用。与传统的四旋翼无人机、六旋翼无人机不同，三旋翼无人机作为一种特殊构型多旋翼无人机，其动力机构主要包括三个电机和一个可偏转舵机，具有结构紧凑、飞行功耗低、机动性能好等优点，应用前景广阔。

针对三旋翼无人机，目前已有国内外多家科研机构开展了相关研究。国外方面，Lozano教授团队主要对三旋翼无人机动力学建模及位姿控制进行了研究。文献[4]对力和力矩产生的原理进行了分析，设计了基于饱和函数的连续控制策略用于实现三旋翼无人机的位姿增稳控制，并在基于xPC的硬件在环仿真平台上进行了飞行实验。文献[5]考虑系统耦合与反扭矩影响，提出了一种鲁棒控制律，并在三旋翼无人机上进行了飞行实验验证。爱沙尼亚塔林理工大学的研究人员为了提高三旋翼无人机的自主飞行程度，根据飞行初始阶段与最终阶段对无人机动力学变化及其性能要求的不同，设计了两个阶段的自主控制程序，并通过数值仿真进行了验证。波兰西里西亚工业大学的研究人员采用三个电机和一个可偏转舵机设计了三旋翼无人机。文献[7]对力矩作用原理、动力学特性及机载测量单元和滤波系统进行了分析，然后设计了基于扩展卡尔曼滤波的导航算法，最后基于PID控制器进行了轨迹跟踪实验验证。

国内方面，南京航空航天大学的研究人员针对倾转尾翼式三旋翼无人机的姿态和高度控制提出了一种基于模糊规则、极点配置、跟踪控制的自适应混合策略。控制器增益整定通过自适应模糊逻辑控制器实现，并通过数值仿真进行了验证。文献[9]在文献[8]的基础上，将基于模糊规则的RST控制器与模型参考自适应算法相结合，实现了三旋翼无人机的姿态和高度控制。数值仿真结果表明，与已有自适应RST控制器相比，该算法具有暂态性能较好，稳态误差小，且收敛速度快等优点。中国科学院长春光学精密机械与物理研究所和长春理工大学的研究人员合作，对三旋翼无人机的机械结构、数学模型、控制器设计等进行了研究，分别采用 PID 控制算法和线性二次高斯(LQG)控制方法设计了姿态控制器。西北工业大学的研究人员对倾转尾翼式三旋翼无人机的着舰运动进行了研究。针对船舰甲板运动对无人机着舰的影响，采用改进 PD 控制器分别对甲板沉浮及横摇进行了补偿和预估。数值仿真结果表明所提控制方案满足着舰要求。

综上所述，针对三旋翼无人机的研究仍处于起步阶段，研究内容集中于数学模型分析、简单的控制算法设计等内容。本文将针对倾转式三旋翼飞行器发生舵机堵塞故障时位姿系统的容错控制进行研究。当舵机发生堵塞故障时，由于控制输入个数的减少，力矩平衡条件不再满足，无法实现对三旋翼飞行器全自由度的控制。本文忽略偏航通道的控制，针对高度通道、横向位置通道和纵向位置通道以及滚转通道、俯仰通道的稳定控制，采用“内外环”控制方法进行容错控制器的设计，并通过硬件在环仿真实验进行实时实验验证。

2　动力学模型分析

为了便于对三旋翼无人机进行动力学模型分析，首先进行坐标系定义，分别是惯性坐标系$\{I\}$和体坐标系$\{B\}$，其中惯性坐标系$\{I\}$采用本地 NED(北东地)坐标系统，原点固定于地面，体坐标系$\{B\}$采用机载 NED 坐标系统，原点固定在无人机重心，如图 1 所示。

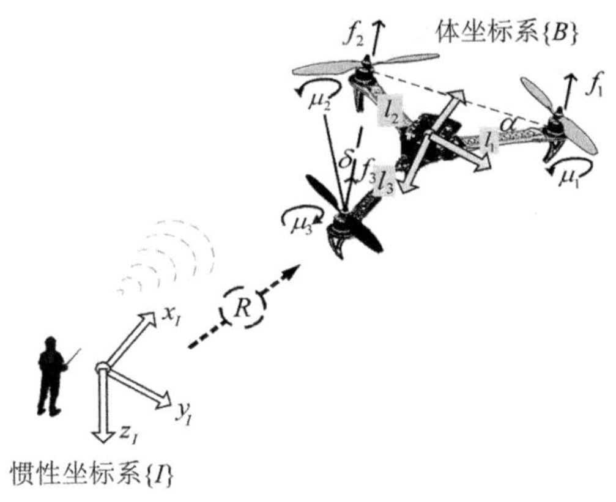

图 1　三旋翼无人机坐标系

在图 1 中，$\{x_I, y_I, z_I\}$和$\{x_B, y_B, z_B\}$分别表示惯性坐标系$\{I\}$和体坐标系$\{B\}$各轴正方向上的单位向量，f_1, f_2, f_3 分别表示三个电机产生的升力，l_1, l_2, l_3 分别表示 1 号电机、2 号电机、3 号电机到坐标原点的距离，且满足 $l_1 = l_2 = l$，α 为 1 号电机与 2 号电机连线和 1 号电机与坐标原点连线之间的夹角，$\delta(t)$为尾部舵机偏离 xOz 平面的角度，顺时针为正。采用欧拉角法进行姿态表示，综合考虑空气阻尼系数的影响，得到惯性坐标系$\{I\}$下三旋翼无人机姿态系统和高度系统的动力学模型为：

$$\Pi_1 : m\ddot{z} + k_z\dot{z} + mg = T\cos\varphi\cos\theta$$

$$
\Pi_2:\begin{cases}J_1\ddot{\varphi}+k_\varphi\dot{\varphi}+d_\varphi=u_1 l\cos\alpha\\ J_2\ddot{\theta}+k_\theta\dot{\theta}+d_\theta=T(l\sin\alpha+l_3)+\lambda u_2\cdot l\sin\alpha\\ m\ddot{x}+k_x\dot{x}=T(\cos\varphi\sin\theta\cos\psi+\sin\varphi\sin\psi)\\ m\ddot{y}+k_y\dot{y}=T(\cos\varphi\sin\theta\sin\psi-\sin\varphi\cos\psi)\end{cases} \tag{1}
$$

式中:参数 Π_1 表示高度通道动力学模型,参数 Π_2 表示平动系统动力学特性,包括横向位置通道、纵向位置通道。滚转通道和俯仰通道,在系统 Π_1 中,参数 m 表示三旋翼飞行器的质量,$z(t)$为其高度,k_z 表示高度通道的空气阻尼系数,g 为重力加速度,$T(t)$为各电机产生的总升力,φ 和 θ 分别为滚转角和俯仰角,$\dot{z}$ 和 $\ddot{z}$ 分别表示 z 的一阶时间导数和二阶时间导数。在系统 Π_2 中,J_1 和 J_2 分别表示滚转通道和俯仰通道的转动惯量,k_φ 和 k_θ 分别表示滚转通道和俯仰通道的空气阻尼系数,d_φ 和 d_θ 分别为滚转通道和俯仰通道的外部扰动力矩,τ_φ 和 τ_θ 分别为滚转通道和俯仰通道的控制输入力矩,x 和 y 分别为三旋翼飞行器水平横向和纵向的位置,k_x 和 k_y 为水平方向的空气阻尼系数,ψ 表示偏航角。f_1,f_2,f_3 分别为三个电机产生的升力,$\delta(t)$为舵机偏转的角度,l 表示无人机前方某一电机中心到无人机轴心的距离,l_3 表示舵机中心到无人机轴心的距离,α 表示前方两个电机连线与任一电机和无人机轴心连线之间的夹角,$u_1=f_1-f_2$,$u_2=f_3$,$\lambda=\cos\delta$,$-T-\lambda u_2=f_1+f_2$。

在后续讨论中,参数 $k_x,k_y,k_z,k_\varphi,k_\theta,d_\varphi(t),d_\theta(t)$均假设为未知。本文控制目标就是在上述参数和舵机故障 $\lambda(t)$未知的情况下设计 $u_1(t),u_2(t),T(t)$使得三旋翼飞行器跟踪目标轨迹 $[x_d(t)\quad y_d(t)\quad z_d(t)]^{\mathrm{T}}$。

3 控制器设计

3.1 高度通道控制器设计

为了实现对三旋翼无人机高度的稳定控制,定义高度控制误差 $e_z(t)\in R$ 为

$$e_z=z_d-z \tag{2}$$

定义滤波误差信号 $r_z(t)\in R$ 为

$$r_z=\dot{e}_z+\alpha_z e_z \tag{3}$$

式中:α_z 为正常数。因此,

$$\dot{e}_z=-\alpha_z e_z+r_z \tag{4}$$

对式(3)求取一阶时间导数,并将式(4)代入整理得

$$\dot{r}_z=\ddot{z}_d-\ddot{z}+\alpha_z\dot{e}_z=\frac{\dot{z}}{m}k_z-\frac{\cos\varphi\cos\theta}{m}T+g+\ddot{z}_d+\alpha_z\dot{e}_z \tag{5}$$

定义 $\hat{k}_z(t)\in R$ 为 $k_z(t)$的估计值,定义估计误差 $\zeta_z\in R$ 为

$$\zeta_z=\hat{k}_z-k_z+\beta_z(e_z,r_z) \tag{6}$$

式中:$\beta_z(e_z,r_z)\in R$ 为连续辅助函数。设计 $\hat{k}_z(t)$的估计律为

$$\dot{\hat{k}}_z=-\frac{\partial\beta_z}{\partial e_z}(-\alpha_z e_z+r_z)-\frac{\partial\beta_z}{\partial r_z}\left[\frac{\dot{z}}{m}(\hat{k}_z+\beta)-\frac{\cos\varphi\cos\theta}{m}T+g+\ddot{z}_d+\alpha_z\dot{e}_z\right] \tag{7}$$

设计控制输入 $T(t)$为

$$T=\frac{m}{\cos\varphi\cos\theta}\left[\frac{\dot{z}}{m}(\hat{k}_z+\beta_z)+g+\ddot{z}_d+\alpha_z\dot{e}_z+k_r r_z+k_{ez}e_z\right] \tag{8}$$

式中:k_r,k_{ez} 均为正常数增益。辅助函数 $\beta_z(e_z,r_z)$设计为

$$\beta_z=\gamma_z\int_0^{r_z}\frac{\dot{z}(\sigma)}{m}\mathrm{d}\sigma \tag{9}$$

式中:γ_z 为正常数。将式(6)～式(9)代入式(5),整理得

$$\dot{r}_z=-k_r r_z-k_{ez}e_z-\frac{\dot{z}}{m}\zeta_z \tag{10}$$

定理 1:针对系统(1),设计式(8)所示的控制器、式(7)所示的自适应律和式(9)所示的辅助函数,则闭环系统(5)渐近稳定,即

$$\lim_{t\to\infty} r_z=0 \tag{11}$$

证明:定义 Lyapunov 候选函数 $V_z\in R$ 为

$$V_z=k_{ez}e_z^2+r_z^2+\frac{1}{\gamma_z k_r}\zeta_z^2 \tag{12}$$

对 $V_z(t)$求导得

$$\dot{V}_z=2k_{ez}e_z\dot{e}_z+2r_z\dot{r}_z+\frac{2}{\gamma_z k_r}\zeta_z\dot{\zeta}_z\leqslant-2k_{ez}\alpha_z e_z^2-k_r r_z^2-\frac{1}{k_r}\left(\frac{\dot{z}}{m}\right)^2\zeta_z^2\leqslant 0 \tag{13}$$

由上式可得,闭环系统的所有信号收敛于不变集

$$M_z=\{(e_z,r_z,\zeta_z):e_z=0,r_z=0,\dot{z}\zeta_z=0\} \tag{14}$$

定理 1 得证。

3.2 平动系统控制器设计

定义变量 $X_1(t)\in R^2$ 和 $X_2(t)\in R^2$ 分别为 $X_1=[x\quad y]^{\mathrm{T}}$,$X_2=[\dot{x}\quad \dot{y}]^{\mathrm{T}}$,则

$$\begin{cases}\dot{X}_1=X_2\\ \dot{X}_2=K_p X_2+f(\varphi,\theta)RT\end{cases} \tag{15}$$

式中:$K_p=[K_x\quad K_y]^{\mathrm{T}}$,$R=[R_x^{\mathrm{T}}\quad R_y^{\mathrm{T}}]^{\mathrm{T}}$。

定义位置跟踪目标为 $X_{1d}(t)=[x_d(t)\quad y_d(t)]^{\mathrm{T}}\in R^2$,则位置跟踪误差 $E_1(t)\in R^2$ 可表示为

$$E_1=X_{1d}-X_1 \tag{16}$$

$$E_2=X_{2d}-X_2 \tag{17}$$

式中:$X_{2d}(t)\in R^2$ 为一虚拟输入量。将其设计为

$$X_{2d}=K_1E_1+\dot{X}_{1d} \tag{18}$$

式中:$K_1\in R^{2\times 2}$ 为一正定对角常数矩阵,整理可得

$$\dot{E}_1=-K_1E_1+E_2 \tag{19}$$

考虑非负函数 $V_{p1}(t)\in R$ 为

$$V_{p1}=\frac{1}{2}E_1^{\mathrm{T}}E_1 \tag{20}$$

对式(20)求导得

$$\dot{V}_{p1}=-E_1^{\mathrm{T}}K_1E_1+E_1^{\mathrm{T}}E_2 \tag{21}$$

若要使得 $E_1(t)$ 收敛于 $[0\quad 0]^{\mathrm{T}}$，应控制 $E_2(t)$ 收敛于 $[0\quad 0]^{\mathrm{T}}$。对式(17)求导得

$$\begin{aligned}\dot{E}_2&=\dot{X}_{2d}-K_pX_2-\underbrace{f(\varphi_d,\theta_d)RT}_{v_{pd}(\varphi_d,\theta_d)}+\underbrace{[f(\varphi_d,\theta_d)-f(\varphi,\theta)]RT}_{\Delta v_p(\varphi_e,\varphi_s,\theta_e,\theta_s)}\\&=\dot{X}_{2d}-K_pX_2-v_{pd}(\varphi_d,\theta_d)+\Delta v_p(\varphi_e,\varphi_s,\theta_e,\theta_s)\end{aligned} \tag{22}$$

式中：

$$\begin{cases}v_{pd}(\varphi_d,\theta_d)=f(\varphi_d,\theta_d)RT\\ \Delta v_p(\varphi_s,\varphi_e,\theta_s,\theta_e)=[\Delta v_x(\varphi_e,\varphi_s,\theta_e,\theta_s)\quad \Delta v_y(\varphi_e,\varphi_s,\theta_e,\theta_s)]^{\mathrm{T}}\end{cases} \tag{23}$$

定义 $\hat{K}_p(t)\in R^2$ 为 $K_p(t)$ 的估计值，定义估计误差 $\zeta_p\in R^2$ 为

$$\zeta_p=\hat{K}_p-K_p+\beta_p(E_1,E_2) \tag{24}$$

式中：$\beta_p(e_z,r_z)\in R^2$ 为连续辅助函数。

对式(24)求导，整理可得

$$\dot{\zeta}_p=\dot{\hat{K}}_p+\frac{\partial\beta_p}{\partial E_1^{\mathrm{T}}}(-K_1E_1+E_2)+\frac{\partial\beta_p}{\partial E_2^{\mathrm{T}}}(\dot{X}_{2d}-K_pX_2-v_{pd}+\Delta v_p) \tag{25}$$

根据 $\dot{\zeta}_p\in R^2$ 的形式，设计 $\hat{K}_p(t)$ 的估计律为

$$\dot{\hat{K}}_p=-\frac{\partial\beta_p}{\partial E_1^{\mathrm{T}}}(-K_1E_1+E_2)-\frac{\partial\beta_p}{\partial E_2^{\mathrm{T}}}[\dot{X}_{2d}-(\hat{K}_p+\beta_p)X_2-v_{pd}+\Delta v_p] \tag{26}$$

设计虚拟控制输入 $v_{pd}(t)$ 形式如下：

$$v_{pd}=\dot{X}_{2d}-(\hat{K}_p+\beta_p)X_2+K_2E_2+E_1 \tag{27}$$

式中：$K_2(t)\in R^{2\times2}$ 为正常数增益矩阵。设计辅助函数 $\beta_p(e_z,r_z)$ 为

$$\beta_p=\Gamma_p\int_0^{E_2}X_2^{\mathrm{T}}(\sigma)\mathrm{d}\sigma \tag{28}$$

式中：$\Gamma_p(t)\in R^{2\times2}$ 为正常数增益矩阵。

$$\dot{\zeta}_p=-\Gamma_pX_2^{\mathrm{T}}X_2\zeta_p \tag{29}$$

将式(22)整理可得

$$\dot{E}_2=-K_2E_2-E_1+\zeta_pX_2+\Delta v_p \tag{30}$$

考虑非负函数 $V_{p2}(t)\in R$ 为

$$V_{p2}=V_{p1}+\frac{1}{2}E_2^{\mathrm{T}}E_2+\frac{1}{2}\zeta_p^{\mathrm{T}}\Gamma_p^{-1}K_2^{-1}\zeta_p \tag{31}$$

对式(31)求导，整理可得

$$\dot{V}_{p2}\leqslant-\|K_1\|^2\|E_1\|^2-\frac{1}{2}\|K_2\|^2\|E_2\|^2-\frac{1}{2}K_2^{-1}\|\zeta_p\|^2\|X_2\|^2+E_2^T\Delta v_p \tag{32}$$

由于 $E_2^{\mathrm{T}}\Delta v_p$ 项的正负性不确定，$\dot{V}_{p2}(t)$ 的符号也不确定，因此需通过姿态控制器设计来确定 $E_2^{\mathrm{T}}\Delta v_p$ 的符号以对系统稳定性做进一步分析。

3.3 姿态系统控制器设计

为了使三旋翼飞行器的滚转角跟踪目标滚转角，以滚转通道为例进行分析。定义滤波误差信号 $s_\varphi(t)$ 和 $r_\varphi(t)$ 分别为

$$\begin{cases} s_{\varphi}=\dot{\varphi}_{e}+\alpha_{\varphi}\varphi_{e} \\ r_{\varphi}=\dot{s}_{\varphi}+\beta_{\varphi}s_{\varphi} \end{cases} \tag{33}$$

式中：$\alpha_{\varphi}\in R$，$\beta_{\varphi}\in R$ 均为正常数增益。对 $r_{\varphi}(t)$ 求导得

$$\dot{r}_{\varphi}=\dddot{\varphi}_{d}-K_{\varphi}\ddot{\varphi}-\dot{D}_{\varphi}-\dot{U}_{1}+\alpha_{\varphi}\ddot{\varphi}_{e}+\beta_{\varphi}\dot{s}_{\varphi} \tag{34}$$

定义辅助函数 $N_{\varphi}(\varphi^{(i)},t)\in R$，$N_{d\varphi}(t)\in R$，$\tilde{N}_{\varphi}(t)\in R$ 分别为

$$\begin{cases} N_{\varphi}(\varphi^{(i)},t)=\dddot{\varphi}_{d}-K_{\varphi}\ddot{\varphi}-\dot{D}_{\varphi}+\alpha_{\varphi}\ddot{\varphi}_{e}+\beta_{\varphi}\dot{s}_{\varphi}+s_{\varphi} \\ N_{d\varphi}(t)=\dddot{\varphi}_{d}-K_{\varphi}\ddot{\varphi}_{d}-\dot{D}_{\varphi} \\ \tilde{N}_{\varphi}(t)=N_{\varphi}-N_{d\varphi}=K_{\varphi}\ddot{\varphi}_{e}+\alpha_{\varphi}\ddot{\varphi}_{e}+\beta_{\varphi}\dot{s}_{\varphi}+s_{\varphi} \end{cases} \tag{35}$$

三旋翼飞行器滚转通道开环动力学特性可写为

$$\dot{r}_{\varphi}=-s_{\varphi}-\dot{U}_{1}+N_{d\varphi}+\tilde{N}_{\varphi} \tag{36}$$

根据 $\dot{r}_{\varphi}(t)$ 的形式，设计控制器 $U_{1}(t)$ 为

$$U_{1}=(g_{\varphi}+1)[r_{\varphi}(t)-r_{\varphi}(0)]+\int_{0}^{t}\{(g_{\varphi}+1)(r_{\varphi}(\tau)+h_{\varphi}\operatorname{sign}[s_{\varphi}(\tau)]\}\mathrm{d}\tau \tag{37}$$

式中：$g_{\varphi}\in R$，$h_{\varphi}\in R$ 均为正常数增益。三旋翼飞行器滚转通道的闭环动力学特性为

$$\dot{r}_{\varphi}=-s_{\varphi}-(g_{\varphi}+1)r_{\varphi}-h_{\varphi}\operatorname{sign}(s_{\varphi})+N_{d\varphi}+\tilde{N}_{\varphi} \tag{38}$$

可以证明，若 $h_{\varphi}>\|N_{d\varphi}\|_{\infty}+\frac{1}{\beta_{\varphi}}\|\dot{N}_{d\varphi}\|_{\infty}$，则 r_{φ} 渐近收敛于 0。同理，可设计 U_{2} 使得 r_{θ} 渐近收敛于 0。

由前面分析，所设计姿态控制器可以使得 φ_{e}，θ_{e} 渐近收敛于 0，此结果不依赖于位置环的设计结果。平动闭环系统所有信号均收敛于如下不变集中，即

$$M_{p}=\{(E_{1},E_{2},\zeta_{p}):E_{1}=0_{2\times2},E_{2}=0_{2\times2},X_{2}\zeta_{z}=0_{2\times2}\} \tag{39}$$

4　实验验证与结果分析

为了对所设计内外环容错控制策略的有效性进行验证，采用上文设计的三旋翼飞行器硬件在仿真平台进行实验验证。位置跟踪目标设定为：$x_{d}=2\cos(\pi/100\cdot t)$，$y_{d}=2\sin(\pi/100\cdot t)$，$z_{d}=2m$，人为使舵机在第 80 秒时发生堵塞故障 $\delta_{f}=-2.5°$。采用设计控制器进行容错控制的实验结果如图 2～图 4 所示。

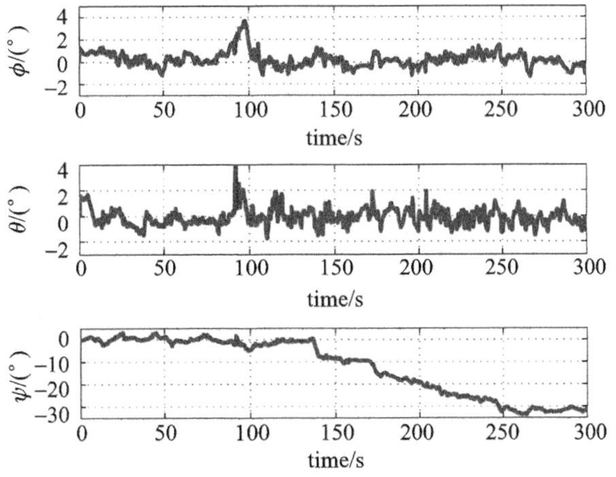

图 2　姿态控制误差变化曲线

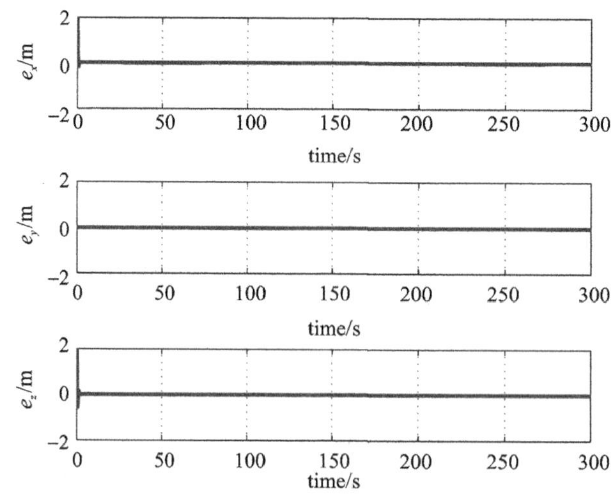

图3　位置控制误差变化曲线

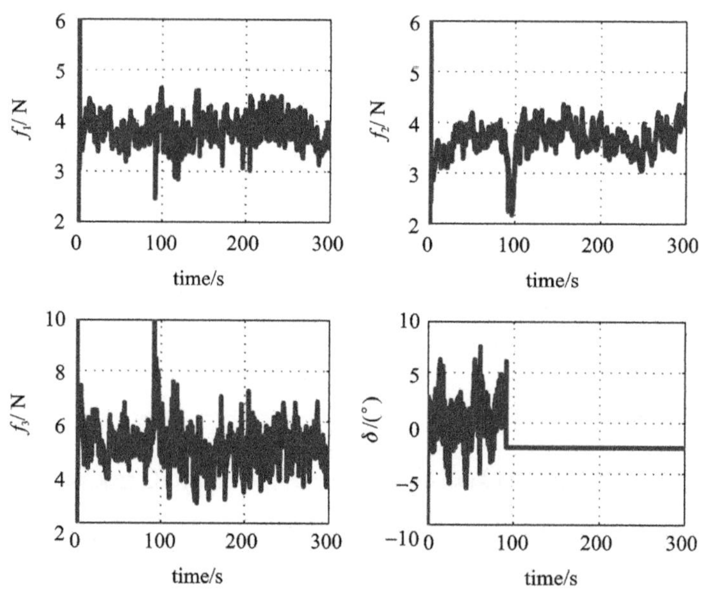

图4　控制输入变化曲线

图2和图3分别表示位置和姿态角跟踪误差的变化曲线。在图2中，当前位置由加速度积分得到，位置通道的控制效果通过数值仿真实现。由图3可以看出，姿态跟踪误差可以迅速由初始误差收敛到0，其后保持稳定。当舵机发生堵塞故障时，位置跟踪误差未发生明显变化。在图3中，姿态跟踪误差精度为±2°。在第80秒，三旋翼无人机的舵机发生堵塞故障，滚转角和俯仰角均发生了约为4°的突变，然后迅速恢复到稳定状态。

图4所示为各执行器的控制输入，包括各电机产生的升力以及舵机偏转角度。正常情况下，各电机产生的升力在4 N左右，舵机偏转角变化范围在−7°～7°之间，以维持偏航力矩的平衡。当舵机发生堵塞故障后，舵机偏转角度固定为−2.5°，各电机产生的升力在发生突变后，迅速恢复到正常值。

5 结 论

本文对三旋翼无人机的发生多级堵塞故障时的位姿控制问题进行了研究。不考虑偏航通道的控制，将三旋翼飞行器故障动力学模型分为高度子系统、外环平动位置子系统和内环姿态子系统。对于高度子系统和水平位置子系统，设计了基于浸入不变集的自适应算法实现了对高度和水平位置的跟踪控制，并对未知空气阻尼进行了有效估计。对于姿态子系统，首先采用自适应滑模观测器对舵机堵塞故障进行了估计，然后设计了基于 RISE 的鲁棒容错控制器。采用基于 Lyapunov 的分析方法对闭环系统的联合稳定性进行了证明。最后，在自主设计的三旋翼硬件在环仿真平台上对所提控制策略进行了实验验证。结果表明，所设计控制算法具有较好的容错性能。

参考文献

[1] 赵启兵，刘勇. 多旋翼飞行器的可控度分析[J]. 航空学报，2017，38(S1)：721561-1-8.

[2] Raffo G V, Ortega M G, Rubio F R. Robust Nonlinear Control for Path Tracking of a Quad-Rotor Helicopter [J]. Asian Journal of Control, 2015, 17(1): 142-156.

[3] 王海洋，江涛，路平. 三倾转旋翼无人机直升机模式建模与控制研究[J]. 计算机测量与控制，2015，23(8)：2742-2744.

[4] Salazar Cruz S, Kendoul F, Lozano R, et al. Real-Time Stabilization of a Small Three-Rotor Aircraft [J]. IEEE Transactions on Aerospace and Electronic Systems, 2008, 44 (2): 783-794.

[5] Escareno J, Sanchez A, Garcia O, et al. Triple Tilting Rotor Mini-UAV: Modeling and Embedded Control of the Attitude [C]. In 2008 American Control Conference (ACC), Seattle, USA, 2008: 3476-3481.

[6] Astrov I, Pedai A. Flight Control of a Trirotor Mini-UAV for Enhanced Situational Awareness [J]. World Academy of Science Engineering and Technology, 2010(70): 271-277.

[7] Czyba R, Szafrański G, Ryś A. Design and Control of a Single Tilt Tri-Rotor Aerial Vehicle [J]. Journal of Intelligent and Robotic Systems, 2016, 84(1-4): 53-66.

[8] Ali Z A, Wang D, Masroor S, et al. Attitude and Altitude Control of Trirotor UAV by Using Adaptive Hybrid Controller [J]. Journal of Control Science and Engineering, 2016, 2016(4): 1-12.

[9] Ali Z A, Wang D, Aamir M. Fuzzy-Based Hybrid Control Algorithm for the Stabilization of a Tri-Rotor UAV [J]. Sensors, 2016, 16(5): 652-669.

[10] 杨阳，崔金峰，余毅. 三旋翼飞行器动力学分析及建模[J]. 光学精密工程，2013，21(7)：1873-1880.

[11] 陈怀民，段晓军，韩源. 具有甲板运动预估的三旋翼无人机着舰研究[J]. 飞行力学，2016，34(5)：30-34.

一种基于组批优化的高端紧固件智能计划方法

王肇宇　李涛

（东方蓝天钛金科技有限公司，山东·烟台，264003）

摘要：本文提出了滚动式、组批优化的高端紧固件经营生产方法：通过基于订单滚动预测的生产备料，提高市场响应速度；通过紧固件的工艺条件，将相同直径，不同长度、不同质量要求的紧固件进行组批，并计算出优化计算点和组批半成品的备货数量；通过经营仿真，明确生产计划对设备生产能力和原材料、工人数量等资源的动态需求曲线；通过对生产计划的定期仿真，确保能够根据计划执行情况保证经营生产的最优决策。通过该经营生产方法，不仅可以提升设备利用率，对交期、质量都能通过批量化生产实现有效保证，对企业的经营效益也有很大的提升作用。

关键词：高端紧固件；组批；经营生产计划；设备利用率；多品种小批量

0　引　言

随着自动化加工能力增强，目前高端紧固件企业在加工技术和能力方面取得了很大的发展，但高端紧固件行业整体面临“多品种、小批量、急单多”的市场情况，严重降低了企业产能，拉低了企业整体的设备利用率，在订单交期、产品质量和企业经营效益都面临严峻的挑战。高端紧固件主要面向高端大型复杂的装备产品：如航天、航空、高铁、核电和生命健康等领域，由于要面对不同领域产品，厂家品类超过1万；高端产品需求数量相对有限，单个订单数量较小，企业订单超过一半在200件以下，产品个位数订单在10%以上；由于涉及重大装备工程型号，所以进度要服从主机厂计划安排，企业急单比较多。由于企业订单面临市场不确定性，当前生产单位均按照“按订单生产”的模式，即接收到订单再安排投产。但这种多品种、小批量、急单多对生产单位产能造成严重破坏，生产企业往往表现在设备利用率底下，按期交付难度大，企业盈利能力不足等问题。企业接单后组织制造的模式已经难以适应市场环境，需要开展生产经营优化创新，利用智能技术建立滚动式、组批优化方法，提高企业产品的交付效率和经营效益。

当前对于紧固件组批优化算法研究不多，对钢管排产研究相对较多，由于产品特点不同，算法难度、重点也不同。

1　组批优化的经营生产模式

本文通过建立滚动式、组批优化的经营生产模式，解决紧固件生产企业面对“多品种、小批量、保急单”的市场环境中产能利用率差、生产效益差、质量进度难以保证的问题。

滚动式、组批优化的经营生产模式整体流程如图 1 所示,包括 7 个环节:①销售预测;②工艺归一化整合;③组批优化计算:④经营过程仿真计算;⑤生成正式经营生产计划;⑥按计划组织生产;⑦定期重新仿真,动态调整经营生产计划。

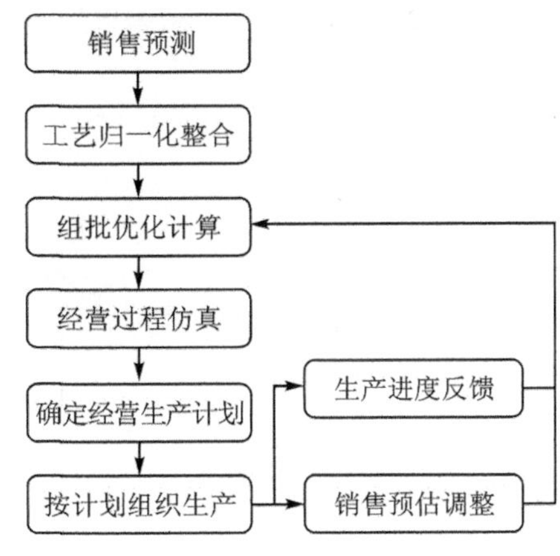

图 1 组批优化方法过程示意

2 组批优化经营生产的方法

2.1 销售预测

销售预测环节基于紧固件企业的历史销售数据对客户的采购行为进行建模,包括订单数量、下单频率、单张订单产品数量、质量标准、所用原材料、材料直径等,同时对客户后续订单产品明细进行预测,并给出预测订单的把握度。

① 高端紧固件的供需双方关系相对紧密,根据历史销售数据与客户沟通情况对市场需求进行总量预测。

② 以客户的历史行为为主,对客户的订单下单频率进行建模。

再对客户的每单的订货数量进行分析(见图 2),得到订单分布情况,如图 3 所示。从图 3 中的数据分布可以看出,客户订单的产品数量具有非常明显的一致性,表现出很强的规律,订单数量以小批量为主。

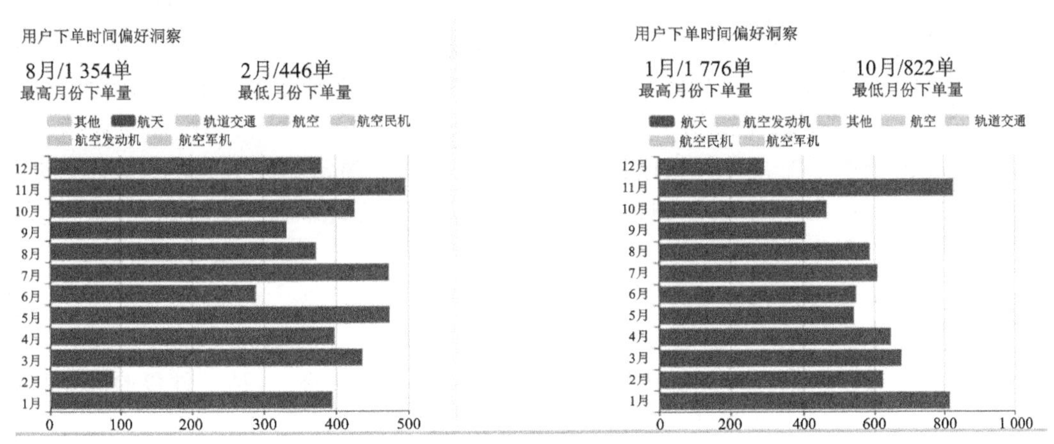

图 2 历史订单量分析(1)

③ 对客户的订单提前期进行建模,得到客户订单的交货期数据,历史订单交货期分析如图 4 所示。

④ 根据订单交货期的历史情况,我们得到每个客户的订货习惯,通过对客户的历史情况进行分析,总结客户下订单的规律。

⑤ 根据市场总需求,结合客户下单频率、交付周期、每单产品数量、下单习惯进行分析,就可以通过总数量预测每月的订单张数和单订单产品数量。

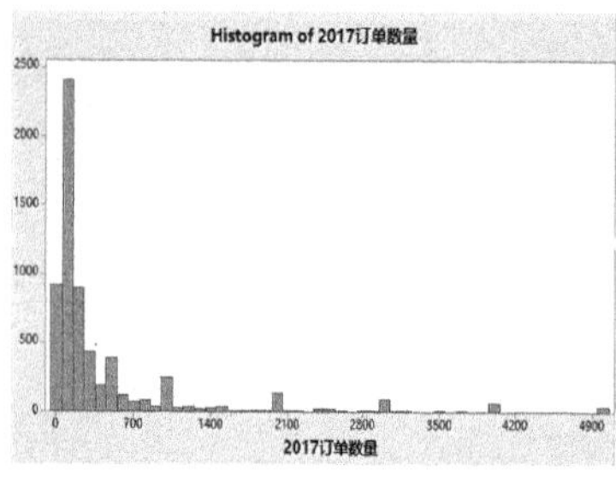

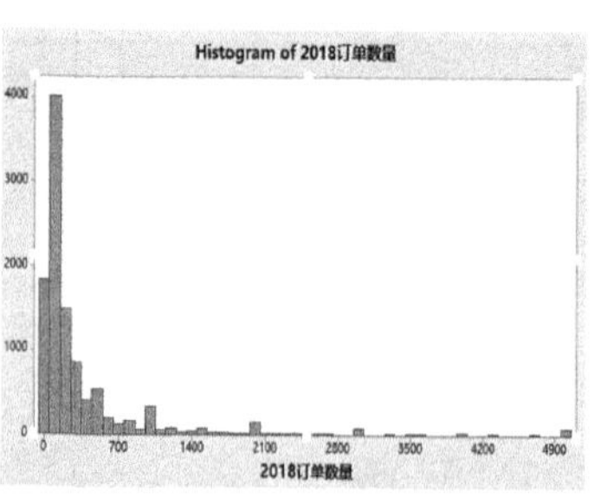

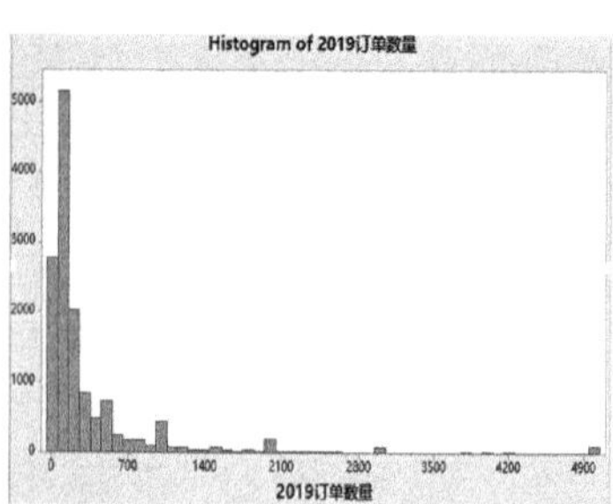

图3　历史订单量分析(2)

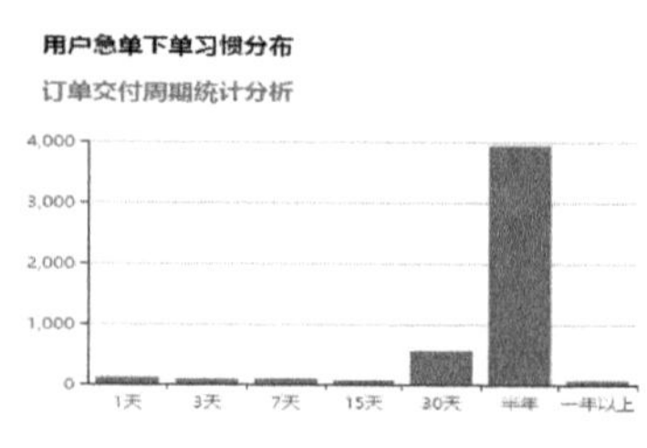

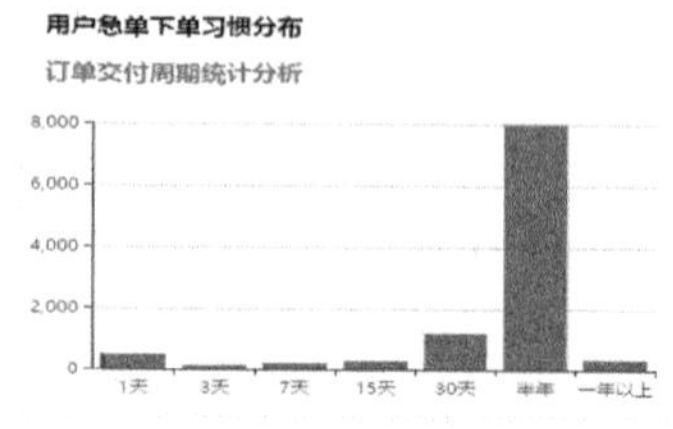

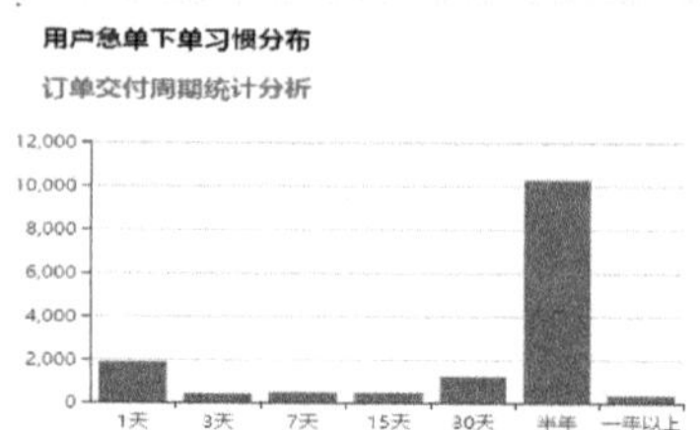

图4　历史订单交货周期分析

2.2　工艺归一化整合

工艺归一化整合环节是基于销售预测结果，对订单产品进行工艺标准化、归一化整合。紧固件的生产特性是最终的紧固件产品可以通过截断的方式来满足最终的产品要求，即可以生产长度适中的棒材作为紧固件中间状态，将紧固件长度控制工序后移，将前置工序活动标准化和归一化，达到合组合批的生产要求。在归一化的过程中，可以通过长件代短件，高质量等级代低质量等级来实现组批生产。

① 根据销售预测情况，对不同材料、质量等级、不同直径的紧固件预测订单进行归类。

② 根据上述归一化原则，对预测订单进行归一化处理，为订单标记上材料、直径以及可替代质量等级。

③ 对各个订单的材料属性进行完善，包括材料密度、材料价格。

④ 明确生产单位的基本生产模型，确定包括工序、工时、生产休息日等基础信息。

⑤ 完善相关成本参数。对加工优化的必要输入参数进行整理，包括首件检验和调机时间的工时、工厂制造综合成本的损耗(即因调机时间和首件检验造成的制造成本损耗是多少)，确定因提前备产需要面临的资金占用损耗以及半成品备料后订单预测失败所造成的呆滞物料损失。

2.3　组批优化计算

组批优化计算环节基于已工艺归一化整合确定的紧固件半成品技术状态，对紧固件半成品的长度切削前的杆长长度、生产数量、质量等级和生产时间进行计算优化，根据成本最优的原则确定相关参数。组批优化计算的原理如图5所示。

组批优化计算的优化目标是求得一组半成品状态，按照这组半成品状态生产，能使得生产企业整体最大化节约成本。

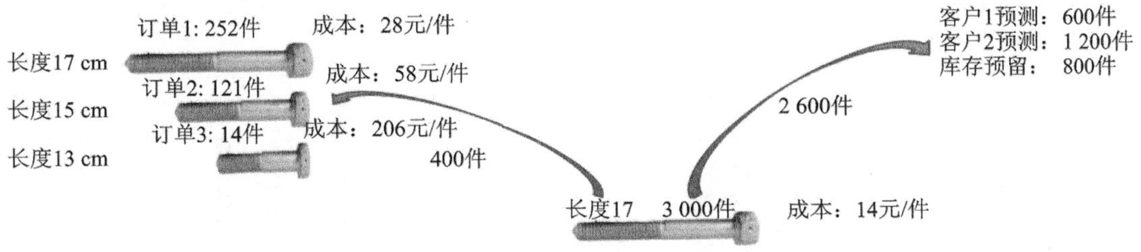

图5 组批优化计算的原理

设定生产企业最大化节约成本的目标函数为：MAX $f(x,y,z)$。

$f(x,y,z)$＝组批节约成本－多余材料费用－切头加工成本－库存资金占用损耗－预测风险损失。其中，x 为产品半成品状态(材料、质量等级和长度)，y 为生产开始时间，z 为生产数量；通过生产企业最大化节约成本的目标函数 MAX $f(x,y,z)$ 计算出 x、y、z 后，我们就得到了优化的紧固件半成品组批生产方案：生产什么？何时生产？生产多少？

2.4 经营过程仿真计算

经营过程仿真计算环节根据确定好的紧固件半成品杆长长度、生产数量、质量等级和生产时间进行企业经营生产的仿真计算，得到按照优化的紧固件半成品组批生产方案进行生产将会实现的经营生产指标，包括急单完成率、设备利用率等数据。

① 确定排产算法，按照规则方法对生产计划进行全过程排产。

② 基于排产方案仿真计算经营生产指标，包括急单完成率、设备利用率等数据，分析排产方案是否能够满足企业经营生产要求。

③ 对多个排产方案的经营生产指标数据(急单完成率、设备利用率等)进行比较，选择满足企业经营生产要求的最优排产方案。

对多个排产方案的设备利用率进行比较分析如图 6 所示，各排产方案采用不同的排产计划策略，根据模拟的订单情况开展工作。图 6 种采用的排产计划策略包括：

① 不合批分布干：按照订单到来的时刻安排生产，不提前备产。

② 不合批集中干：按照预测总量直接形成生产计划，集中统一排产生产。

③ XXX 合批：按照一定数量形成经济批次，订单触发后按照批次生产到半成品状态，后续订单到来后再开展后续工序。

从组批生产的设备利用率仿真计算分析结果来看，组批生产能使紧固件企业年度产能提升 50%，设备利用率提升 2.5 倍以上。说明多品种、小批量、急单多的生产模式导致紧固件生产批次太多，环节损耗过大(调机、首件检验)，滚动式组批生产模式能有效地提高紧固件企业的设备利用率和市场竞争力。

2.5 生成正式经营生产计划

生成正式经营生产计划环节按照 2.4 节的方法进行多次仿真分析，直到得到理想的经营生产指标结果，经评审后正式形成企业的经营生产计划。

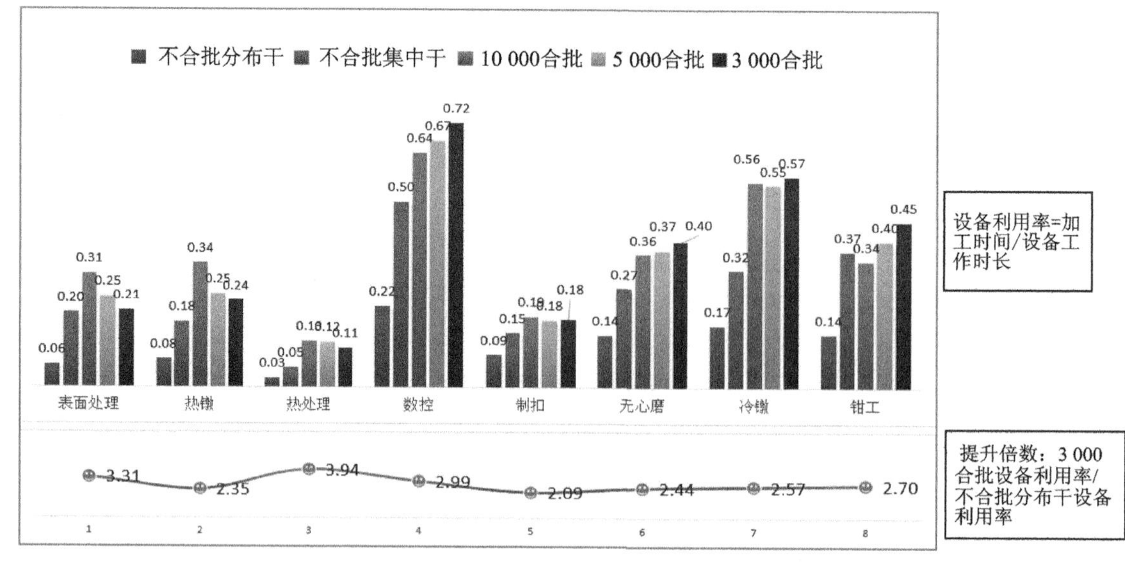

图6 紧固件组批生产设备利用率提升效果分析

2.6 按计划组织生产

按计划组织生产环节按照通过评审的正式经营生产计划组织生产，并记录实际生产结果，基于实际生产结果对销售预测进行动态预测调整，定期形成实际生产反馈表和销售预测调整表。

2.7 重新仿真动态调整经营生产计划

基于2.6节输出的结果，对2.3节输出的紧固件半成品组批生产方案定期进行重新仿真优化计算，再基于重新优化的组批生产方案动态调整企业经营生产计划。

3 结论

滚动式、组批优化的经营生产模式能够有效应对由于高端紧固件行业“多品种、小批量、急单多”造成的订单交期、产品质量和企业经营效益等方面的严峻挑战。生产企业实施滚动式、组批优化的经营生产模式，不仅可以提升设备利用率，对交期、质量都能通过批量化生产实现有效保证，对企业的经营效益也有很大的提升作用。

参考文献

[1] 李虎，霍佳震. 钢管生产的合同组批优化算法[J]. 工业工程与管理，2004(1):86-88.

[2] 李建祥，唐立新，吴会江. 具有提前/拖期惩罚的热轧钢管批调度问题研究[J]. 控制与决策，2005，20(6):665-668.

[3] 刘志宏. 合同组批系统中优化算法的研究[D]. 2013.

第三篇　学术报告

航天技术

宇航级DDR芯片的RDL制作流程及信号完整性研究

苏德志　王洪琨　王福鑫　赵丹　张乐君

（山东航天电子技术研究所，山东·烟台，264000）

摘要：本文以宇航级DDR芯片为例，首先研究了其在RDL制作过程中的结构设计、工艺流程和层级材料。其次，利用CANDENCE软件建立了该芯片的RDL仿真模型，分析了RDL结构对DDR芯片各信号的电感、电源压降、回波损耗、插入损耗和串扰等的仿真结果和变化规律。信号完整性仿真分析结果表明：RDL工艺前后，数据信号和地址信号的一致性较好；RDL引入的电感远小于引线键合带入的电感；电源电压呈现下偏差趋势，偏差值小于2%；回波损耗优于正常水平，插入损耗变化微小，串扰结果稳定。

关键词：RDL；电感；回波损耗；插入损耗；串扰

1　引　言

随着微电子制造技术的发展，集成电路呈现出以下特点：特征尺寸更小、工作频率更高、信号速度更快和功能更多。微电子系统从板级组装逐步开始转向尺寸更小的系统级封装，集成的性能和功能不断增加，工作频率不断提高，换代速度不断加快，这些变化使得微电子系统中的信号性能更加复杂。

以目前封装的集成电路为例，原始的晶圆只有极少数的输入/输出（I/O）端口是按照面阵列形式来设计的。因此，急需开发一种重新布线（RDL）技术，它可以将集成电路中异质异构的晶圆、芯片或基板之间实现焊盘重新排布，进而为快速微电子互连产业提供便利。目前，RDL的具体应用主要体现在：晶圆原厂提供的焊盘过小或位置不合理，不能满足后续封装厂的技术要求；键合芯片转换为倒装芯片，降低封装工艺难度；晶圆级封装（WLP）；扇入/扇出（fan-in/fan-out）区封装；桥连芯片中介层；堆叠芯片封装。可以发现，RDL工艺在未来新型封装技术中将占有重要的地位，尤其是在高速高频集成电路中的应用。

由于集成度的需要，近些年宇航市场上逐渐出现了经RDL处理的芯片。但是，关于RDL制作工艺及其信号完整性的研究却不多。本文以双倍速率同步动态随机存储器（DDR）为例，首先设计了RDL工艺，将原始焊盘重新排布。其次，通过CANDENCE软件建模，分析了RDL工艺对DDR芯片各信号的变化规律。

2　RDL 设计

2.1　制作方法

本文选取的芯片为一款宇航应用的 DDR 芯片，RDL 的制作流程如图 1 所示。RDL 设计采用 2P2M 结构，主要由原始焊盘、PI1、PI2、RDL 和 UBM 五部分组成，通过 4 张掩模板制作。第一步是原材料检验和准备；第二步是对 PI1 层涂胶，完全覆盖晶圆表面，光刻、显影后，露出待 RDL 重新分布的焊盘；第三步是通过电镀方法实现 RDL 布线；第四步是对 PI2 层涂胶，完全覆盖 RDL 层，光刻、显影后，露出重新分布后的焊盘；第五步是对重新分布后的焊盘做 UBM 金属化处理，保证后续的键合工艺可实施。经 RDL 加工后的新焊盘的剖面结构如图 2 所示。由图 2 可知，加工后的 RDL 结构与图 1 所示一致。

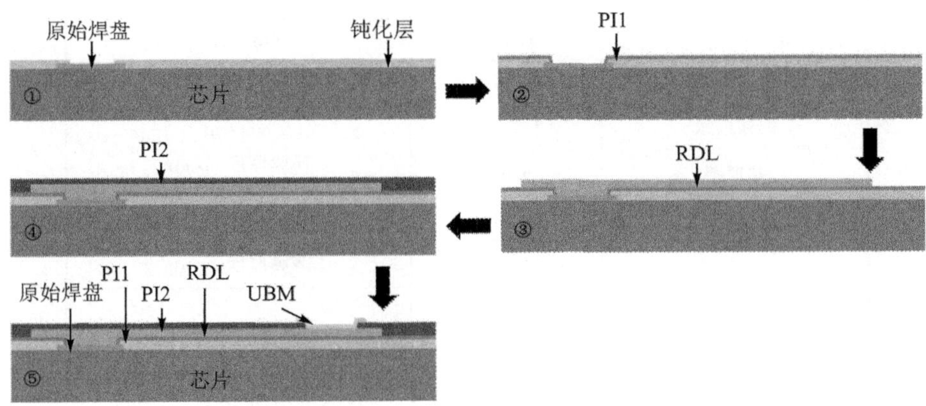

图 1　RDL 制作流程图

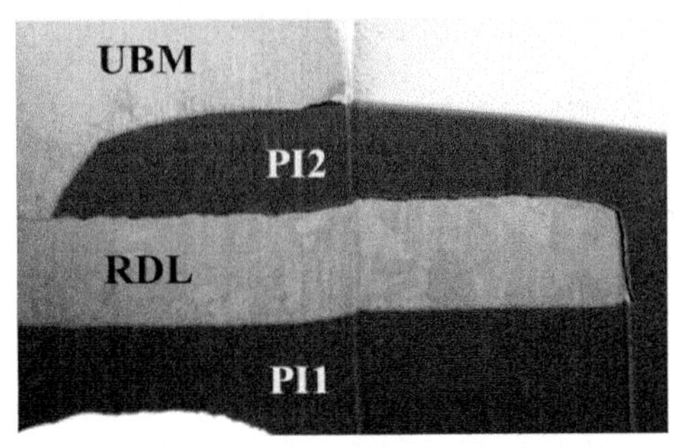

图 2　RDL 加工完成后新焊盘剖面的 SEM 照片

2.2　材料选择

在 RDL 工艺过程中，各层结构、选用材料和厚度关系如表 1 所列。其中，RDL 采用 Cu 布线；UBM 结构从下至上依次为 Ni 层、Pd 层和 Au 层；PI1 层和 PI2 层均采用 JSR5100 材料，其特性参数如表 2 所列。

表 1 RDL 工艺中各层结构、材料和厚度情况

序 号	结 构	材 料	厚度/μm
1	PI1	JSR5100	5
2	RDL	Cu	3
3	PI2	JSR5100	5
4	UBM	Ni	3
		Pd	0.5
		Au	0.5

表 2 JSR5100 材料特性参数

项 目	参数值	条 件
玻璃化转变温度(T_g)	219 ℃	TMA 方法
CTE(−65～150 ℃)	54 ppm	TMA 方法
抗拉强度	80 MPa	拉力测试，5 mm/min，薄膜厚度 50 μm
弹性模量	2.5 GPa	
延伸率	6.5%	
吸水率	1.5%	水环境中 23 ℃/24 h
体电阻率	5.0×10^{15} Ω·cm	薄膜厚度 10 μm
介电常数	3.5	频率 1 MHz
损耗因数	0.020	
热分解温度	330 ℃(5%损耗)	TGA 方法：空气中 5 ℃/min
电路内部绝缘	$>10^{11}$ Ω	121 ℃/85%湿度/5 V/200 h L/S=20/20 μm
PCT 抗性	良好	121 ℃/85%湿度/168 h

3 仿真结果分析

3.1 仿真环境

DDR 芯片的原始焊盘位于中部，通过 RDL 设计，将芯片上位于中部的原始焊盘通过布线引出，分布至芯片两侧，如图 3 所示。焊盘重新分配时遵循就近引出的原则：地址、控制和命令信号分布于芯片左侧，数据位分配于芯片右侧。数据和地址分两侧排布，这种方式不仅有利于后续的芯片载板设计，而且能够有效地控制导线引出和延时。RDL 时，Cu 线的最小线宽和最小线间距均为 30 μm。建模和仿真时，采用 CANDENCE 软件对 RDL 引线的信号完整性进行分析。

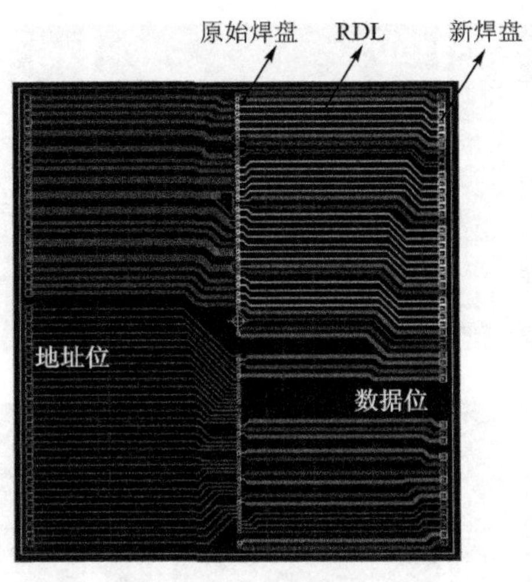

图 3 RDL 平面设计示意图

3.2 仿真结果及分析

3.2.1 电 感

封装过程中,Au 线引入的电感计算公式如下:

$$L = 21 \times \left(\ln \frac{4l}{d} - 0.75\right) \tag{1}$$

式中:L 为电感,单位为 nH;l 和 d 分别为 Au 线的长度和直径,单位为 cm。

采用金丝键合工艺封装时,所需 Au 线的长度为 4.068 mm,直径为 25 μm。代入上述公式,可得 Au 线引入的电感值为 4.663 nH。

在 DDR 芯片中,RDL 的再分配的信号包括 VDD、VDDDLL、VDDQ、VSS、VSSDL 和 VSSQ,相应的电感仿真遵循如下公式

$$L = 21 \times \left(\ln \frac{2l}{W} + 0.5 + 0.2235 \frac{W}{l}\right) \tag{2}$$

式中:L 为电感,单位为 nH;W 和 l 分别为 Cu 线的宽度和长度,单位为 cm。图 4 所示为 DDR 芯片的多种信号在 RDL 后芯片的电感评估结果。VDD 信号、VDDDLL 信号、VDDQ 信号、VSS 信号、VSSDL 信号和 VSSQ 信号的最大电感值分别为 0.549 nH、0.503 nH、0.478 nH、0.537 nH、0.506 nH 和 0.488 nH。综上所述,VDD 信号处产生的电感最大,为 0.549 nH。但是,RDL 布线后的电感远小于相同条件下采用 Au 线键合带入的电感(4.663 nH)。

3.2.2 电源压降

RDL 后,针对 VDD 信号、VDDQ 信号和 VDDDLL 信号的电源压降进行分析,其结果如表 3 所列。标称电压设置为 1.5 V,VDD 信号、VDDQ 信号和 VDDDLL 信号的标称电流分别设置为 0.27 V、0.033 V 和 0.033 V,实际电压分别为 1.482 04 V、1.498 15 V 和 1.478 15 V。综上所述,DDR 芯片各信号的实际电压呈现下偏差趋势,这是由于信号在传输过程中受到 RDL 布线阻抗作用的结果。VDD 信号、VDDQ 信号和 VDDDLL 信号的边界余量分别为 0.802 833%、1.876 86%和 0.543 038%。计算公式如下:

$$\varepsilon = \sigma \frac{V_1 - V_2}{V_1} \tag{3}$$

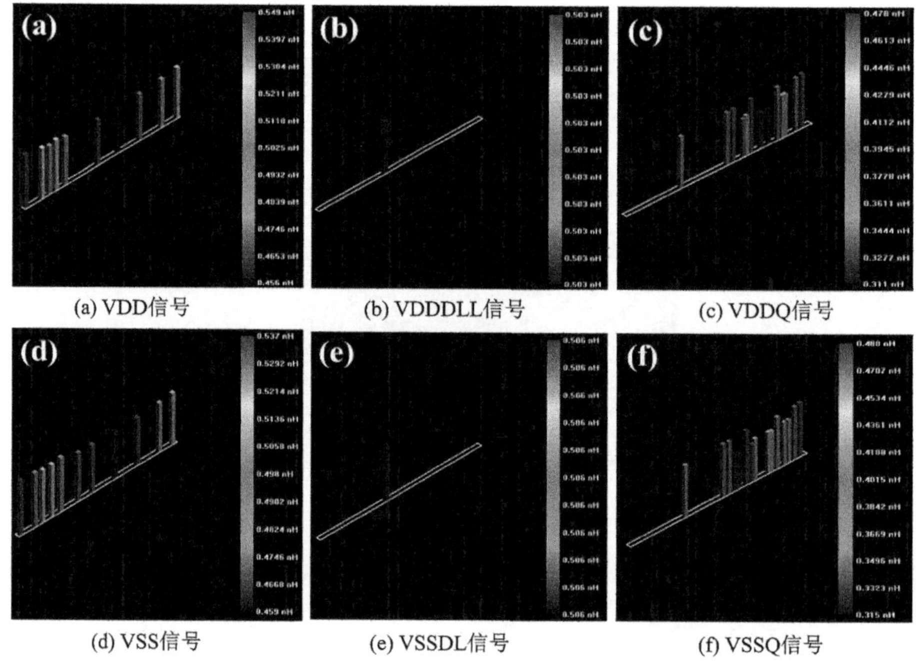

图 4 RDL 后，DDR 芯片各信号的电感评估结果

式中：ε 为边界余量，单位为%；σ 为偏差值，单位为%；V_1 为标称电压，单位为 V；V_2 为实际电压，单位为 V。

表 3 DDR 芯片中各信号的电源压降评估

分析信号	模　型	标称电流/A	标称电压/V	上偏差(+%)	下偏差(−%)	实际电压/V	边界余量/%
VDD	相等电流	0.27	1.5	2	2	1.482 04	0.802 833
VDDQ	相等电流	0.033				1.498 15	1.876 86
VDDDLL	相等限流	0.033				1.478 15	0.543 038

3.2.3 信号完整性

S(Scattering)参数是研究信号完整性的重要因素，传输系统的特征几乎都可以通过 S 参数算出，例如回波损耗、插入损耗和串扰等。S 参数为输出正弦波与输入正弦波的比值，一般取对数，单位为 dB。本文中，回波损耗表示在新焊盘处测量到的数据，当其值为 0 时，代表传递过程中的反射最小，一般情况下该值为−25～−40 dB；插入损耗表示新焊盘测试数据与原始焊盘测试数据的比值，当其值为 1(0 dB)代表信号在传递过程中无损耗；串扰指的是在传输线施加激励时，相邻传输线的新焊盘处测量到的耦合信号。

图 5 所示为 DDR3 芯片中的命令地址经 RDL 制作后的信号完整性评估结果，扫频范围是 0～3 000 MHz。由图 5(a)可知，命令地址的回波损耗一致性较好。随着工作频率的增加，命令地址的回波损耗逐渐增大(最大值为−5 dB)，传递过程中的反射相应减小。本试验的芯片工作频率为 400 MHz，此时回波损耗为−24～−18 dB，略优于正常水平。由图 5(b)可知，命令地址的插入损耗分布一致性较好。随着工作频率的增加，命令地址的插入损耗减小，最低值为−2.25 dB。本试验的芯片工作频率为 400 MHz，此时插入损耗为−0.3～−0.1 dB，损耗微小。由图 5(c)可知，命令地址的串扰一致性较好，存在零星的信号跳变现象。随着工作频

率的增加，相邻传输线的新焊盘处的耦合信号增强。DDR芯片的工作频率为400 MHz，相应的串扰为−80～−25 dB。

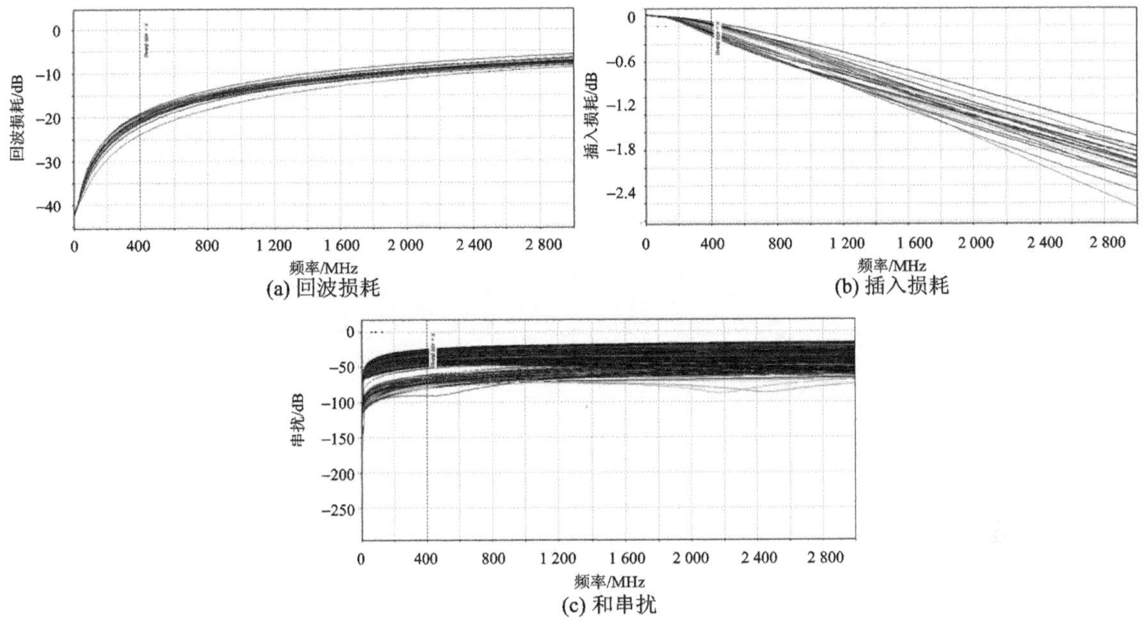

(a) 回波损耗　(b) 插入损耗

(c) 和串扰

图5　命令地址评估

图6所示为DDR3芯片中的数据地址经RDL制作后的信号完整性评估结果，扫频范围是0～5 000 MHz。由图6(a)可知，数据地址的回波损耗一致性较好。随着工作频率的增加，数据地址的回波损耗逐渐增大(最大值为−3 dB)，传递过程中的反射相应减小。本试验的芯片工作频率为800 MHz，此时回波损耗为−15.5～−14 dB，明显优于正常水平。由图6(b)可知，数据地址的插入损耗一致性较好。随着工作频率的增加，数据地址的插入损耗减小，最低值为−3.5 dB。DDR芯片的工作频率为800 MHz，此时插入损耗为−0.7～−0.6 dB，损耗微小。由图6(c)可知，数据地址的串扰一致性较好，存在零星的信号跳变现象。随着工作频率的增加，相邻传输线的新焊盘处的耦合信号增强。DDR芯片的工作频率为800 MHz，相应的串扰为−34～−22 dB。

4　结　论

本文以宇航级DDR芯片为例，采用2P2M结构设计了RDL工艺的结构组成、工艺流程和材料成分。此外，通过CANDENCE软件实现了该结构的建模和信号完整性仿真。信号完整性的仿真结果表明：RDL产生的最大电感为0.549 nH，远小于相同条件下采用Au线键合带入的电感；电源压降范围为−2%以内，影响微小；命令信号和地址信号在RDL上传递时，一致性较好，随工作频率增加，回波损耗增加，插入损耗减小，串扰稳定。综上所述，RDL不仅能够灵活排布焊盘，而且带入DDR芯片中的信号变化作用小。由于未来宇航电子产品的集成度将更高，运算速度更快，该结果还需要同芯片、封装和基板协同仿真，得到更优的分析结果。同时，该结果也可应用于封装形式转换、晶圆扇入/扇出和桥连芯片等方向。

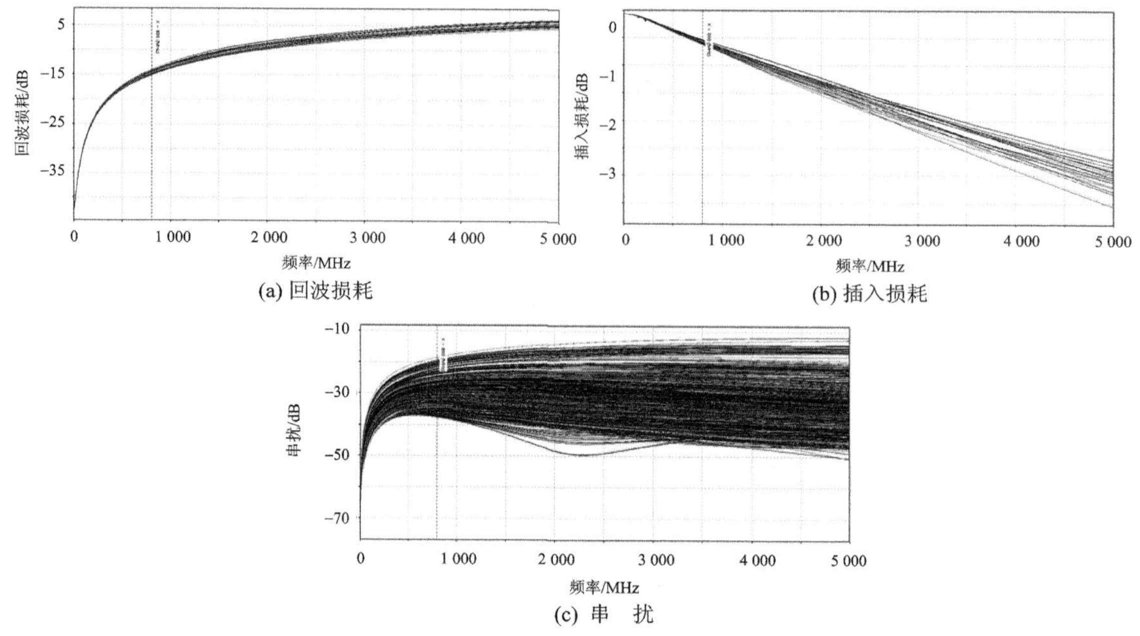

(a) 回波损耗

(b) 插入损耗

(c) 串 扰

图6 数据地址评估

参考文献

[1] EricBogatin. 信号完整性分析 [M]. 李玉山，译. 北京：电子工业出版社，2005.

[2] 吴海鸿，任玉龙，徐健，等. 玻璃基RDL传输线的特征阻抗与损耗研究 [J]. 电子与封装，2018，18(12)：1-7.

[3] 孙建红，沙涛，孙宪君. 超大规模集成电路成功布线的策略 [J]. 南京理工大学学报，2002，26(5)：494-498.

[4] 周静，万里兮，戴风伟，等. 硅基转接板上传输线的电学特性 [J]. 科学技术与工程，2013，13(20)：5790-5795.

[5] 杨东伦，翟歆，陈栋，等. 在布线圆片级封装的温度循环可靠性研究 [J]. 半导体技术，2019，9：91-96.

[6] 梁得峰，盖蔚，徐高卫，等. 一种基于TSV和激光刻蚀辅助互连的改进型CIS封装 [J]. 半导体技术，2017，8：82-86.

[7] 梅征. 三维集成电路中硅通孔电磁特性分析与优化 [D]. 西安：西安电子科技大学，2018.

[8] 王晓娟. 高速电路三维封装的电磁分析与设计 [D]. 杭州：浙江大学，2014.

[9] Eo Y，Eisenstadt W R. High-speed VLSI interconnect modeling based on S-parameter measurements [J]. IEEE Transactions on Components Hybrids & Manufacturing Technology，1993，16(5)：555-562.

[10] 平野，王海东，王志，等. 粗线条的2.5D硅转接板高速信号布线设计与仿真分析 [J]. 科学技术与工程，2014，14(23)：61-65.

[11] 谢锐，裴东兴，姚琴琴. 高频信号动态测试中的信号完整性分析 [J]. 仪器仪表学报，2017，38(3)：773-779.

微纳卫星天体敏感器一体化设计

姜宇鹏　郭晓华　刘中伟　李文彬　姜连祥
(山东航天电子技术研究所，山东·烟台，264670)

摘要：随着微纳卫星技术的发展，对星上姿轨控单机的性能、重量、尺寸要求越来越严苛。本文提出了一种恒星敏感器与太阳敏感器集于一体的天体敏感器设计，通过敏感恒星相对位置以及太阳光入射角度，从而实时给出基于当前观测坐标系下的四元数及太阳矢量信息。一体化天体敏感器总质量不超过 100 g，理论设计观星视场为 25°×15°，观日视场在横向三面覆盖 200°，尺寸 42 mm×42 mm×87.8 mm。本设计通过合理的光学系统，集成化信息处理电路设计及软件算法程序，经外场观星及观日验证了设计的可行性及合理性，具有体积质量小、成本低等优势，显示了在微纳卫星领域具有的广阔应用前景。

关键词：微纳卫星；一体化；天体敏感器；外场观星观日

1　引　言

近年来微纳卫星的单星性能、功能密度、低成本和寿命周期方面均有大幅提升，其主要特点是质量轻、体积小、成本低、研制周期短、功能密度高，既可单星执行任务又能星座组网，这些优势使其在通信、遥感、导航、海洋监视、科学探测等诸多领域都得到了广泛应用，越来越显示出其良好的发展前景。随着成本要素在微纳卫星所有要素中所占的比重越来越大，推动卫星内部各单机部分组件的一体化集成度，既能够降低重量、减小体积，降低发射成本，又能够降低单机成本，提高整星可靠性，因此单机一体化设计是未来微纳卫星发展的重要标志。

目前传统微纳卫星常规配置姿控产品，天体敏感器主要包括星敏感器、太阳敏感器以及地球敏感器，执行器类包括磁力矩器、动量轮。因地球敏感器观测精度低于恒星敏感器，且整星对日时多采用体积功耗更小的太阳敏感器，因此地球敏感器在微纳卫星应用较少。其中星敏感器及太阳敏感器一般安装在舱外，其光学视场分别满足观星、观日不被遮挡即可，这两种敏感器能够直接提供卫星在轨的偏航、俯仰、滚转等姿态关键信息，是卫星在轨稳定运行的重要保证。目前国内这两种敏感器的质量都已经做到 100 g 以内，但每台单机都需要单独电缆独立供电及通信，所占用的资源依然较大。

本文提出了一种微纳卫星天体敏感器一体化设计思路，将星敏感器、太阳敏感器集成为一台单机，通过给定合适的舱外布局位置，就可以同时进行观星、寻日，不但能够进一步节省星上重量、体积及功耗资源，还减少星上电缆数量从而提高整星集成度，具有重要的应用价值。

2　一体化敏感器设计

2.1　基线产品简介

星敏感器拍摄视轴指向星空的星图，通过图像识别算法与导航星库中已知坐标信息的观测星进行匹配，最后利用匹配成功的星对矢量计算出当前所处位置的三轴姿态，为航天器提供精确的空间姿态。星敏感器采用具有成熟飞行经历的产品作为设计基线，镜头采用内埋式设计填充于电子仓内部，电子仓内壁四周为信号处理电路板，遮光罩位于电子仓上部。星敏感器基线产品如图1所示。

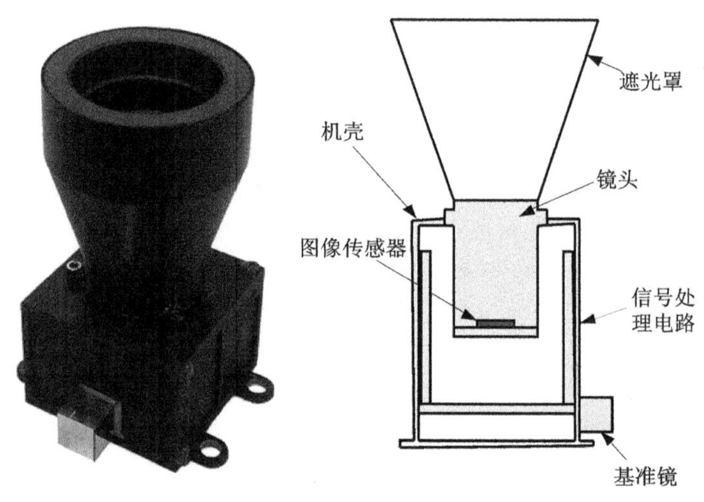

图1　星敏感器基线产品

太阳敏感器采用体积质量小，成本低，精度满足普通微纳卫星的模拟式太阳光电池片作为寻日敏感器件。模拟式太阳敏感器主要由光学头部、传感器部分以及信号处理电路构成，光线头部采用方形小孔设计，光电池片作为感光传感器，利用光生电流的余弦特性：

$$I(\theta)=I_0 S\cos\theta \tag{1}$$

式中：I 为产生的电流；I_0 为光线垂直入射时的响应率；θ 为光线入射角度；S 为受光面积，将光电池片划分为四个象限，太阳光透过小孔形成光斑，根据光斑落在光电池片四个象限的受光面积不同，即可得

$$I_1=I_0\cos\theta(L+d_x)(L+d_y) \tag{2}$$

$$I_2=I_0\cos\theta(L-d_x)(L+d_y) \tag{3}$$

$$I_3=I_0\cos\theta(L-d_x)(L-d_y) \tag{4}$$

$$I_4=I_0\cos\theta(L+d_x)(L-d_y) \tag{5}$$

联立解得

$$d_x=L[(I_1+I_4)-(I_2+I_3)]/I \tag{6}$$

$$d_y=L[(I_1+I_2)-(I_3+I_4)]/I \tag{7}$$

式中：I_n 为第 n 象限产生的光电流；I 为四象限电流之和 d_x 和 d_y 为光斑中心坐标，则光斑中心与太阳光入射角 θ 和方位角 β 的关系，及视场角(FOV)换算公式如下：

$$\theta=\arctan(\sqrt{d_x{}^2+d_y{}^2}/H) \tag{8}$$

$$\beta=\arctan(\sqrt{d_y/d_x}) \tag{9}$$

$$\tan(\mathrm{FOV}/2)=L/H \tag{10}$$

式中：H 为小孔到电池片的高度，H 越小视场角越大，但受光面积 S 也越小，灵敏度越小；设计综合考虑取112°视场角，则高度 H 为1.6 mm，L 仅为2.375 mm，适合集成在星敏电子仓侧表面。光电池片及光斑位置解算示意图如图2所示。

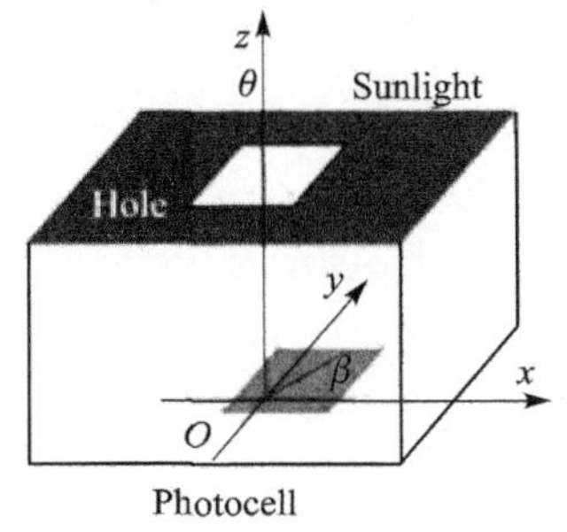

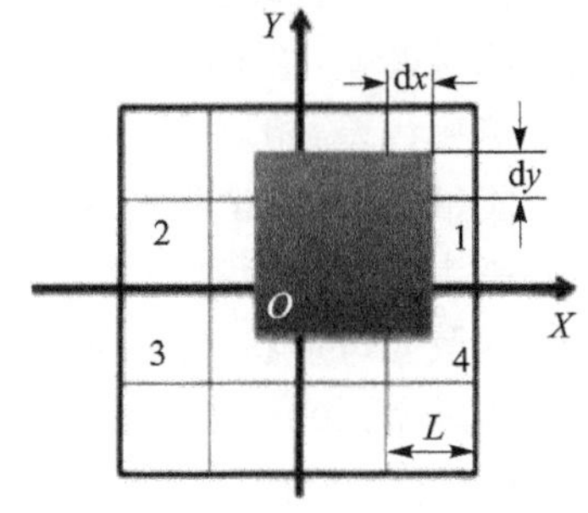

图 2 光电池片及光斑位置解算示意图

2.2 一体化集成设计

一体化敏感器主要由星敏感器、太阳敏感器这两类星上主要敏感器构成，以纳型星敏感器结构为主体，将模拟式硅光电池集成在除星敏感器电子仓电连接器面外其余三面，两种敏感器共同进行图像信号采集与处理，结构外形如图 3 所示。

一体化敏感器的结构是保证恒星敏感器和太阳敏感器高精度姿态测量的关键因素之一，综合考虑镜头支撑、调焦稳定性及视场范围等多方面因素，兼顾电磁兼容和散热要求。下部电子仓部分采用轻量化高比刚度的镁锂合金材料，提高强度的同时减轻整机重量，围框的止口设计与钛合金螺钉构成完整的屏蔽壳体，即保证了搭接电阻、良好的电磁屏蔽效果，并且提高了抗振特性。遮光罩材质内部挡光环及外部表面发黑处理，满足杂光吸收比及整机散热要求。

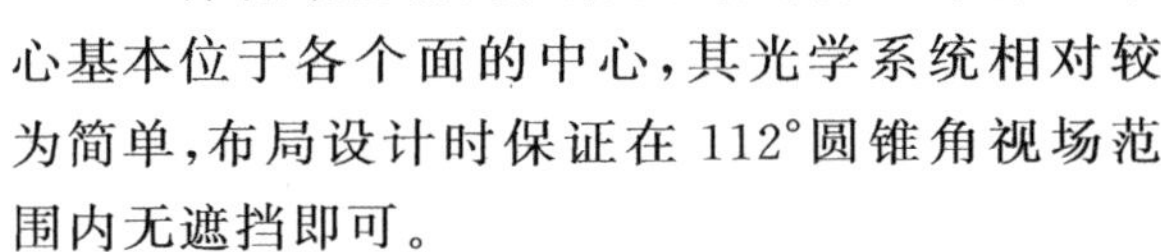
一体化敏感器的太阳星敏部分四象限的中心基本位于各个面的中心，其光学系统相对较为简单，布局设计时保证在 112°圆锥角视场范围内无遮挡即可。

图 3 一体化天体敏感器

一体化敏感器的星敏光学镜头是高精度设计的关键，合理的光学系统设计可以有效提高恒星像质，在焦距、相对孔径、视场、光谱范围、中心设计波长、系统透过率、弥散元尺寸、后截距以及工作温度等众多指标中，焦距、视场和孔径是三个非常重要的因素，三者密切联系由相互制约，相关关系为

$$F = f/D \tag{11}$$

F 越小，光学系统的孔径越大，敏感恒星的灵敏度就越高，但设计和加工难度随之加大，特别是当 F 小到一定程度时，要实现优良像质将极其困难。综合考虑极限探测星等、成像质量等因素，光学系统设计参数确定如下：

① 视场：25°×15°；

② 焦距：32 mm；

③ 入瞳孔径：ϕ18 mm；

④ 镜头工作波段：600～900 nm，中心波长750 nm；

⑤ 绝对畸变：≤3 μm(全视场)；

⑥ 倍率色差：相对中心波长750 nm≤±3 μm；

⑦ 能量集中度：全视场3×3像元能量集中度不小于80%；

⑧ 镜头后工作距离：3.2～4.5 mm；

⑨ 弥散光斑形状：0.85视场内接近于圆；

⑩ 透过率：600～900 nm不小于85%；

由于光学系统视场较大，采用透射式方案。整个光学系统保护7片透镜，第一片透镜的通光口径最大，光学系统五个主要波段光路仿真如图4所示。

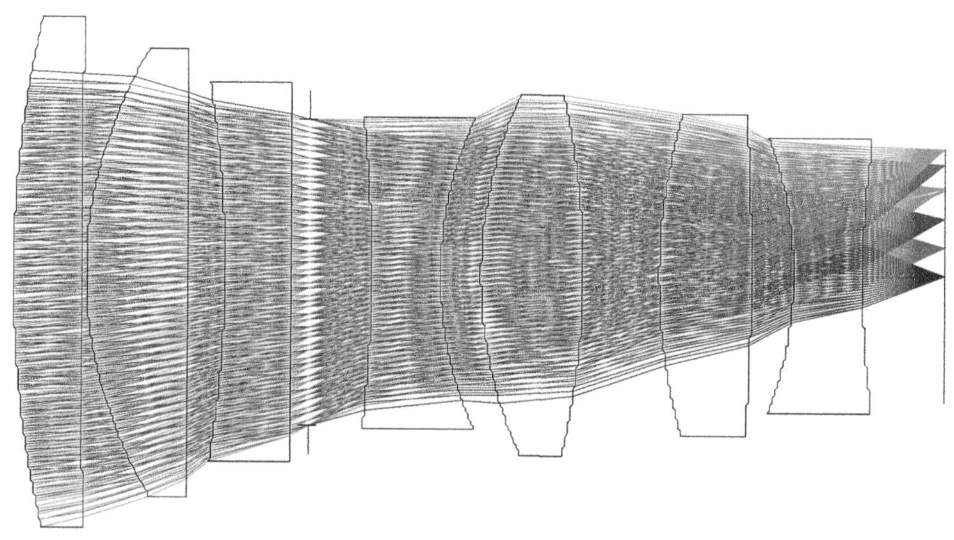

图4 一体化天体敏感器星敏部分光学系统仿真

2.3 电路方案设计

为满足航天实时处理的要求，充分利用超大规模集成电路技术，实现信息处理电路的小型化设计与集成，天体敏感器一体化集成系统电路设计方案如图5所示。

选用集成ARM内核的FPGA作为一体化敏感器CPU，充分发挥FPGA的并行流水的逻辑控制和ARM实时高速处理的优势，对外围电路进行驱动控制，并对采集的星图和光斑位置信息进行存储、提取、转换、计算。

FPGA产生特性时序驱动图像传感器按照一定的曝光时间和增益，通过星敏光学镜头对恒星进行拍照成像，原始星图首先在SRAM中缓存，然后由软件图像处理模块经过滤波、分割得到星点的质心位置及亮度信息，这些经过预处理的星图信息被发送至CPU内。Flash存储器中包含星库信息，CPU根据当前时刻星图信息，由姿态计算模块通过星图识别算法、星跟踪算法找到正确的匹配导航星，最终将当前星敏的姿态执行信息输出，星敏部分软件功能模块如图6所示。

$\pm X$面、$+Y$面的光电池片在垂直光照条件下，光电流为0.3 mA/mm²，当入射角为$\theta=[0°,56°]$时，方位角变化范围为$\beta=[0°,56°]$，光电流为

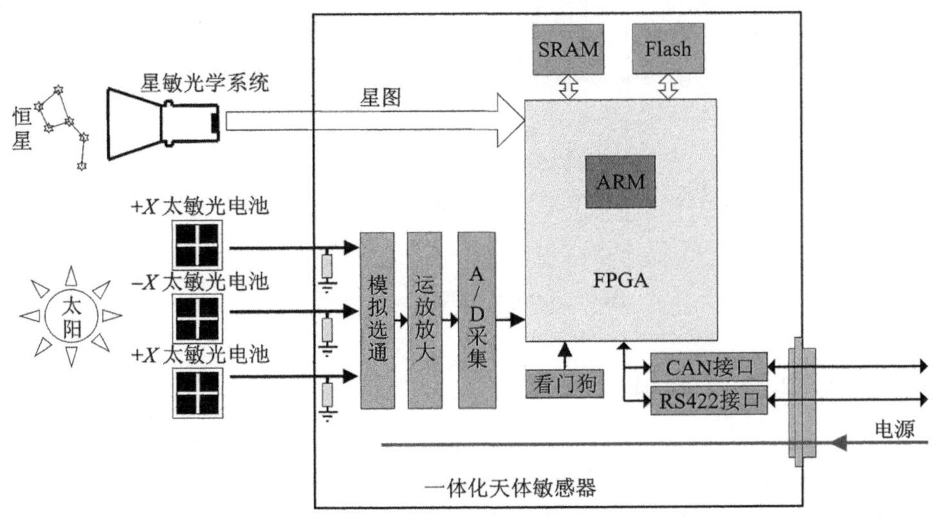

图5 一体化天体敏感器电路方案设计

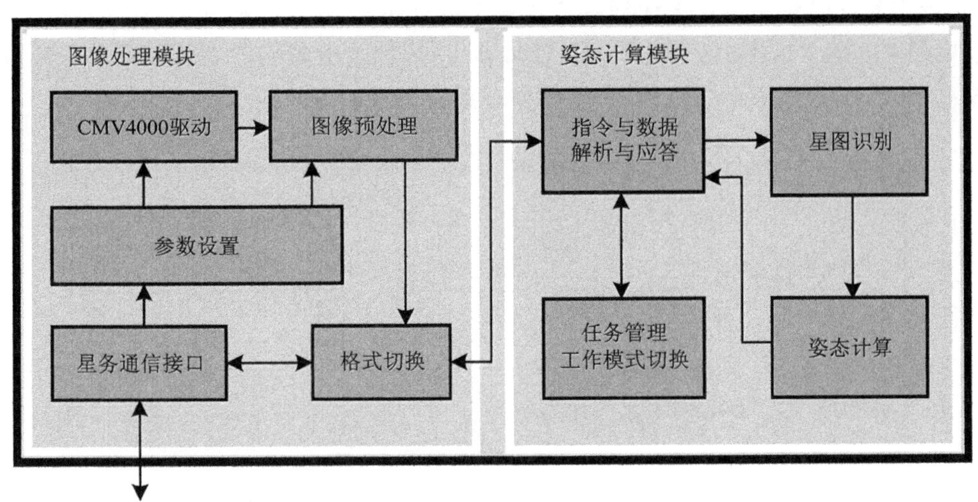

图6 星图处理软件功能模块示意图

$$I = I_0 \cos\theta (L + H\tan\theta\sin\beta)(L + H\tan\theta\cos\beta) \tag{12}$$

此时太阳光在全视场范围内入射所产生的最大光电流为 2.8 mA，采样电阻取 71.5 Ω 时输出最大电压为 200 mV。一体化天体敏感器三个面的太阳光电池信号经过模拟开关分时输出，为了提高微弱信号采集性能，是测量结果更加真实地反映被测信号的大小及变化规律，采用一级仪表用放大器对最大 200 mV 电信号进行放大，设计选用仪表放大器 AD620，具有吉欧(GΩ)级输入阻抗，放大调整误差典型值为 0.15%，共模抑制比达到 110 dB，漂移电压小于 0.6 μV/℃，差分放大电路如图 7 所示。

针对选择的 A/D 芯片输入模拟量信号范围为 0～5 V，因此选择放大倍数为 25 倍，根据公式：

$$G = 1 + 49.4\ \text{k}\Omega / R_G \tag{13}$$

可得放大电阻 R_G 为 2.05 kΩ。A/D 转换芯片选取 16 bit 分辨率，采样频率最高 200 ksps，对三个光电池感光信号分时采集后将结果发送至 CPU 进行光斑位置反算。

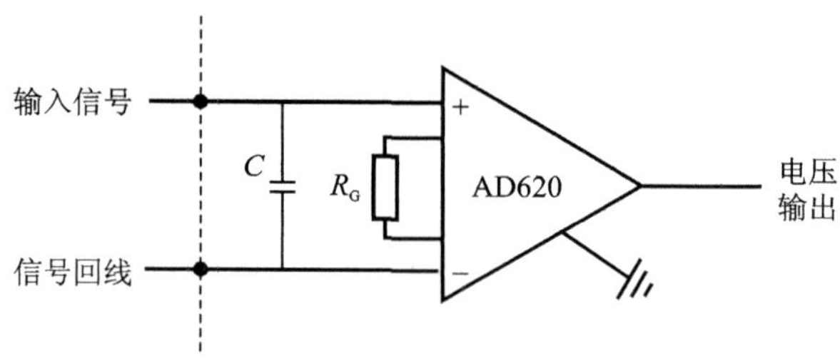

图7 AD620信号放大示意图

3 外场观星观日测试

一体化天体敏感器通过外场晴朗天气的观星和观日测试，能够对整机性能及后续改进提供实测参考数据。在外场开阔地带，采用水平仪、上位机等仪器进行静态观测，并将测试结果记录保存。

观星静态测试时将一体化天体敏感器置于水平台面上，保持设备朝向正上方晴朗天区，上位机软件采用RS422总线进行数据轮询，以每秒4 Hz的读取频率读取星敏输出四元数数据，连续保存4 min左右获得900组数据，星敏姿态数据记录如图8所示。

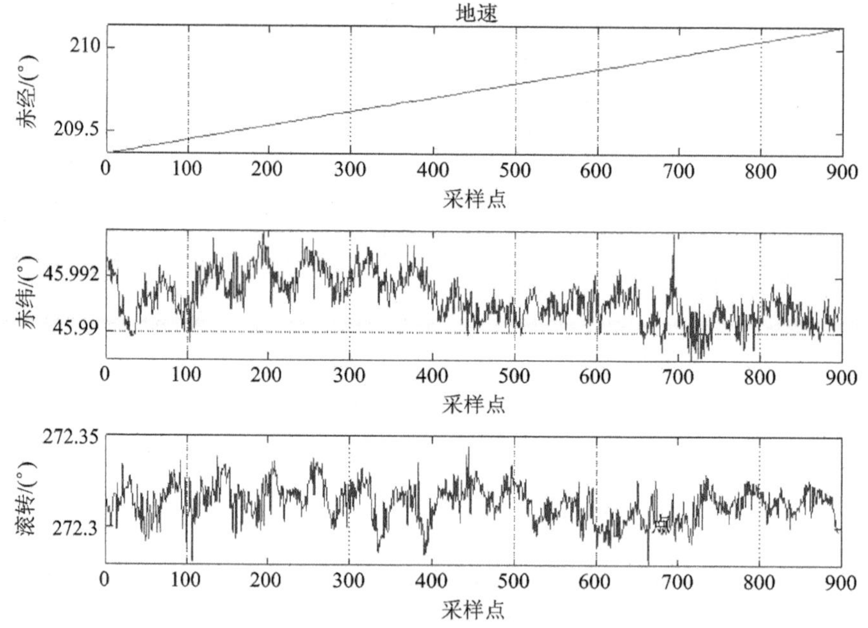

图8 1倍地速情况下星敏感器的姿态曲线

随着地球自转，星敏输出赤经数据呈线性增加，持续跟星无丢帧现象。因地处烟台北纬37°地带，星敏赤纬及滚转数据有波动，但数据波动范围不大。采用强光在星敏视场角外作为杂光进行干扰，星敏依然能够持续跟星无丢帧。

太敏静态测试时将一体化天体敏感器侧卧放置，以3 Hz的采用频率分别对$+X$、$-X$及$+Y$面各采集9 min左右时间，共采集30 min获取5 400个采样数据并保存记录。同时根据此时STK的仿真数据作为比对，将天体敏感器太阳角度信息与STK计算的角度信息对比，入射角及方位角结果如图 9 和图 10 所示。

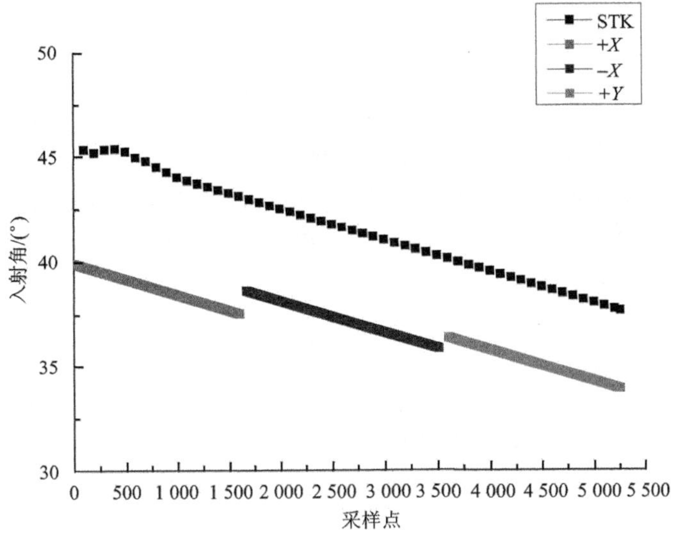

图 9　入射角实测值与 STK 值

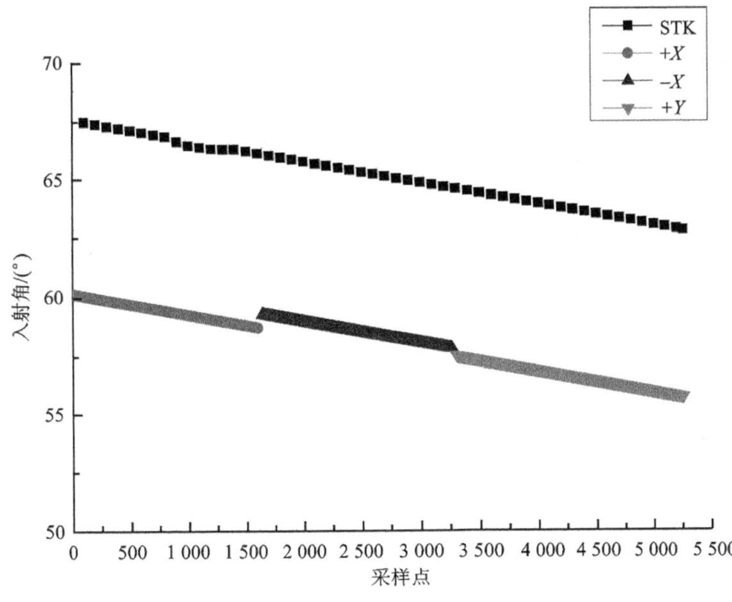

图 10　方位角实测值与 STK 值

从结果可以看出，天体敏感器的三个感光面入射角、方位角与 STK 计算结果存在一个差值，这个较为稳定的差值主要由于敏感器的自身结构误差、太阳光经过大气层的散射及折射造成的，其中 $+X$ 面入射角差值均值为 5.623 4°，方位角差值均值为 4.321 8°；$-X$ 面入射角差值均值为 4.422 6°，方位角差值均值为 6.841 5°；$+Y$ 面入射角差值均值为 3.765 1°，方位角差值均值为 7.132 9°。三个面的入射角差值标准差分别为 0.011 3°、0.010 4°和 0.009 2°，说明与 STK 计算值的差值非常稳定，该差值能够在后续精度标定试验中予以补偿。而方位角差值是与天体敏感器的初始摆放位置有关，敏感器的定义零度方位角与 STK 的零度方位角没有重合,其标准差最大为0.021说明敏感器测量方位角准确。

4 结 论

本文首先分析了当前微纳卫星天体敏感器的发展趋势,基于小型化高集成度的特点,创新性地将星敏感器与太阳敏感器组成一体化天体敏感器,然后进行了光学以及电路方案设计,经过外场观星、观日测试,验证了集成天体敏感器产品设计的正确性与合理性。设计的一体化天体敏感器具有体积小、质量轻、低成本等特点,非常适用于微纳卫星的应用需求,为将来更高集成度的敏感器类产品设计奠定坚实基础。

参考文献

[1] 马定坤,匡银,杨新权,等. 微纳卫星发展现状与趋势[J].空间电子技术,2017(3):42-45.

[2] 张伟,彭攀,沈朱泉,等. 精致微纳卫星设计与实践[J].航天器工程, 2018,27(6):19-26.

[3] Furgale P, Enright J, Barfoot T. Sun Sensor Navigation for Planetary Rovers [J]. Theory and Field Testing,2011,47(3):1631-1643.

[4] 杜永超,刘春明,欧伟. 空间太阳敏感器用硅光电池[C].第十七届全国半导体集成电路、硅材料学术会议,2011:206-209.

[5] 查杨生,陆正亮,张翔,等. 立方星用微型太阳敏感器设计[J]. 传感器技术学报, 2018,31(11):1647-1651.

[6] 斯朝铭. 卫星姿态控制分系统的模块化设计方法[D]. 哈尔滨:哈尔滨工业大学硕士论文,2014.

[7] 黄欣. 一体化小型星敏感器[J]. 航天控制,2002,2:12-17.

[8] 徐晓丹,王建福,等. 双轴模拟式太阳敏感器测试链误差分析及修正[J]. 中国空间科学技术, 2019,39(1):19-24.

基于轻量化深度卷积网络的遥感图像在轨识别算法

李伟明　马宗峰　杨宁

（山东航天电子技术研究所，山东·烟台，264670）

摘要：本文针对可见光遥感影像在轨目标检测问题，提出了一种适用于星上在轨计算部署的轻量化深度卷积网络架构。利用 DFire 模块改造 SqueezeNet 作为骨干网络，减少了计算量，提高了处理效率。算法在不同硬件平台上的对比测试实验表明，本文提出网络架构在模型大小、精度、计算复杂度和推理时间等方面均具有优势，在 NWPU VHR-10 数据集上可实现75.2%的 mAP，具有较高的可靠性及准确性。

关键词：遥感图像；目标检测；卷积神经网络；嵌入式平台

1　引　言

遥感影像具有分辨率高、覆盖面宽、细节丰富等优点，但海量数据给星上存储及对地数传造成了巨大压力，极大地延误了遥感信息的时效性。在轨目标实时处理可有效提取用户感兴趣目标信息，实现大型军事目标实时侦察，跟踪监视其活动情况，掌握敏感地区海上大型军事力量的部署与目标动向。重点情报信息的在轨提取可在一个数传窗口内大幅缩减冗余信息量，提高数据使用效率，缩短信息传递回路，可更好地支持各兵种战术作战任务。

然而，实际上遥感图像存在大量的干扰，如拍摄角度、光照变化、系统噪声、大气扰动等因素使得在轨成像质量较差，空间分辨率存在不同程度的畸变，如何对 0～2 级影像进行目标的准确定位与识别，仍存在一定的技术挑战。另外，星上计算资源受限，如何在保证时效性及检测精度的前提下，在有限的算力下缩减算法计算量，是星上实时智能处理重要的技术发展方向。

以往在轨计算的方法主要基于人工设计方法对目标特征进行提取，如基于模板匹配的方法、基于对象的图像分析（OBIA）方法以及基于知识的方法等。但针对特定目标的分类方法限制了其在图像自动分类中的应用，不能作为一种通用的分类方法。近几年随着以卷积神经网络（Convolutional Neural Networks，CNN）为代表的深度学习方法在各个领域的优越表现，CNN 在遥感图像中的目标检测问题近年来受到了广泛的关注。

鉴于此，本文针对可见光遥感影像在轨目标检测问题，提出了一种适用于星上在轨计算部署的轻量化深度卷积网络架构。设计了 DFire 模块子网络，用于缩减模型尺度，提取图像特征；进一步设计了 DFire-SSD 轻量化网络架构。算法在不同硬件平台上的对比测试实验表明，本文提出网络架构在模型大小、精度、计算复杂度和推理速度等方面均具有优势，适用于基于 FPGA＋GPU 硬件架构的星上计算部署。

2 轻量化CNN架构设计

目前用于目标检测与识别的CNN方法分为双阶段模型与单阶段模型两种，双阶段模型存在的问题是：基于滑动窗口的区域选择策略没有针对性，时间复杂度高，窗口冗余；而单阶段模型则是利用整张图作为网络的输入，直接在输出层输出回归框的位置和所属的类别，虽然在GPU平台的加速下达到了较高的处理速度，但计算成本高、单位时间功耗大，不适用于计算资源受限的嵌入式平台。同时上述两类方法都面临占用内存大、实时性较差等问题。

SqueezeNet模型由加州大学伯克利分校和斯坦福大学提出，是针对上述问题进行改进的轻量化模型之一。SqueezeNet的核心结构是为Fire模块，由挤压层和膨胀层两部分组成。挤压层对输入特征进行1×1卷积，以减少输入特征的通道数量。膨胀层则分别通过1×1和3×3卷积核进行特征提取，并与输出特征进行合并。此处为进一步缩小计算量，引入深度可分离卷积模块(Depthwise Separable Convolution)对Fire模块进行改进，命名为DFire模块，如图1所示。在DFire模块中采用类似反向剩余块的策略。为了提高存储效率，对DFire模块中的通道维先进行扩展，然后进行缩减。

DFire模块是由一个扩展卷积层(1×1卷积核)和一个微架构组成。该微架构有两条路径：第一个路径与一个挤压卷积层相连接以减少信道维数，第二个路径与一个深度分离的卷积层相连接。两个超参数 n_e 和 n_s 用来定义深度卷积模块中的滤波器数量，其中 n_e 为扩展卷积层和深度卷积层中的滤波器数量，n_s 为压缩卷积层和逐点卷积层中的滤波器数量。当使用DFire模块时，将 n_e 设置为的 n_s 的4倍，作为从特征图中获取更多信息的策略。

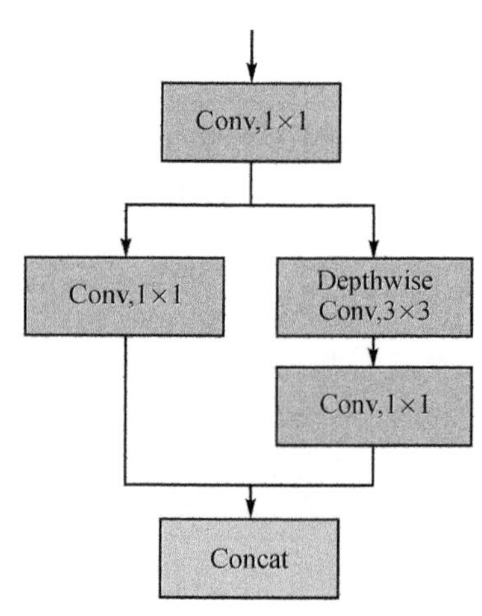

图1 DFire模块架构

基于DFire模块搭建DF-SSD网络架构，用于在实时嵌入式环境部署并对多尺寸目标进行计算检测。网络架构如图2所示，DF-SSD的主干DFNet由一系列标准的卷积层、max pooling层和DFire模块组成。DFire模块的设计是为了提取特征和减小模型的大小。max pooling层用于调整特征图的比例。考虑到遥感图像中目标在尺度和形状上的差异，采用特征金字塔来检测不同尺度的目标，可以在每一层独立的检测对象，这使得DF-SSD可以检测不同尺度的对象。为防止卷积层数过多而导致梯度消失，同时引入ResNet中使用的残差单元，在正向传播中重用特征。

对于遥感图像中的目标检测，最困难的挑战是极小密度的目标。为了实现对极小目标的检测和分离，提出了一种基于FPN的多尺度检测策略。FPN产生了一个多尺度的特征表示，它可以检测具有不同层次特征映射的目标。因此，可以采用不同尺度的地物图来同时检测目标，从而提高定位和分类的准确性。此外，它可以被训练端到端的6个规模，并在训练和测试过程中一致使用。因此，DF-SSD能够在不增加单尺度基线测试时间的情况下获得更高的精度。采用DFire4、DFire8、DFire9、DFire10、DFire11和DFire12中的6个尺度的特征图来形成特征金字塔。特征图的大小分别为38×38、19×19、10×10、5×5、2×2和1×1。另外，在网络后期进行下采样，使卷积层具有较大的激活图，有利于提高模型精度。网络参数如表1所列。

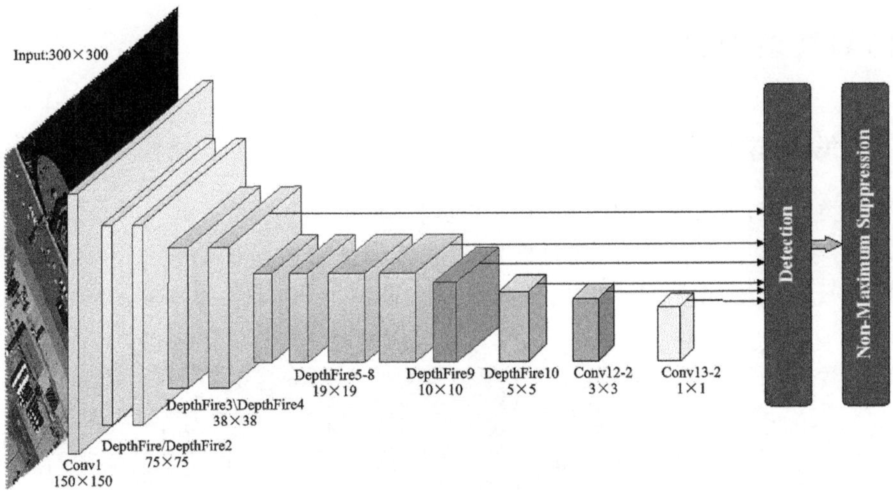

图 2　DF-SSD 网络架构

表 1　网络参数

Type	Size	Input
Conv1	3×3\2	300×300×3
pool1	3×3\2	150×150×96
DepthFire1	64@E-16@S-64@DW-16@PW	75×75×96
Concat1		
DepthFire2	64@E-16@S-64@DW-16@PW	75×75×32
Concat2		
pool2	3×3\2	75×75×32
DepthFire3	128@E-32@S-128@DW-32@PW	38×38×32
Concat3		
DepthFire4	128@E-32@S-128@DW-32@PW	38×38×64
Concat4		
Pool3	3×3\2	38×38×64
DepthFire5	192@E-48@S-192@DW-48@PW	19×19×64
Concat5		
DepthFire6	192@E-48@S-192@DW-48@PW	19×19×96
Concat6		
DepthFire7	256@E-64@S-256@DW-64@PW	19×19×96
Concat7		
DepthFire8	256@E-64@S-256@DW-64@PW	19×19×128
Concat8		
Pool4	3×3\2	19×19×128
Output		10×10×128

3 仿真实验及结果分析

3.1 数据集与评价指标

为提高分类精度，该模型首先选择在公开数据集如 VOC 2007 以及 VOC 2012 上进行模型预训练，之后在 NWPU VHR－10 数据集上进行训练。该数据集包括了飞机、舰船、油罐、棒球场、网球场、篮球场、田径场、港口、桥梁以及车辆等 10 种遥感检测类别，如图 3 所示。

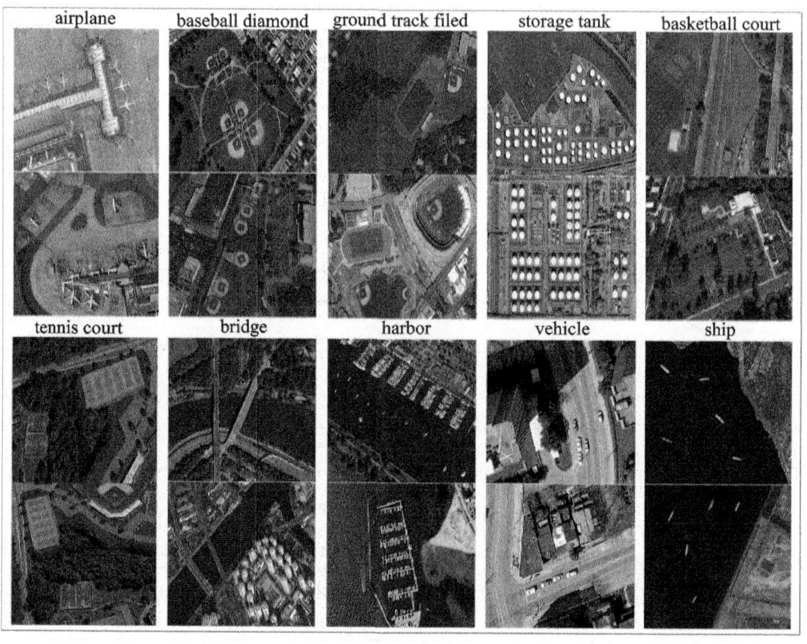

图 3　NWPU VHR－10 数据集样本

为对算法性能进行定量评估，采用以下指标进行评估：精度-召回曲线（Precision-Recall Curve，PRC）、平均精度（Average Precision，AP）、平均精度均值（mean Average Precision，mAP）以及帧速率（Frames Per Second，FPS）。精度（precision）是正确检测目标数与检测到的目标总数的比值；召回率（recall）为正确检测目标数与 ground-truth 目标总数比值。精度-召回曲线显示了召回变化之后的精度变化，可以反映算法的整体性能。precision 与 recall 的定义如下：

$$\text{precision}=\frac{\text{TP}}{\text{TP}+\text{FP}} \tag{1}$$

$$\text{recall}=\frac{\text{TP}}{\text{TP}+\text{FN}} \tag{2}$$

AP 是在 0～1 之间的所有 recall 的平均精度，AP 越高表示检测性能越好；mAP 则表示所有类别的 AP 的平均，AP 与 mAP 可用以下公式表示：

$$\text{AP}=\int p(r)\,\mathrm{d}r \tag{3}$$

$$\mathrm{mAP}=\frac{\sum_{q=1}^{0}\mathrm{AP}(q)}{Q} \tag{4}$$

式中：p 为 precision 的值；r 为 recall 值；Q 为类别总数。

3.2 训练过程

为对算法进行验证对比，搭建测试环境及硬件平台。所有的模型均在 Caffe 架构下实现，编程语言为 Python。系统环境为 Ubuntu16.04、Intel Core i7－7700K，16 GB 内存，GPU 采用 NVDIA GForce GTX1080Ti。

然后，在 ImageNet 上对 DFNet 网络进行共 200k 次迭代的预训练，前 150k 次迭代学习率为 0.04，后 50k 次迭代学习率为 0.000 25，剩余 100k 次迭代学习率为 0.000 025，共耗时约 70 h。随后，基于 DFNet 设计的 DF－SSD 先后在 PASCAL VOC 2007＋2012 和 NWPU VHR－10 上训练，前 20k 迭代学习率 0.001，后 25k 迭代学习率 0.000 5，后 25k 迭代学习率 0.000 25，后 20k 迭代学习率 0.000 1。该网络采用随机梯度下降算法对 32 幅图像进行训练，权值衰减和动量分别为 0.000 1 和 0.9。

3.3 试验测试对比分析

表 2 给出了所提出的 DFNet 在 ImageNet 数据集上的 MACs 总数、参数总数、Top1/Top5 精度和推理时间的性能指标，与传统的 SqueezeNet 和 MobileNet v2 两种轻量级网络模型进行了比较。从测试结果中可看出，DFNet 的 MACs 比 SqueezeNet 小约 8 倍，约为 0.97 G，说明本文设计的模型设备内存率较小。此外，可看出，尽管 MobileNet v2 的 MACs 比 DFNet 小约 2 倍，但 DFNet 的推理时间远小于 MobileNet v2 和 SqueezeNet。与 SqueezeNet 相比，DFNet 可以在 GTX 1080 Ti 上缩短 0.6 ms 推理时间，在 i7－7700K 上缩短 50 ms 推理时间，从而获得更高的精度。与 MobileNet v2 相比，DFNet 在 GPU 平台上快约 2.5 倍，在 CPU 平台上快 24 ms，Top1 精度下降约 12%。DFNet 在 GPU 和 CPU 平台上的性能表明，DFNet 适合部署在各种嵌入式平台上。

表 2 主干网络性能测试的对比

Model Name	Total number of MACs/G	Total number of parameters/M	Top1/Top5 Accuracy/%	Inference Time on GTX 1080 Ti/ms	Inference Time on i7－7700K/ms
SqueezeNet	8.61	1.25	57.5/80.3	2.85	142
MobileNet v2	0.3	3.4	71.7/90.49	8	117
DFNet	0.97	2.58	59.14/81.4	2.23	93

此外，在 NWPU VHR－10 数据集上对本文提出的 DF－SSD 进行了性能测试，并在同一平台及测试环境下使用 Tiny－YOLO 及 SqueezeNet－SSD 作为对比基准。与 Tiny－YOLO 及 SqueezeNet－SSD 相比，DF－SSD 对目标的检测精度明显提高，在一些复杂环境下，DF－SSD 的目标检测结果具有效性和准确性，如图 4 和图 5 所示。

total
vehicle
bridge
harbor
ground track field
basketball court
tennis court
baseball diamond
storage tank
ship
airplane
0
0.2
0.4
0.6
0.8
1
1.2
DF-SSD
SqueezeNet-SSD
Tiny-YOLO

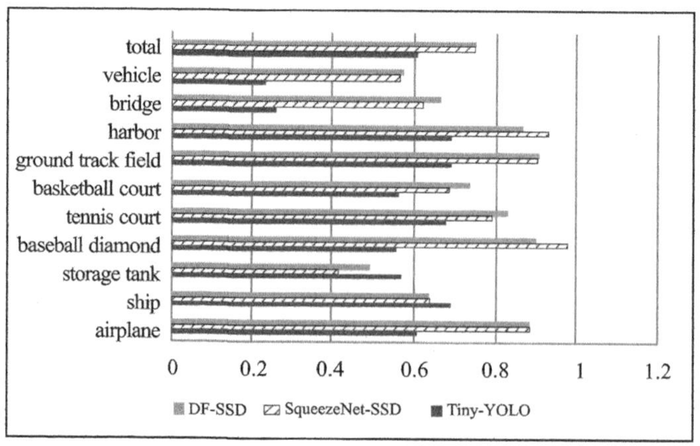

图 4　不同方法的 AP 值对比

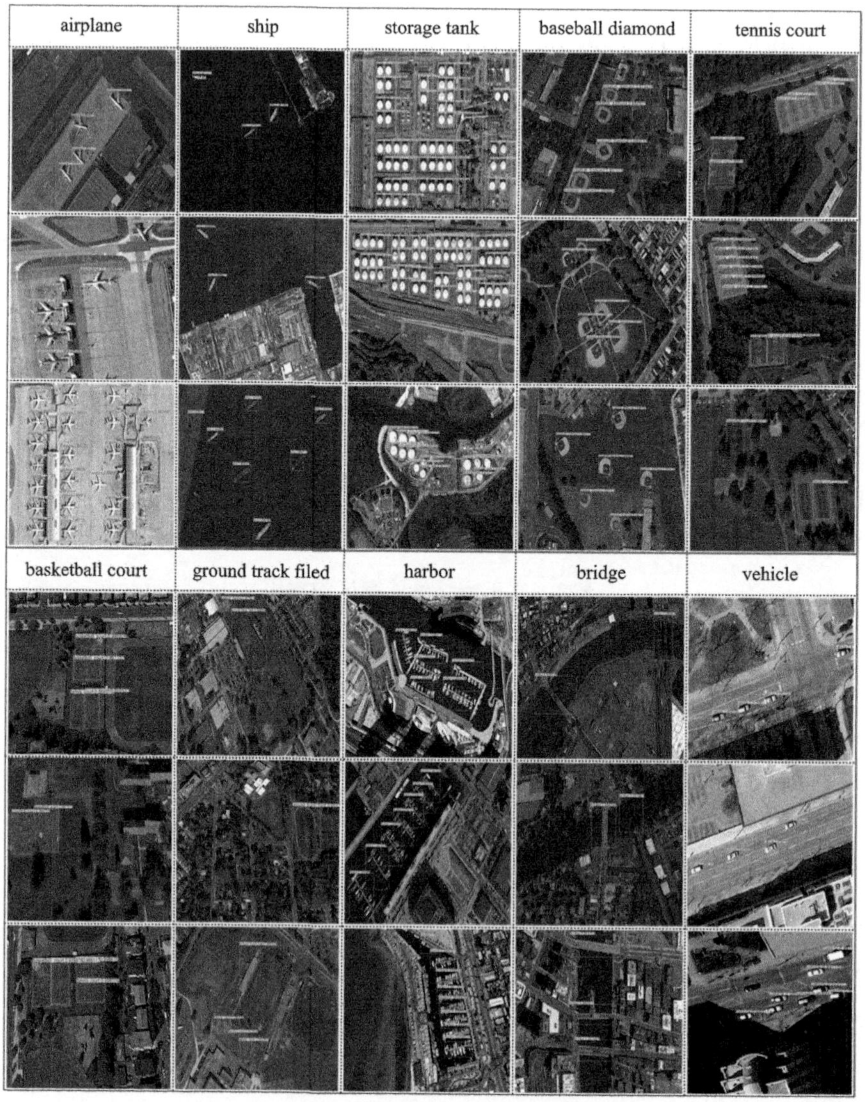

airplane
ship
storage tank
baseball diamond
tennis court
basketball court
ground track filed
harbor
bridge
vehicle

图 5　NWPU VHR－10 检测结果

4 结束语

本文研究了适用于星上在轨计算的轻量化深度卷积网络架构。设计了 DFire 模块子网络，在 SqueezeNet 中替换了 Fire 模块，Top1 准确率达到 59.1%，处理时间达到 2.3 ms。在 DFNet 的基础上，开发了 DF - SSD，在 GTX - 1080Ti 上比 SqueezeNet - SSD 快 28%，在同一分辨率下 mAP 下降了 4.7%。算法在不同硬件平台上的对比测试实验表明，本文提出网络架构在模型大小、精度、计算复杂度和推理速度等方面均具有优势，适用于基于 FPGA+GPU 硬件架构的星上计算部署。

参考文献

[1] Liu G, et al. Aircraft recognition in high-resolution satellite images using coarse-to-fine shape prior. IEEE Geoscience and Remote Sensing Letters, 2013,10(3): 573-577.

[2] Hung C, Bryson M, Sukkarieh S. Multi-class predictive template for tree crown detection. ISPRS Journal of Photogrammetry and Remote Sensing, 2012,68: 170-183.

[3] Marco G, et al. OBIA ship detection with multispectral and SAR images: A simulation for Copernicus security applications. IEEE International Geoscience and Remote Sensing Symposium, Beijing, China, 2016:1229-1232.

[4] Diana C,et al. Monitoring recovery after earthquakes through the integration of remote sensing, GIS, and ground observations: the case of L'Aquila (Italy). The American Cartographer,2016, 43(2): 115-133.

[5] Shanmugam L, Vani K. Water flow based geometric active deformable model for road network. ISPRS Journal of Photogrammetry and Remote Sensing, 2015, 102, 140-147.

[6] Bejiga M B, Zeggada A, Melgani F. Convolutional neural networks for near real-time object detection from UAV imagery in avalanche search and rescue operations. 2016 IEEE International Geoscience and Remote Sensing Symposium (IGARSS), Beijing, 2016: 693-696.

[7] Zhan C,et al. Deep Learning Approach in Automatic Iceberg - Ship Detection with SAR Remote Sensing Data[C]. International Geophysical Conference, Beijing, China, 2018: 1782-1785.

[8] Chen Y, et al. A UAV-based Forest Fire Detection Algorithm Using Convolutional Neural Network. 2018 37th Chinese Control Conference (CCC), Wuhan, 2018: 10305-10310.

[9] Iandola F N, et al. Squeezenet: Alexnet-level accuracy with 50x fewer parameters and < 0.5 mb model size. arXiv preprint arXiv:1602.07360.

[10] Howard, Andrew G, et al. MobileNets: Efficient Convolutional Neural Networks for Mobile Vision Applications. arXiv preprint arXiv:1704.04861.

基于光纤传感的航天器结构健康监测技术研究进展

张建德　杨宁　罗玉祥　郑鹏　赵波

（山东航天电子技术研究所，山东·烟台，264670）

摘要：光纤传感器具有抗电磁干扰能力强、耐腐蚀能力强、寿命长和体积小等优点，适合航天器结构的温度、应变和振动等健康信息的测量。为了满足航天器结构健康监测的应用需求，国内外研究机构对光纤传感技术进行了大量的研究工作以及试验验证，本文着重介绍了美国国家航空航天局(NASA)、欧洲航天局(ESA)的在轨验证情况以及山东航天电子技术研究所的在轨应用情况，在此基础上提出了适用于空间应用的光纤传感技术发展趋势。

关键词：光纤传感；航天器；结构健康监测

1　引　言

随着航天技术的发展，特别是载人月球探测、深空探测等特殊航天技术的迅速发展，使得新一代航天器具备高安全、高可靠、模块化、多任务、可重复使用等特点。航天器长期工作在空间环境中，时刻面临着各种恶劣环境的挑战，包括空间辐照、微流星体与空间碎片撞击、交汇对接、变轨、高低温急剧变化等，且常伴随剧烈的结构振动，这些因素可能导致结构的疲劳、裂纹、屈曲等，给航天飞行带来较大隐患，甚至导致航天任务的失败。因此，对航天器结构温度、应力应变、形变等参数的实时监测提出了迫切需求 。

光纤传感技术始于 1977 年，伴随光纤通信技术的发展而迅速发展起来，其通过调制光纤中传输光的波长、相位、强度、偏振并对这些变化进行监测，实现对温度、应变、压力、湿度等多种参量的测量。相对于传统的测量系统，光纤传感技术具有抗电磁干扰能力强、耐腐蚀能力强、寿命长和体积小等优点，布拉格光纤光栅(Fiber Bragg Grating，FBG)可直接埋入或者封装后用于卫星、火箭、飞船等航天器关键结构，实现对航天器主体结构、通信天线、相机镜头支架、太阳能电池翼等结构部件结构变形进行精确的测量。

本文对 FBG 传感技术在航天器结构健康监测领域的国内外研究情况进行了分析，并在轨验证和应用情况进行了介绍，给出了光纤传感技术在航天器结构健康监测方面的发展建议，以推动其在航天领域的深入应用。

2　国外光纤传感技术在航天器健康监测领域的应用现状

国际上对基于光纤传感技术的航天器结构健康监测技术研究已经展开，并在挑战者号航天飞机灾难后获得大力发展，开始对航天器关键结构的温度、应变、振动等健康参数进行实时监控。

2.1 美　国

自 1998 年开始，NASA 在 X-33、X-34、X-37 和 X-38 航天器上安装了测量光纤应变和温度传感器，对其燃料储箱及其保温层和结构部件等结构的力学载荷和温度载荷进行了实时在线监测，如图 1 和图 2 所示。X-38 航天器使用了 12 只光纤光栅传感器，组成了准分布式光纤光栅传感网络，应变测量范围 −1 000 $\mu\varepsilon$～4 000 $\mu\varepsilon$，温度测量范围 −40～180℃，其中，应变测量的分辨率和重复度分别是 5 $\mu\varepsilon$ 和 25 $\mu\varepsilon$。

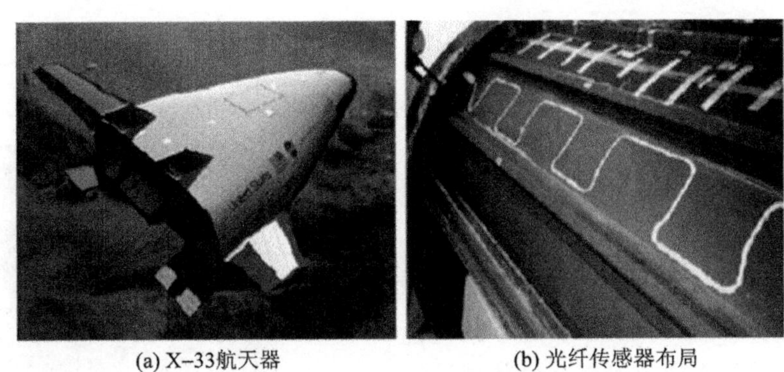

(a) X-33航天器　　(b) 光纤传感器布局

图 1　X-33 光纤传感器布局

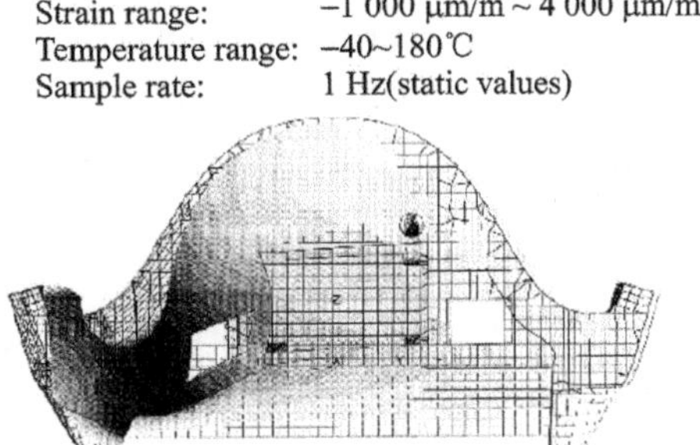

Load Measurements on the at structure of the X-38

图 2　光纤应变和温度传感器在 X-38 飞行器中的安装位置

2008 年，NASA 在新型无人机 IKHANA 上，安装了 2 880 个光纤光栅传感器，左机翼和右机翼各安装 1 440 个光纤传感器，进行了 36 h 飞行过程中的动态应变信号检测。这是光纤光栅应变和机翼形状的首次飞行验证测试，如图 3 和图 4 所示。

图 3　IKHANA 无人飞行器(NASA)

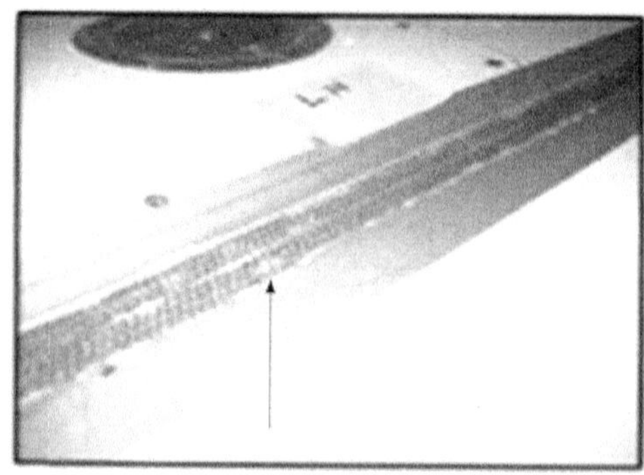

图4 左机翼光纤传感器安装位置图(箭头所指即传感器安装区域)

从2014年开始，NASA阿姆斯特朗飞行研究中心逐步开展机翼蒙皮变形测量方面的研究，在多次往返航天飞行器项目中，基于布拉格光纤光栅原理的传感器被认为是进行集成化健康监测的最佳选择。DC-XA Flight 2结构健康监测系统主要采用多通道光栅光纤传感器实现了对复合材料液氢贮箱、铝锂合金液氧贮箱和箱间结构应变的实时监测，如图5所示。

图5 DC-XA Flight 2光纤结构健康监测系统

2016年前后，美国海军研究实验室使用光纤声发射传感器进行飞机结构应力集中处(螺栓与铆钉附近)的微裂纹监测，如图6所示。

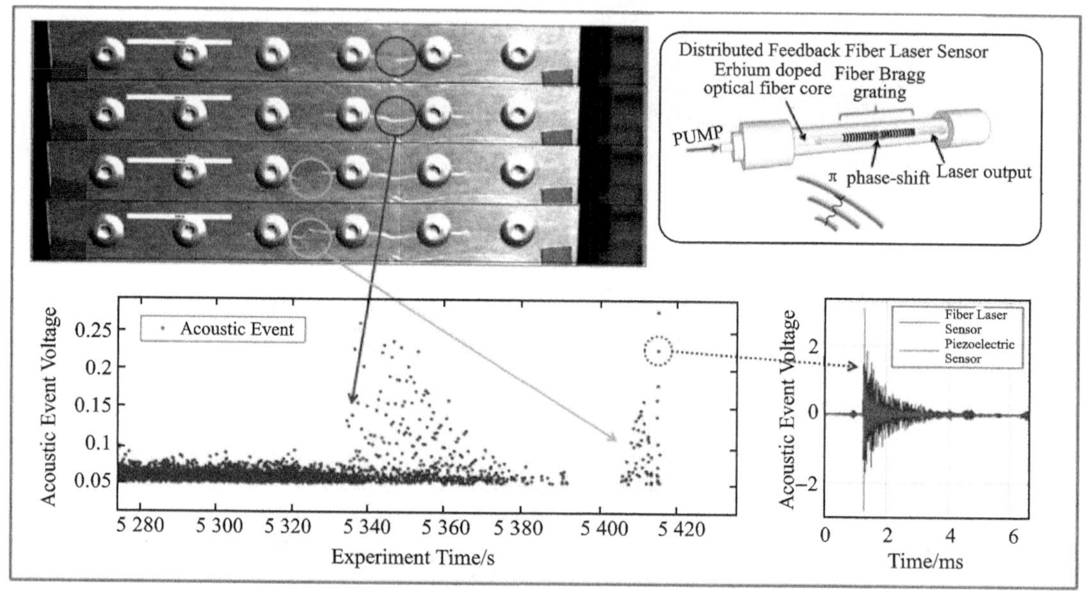

图6 光纤声发射传感器用于应力集中处的裂纹监测(美国海军)

2.2 欧　洲

2003 年,ESA 利用嵌入式和表贴式光纤光栅传感器在可重复发射利用的航天器上开展温度和应变的结构健康监测试验验证,该系统共使用了 99 个应变传感器和 33 个温度传感器,如图 7 所示。同时,光纤传感器还可用于火箭引擎的结构健康监控系统和热保护系统。

对具有再入大气层飞行任务的航天器,ESA 也积极开展利用光纤传感器进行太阳系行星大气探测技术的研究,如已列入 ESA 未来发射计划的 EXPERT 飞行器,就在头锥体装备了光纤光栅传感器,将在执行再入地球大气层飞行任务时,进行热保护系统试验和大气探测技术试验。

在空间结构的地面试验方面,2004 年 ESA 利用光纤传感器在地面上对空间结构的结构健康进行诊断。ESA 积极地将光纤光栅温度/应变传感系统应用于反射天线形状的监测,获取反射天线的热变形;将光纤光栅温度/应变传感系统应用发射天线的温度监测,验证发射天线在大功率工作状态下的温度性能,如图 8 所示。2008 年,ESA 采用光纤光栅传感器实现了对反射天线的温度,以及 x 轴和 y 轴向应变的测量,目前正在研究 z 轴向应变的测量方法。

图 7　光纤光栅温度/应变传感器应用于可重复发射使用的航天器

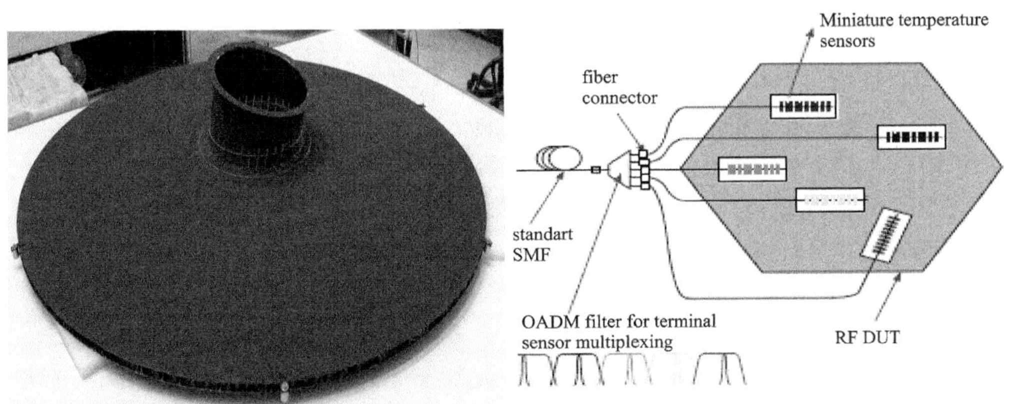

图 8　光纤光栅温度/应变传感器应用于反射天线和发射线监测

在 2009 年发射的 PROBA－Ⅱ卫星上装备了光纤光栅传感器,用于推进子系统中气体 Xe 温度状态监测,如图 9 所示。

2.3 日 本

日本宇宙航空研究开发机构(JAXA)开展了传感器粘接层的低温性能研究及低温补偿技术研究等工作,针对复合材料液氢贮箱开发了基于布拉格光栅传感器的实时应变监测系统,该系统安装于JAXA开发的可重复使用运载器中。2012年,JAXA将光纤光栅传感器嵌入到碳纤维塑料复合材料中用于结构的损伤检测。实验证明了通过检测传感器的应变可以间接地实现结构的冲击、应力、损伤检测。

图9 装备了光纤光栅温度传感器的PROBA-Ⅱ卫星助推子系统

3 国内光纤传感技术在航天器健康监测领域的应用现状

在国内,一些高校和科研机构也紧随国际研究前沿开展了相关研究工作。国内高校,如天津大学、山东大学、南京航空航天大学等多所高校,对光纤传感技术进行了大量理论和实验研究,并开展了的一定工程应用;国内科研机构,中航工业304所开展了光纤光栅传感系统在飞机结构参数测量的研究和应用,山东航天电子技术研究所开展了光纤光栅传感系统在卫星和飞船上参数测量的研究和应用。

3.1 天津大学

天津大学在光纤光栅传感器及解调技术方面进行了大量研究工作,为满足航空航天传感应用,针对性开展了温度、应变传感系统多路复用技术,低温环境对封装好的FBG传感器的影响等研究,构建了温度、应变、压力、振动等传感系统,并完成了航空光纤法珀大气压力测量实验及多参量光纤传感系统在空间环境模拟设备中的应用。

3.2 山东大学

山东大学以航空复合材料板结构为研究对象,建立了基于FBG传感网络的高可靠性低速冲击定位方法,实现了航空复合材料结构损伤准确诊断及评估。为了全面了解复合材料的固化特性,山东大学在对碳纤维增强树脂基复合材料固化变形进行数值仿真分析的基础上,将自行设计的光纤Bragg光栅(FBG)传感器埋入复合材料中,实时在线监测复合材料固化过程中温度和应变的演变。

3.3 南京航空航天大学

2019年,南京航空航天大学提出了一种基于光纤Bragg光栅(FBG)传感器的典型单边缺口铝合金试件疲劳裂纹监测与扩展预测方法,为实现航空航天结构健康监测与剩余寿命评估提供有力依据。2019年,南京航空航天大学提出了一种基于分布式光纤光栅传感技术的空间桁架横梁结构变形监测与反演方法,能及时准确获取空间桁架结构展开形态,实现桁架形态自适应调节与主动控制提供有力保障。2019年,南京航空航天大学提出了一种基于分布式光纤传感器的空间充气结构裂纹损伤实时监测技术,能够为未来空间柔性充气结构服役状态辨识与在轨快速维护提供技术支撑。

3.4 中航工业 304 所

中航工业 304 所主要开展了光纤光栅传感器多个飞机型号的应用研究，如某型机全机疲劳试验的应变监测、某型机复合材料应用验证、某型无人机液压导管脉动应力测量、飞机 PHM 光纤光栅应变载荷监测技术攻关等项目，获得了比较丰富的工程应用经验，目前正在积极探索发动机领域的应用研究。

3.5 山东航天电子技术研究所

山东航天电子技术研究所一直致力于飞行器结构健康监测技术的研究，设计并制作了多种适用于热真空环境的光纤传感器。2016 年，对研制完成的光纤光栅传感系统进行了在轨测试，完成了卫星舱内、舱外温度与应变参数的实时监测，实现了国内光纤传感系统的首次在轨应用，如图 10 所示。

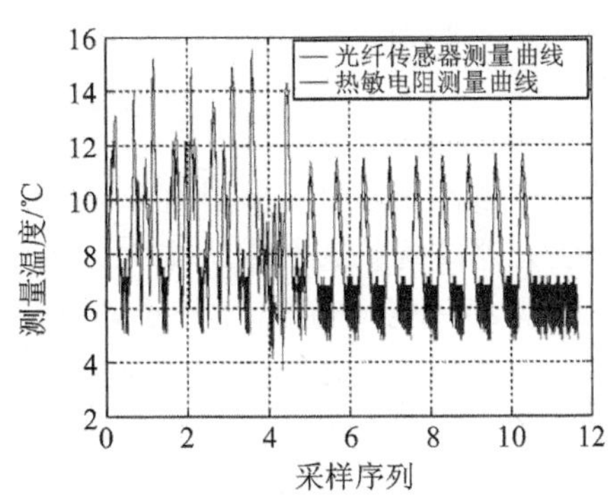

图 10 星载光纤传感系统测试结果

2020 年，山东航天电子技术研究所研制的光纤测量系统成功应用于新一代载人飞船试验船，主要针对飞船结构的温度和应变等信息进行实时在线监测，获取其健康状态，最终将各项数据存储并带回地面进行分析，为新飞船后续的结构优化提供重要参考，是新飞船的健康监测专家的重要组成部分，其在试验全过程运行良好，为保障航天器安全运行和优化结构设计起到了重要的作用。

4 启示与建议

经过多年的发展，国内在基于光纤传感的结构健康状态监测方面进行了大量研究，取得了一些成果，并在建筑、电力、石油、钢铁等民用领域进行了应用。然而，面对严酷复杂的航天环境，其仍处于发展初期。结合当前国内光纤传感技术在航天器上的应用情况，仍需在以下方面进一步进行深入研究。

(1) 高速高精度的光纤解调技术研究

光纤传感技术可以满足目前我国大部分型号的温度场和应变场测量需求及航空航天器在轨结构健康诊断需求，并可以应用于航空航天领域各个方面，但是在光纤解调精度和解调速度等方面还有待进一步提高。光纤解调精度将直接影响待测参量的准确度，需要研究在航天复杂环境下提高解调精度的方法，并且提高解调速度，能够精确实时测量航天器结构的温度、应变、加速度等基本参量。

(2) 开展高灵敏度光纤光栅传感器研究

高灵敏度光纤光栅传感器是制约在轨航天器结构健康检测技术发展的瓶颈，应该从材料、工艺等多方面深入研究，提高光纤光栅的抗拉强度、耐高温等特性，通过封装结构或者原子层沉积技术进行增敏，研制出高灵敏度光纤光栅传感器，实现航天器结构温度、应变等信息的高精度测量。

（3）高可靠的传感器封装技术研究

光纤光栅存在纤细易断、应变和温度交叉敏感等问题，直接影响到光纤光栅传感器的实用化。采用先进的封装工艺使得光纤光栅传感器在恶劣的环境中正常工作尤为重要。在光纤光栅传感器封装安装方面，尽快解决小型光纤应变花的封装问题，通过改结构、改基底材料和安装胶，提高传感器在不同结构材料的安装适应能力，解决长期安装有效的耐久性和可靠性测试。

（4）基于多光纤传感器信息融合的航天器结构健康检测技术研究

将多类型光纤传感器联合应用，可以实现多信息融合，对多种传感器产生的冗余信息在一定准则下加以分析、综合，得到比单一信源更精确、更全面的信息。信息融合可以增加系统的信息利用率，提高合成信息的可信度和精度，有利于航天器结构损伤精确定位与准确评估。

5 结 论

光纤传感器技术具有多种优点，适合航天器结构健康监测，能够在复杂的空间环境中全方位感知航天器结构状态数据。本文分析了国内外基于光纤传感技术的航天器结构健康状态监测研究现状，国外多年前已经开始采用光纤传感技术进行了航天器结构健康监测，国内虽也已实现了光纤传感技术在轨应用，但仍处于起步阶段。本文结合航天器结构健康监测需求，提出了后续需要进一步开展研究的技术，包括高速高精度的光纤解调技术、高灵敏度光纤光栅传感器、高可靠的传感器封装技术和基于多光纤传感器信息融合的航天器结构健康检测技术等，通过关键技术的研究进一步提高航天器结构状态感知能力，实现对航天器结构损伤的精确感知及性能评估。

参考文献

[1] Arnd Reutlinger, Roland Graue, Wolfgang Ecke. Fiber optic sensor network for structural health monitoring[J]. Proceedings of SPIE-The International Society for Optical Engineering, 2000: 3986.

[2] Wolfgang Ecke, Ines Latka, Arnd Reutlinger, et al. Optical fiber grating sensor network based on highly reliable fibers and components for spacecraft health monitoring[J]. Proc Spie, 2001, 4328:297-305.

[3] Garbos R, Mouyos W. X-33/RLV: system health management/vehicle health management [C]// The 39 thAIAA/ASME/ASCE/AHS/ASC Structures, StructuralDynamics and Materials Conference and Adaptive Structures Forum. Washington D. C.: NASA, 1998:1857-1864.

[4] Ecke W, Grimm S, Latka I, et al. Optical fiber gratingsensor network based on highly reliable fibers and component for spacecraft health monitoring [C]// SPIE's 8 th Annual International Symposium on Smart Structures and Materials. Albuquerque: SPIE, 2001:160-167.

[5] Richards L, Parker A R, Ko W L, et al. Real-time In-Flight Strain and Deflection Monitoring with Fiber Optic Sensors[C]// Space Sensors & Measurement Techniques Workshop, 2008.

[6] Ellerbrock P J. DC-XA structural health-monitoring fiber optic-based strain measurement system[C] // Smart Structures and Materials, 1997: Industrial and Commercial Applications of Smart Structures Technologies, San Diego, USA, 1997.

[7] Chang F K. Structural Health Monitoring 2003: From diagnostics &prognostics to structural health management[M]. Lancaster, Pennsylvania: DEStech Publications, Inc, 2003.

[8] 武湛君，渠晓溪，高东岳，等，航空航天复合材料结构健康监测技术研究进展[J]. 航空制造技术，2016(15):92-109.

[9] Flegel S, Gelhaus J, Wiedemann C, et al. Invited Paper: The MASTER-2009 Space Debris Environment Model[C]// European Conference on Space Debris. Fifth European Conference on Space Debris, 2009.

[10] Barrio A M, Sudars M, Gavira J, et al. EXPERT-The ESA EXPERIMENTAL Re-Entry Test-Bed. Trajectory and mission design. [C]// Aiaa/dlr/dglr International Space Planes and Hypersonic Systems and Technologies Conference, 2011:704-717.

[11] Karafolas N, Armengol J M P, Mckenzie I. Introducing photonics in spacecraft engineering: ESA's strategic approach[C]// IEEE Aerospace Conference. IEEE, 2009:1-15.

[12] Haddad E, Kruzelecky R V, Mena M, et al. Optical fiber sensors system on Proba-2 after 7 years[C]// Society of Photo-Optical Instrumentation Engineers. Society of Photo-Optical Instrumentation Engineers (SPIE) Conference Series, 2017.

[13] Takeda S, Aoki Y, Nagao Y. Damage monitoring of CFRP stiffened panels under compressive load using FBG sensors [J]. Composite Structures, 2012, 94: 813-819.

[14] 刘铁根，王双，江俊峰，等. 航空航天光纤传感技术研究进展[J]. 仪器仪表学报，2014，35(8):1681-1692.

[15] 耿湘宜，王静，姜明顺，等. 基于内埋光纤 Bragg 光栅传感器的复合材料固化过程监测[J]. 复合材料学报，2016，33(8):1615-1620.

[16] 郑丁午，曾捷，夏裕斌，等. 铝合金疲劳裂纹分布式光纤监测与扩展预测方法[J]. 压电与声光，2019，41(5):740-746.

[17] 刘鹏，曾捷，李翔宇，等. 空间桁架横梁分布式光纤变形监测与误差修正[J]. 压电与声光，2019，41(5):715-724.

[18] 何弯弯，曾捷，夏裕彬，等. 空间柔性充气结构分布式光纤裂纹损伤监测方法[J]. 南京航空航天大学学报，2019，21(3):297-304.

[19] 薛景锋，宋昊，王文娟. 光纤光栅在航空结构健康监测中的应用前景[J]. 航空制造技术，2012，22:45-49.

[20] 邵飞，杨宁，孙维，等. 基于光纤传感的航天器结构健康状态监测研究[J]. 航天器工程，2018，27(2):98-103.

设计技术

基于信号/电源完整性的 SiP 设计

王福鑫　苏德志

（山东航天电子技术研究所，山东·烟台，264003）

摘要：为了实现数据处理系统的小型化，采用上下腔的气密性陶瓷封装，运用 Cadence SiP 和 Sigrity 完成设计仿真分析，并根据仿真结果对封装进行优化，使电源完整性和信号完整性符合产品设计要求。

关键词：信号完整性；电源完整性；SiP

0　引　言

航空航天对电子产品的小型化、轻量化、高性能和低成本的追求是永恒的。而 SiP 技术具有质量轻、体积小、系统开发成本低、研制周期短及可靠性高等特点。

SiP(System in Package，系统级封装)是将不同功能的芯片在外壳内进行多种形式的组合安装，从而构成完整系统的封装技术。

本文中的数据处理系统采用上下双腔的气密性陶瓷系统级封装结构，使用 SiP 软件进行封装设计，运用 Sigrity 软件对电源完整性和信号完整性进行仿真分析，然后根据仿真结果进行优化。

1　系统的方案设计

该数据处理系统主要包含 CPU、FPGA、DDR3、NORFLASH、锁存器及 A/D 等多个裸芯片和若干阻容，其功能框图如图 1 所示。

产品采用具有 380 MPa 抗弯强度的 B210 型陶瓷，采用 CPGA768 型针栅阵列陶瓷外壳。陶瓷封装结构及布局如图 2 所示。

陶瓷封装下腔包含 FPGA、CPU 及阻容，上腔包含 DDR3、NORFLASH、锁存器、A/D 及阻容。

下腔中 FPGA 和 CPU 采用焊接固定，上腔芯片采用胶粘固定，阻容采用焊接固定。通过 wire bonding 和 FC 实现芯片和陶瓷外壳互联，陶瓷上腔和下腔均采用平行缝焊工艺进行封盖。

2　SiP 产品电设计

陶瓷 SiP 产品中使用材料的介电常数和导体浆料方阻较高，从而导致传输线承载的信号质量下降、参考电位不稳定等。

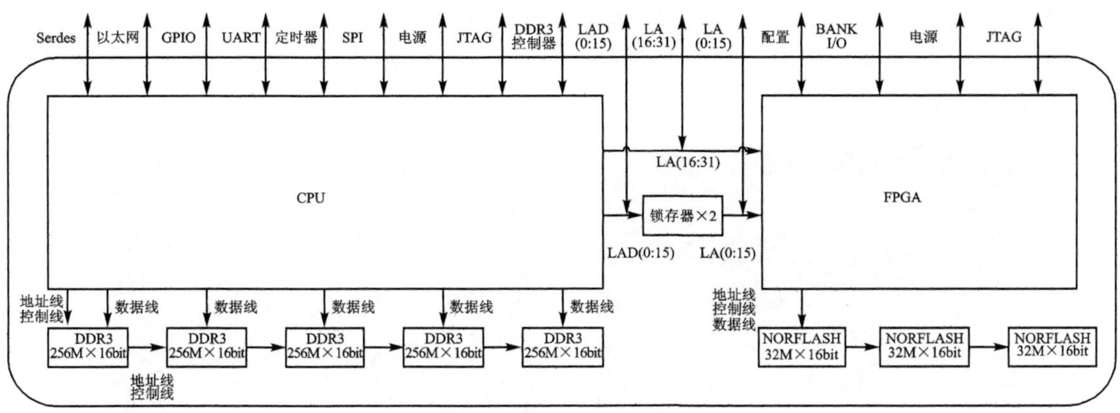

图 1　数据处理系统电路框图

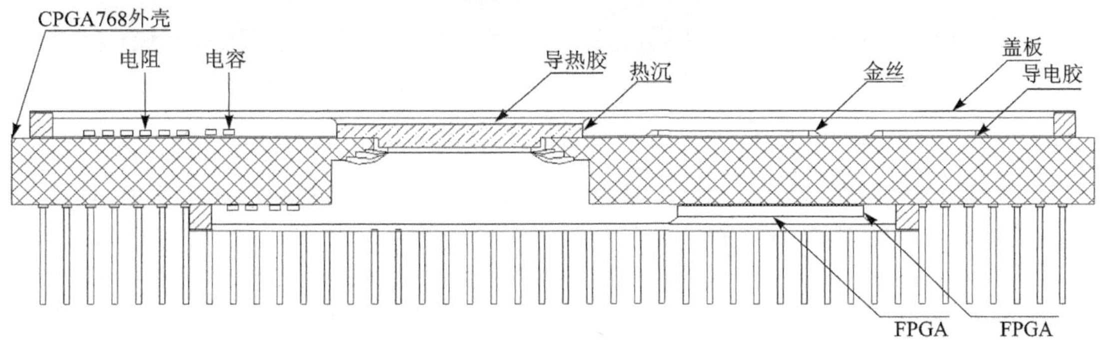

图 2　陶瓷封装侧视图

因此在产品设计时，需要根据设计要求对传输线进行阻抗计算，通过控制线宽来提高信号匹配度，如图 3 所示；走线拐角尽量采用 135°或圆弧，避免 90°和锐角，降低反射噪声；对高速信号线控制线间距减小电磁耦合，降低串扰噪声；尽量在相邻信号走线在地/电源层有完整投影，以降低同步开关噪声。

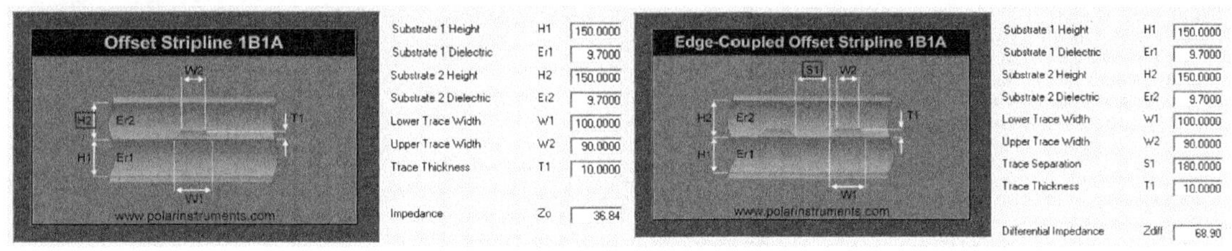

图 3　阻抗计算

对 DDR3 高速信号采用 Fly - By 拓扑进行布线，对时钟线、数据线、地址线和控制线采用等长约束，根据仿真结果确定末端匹配电阻。

3　SiP 产品仿真分析

3.1　电源完整性仿真分析

3.1.1　直流压降分析

为了保证芯片有足够的电源供应，避免由于电压供应不足而造成的系统不稳定，以及电流密度过大造成设备温度过高而产生事故，都需要进行电源完整性分析。

CORE_VDD 直流压降及电流密度分布如图 4 所示，直流压降大在芯片键合指根部最低，电流密度无异常点。

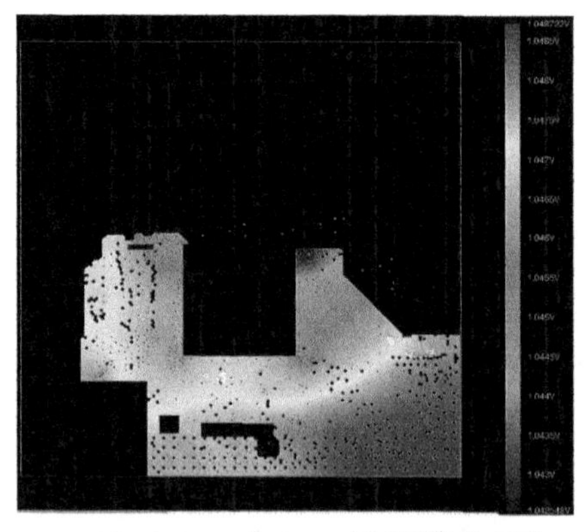

(a) CORE_VDD在 lay10直流压降分布图

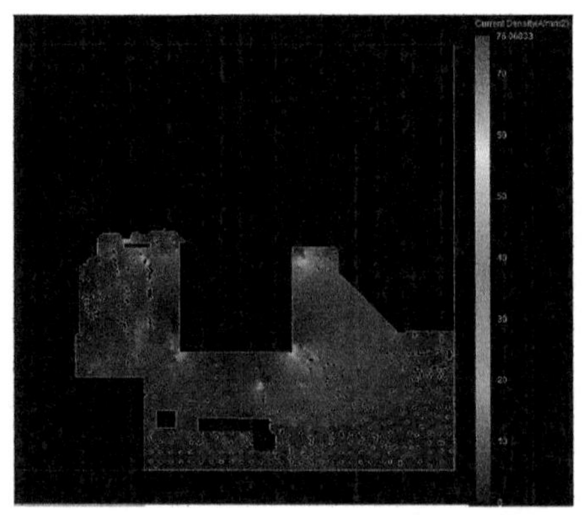

(b) CORE_VDD在 lay10电流密度图

图 4 电源完整性分析

在 CPGA 的引脚端施加供电电压，使用 Sigrity 计算封装内部电源电压跌落值，计算结果如图 5 所示。封装内部各芯片电压除 CORE_VDD 不满足设计要求外，其余均满足要求。CORE_VDD 额定电压为 1.05 V，在 7 A 峰值电流的情况，器件根部电压跌落为 1.002 17 V，不满足设计要求。后对器件内部电源平面进行调整，由于峰值电流过大，在调整后电压跌落仍不满足要求。因此需要在器件外部抬高电压以满足封装内部器件的电压要求。

Sink Name	Model	Nominal Current (A)	Nominal Voltage (V)	Upper Tolerance(+%)	Lower Tolerance(-%)	Actual Voltage (V)	Margin(%)
SINK_U12_VCCO_GND	Equal Current	0.1	3.3	3	3	3.29084 ✓	2.72228
SINK_U11_VCCO_GND	Equal Current	0.1	3.3	3	3	3.29078 ✓	2.72047
SINK_U10_VCCO_GND	Equal Current	0.1	3.3	3	3	3.29156 ✓	2.74421
SINK_U1_BVDD_GND	Equal Current	0.2	3.3	3	3	3.26927 ✓	2.06883
SINK_U1_LVDD_GND	Equal Current	0.2	3.3	3	3	3.27152 ✓	2.13699
SINK_U1_OVDD_GND	Equal Current	0.2	3.3	3	3	3.27098 ✓	2.12056
SINK_U1_CVDD_GND	Equal Current	0.2	3.3	3	3	3.26682 ✓	1.99452
SINK_U1_GVDD_GND	Equal Current	1.2	1.5	3	3	1.46207 ✓	0.471644
SINK_U9_VCCAUX_GND	Equal Current	1	2.5	3	3	2.48404 ✓	2.36168
SINK_U9_VCCO7_GND	Equal Current	0.5	3.3	3	3	3.28101 ✓	2.4246
SINK_U9_VCCINT_GND	Equal Current	3	1.2	3	3	1.17806 ✓	1.17135
SINK_U9_VCCO10_GND	Equal Current	0.5	3.3	3	3	3.27119 ✓	2.12698
SINK_U9_VCCO8_GND	Equal Current	0.5	3.3	3	3	3.28126 ✓	2.43221
SINK_U9_VCCO9_GND	Equal Current	0.5	3.3	3	3	3.27221 ✓	2.15784
SINK_U9_VCCO_GND	Equal Current	0.5	3.3	3	3	3.27125 ✓	2.12882
SINK_U8_GVDD_GND	Equal Current	0.5	1.5	3	3	1.48506 ✓	2.00432
SINK_U7_GVDD_GND	Equal Current	0.5	1.5	3	3	1.48497 ✓	1.99774
SINK_U6_GVDD_GND	Equal Current	0.5	1.5	3	3	1.48761 ✓	2.17373
SINK_U5_GVDD_GND	Equal Current	0.5	1.5	3	3	1.48856 ✓	2.237
SINK_U4_GVDD_GND	Equal Current	0.5	1.5	3	3	1.48533 ✓	2.02208
SINK_U3_BVDD_GND	Equal Current	0.5	3.3	3	3	3.26801 ✓	2.03063
SINK_U2_BVDD_GND	Equal Current	0.5	3.3	3	3	3.2683 ✓	2.03946
SINK_U1_CORE_VDD_GND	Equal Current	7	1.05	3	3	1.00217 ✗	-1.55538

图 5 封装内部各芯片内部电源直流压降

3.1.2 PDN 的频域分析

为了抑制电源电压噪声幅度，可以通过在频域中控制 PDN 的阻抗，即目标阻抗。

目标阻抗可以通过以下几个途径来改善：

① 去耦电容选择、数量和放置。

② 封装层叠设置。

③ 电源分割。

目标阻抗可近似估算如下：

$$Z_{target} = \frac{正常电压 \times 允许波动范围}{最大瞬间电流 \times 30\%}$$

根据上述目标阻抗计算公式计算目标阻抗，其中电压允许波动范围根据器件手册取5%，最大瞬间电流根据各电源的最大电流得到，要求在信号工作频段内，Z_{target} 不超过目标阻抗值。经计算1.05 V电源目标阻抗为25 mΩ，仿真结果如图6，满足设计要求。

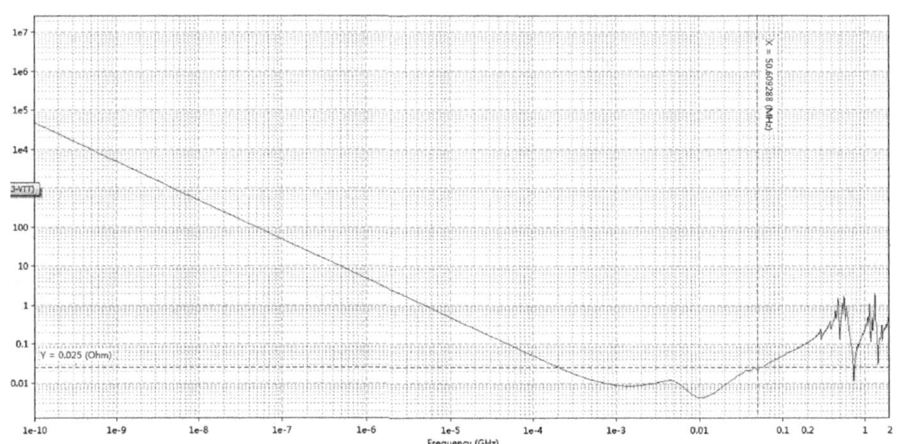

图6　1.05 V电源Z阻抗曲线

3.2　信号完整性仿真分析

3.2.1　概　述

通过sigrity软件对整个设计进行信号完整性仿真验证。

在该仿真中首先对信号进行S参数分析，包括回波损耗S11、插入损耗S21、串扰。

综合考虑，将所要仿真的信号分类为：DDR3地址线、DDR3数据线、FPGA对外的输出I/O、CPU对外输出等25个项目分别S参数分析，再对关键信号S参数模型处理后进行时域分析。

3.2.2　S参数分析

图7(a)所示为产品的以太网信号线，从图7(b)～(d)可以看出该信号在400 MHz以内，回波损耗<−10 dB，插入损耗<−1 dB，串扰小于<−20 dB，满足设计要求。

3.2.3　DDR3时域分析

本系统中DDR3采用SSTL_15时钟接口，时钟信号频率为800 MHz，数据信号速率为1 333 MHz，采用Fly-by的拓扑结构，使用Sigrity中System SI工具对DDR3仿真眼图进行时域分析。

图8(a)所示为设计优化前的DDR3的地址线眼图，由此图可以看出该眼图的眼高和眼宽较差。为了优化信号，采用更改线宽，调整端接电阻。从图8(b)所示的眼图仿真可以看出，优化后的信号质量得到改善。

4　结　论

本文通过一款上下腔的气密陶瓷封装的数据处理系统产品的设计，利用SiP软件和

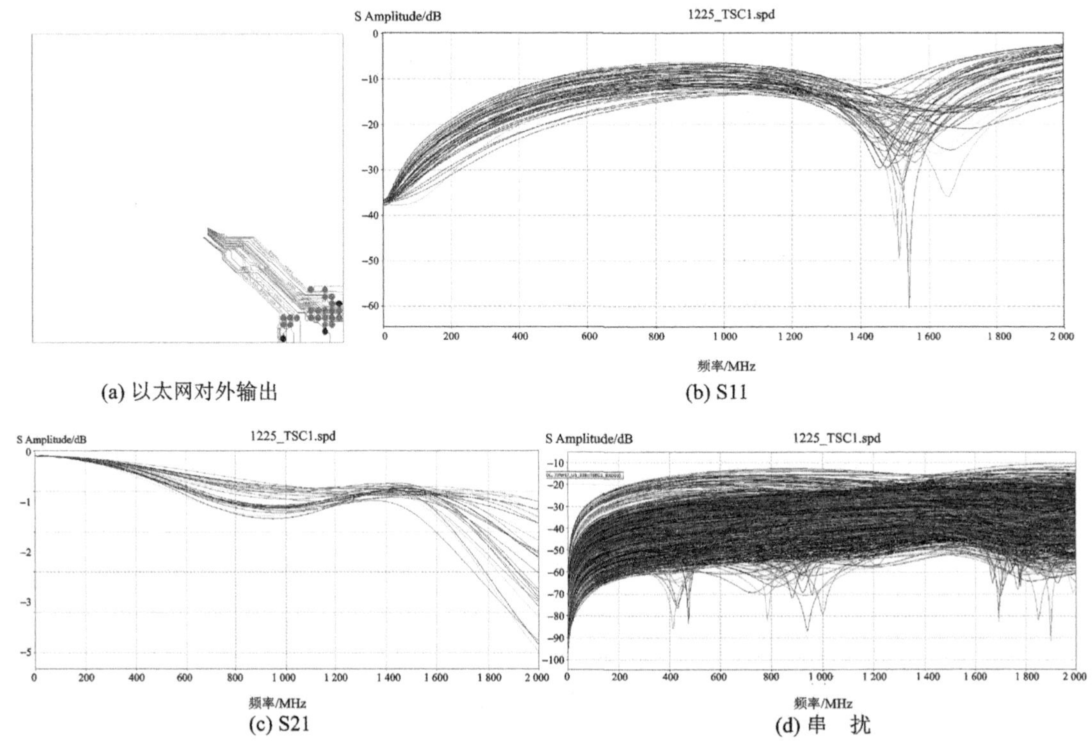

(a) 以太网对外输出　(b) S11

(c) S21　(d) 串　扰

图 7　以太网信号完整性仿真

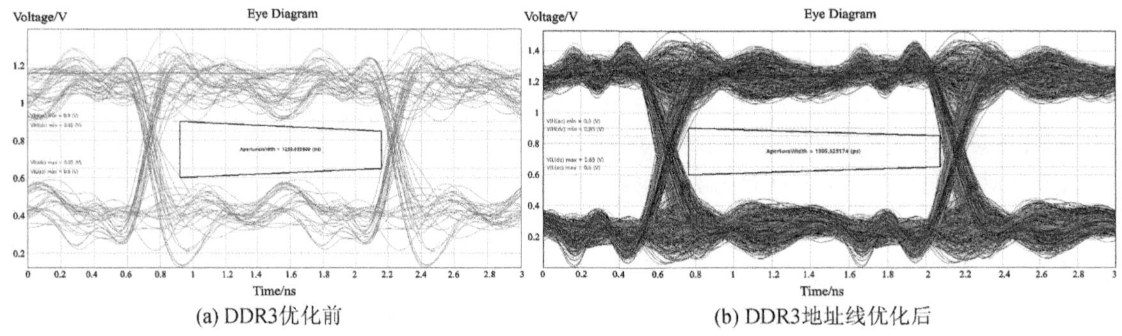

(a) DDR3优化前　(b) DDR3地址线优化后

图 8　DDR3 地址线眼图

Sigrity 软件进行电源完整性仿真和信号完整性仿真，并根据仿真结果，采用更改叠层设计、信号线宽、分割电源平面、增加去耦电容等方式对封装进行了设计优化，优化后的仿真结果表明系统具有较好的电源/信号完整性。同时，本文基于电源和信号完整性的设计方法也可为后续 SiP 产品设计提供参考。

参考文献

[1] 钟章民、肖定如，等. Cadence 高速电路设计[M]. 北京：北京电子工业出版社，2014.

[2] 王福鑫，国凤娟，等. 基于 SiP 技术的微系统设计与实现[J]. 电子技术应用，2018(44).

[3] 杨秩博，丁荣峥，等. 高密度陶瓷封装电设计中噪声控制研究[J]. 电子与封装，2013(13).

基于8B/10B编码的LVDS通信系统设计

肖慧敏

（山东航天电子技术研究所，山东·烟台，264000）

摘要：本文介绍了8B/10B编码技术，提出将LVDS总线通信系统中嵌入8B/10B编码技术，采用VHDL语言设计编码功能，实现一线制100 MHz的LVDS通信功能，改变传统的三线制或者两线制的LVDS总线数据收发功能，在三线制或者两线制的通信模式中，如果通道数较多，则对硬件资源要求较多，而且对外线缆连接较复杂，且码速率不能达到100 MHz。本文通过在FPGA器件上进行实现，一个通道只需要一路LVDS通道，电路稳定、可靠，系统的通信带宽可以大幅提高，节省硬件成本，目前已在航天测试设备中成功应用。

关键词：8B/10B编码；LVDS；FPGA；VHDL

1 引 言

低电压差分信号(Low Voltage Differential Signal，LVDS)的出现，打破了数据传输的速度瓶颈，给高速数据通信的发展带来了新思路。传统的LVDS总线通信中较常使用的是三线制或两线制的并行总线通信模式，并行总线无法满足高速系统中数据传输速率和性能的要求，将被串行总线替代。串行总线是以串行化的方式将数据的高低位依次在同一条数据链路上发送，简化了系统互联的复杂度，提高了数据传输的质量。当通信通道数较多时，并行总线会占用大量的硬件收发通道，成本较高，而且通信速率也不能太高，系统的通信带宽受到限制。

目前很多高速串行总线采用8B/10B编码机制，如USB3.0、1394b、SerialATA、PCI Express、Infini-band、Fiber Channel、RapidIO等总线或网络等。8B/10B编码是将发送的串行比特流中嵌入一个时钟信号，无需和串行数据比特流一起发送时钟，解决在链路上传输高频信号所带来的干扰。

2 8B/10B编码原理

8B/10B编码是目前高速串行通信中经常用到的一种编码方式，其目的就是通过将一个字节宽度的数据经过映射机制转化为10位宽度的字符，来平衡位流中0与1的个数，也就是达到平衡直流的作用。8B/10B是保证DC平衡，采用此种编码方式，可使得发送的“0”“1”数量保持基本一致，连续的“1”或“0”不超过5位，即每5个连续的“1”或“0”后必须插入一位“0”或“1”，从而保证信号DC平衡，也就是说，在链路超时不致发生DC失调。8B/10B编码器根据一定的编码规则将一个字节的8比特数据编码为10比特，增加了2比特的传输开销，提供了一定的传输冗余度。8B/10B编码器具有如下优点：

① 转换密度：保证了数据流中有足够的信号转换，每10比特码字中有3～8次的0、1转换。为接收端的时钟恢复提供了足够的转换密度，传输时可以将时钟数据信号合并只传输数

据信号即可。

② 直流平衡:编码后的数据中0、1的数量基本一致,连续的0、1不会超过5位,从而保证信号的直流平衡。在高速信号传输中,一般都是采用差分信号传输,需要直流分量尽可能小,而8B/10B编码的直流平衡功能很好地满足了高速信号传输的需求。

③ 提供一定的检错能力,8B/10B编码后的10比特数据有1 024种可能的码型,其中只有536种有效码字,接收端可以通过判断接收的码字是否为有效码字来检测传输是否出错。

④ 特殊字符:8B/10B编码规定了一些特殊字符,可用作帧同步字符和其他的分隔符或控制字符。

8B/10B编码是将一组连续的8位数据分解成两组数据,一组3位,一组5位,经过编码后分别成为一组4位的代码和一组6位的代码,从而组成一组10位的数据发送出去。相反,解码时将1组10位的输入数据经过变换得到8位数据位。数据值可以统一地表示为DX.Y或KX.Y,其中D表示数据代码,K表示特殊的命令代码,X表示输入的原始数据的低5位EDCBA,Y表示输入的原始数据的高3位HGF。

3 系统硬件原理设计

本系统采用的是基于CPCI总线的架构,FPGA作为核心处理器,以DS90LV031A和DS90LV032A芯片为LVDS接收和发送的接口芯片,通信速率最大可以达到250 MHz。硬件平台通用,根据实际使用进行协议设计,本文在此平台上,将8B/10B编码采用FPGA进行实现,对外接口简单,调用方便,能够适应于多路不同大小图幅的图像数据收发。系统框图如图1所示,上位机将模拟的图像数据通过CPCI总线加载到内部缓存中,在FPGA内部进行8B/10B编码技术编码输出,最后由LVDS模块驱动发送。

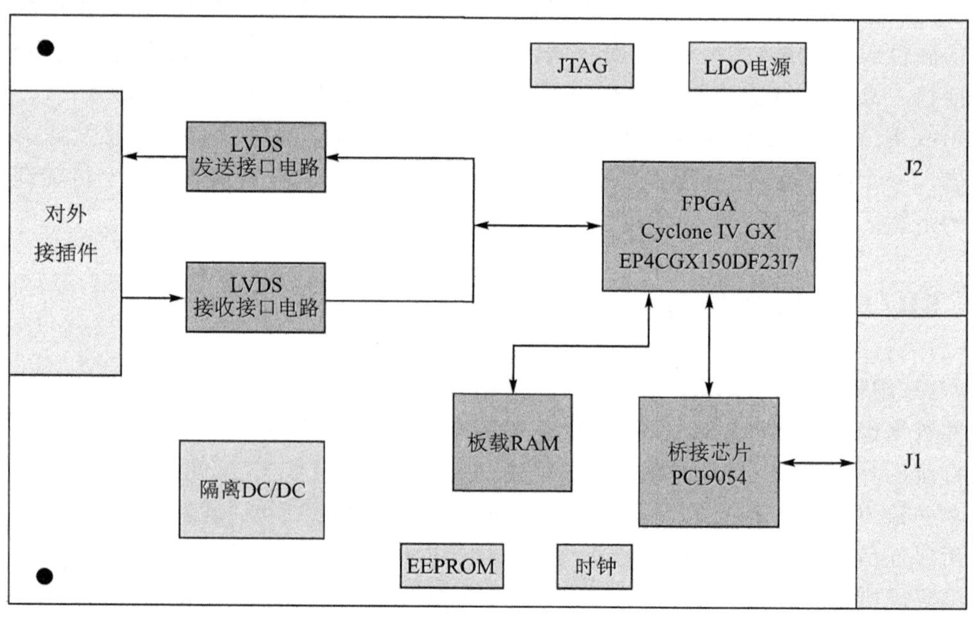

图1 系统框图示意图

3.1　FPGA 简介

从 1985 年 Xilinx 公司推出第一片 FPGA 到现在，FPGA 的使用已经有 30 多年的历史了，目前主流市场的 FPGA 主要还是 Xilinx 和 Altera 两大系列。Altera 公司目前提供了 3 个系列的 FPGA：低成本 Cyclone 系列，中间的 Arria 系列和高性能 Stratix 系列。

Cyclone 系列后续的每一代产品都和最初的 Cyclone 系列采用相同的结构。基本逻辑单元仍然是在输出端有一个寄存器的 4 - LUT，而逻辑功能模块却扩展到 16 个逻辑单元。在 Cyclone Ⅱ系列中，嵌入式存储器模块的大小与 Cyclone 系列一样，然而，Cyclone Ⅲ和Ⅳ将每个块 RAM 的尺寸翻倍至 9 kbit。随着每一代新产品的出现，PLL 和全局时钟线的数量都会增加，Cyclone Ⅳ系列更是进一步将其扩展到 512，从而使得后续的每一代产品可以通过合成而得到具有更高分辨率的时钟频率。本文中的处理器选用的是 Cyclone Ⅳ 系列的 EP4CGX150DF23I7 芯片，包括 8 个高速收发器，I/O 模块也内置了 SERDES 逻辑器件，内部还包括一个硬件实现的 PCI express 端口，其中包含了缓冲区以及控制逻辑和 PHY - MAC 层。

3.2　LVDS 接口设计

LVDS 接口又称为 RS - 644 总线接口，是一种用于高速数据传输的多用途通用接口芯片，以其固有的低噪声、低功耗和低成本等特点，广泛应用于计算机、通信设备、消费电子等方面。LVDS 通过正负电压摆幅来分别表示逻辑“1”和逻辑“0”。图 2 所示是 LVDS 驱动器-接收器对的原理图，驱动器中含有一个 3.5 mA 的恒定电流源和电流层，因为接收器输入阻抗很高，当开关管打开时整个 3.5 mA 电流实际上都通过传输线流过 100 Ω 的终端电阻，这样就在接收器的输入端产生 350 mV 的差分电压，开关管的交替打开引起电流流向翻转，即可在接收器输入端形成幅值相同而极性相反的差分电压，因此产生有效的逻辑“1”和逻辑“0”状态。LVDS 模块硬件采用 DS90LV031A 和 DS90LV032A 芯片，DS90LV031A 芯片内部集成有 4 路单端转差分通道，DS90LV032A 芯片内部集成有 4 路差分转单端通道，器件的通信速率最大可以达到 250 MHz，芯片采用 3.3 V 供电，信号经过 LVDS 芯片后转换为 LVDS 信号。

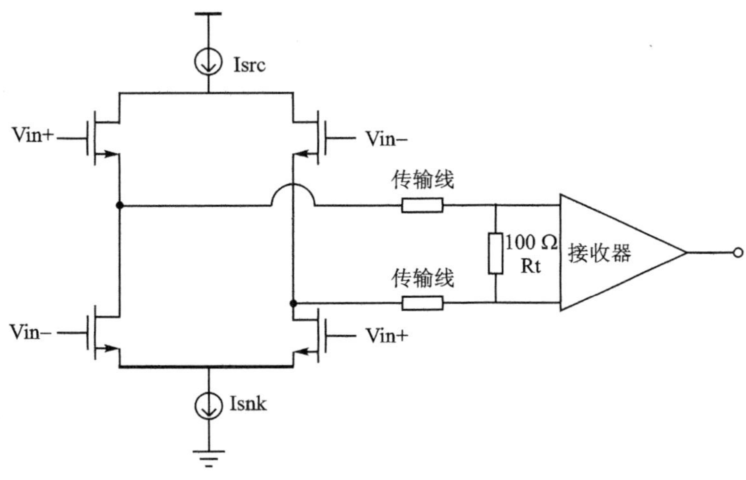

图 2　典型的 LVDS 驱动器和接收器

3.3 CPCI总线

CPCI总线完全兼容PCI协议，本设计通过PCI9054控制芯片和FPGA来实现PCI协议，节约硬件电路面积，减少PCB走线，有效防止了传输线之间的串扰。PCI9054总线控制芯片有3种工作模式，分别为M模式、C模式和J模式，其中M模式应用于Motorola MPC850和Power PC80x；C模式即非多路复用的32位地址和数据总线，应用于DSP、FPGA等；J模式即多路复用的32位地址和数据。C模式类似于单片机的工作方式，它的地址线和数据线分开使用，可以很方便地控制本地时序，使用C模式时，只要严格控制好本地端和CPCI端的各种时序，就可以很好地使用PCI9054芯片。因此，在本设计中PCI9054工作在C模式。PCI9054的访问方式选择DMA方式。PCI9054作为主控设备，通过其内部的DMA控制器来实现局部总线上的数据与CPCI总线上的数据之间的传输。

4 8B/10B的FPGA软件设计

4.1 8B/10B编码设计

8B/10B编码器的设计通常有两种方法，一种是使用查表法，使用存储器将所有的编码结果保存，再将输入的数据作为地址查找对应的编码结果，这种方法需要存储256个数据和12个控制字符的编码结果，每个结果20位，包括RD＋和RD－各10位。另一种方法则通过逻辑运算法实现编码，该方法根据编码规则，使用逻辑电路将输入转换为输出。本文设计的编码器采用逻辑运算法实现，将编码器分为5B/6B和3B/4B编码两部分分别实现，通过控制将两部分编码后组合起来，得出最后的10比特编码结果。8B/10B编码器主要包括K码的判断单元、5B的RD极性偏差计算单元、3B/4B转换单元、5B/6B转换单元、根据6B编码值计算4B的单元。

本文使用VHDL语言编写8B/10B编码器程序，编码器的端口由4种信号din_to_810b、kin、sys_clk、dout_from_810b组成，din_to_810b信号为8比特位，dout_from_810b为10比特位，kin为特殊字符判断信号，sys_clk为系统时钟，本文设计的通信速率为100 MHz，编码器的系统时钟也为100 MHz。din_to_810b的数据通过CPCI总线将模拟的图像数据进行加载，通过此编码模块将8 bit数据编码为10 bit，然后通过LVDS发送通道发送出去。根据实际产品功能，将8B/10B编码器模块与外部缓存进行数据交互，最后的程序接口如下：

```
entity encode_8b10b_module is
    Port( sys_CLK          : in  STD_LOGIC;                       -- System Clock  100 MHz
          sys_RESET_n      : in  STD_LOGIC;                       -- system  reset
          DBT_EN           : in  STD_LOGIC;                       -- parallel data input enable
          data_8b10b_in    : in  STD_LOGIC_VECTOR (7 downto 0);   -- parallel data input
          DBT_data_INT     : out STD_LOGIC;                       -- serial data output
          fifo_rd_o        : out std_logic                        -- fifo read signal
          );
end encode_8b10b_module;
```

将编码后的10比特数据再转换为串行数据进行发送，通过控制使能信号，可以控制进行编码的数据。

4.2　FIFO 缓存设计

FIFO(First In First Out)是一种先入先出的数据缓存器，顺序写入数据，顺序读出数据，与普通存储器不同，由于没有外部读/写地址线，其数据地址根据内部指针自动加 1 获得。FIFO 一般用于不同时钟域间，是用来存储和缓冲两个时钟之间的数据传输，FIFO 的参数包括宽度、深度及空满标志，其中 FIFO 的宽度指一次读/写操作的数据位数，FIFO 的深度指 FIFO 总共能够存储的数据个数，即若一个 8 位的 FIFO 深度为 16，则它能存储 16 个 8 位的数据。空标志是 FIFO 在已空或将空的情况下发出的一个信号，以阻止 FIFO 的继续读操作；满标志是 FIFO 在已满或将满的情况下发出的信号，以阻止 FIFO 的继续写操作，FIFO 设计的关键就是产生空满标志的算法。FIFO 共分为同步 FIFO 和异步 FIFO 两种，同步 FIFO 中写入和读取的时钟为同一时钟，异步 FIFO 中写入和读取的时钟为不同时钟。本文选用异步 FIFO，主要为了满足不同时钟域的数据交互，写入 FIFO 的时钟为 CPCI 总线的读/写时钟，读取 FIFO 的时钟为 8B/10B 编码器编码的时钟。系统中实际使用的 FIFO 如图 3 所示。

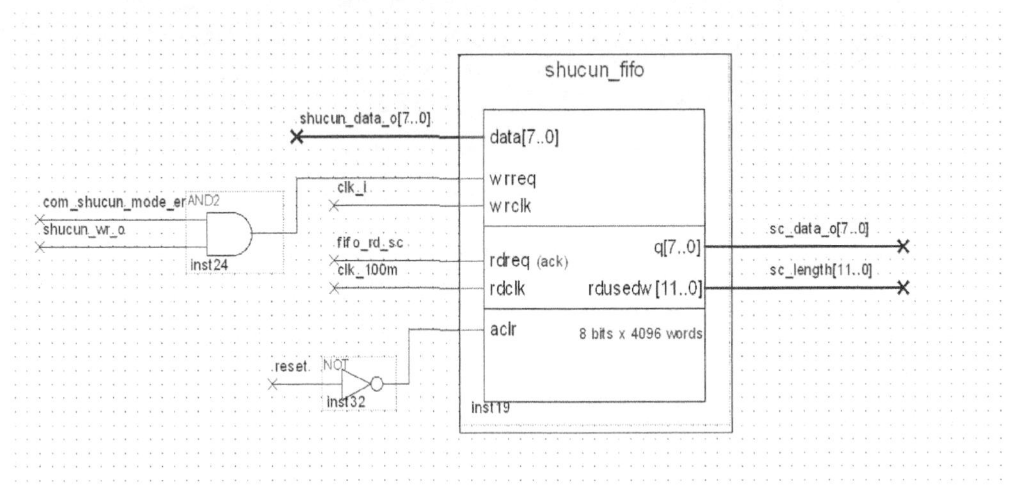

图 3　编码数据的存储 FIFO

5　代码仿真及联试分析

根据 FPGA 软件的设计方案，在 modelsim 上对编码器功能进行仿真，并在 Quartus Ⅱ 10.0 平台上进行综合实现，编码和解码的仿真波形如图 4 所示。

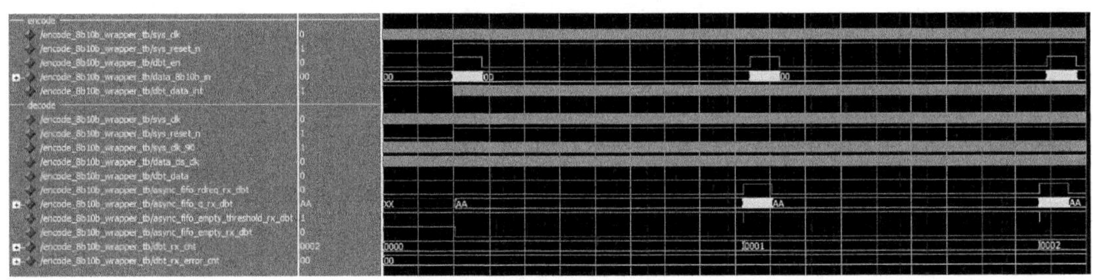

图 4　代码仿真波形图

利用示波器对实际发送通道的图像数据进行测试,并对其眼图进行记录。测试的波形如图 5 所示。

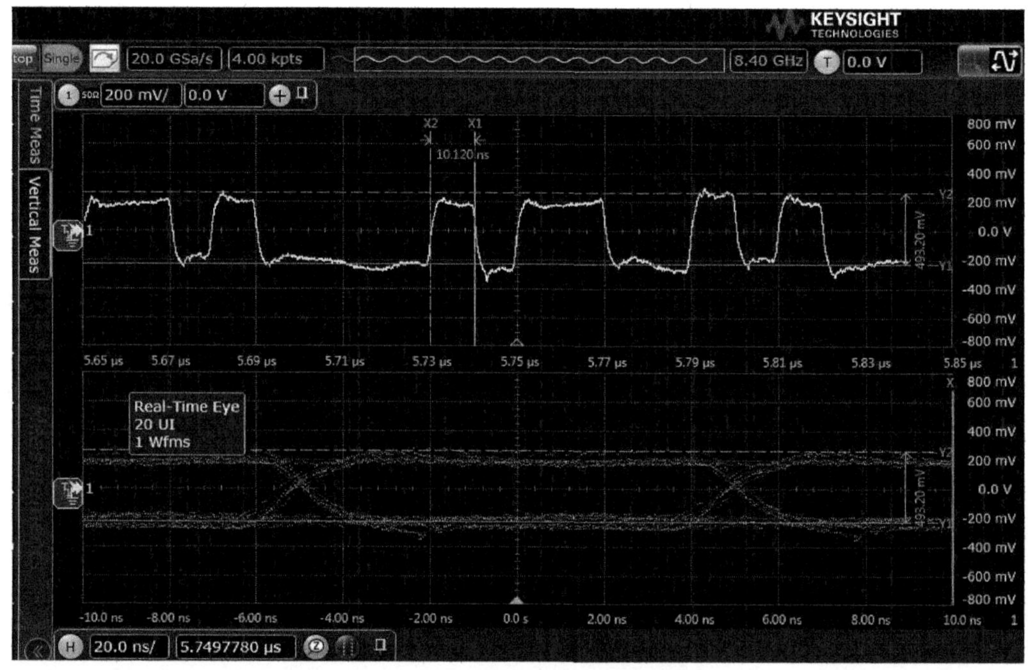

图 5　8B/10B 编码后通过 LVDS 发送的波形

系统代码在调试过程中通过 SignalTap Ⅱ 抓取的波形如图 6 所示。

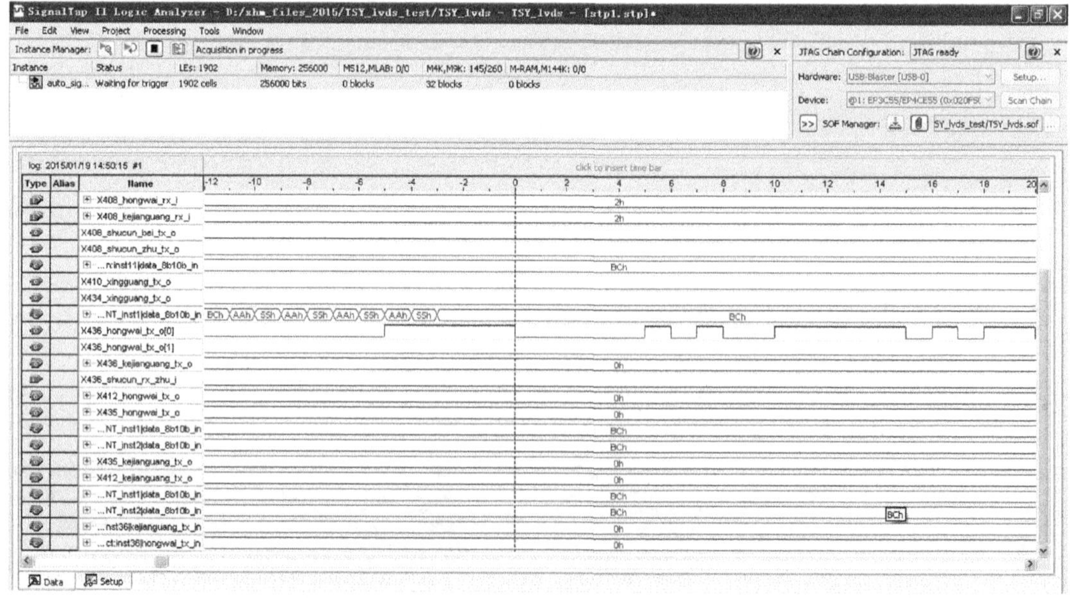

图 6　8B/10B 编码后串行发送的波形

6 结束语

本文介绍了基于 8B/10B 编码的 LVDS 通信系统，该系统可以实现将 8B/10B 编码嵌入到 LVDS 通信中，能够满足 100 MHz 的高速通信，只占用一个硬件收发通道，适应于多路数据的收发，并在 FPGA 平台上进行测试验证，提高系统的通信带宽、数据纠错能力、系统的可靠性，节省硬件资源。目前该系统已在多个航天测试设备中成功应用。

参考文献

[1] 汤琦，蒋军敏. Xilinx FPGA 高级设计及应用[M]. 北京：电子工业出版社，2012.

[2] 许多. 高速光互联技术 VSR5 实验系统与 8B/10B 编码器的设计[D]. 南京：东南大学，2010：33-43.

[3] 李宥谋. 8B/10B 编码器的设计及实现[J]. 电视技术，2005(6)：26-32.

[4] 林锦堂. 8B/10B 编解码器在 PCI Express 总线中的实现[J]. 微计算机信息(管控一体化)，2008，24(11-3)：140-142.

[5] 原魁，何文浩，肖晗. 基于 FPGA 嵌入式图像处理系统设计[M]. 北京：电子工业出版社，2013.

[6] 吴庆轩. 低压低功耗 LVDS 驱动器的研究与设计[D]. 重庆：重庆邮电大学，2013：5-8.

[7] 郭虎锋，陈香香，李楠. 基于 LVDS 总线和 8B/10B 编码技术的高速远距离传输设计[J]. 自动化与仪表，2015(5)：32-36.

手持式信号发生器整机软件实现方法

董守拯　牛大胜　齐彦君

（中电科仪器仪表有限公司，山东·青岛，266555）

摘要：手持式信号发生器主要用于外场维修保障、安装调试以及现场维护。本文主要针对手持式信号发生器的整机软件存在的代码复用性差、程序交互性差、人机交互的风格不统一等问题，总体遵循“高内聚、低耦合”的设计思想，并辅以面向对象的一般设计原则，以保证软件设计的可读性、可复用性、可扩展性及可维护性。采用了整体的软件模块化设计方案，由一个单独的程序囊括多种不同的测量功能模式，同时预留相关的功能选件接口。采用分层、模块化及软件统一化设计保证软件质量、灵活性、易用性及可靠性，将包含用户界面、校准、数据通信、硬件控制等主要模块。通过该整机软件界面设计，提供友好的软件交互界面，方面用户使用，同时为软件扩展升级提供良好的软件平台。

关键词：手持式；信号发生器；软件；模块化

0　引　言

随着手持式微波信号发生器市场需求的增加，国外各电子测量仪器主流厂商凭借其研制台式微波信号发生器的雄厚技术积累和成熟的手持式仪器平台，预计将在短时间内推出功能手持式微波信号发生器产品，尤其是美国是德科技公司和日本安立公司，手持式仪器种类多，平台成熟，最有可能在短时间内推出高水平的手持式微波信号发生器产品。

国内中国电子科技集团公司第四十一研究所（以下简称“中国电科 41 所”）研发了两款手持式信号发生器，分别为 1431A 手持式射频信号发生器，频率范围覆盖 250 kHz～4 GHz；1431 手持式微波信号发生器，频率范围覆盖 10 MHz～18 GHz，内置调制信号发生器，可实现幅度调制、频率调制和脉冲调制功能，可电池供电工作，基本能够解决现场测试应用中的信号激励需求。由于其推出时间较早，输出信号性能指标已不适应当前的测试需求，10 GHz 信号频偏 10 kHz 单边带相位噪声指标仅－72 dBc/Hz，加上工作频段范围所限，已难以满足目前装备现场安装调试的测试急需。

易用性是现场测试用手持式仪器产品的特点，要具有体积小便于外出携带的特点，同时功耗要小，可电池供电，单次充电工作时间长等要求。从技术性能指标的角度，手持式仪表的发展趋势有以下一些特点：①高集成度，控制电路芯片化、射频微波电路模块化，以及 LTCC 整合组件技术的应用，使得设计集成度更高，体积更小，同时功耗减小，开发高性能小型化手持式仪表成为可能。②高可靠性，电子技术的发展，设计水平和工艺水平的提高，以及现场恶劣使用环境的需要，都对手持式信号发生器的工作可靠性提出了更高的要求。③输出信号质量更高，频率覆盖范围更宽、信号频谱纯度更优，输出功率动态范围更大，幅度调制和频率调制的调制带宽更大，脉冲调制开关比指标更高等。

1　手持式信号发生器软件整体实现方案

手持式信号发生器的软件总体方案基于 ARM＋FPGA 的多处理器硬件架构，主控软件运行平台采用 ARM 核心模块＋嵌入式操作系统的架构，在 ARM 核心模块上运行嵌入式操作系统及主控软件。主控软件采用分层、模块化及软件统一化设计保证软件质量、灵活性、易用性及可靠性，将包含用户界面、校准、数据通信、硬件控制等主要模块。

ARM 核心模块通过外部系统总线与 FPGA 进行交互，通过地址线确定对各个硬件单元的控制，通过数据总线及中断操作实现数据的读/写，通过控制线协调两者的交互过程；通过 I^2C 总线控制键盘、智能电池管理及温度传感器，完成键值读入、电池状态读入及温度读入；通过串行总线管理触摸屏的数据及状态，从而实现系统的整体控制。软件总体方案框图如图 1 所示。

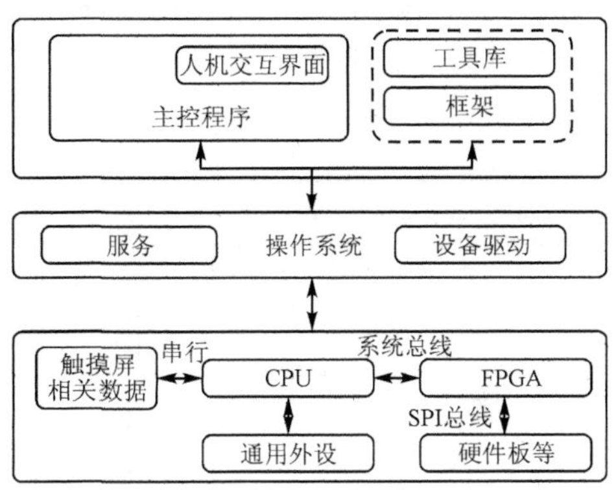

图 1　软件总体方案框图

主控软件分为三层，分别为硬件控制层、仪器逻辑层及人机交互层。主控软件总体功能分层结构框图如图 2 所示。

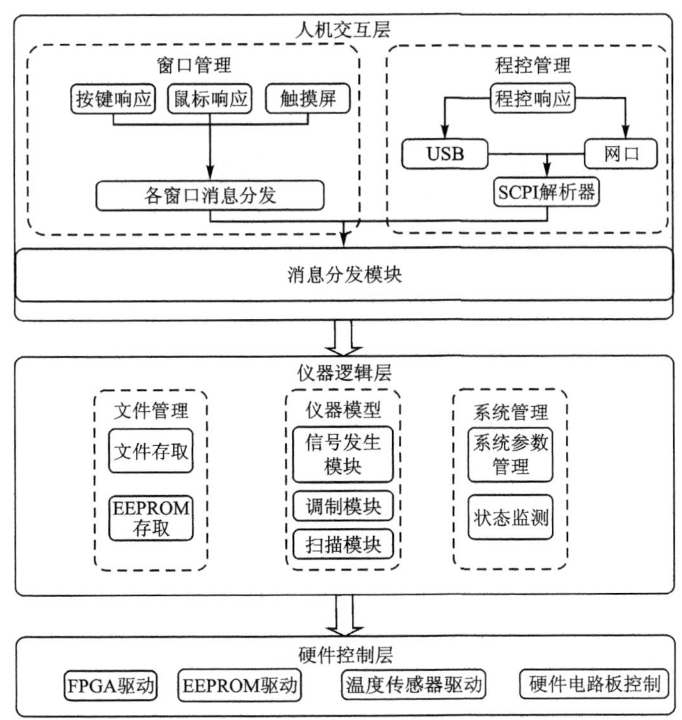

图 2　主控软件分层结构框图

硬件控制层主要实现对 FPGA 及其他外设的控制，为上层提供控制硬件的接口；仪器逻辑层根据底层提供的服务，实现仪器的核心测量功能；人机交互层负责接收触摸屏、菜单及程控发来的不同格式的命令，然后对不同格式的命令进行预处理，生成统一格式的命令结构，通过消息分发模块为仪器逻辑层提供数据输出的接口，以便将设置的结果显示在触摸屏上提供给用户查看。本项目软件中的窗口管理、程控管理等模块已有可重用的软件构件。

人机交互层是用户使用电子测量仪器主要途径之一，因此，界面布局及界面风格的设计是仪器的重要工作。由于整机触摸屏显示采用8.4英寸高亮度的TFT液晶显示屏，能给用户更直观更全面的展示效果，符合用户的操作习惯。手持式信号发生器测试功能主要包括频率、功率、扫描、调制等功能的设置，需要根据用户对各个功能的关注度不同来设计用户界面。其中，用户最关注的功能在界面中最明显的位置用大字体显示，驻机软件开机初始化显示界面的示意图，如图3左半部分所示。

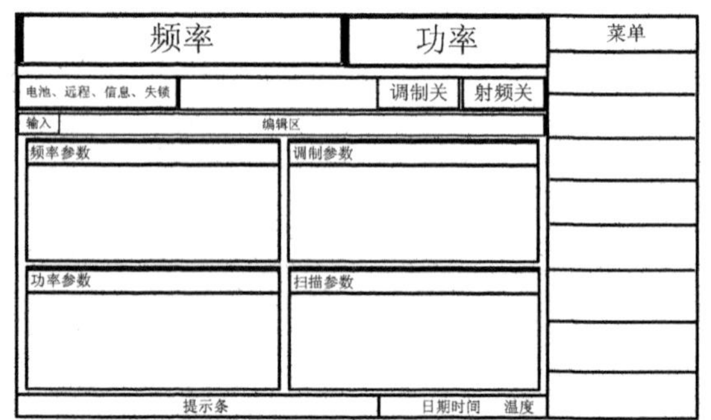

图3 驻机软件开机初始化显示界面及子模块窗口布局示意图

手持式信号发生器包含频率参数、功率参数、调制参数、扫描参数、USB功率测量等功能模块，当用户选择其中某一个功能模块时，软件界面布局示意图如图3右半部分所示，界面显示该功能的详细参数。

2 基于配置文件的嵌入式人机交互系统构建方法

人机交互界面在软件系统中占据着非常重要的位置，但却是软件系统中最容易发生变化的部分。随着用户需求的不断变化，许多嵌入式系统界面在设计过程中甚至交付用户使用后，都有可能进行大量修改和完善。在实现人机交互界面的创建、修改和完善时，设计者通常需要为每一次的人机交互界面的变更进行大量的源代码修改工作，导致软件变得复杂并且不够灵活，严重影响电子测量仪器的工作效率，在人机交互界面可扩展性方面也有着极大的限制。随着人机交互系统规模的扩大，开发用户界面所耗费的时间和成本也成倍增加，构造复杂交互系统的用户界面是非常费时费力的。因此，如何构建嵌入式人机交互系统，简化人机交互界面的开发与维护，将是本项目设计的重点。

在人机交互界面实现的传统方式中，绝大多数的GUI系统都是把生成界面相关代码作为其最终的实现方式；根据设计人员对人机交互界面的定义编写出界面形态的代码，由软件开发人员在编程过程中对人机交互界面进行组织与管理。所产生的界面信息与源代码处于相同级别，对界面信息的修改还必须通过编译，才能反映到可执行文件中，最终获得仪器的人机交互界面。

手持式信号发生器需要的人机交互界面较多，交互界面的形式也各不相同，因此，需要在软件设计过程中对人机交互界面相关的模块进行重组综合，采用一种基于XML配置文件的嵌入式人机交互系统构建技术，在系统的人机交互层中利用配置文件描述用户界面，在界面显示和界面组件库之间加入 XML 解析模块，使系统每次启动时都按 XML 配置文件提供的信息来显示界面。而无需重新编译，很好地实现用户界面与应用语义的分离，为最终用户提供了灵活的界面维护修改功能，进一步实现了界面设计数据与应用逻辑模块的分离。基于 XML 的人机交互层框图，如图 4 所示。

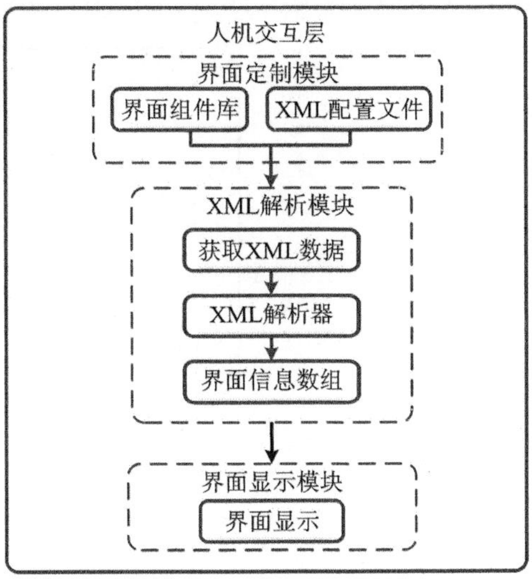

图 4　基于 XML 的人机交互层框图

2.1　界面定制模块

界面定制模块是人机交互层的核心之一，其中的关键是界面组件库和界面风格的确定及 XML 配置文件。

界面组件库由一组用于描述各种界面元素基本外观、特征、行为的组件，以及一整套用于界面管理的组件所构成，它是实现界面生成与定制的基础；而界面风格则定义了界面元素的个性化特点，使用户可以选择适合自己的界面样式。

在构造界面组件库时，首先对所有界面元素的外观、特征、行为进行分析，提炼它们的共性，并划分出类型和层次；然后采用面向对象的思想，用不同层次的类对它们进行描述，通过继承与派生维护共性。界面元素的外观通过绘制而成，每个组件从其父类继承绘制方法，可获得标准、统一的视觉效果。

组件库中各界面组件均有各自的标准接口与嵌入式系统相连接，当被用户选中成为可用状态时，便可与下层系统对应的接口自动完成对接，无需重新设置，实现了用户界面设计数据与应用逻辑模块的分离。组件库的类关系示例图，如图 5 所示。

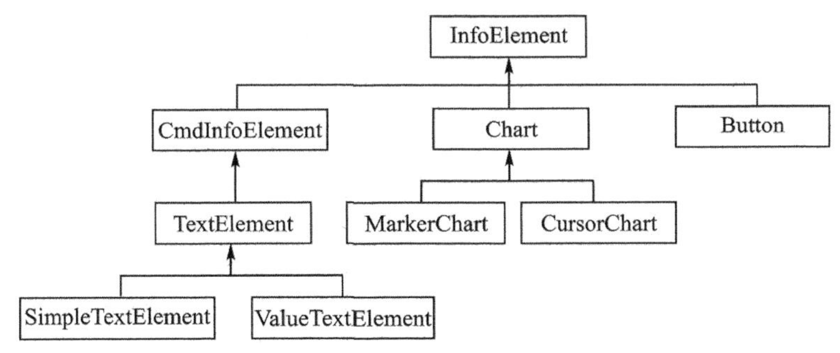

图 5　组件库的类关系示例图

2.2　XML 解析模块

XML 解析模块主要实现读取 XML 配置文件，并通过 XML 解析模块把 XML 配置文件解析成界面信息数组，传递给界面显示模块实现界面显示。其中，DOM 是一个文档对象组成的模型，对于 XML 应用开发来说就是一个对象化的 XML 数据接口。DOM 提供了丰富的元素，使用操作灵活，而且可以完成对于 XML 文档的读取、修改、删除等功能。以 Button 为例构建一个XML配置文件，其文档结构如图6所示。

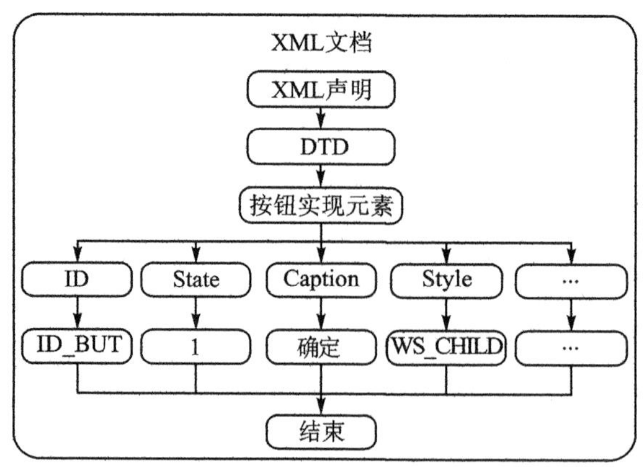

图6　XML文档结构图

2.3　界面显示模块

界面显示模块读取XML解析模块产生界面信息数组，根据该数组创建并显示界面，同时在该模块中创建一个绘图线程用于界面的绘制。每一个界面元素提供一个重绘接口，该接口需要传入一个DC指针，一个内存DC指针和一个表示背景色的BkClr。根据这三个参数，显示元素先创建一个和自己尺寸一样的内存位图，使用MemDC和BkClr把这个内存位图设为背景色；然后调用一个绘制自身的虚函数，该虚函数在各个不同的显示元素类型中实现不同，但都是把要显示的信息通过内存DC绘制到内存位图上；最后调用BitBlt把内存位图拷贝到前台，用户就可以在屏幕上使用具体界面操控仪器。

3　结束语

本文简要介绍了手持式信号发生器的整机软件实现的方法，采用基于ARM＋FPGA的多处理器硬件架构，其中主控软件运行平台采用ARM核心模块＋嵌入式操作系统的架构，在ARM核心模块上运行嵌入式操作系统及主控软件，通过分层、模块化及软件统一化设计保证软件质量、灵活性、易用性及可靠性。采用了一种基于XML配置文件的嵌入式人机交互系统构建方法，在系统的人机交互层中利用配置文件描述用户界面，在界面显示和界面组件库之间加入XML解析模块，使系统每次启动时都按XML配置文件提供的信息来显示界面。而无需重新编译，很好地实现了用户界面与应用语义的分离，为最终用户提供了灵活的界面维护修改功能。

参考文献

[1] 温昱. 软件架构设计[M]. 北京：电子工业出版社，2007.

[2] 严蔚敏，吴伟民. 数据结构[M]. 北京：清华大学出版社，1997.

[3] 周晓莹. 基于软件过程的度量方法设计与研究[D]. 上海：上海师范大学，2013.

[4] 彭奠. 基于构件的软件开发技术和方法[J]. 四川轻化工学院学报，2003，16(3)：19-23.

一种宽带宽高稳定可调谐半导体激光器的研究

葛崇琳　董杰　闫宝东　张志远

（中电科仪器仪表有限公司，山东·青岛，266555）

摘要：可调谐半导体激光器作为一种调谐范围宽、波长调谐速度快以及易于集成化的光源模块已经在光纤通信中的密集波分复用系统中得到了广泛应用。本文介绍了一种宽带宽高稳定可调谐半导体激光器的设计方法；阐述了可调谐半导体激光器的实现方法和电控型取样光栅分布布拉格反射激光器的基本工作原理；设计了一种包含温控电路、锁波电路和波长选择电路的可调谐半导体激光器的系统实现方案；最后得到输出调谐波长范围是 1 528～1 564 nm，各波长通道间隔 0.4 nm，波长稳定度小于 10 MHz 的高稳定度的可调谐半导体激光器。

关键词：光纤通信；密集波分复用；可调谐半导体激光器；分布布拉格反射

1 引　言

进入 21 世纪以来，随着光纤通信技术的不断发展，用户对光纤通信速率的要求不断提高，对光源波长的需求也越来越多。特别是在波分复用（WDM）和密集波分复用（DWDM）系统中，传统的单波长激光器已经不能满足人们的要求。可调谐半导体激光器作为 WDM/DWDM 系统中不可缺少的组成部分成为更加理想的通信光源，在光纤通信系统中受到广泛关注。可调谐半导体激光器的出现可以取代多个固定波长的激光器，它不仅具备有效的库存管理，而且还可以降低维护成本。从目前 WDM/DWDM 系统的发展现状和趋势来看，可调谐半导体激光器的主要应用在波长备份，波长路由，构建可重构光分插复用器和可调谐波长转换器等方面。

可调谐半导体激光器按照波长调谐机构和有源放大区的组合方式大致可以分为外腔技术型激光器和单片集成型激光器两大类。相对于外腔技术型激光器，单片集成型可调谐半导体激光器具有调谐范围宽、体积小、波长切换速度快、容易与其他器件相结合等优点，是光子集成和动态光网络应用的首选方案。单片集成型可调谐半导体激光器技术主要有以下几大类：分布反馈（DFB）阵列型激光器，基于微机电（MEMS）结构的垂直腔面发射激光器（VCSEL），以及分布布拉格反射（DBR）激光器。DBR 型可调谐半导体激光器具有调谐范围宽，体积小，波长切换速度快以及易于和其他半导体器件进行单片集成的优点，所以受到了广泛的关注和研究。目前较成熟的 DBR 型可调谐半导体激光器按照调谐光栅的不同可以分为以下几种类型：取样光栅 DBR 激光器（SGDBR）、超结构光栅 DBR 激光器（SSGDBR）、光栅耦合取样反射（GCSR）激光器和数字超模 DBR 激光器（DSDBR）。

本文在 SGDBR 型激光器的基础上对宽带宽高稳定波长可调谐半导体激光器进行了相关研究，并给出了可调谐半导体激光器的波长调节和波长稳定的设计方法。该可调谐半导体激光器的输出波长满足 1 528～1 564 nm 的宽带调谐，最小调谐间隔为 0.4 nm，波长稳定度在 10 MHz 以内，并且可以提供 89 个波长通道以供测试使用。此种宽带可调谐半导体激光器可作为基于密集波分复用的光时域反射计的光源模块，能够有效解决城域网DWDM系统和WDM-PON波分系统的光纤链路测试以及后期维护的难题。

2 可调谐半导体激光器的实现方法

可调谐半导体激光器主要由三个基本部分组成：具有有源增益区和谐振腔的半导体二极管激光器；改变和选择波长的调谐装置（如光栅、反射镜）；稳定输出波长的装置（如波长锁定器或标准具）。二极管激光器一般采用各种法布里珀罗（F-P）谐振腔，激光器的腔长、温度、能隙、增益、载流子浓度、折射率等均可影响其发射波长。目前波长可调谐半导体激光器从实现技术上看主要分为机械控制技术、温度控制技术和电流控制技术三种类型。

2.1 机械控制型可调谐半导体激光器

机械控制型可调谐半导体激光器主要是基于MEMS（微电机系统）和外腔技术完成对所需特定波长的选择，从而输出需要的特定波长的光。基于机械控制的可调谐半导体激光器主要有DFB阵列型激光器、ECDL（外腔半导体激光器）和VCSEL激光器等，示意图如图1～图3所示。机械控制型可调谐半导体激光器可以在C波段和L波段提供10～20 mW的光功率，并且可以实现多路光信号的输出，波长调谐范围可达100 nm，波长调谐速度为15 ms，但这类激光器的体积比较大。

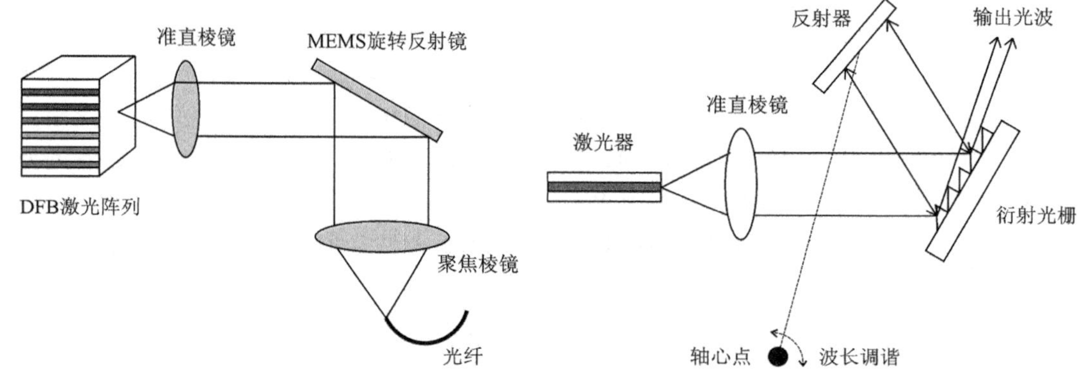

图1 DFB阵列型可调谐激光器　　图2 外腔半导体可调谐激光器

2.2 温控技术型可调谐半导体激光器

温控技术是通过改变激光器有源区折射率从而改变激光器输出波长。该技术主要应用在DFB结构中，其原理在于调整激光腔内温度，从而使之发射不同的波长。基于该原理技术的可调激光器的波长调节是依靠控制InGaAsP分布反馈激光器工作在−5～50 ℃的变化实现的。模块内置有FP标准具和光功率检测，连续光输出的激光可被锁定在ITU规定的50 GHz间隔的栅格上。模块

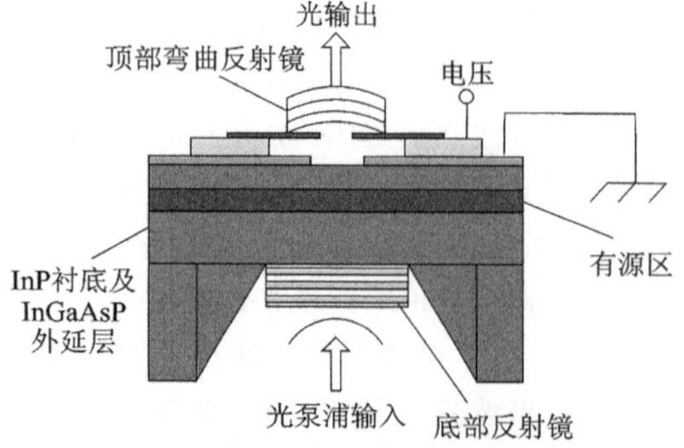

图3 垂直腔面发射可调谐激光器

内有两个独立的热电冷却器，一个用来控制激光器的波长，另一个用来保证模块内的波长锁定器和功率检测探测器恒温工作。模块还内置有半导体光放大器（SOA）来放大输出光功率。该技术简单，但速度慢，可调带宽窄，只有几个纳米，且调谐时间比较长，一般需要几秒的调谐稳定时间。基于温控技术的主要有分布反馈（DFB）和分布布拉格反射（DBR）激光器，由于单个DFB激光器的波长调谐范围窄，需要通过DFB激光器阵列以实现密集波分复用光网络的监测。

2.3　电流控制技术型可调谐半导体激光器

电流控制技术型主要是通过改变激光器腔内注入电流进而实现波长的调谐，基于这种方法实现的可调谐半导体激光器主要有SGDBR激光器、SSGDBR激光器、GCSR激光器和DS-DBR激光器，如图4～图7所示。图4所示为SGDBR型激光器结构，该激光器利用游标卡尺效应可以有效扩展波长的调谐范围；图5所示为SSGDBR型激光器，该激光器的调谐范围可以达到100 nm，并且各波长的光功率能够保持功率均衡；图6所示为GCSR型激光器，基于这种结构形成的滤波器谱宽很宽，所以还需要一个多阶的取样光栅反射镜来获得更好的选择模式，该激光器也能实现50 nm的调谐范围；图7所示为DSDBR激光器，该激光器通过引入相位光栅来扩展波长的调谐范围。目前，JDSU公司的SGDBR激光器和Oclaro公司的DSDBR激光器已经成功商用。

后取样光栅节
增益节 相位节
前取样光栅节

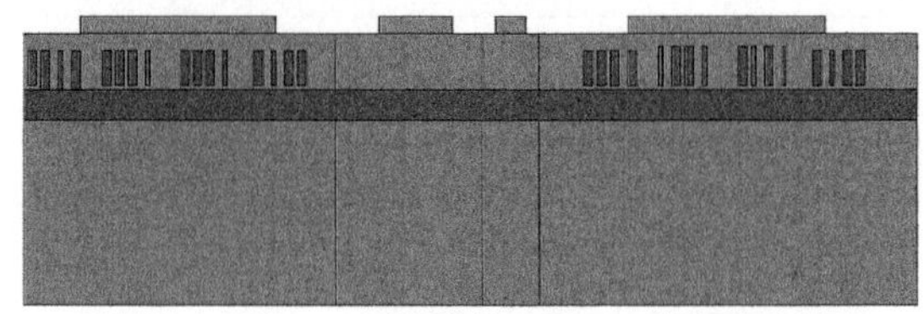

图4　SGDBR型激光器

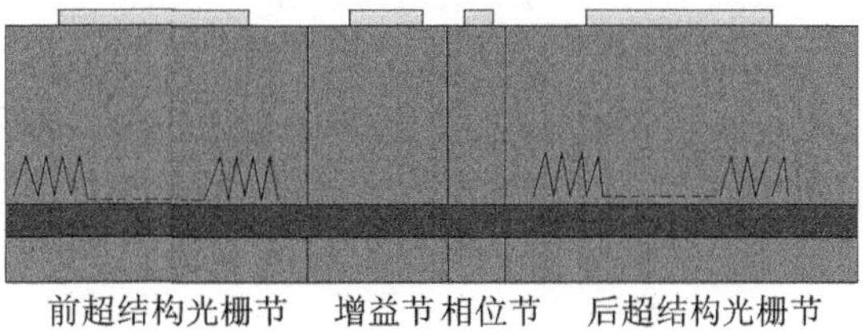

前超结构光栅节
增益节 相位节
后超结构光栅节

图5　SSGDBR型激光器

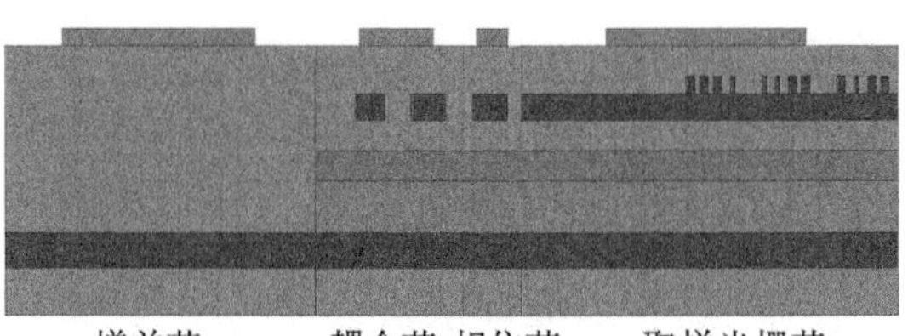

增益节
耦合节 相位节
取样光栅节

图6　GCSR型激光器

前光栅节
增益节 相位节
后光栅节

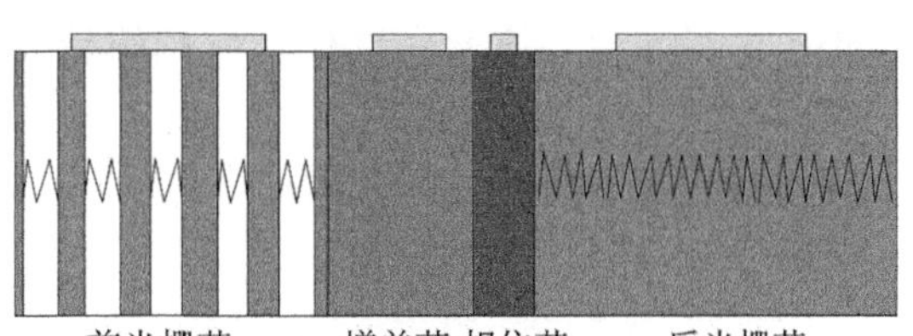

图7　DSDBR型激光器

3　电流控制型取样光栅分布布拉格反射激光器的工作原理

激光器要产生稳定的振荡，必须满足振幅阈值条件和由谐振腔产生的相位阈值条件。振幅阈值条件和相位阈值条件表达式如下：

$$\Gamma g_{\mathrm{th}} = \alpha_{\mathrm{i}} + \alpha_{\mathrm{out}} \tag{1}$$

$$2n_{\mathrm{eff}}L = m\lambda_{\mathrm{m}} \tag{2}$$

式(1)中，Γ为激光场限制因子，g_{th}为阈值增益，α_{i}为增益介质的内部损耗，α_{out}为激光器的输

出损耗;式(2)中,n_{eff} 为有效折射率,L 为有效腔长,m 表示激光器谐振腔内模式数。

基于电流控制技术的DBR激光器的原理是通过改变激光器内不同位置的光纤光栅结构和相位控制部分的电流,从而使光纤光栅的有效折射率 n_eff 发生变化,产生不同的光谱,通过对不同区域光纤光栅产生的不同光谱的叠加进行特定波长的选择,从而产生需要的特定波长的激光。SGDBR激光器是在均匀光栅中周期地去除一些区域而构成的一种独特的光栅结构,这种周期调制使得光栅具有梳状反射谱。SGDBR激光器由前DBR光栅区、增益区、相位区和后DBR反射光栅区组成,其前后反射区的梳状反射峰略有不同。为了能够得到较高的输出光功率,一般将DBR型可调谐激光器和SOA进行单片集成,在此类SGDBR激光器的结构基础上增加半导体放大器(SOA)区。可使输出的特定波长的激光功率达到10～20 mW,并且这种结构的可调谐半导体激光器体积小,有ns级的调谐速度,能够满足DWDM无源光网络调谐波长、通道间隔等要求,如图8所示。

除此之外,通过改变前后Bragg光栅区的注入电流来改变反射区有效折射率 n_eff,从而使Bragg波长随之变化,完成波长的粗调;接着再调节相位区的电流使得腔模同反射区的反射峰达到一致从而实现细调,以得到所需波长。

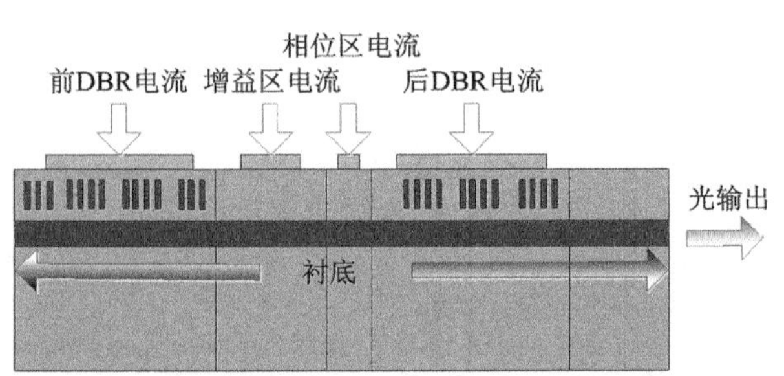

图8 电控型采样光栅分布布拉格反射激光器结构

通过电极分别对有源区、布拉格光栅区、相位校正区注入不同的电流,其中有源区提供增益,光栅区选择纵模,相位区调节相位,从而使输出激光的波长与光栅的布拉格波长一致,实现波长调谐。激光器的调谐范围由下式决定:

$$\frac{\Delta\lambda}{\lambda}=\frac{\Delta n}{n} \tag{3}$$

式中:$\Delta\lambda$ 为调节的波长变化;Δn 为通过注入电流得到的最大折射率变化值,但是现有的SGDBR可调谐半导体激光器控制波长的精度不高且不稳定。

4 系统设计

可调谐激光器波长的稳定输出是关键,稳定性越好,波长调谐精度也越高,系统的波道间隔越小,系统也就有了更大的传输容量。由于可调谐半导体激光器的热稳定性较差,其在100 ℃的工作温度范围内,非制冷情况下其波长漂移约为10 nm。热稳定性包括输出激光的波长稳定和模式稳定。波长的改变可以通过改变注入电流实现,反馈信号由Bragg光栅产生。反馈信号的改变控制注入电流的改变,使输出激光波长与滤光器的波长一致从而实现波长稳定。模式稳定的关键在于提高输出激光的边模抑制比(SMSR)。可以通过SMSR与输出光功率的关系建立反馈回路,也可以利用SMSR与有源区电压的相关性建立回路,提高SMSR。

4.1 总体方案

本文针对电控型SGDBR激光器进行研究,设计一种宽带高稳定可调谐激光源技术,通过稳定的电流值对SGDBR激光器输出的波长进行有效的调节和稳定的控制,可使激光器的通道的波长调谐范围覆盖 1 528～1 564 nm，各通道内的波长间隔为 0.4 nm（即信道间隔 50 GHz，通道数为 89），允许的波长误差为≤0.08 pm（即锁定频率为精度为≤10 MHz）。总体方案框图如图 9 所示，系统主要包括温度控制电路、波长选择电路和锁波电路三部分组成。

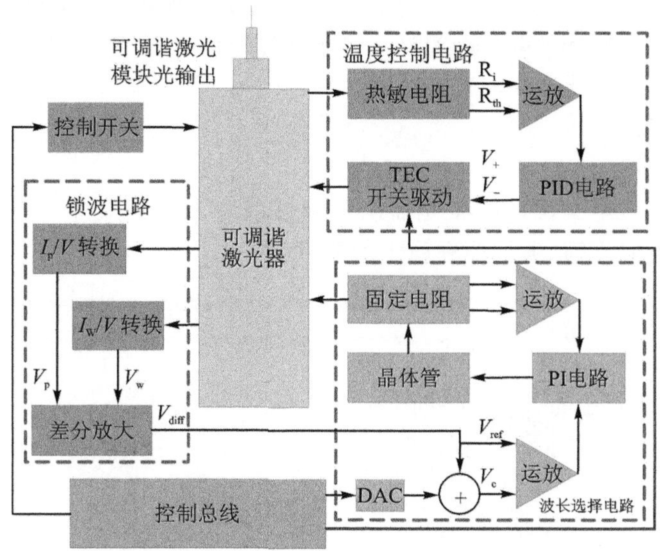

图 9　基于电控型可调谐半导体激光器控制技术

4.2　温度控制电路

基于电控制技术的可调激光器在工作时受外界环境温度及内部自身发热的影响，需采用温度控制电路保证温度的恒定。当改变与热敏电阻对应的电阻阻值时，R_1（数字电位器）和 R_{th} 组成的桥路发生变化，通过仪表放大器形成差分电压，差分电压经过比例-积分-微分（PID）控制电路后将电压送到驱动器，通过驱动器输出一定电压给热电制冷单元（TEC），TEC 根据流过电流的方向，对激光器进行制冷或加热，使激光器温度稳定在所要求的值。激光器的温控系统必须满足控制精度高、温度稳定性好等要求，而且它必须是双向控制的，以适应外界温度变化和激光器工作条件的不确定性。

4.3　锁波电路

可调谐半导体激光器的波长很难稳定，需要监测光波长并设计精细的反馈电路对其进行控制。锁波电路主要用在外界温度发生变化时，给偏置电流控制电路提供反馈，通过改变偏置电流大小来保持波长稳定。温度的改变会导致激光器内部功率监控电流 I_p 和波长监控电流 I_w 发生变化，同时它们的比值也相应发生改变，通过差分放大器将它们的差分电压传递给 PI 电路，输出变化电压 V_{diff} 将加入偏置电流控制电路，通过适当调节偏置电流，实现了将波长稳定控制在误差允许的范围内。

4.4　波长选择电路

可调谐半导体激光器的波长选择电路由模/数转换器（DAC）、运算放大器组成的比较器及 PI 电路组成。DAC 将总线采集到的数据进行数字信号到模拟信号的转化，与差分比较电压 V_{diff} 共同构成输入信号 V_c，通过与参考电压 V_{ref} 比较，调整波长通道，达到多波长可调谐的目的。

5 实验测试结果

本文利用 EXFO 公司 FTB－500 型光谱仪以及南京聚科光电技术有限公司 N1601B 型激光器噪声测试仪对电控型 SGDBR 激光器的指标进行测量，包括激光器的调谐范围，波长通道间隔以及波长锁定稳定性即最小线宽的测量。

5.1 调谐范围

由图 10 可以看出，本文设计的激光器满足调谐范围 1 528～1 564 nm 的要求，而且每个波长的激光器功率近似相等，满足功率稳定的要求。

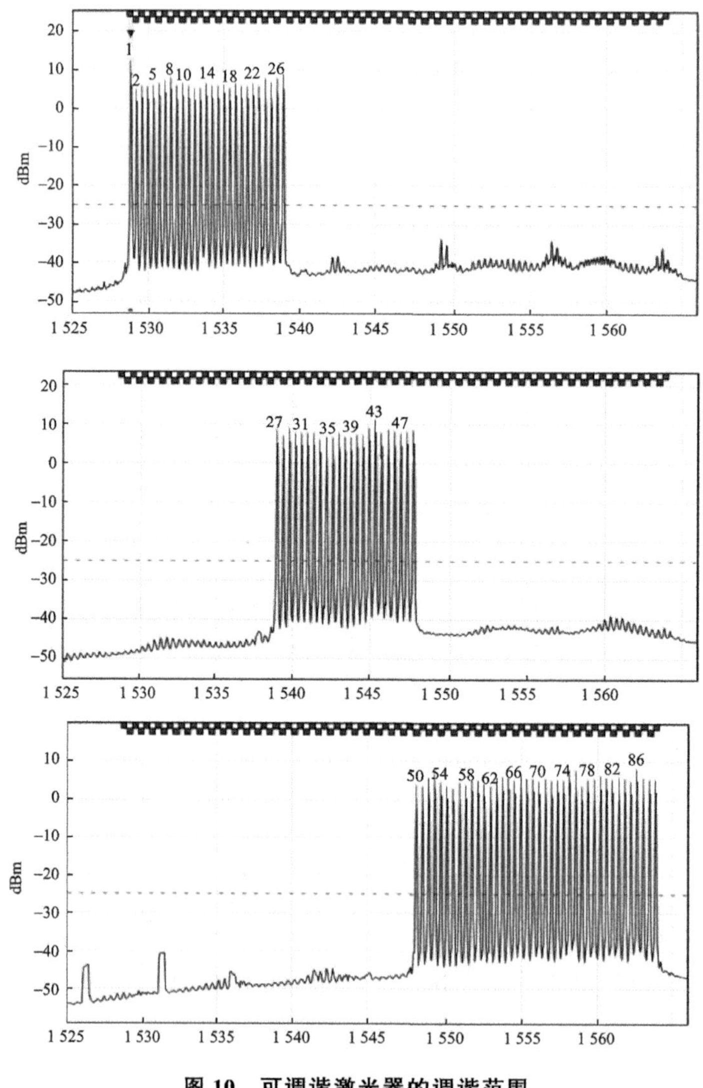

图 10　可调谐激光器的调谐范围

5.2 波长通道间隔

FTB－500 型光谱仪可直接输出测试报告，现将各个通道数据绘制为图表，各通道波长值见表 1。

表 1　可调谐激光器的输出波长

通　道	波长/nm	通　道	波长/nm
1	1 528.752	2	1 529.147
3	1 529.536	4	1 530.314
5	1 530.702	6	1 531.090
7	1 531.479	8	1 531.868
9	1 532.260	10	1 532.654
⋮	⋮	⋮	⋮
84	1 561.808	85	1 562.211
86	1 562.616	87	1 563.021
88	1 563.429	89	1 563.841

5.3　最小线宽

通过 N1601B 型激光器噪声测试仪测得可调谐激光器的最小线宽结果如图 11 所示。由图 11 可知，测得结果的本征线宽为 7.25 MHz，满足≤10 MHz 的要求。

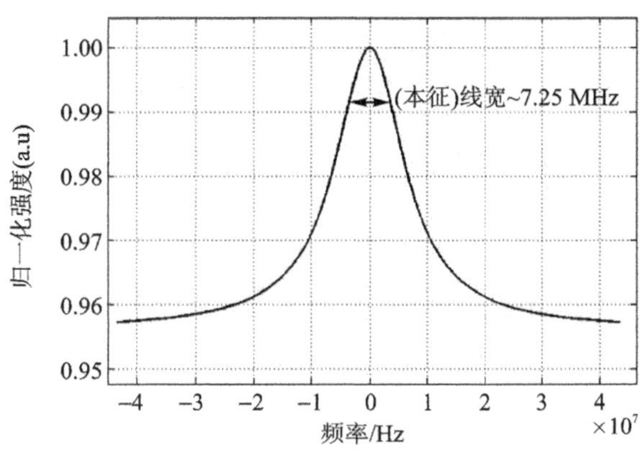

图 11　可调谐激光器线宽测试结果

6　结束语

本文基于电流控制原理对 SGBDR 激光器进行了设计，得到了输出调谐波长范围是 1 528～1 564 nm，各波长通道间隔 0.4 nm，波长稳定度在小于 10 MHz 的高稳定度的可调谐半导体激光器。该激光器可作为密集波分复用光时域反射仪的光源使用，可有效解决城域网 DWDM 系统和 WDM－PON 波分系统的光纤链路测试以及后期维护的问题。

参考文献

[1] Brackett C A, Acampora A S, Sweitzer J, et al. A scalable multiwavelengh multihop optical network: a proposal for research on all-optical networks[J]. Journal of Light wave Technology, 1993, 11(5): 736-753.

[2] Dummer M M, Klamkin J, Tauke Pedretti A, et al. 40 Gb/s field-modulatedwavelength converters for all-optical packet switching[J]. IEEE Journal of SelectedTopics in Quantum Electronics, 2009, 15(3): 494-503.

[3] Klonidis D, Politi C T, Nejabati R, et al. OPSnet: design and demonstration of an asynchronous high-speed optical packet switch[J]. Journal of Lightwave Technology, 2005, 23(10): 2914-2925.

[4] Coldren L A, Fish G A, Akulova Y, et al. Tunable semiconductor lasers: atutorial[J]. Journal of Lightwave Technology, 2004, 22(1): 193-202.

[5] Keyworth B P. ROADM subsystems and technologies [C]// Optical Fiber Communication Conference, 2005.

[6] Elmirghani J M H, Mouftah H T. All-optical wavelength conversion: technologies and applications in DWDM networks[J]. IEEE Communications Magazine, 2000, 38(3): 86-92.

[7] Pezeshki B, Kubicky E V J, Yoffe G, et al. 20-mW widely tunable laser module using DFB array and MEMS selection[J]. IEEE Photonics Technology Letters, 2002, 14(10): 1457-1459.

[8] Pezeshki B, Parhar G, Badr N. Tunable lasers[J]. IEEE Circuits and Devices Magazine, 2003, 19(5): 36-40.

[9] Mason B, Lee S L, Heimbuch M E, et al. Directly modulated sampled grating DBR lasers for long-haul WDM communication systems[J]. IEEE Photonics Technology Letters, 1997, 9(3): 377-379.

[10] Ishii H, Tanobe H, Kano F, et al. Quasicontinuous wavelength tuning in super-structure-grating(SSG) DBR lasers[J]. IEEE Journal of Quantum Electronics, 1996, 32(3): 433-441.

[11] Oberg M, Nilsson S, Streubel K, et al. 74 nm wavelength tuning range of an InGaAsP/InP vertical grating assisted codirectional coupler laser with rear sampled grating reflector[J]. IEEE Photonics Technology Letters, 1993, 5(7): 735-737.

[12] Ward A J, Robbins D J, Busico G, et al. Widely tunable DS-DBR laser with monolithically integrated SOA: design and performance[J]. IEEE Journal of Selected Topics in Quantum Electronics, 2005, 11(1): 149-156.

[13] JDSU. 5205/5206 Integrated Tunable Laser Assembly (ITLA)[Online]. Available: http://www.jdsu.com/en-us/Optical-Communications/Products/a-z-product-list/Pages/laser-assembly-tunable-5205-5206-series.aspx.

[14] Oclaro. Lambda FLEXTM iTLA TL5000 Integrated Tunable Laser Assembly [Online]. Available: http://www.oclaro.com/product_pages/TL5000DCJ.html.

[15] 蒋列，周晓伟，倪演海，等. 一种波长可调谐半导体激光器的应用研究[J]. 装备制造技术，2013(6): 16-24.

基于 BIT 一体化设计的典型案例性能验证平台

靳为东　周靖宇　赵杰　申双荣　彭佳明
（中电科仪器仪表有限公司，山东・青岛，266555）

摘要：机内自测试(BIT)是应用于复杂电子系统中非常重要的一种自测试手段，是测试性设计实现的重要保证。嵌入式测试能力的好坏直接关系到系统或设备内部检测和隔离故障的能力优劣。针对电子设备中 BIT 与功能设计脱节、测试总线资源不足、电子设备难以直接嵌入测试等难题，本文提出了基于 BIT 一体化设计的性能验证平台的构建方案，并结合典型案例实物进行 BIT 一体化设计和性能验证平台的搭建，对典型案例实物完成了测试性分析、BIT 一体化设计、故障注入系统的设计、综合诊断和性能验证，从而提高了电子设备的可测试性和维修性、简化测试和维修设备、提高测试和维修效率，为电子设备的综合诊断和健康管理提供案例性能验证支撑。

关键词：BIT；测试性；故障注入；综合诊断；健康管理

1　引　言

随着电子设备信息化与数字化的快速发展，结构也变得高度集成化和复杂化，电子设备的 BIT 设计与其功能设计存在脱节和缺乏规范性，使得 BIT 功能电路本身成为电子设备中的一个不可控风险。在 BIT 设计时电子设备的设计已经定型，无法对电子设备功能、结构、体积等相关设计进行更改，尽管在电子设备 BIT 设计时考虑过可测性设计，但是由于装备本身的设计已经定型，无法进行根本的更改，使得电子设备的 BIT 的引入和电子设备本身功能及指标的保证之间形成了一种不可调和的矛盾。电子设备内部的高度集成和测算总线资源有限都给电子设备的性能测试、综合诊断、健康管理和现场维修检测都带来了挑战，因此针对电子设备系统进行基于 BIT 和功能一体化设计的性能验证平台的设计和实现非常重要。

本文介绍了基于 BIT 一体化设计的性能验证平台的总体设计方案和相应的设计步骤，并结合典型研究案例实物完成了性能验证平台的设计和实现。首先针对典型研究案例进行了基于 BIT 设计的测试性分析和测点优选、BIT 一体化设计，然后通过设计的故障注入系统完成对典型案例实物的故障注入，最后平台配套软件通过获取 BIT 采集单元上传的数据，基于统计分析完成相应的综合诊断和性能验证。

2　基于 BIT 一体化设计的性能验证平台的整体实现方案

根据电子设备的实际 BIT 设计流程，主要包括可测性分析、BIT 设计、故障注入系统和支撑平台软件四个功能单元。本论文基于 BIT 一体化设计的性能验证平台总体实现方案（如图 1 所示），主要有两方面内容：第一是 BIT 一体化设计技术；第二是基于 BIT 一体化设计的性能验证技术。对于电是 BIT 一体化设计技术，从设计之初就开始对整个被测对象进行测试性分析，并且设计标准化的BIT采集单元和配套的BIT一体化设计软件。对于基于BIT一体化设计的性能验证技术，开发了相应的验证平台，然后配合相应的BIT一体化软件，通过故障检测率和故障隔离率等指标，进行被测对象的BIT性能验证。

由图1可知，基于BIT一体化设计的性能验证平台总体的设计步骤如下：

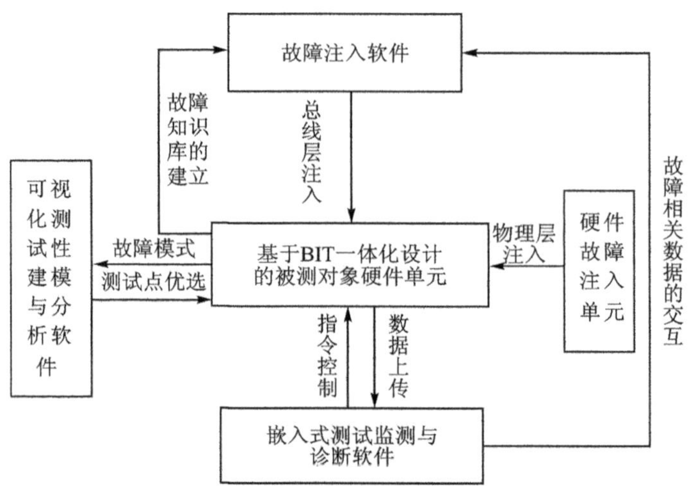

图1 基于BIT一体化设计的性能验证平台总体方案

① 测试性分析：首先对被测对象硬件单元的各子功能框图进行分析，选择出能表征各个功能单元的故障模式和测试点，然后在故障检测率和隔离率等指标约束下，通过可视化测试性建模与分析软件对被测对象进行多信号建模来完成测试性分析来完成测点优选。

② BIT一体化设计：根据被测对象硬件单元进行测试性分析获取优选测试点，然后在被测对象进行设计之初预留相关的测试点和总线资源，并把相关的测试点与BIT采集单元进行连接，结合测试性分析和BIT采集单元进行一体化设计，最终完成基于BIT一体化设计的被测对象硬件单元。

③ 故障注入系统设计：首先通过基于BIT一体化设计的被测对象硬件单元的故障仿真建立故障知识库，然后通过故障注入软件基于总线层进行被测电子设备进行故障注入，来模拟被测对象的实际故障注入到被测对象的通信接口；基于通过专用的硬件注入单元进行物理层的故障注入，来完成对底层硬件的短路或者强制引脚变化等故障操作。

④ 性能验证：通过BIT采集单元对基于BIT一体化设计的被测对象进行数据的实时采集，并把相应的采集数据通过预留的总线资源将数据上传到嵌入式测试监测与诊断软件完成数据监测和综合诊断，通过各种诊断得到诊断结果，结合故障检测率和故障隔离率等指标，完成基于BIT一体化设计的性能验证平台的性能验证。

3 基于BIT一体化设计的典型案例的性能验证平台构建

VPX高速数字收发模块主要由A/D采集单元、D/A信号生成单元、FPGA单元、DSP单元、时钟单元、DDR3单元和PCIE桥等组成。本论文以某VPX高速数字收发模块为典型应用案例来构建基于BIT一体化设计的性能验证平台，并进行平台的性能验证。

3.1 测试性分析

本文首先对 VPX 高速数据收发模块相应的功能单元进行故障类型整理，然后通过可视化测试性建模与分析软件进行测试性分析和测试点优选，优选后的测点如表 1 所列。在表 1 中，通过选择采用两路时钟信号 10 MHz_1 和 10 MHz_2 来检测 A/D 和 D/A 时钟的是否正常。其余为各功能单元的供电电压检测点，如果电压不正常说明相应的供电电压有问题，或者相应的功能单元出现损坏。

表 1 VPX 高速数据收发模块的测点优选

序　号	测试节点	测点类型	测　试
1	TP1	A/D 时钟测点 CLK10M_AD	t1
2	TP2	D/A 时钟测点 CLK10M _DA	t2
3	TP3	VPX 机箱电压测点 VIN12V	t3
4	TP4	A/D 控制电压测点 A1.9V_A	t4
5	TP5	A/D 核心电压测点 A1.1V_A	t5
6	TP6	A/D、D/A 中间电压测点 A1.5 V	t6
7	TP7	A/D、D/A 中间电压测点 A2.2 V	t7
8	TP8	D/A 控制电压测点 A1.8 V_DAC	t8
9	TP9	D/A 核心电压测点 A1.0V_DAC	t9
10	TP10	PCIe 桥供电测点 VCC2V5	t10
11	TP11	DSP 内核电压测点 VCC1V0	t11
12	TP12	FPGA 内核电压测点 VCC1V0_INT	t12
13	TP13	DDR3 供电电压测点 VCC1V5_FPGA	t13
14	TP14	DDR3 参考电压测点 VCC0V75_FPGA_A	t14

3.2 BIT 一体化设计

在对 VPX 高速数字收发模块功能单元进行测试性分析获取优选测点的基础上，进行基于 BIT 一体化设计的高速数字收发模块。在不改变高速数字收发模块功能电路的内部电路结构前提下，把表 1 中优选的测点引出到连接器；通过设计的 BIT 采集单元对高速数字收发模块功能单元中预留的连接器进行相应测点连接，来完成模块功能电路中的电压、频率等数据的采集，然后通过总线资源把数据传输到平台配套的上位机单元，最终完成后续平台的综合诊断和性能验证。基于 BIT 一体化设计的高速数字收发模块结构框图如图 2 所示。

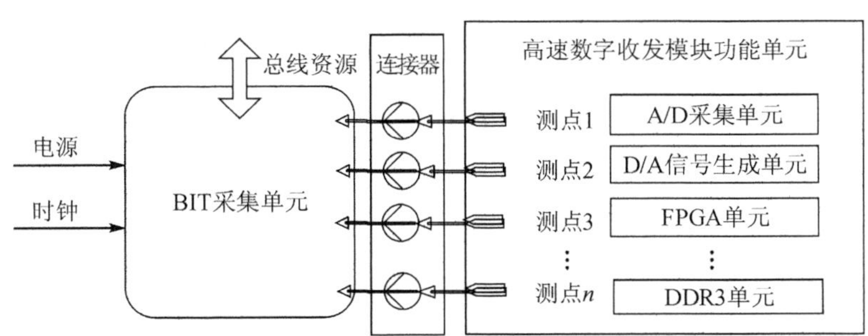

图 2 基于 BIT 一体化设计的高速数字收发模块结构框图

3.3 故障注入系统设计

1. 软件故障注入

本文的软件故障注入选择基于总线层的故障注入，首先根据表1的VPX高速数字收发模块的测试点和故障类型进行相关"故障类型编码"，通过模拟其实际的故障类型来完成故障知识库的建立；然后故障注入软件通过总线与基于BIT一体化设计的高速数字收发模块的BIT采集单元建立通信连接；最后故障注入软件导入故障模式列表，分别设置选择不同故障的故障注入次数和故障模式，开展对模块进行故障注入试验来模拟实际测试通道的故障。

2. 硬件故障注入

本文硬件故障注入主要是在VPX高速数字收发模块的物理层进行故障注入。首先通过对模块各功能单元电路的实际工作原理进行分析，确定模块物理层进行硬件故障注入所需的故障应力类型、故障应力量值和施加方式；然后通过专用的硬件注入模块和辅助测试仪器来完成对底层硬件的短路或者强制引脚变化，来完成对模块实际的电源类或短路类等故障类型的注入。

3.4 性能验证平台的搭建

在前面对VPX高速数字收发模块完成测试性分析、BIT一体化设计和故障注入系统的设计基础上，本文基于BIT一体化设计的高速数字收发模块性能来搭建的验证平台实物如图3所示，图3左侧为装配在VPX机箱的基于BIT一体化设计的高速数字收发模块，右侧为嵌入式测试监测与诊断软件界面，完成对模块的数据监测、综合诊断和性能验证。

图3 基于BIT一体化设计的高速数字收发模块性能验证平台

为了验证PX高速数据收发模块的综合诊断和性能验证，首先嵌入式测试监测与诊断软件作为TCP服务器与基模块的TCP客户端进行网络通信，通过发送指令来控制BIT采集单元的支持加电BIT、启动BIT和周期BIT的工作模式切换，来完成数据采集和上传；然后对模块进行基于总线层的软件故障注入和基于物理层的硬件注入来模拟不同的故障模式产生相应的故障数据；最后平台配套软件通过统计分析BIT采集单元上传的相关数据，来对构建的模块性能验证平台进行故障诊断率、故障隔离率、评估指标数值等相关性能验证。

4　结束语

本文简要论述了基于BIT一体化设计的性能验证平台总体方案和相关设计步骤，着重描述了基于BIT一体化设计的典型案例的性能验证平台构建。本文以VPX高速数字收发模块作为典型案例进行基于BIT一体化设计的性能验证平台的搭建，完成了对该模块的测试性分析的测点优选，基于BIT一体化设计，基于软件和硬件的故障注入系统的设计，平台配套软件的综合诊断和性能验证。本文通过搭建基于BIT一体化设计典型案例性能验证平台，解决了电子设备实物进行嵌入式设计和验证难的问题，实现嵌入式测试能力与标准化的提升，能够为电子设备的嵌入式测试与健康管理提供验证支撑。

参考文献

[1] 田仲，石君友. 系统测试性设计分析与验证[M]. 北京：北京航空航天大学出版社，2003.

[2] 陈希祥，邱静，刘冠军. 装备系统测试性方案优化设计技术研究[J]. 中国机械工程，2010，21(2)：141-145.

[3] 林志文，贺喆. 基于多信号模型的雷达测试性设计分析[J]. 系统工程与电子技术，2009，31(11)：2781-2784.

[4] 装备测试性大纲、非书资料：GJB2547—2012[S].

[5] 胡宇. 测试性验证故障注入方法[J]. 硅谷，2014(17)：41-43.

基于 Littman – Metcalf 型可调谐激光源的无跳模横向允许误差分析

乔山　张爱国　刘志明　曲天阳　金辉
（中电科仪器仪表有限公司，山东·青岛，266555）

摘要：建立 Littman – Metcalf 型可调谐激光源无跳模横向允许误差范围的数学模型，深入分析影响无跳模横向允许误差范围的影响因素及量级大小。转轴点到压电陶瓷电机运动轴线的距离、转轴点到闪耀光栅衍射点的距离对无跳模横向允许误差范围的影响十分有限，而光栅安装角度、光栅刻线密度会明显影响无跳模允许误差的范围。当光栅刻线密度小于 600 时，可选择光栅放置为某一具体角度值，使无跳模横向允许误差范围为无穷大；当光栅刻线密度大于 600 时，光栅放置角度越大，带来的无跳模横向允许误差范围越大。

关键词：可调谐激光源；Littman – Metcalf；无跳模；闪耀光栅

1　引　言

外腔可调谐激光源具有线宽窄、调谐范围宽、波长精度高、调谐速率高等显著特点，在高精度光谱仪、OFDR、调频连续波激光雷达等领域具有无可替代的作用，同时也是光通信系统中光接收模块、芯片、光电探测器等光器件的核心测试仪器。Littman – Metcalf 型可调谐激光源是外腔可调谐激光源的主流设计类型，欧美日等发达国家的成熟产品大多采用此类型的光学结构方案，例如美国的 Keysight 公司、日本的 Santec 公司等，其低精度指标产品的线宽已可压窄至 200 kHz 以下，无跳模调谐范围超过 100 nm，绝对波长精度优于±20 pm，调谐速度达到 100 nm/s。而我国一直未有接近该技术指标的稳定可调谐激光源产品出现，其中在调谐范围内实现稳定地无跳模激光输出是制约我国相关仪器设备产品化的重要难题之一。

2　Littman – Metcalf 型可调谐激光源的无跳模输出原理

Littman – Metcalf 型外腔可调谐激光源的基本结构形式如图 1 所示，增益芯片内部谐振腔称为内腔，出射端面与反射镜表面组成的谐振腔称为外腔。内腔发出的高斯光束在准直透镜准直后入射到闪耀光栅上，经光栅色散分光后一级光入射至反射镜，再经过反射镜的反射作用再次入射到闪耀光栅，而此时只有特定波长的光可以返回至增益芯片的内谐振腔中。再次回到内腔的反馈光因为模式竞争获得较强的增益，从而得到窄线宽的激光输出。改变反射镜的角度可以改变反馈至内腔的光波频率，获得指定的输出波长，即实现可调谐激光输出。

被闪耀光栅两次衍射后回到增益芯片内腔的一级光波长为 λ_r，则根据光栅方程有

$$\lambda_r = d(\sin\varphi + \sin\theta) \tag{1}$$

式中：φ 为入射角；θ 为衍射角；d 为衍射光栅的光栅常数。根据无跳模调谐原理，内腔后端面延长线与闪耀光栅的表面延长线的交点 O 需要和转轴点重合，此时，在内外腔满足如下谐振

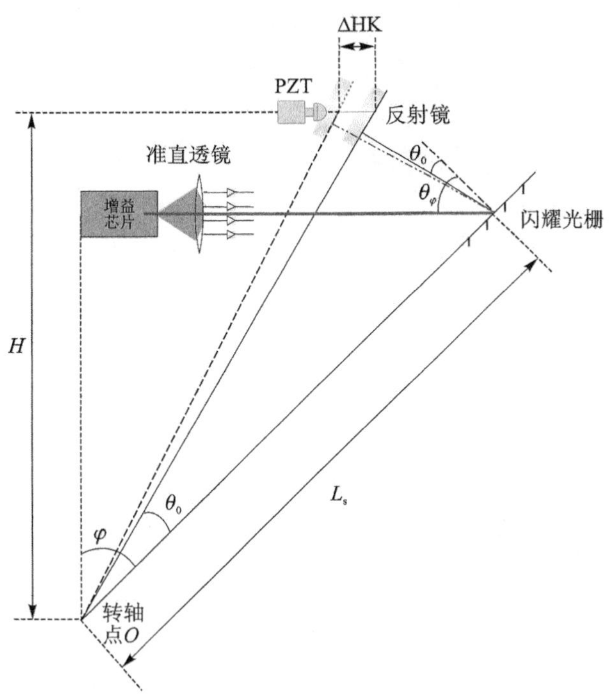

图 1　Littman－Metcalf 型外腔可调谐激光源结构示意图

方程的激光为 λ_q，根据数学关系和谐振条件有

$$\lambda_q = L_s \times \frac{2}{q} \times (\sin\varphi + \sin\theta) \tag{2}$$

式中：q 为满足谐振条件的纵模模数；L_s 为衍射点到转轴点的距离。当 $d = L_s \times 2/q$ 时，无论衍射角 θ 如何变化，光栅反馈光始终与纵模数为 q 的谐振光同步变化，此时实现无跳模激光输出。由于安装误差及轴承径向游隙等不可能彻底消除，转轴点位置与交点 O 不可能完全重合，即光栅反馈光可能与纵模数为 q 的谐振光无法同步变化。当总腔长与光栅反馈光波长 λ_r 的比值减去 q 的绝对值$\geqslant 0.5$ 时，纵模数为 q 的谐振光无法在谐振腔内的模式竞争中保持优势，从而导致跳模输出纵模数为 $q+1$ 或 $q-1$ 的激光，甚至纵模数为 $q \pm N$（N 为正整数）的激光。

3　转轴点的无跳模横向允许误差计算分析

如图 2 所示，当转轴点在横向（平行于谐振腔内腔方向）有位置误差 Δx 时，衍射角为 θ'_0，根据几何关系及光栅方程可求得如下参数：

$$\gamma_0 = a\tan\frac{H \times \tan[90° - (\varphi - \theta)]}{H + \Delta x \times \tan[90° - (\varphi - \theta)]} \tag{3}$$

$$L'_s = \sqrt{(L_s \times \cos\varphi)^2 + (L_s \times \sin\varphi + \Delta x)^2} \tag{4}$$

$$\lambda'_0 = d\,[\sin\varphi + \sin(\gamma_0 + \varphi - 90°)] \tag{5}$$

则转轴点在位移 Δx 后，总的初始光程计算如下：

$$L'_{op} = L'_s \times \sin(\gamma_0 - \omega) + L_s \times \sin\varphi \tag{6}$$

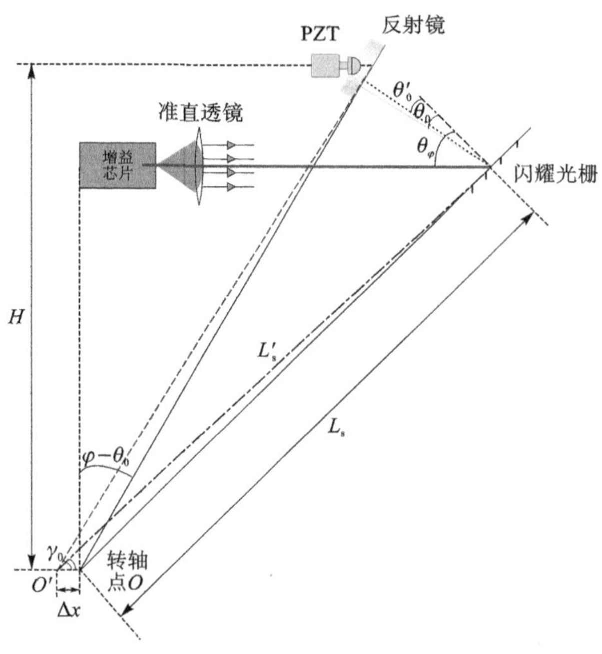

图2 横向位置误差存在时的可调谐激光源结构示意图

根据无跳模基本原理可知，当如下不等式成立时，发生跳模现象：

$$\frac{2\times L'_{op}}{\lambda'_0}-q_0\geqslant 0.5\text{ 或 }\frac{2\times L'_{op}}{\lambda'_0}-q_0\leqslant 0.5 \tag{7}$$

则构造如下函数，求得Γ与Δx的关系：

$$\Gamma=\frac{2\times L'_{op}}{\lambda'_0}-q_0 \tag{8}$$

当$-0.5<\Gamma<0.5$时，Δx的范围为初始无调谐状态下的无跳模横向允许误差范围。

当$L_s=10$ cm，$H=12.5$ cm，$\varphi=43.2°$，$d=1/600$ mm时，Γ与Δx的关系曲线如图3所示。由此可看出，在外腔腔长不发生变化即转轴点不发生转动时，仅仅因振动或者热变形等因素使转轴点产生了一个横向Δx位移，就有可能使得Γ超出$-0.5<\Gamma<0.5$的无跳模允许范围。从图3中可以看出，此条件下横向Δx误差的取值范围为-443 nm$<\Delta x<443$ nm时，才能使得可调谐激光源稳定输出纵模数为q_0的激光，即此条件下初始无调谐状态下的无跳模横向允许误差范围是-443 nm$<\Delta x<443$ nm。该允许误差范围意味着，在此设计条件下如果转轴点采用轴承承载转动力臂，轴承自身的径向跳动误差应该优于该允许误差的限制范围。

无跳模横向允许误差范围越大，可调谐激光源受外界环境扰动的适应性越好，改变$L_s(q_0)$、H、φ以及光栅常数d等的参数大小都可能会引起无跳模横向允许误差Δx的变化。下面对这些影响因素依次进行详细分析。

3.1 L_s对无跳模横向允许误差范围的影响

图4(a)可以看出，L_s的长度在0～10 cm内变化时，Γ与Δx的关系曲线几乎看不出发生任何改变。通过图4(b)和图4(c)可以看出，当$\Delta x=0$，L_s的长度在0～10 cm内变化时，所能带来Γ的变化量为10^{-11}量级；当$\Delta x=2\ 000$ nm，L_s的长度在0～10 cm内变化时，所能带来Γ的变化量小于10^{-4}量级，因此，L_s的变化对无跳模横向允许误差Δx取值范围的影响很小。

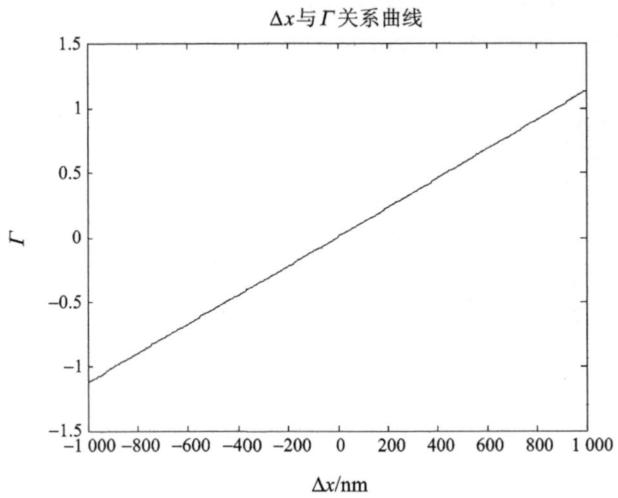

图 3　Γ 与 Δx 的关系曲线($L_s=10$ cm, $H=12.5$ cm, $\varphi=43.2°$, $d=1/600$ mm)

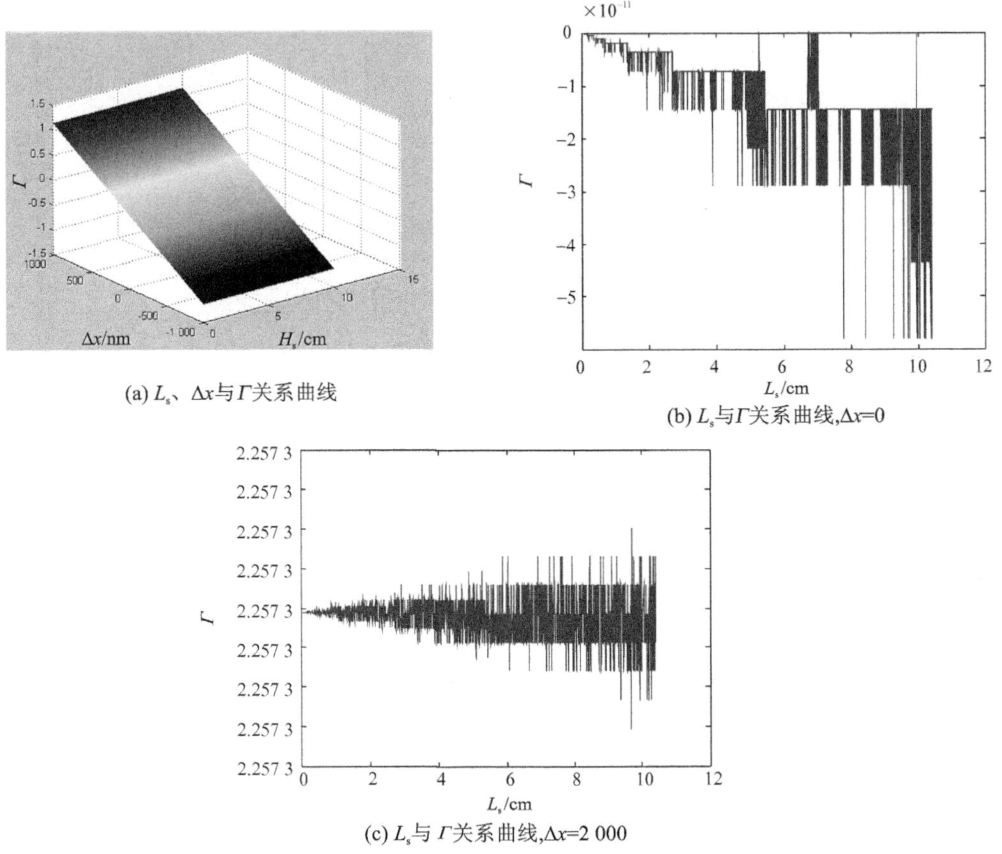

(a) L_s、Δx与Γ关系曲线

(b) L_s与Γ关系曲线,Δx=0

(c) L_s与Γ关系曲线,Δx=2 000

图 4　L_s 对无跳模允许误差范围的影响

3.2　H 对无跳模横向允许误差范围的影响

从图 5 可以看出,转轴点到压电陶瓷电机运动轴线的距离 H 在 2～12 cm 范围内变化时,

所能带来 Γ 的变化是十分有限的，当无跳模横向允许误差 Δx 为 2 000 nm 时，所能带来 Γ 的变化量也只有 10^{-4} 量级。因此，H 的变化对无跳模横向允许误差 Δx 取值范围的影响很小。

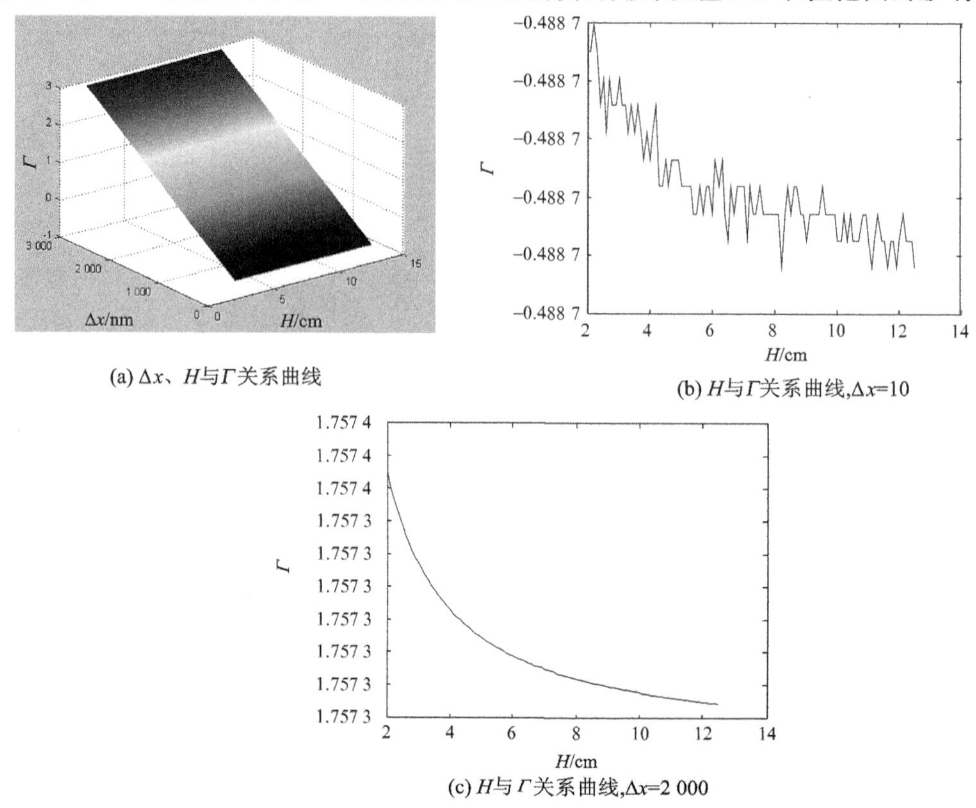

(a) Δx、H与Γ关系曲线

(b) H与Γ关系曲线,Δx=10

(c) H与Γ关系曲线,Δx=2 000

图5 H对无跳模允许误差范围的影响

3.3 φ对无跳模横向允许误差范围的影响

由图6可以看出，闪耀光栅放置角度 φ 对无跳模横向允许误差 Δx 的范围影响较大。φ 越大，无跳模横向允许误差 Δx 的范围越大。例如，当 $\varphi=43.2°$ 时，Δx 的取值范围为 $-443\ \text{nm}<\Delta x<443\ \text{nm}$，当 $\varphi=80°$ 时，Δx 的取值范围为 $-3\ 245\ \text{nm}<\Delta x<3\ 245\ \text{nm}$。

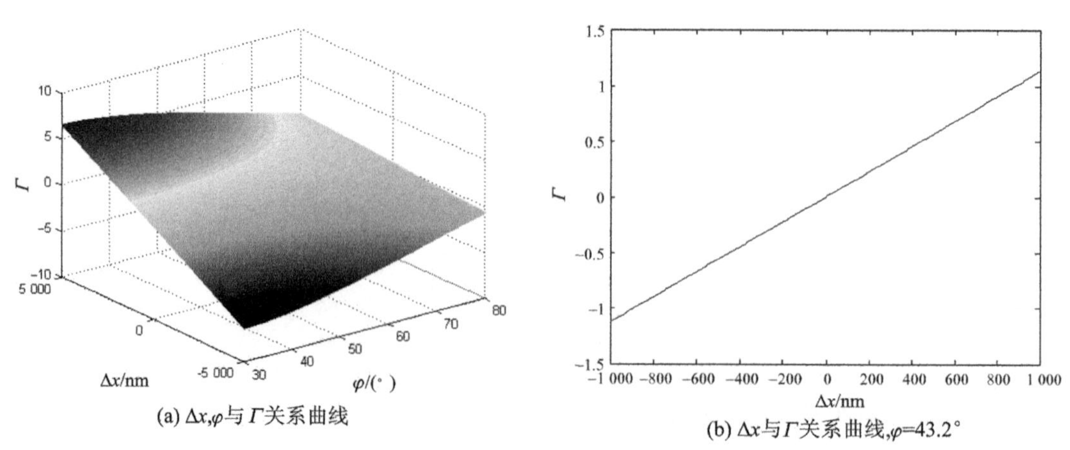

(a) Δx,φ与Γ关系曲线

(b) Δx与Γ关系曲线,φ=43.2°

图6 φ对无跳模允许误差范围的影响

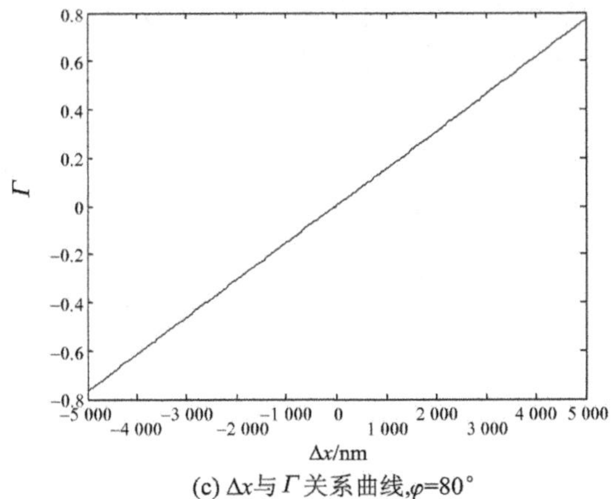

(c) Δx与Γ关系曲线,φ=80°

图 6　φ 对无跳模允许误差范围的影响(续)

3.4　光栅刻线密度对无跳模横向允许误差范围的影响

从图 7 可以看出，当 $\varphi=43.2°$时，光栅刻线密度越少，对无跳模横向允许误差 Δx 的范围影响越小，即此时光栅刻线密度越少越好。当 $\varphi=70°$时，光栅刻线密度为 380 时，对无跳模横向允许误差 Δx 的范围影响最小，此时无跳模横向允许误差的范围是无穷大。当 $\varphi=85°$时，光栅刻线密度为 584 时，对无跳模允许误差 Δx 的范围影响最小，此时无跳模横向允许误差的范围是无穷大。

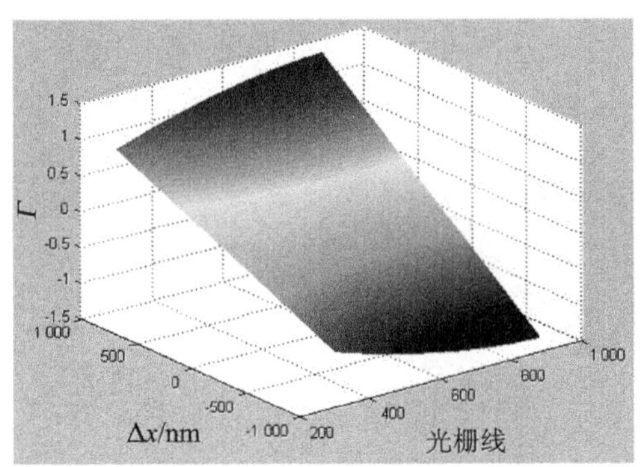

(a) Δx、光栅线与Γ关系曲线,φ=43.2°

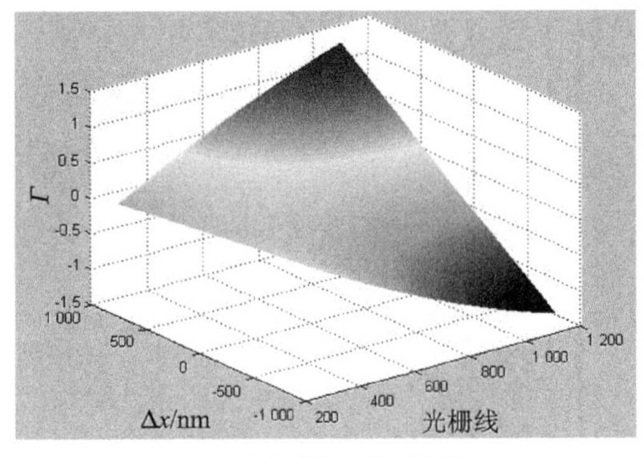

(b) Δx、光栅线与Γ关系曲线,φ=70°

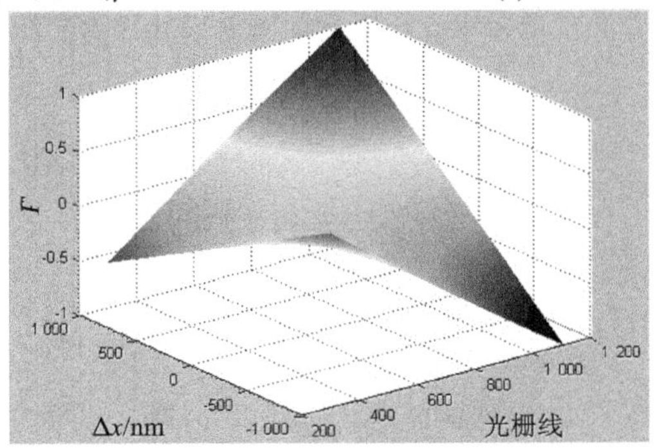

(c) Δx、光栅线与Γ关系曲线,φ=85°

图 7　光栅刻线密度对无跳模允许误差范围的影响

由此可以看出，光栅安装角度 φ 对无跳模横向允许误差范围 Δx 的影响分析不够全面，其结论是在600线光栅条件下得出的，那么假如光栅是300线、500线以及800线，其无跳模横向允许误差范围仿真计算如下：

光栅线数为300，只有当 $\varphi=64°$ 附近，无跳模允许误差 Δx 的范围是无穷大，即此时 Δx 的变化将不会产生跳模现象。光栅线数为500，只有当 $\varphi=78°$ 附近，无跳模允许误差 Δx 的范围是无穷大，即此时 Δx 的变化将不会产生跳模现象。光栅线数为800，φ 的值越大，无跳模允许误差 Δx 的范围越大，但不存在无跳模横向允许误差 Δx 无穷大的情况。φ 对无跳模允许误差范围的影响如图8所示。

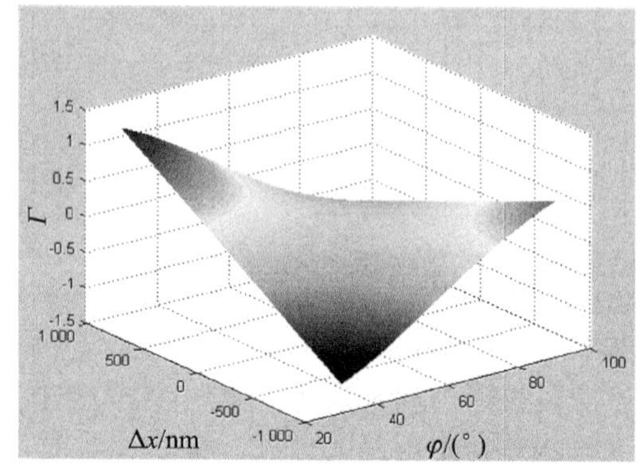

(a) Δx、φ与Γ关系曲线,光栅线为300

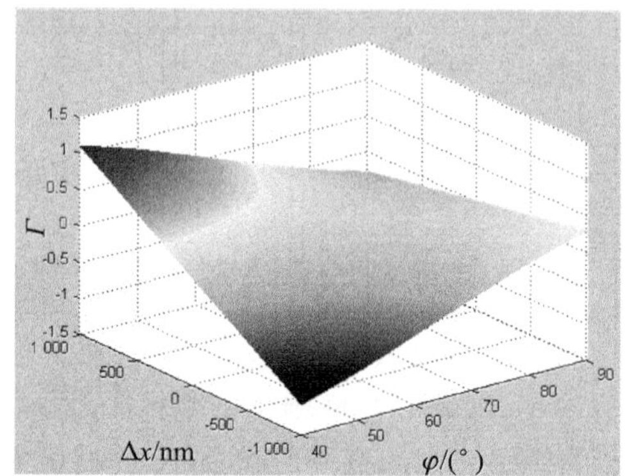

(b) Δx、φ与Γ关系曲线,光栅线500

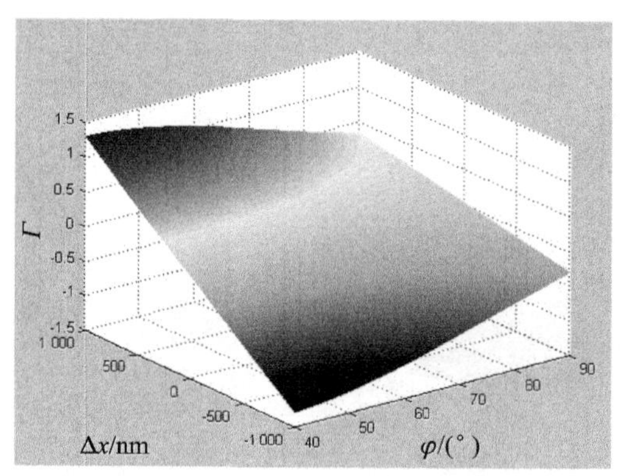

(c) Δx、φ与Γ关系曲线,光栅线为800

图8 φ对无跳模允许误差范围的影响

简单总结为，当光栅线数小于600时，可选择光栅放置为某一具体角度值，使无跳模横向允许误差 Δx 为无穷大；当光栅刻线密度大于600时，光栅放置角度越大，带来的无跳模横向允许误差 Δx 的范围越大。

4 总 结

本文通过建立Littman－Metcalf型可调谐激光源无跳模横向允许误差范围的数学模型，分析了影响无跳模横向允许误差范围的影响因素及量级大小。转轴点到压电陶瓷电机运动轴线的距离 H、转轴点到闪耀光栅衍射点的距离 L_s 以及PZT运动ΔHK对无跳模横向允许误差范围的影响十分有限，而光栅安装角度 φ、光栅刻线密度会明显影响无跳模允许误差的范围。当光栅刻线密度小于600时,可选择光栅放置为某一具体角度值,使无跳模横向允许误差 Δx 范围为无穷大;当光栅刻线密度大于600时,光栅放置角度越大,带来的无跳模横向允许误差 Δx 范围越大。

Littman-Metcalf 型可调谐激光源的无跳模分析是极其复杂的,除了转轴点的横向误差会引起跳模现象,增益芯片的温度变化、电流源稳定性以及转轴点的纵向误差,反射镜的倾斜等因素都会影响激光源的无跳模稳定输出。因此在光栅选型、光机结构设计等过程中还需要综合考虑各个方面带来的影响。

参考文献

[1] Oishi M, Yamamoto M, Kasaya K. 2.0-μm single-mode operation of InGaAs-InGaAsP distributed-feedback buried-hetero structure quantum-well lasers[J]. Photonics Technology Letters, IEEE, 1997, 9(4): 431-433.

[2] Mitsuhara M, Ogasawara M, Oishi M, et al. 2.05μm wavelength InGaAs-InGaAs distributed-feedback multi quantum-well lasers with 10-mW output power[J]. Photonics Technology Letters, IEEE, 1999, 11(1): 33-35.

[3] Maulini R, Mohan A, Giovannini M, et al. External cavity quantum-cascade lasers tunable from 8.2 to 10.4 μm using a gain element with a heterogeneous cascade[J]. Appl. Phys. Lett, 2006, 88(20): 201113.

[4] Thorsten F, Thomas W. Extension of the mode-hop-free tuning range of an external cavity diode laser based on a model of the mode-hop dynamics[J]. Optics Letters, 2008, 33(4):372-374.

基于蓝牙 Mesh 组网的 BIT 故障诊断设计与实现

申双荣　周靖宇　赵杰　靳卫东　董琦
（中电科仪器仪表有限公司，山东・青岛，266555）

摘要：机内测试(BuildIn Test,BIT)在复杂装备及军用系统上应用广泛，能够有效地提高系统维护性和可靠性。伴随着武器装备复杂度的提高，BIT 检测对象也随之增加，这将导致信号检测数量及输出总线数量增多，不利于模块化及工程化设计，如何降低单个 BIT 模块功耗以及减少多个 BIT 模块组网测试，对传统 BIT 设计提出了更高的要求。针对传输方式优化本文提出了一种基于低功耗蓝牙 Mesh 组网的 BIT 故障诊断设计，该设计采用低功耗蓝牙方式进行被测信号无线传输，并通过构建 Mesh 网络组建无线传输网络拓扑，避免了总线布线时的复杂流程，将被测信息传到上位机进行故障诊断，对故障信息进行报警输出及存储等操作。蓝牙采用 5.0 协议，该协议在原有基础上进行了射频及休眠优化能有效降低功耗，并且无线传输方式可减少 BIT 走线，防止电磁干扰。为了更好地实现各节点的检测与配置，设计了一套私有通信协议并采用 AES 加密保证无线传输的安全性，通过 Mesh 组网形式可以降低丢包概率，保证数据稳定传输，通过私有协议可实现快速简单组网，增加了系统灵活性。实际应用表明，该设计具有良好的数据传输能力及故障诊断能力。

关键词：BIT；蓝牙 Mesh 组网；低功耗；故障检测

1　引　言

伴随着电子设备集成度与复杂越来越高，对设备的可靠性和维修性能力要求逐步提升。机内测试 BIT 技术在改善故障诊断能力、提高可靠性以及降低系统维护成本方面发挥着重要的作用，但 BIT 设计增加了系统负载，系统需要为 BIT 模块供能以维持其运作，并且随着 BIT 模块的增多，BIT 传输使用的总线将增多，严重影响系统的可靠性及运行效率，如何降低功耗及减少布线将直接影响 BIT 检测的测试性能。

蓝牙传输目前已经广泛应用于可穿戴智能设备及物联网设备，随着蓝牙 5.0 标准的推出，更低的功耗和更远的传输距离使之具有更广阔的应用场景。本文设计了基于蓝牙 Mesh 组网的故障检测技术，其具有低功耗，无线传输及故障检测功能。能进行多个测试模块的快速 Mesh 组网及蓝牙传输，在无故障时进入休眠模式，当发生故障时唤醒设备并发送数据到终端设备进行故障报警，该设计大大减少了硬件电路设计及功耗，并且 Mesh 网络拓扑可有效提高传输距离，并且能够保证数据的稳定传输。

2　基于蓝牙 Mesh 组网的 BIT 故障诊断设计方案

蓝牙 BIT 诊断系统主要包含 BIT 模块、蓝牙发送模块、蓝牙接收模块及上位机等，系统结构图如图 1 所示。

本文设计的蓝牙 Mesh 组网的 BIT 故障诊断方案分为蓝牙 Mesh 组网设计，低功耗模式配置及检测软件设计三大部分，在 BIT 模块上添加蓝牙模块替换原有的总线模式，并在接收端添加无线蓝牙接收模块。BIT 模块将监控的数据经蓝牙传输给接收模块，接收模块再通过串口将数据传给上位机进行判读和显示输出。Mesh 组网设计的主要目的是将发送端跟接收端蓝牙模式配置为 Mesh，并完成组网，配置通信协议进行数据交互。低功耗设计主要是通过减少射频收发器开启的占空比实现。低功耗节点在需要进行消息收发时才会打开射频收发功能，其余时间都处于休眠状态。检测软件主要是将监听到的信号进行阈值判断，以判定测点是否故障，若故障则将对应的模块信息进行报警。

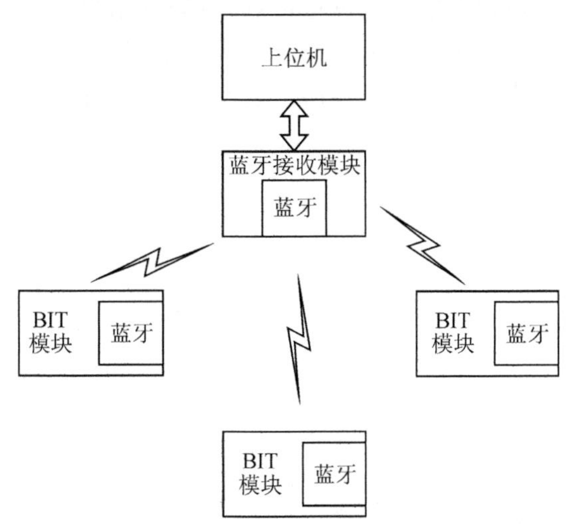

图 1　无线蓝牙 BIT 系统机构图

3　蓝牙 Mesh 组网设计

3.1　蓝牙组网模式

通常蓝牙工作模式可分为四种，分别是主模式、从模式、广播模式及 Mesh 组网模式。

1. 主模式

该模式下可扫描周围设备，并选择从模式的设备进行连接；也能够配置默认连接的从设备 MAC 地址，使之使能后便会自动发现并连接从设备。

2. 从模式

该模式下设备处于低功耗状态和广播状态，等待被扫描和连接。

3. 广播模式

该模式下可进行一对多广播传输，并能够自定义广播间隔以此来降低功耗，适用于小数据量的单向传输。

4. Mesh 组网模式

该模式下可多对多传输，可组建复杂的无线网络结构，支持多跳路由，具有稳定可靠的数据传输能力。

3.2　蓝牙 Mesh 组网设计

本设计网络拓扑采用 Mesh 网络，每个节点都可以作为中转节点，可将收到的信息进行转发，在该模式下每个 BIT 模块只需设置相同的通信密码就可以加入到同一网络中，不需要网关。Mesh 网络适合构建大规模无线网络，通常节点与节点之间存在多条通路，若其中一个模块故障则会跳过该模块选择就近的设备进行传输，这样就能保证大量 BIT 模块集群测试时具有良好的容错能力和鲁棒性，拓扑结构如图 2 所示。

无线采集模块与无线接收模块之间通信需要制定通信协议来保证通信质量与数据传输。

数据以数据帧方式进行传输，每帧数据由帧头、帧长度、帧命令、正文、校验码及帧尾组成。接收模块作为网络的中心节点，首先要创建网络，对网络地址进行分配，采集模块在接收模块初始化完成后加入该网络。组网流程图如图3所示。

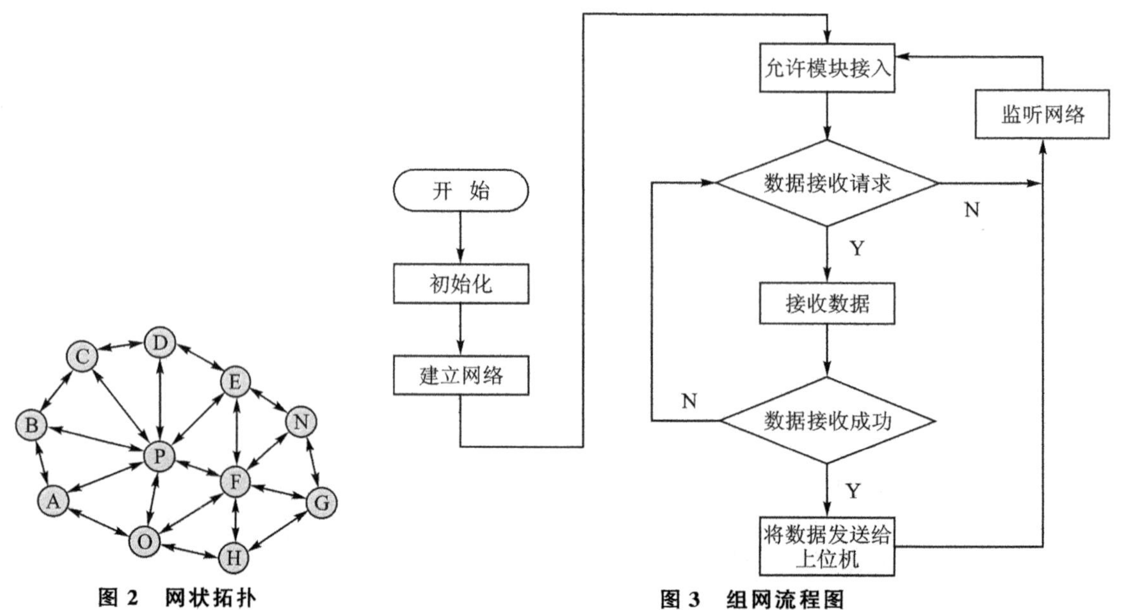

图2 网状拓扑　　　　图3 组网流程图

在BIT模块内部的流程结构如图4所示，MCU将检测到的数据通过串口打包，并进行AES加密后无线传输，接收端采用相同的密码进行解密，确保数据安全。

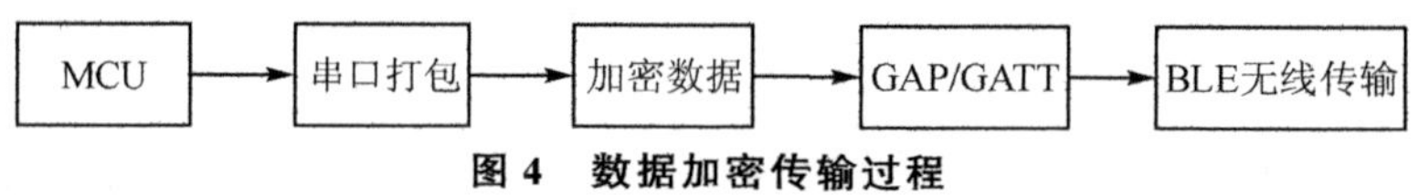

图4 数据加密传输过程

3.3 蓝牙低功耗模式

低功耗蓝牙BLE(Bluetooth Low Energy)由蓝牙4.0协议提出，蓝牙5.0协议将4.0协议PHY层1 Mbps速率提高到2 Mbps，并增强了调频技术，相比于旧协议具有更强的数据传输能力和更低的功耗。

BLE将空闲状态更改为深度睡眠模式，当无连接、串口无数据时，设备在深度睡眠模式下，设备可以长时间处于极低的负载循环状态。唤醒方式有两种，分别是建立连接和引脚唤醒，在此模式下功耗可达到300 μA。配置超时睡眠时间，当无数据的情况下等待时间超过设置时间则模块自动进入休眠模式，该模式下可正常进行连接，串口数据可以随时唤醒模块。

4 上位机故障检测软件设计

4.1 软件初始化配置

检测软件客户端采用Qt开发环境进行设计，其强大的图形用户界面以及专业的控件，完全满足本模块设计要求，其功能模块主要包含串口连接模块，阈值判读模块以及报警信息输出模块。

1. 串口配置

串口连接主要是自动检测当前设备的端口，配置波特率、数据位、校验位和停止位。配置完参数后连接蓝牙接收模块，进行数据通信。设置与蓝牙接收模块相同的参数进行串口连接。串口配置界面如图 5 所示。

2. 阈值判读配置

BIT 模块连接到接收设备后会将自己的模块信息注册到上位机中心，初始化该模块的信道数量及信道阈值，判读内容涵盖电压范围和频率范围，当接收到的数据超出阈值范围时进行报警处理。模块信道检测界面如图 6 所示。

图 5　串口配置界面

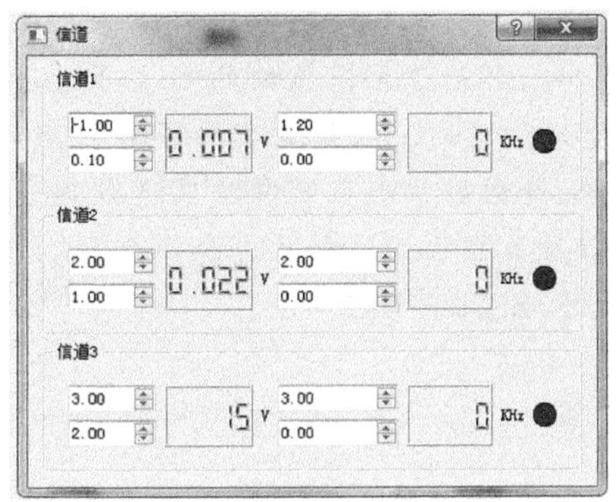

图 6　模块信道检测界面

4.2　故障输出

根据初始化时配置的阈值信息，上位机将接收到的数据帧进行阈值判断将超范围的模块、信道号及故障时间进行综合诊断输出，并存入数据库。综合诊断输出界面如图 7 所示。

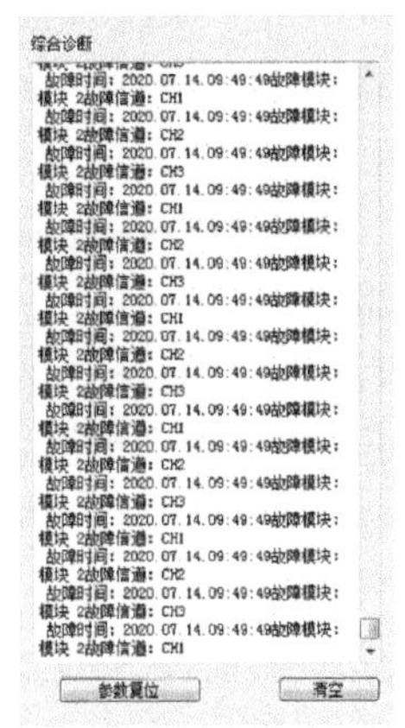

图 7　综合诊断输出界面

5　结束语

本文简要论述了无线 BIT 的功能特点及基于蓝牙 Mesh 组网的 BIT 故障诊断系统设计实现过程，该方案已成功应用于某自动测试平台，能够对电压及频率信号进行实时检测，对比通常的 BIT 模块具有低功耗无线通信，自动组网及故障分析判断功能具有很好的应用前景。

参考文献

[1] 赵小燕. 基于 COS 系统的蓝牙 4.0 低功耗研究与实现[D]. 南京：东南大学，2016.
[2] 张先燃. 低功耗 Mesh 网络设计及其在智能抄表中的应用[D]. 苏州：苏州大学，2013.
[3] 候立阳. BLE Mesh 网络及协议的研究与应用[D]. 上海：华东师范大学，2016.
[4] 范涛，张燕. 无线 Mesh 网络的组网及其相关标准[J]. 数据通信，2005(4)：40-42.

基于无线传输的BIT设计方法

赵杰　周靖宇　靳为东　李震　尚小伟

（中电科仪器仪表有限公司，山东·青岛，266555）

摘要：在大型复杂系统的运行状态监测过程中，针对系统中各模块的测点设计以及数据便捷传输问题，提出一种基于无线传输的BIT(Build In Test)设计方法。该方法利用蓝牙Mesh组网技术和ZigBee组网技术，将多个BIT模块进行无线组网，实现各模块各测点采集数据无线传输给上位机，并通过状态监测算法实现数据分析以及状态监测，解决测点布置过程中传输线缆复杂无序以及各模块的运行状态监测问题。

关键词：蓝牙；ZigBee；BIT

0 引　言

随着机载或舰载设备的系统复杂度和后期维护成本的提升，可维修性和可测试性对设备的作战能力、生存能力和机动性起到了越来越重要的作用。而嵌入式测试（BIT）作为大型复杂系统中电子系统非常重要的一种运行状态监测手段，是实现设备可测性设计的重要保证。嵌入式测试与系统或设备的故障检测能力和故障隔离能力息息相关，已广泛应用于飞机、导弹、舰船等各类武器装备的研究中，但当前电子装备嵌入式测试采集数据种类单一，嵌入设备内部时增加设备模块的设计难度，数据传输依赖待监测模块，无法满足大型复杂装备的信号采集与传输需求。

目前嵌入式测试通常采用维护总线或其他专用总线的方式将采集的数据传输到主控机中，而将其嵌入到被测对象中存在底层电路改动较大、传输线缆布局复杂等问题，使得用户在开展测试性设计时面临额外的嵌入式测试模块使用风险。因此，本文重点考虑采用无线传输作为采集数据的传输方式，降低大规模使用嵌入式测试时的线缆布局复杂问题。

随着信息技术的快速发展，无线网络出现了各种传输标准，如Wi-Fi、ZigBee、Bluetooth等。其中，低功耗蓝牙（Bluetooth Low Energy，BLE）技术，具有低功耗、低成本、高灵活性以及短消息传输等特点，提供了无线传输网络所需要的各种特性，而ZigBee技术也呈现功耗低、传输数据可靠、延迟低、兼容性优越等技术特性。因此，本文提出一种基于BLE和ZigBee的嵌入式测试设计方法，降低电子装备中总线资源占有率，释放电子装备内部总线使用的压力，实现多类型测试数据的无线传输，完成被测对象的状态监测，在未来综合诊断、故障预测和健康管理中发挥着重要作用。

根据信号类型，被测装备常用信号主要包括数字信号、模拟信号以及射频信号，而模拟信号作为被测对象功能正常性验证的重要信号，是运行状态监测过程中的关键检测信号。因此，本文将以模拟信号采集作为重点进行介绍。

1 BIT 模块

基于模拟信号监测的 BIT 模块主要功能包括：一是具备电压、电流、频率、波形等信号的采集与监测功能；二是具备上电自检、周期自检、启动自检等工作模式；三是具备多路监测通道。而模拟电路的状态监测通常以 ADC 作为模/数转换单位，进行模拟信号的转换，其过程包括通道选择电路、信号调理电路、采样保持电路、A/D 转换电路以及微控制器等，嵌入式测试模块的测试流程如图 1 所示。

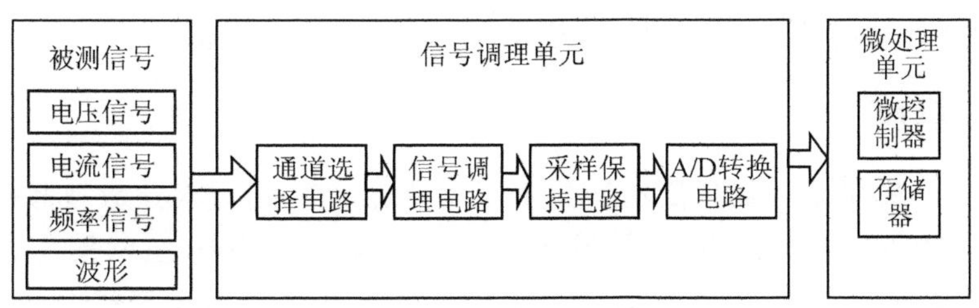

图 1 嵌入式测试流程图

为满足小型化、低功耗、高可靠的设计要求，本文通过小型化、低功耗的元器件选型，采用关键电路冗余设计的思路，实现嵌入式测试模块测试资源在体积、功耗、重量等方面的可裁剪性和可控性，从电路、结构和工艺等设计上，进一步实现小型化、低功耗、抗干扰、高可靠的嵌入式测试需求。

模拟信号的测试流程：待测模拟信号通过简单的信号处理进入通道选择电路，然后进入信号调理电路。信号调理电路主要在模拟信号输入 A/D 转换电路前进行必要的处理，从而确保 A/D 转换的精度。信号经过 A/D 转换后进入微处理单元。微处理单元主要包括微控制器和存储器，实现协议转换和数据采集控制与处理。微控制器通过控制数据采集控制处理单元和通道选择电路的连接，实现通道选择电路中的多路选择开关依次串联信号调理单元进行数据采集与传输控制。

2 无线传输协议

当前较为流行的无线网络传输协议有 Wi-Fi、ZigBee、Bluetooth 等。其中，Wi-Fi 最高传输速率 54 Mbps，典型数据传输距离在 30～100 m，主要用于无线 Internet 接入，具备传输范围广、传输速度快、健康安全、普及应用高等优点；ZigBee 传输速率低，主要用于传输控制信息，数据量相对来说较小，具备传播距离近、功耗低、成本低、数据速率低、可自组网等优点；Bluetooth 传输速率小于 3 Mbps，典型数据传输距离为 2～10 m，主要应用于两台蓝牙设备之间进行小量数据的传输，具备功耗低、传输速率快、稳定性好、安全性高等优点，其无线传输协议标准对比如表 1 所列。

表1 无线传输协议标准对比表

传输协议	数据速率	传输距离/m	典型应用
Wi-Fi	1～11 Mbps	30～100	无线 Internet 接入
ZigBee	20～250 kbps	10～100	无线传感器网络
Bluetooth	1～3 Mbps	2～10	穿戴设备

本文从小型化、低功耗的设计要求考虑，选用 ZigBee 和 Bluetooth 两种无线传输协议作为嵌入式测试模块数据上传的传输协议，兼容大多数应用场景下的数据传输，极大地降低了被测对象传输线缆设计的复杂度。同时考虑传输模块的可靠性，本文选择稳恒科技的 WH-BLE103 模块以及网蜂科技的 Z-0003 模块作为无线传输的硬件载体。

2.1 蓝牙模块

WH-BLE103 模块是一款超低功耗蓝牙 4.2 模块，可进行点对点数据透明传输及加密传输，具备四种工作模式：主设备模式、从设备模式、广播模式、Mesh 组网模式。其中主设备模式可与一个从设备进行连接，主动对周围设备进行搜索并选择需要连接的从设备进行连接。从设备模式主要包括读和写两个通道，用户操作这两个通道进行数据的传输。广播模式可以进行一对多广播，并可以在低功耗模式下持续地进行广播。Mesh 组网模式支持简单的自组网络，每个模块只需要设置相同的通信密码就可以加入到同一网络当中，每一个模块都可以发起数据，每个模块可以收到数据并且进行回复。

2.2 ZigBee 模块

Z-0003 模块是一款基于 TI CC2530F256 的 ZigBee 无线传输模块，可以配置为三种不同类型的节点模式：协调器设备、路由设备、终端设备。在 ZigBee 网络中至少需要一个协调器，也只能有 1 个协调器，负责其他节点的地址分配，以及与主控设备的信息交互。

3 无线 BIT 设计

本文针对数据监测过程中提出的无线嵌入式测试模块设计技术，项目组以小型化、模块化为设计目标，采用“采集—调理—A/D—MCU—无线通信”的研究方案，通过无线嵌入式测试模块的工作模式设计、数据采集与传输的工作流程设计、数据加密技术、多种无线传输技术等途径，突破无线嵌入式测试模块设计技术，实现电压、电流、频率等信号的数据采集与无线传输，其原理框图如图 2 所示。多个无线 BIT 模块间的蓝牙 Mesh 网络和 ZigBee 网络的组网路由如图 3 所示。

4 结　论

本文研究的无线 BIT 模块，结合了当前主流的无线通信传输协议，介绍了 BIT 模块的测试流程以及无线传输协议的选择原则，实现 BIT 模块与无线传输协议的有机融合，避免了有线传输方式的电缆布局复杂无序问题，降低了大型复杂装备中电子系统运行状态监测的设计难度。

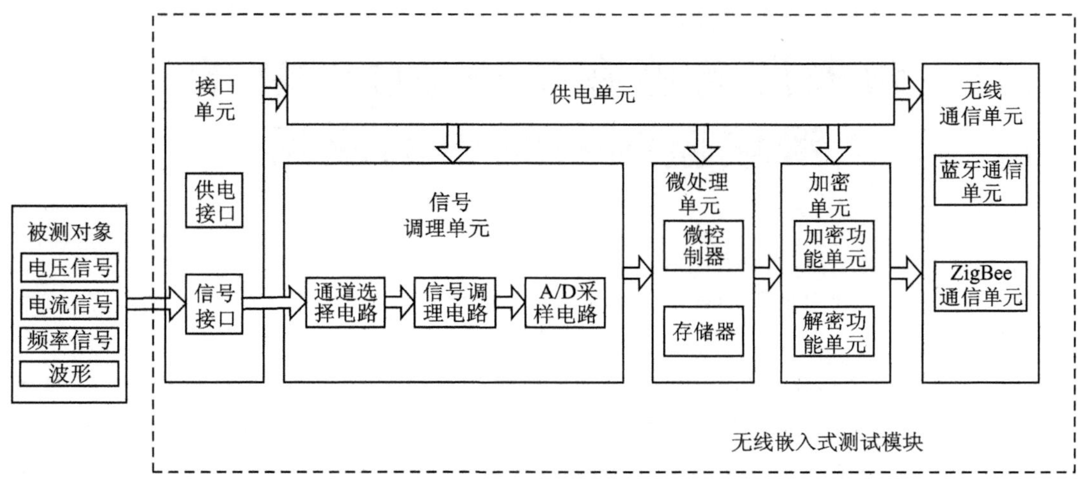

图 2　无线 BIT 模块原理框图

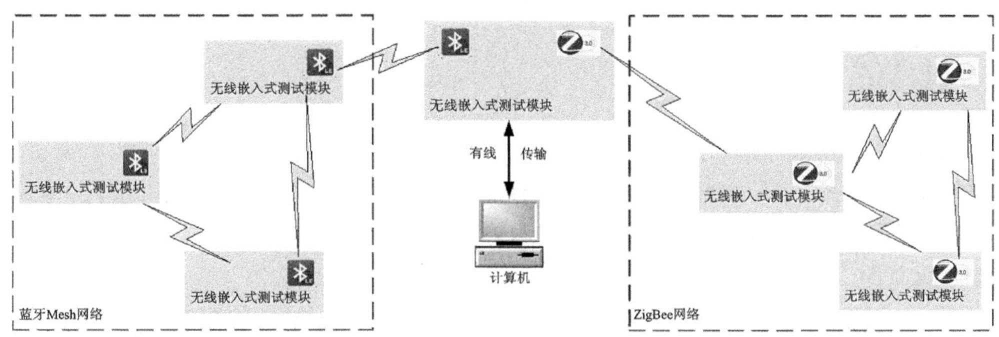

图 3　无线 BIT 模块通信路由图

参考文献

[1] 李智. 基于专用芯片的电路模块嵌入式测试信息获取技术[J]. 电子世界，2016.

[2] 王小强. ZigBee 无线传感器网络设计与实现[M]. 北京：化学工业出版社，2019.

设备服务器在基于 BOTDR 的滑坡监测系统中的应用

徐桂城　李鹏　鞠军委　张志辉

（中电科仪器仪表有限公司，山东·青岛，266555）

摘要：随着光纤传感技术的快速发展，应用光纤传感技术的 BOTDR 被逐步应用到地质灾害监测预警领域中。本文将设备服务器应用到基于 BOTDR 的滑坡监测系统中，完善了具有本地设备服务的监测系统，并模拟搭建监测环境进行了测试实验，对系统性能及测试结果进行了分析。实验结果显示，该设备服务器能够大大提升系统的测试效率，有效降低测试成本。

关键词：BOTDR；设备服务器；边坡监测；光纤传感

0 引　言

近几年，随着光纤传感技术的快速发展，光纤传感监测方式被逐步应用到地质灾害监测预警领域中，光纤传感器与传统传感器相比，具有监测范围广、测试数据连续、质量轻、体积小、耐腐蚀、不受电磁干扰、受环境因素影响小等优点，利用光纤传感技术可满足连续点测试、测试周期短、大坡面监测、内部监测等测试需求。

本文将设备服务器应用到基于光纤应变分布测试仪（以下简称 BOTDR）的分布式监测系统中，能够达到对原来系统的有效补充，实现对各种边坡的分布式自动监测，弥补了现有监测方法的不足，减小了发生滑坡及沉降风险造成损失的概率，也大大节约了人工监测成本。

1 BOTDR 技术简介

BOTDR 监测技术的基本原理是利用光纤中的布里渊散射光的频移变化量与光纤所受的轴向应变和温度之间的线性关系（如图 1 和图 2 所示）。当波长 $\lambda=1.55\ \mu m$ 时，应变与温度对频率漂移的影响系数分别为 493 MHz/%、1 MHz/℃，可见温度对频移的影响要比应变小很多。

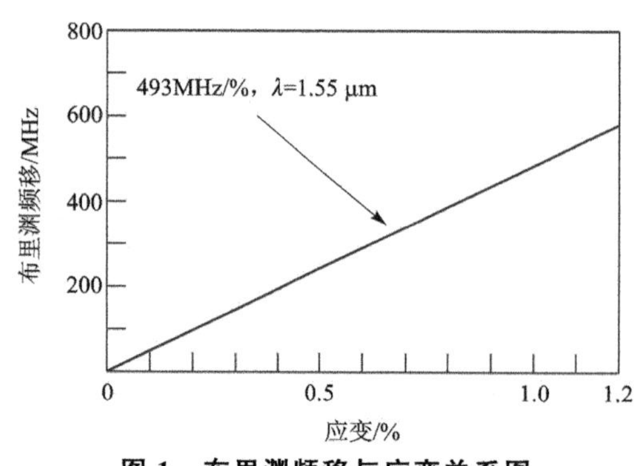

图 1　布里渊频移与应变关系图

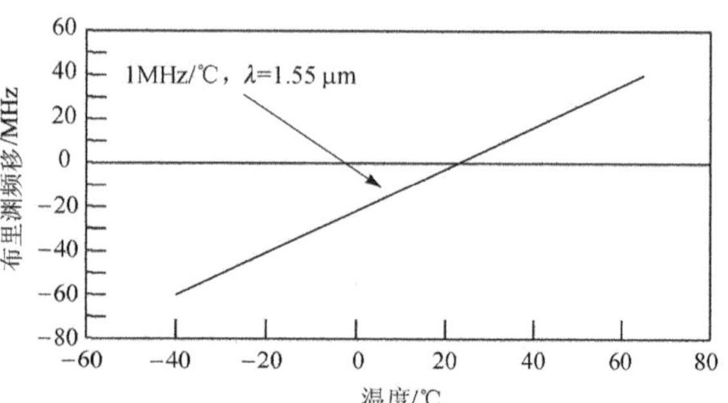

图 2　布里渊频移与温度关系图

如果光纤受到轴向拉伸，拉伸段光纤的布里渊频移就发生改变，由布里渊频移的变化量与光纤应变之间的线性关系可以得到光纤的应变，布里渊散射光频谱示意图如图 3 所示。

光纤的轴向应变和温度与布里渊散射光频率的漂移量关系表示为

$$v_{B}(\varepsilon,T)=v_{B}(0,T_{0})+\frac{\partial v_{B}(\varepsilon,T)}{\partial\varepsilon}\varepsilon+\frac{\partial v_{B}(\varepsilon,T)}{\partial T}\Delta T \tag{1}$$

式中：$v_{B}(\varepsilon,T)$ 是光纤应变为 ε、温度为 T 时的布里渊频移；$v_{B}(0,T_{0})$ 是光纤应变为 0、温度为 T_{0} 时的布里渊频移；T_{0}、T 分别为初始温度和测量时的温度；ε 和 ΔT 分别为应变、温度变化量；$\frac{\partial v_{B}(\varepsilon,T)}{\partial\varepsilon}$ 为应变系数，约为 493 MHz/%；$\frac{\partial v_{B}(\varepsilon,T)}{\partial}$ 为温度系数，约为 1 MHz/℃。

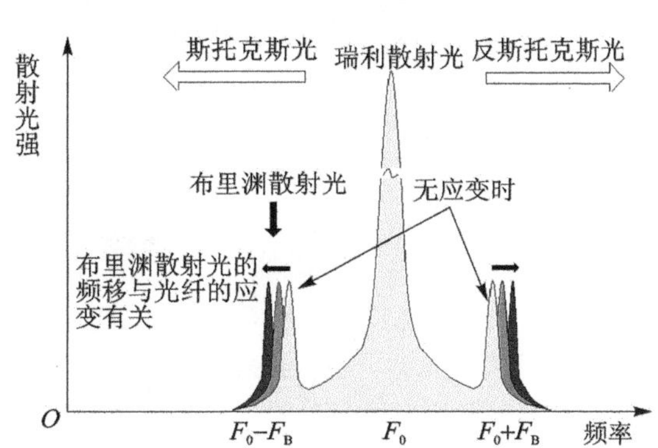

图 3　布里渊散射光频谱示意图

温度系数较应变系数比较小，温度对布里渊频移的影响远小于应变的影响。理论推导，如果温度变化不超过 5 ℃时，可忽略温度变化带来的影响。当应变变化为 0 时，布里渊频移只与温度变化成正比，即

$$v_{B}(T)=v_{B}(T_{0})+\frac{\partial v_{B}(T)}{\partial T}\Delta T \tag{2}$$

因此，对于监测环境温度变化较大的工程，可通过选取与监测场地相似环境的温度场，布置松弛光纤，应力引起的应变为 0，测量布里渊频移变化，由公式(1)、(2)相减消除温度变化的影响，即温度补偿问题。

其中，1%应变的含义：如果 1 km 光纤变化为 1.01 km，则光纤的应变为 1%。100 $\mu\varepsilon$ 对应 0.01%，1 $\mu\varepsilon$ 对应 0.000 1%。应变是一个无量纲的相对变化量。

2　总体方案设计

本系统是基于 BOTDR 搭建的一套自动化边坡监测系统，系统分为远程云端控制平台、边坡监测平台、光纤工程布线。其中，远程云端控制平台由 Web 云服务器接收存储监测平台发送的测试数据，并响应客户端的访问请求；光纤施工布线需根据被监测边坡进行工程施工，将监测光纤埋入边坡中；监测平台为边坡监测系统的核心，由 BOTDR 作为测试终端，采集边坡监测布线的光纤数据，增加设备服务器控制并存储测试数据，并将数据上传至云服务器。系统总体方案如图 4 所示。

系统以 BOTDR 为测试终端，选择用中电仪器 6419BOTDR，设备服务器以计算机服务器作为测试控制中心，使用光开关扩展测试链路，具有完备的备用供电(保护)装置、无线发射装置、声光告警装置等。

边坡监测平台使用 BOTDR 作为测试设备，直接测试监测布线在边坡上的光纤应变数据，设备服务器控制终端设备测试并将测试数据上传到本地计算机中，设备服务器运行本地服务程序，将 BOTDR 的应变测试数据换算为位移数据，并控制 BOTDR 的循环测试，为提高监测效率和扩大监测范围，应用多路光开关可实现多个边坡的监测。边坡监测平台部署在监测现

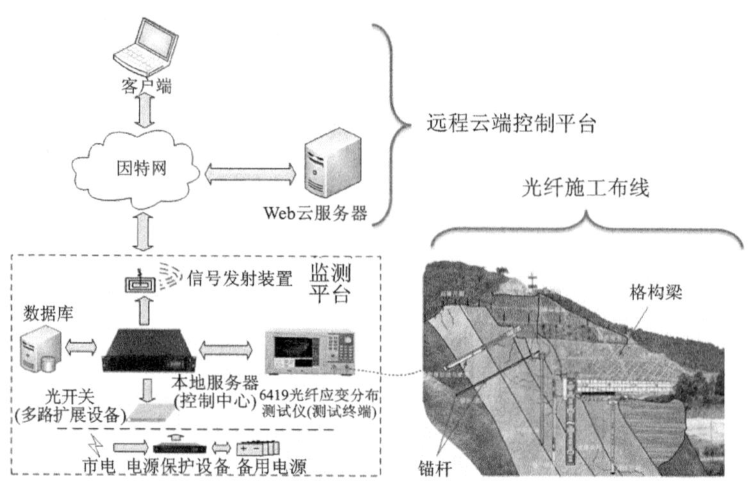

图4 系统总体方案

场，通过网络将测试数据上传到云服务器中。

3 软件设计

设备服务器包括设备服务软件及数据库，设备服务软件运行在服务器中，控制BOTDR终端进行测试，将测试数据保存在本地并定时将数据上传到云服务器中，设备服务器也具有接收客户端的访问信息并回应的功能；数据库存储并管理BOTDR终端测试的数据，作为本地数据存储平台。

本地服务器软件作为边坡监测平台的控制中心，运行于系统本地设备服务器中，完成对终端测试设备的流程控制、数据管理、链路切换、信息传输、告警推送等操作，具有用户管理、服务管理、数据管理、消息管理、日志管理等功能。本地服务器配备数据库，服务器软件将终端设备的测试数据存储在数据库中，便于数据的本地管理，并定时将测试数据上传至云服务器中，设备服务器软件界面如图5所示。

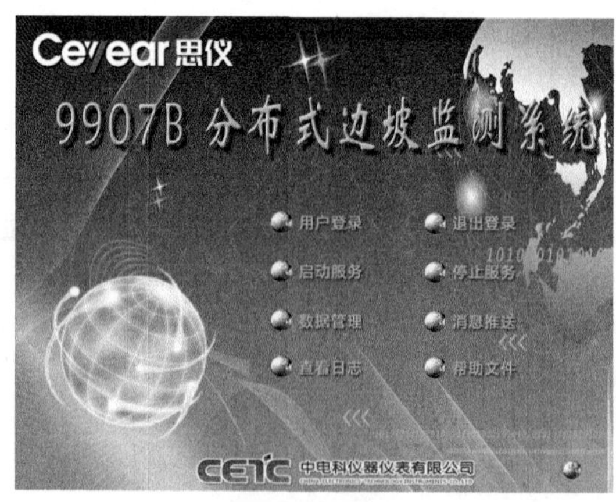

图5 设备服务器软件界面

客户端软件安装运行在远程用户PC上，通过网络实现系统的远程控制，具备地图信息，实时场景，应变曲线等功能，能够进行自动报警，客户端软件通过读取本地服务器或云服务器中的测试数据，进行远程监控。

4 现场模拟及测试

根据上文的总体方案设计和软件设计，将设备服务器、BOTDR终端测试设备及其他辅助设备统一放置在一个标准机架中，搭建完成分布式边坡监测系统，系统如图6所示。

为验证设备服务器的有效性和实时性，并模拟边坡监测现场，特制作光纤应变发生装置，使用本边坡监测平台进行测试。实验方法如下：

① 准备一根2 m长PPR杆件，在杆件的平面对称两侧开槽粘贴光纤，在粘贴光纤时，使用两根10 m长光纤进行粘贴，由于锚杆长2 m，将光纤两端粘贴在锚杆上，预留6 m光纤用以区分应变值；

② 为便于测试并模块真实场景，在测试链路中，模型试验件前端接入2 km无应变光纤，试验件后端接入1.5 km无应变光纤；

③ 将制作好的模型，两端使用固定支架进行支撑，在杆件中间分级施加荷载进行应变发生，在结构变形基本稳定后使用本系统进行测试。

④ 将测试数据保存在本地服务器，并继续施加载荷发生应变，继续使用本系统进行测试；

⑤ 循环步骤③、④，取得多条测试曲线并进行分析，直到产生告警信息。

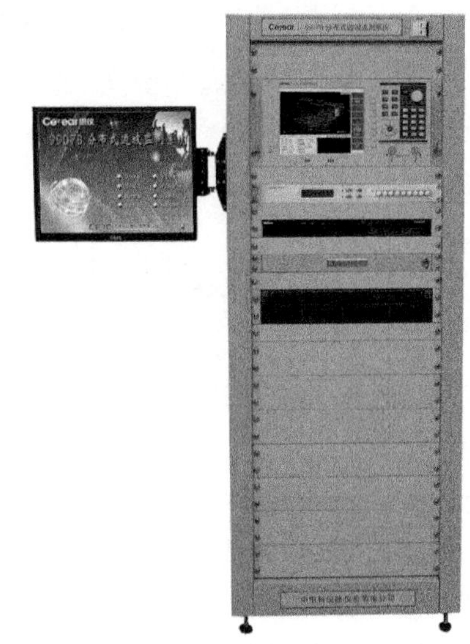

图6 分布式边坡监测系统

实验过程如图7所示。

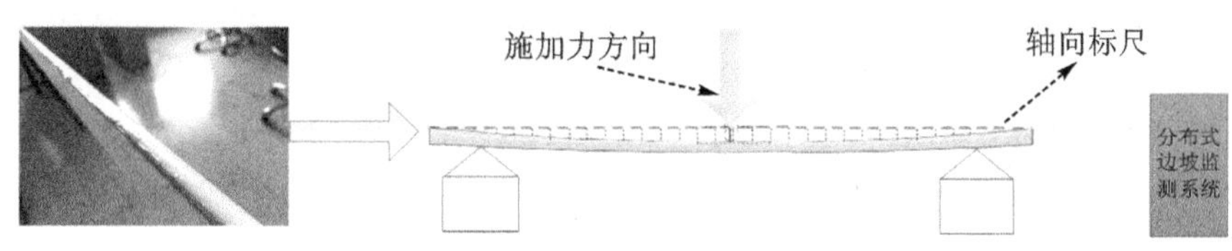

图7 模拟测试示意图

5 测试结果与分析

对上述软硬件设计搭建的分布式边坡监测系统进行测试，配置设备服务器后进行测试并将测试结果存储在设备服务器中，并对测试数据进行分析，测试一次的试验数据如图8所示。

由图8可以看出，测试链路中具有一个向上的峰值，表明试验件内的光纤被拉伸，形成正向应变值，对模具进行连续多次逐渐变大施加力量，分别对每次光纤应变进行测试，图9所示为多次测试的曲线。

根据上述测试结果，设备服务器能够及时准确地控制BOTDR终端进行测试，并将测试结

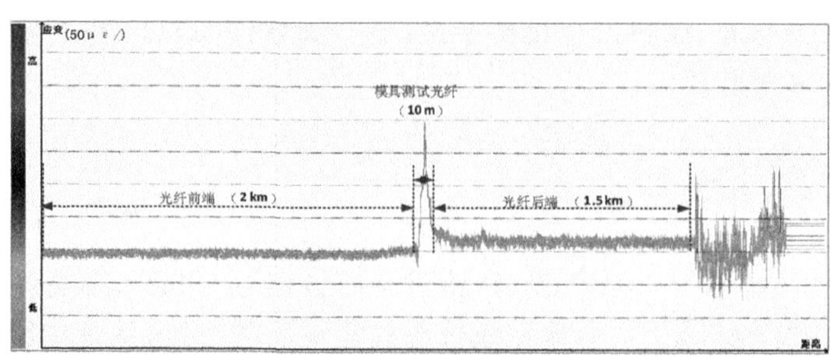

图8　光纤应变测试曲线

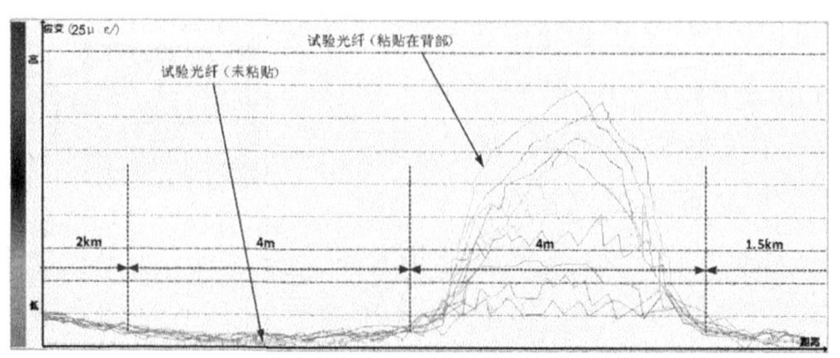

图9　系统监测平台监测结果

果保存在本地数据库中，通过运行设备服务器中的分析功能，可实现对测试数据的及时分析并发出告警信息；同时设备服务器能够及时响应远程客户端的访问。

设备服务器在该系统中具有明显的作用，可大大提升监测系统的运行效率，可广泛应用于各种边坡的灾害性监测中。当然，该设备服务器在终端测试的应变数据与位移数据之间的转化模型还有待提升，并在告警阈值的设置上进行优化。

参考文献

[1] 刘永莉.分布式光纤传感技术在边坡工程监测中的应用研究.2011,9.

[2] 李冰,张表志.BOTDR传感技术在桥梁移动载荷识别中的应用.西部交通科技,2015,4:40-43.

[3] 毛江鸿.分布式光纤传感技术在结构应变及开裂监测中的应用研究. 2012,6.

[4] 刘璐.预应力格构锚固体系模拟试验研究.2015,6.

[5] 马俊伟.渐进式滑坡多场信息演化特征与数据挖掘研究.2016,5.

光纤中受激布里渊散射微弱 Stokes 信号光的高增益放大

盛立文[1,2]　毕宗义[1]　韩强[1]　李鹏[1]　董杰[1]

(1. 中电科仪器仪表有限公司,山东·青岛,266555

2. 电子测试技术重点实验室,山东·青岛,266555)

摘要:采用连续抽运光放大微弱脉冲信号光的方法,以商用单模光纤作为受激布里渊放大增益介质,实验研究了光纤中受激布里渊微弱 Stokes 散射光信号的放大率和信噪比随抽运光功率、信号光脉宽、信号光峰值功率的变化规律。结果表明,合理选择实验参数,可实现对 0.43 μW 信号光的放大,微弱信号放大率可达 10^7 左右,信噪比为 11 dB。该方法实现了微弱光信号的高增益放大,放大后的信号满足最低信号可分辨条件,为强光背景下的星载激光通信、激光雷达,以及智能驾驶等领域的有效信号探测提供了新的技术解决途径。

关键词:受激布里渊散射;微弱信号放大;单模光纤;高增益

1 引　言

强背景场中的微弱信号光探测一直是激光探潜和星载激光通信等领域的难点,为了提高通信距离和减少通信误码率,研究高性能的探测技术往往比单纯增加激光功率更加有效。就激光通信而言,当星载激光回波信号被接收的时候,其回波信号中夹杂着由太阳的直射光和空气中各种散射光(如瑞利散射、米氏散射)所形成的强烈背景噪声,同时回波信号经大气的长链路传输被严重地衰减,所以往往所探测到的信号信噪比很低,严重影响通信的可靠性;又如激光探潜,目前达到的深度(70 m)对于海洋测深、海图测绘还是有实用价值的,但与实用要求相差悬殊(300 m),它所面临的问题也是远距离散射回波信号极其微弱,严重限制了其作用距离,而且为了克服海水中微生物的激光诱导荧光,必须采用窄带滤波器。因此迫切需要发展强背景场中的微弱信号光高灵敏探测技术,提高对微弱光信号的检测和提取能力,以增大应用领域的有效作用距离和提高信号可靠性。

目前,许多学者对强背景噪声环境下微弱信号的探测采用灵敏度较高的探测器,同时借助法拉第反常色散滤光器或者干涉滤光片来实现。但是,法拉第反常色散滤光器和干涉滤波片的透过率都有限、带宽较宽。这种借助滤波器件的方法都是以牺牲一部分信号光为代价来过滤背景噪声的,这就更加提升了对探测器件灵敏度的要求。而对微弱光信号进行放大,也是提高系统作用距离和灵敏度的有效手段。实现光信号放大的方法有很多,例如布里渊放大、光参量放大、拉曼放大及布里渊增强四波混频等。在这些方法中,光参量放大和拉曼放大的增益带宽较宽(10^{-3} nm 以上),有的甚至能达到几十纳米量级,不利于微弱信号探测中的强背景噪声抑制;而布里渊放大和布里渊增强四波混频的增益带宽较窄(10^{-4} nm),满足选择性放大的要求,且其中的布里渊放大具有增益高、光路简单和响应速度快等优点,更有利于实现高增益的选择性放大。

光纤具有易于存储和运输，光路调节简单，且单模光纤模场面积小，本征布里渊增益带宽窄(30 MHz)，能够在低功率泵浦下实现频谱选择性高放大倍率的放大，同时保证一定的信噪比等优点。所以，以光纤为增益介质的基于受激布里渊散射(SBS)效应的光放大技术，在强背景中微弱信号光放大领域有重要的应用价值。基于SBS的微弱光放大研究较多，俄罗斯的I. M. Bel'dyugin等人采用压缩的氙气作为放大器和产生器SBS介质，当输入信号为10^{-11}J时，获得了高达2×10^{9}的增益。陈旭东等人在单池中实现了受激布里渊双光束共轴放大，将不可探测的信号光信噪比提高到4.72，单池结构简单，操作方便，且双光束探测精度高，更便于应用在激光雷达等领域中。高玮利用受激布里渊散射技术，对10^{-14} MW/cm^{2}的微弱输入光实现了10^{11}的放大倍率，同时获得10^{3}信噪比。中科大刘静等人研究高功率的光纤放大器，在13 W的连续泵浦光下，实现输出信号光32 dB的增益，同时信噪比达到46.5 dB，并给出了最佳信噪比随泵浦功率的变化情况。因此，本论文采用光纤作为增益介质，在单模光纤中高增益放大微弱信号，提高信噪比。实验研究了信号放大率随信号脉宽、介质长度、抽运光功率等参数的变化规律，并利用分布式噪声理论模型进行了仿真与分析。研究表明，合理选择实验参数可实现对百纳瓦量级信号光的放大，信号增益可达10^{7}左右。

2 实验装置

微弱信号放大实验装置如图1所示，激光光源采用NKT Photonics可调谐光纤激光器，工作波长为1 550.00 nm，激光输出端通过10/90光纤耦合器(Coupler)，10%的能量经过连续光掺铒光纤放大器(EDFA1)放大作为抽运光，从环形器(Circulator1)1端口进入待测光纤；另90%的能量用于产生信号光，通过偏振控制器1(PC1)进入电光调制器(EOM1)，其中射频端口接入由微波源(Microwave Generator，Agilent Technologies E8257D，10 MHz～20 GHz)输出的正弦信号(频率为光纤对应的布里渊频移，幅度为25 dBm)，用于与激光产生差频。但该EOM1输出的信号光中仍然存在移频产生的上边频频率成分，需要再次通过10/90光纤耦合器，一路借助光谱分析仪(Optical Spectrum Analyzer，YOKOGAWA AQ6370D)，使用电脑上的Photoline软件抑制上边频，即令上边频损耗尽可能大，则得到的频率近似满足频移，可以产生受激布里渊散射；另一路经过EOM2，受任意函数发生器(Arbitrary Function Generator，Tektronix AFG 3252)产生的高斯脉冲信号调制，调制为脉冲光。从EOM2出射的信号光通过90/10光纤耦合器，一路使用功率计监测EOM2的脉冲调制情况，另一路通过隔离器(Isolator)和衰减器(VOA)，入射到待测光纤的另一端，在光纤中Stokes信号与泵浦光相互作用产生受激布里渊散射。抽运光能量高效地转移给信号光，放大后的信号光通过环形器(Circulator1)3端口被光电探测器(PD)接收，并进行光电转换，用示波器观察。实验中，激光放大器调节抽运光的强度，衰减器调节信号光的强度，使用不同长度的光纤，研究光纤中非散射信号的SBS放大特性。

3 实验结果

利用图1的实验装置进行放大实验。图2给出了300 mW抽运光功率下，光纤放大介质中信号放大率和信噪比随注入Stokes光脉宽的变化情况。图中增益介质长度选取1 km的商用单模光纤，注入的Stokes光峰值功率为0.43 μW。可以看出，随着注入Stokes光脉冲宽度

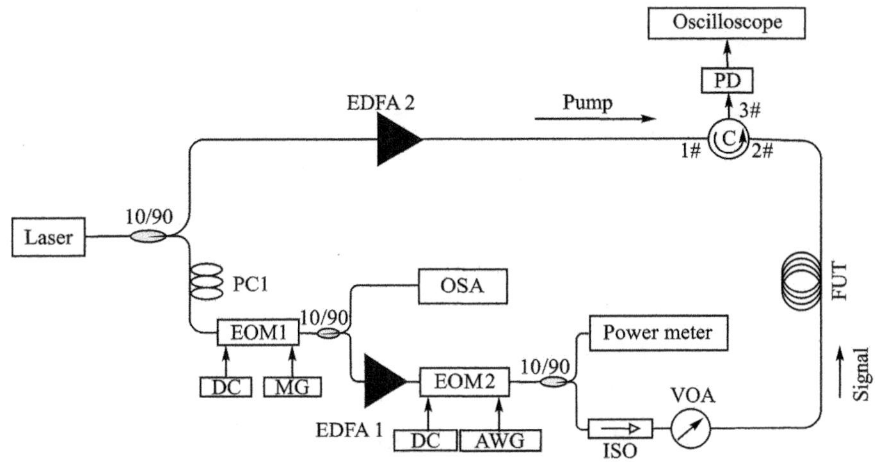

图 1 微弱信号放大实验装置图

从 20 ns 逐渐增加到 100 ns 时，信号放大率也逐渐增加，最终趋于饱和（10^7 量级）；信噪比随注入信号脉宽的增加而增大，最高达到 23 dB，当信号脉宽高于 40 ns 时，信噪比大于 10 dB。在实际应用中，过宽的脉宽会降低探测精度，且应用中信噪比达到 10 dB 以上可以满足测试需求，所以实际选取 30～40 ns 的脉宽为最佳，此时的信号放大率同样可以达到 10^7。

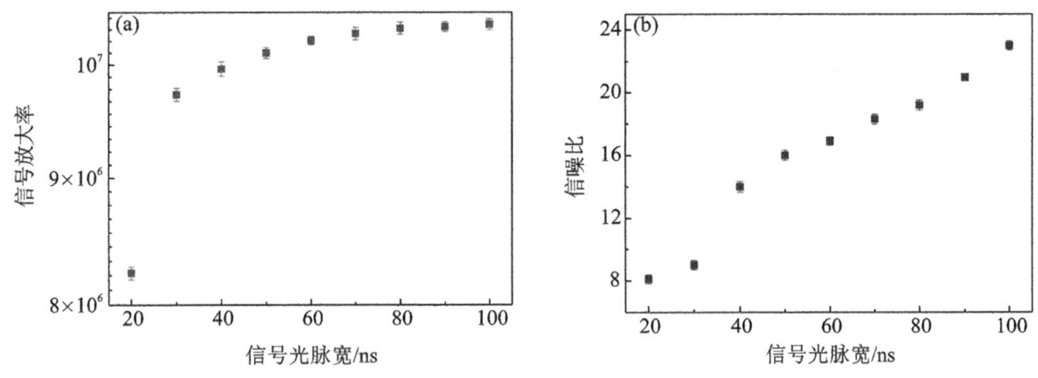

图 2 信号放大率和信噪比随信号光脉宽的变化

图 3 给出了 1 km 普通单模光纤信号放大率和信噪比随注入抽运光功率的变化情况。实验时，注入 Stokes 光参数为 40 ns、0.43 μW 的脉冲激光。从图 3 中可以看出，信号放大率随抽运光功率增加而不断增加，与此同时，信噪比随着抽运光功率的增加而下降。从实验结果中可知，当抽运光功率大于 150 mW 时，信号放大率达到 10^6，当抽运光功率大于 280 mW 时，信号放大率达到 10^7；信噪比变化范围为 14～20 dB。

图 4 所示为 Stokes 光脉冲峰值功率通过调节图 1 中的衰减器（VOA）改变，注入的 Stokes 光脉宽保持 40 ns 不变，注入的抽运光功率为 300 mW 恒定，光纤增益长度选为 1 km 的实验条件下信号放大率、信噪比随注入 Stokes 光功率的变化情况。可以看出当信号光峰值功率在百纳瓦量级范围内时，信号放大率变化范围为 10^6～10^7，信号光峰值功率大于 100 nW 时，信噪比高于为 10 dB，所以要获得较高放大率，同时保持信噪比，可放大的微弱 Stokes 光信号应在百纳瓦量级内。

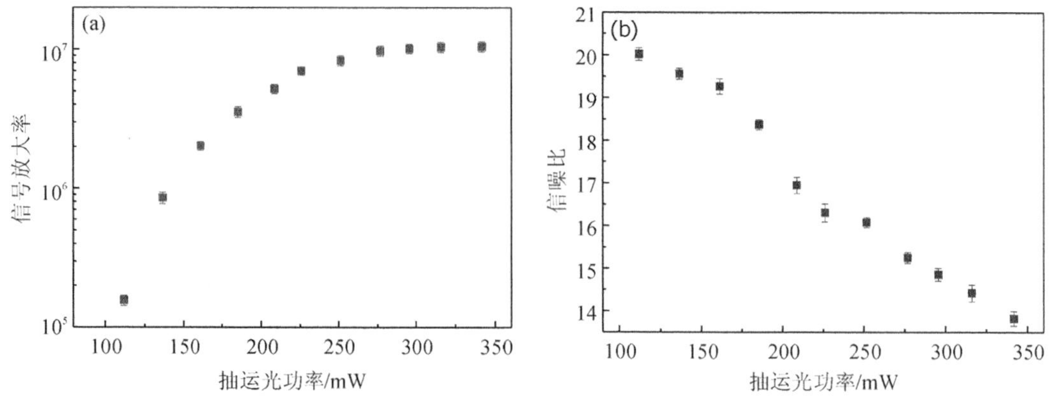

图 3 抽运光功率对信号放大率和信噪比的影响

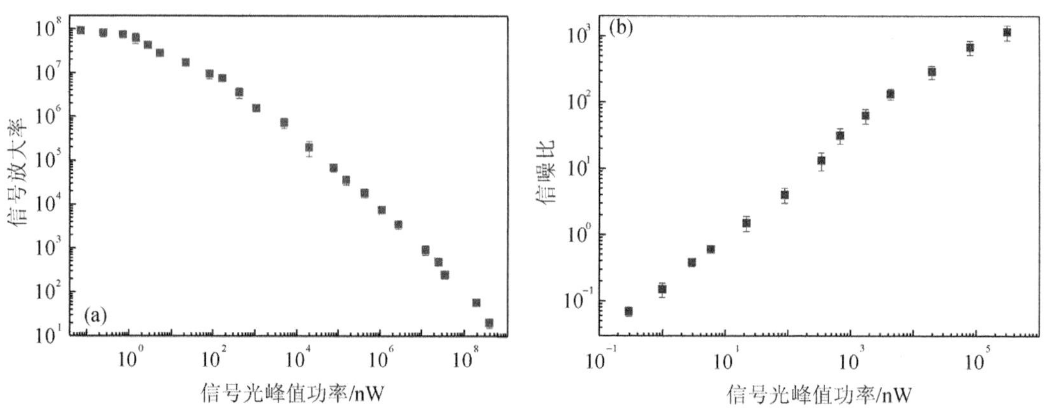

图 4 信号放大率和信噪比随信号光峰值功率的变化

4 结 论

采用单模光纤布里渊放大系统，以普通单模光纤作为高增益布里渊放大器增益介质，对注入功率为 0.43 μW 的 Stokes 信号光进行了高增益放大，信号放大率最高可达 70 dB，信噪比为 11 dB，满足信号与噪声的可分辨条件。从实验上研究了信号放大率随注入种子脉宽、种子光峰值功率、抽运光能量等参数的变化关系。研究表明：为实现微弱信号光的高增益布里渊放大，选择合适的抽运光能量，当信号光功率密度在 $10^{-7}\sim10^{-6}$ MW/cm^2 之间时，可实现微弱信号光的线性放大，信号放大率变化范围为 $10^6\sim10^7$。

参考文献

[1] Xue X B, Janisch C, Chen Y Z, et al. Low-frequency shift Raman spectroscopy using atomic filters [J]. Optics Letters, 2016, 41(22): 5397-5400.

[2] Xiong J Y, Yin L F, Luo B, et al. Analysis of excited-state Faraday anomalous dispersion optical filter at 1529nm [J]. Optics Express, 2016, 24(13): 14925-14933.

[3] Xue X B, Pan D, Zhang X G, et al. Faraday anomalous dispersion optical filter at ^{133}Cs weak 459nm transition [J]. Photonics Research, 2015, 3(5): 275-278.

[4] Rezvani S A, Hong Z F, Pang X X. et al. Ultrabroadband tunable OPA design using a spectrally broadened pump source [J]. Optics Letters, 2017, 42(17): 3367-3370.

[5] Chen W, Xu Z W, Ge A C. et al. 1.1μm femtosecond laser pulses gene ration from 1.06μm self-seeded picosecond coherent Raman fiber amplification and frequency shift [J]. Journal of Lightwave Technology, 2018, 36(22): 5237-5243.

[6] Wu C L, Lin W H, Su S P. et al. Degenerate four-wave mixing in Si quantum dot doped Si-rich SiNx channel waveguide [J]. Journal of Lightwave Technology, 2016, 34(17): 4111-4120.

[7] Bespalov V I, Metveev A Z, Pasmanik G A. Limiting sensitivity of a stimulated Brillouin scattering amplifier and a four-wave hypersonic phase-conjugate mirror [J]. Radiophysics and Quantum Electronics, 1987, 29: 818-830.

[8] Sheng L W, Ba D X, Lu Z W. Low-noise and high-gain of stimulated Brillouin amplification via orbital angular momentum mode division filtering [J]. Applied Optics, 2019, 58(1): 147-151.

[9] Sheng L W, Ba D X, Lu Z W. Weak laser pulse signal amplification based on a fiber Brillouin amplifier [J]. Chinese Optics Letters, 2018, 16(11): 111901.

[10] Sheng L W, Ba D X, Lu Z W. Imaging enhancement based on stimulated Brillouin amplification in optical fiber [J]. Optics Express, 2019, 27(8): 10974-10980.

[11] Bel'dyugin I M, Efimkov V F, Mikhailov S I, et al. Amplification of weak Stokes signals in the transient regime of stimulated Brillouin scattering [J]. Journal of Russian Laser Research, 2005, 26(1): 1-12.

[12] Huang X J, Guo B L, Yang W K, et al. Pulsed-pumped optical fiber amplifier [J]. Chinese Optics Letters, 2009, 7(8): 712-714.

[13] 高玮. 高放大率低噪声布里渊放大技术及光谱特性研究 [D]. 哈尔滨：哈尔滨工业大学，2009：22-29.

[14] Liu J, Xu L X, Wang A T, et al. Effective SNR improvement by the high power pulsed pump in an ytterbium-doped fiber amplifier [J]. Chinese Optics Letters, 2013, 11(9): 090606.

通用仪器设备集成平台的设计

李鹏　张志辉　李韶光　袁明　张洋
（中电科仪器仪表有限公司，山东·青岛，266555）

摘要：本文通过对常用的系统集成功能的分析，提取出通用的功能部分，设计出一个通用的仪器设备集成平台。利用分层的设计思路，抽象出设备控制模块，数据传输模块，数据集中和处理模块，数据展示模块四个功能模块，并进行了系统层级的划分。重点对平台数据传输的安全策略进行讨论，根据数据传输的层级不同采用不同的安全策略。

关键词：仪器设备；集成平台；分层；数据加密

1　引　言

当前信息技术飞速发展，移动互联网、智能设备、5G 通信等技术极大地方便了人的日常生产，提供了工业生产效率。利用高速的通信网络，万物互联成为可能。将各种的仪器设备通过高速网络集成在一起，将分散的数据集中处理，可以更好地发挥数据的作用，所以系统集成显得尤为重要。

系统集成通常指将软件、硬件与通信技术组合起来为用户解决信息处理问题的业务，集成的各个分离部分原本就是一个个独立的系统，集成后的整体的各部分之间彼此有机地和协调地工作，以发挥整体效益，达到整体优化的目的。

仪器设备集成系统是系统集成的一种。为了不同的生产目的，系统的集成形式也各有不同，但最终的目的都是将分散的各个子系统中有用的数据集中在一起处理。其过程基本类似，包括数据采集、数据传输、数据整理和结果展示等。所以仪器设备集成系统的主要功能可以进行抽象提取，构建出一个通用的系统集成平台。本文通过对常用的系统集成功能的分析，提取出通用的系统功能，设计出一个通用的仪器设备集成平台，并在监控系统项目中进行了应用。

2　功能分析

2.1　物理结构

仪器设备集成系统的整体架构一般为分布式的，仪器设备放置在测试现场，中心机房作为数据集中和处理的场所一般不需要放置在现场，中心机房的部署灵活性大，可以自己搭建实际的物理机房，也可以用云服务来部署。测试现场的测试设备根据系统功能的不同，往往测试场景各异，拓扑结构也不同，并且一个测试现场往往需要放置多种测试设备，生成不同种类的测试数据，这就导致控制逻辑变得复杂。

图 1 所示为整体的物理拓扑结构，为了屏蔽系统整体的复杂程度，采用分层的设计思路，系统分为主服务端和设备服务器两层。主服务器负责数据集中和处理，并将数据处理的结果

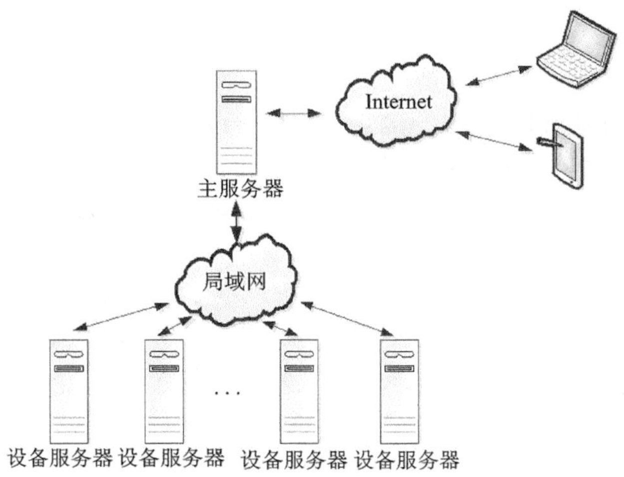

图 1　物理拓扑图

进行展示。设备服务器负责一个测试现场的设备管理工作，如设备测试流程控制，数据上传等，每个测试现场放置一台设备服务器。

2.2　逻辑结构

按照系统功能分析，可以分为四个功能模块，分别为设备控制模块、数据传输模块、数据集中和处理模块、数据展示模块，各个模块之间的关系如图 2 所示。

数据展示模块：该模块负责数据的展示功能，按照展示方式可以有表格，图表，趋势图等；按照展示媒介的不同，可以有移动设备、PC 客户端、Web 端等；按照功能不同，展示内容根据用户需求进行定制。

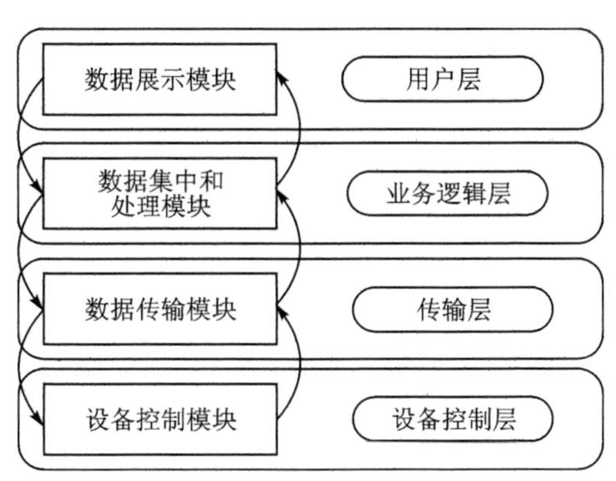

图 2　系统功能模块图

数据集中和处理模块：该模块作为数据处理的中枢部分，向上负责提供数据展示的内容，向下负责接收传输的数据。数据通过该模块进行处理和流转。

数据传输模块：该模块负责将设备端采集到的测试数据传输到数据中心进行集中存储和处理。该模块需要屏蔽各个传输协议之间的差异，向上提供统一的调用接口，并且负责安全验证。

设备控制模块：该模块负责测试仪器的控制，包括测试流程的控制，测试设备的控制，测试条件的控制和测试方式的控制等。设备控制模块部署在设备服务器端，作为次级服务器程序通过网络与主服务器通信。

如图 2 所示，各个功能模块具有分层的组织形式，数据展示模块对应着系统的用户层；数据集中和处理模块对应着系统的业务逻辑层，业务逻辑实现系统的业务部分；数据传输模块对应系统的传输层，负责数据的传输流转，安全控制等功能；设备控制模块对应着系统的设备控制层，负责底层测试设备的控制。

3 安全策略

集成系统中各个组成部分是分布式部署的，各个组成部分的数据通过网络进行传输，所以数据传输的完整性和安全性需要获得保障。根据通用系统集成平台的分层设计思路，各个层级之间的数据传输安全策略有所不同。为了保障数据的安全性，通常做法就是对传输的数据进行加密处理。

常规的加密方式有两种，分别是对称加密和非对称加密。所谓对称加密是指加密和解密使用同一个密钥，优点是加密解密速度快，缺点是密钥需要在网络上进行传输，可能发生泄漏。常用的对称加密有DES加密和AES加密。加密解密过程如图3所示。

另一种加密方式为非对称加密。非对称加密有两个密钥，分别为公钥和私钥，明文通过公钥进行加密然后传输到接收端，接收端对密文用私钥进行解密，公钥一般是公开已知的，私钥需要私有保存，这就保证了密钥的安全性。非对称加密速度相对于对称加密来说要慢很多，但是安全性更高。典型的非对称加密有RSA加密方式，如图4所示。

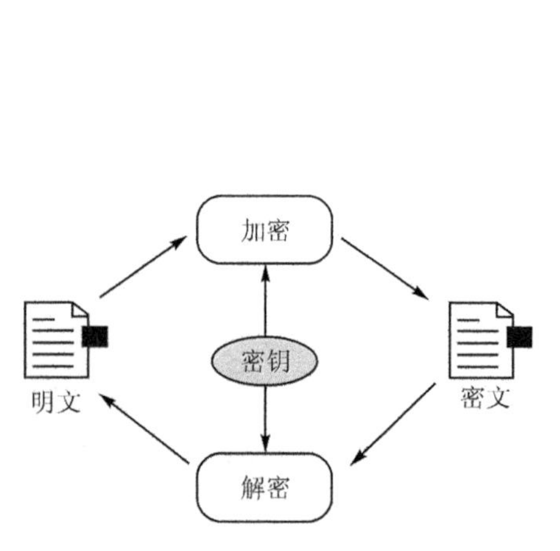

图3 对称加密、解密

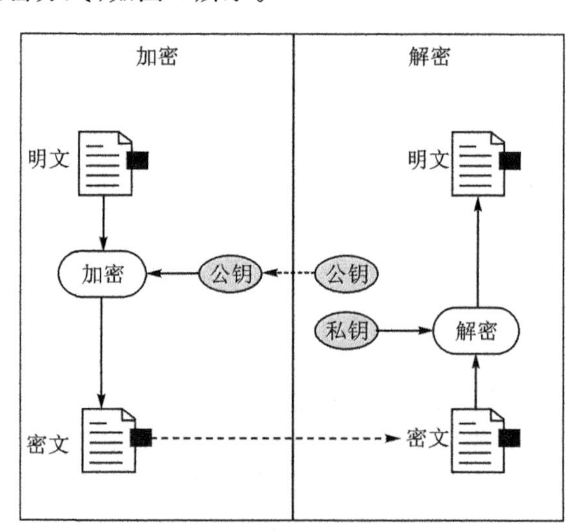

图4 非对称加密、解密

针对本平台的分层设计思路，系统中不同的数据传输部分，采用不同的加密、解密技术。测试设备在位置分布上一般不会太远，通常通过内部网络集成在一起。查看展示数据的用户分布则没有规律，可能是通过内部网络环境来访问也可能通过公有网络环境来访问。所以针对不同的环境部署的数据安全策略有所不同。

对数据传输量来说，设备服务器与主服务之间数据传输频繁，数据量大，如果对所有传输的数据进行加密和解密，会增加系统的负担，降低系统数据的吞吐量。并且在内部网络环境中，IP终端都是可追溯的，可以认为存在的IP终端都是合法的，对于合法用户主要防范未授权用户的非法访问。所以主服务只需要识别合法的IP终端是否有权限上传和下载数据即可。

识别用户的权限，这里利用Token标识符来实现。每次设备服务器与主服务交互的数据都需要携带唯一的Token标识符，主服务根据该标识符判定设备服务器是否有权限进行数据的交换。Token标识符的生成采用约定加密的方式来实现。所谓约定加密即按照一个约定的规则，设备端生成一个制定规则的标识符，然后通过对称加密的方式对该标识符进行对称加密,生成加密的密文作为 Token 添加到传输的数据头中。主服务器收到加密的数据后,从数据头中获得携带的 Token 标识符,通过对称解密过程,获得明文标识符,然后根据约定规则判断用户的权限。

而在公有网络环境中,用户身份具有不确定性,所以一些敏感数据的传输需要通过更高的安全策略来保证,所以对安全性要求较高。针对本平台的分层设计思路,公有网络中传输的数据是为用户展示的数据。该数据传输是按需传输,即用户查看时才发生数据传输,所以数据传输量不是很大。可采用更严格的非对称加密方式来处理,这也导致数据传输过程中的延迟增大。为了平衡该矛盾,针对数据的敏感程度,采用可配置的多级数据安全保证策略。

第一级安全保证策略是必选的,即通过用户登录操作来识别合法的有权限用户的数据访问;第二级安全保证策略则是可选的,即对传输数据进行加密和解密处理;第三极安全保证策略也是可选的,即只对持有合法标识符的用户提供数据服务。根据数据的敏感程度选择合适的数据安全保证级别,可以提高系统设计的灵活性。

4 结束语

本文通过对通用系统集成的功能分析入手,抽象出通用的系统组成框架,并在此基础上进行了系统模块的划分和层级的识别。重点对数据传输模块中涉及的数据安全性进行了讨论,针对不同系统层次之间的数据传输采用不同的数据安全保证策略。对数据安全要求高的场景,采用了可配置的多级数据安全保证策略,并给出了实现方式。

参考文献

[1] 陈禹六,李清,张锋. 经营过程重构(BPR)与系统集成[M]. 北京:清华大学出版社,2001.
[2] 谢小轩,张浩,夏敬华,等. 企业应用集成综述[J]. 计算机工程与应用,2002(22).
[3] 王琪. 基于 Web Services 的企业应用集成研究[D]. 上海:华东师范大学,2005:24-26, 1-5.
[4] 徐立中,李臣民,王建颖,信息与系统集成技术及应用[M]. 北京:科学出版社,2006.
[5] 徐征. 系统集成技术在公安信息系统的应用[D]. 上海:同济大学,2007:26-33, 63-64.
[6] Shaw M,Garlan D. 软件体系结构[M]. 北京:科学出版社,2004.
[7] 黎连业,等. 管理信息系统设计与实现[M]. 北京:清华大学出版社,1998.
[8] 许主洪. 加密与解码—密码技术剖析与实战应用[M]. 北京:国防工业出版社,2001.
[9] 谭毓安. 网络攻击防护编码设计[M]. 北京:北京希望电子出版社,2002.
[10] Jones A, Ohlund J. Network Programming For Microsoft Windows[M]. 京京工作室,译. 北京:机械工业出版社,2000.
[11] 蒋先国. 高速铁路四电系统集成[M]. 成都:西南交通大学出版社,2012.

一种适用于手持式测量仪器的低功耗和热设计方案

中电科仪器仪表有限公司　赵苏宇
（中电科仪器仪表有限公司，山东·青岛，266555）

摘要：手持式仪器作为可使用电池供电的测量仪器，其功耗直接关系到仪器在现场使用时电池续航能力的表现。在便携式、手持式应用这一特殊的应用场合下，要求尽量少去进行更换电池等操作，以便于户外使用，这就要产品的功耗必须控制在较低的范围内，同时出于提升产品便携性的考虑，对产品的体积和重量也提出了苛刻的要求。因此此类测试仪器的设计方案中，除技术指标之外，体积小、重量轻是必须达到的目标，必须将体积、功耗、重量以及散热统一考虑，选取合适的设计参数。本文描述了一种小型化的手持式测量仪器适用的低功耗和热设计方案，通过优选低功耗器件，提高电源转换效率，智能化电源管理以及合理的热设计解决了小型化带来的散热难题，达到了预期的设计目标。

关键词：便携式；小型化；低功耗；散热

1　引　言

手持式仪器作为可使用电池供电的测量仪器，其功耗直接关系到仪器在现场使用时电池续航能力的表现。本方案的设计目标是，产品使用的电池电量充满以后，仪器可以连续使用超过 6 h，一次充电基本可以满足现场测试一天的使用要求，考虑产品所用的电池容量为 86 W·h，则本产品的平均功耗必须控制到 14 W 以下。出于减少体积、减轻重量的考虑，本方案所应用的产品内部空间紧凑，外壳及支架均采用了 ABS＋PC 材质，其导热性能与金属有一定差距，这就导致产品的热设计成为难点。本方案通过优选低功耗器件，提高电源转换效率，智能化电源管理以及合理的热设计等多个措施的实施，解决了小型化带来的散热难题。

2　低功耗设计方案

本方案所应用的产品是一款手持式的射频测量仪器，主要用于户外的现场运维测试，对产品的连续工作时间有较高要求，需要在充满电之后支持一天的现场测试。要提高产品的续航能力，在电池容量不可能无限增大的前提下，降低整机功耗是唯一选择。本产品设计过程中，在满足指标要求的前提下优选低功耗、高转换效率的器件，同时采用智能电源管理的方式减少无谓的损耗，可满足低功耗的需求。

措施 1：优选器件，在射频模块电路中，多处需要用到放大器芯片，根据频段的要求找到两种放大器候选方案，分别是 Gali－29 和 Gali－5，两者增益接近，Gali－29 输出 1 dB 压缩点较低但是功耗仅为 Gali－5 的一半。在具体选型的时候，按照适用的原则，只在输出功率有较高要求的部分选择 Gali－5，满足指标要求的前提下降低了功耗。在射频模块电路设计过程中坚持类似的选型方法，合理设定电路的冗余量，为低功耗设计奠定了基础。

措施 2：提高电源转换效率，低功耗设计的另一个措施是优选高效率的电源转换芯片，减少转换过程的损耗。在电源管理方面，对整机的人机交互模块、射频电路模块等进行综合分析，确定需要+24 V、+5 V、+3.3 V 和−5 V 等四路电源即可满足常用电路的需要，其中+24 V 一般用于 VCO 调谐，功耗较小，而其他三路电源一般用于放大器、射频开关及 CPLD 等的供电，带载能力要求较高，电源转换过程中损耗也高。在实际电路设计时，均选用开关频率大于 1 MHz 的开关电源芯片进行稳压得到各路电源，+24 V 带载能力 200 mA，其余电源均达到 3 A 以上。其中+5 V 和+3.3 V 电源选用 LMZ22003 实现，如图 1 所示，该芯片转换效率可达 90%，降低转换过程损耗的同时减少了发热。

措施 3：智能电源管理，为了延长电池的续航能力，本方案采取的另一个措施是设计智能电源管理系统，针对产品的不同工作状态，对各单元电路的工作状态进行控制管理，时刻使产品处于最节能状态，降低能量消耗。针对本产品的耗电大户——液晶显示器，设计了智能控制电路，整机可以根据环境光强的变化自动调节液晶显示器背光灯亮度，可以有效降低背光系统的功耗，同时使液晶显示器一直处在较为适合观察的亮度，提升了用户使用的舒适度。出于进一步控制功耗的需要，本产品设计了节电模式，开启对应模式后，当用户在一定时间内未进行任何操作时，仪器将自动关闭液晶屏的显示或直接将仪器关闭。

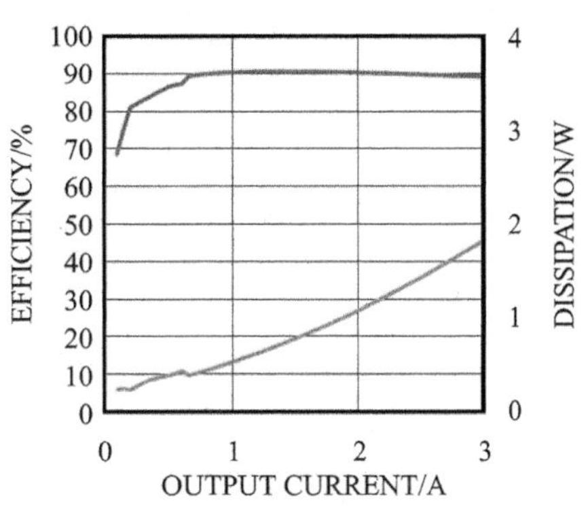

图 1　电源转换芯片转换效率指标

通过以上三方面的设计措施，本方案实现了整体功耗 10.8 W 的效果，其中整个 CPU 平台的功耗 6.1 W，射频模块功耗 4.68 W，产品的理论连续工作时间可达 8 h，考虑产品实际应用场景中，一天内有一定时段是处于转移测试地点的过程中，仪器是不开机工作的，因此完全可以满足产品户外测试连续工作一天的需求。

3　热设计方案

出于减轻产品重量和降低成本的考虑，本产品内部未采用常规产品中金属支架的方案，改为全部使用注塑件，所有电路单元固定在注塑支架上。其中 CPU 模块是整个平台中仅次于液晶的第二大耗能部位且大部分的电流提供 CPU 芯片使用，其热量集中在 15 mm×15 mm 的范围内，同时由于 ABS+PC 材质的导热效果与金属材料存在一定差距，在方案最初的测试过程中，监测到 CPU 芯片部位的局部温升可高达 43 ℃。在高温 60 ℃环境中，局部温度达到近 90 ℃，必将对产品的稳定性及寿命产生影响。因此在低功耗设计的基础上，还需要将产品内部的热量合理地进行分布并将热量导出到产品外部。

3.1　CPU 平台热设计

分析 CPU 平台整体的发热情况，大部分部位温升都在 20 ℃以内，属于局部热量集中，若采用大面积加装散热装置的措施，虽可解决散热问题，却会对重量产生影响。综合考虑体积、重量及散热效果，决定采用如图2左侧所示的局部加装散热装置的方式来解决。最终的CPU板热设计效果如图2右侧所示，在仪器内部温度平衡后，CPU模块中的热量均匀分布到了80 mm×55 mm的面积中，最高温升不超过25 ℃，不再存在热量集中点。

图2　CPU平台热分布情况

3.2　射频电路热设计

在射频模块电路方案中，功率放大电路是功耗最大的部分，也是热量的主要贡献者，其功耗约占整个射频模块功耗的20%，总计达到了0.9 W，也是整个印制板上发热最大的部分，需合理进行电路分布以达到良好散热的目标。在设计中，如图3左侧所示将4个放大器在位置上均匀布置，同时设计散热焊盘或与屏蔽盒相连，起到了均匀发热和散热的效果。

在射频模块的印制板布局过程中，将主要的发热元器件分散放置，避免局部温度过高，同时借助金属材料的屏蔽盒与机壳进行硬接触进行散热，达到了较好的热设计效果，最终实际的热分布图见图3右侧，整个射频电路印制板热量分布均匀，在温度稳定后的最高温升仅为14 ℃。

通过以上措施的综合实施，整机发热得到有效控制，同时将无法避免的热量合理导出到产品的外部，既解决了整机散热的难题，也满足了内置电池长时间工作的需求。

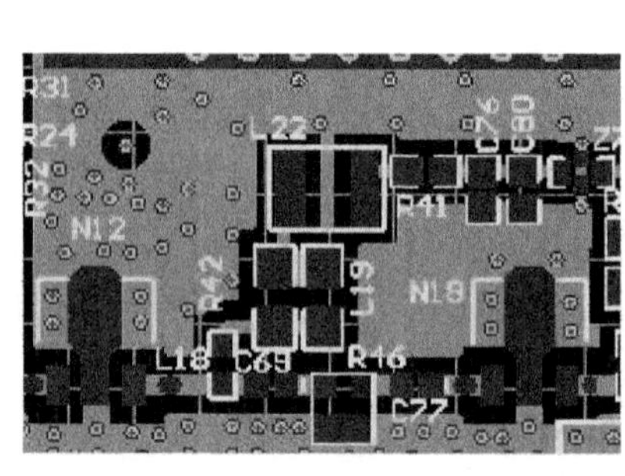

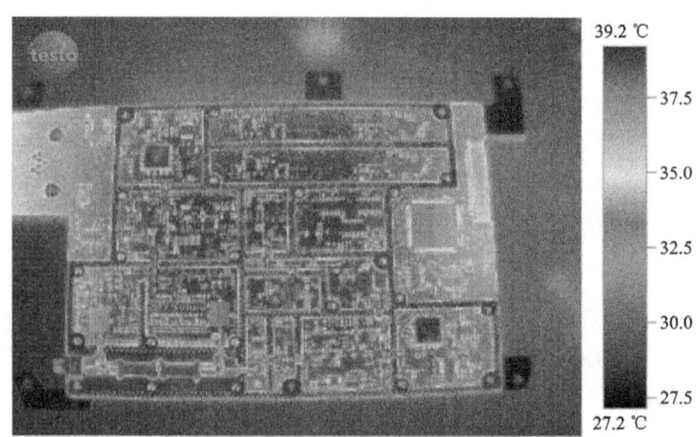

图3　射频电路热分布情况

4　实现效果

通过优选低功耗器件，提高电源转换效率，智能化电源管理以及合理的热设计等综合性措施，本方案解决了小型化、低功耗以及散热方面的难题，方案所应用的产品整机功耗控制到10.8 W以内，其中整个CPU平台的功耗为6.1 W，射频模块功耗为4.68 W。在正常工作的情况下，一次充电后可连续工作超过8 h，在－20 ℃的低温环境下，也可连续工作超过6 h，完全可以满足一整天的测试需要。在＋60 ℃的高温环境下，机内温度稳定后，产品中发热最高的CPU模块的温升为24 ℃，射频电路的温升为14 ℃，在未特意加装风扇的前提下，通过控制功耗和合理的热设计，有效解决了小型化与低功耗和热设计之间的矛盾。

参考文献

[1] 朱嘉伟，解江，张泽，等. 电子产品热设计工作方法讨论[J]. 电子产品可靠性与环境试验，2015(5).
[2] 李承隆. 电子产品热设计及热仿真技术应用的研究 [D]. 成都：电子科技大学，2010.
[3] 窦木辉. 电子设备的热设计方法[J]. 电子制作，2013(14).

一种自适应的背景光调节系统设计

赵苏宇　朱伟　张晓来
（中电科仪器仪表有限公司，山东·青岛，266555）

摘要：手持式测量仪器被广泛用于各种室内外环境下的测量，其不同于实验室使用的仪器环境变化相对较小的应用场景，由于不同环境下光强的不同，测试仪屏幕可能会出现反光、亮度太低显示不易辨识、亮度太高刺激眼睛且降低产品电池续航能力等情况。在户外测试时，光线强度较大，需要亮度较高的背景光；而在室内光线较暗时，需要亮度较低的背景光，如果由用户手动设置测量仪器的背景光，会对测试效率带来影响，直接降低用户体验的满意度。本文以某型手持式天馈线测试仪背景光自动调节电路的软硬件实现方案为例，详细分析了设计方案，该方案实现了仪器背景光的手动和自动调节功能，经实测，在不同环境光强下均能清晰显示测量信息，可广泛应用于手持式测量仪器的人机交互方案中。

关键词：背景光；自适应调节；光传感

1　引　言

手持式测量仪器被广泛用于各种室内外环境下的测量，其不同于实验室使用的仪器环境变化相对较小的应用场景，由于不同环境下光强的不同，测试仪屏幕可能会出现反光、亮度太低显示不易辨识、亮度太高刺激眼睛且降低产品电池续航能力等情况。在户外测试时，光线强度较大，需要亮度较高的背景光；而在室内光线较暗时，需要亮度较低的背景光，如果由用户手动设置测量仪器的背景光，会对测试效率带来影响，直接降低用户体验的满意度。为了满足不同应用场景下清晰地显示屏幕信息以便于用户读取数据的需求，需要针对手持式测量仪器设计自动感光系统，根据环境光强的不同自动调整显示器设置为合适的亮度，提升用户体验的同时可以达到延长手持式测量仪器电池续航时间的目标。

本文以某型手持式天馈线测试仪背景光自动调节电路的软硬件实现方案为例详细分析了设计方案，该方案实现了仪器背景光的手动和自动调节功能，经实测，在不同环境光强下均能清晰显示测量信息，可广泛应用于手持式测量仪器的人机交互方案中。

2　设计原理

从自适应背景光调节方案的名称可以看出，本方案需要针对不同环境光强自动调整仪器背景光亮度，从而实现既不过分刺激视觉也能清晰显示测量信息的效果，如图 1 所示，其核心功能分为 3 部分：环境光强度检测、环境光与背景光调节阈值设置、背景光调节。

环境光强度检测环节，需要能实时传递测量仪器所处环境中光线的强度，从而为对应调节仪器的背景光强度提供依据，其核心是要提前预判仪器可能的应用场景，例如烈日下、服务器机房、树荫下、夜晚无环境光的室外等，以最强环境光强和最弱环境光强两个极限使用场景下

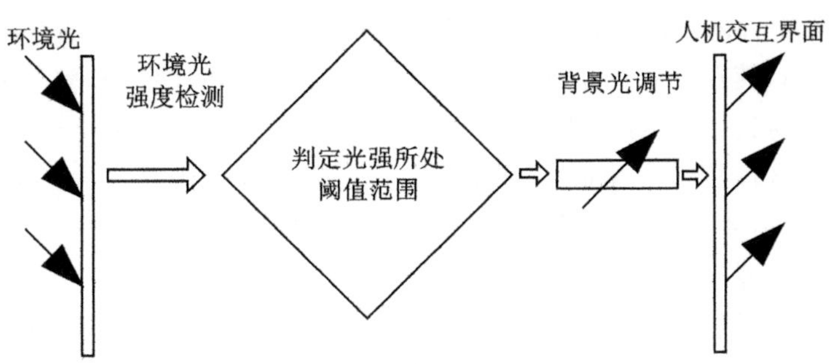

图 1　方案框图

可检测到的环境光强度值为上下限来设置电路范围。

背景光的设置需要与环境光的强度相关联，其核心就是将环境光的上下限与背景光可调节范围的上下限对应起来，同时在寄存器中预设不同环境光强下对应的背景光强度值，从而实现根据环境光强的不同自适应调节的效果。为避免频繁改变仪器显示界面背景光亮度带来的人体不适感，需要对采集到的环境光强度进行一定平滑，同时设置为在一定的环境光强度范围内使用同一档背景光亮度。

背景光调节部分的方案较为直接，其核心是采用可调节的电压控制电路，作用在可调整背景光强度的显示器中，从而达到调整背景光的目的。

3　硬件方案

硬件电路方案中包含两个部分：环境光强度采集电路和背景光调节电路。

环境光强度采集电路以 MAXIM 公司内置 ADC 的超低功耗环境光传感器 MAX44009 为核心搭建，MAX44009 提供 I^2C 数字输出，可用于智能手机、笔记本电脑、工业传感器等便携产品，其工作电流小于 1 μA，是业内功耗最低的环境光传感器，具有 22 位超宽动态范围(0.045～188 000 lux)，其工作温度范围可以达到－40～＋85 ℃。其内部工作原理如图 2 所示。

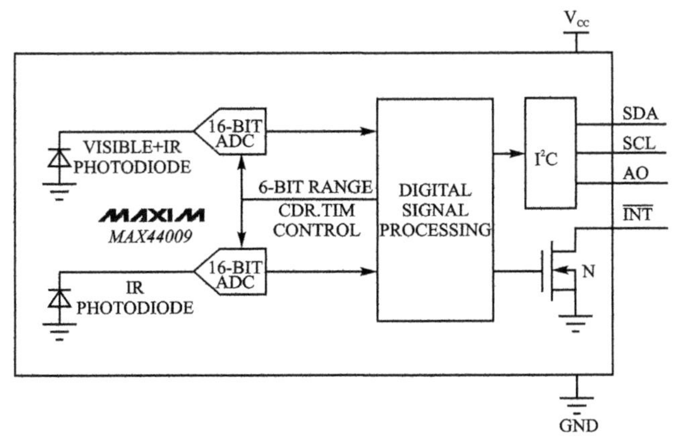

图 2　MAX44009 内部工作原理

如何将环境光完整地传递到光传感器，决定了整个自适应系统的灵敏度，也决定了本系统的应用范围和人机交互的体验，如果环境光在传递到光传感器之前发生了衰减，则光传感器采集的光强度信息就不能真实反映仪器所处环境的光线强度，从而也就不能正确反馈并调节背景光强度。本方案中，由于感光芯片 MAX44009 是表贴器件，其光采集模块的大小仅为 0.37 mm×0.37 mm，其在仪器内部所处位置不是直接暴露在环境中，中间隔了仪器的不透明的黑色机壳，机壳厚度为 2 mm，这就造成如图 3 所示的结构状态，在非直射的情况下，环境光不能完整地传递到光传感器，从而造成强度采集信息不准确的问题。为了解决这个问题，本方案中采用了如图 3 所示亚克力材料的导光柱，从而最大限度地将环境光直接传递到光传感器感光部位，实现了对环境光强度的最大还原。

背景光调节电路的核心是通过选择预存在寄存器中的参数信息或者使用人机交互界面输入的背景光调节系数对应的参数，作用到可调节输出的 DAC 芯片，通过 DAC 芯片输出的电压控制液晶显示器背景光电源电路，从而调节显示器的背景光强度。本方案中以 AD5300 为基础搭建，这是一款 8 位的 DAC 芯片，其特点是体积小（SOT－23 封装，6 只引脚）和功耗低（140 μA，5 V），非常适合于应用在对功耗和体积有严格要求的手持式仪器场景。其功能如图 4 所示。

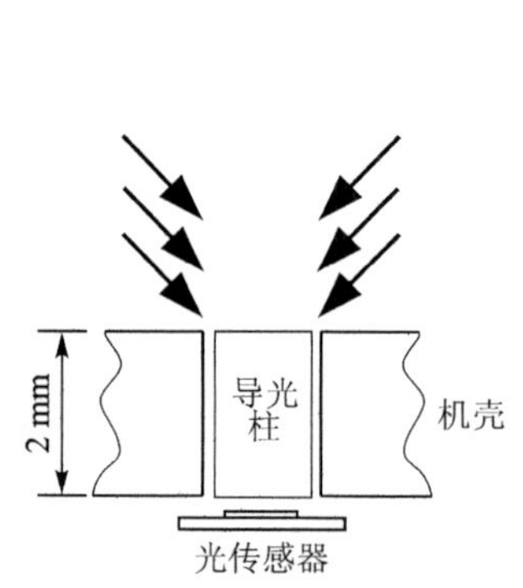

图 3 导光柱设计

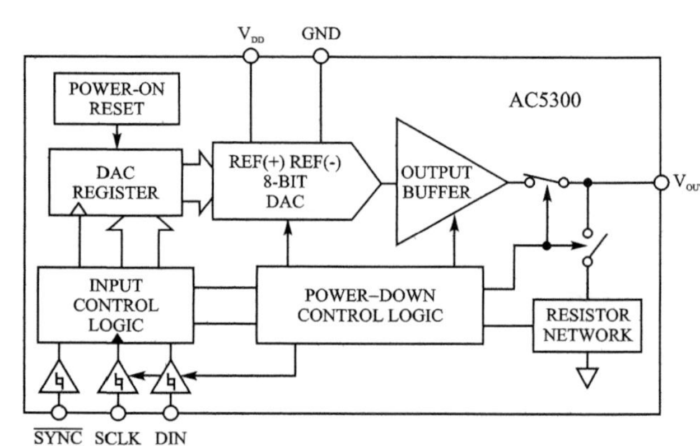

图 4 AD5300 内部工作原理

4 软件控制方案

背光灯控制设计流程图如图 5 所示。从图中可以看出，背光灯调节主要通过三部分来实现。

① 系统休眠时，主机软件向 CPU 数字控制系统发送休眠信号。CPU 控制系统接收到主机命令后，便给 AD5300 写入休眠亮度值（16'h0000），将屏幕关闭。此时测试仪系统仍在运行，仅把屏幕关闭。

② 用户手动调节亮度时，主机软件向 CPU 数字控制系统手动设置使能信号，同时，主机软件将用户设置的亮度值（测试仪约定 8 bit）发送给控制系统。CPU 数字控制系统接收到相关使能及数据后，根据 AD5300 寄存器需求格式，完成数据相关变换，发送给 AD5300，完成屏幕亮度自动设置。

③ 自动调节，即测试仪根据感光芯片对环境光的判断，自动对屏幕亮度进行调整的过程。如图 5 所示。在主机软件运行时，会对整个系统发送一初始化使能信号。当 CPU 数字控制系统接收此信号后，便对 MAX44009 和 AD5300 进行初始化操作。然后 CPU 数字控制系统中便会根据 MAX44009 内部功能及其 I^2C 时序依次读取状态寄存器（由于芯片产生中断时会把

中断寄存器最低位拉高,这里读取状态寄存器主要实现清空中断寄存器功能)和域值寄存器(高、低两个寄存器)。将得到的域值和预先定义的域值的上下限进行比较,来确定设置到 AD5300 芯片的屏幕亮度值及新一组要设置到感光芯片 MAX44009 的阈值上、下限两个寄存器和阈值时间寄存器数值。如此便完成一次感光芯片控制屏幕背光。当感光芯片测的外部环境光线强度超过阈值上、下限的时间大于阈值时间时,发出中断,进行新的一个感光周期。

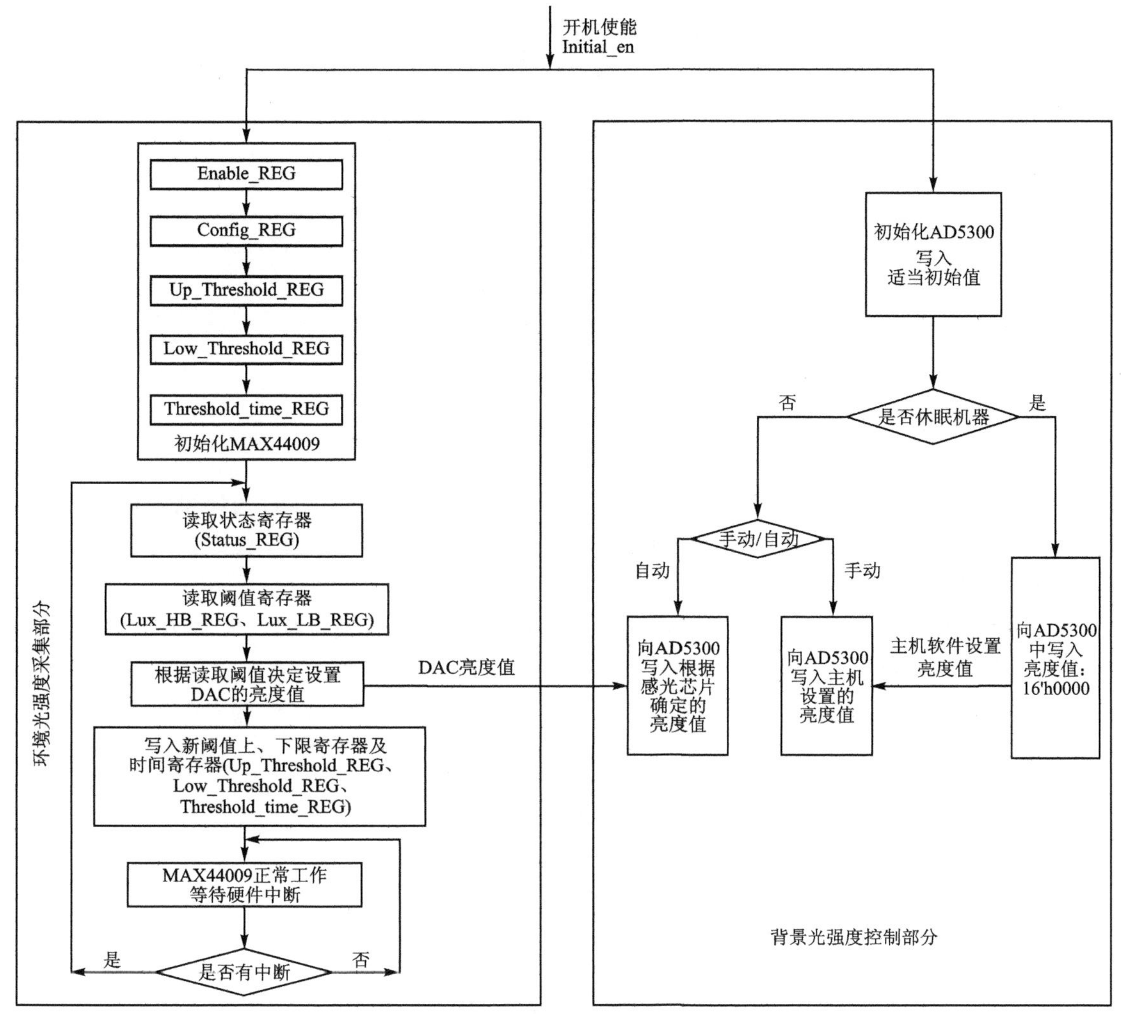

图 5　背景光设置流程

根据前述设计流程,采用 HDL 语言实现两芯片控制,鉴于 HDL 语言实现 I^2C 协议编码相对烦琐,实现时采用状态机方式相对减少逻辑判断。状态机设计如图 6 所示。仪器开机后,当初始化使能信号(Initial_en)有效,控制系统进入"初始态",主要对 MAX44009 和 AD5300 内部寄存器初始化设置,设置完成后,系统转入"空闲"状态等待 MAX44009 芯片自身对环境光亮度判断;当亮度发生变化时,MAX44009 芯片给控制系统发送中断信号,系统根据中断信号,系统状态转入"读 1 字节"和"读 2 字节"状态,完成对 MAX44009 芯片内部相关寄存器数据进行回读。系统根据回读数据完成判断后,系统转入"写状态",即完成对 MAX44009 和 AD5300 芯片寄存器的重新配置。

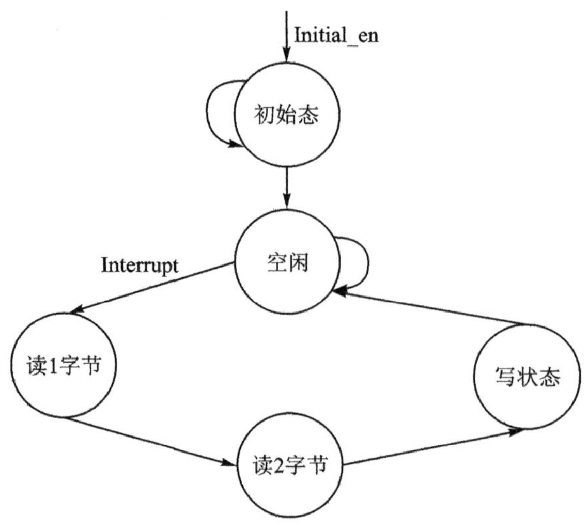

图6 背光控制状态机设计

5 结束语

在实际应用场景中工作时，经实地测试，在阴雨、无灯光的室内灯弱光环境以及阳光直射等强光环境下，产品均能根据环境光的强弱自动调节显示背景光亮度，从而清晰显示测试数据，达到了设计目标。

本文以某型手持式天馈线测试仪背景光自动调节电路的软硬件实现方案为例，提供了一种自适应的背景光调节系统设计方案，该方案可实现仪器背景光的手动和自动调节功能，经实测，在不同环境光强下，仪表均能清晰显示测量信息，可广泛应用于在环境光强度变化剧烈的场景中应用的测试仪器人机交互方案中。

参考文献

[1] 卢春鹏. 背光调节在降低液晶显示器功耗中的作用[J]. 电子设计应用，2009(4):56-59.

[2] 吴昌全. 电视前镜导光柱的结构设计[J]. 科技创新与应用，2014，(18):39-40.

工艺技术

涂覆机器人在航天电子产品三防中的应用研究

曲丽伟　郝建林　李念珍　高辉　王庆博
（山东航天电子技术研究所，山东·烟台，264000）

摘要：通过阐述航天电子产品传统人工刷三防漆方式的不足，提出了涂覆机器人自动涂覆方式的重要价值。简要介绍了涂覆机器人在国内外航天领域的应用现状，针对航天电子产品生产制造过程中效率较低、对人身有危害的工序，提出了采用涂覆机器人替代人的研究思路和方向，介绍了一种航天电子产品三防自动涂覆机器人系统，并展示了涂覆机器人样机的实际应用效果。最后，对智能装备机器人在航天电子产品生产过程中的发展方向和趋势进行了展望。

关键词：航天电子产品；聚氨酯清漆（TS01－3）；涂覆机器人；漆膜厚度

1　引　言

航天电子产品的生产制造过程主要包括电子装联、涂覆、点胶和装配等过程。本文主要研究航天电子产品涂覆过程，涂覆过程也即是航天电子产品印制板组装件和其他各种组合件的表面采用聚氨酯清漆（TS01－3）进行防护处理的过程，该过程属特殊工艺过程，实施前需由工艺师和有上岗证的三防操作人员按照详细编写的操作方法进行工艺试验，试验经过检验达到规定要求后，方可进行人工操作，操作过程使用防静电毛刷蘸取漆液后手工刷涂，产品涂覆的质量、厚度及可靠性、涂覆周期与操作工人的经验有较大关系，效率低下；且操作人员要在吸尘排气设备下进行工作，操作时佩戴防毒面具，一旦防护不好，对人身健康会有危害。随着新型航天装备对质量过程控制和研制周期的要求越来越高，这种生产方式显然已经很难适应未来的发展趋势。

机器人的应用，不仅可以提高产品质量与产量，而且对于提高产品生产效率、降低人力资源消耗以及生产成本有着十分重要的意义。随着机器人技术的不断发展，机器人的智能化水平以及运动精度的逐步提高，以及各行业尤其是航天领域对机器人应用经验的不断积累，使得涂覆机器人在航天电子产品三防中的应用成为可能。

2　涂覆机器人在国内外的应用现状

涂覆机器人是工业机器人的一个分支，在轨迹控制、机械结构、防尘设计、工艺控制等方面具有独特的特点。目前，涂覆机器人市场被国外产品垄断，国内对涂覆机器人的研究多集中在机械、传动、运动控制等传统工业机器人关键技术领域，总体应用水平仍有一定差距。涂覆机器人在发达国家的工业制造过程中得到了广泛的应用,外国企业基本垄断涂覆机器人行业。涂覆机器人具有轨迹灵活、工作可达范围大、可实现柔性生产等特点,其操作和维护已较为便利,不少产品已经能够实现离线编程功能,成熟涂覆机器人系统主要来自少数几家生产厂商,包括:瑞典/瑞士 ABB 公司、日本 FANUC 公司、德国 KUKA 公司、日本 MOTOMAN 公司以及美国的 ADEPT 公司等。典型涂覆机器人产品如图1所示。

(a) KUKA公司喷涂机器要

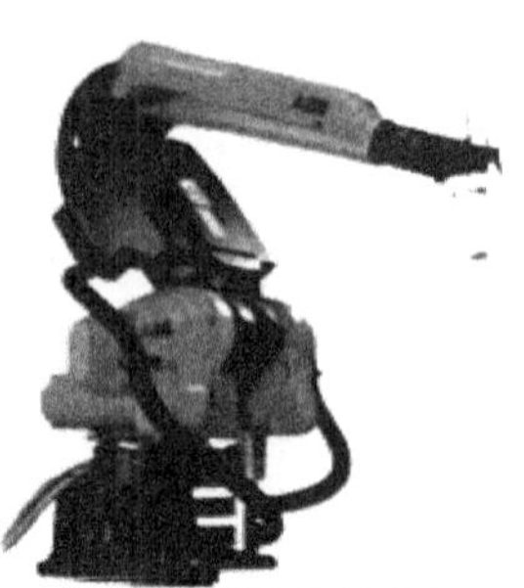

(b) ABB公司喷涂机器人

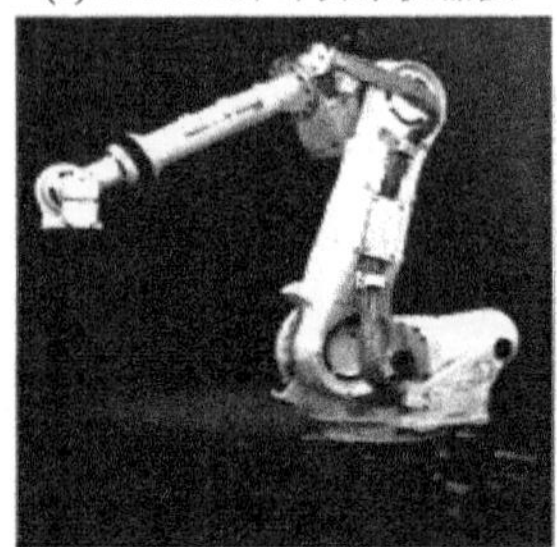

(c) FANUC公司喷涂机器人

(d) MOTOMAN公司喷涂机器人

图1 典型涂覆机器人产品

国内在20世纪70年代开始涂覆机器人的研发工作,与国外相比,起点滞后了十多年。而且,由于制造业需求、成套引进生产线集成化解决方案等原因,长期以来,我国的涂覆机器人研究主体都以研究所和高等院校为主,例如天津大学张大卫教授团队详细分析了三自由度斜交非球型手腕结构,试制出了涂覆机器人样机,新松机器人自动化股份有限公司依托中科院沈阳自动化所研究资源,专门从事机器人研究和生产,现已开发出多种具有自主知识产权的机器人产品。该公司基于其通用机器人系列产品开展涂覆样机试制,已实现部分涂覆功能。广州数控设备有限公司是我国南方数控产业基地,2012年起承担"国家智能制造装备发展专项"攻关,该公司通过与华南理工大学等国内知名院校合作,已开发出 RP05 和 RP15 两种涂覆专用机器人原型机,可通过示教再现的工作方式实现涂覆作业,并具备了正压防爆等涂覆机器人的标准特性。新松涂覆机器人产品如图2所示,广州数控涂覆机器人产品如图3所示。

在航天领域,2010年,航天四院7416厂引进了 ABB 公司 IRB5500-25KG 新型机器人涂覆系统在 T505 工房投入使用,为国内首台引进,并开展了对批产型号发动机表面自动涂覆工艺技术的摸索及应用分析,确定了批产型号自动涂覆的作业流程,实现了高效自动涂覆在型号批生产上的应用。北京机械工业自动化研究所也提出了 ABB 公司某款机器人自动涂覆系统在航天固体发动机外表面的涂覆使用。但是,据可查文献记载和业内厂所调研,涂覆机器人多用于航天装备结构件的涂覆作业,在航天装备电子产品三防中的应用尚属空白。

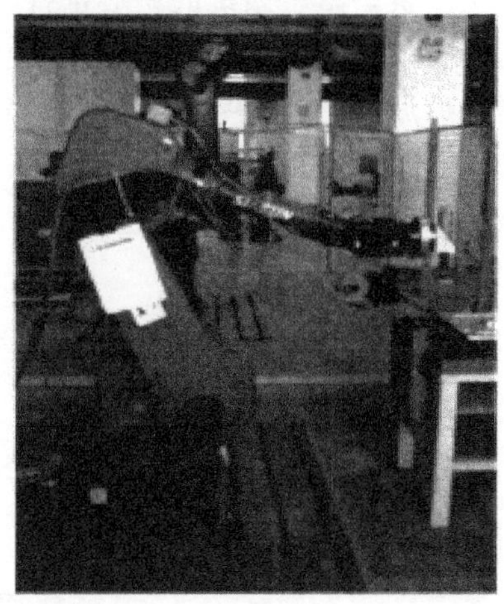

图 2　新松涂覆机器人产品

图 3　广州数控涂覆机器人产品

3　一种航天电子产品三防涂覆机器人系统介绍

3.1　涂覆机器人系统构成

该三防涂覆机器人系统采用三自由度涂覆机械手、工控机、动作控制器协调完成自动涂覆功能。运行过程中采用机械手承载设备完成运动，并对工件涂覆位置进行精确定位，运动控制器控制正反运动等操作，自动喷枪进行涂覆。

3.2　控制系统设计

3.2.1　控制部分

控制部分主要包括工控机、运动控制器、采集卡、涂覆控制器等。控制部分的连接如图 4

所示。工控机是整个系统的核心部件，是系统中的上位机。工控机通过运动控制器向其他部件发送信号，同时通过采集卡接收其他部件的反馈；运动控制器是控制各硬件动作的下位机，如电磁阀的通断，机械手三轴的运动等。

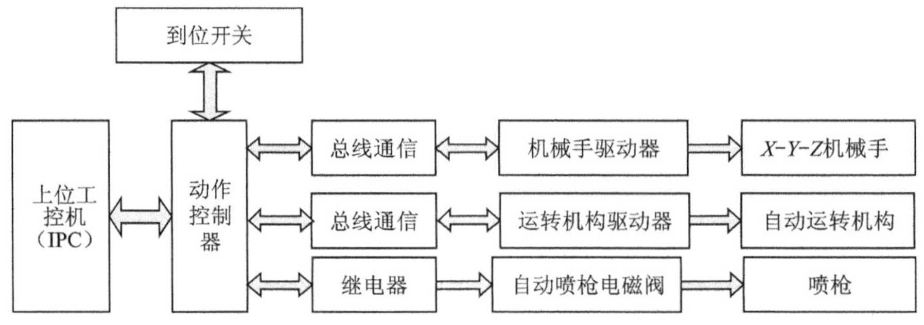

图4 控制部分关系图

机械手是直接带动夹具运动的下位机。由于涂覆过程中不光沿着PCB板上表面行走，还要对喷枪高度进行控制，所以使用三轴桁架龙门式结构，如图5所示。系统中采用由三个单轴机械手组装而成的 $X-Y-Z$ 机械手，由机械手控制器来控制 X、Y、Z 三轴的运动。

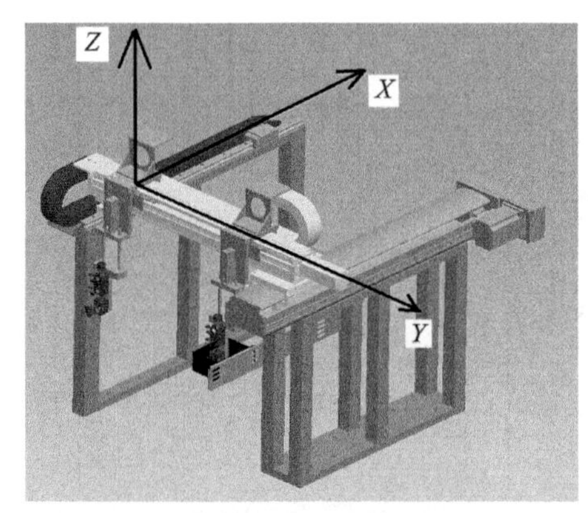

图5 X-Y-Z 机械手机构图

3.2.2 气路部分

喷涂主要部件包括自动喷枪和压力桶，二者配合完成喷涂工作。由于PCB对喷涂精度要求很高，因此本系统选用口径尽量小的自动喷枪。喷枪有三个入口，两个为空气入口（工作空气和雾化空气），一个为涂料入口。喷涂气路部分连接图如图6所示。为保证涂料密度均匀，压力桶设计自动搅拌功能，在正常情况下，雾化阀门开启，以得到比较均匀的喷涂效果。

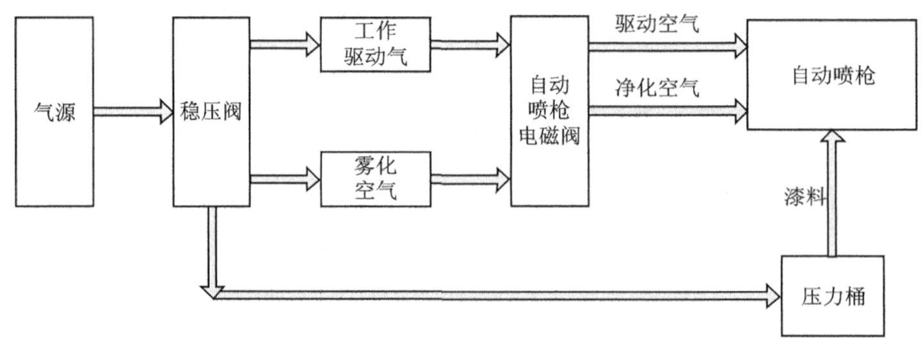

图6 喷涂气路部分连接图

3.3 机械结构设计

整体功能用结构主要包括两部分：PCB板转运机构及喷枪控制机构，如图7所示。

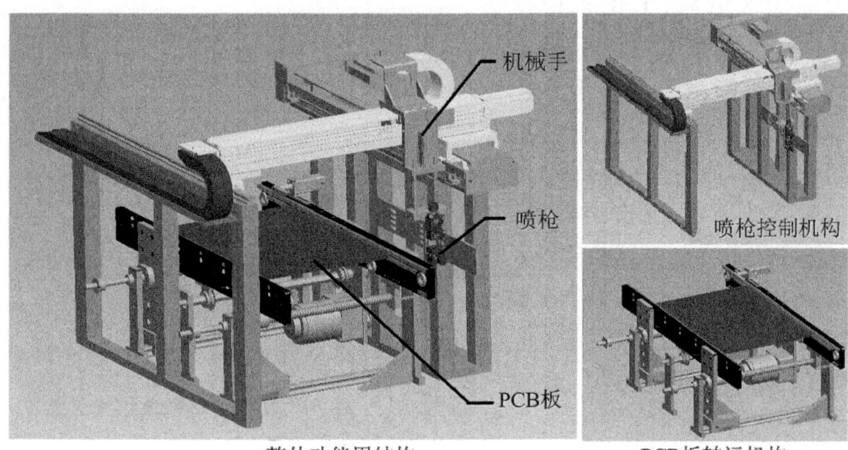

图7　整体功能用结构示意图

3.3.1　PCB板转运机构

本机构主要包括转运驱动电机、转运皮带轮及其皮带、宽度调节丝杠、宽度调节机构导轨、到位开关部件等，结构示意图如图8所示。

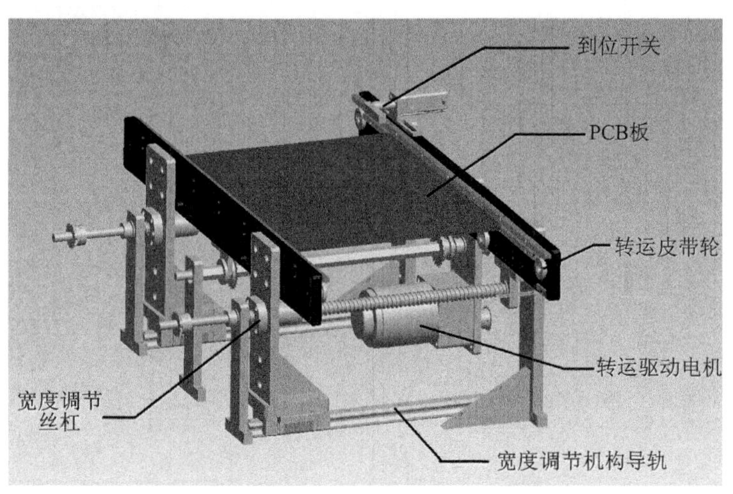

图8　PCB板转运机构结构示意图

3.3.2　喷枪承载机构

机械手通过三轴运动模组带动进行运动。喷枪用气、涂料管路统一固定在管线架中，随机械手一同运动，结构示意图如图9所示。

3.4　自动涂覆流程设计

由于不能保证上次运行是正常结束，所以系统一上电，下位机就需要进行初始化检查，如果出现PCB板不在工装设定的位置等异常情况时，则下位机会发出警报，这个警报信号上传到上位机通知操作者。操作者看到报警后，单击系统报警对话框，进入初始化故障分析处理程序。如果初始化检查没有问题，则机械手带喷枪直接到设备初始位置(设备默认原点)，给工控机可以正常工作的信号。

喷枪进入喷涂区域后，上位机根据导入的PCB图纸，对需要喷涂的区域进行选择性确认坐标。喷涂工艺属于雾化喷涂的方法，尽管选用的喷枪喷幅可以调节，但三防漆的雾气极有可能沾到禁止喷三防漆的元器件上，所以连接器、二极管、金手指等需要人工完成保护工作。

喷漆的效果受多种因素影响，对于首件必须进行喷涂效果验证。调到最优的参数后，才可以进行实际生产。系统的基本流程如图10所示。

Z
X
直线导轨
运动
模组
管线架
Y
管线架
喷枪
机械手
支架

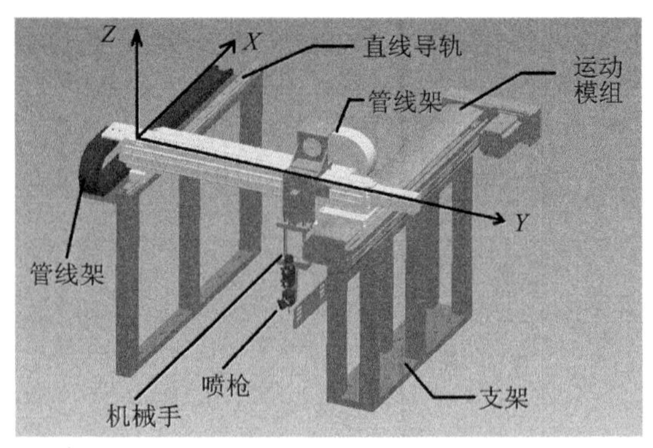

图9 喷枪控制机构结构示意图

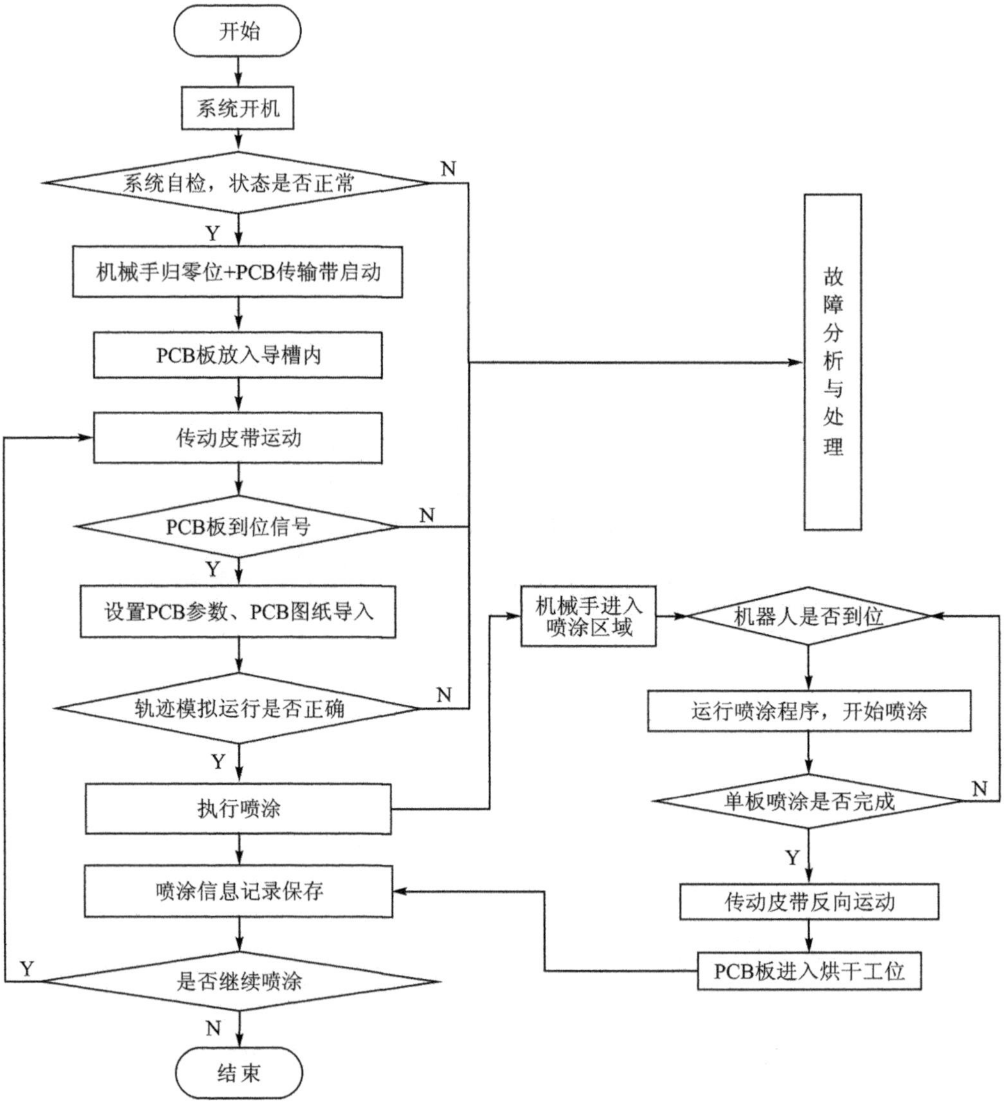

开始
系统开机
系统自检，状态是否正常
N
Y
机械手归零位+PCB传输带启动
PCB板放入导槽内
故障分析与处理
传动皮带运动
PCB板到位信号
N
Y
设置PCB参数、PCB图纸导入
机械手进入喷涂区域
机器人是否到位
轨迹模拟运行是否正确
N
运行喷涂程序，开始喷涂
Y
执行喷涂
单板喷涂是否完成
N
Y
喷涂信息记录保存
传动皮带反向运动
PCB板进入烘干工位
Y
是否继续喷涂
N
结束

图10 喷涂系统工作基本流程图

4　三防涂覆机器人自动涂覆应用后的实际效果

4.1　三防涂覆机器人自动涂覆与手工涂覆的漆膜均匀度测试对比分布图

选取 3 个试件(试件 1＃,2＃,3＃)分别进行涂覆机器人自动涂覆和手工涂覆试验,涂覆后,试件 1＃,2＃,3＃在两种涂覆方式下漆膜均匀度对比如图 11～图 13 所示及表 1 所列,可以看出涂覆机器人自动涂覆的漆膜均匀性优于手工涂覆。

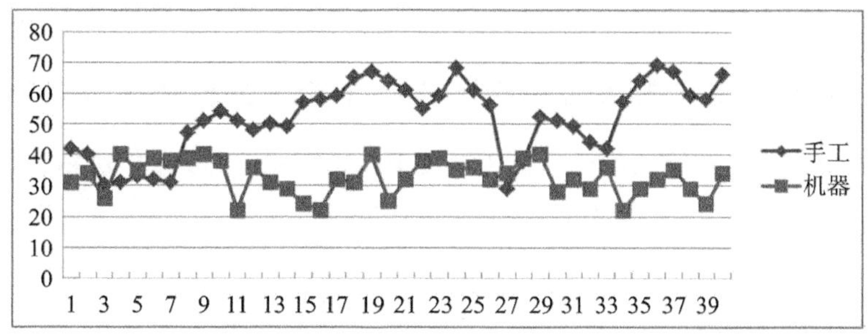

图 11　试件 1＃手工涂覆与涂覆机器人自动涂覆厚度均匀度对比图

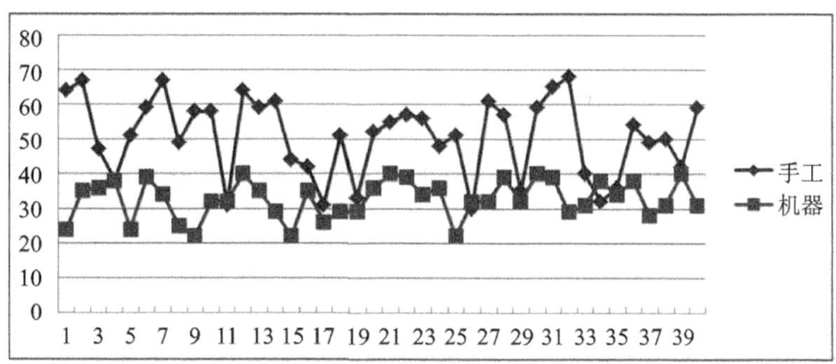

图 12　试件 2＃手工涂覆与涂覆机器人自动涂覆厚度均匀度对比图

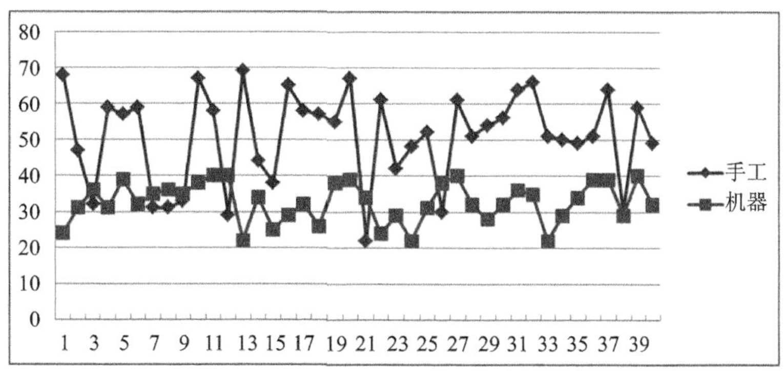

图 13　试件 3＃手工涂覆与涂覆机器人自动涂覆厚度均匀度对比图

表1 手工涂覆与涂覆机器人自动涂覆厚度对比测试表

试 件	喷涂方式	漆膜厚度极差/μm	平均厚度/μm	标准偏差/μm	结 论
1#	自动涂覆	18	32.67	7.33	涂覆机器人自动涂覆漆层厚度相对比较均匀
	手工涂覆	40	51.6	11.6	
2#	自动涂覆	18	32.67	7.33	
	手工涂覆	38	50.75	10.75	
3#	自动涂覆	18	32.66	7.34	
	手工涂覆	46	50.85	10.85	

4.2 三防自动涂覆机器人自动涂覆与手工涂覆的作业效率对比

两种涂覆方式下作业人数和作业时间对比如图14所示，可以看出涂覆机器人的作业效率优于手工涂覆。

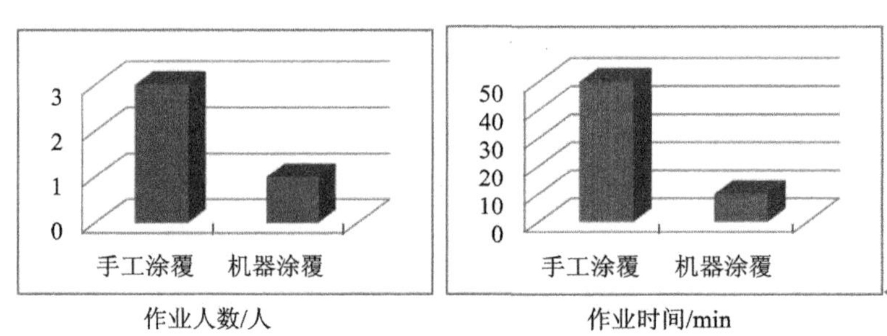

图14 手工涂覆与涂覆机器人作业效率对比

5 结束语

本文通过对涂覆机器人在国内外应用现状研究，介绍了一种应用在航天领域的航天电子产品三防自动涂覆机器人系统，并将该涂覆机器人系统自动涂覆与手工涂覆的实际效果进行了对比。效果表明：涂覆机器人的投入使用，大幅度提高了航天电子产品三防的涂覆质量及生产效率，减少了漆料对操作人员的危害，进一步推动了航天电子产品三防作业自动化，引导后续研究开发适用于航天装备的自动搪锡系统、自动点胶系统和自动剥线系统，将各机器人系统有机结合，对于提升国内航天器电子产品生产制造水平，加快推进先进的数字化、自动化制造在航天产品中的应用具有重大意义。

参考文献

[1] 李慧. ABB IRB5500机器人自动喷涂系统在航天领域中的应用[J]. 制造业自动化，2013.
[2] 赵景山. 航空制造涂装机器人研究进展[J]. 机器人技术，2018.
[3] 毕道鹍. 涂装机器人喷幅误差控制技术研究[D]. 合肥：中国科学技术大学，2005.

SMT 生产线在航天单机产品生产中的应用

张宝维　张震　金晓　王登亚　孙培霖
（山东航天电子技术研究所，山东·烟台，264003）

摘要：近年来，我所表面贴装技术（SMT）已成功应用于航天器电子产品的生产，逐渐形成了适合中小批量产品的 SMT 柔性生产模式。但这种生产模式在应对单机投产的生产模式时，仍显效率不足。本文通过工装研制、SMT 生产线软、硬件扩展、生产流程优化等具体措施的实施，提高了 SMT 生产效率。

关键词：SMT；喂料工装；贴片效率

1　引　言

表面贴装技术（SMT）以其组装密度高、抗振动能力强，自动化生产程度高，焊点合格率、质量高、高频特性好、生产效率高等优点，在我所航天电子产品生产中得到了广泛应用。

SMT 生产线的主要设备有点胶机、印刷机、贴片机、再流焊炉。在整个 SMT 生产过程中，元器件的贴装过程是整条生产线上最耗费时间的过程，贴片机的贴装能力直接影响生产线上其他设备的生产能力。因此，如何缩短元器件贴装时间，对于提高整条生产线的生产效率起着至关重要的作用。

2　现实存在的主要问题

我所生产的航天电子产品以数管设备为主，片式阻、容的焊点数量相当于产品焊接总量的 80%左右。手工焊接存在着元器件位置查找、片式电容烘烤等问题，焊接效率不高，甚至成了整个电装生产过程的瓶颈。由于到达生产现场时的片式阻、容包装形式为筛选后的单只零散形式，无法在自动贴片机的带装自动喂料器上使用。为解决这个问题，我们采取了以下几种办法：

采用手工贴片操作，使用真空吸笔或防静电镊子拾取、放置元器件。此种方法，操作者需要对照安装图逐一寻找相应的位号进行对位摆放，速度慢、贴装精度差，而且容易出现漏、错贴装的现象，不能满足批量生产的需要。

采用贴片机上的散料槽装填表贴器件。此种方法理论上可以解决贴装精度问题，然而由于散料槽的安装平台（这种平台结构为振动形式）面积有限，每次可以装填的散料种类和数量非常少，当一个料槽中的器件用完需要续填元件时，则需手工逐个摆放，仍无法满足连续贴装供料的效率要求，这给编程和换料带来了很大困难，仍无法满足生产效率要求。

采用贴片机上的带式自动喂料器，将散装的片式阻、容装入空的料带中进行包装，再将料带装入贴片机上编程进行自动贴装。此种方法虽然提高了贴装效率，但每只喂料器只能装填 1 种元件，装载料带时步骤烦琐，在工作过程当中会因喂料器步进电机导齿转动误差导致飞料的出现，产生漏贴问题。自动喂料器的安装位置分布在设备平台的左右两侧(见图1)，功能上不能实现贴片过程的路径优化，贴装时工作头行走路径远、运行时间长，对生产效率影响较大，不能满足生产的需求。

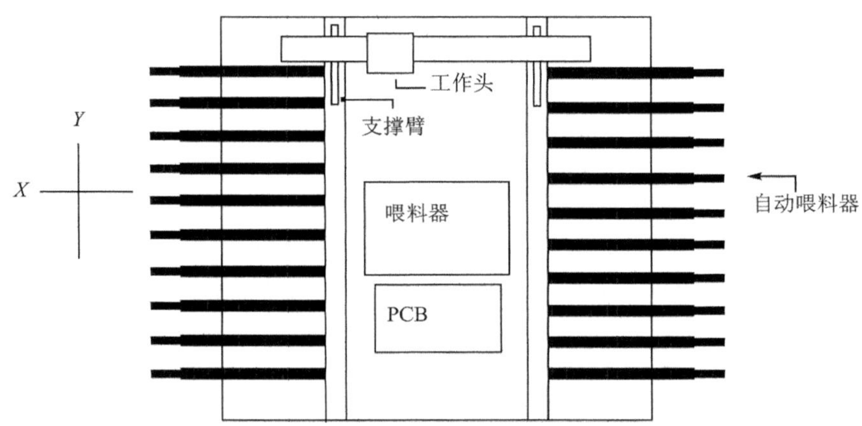

图1 自动喂料器分布示意图

贴片机自动喂料器(见图2)属选购配件，造价昂贵每只价格约1 000美元。按照我所数管设备平均30～50种表贴器件计算，需配备喂料器30～50个，估计预算3万～5万美元，而设备购置当初仅配置采购8 mm喂料器3个，远远不能满足我所产品应用SMT生产模式的需求。

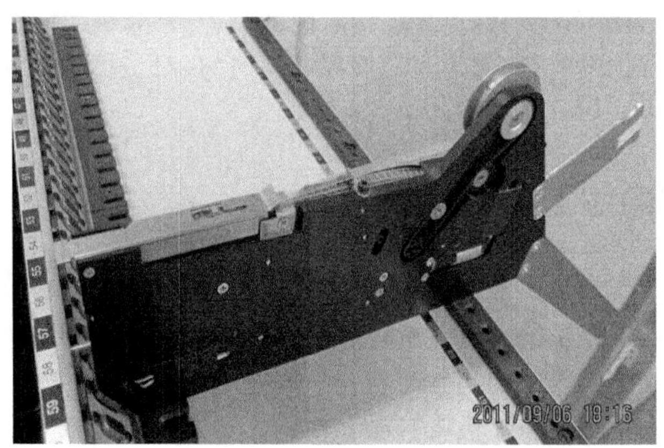

图2 自动喂料器示意图

3 喂料工装(喂料器)的设计

3.1 设计思路

贴片机本身具有手动编辑物料定义和位置定义的功能，针对该项功能进行了软硬件改造，实现平行阵列式短带的元器件拾取。

3.1.1 短带喂料器数据库的建立

喂料器数据库一次最多可容纳1～1 000种不同种类的元器件，而每一种类的数据库又可容纳元器件的数量为任意数值，只要在准备过程中将所有种类元器件用专用编带设备包装成统一宽度的元件编带，装卡在预定位置，贴片机便可根据数据库信息逐一识别。

3.1.2　短带喂料工装的设计

通过设计一种特制的供料装置(喂料器)，离线时一次性将所使用的全部种类元器件装填到供料装置上，装填完成后安装在设备平台上指定的位置，使喂料器与 PCB 之间距离尽可能短，贴片机的工作头在尽可能小的移动范围内拾取并贴装，贴装过程中仅需更换贴装的印制板即可，这样就大大缩短了贴装时间，从而提高了贴装效率。

3.2　短带喂料工装外形尺寸设计

设备平台的有效尺寸 515 mm×343 mm，即在此范围之内喂料器和印制板要同时安装。如果工作头在此范围内进行贴装，相比自动喂料器的安装位置来说可以使工作头运行的行程大大缩短，计算我所多数产品使用的元器件数量和种类，最多的是 XX 型号 4 000 余只片式阻容元件，据此设计确定了一种托盘式短编带喂料器(见图 3)。该装置可根据不同产品元器件的具体需要更改尺寸和产品进行匹配。贴片机平台如图 4 所示。

该喂料器分为 30 槽和 25 槽两种，尺寸 340 mm×295 mm(248 mm)×5 mm、材料选用 2A12H112 铝板，340 mm 的长度使其尽可能利用设备平台在 X 轴 2 支撑臂之间的极限尺寸、295 mm 考虑喂料器和印制板要同时安装在工作头在 Y 轴 的行程 515 mm 范围内，5 mm 是既要保证该装置在机械加工过程中的平整度的控制和本身机械强度的要求，又要保证装置尽可能减轻重量，便于周转。

图 3　自制喂料器

图 4　贴片机平台

3.3　工装定位设计

3.3.1　托盘整体定位

在喂料器的左上端背面设计了一个定位挡(见图 5)，根据喂料器夹具长度(330 mm)把定位挡尺寸设计为 5 mm×5 mm×5 mm，能保证在有限的平台 X 轴方向(极限尺寸 343 mm)范围内把喂料器长度做到最大，盛放元器件数量最多，而且摒弃了设备原配的定位卡拦(原配卡拦宽度为 13.5 mm)。

3.3.2　料带在带槽中的定位

在每个料槽中根据 4 mm 料带引导孔的孔径(1.5 mm)分为 5 个位置分别打了料带定位孔(见图 6)，用定位针配合 8 mm 编带定位孔，进行短带定位。换料装填时把料带的第一个引导孔与初始设定好的那个定位孔用定位针进行重合安装，换料带时，只需用定位针把料带的第

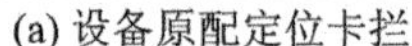
(a) 设备原配定位卡拦

(b) 自制喂料器上的一体式定位挡

图5 定位档示意图

一个引导孔与原来设定好的第一个定位孔用定位针进行重合安装即可。每次编辑喂料器程序时只需在相应栏目中添加元器件实际数量,大大节省了编程时间,提高了编程效率。

(a) 定位孔分布

(b) 应用定位针进行定位

图6 定位孔分布示意图

3.4 开槽设计

目前我所产品中应用的元器件数量和种类最多的是1206、0805封装尺寸的片式阻容,使用的是8 mm宽、窝槽中心距4 mm的塑料编带,这种料带还适用于0402、0603、0805、1206、1210等型号的片式阻、容进行编带。根据料带本身弹性的特点,采用了过盈配合两种方式。料带本身宽度8 mm,公差较小,设计料槽开口尺寸7.93 mm,采用硬挤压的方式把料带紧嵌入槽内,使用时只需揭开编带的盖膜即可,操作简单。喂料器槽型如图7所示。

3.5 编　带

编带时由编带人员在编带机上将各种片式阻、容按照种类、批次、标称值等分别逐一摆入料带的窝槽进行预先编带处理,元器件装填到喂料器上的原则是各种数量最多的元器件要放

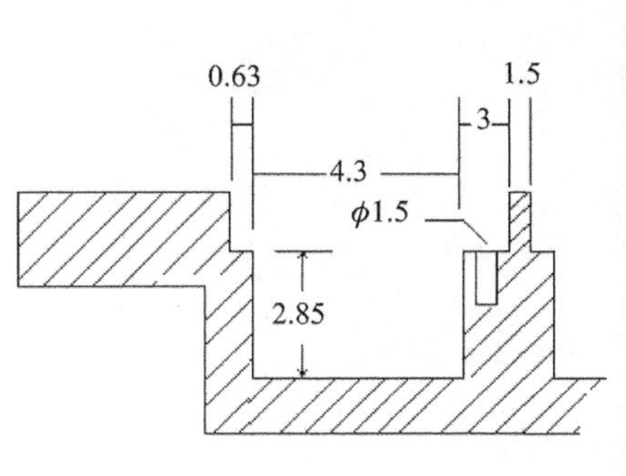

图 7　喂料器槽型

在离印制板最近的料槽内，这样使贴装头运行的路径缩短，便于提高生产效率。编带机实物图如图 8 所示。

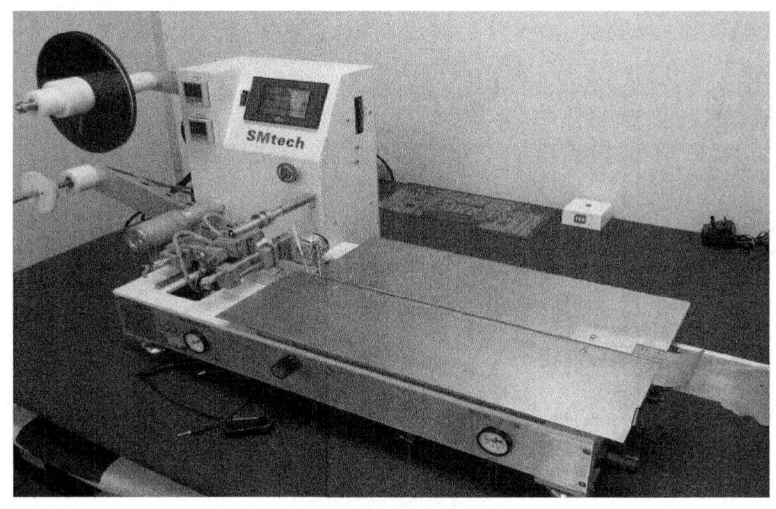

图 8　编带机实物图

4　喂料工装的应用

结合贴片机的编程软件和转换软件，将 PCB 设计软件中每块板所有需要贴装的位置坐标转换为贴片机操作软件可识别的格式，将每台设备单板的贴装参数（坐标、角度、封装、标称值等）集成到一个贴装程序中，板参数之间编程时加入停顿指令，这样贴装过程中只需在执行到每个停顿指令时进行换板操作，无需喂料器进行二次定义，大大节省了编程时间，在这种生产模式下，该喂料器在型号产品的批生产过程中应用效果良好，大大提高了设备的生产和使用效率。

我所现有美国 APS 公司的 L40、LS60 两台贴片机，L40 应配置自动喂料器 64 只，LS60 应配置自动喂料器 96 只，除当初购入 L40 机时选配的 3 只外，其他 157 只均无购置成本，自制喂料器完全取代了原厂的自动喂料器，共节省约 15 万美元。在发明短带喂料器前，SMT 生产线因喂料器不足长期处于闲置状态，自发明短带喂料器后，以 2010 年计，全年共完成航天电子产

图9 喂料器实际使用过程示意图

品单机焊装263台，同比完成印制板1987块，平均日完成8 000～10 000个片式阻容的焊装。

应用该短带喂料器后，我所90%以上的表贴阻、容件应用至SMT贴装。按照传统的手工焊接方式，平均每人仅可完成500～800点/日，单机完成表贴阻、容焊接需5～7天/台，应用该工装后，2010年节约工时12 000余个，单机生产周期缩短了5～7天/台，生产效率提升明显。应用该工装后，2010年至今未发生表贴件错漏焊现象，质量提升效果显而易见。

5 结束语

喂料工装的设计充分利用了贴片机精度高、效率高的特点，通过设备软、硬件的结合使设备的功能和优势在科研生产中得以充分的发挥，使得航天电子产品的散装元器件能够在自动贴片机上完成贴装工作，不但节省了设备配件高昂的投入，而且有效地解决了SMT生产线的贴装瓶颈问题，形成了一种特殊的高质高效生产模式，具有较大的应用价值。

参考文献

[1] 汤小双，王健，马晓萌，等. 多品种、小批量电子产品SMT生产过程中阶梯质量环应用[J]. 电子元器件与信息技术，2019，3(2)：30-32. 35.

[2] 吴军. 论表面贴装电子技术SMT工艺的广泛应用及前景[J]. 工业与信息化，2017，4(下)：84-85.

[3] 李金明. 电子工业中SMT技术工艺研究及发展趋势[J]. 电子技术与软件工程，2016(13)：139-140.

焊线式螺装器件导线束组批储备及快速装联技术研究

金晓　张宝维　任晓刚　孙旭芳　姜瑜

（山东航天电子技术研究所，山东·烟台，264003）

摘要：在宇航电子产品生产中，大量应用焊线式器件实现印制板间电气电路的可靠互联。本文基于辅助工装、多人并行以及固化工艺参数的思路，提出了一种适用于宇航电子产品的导线快速预处理方法，通过该方法的应用成功解决了传统导线装联模式存在的生产效率低、生产周期长的弊端，该方法已在生产中广泛应用。

关键词：焊线电连接器；可靠互联；工艺参数；生产效率

1　引　言

由于焊线式螺装器件的灵活性、高可靠性等特点被大量应用于宇航产品上，但互联导线处理工作量较大无法适应新形势下宇航产品高质量、低成本的趋势。以本单位某型号综合电子产品为例：焊线式螺装器件安装位置不同、导线数量多、导线长度难以量化、走线复杂等问题，目前处理方式操作难度大、工作效率低且无法保证一致性，造成了操作资源的浪费和生产周期的延长，无法适应航天电子产品批量化的生产需求。如何在保证产品质量、一致性的情况下提高生产效率成为急需解决的技术瓶颈。

本文从优化生产模式、研制辅助工装、固化工艺参数及方法三个方面进行研究，成功地实现了在保证产品质量、一致性的前提下提高了生产效率的目标，进而满足了航天电子产品批量化的生产需求。

2　传统处理方式

2.1　生产流程

传统生产流程为串行生产模式，具体生产流程图如图 1 所示。产品在 SMT 过程完成后才能进入焊线式螺装器件的各项处理工作，易导致整个生产线在本环节的工作量集中堆积，不利于生产资源的配置，严重制约了生产效率。

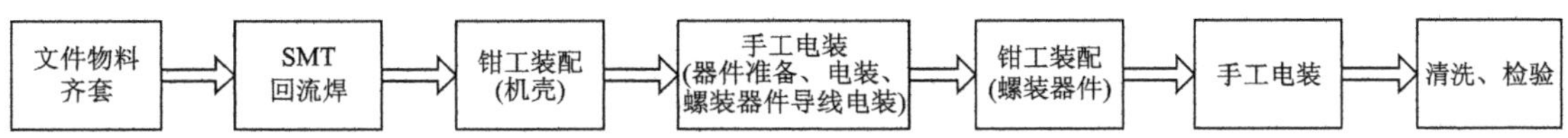

图 1　传统生产流程图

2.2 存在的问题和不利因素

① 传统生产流程在螺装器件的导线焊接处理时，首先需要机壳、标准件齐套，受物料、标准件等生产因素影响较大，生产周期长，操作难度大。多人同时单板布线操作时易出现差异，一致性无法保证。

② 一对一导线焊装时如图 2 所示，操作者需比对面板电连接器与焊盘的相对位置，重复性的定长下线、剥线搪锡、插装焊装工作，过程中剥线剪线易产生多余物，空间狭小的情况下易损伤器件，造成质量隐患，且工作效率低。

③ 部分螺装器件还需 270°绕接后焊装，根据五院禁限用工艺要求，多股导线需先成型后搪锡，实际操作中导线剥线后成型过程中芯线容易松散，更不利于搪锡，废品率高。

④ 压接电连接器的导线压接过程需要制作样件进行拉力测试，按传统方式需要按单板分多次进行测试，费时、费力，严重影响产品生产周期。

图 2 传统的焊线方式

3 组件化预处理技术研究

3.1 流程优化

本文从解决生产线工作量集中、生产资源配置不合理角度出发进行生产流程优化，将焊线式器件处理看作组件进行生产和管理，组件进行提前生产储备有利于生产线合理进行生产资源优化配置，将串行工序变成了并行工序，极大地提高了生产效率，缩短了生产周期；并将导线端头处理工作设置在生产准备的离线式阶段，避免了操作过程中产品内部多余物的产生，具体流程图如图 3 所示。

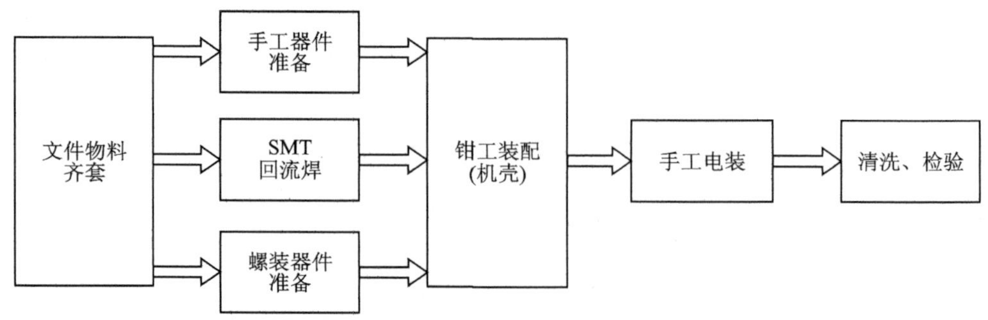

图 3 优化后的生产流程图

3.2　技术改进

通过设计具有针对性的布线工装、制作导线下线样板、设计导线无损成形工装等辅助工装，固化导线工艺参数，进而解决了导线预处理参数一致性的问题。

3.2.1　布线工装设计

针对传统走线方式存在的受机壳、标准件等生产因素影响的问题，结合产品结构，分析导线走线空间，将整机线束作为一个部组件生产。首先采用平面图纸模拟走线方式进行布线，发现此种方式布线后，线束不易固定，且绑线不一致，不利于存放。经过多次工艺试验验证，通过利用工装模拟走线空间，进行工装设计，对于复杂多层结构的产品，制作专用工装（见图 4），在工装上设计走线卡位槽，并装有专用的线束夹用于线束固定，根据导线走向设计出线口便于分线甩线；对于螺装器件安装定位销，对于常规结构产品，制作通用工装（见图 5），小面板模型可根据需求用 3D 打印制作，灵活更换，并在工装上通过安装螺柱来固定走线、甩线位置，提前进行部组件生产，改变原来单板单人操作方式，在产品实际电装时，可有效缩短产品上线时间，又保证了产品布线、甩线的一致性。

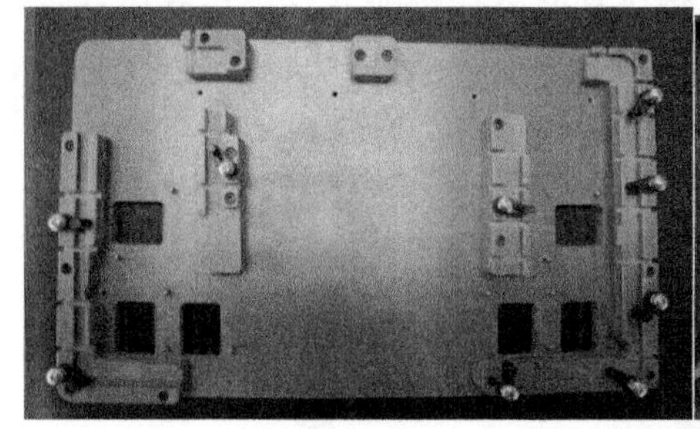

图 4　专用布线工装

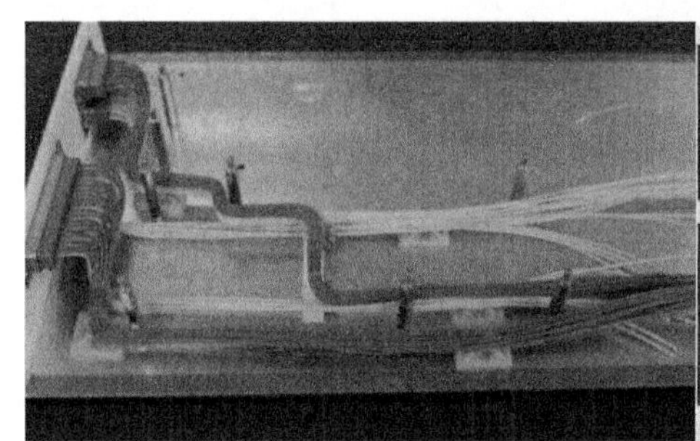

图 5　通用布线工装

3.2.2　导线下线样板制作

针对一对一导线焊装问题，按导线处理形式可分为焊线式电连接器、自带线式电连接器、继电器等三类，分别制作导线下线样板，提前处理导线端头，缩短生产周期。具体内容如下：

1. 焊线式电连接器样板数据采集

针对 J14A、J36A 等常规焊线式电连接器，其焊针间距较宽（2 mm），焊针排数为 2～3 排，排间距 2.5 mm，每排 5～12 根焊针不等（见图 6）。此类电连接器可根据印制板结构边框距焊盘的垂直距离的尺寸及焊盘阵列两端与电连接器两端的偏移尺寸，将下排导线分为 1～2 组，选用两端的定位点进行数据采集、记录，并在平面图上进行标识，数据记录过程中要加入导线处理的固定尺寸为8～10 mm，将标识点采用“梯形”连接法连接，确定样板尺寸，中排及上排样板的制作以下排为基准，可根据下排尺寸、焊盘间距及电连接器的高度进行计算，确认样板尺寸。

2. 自带线式电连接器样板数据采集

以某型号为典型代表的综合电子产品中，使用了大量J30J系列微矩形自带线电连接器（见图7），该器件的外形尺寸为37.2 mm×7.5 mm×10.7 mm，包含导线数量69根，共3排，每排24根导线，接点密度高，线间距为1.27 mm。此类电连接器的样板制作要求更高，尺寸更精确。如果其中任意一根导线长度剪短，则导致整个自带线电连接器的报废，所以，样板制作的关键是要进行分组选取相近的、距离误差最小的焊针、焊盘相对应的区域进行数据采集。经过反复试验，总结出不同偏移位置的电连接器导线定长规律，确定并记录了样板尺寸。另外，为防止剪切过程中尺寸意外偏差，下线样板在制作过程中融入了方向防错理念，样板有辅助凸耳，使用过程中将凸耳插入电连接器排间进行匹配，防止剪线过程中移位。

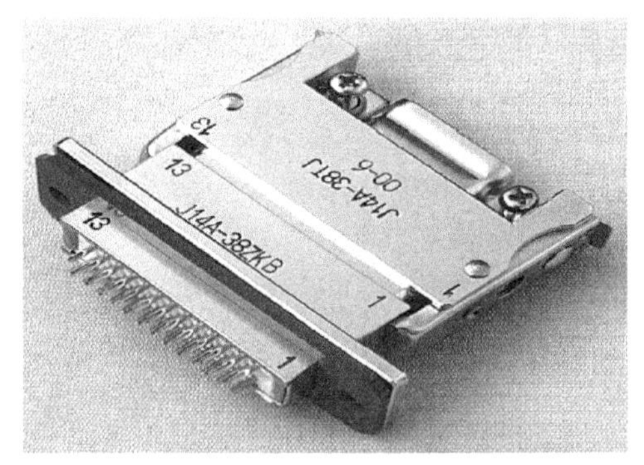

图6　焊线式电连接器

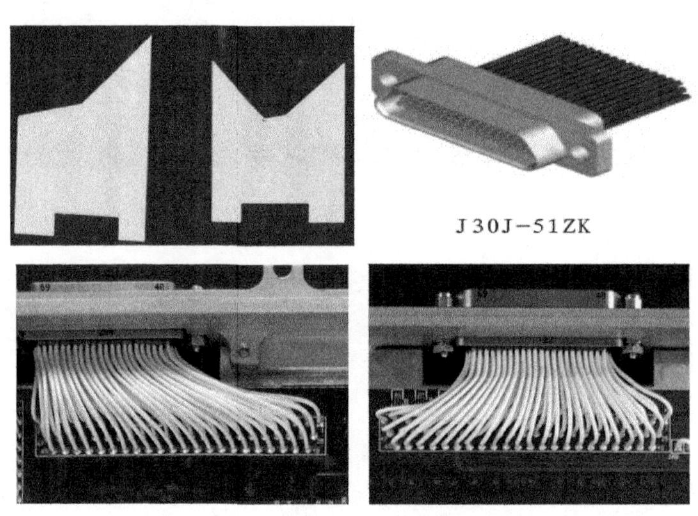

图7　J30J自带线电连接器

3. 继电器样板数据的采集

依据继电器安装后焊针一侧底部壳体边缘距焊盘的距离、引线的排列、焊盘的间距采集长度数据点。例如，4JRB型继电器采集最下排第一个点，其上一排以下排为基准，加入每排焊针的相隔高度、焊盘间距（约3 mm），以此类推。2JRB型继电器以两侧及中间各一个点为采集点，最下排与最上排的长度差约为12 mm，数据采集过程中需确认器件底部是否有加强筋或绝缘垫，并将加强筋或绝缘垫厚度与固定剥线长

图8　焊线式继电器

度加入其中(见图 8)。

4. 样板加工

将采集的数据汇总后绘出三维结构图,利用 3D 打印技术快速加工出尺寸精确的实物样件,无需机械加工或任何模具、制作成本低、制作周期短,如图 9 所示。按此样板制作的导线在焊装过程中既能保证导线的成形弧度、返修余量、也能保证上排导线弯曲面不超出面板边框。并在应用过程中不断改良创新,设计了旋转式和推进式剪线样板,不但节省了制作时间降低了制作难度,还可重复利用,大大降低了工装成本。

图 9　样板图

3.2.3　导线无损成形工装设计与应用

针对(未搪锡)绕焊导线需预先成形的难题,设计了一种导线无损成形装置。通过固定件和转压件的相对旋转,将热剥后的芯线旋进成形环槽内成形。实现了绕焊导线的先成形后搪锡,成形形状由工装保证,尺寸稳定。成形芯线在放大镜下检查,无芯线损伤现象,质量可靠,成形效率高,适应批量产品导线预成形要求(见图 10)。

成形时将端部去除绝缘层的导线放入成形装置,调整好绝缘层距成形端面的距离,用压线转板压紧导线;转压件与固定件对接,导入豁口对齐,导线无弯折;压紧并转动转压件一周,至转动截止面与转动截至点重合。成形完成,移开转压件,此时导线成形部位完好地嵌在固定件的成形环槽内。松开压线转板,并推出成形后导线;用斜口钳剪去成形部位前端的散线,保留四分之三圆周的成形线(见图 11)。

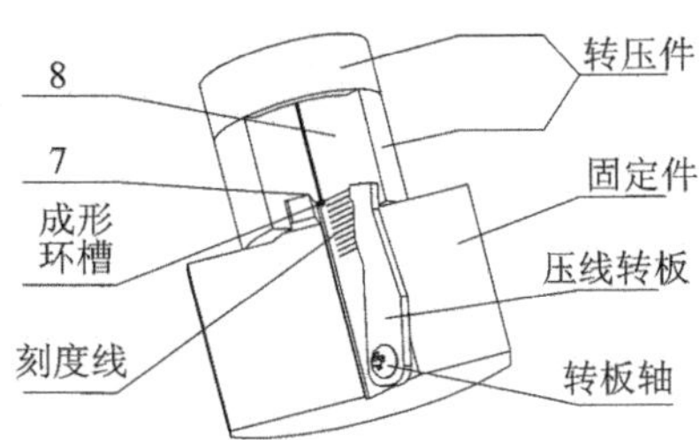

图 10　成形工装结构图

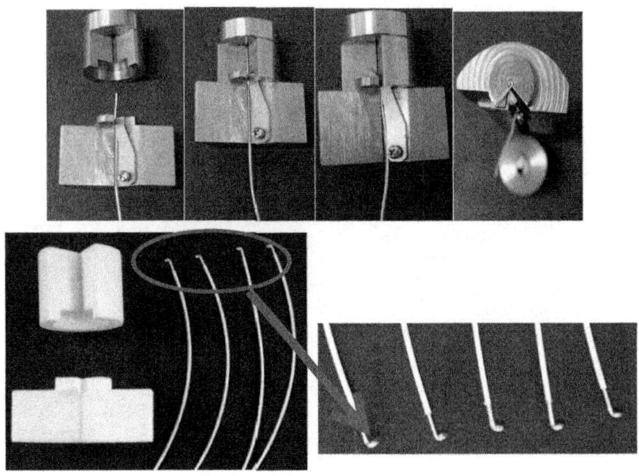

图 11　成形过程图

4 验证与应用

4.1 电连接器组件制作

依据下线样板进行剪线，剪线过程中要注意选取每排对应的样板，剪切过程中应将每排分组后的导线数量与对应的样板划线区域匹配，平行、紧贴于样板进行剪切。一个完整的电连接器完成剪切后，3排导线应为阶梯状，剪切后的电连接器进行统一剥线搪锡处理，利用M-20热剥器设定剥线尺寸，选取对应的钳口进行剥头处理。剥线尺寸为样板制作时预留的固定尺寸，8～10 mm(见图12)。

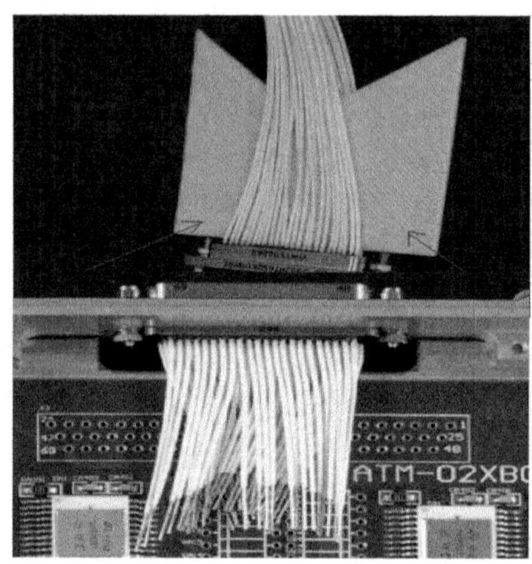

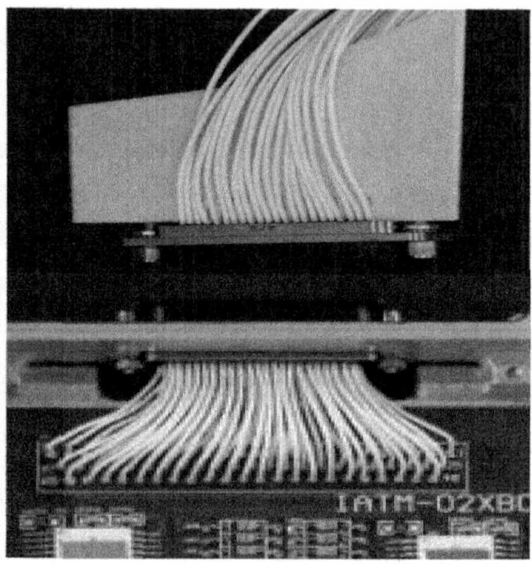

图12 一对一电连接器组件制作

4.2 继电器组件制作

利用上述导线无损成形工装、样板处理的继电器组件样件如图13所示，经过样件验证工装设计合理、导线一致性好、工艺参数满足生产要求，可以应用于后续的生产工作。

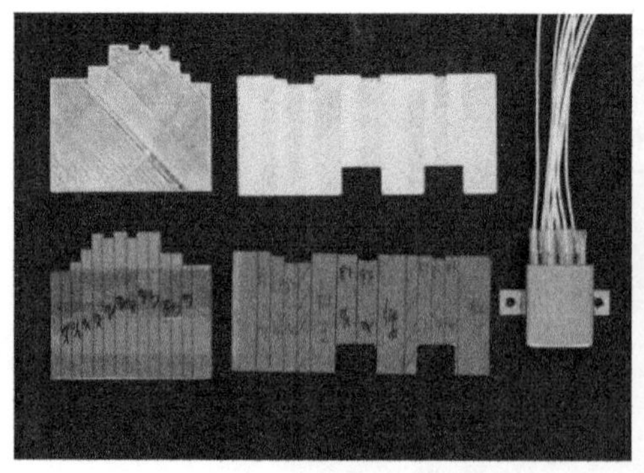

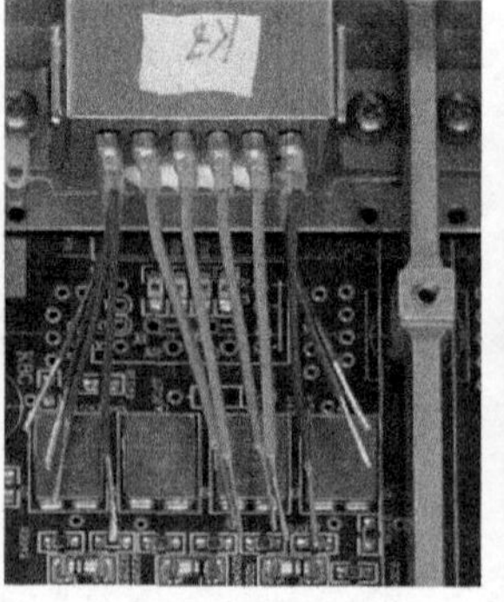

图13 一对一继电器组件制作

4.3　应用的效果体现

XX－1型号的二类机产品中使用大量的J14A、J36A焊线式电连接器、电源模块共计160只，导线3 000余根，应用剪线样板实现了导线束生产准备工序多人并行，单剪线一个工步就在4小时内集中完成了后续8～10小时的工作内容，为后续批产计划的顺利进行奠定了基础，据应用结果统计，使用样板工装可提高手工装联焊接线效率50%以上，且首件验证后，组批储备件合格率可达100%。另外，剪线样板的应用推进了导线束部组件化的进程，有效防控了多余物的产生、烫伤器件及错焊风险（见图14）。

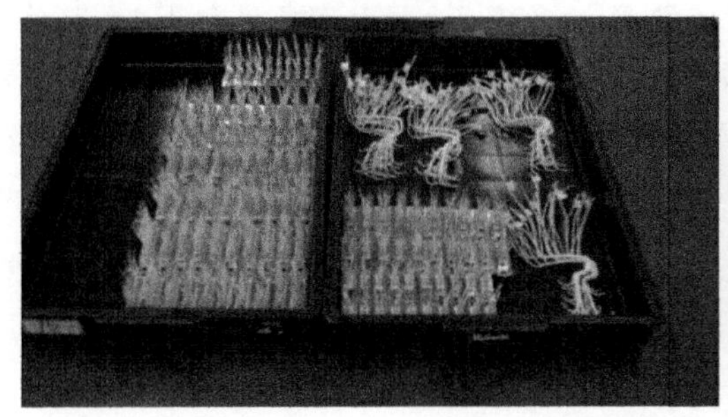

图14　典型产品应用效果

5　总　结

本文针对上述传统导线装联模式存在的弊端为出发点，结合多年电子装联操作经验，通过对多种型号任务中不同形式的电连接器焊接导线的焊装技术进行研究，总结并提出了多种高可靠、高效率导线预处理方案，设计并制作了一系列导线预处理专用辅助工装和样板，实现了电连接器焊接导线环节预处理与板级手工电装并行的生产模式，从而化解了单板手工电装生产瓶颈，有效提升了整个电装流程的生产效率，使单机、单板手工电装模式优化为预储备式的模块化高效率批产模式，保证了产品的一致性、可靠性。目前，通过上述工作方法得出的经验和数据，已对部分焊线式螺装器件所对应的封装进行了固化，后续将纳入封装库，从源头上改良设计工艺性。

参考文献

[1] 宋冬，缪科. 高密度线束在航天产品上的应用[J]. 电子工艺技术，2014，5(35)：140-143.

[2] 李剑勇，鞠靖煜. 线和缆的三维建模及生产应用[J]. 电子工艺技术，2008，29(2)：91-94.

[3] 苑静. 汽车电线束的设计与制造[D]. 洛阳：河南科技大学，2017.

霍尔传感器导线批产焊接工装研制与应用

张宝维　金晓　冯本成　陈玮　孙旭芳　刘洋
（山东航天电子技术研究所，山东·烟台，264003）

摘要：霍尔电流、电压传感器是513所重要的批产产品，由于产品体积小、元器件布局紧凑等特点，霍尔传感器中的外引导线存在插装难度大，焊接时导线易扰动等问题，严重影响生产效率，已经成为生产瓶颈环节。本文介绍了通过对霍尔产品导线焊接过程进行梳理，研制相应的霍尔产品专用的批量焊线工装，有效解决了导线插装难度大、定位困难等难题，提高了产品生产效率。

关键词：霍尔；焊线；工装

1　引　言

霍尔传感器多用于电流、电压等系统控制产品当中，而我所生产的霍尔传感器质量等级高，品种、数量多，宇航类产品占有一定比例。近年来在产品日趋微小型化、结构复杂化，且数量急剧增多的背景下，现有的生产模式已不能满足高效率、定制化生产的需求，而民营企业的焊接质量远远达不到航天产品的质量要求。霍尔电流、电压传感器元器件的焊接方式在生产过程中正在逐步使用先进的焊接设备，或采用更快捷、更高效的工艺方法，而作为霍尔电流、电压传感器生产最重要一环——外引导线焊接，却严重制约着产品的生产效率。

2　现实存在的问题

各种霍尔传感器有着一个类似的共同特点：在产品的某一侧有8根间距相等、长度一致的外引导线（见图1）。在导线焊接过程中首先需要将导线插到印制板相对应的焊孔上，导线芯线直径为0.10 mm，印制板上焊孔直径为1.00 mm，导线间距2 mm。按照航天标准要求导线焊接后与印制板面垂直、芯线在焊孔内要居中、绝缘层切口距板面1 mm，实际生产过程中由

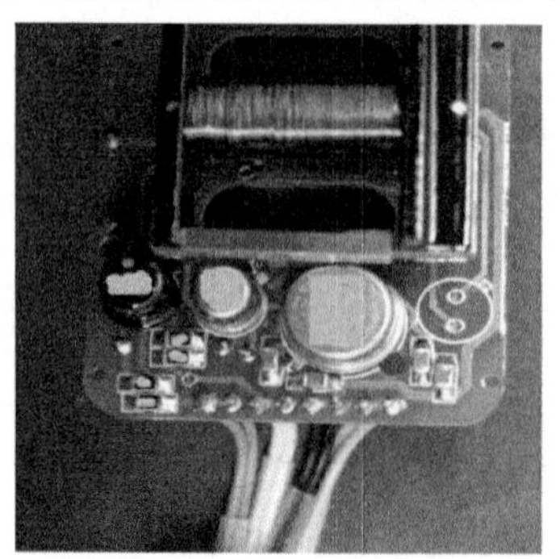
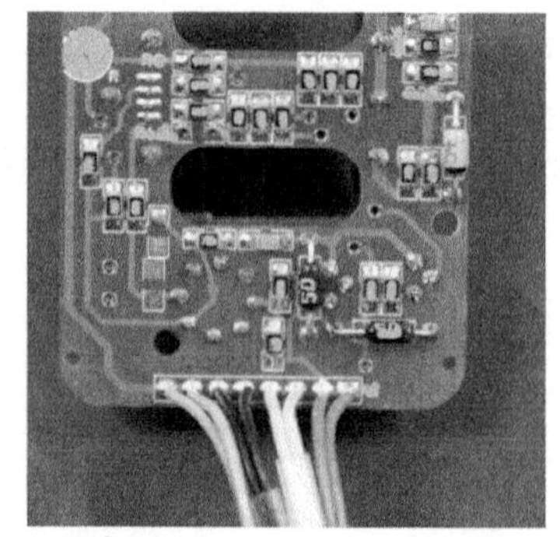

图1　产品实物照片

于导线线径较细、柔软、长度较长，过程中很难保证8根导线的一致性，单人无法完成操作，需双人进行配合操作，才能将导线居中焊接于焊孔内，严重影响生产效率；同时，由于产品采用双点双线的原理设计方式，相邻导线(1—2,3—4,5—6,7—8)间的焊盘在印制板内部采用层间印制铜箔进行连接，在加热一个焊盘时，相串联的另一个焊盘会同时受热，致使该焊盘处导线因焊锡熔化而歪斜，甚至脱落，顾此失彼，影响产品质量及生产效率，针对该问题，目前尚无有效的解决方案。

3 批量焊线工装的设计

针对霍尔传感器产品导线焊接过程中存在的问题，通过制作专用工装，解决8根导线焊接过程中的垂直度、芯线与焊孔居中、绝缘层距板面高度等定位一致性问题，降低焊接难度、保证焊接一致性、提高焊接效率。

工装结构采用弹簧对导线列进行定位，即弹簧拉伸后的张紧状态可将导线适当紧压在平台正面的侧壁上，导线定位后，单人即可完成焊接操作，有效解决了导线焊接时单人无法兼顾定位及焊接等两个问题。并且由于每根导线均有弹簧进行限位，因此在焊接过程中，即使相邻导线焊点重熔，导线也不会歪斜。

同时在工装设计过程中，充分考虑了产品的生产效率问题，此工装可同时放置5块印制板，并且这种结构设计思路可用于更多个印制板的同时装夹，根据实际需要进行灵活变化和扩展，在保证导线焊接质量的前提下，极大提高了生产效率。

4 具体实施方式

导线焊接工装主要由四部分组成：平台、支撑滑块、弹簧、底脚。通过这四部分的相互配合实现霍尔传感器导线的焊接，如图2所示。

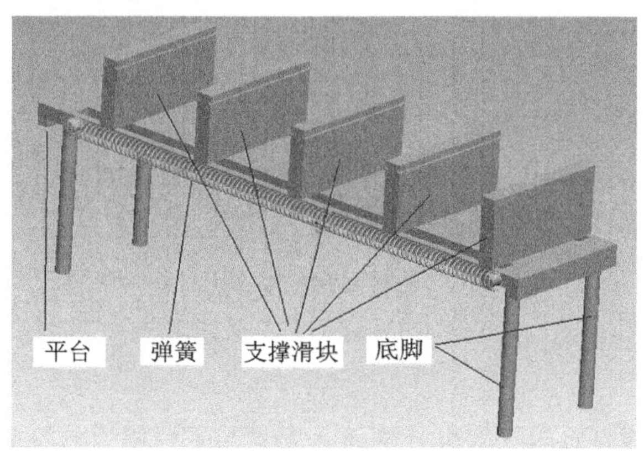

图2 工装示意图

4.1 印制板固定

工装上的支撑滑块用于印制板的架高固定，滑块上两个相对的较大的端面上端开有平行于平台面的凹槽，凹槽尺寸设计能够恰到好处地固定印制板而不损伤板上与凹槽相邻的元器件，同时便于印制板的插拔和前后位置微调。各支撑滑块可通过底部的螺钉在焊接平台的滑槽中滑动并锁紧。因霍尔传感器品种较多，印制板外形尺寸不统一，因此工装的可调功能十分适合各种外形尺寸产品的批量焊接特点。滑块在焊线平台上滑动如图 3 所示。

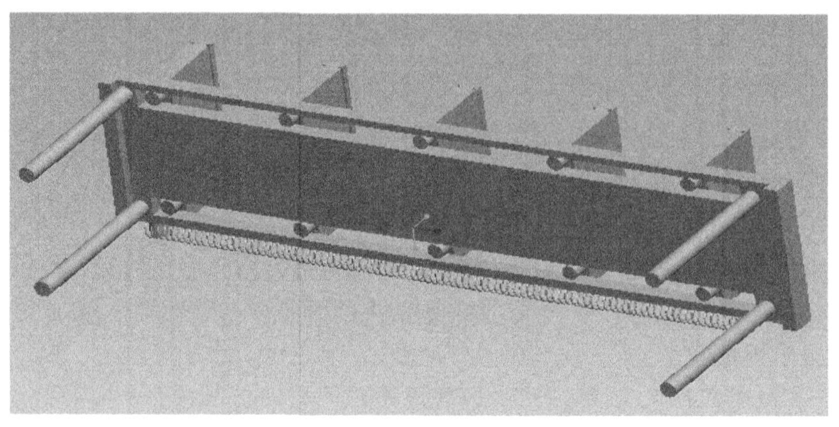

图 3　滑块在焊线平台上滑动

导线焊接前，从工装的第二个支撑滑块开始逐一拧松底部固定螺丝，将待焊线印制板轻轻放入滑块之间的凹槽内，同步平行调节两个滑块间距，待印制板能正常装夹后，将滑块底部的螺钉拧紧。按照同样步骤调节其他几个支撑滑块后分别装入印制板。夹持印制板及导线固定如图 4 所示。

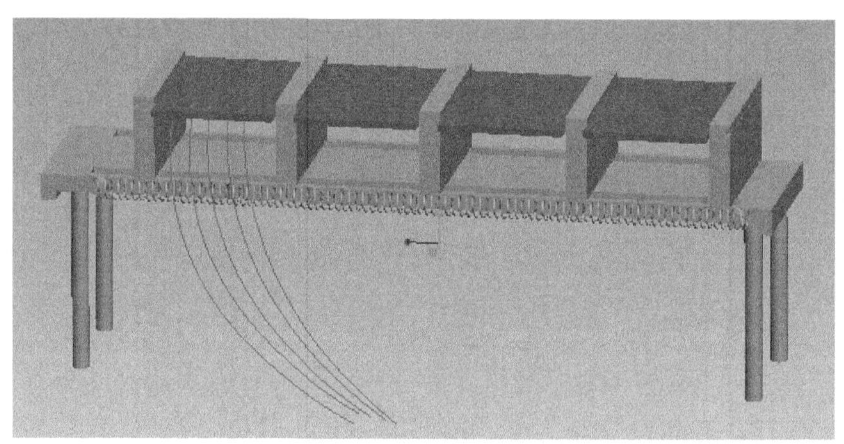

图 4　夹持印制板及导线固定

4.2　导线夹持

将端部经过剥头、搪锡后的导线组分别压入弹簧与平台侧面的接触面，再将每一根导线端部逐根穿入对应的焊孔并调整好垂直度和切口距焊孔的距离，由于弹簧与平台侧面的弹性贴合力，使导线紧贴平台侧面却可以拉动进行微调并固定。导线夹持效果图如图 5 所示。

4.3　导线焊接

在平台四角底部上安装 4 个底脚，由于每个导线组由 8 根导线组成，而且具有一定长度，加高后的底脚便于导线的盘结存放便于焊接。

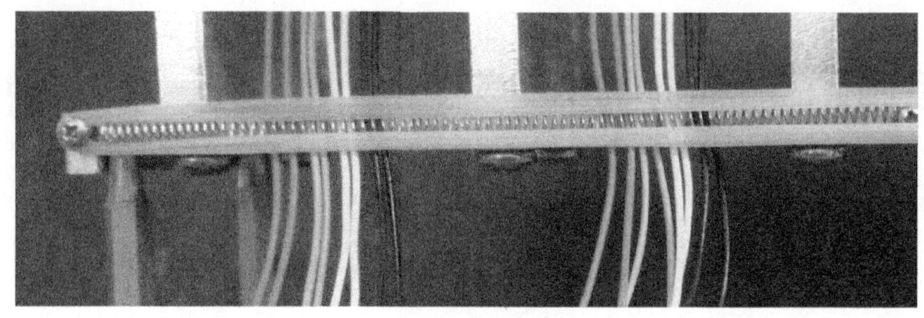

图 5　导线夹持效果图

由于焊接过程中，导线一直处于固定状态，操作者可双手分别持电烙铁和焊锡丝，即使因焊接一个焊盘，导致相邻的另一个焊盘重熔，也不会使其对应的导线产生歪斜和脱落。导线焊接后效果图如图 6 所示。

图 6　导线焊接后效果图

5　结束语

霍尔产品焊线工装结构简洁、取材容易、加工简单，已在我所霍尔电流传感器、霍尔电压传感器等产品的电装过程中广泛应用，并经历了累计数千台产品的验证，获得了国家实用新型专利授权，应用后有效降低了导线的焊接难度，提高了导线焊点质量一致性和一次焊接的合格率，产品生产效率得到极大提高。但是目前霍尔产品分立器件及导线的装联仍旧需要手工焊接，产能仍然受限，后续将探索分立器件及导线的自动化焊接工艺技术，实现霍尔产品全流程自动化生产。

参考文献

[1] 周莉. 工装夹具对多品种小批量零件加工的作用分析[J]. 中国工程设备，2017. 12(上)：202-203.

[2] 杜全麟. 工装夹具设计方法的探讨[J]. 科技风，2013(12).

[3] 陈元林，杜金城. 基于批量生产的工艺改进及工装设计方法[J]. 兵工自动化，2018，37(8)：25-26.

射频同轴电缆焊接工装的设计与应用

高翔　闫经纬　于建鹏　庞云
（山东航天电子技术研究所，山东·烟台，264001）

摘要：近年来，高可靠性、高性能的射频同轴电缆组件发展迅速，其中半柔射频电缆组件因传输性能优越、低驻波、低插损、电磁兼容性强、易弯曲成型等特点，在航天、防务产品中得到了广泛应用。本文针对焊接式半柔射频电缆组件，分析其电装工艺存在的薄弱环节，针对性地提出了一种射频屏蔽电缆的焊接工装，突破性地实现单人操作，在提高操作效率的同时保证了工艺一致性，给电缆设计人员、工艺人员和操作人员提供了技术参考。

关键词：射频电缆；工装；屏蔽层连接

1　引　言

射频电缆组件是航天器中通信信号传输的重要元件，广泛应用于电子通信设备、无线电通信系统的通信、遥感、遥测等模块。射频连接器及电缆组件是机、电、磁、热及射频信号综合于一体的高性能组件。近年来航天及军工产品对宽频带、高速率的射频电缆组件的市场需求越来越大，用户对射频电缆组件的可靠性、电性能都提出了更高的要求。如何保证产品质量并提高生产效率成了射频电缆电装环节的重要难题。

射频同轴电缆主要用于传输高频电信号、射频和微波信号能量，具有使用频带宽、信号传输损耗小、电磁兼容性高等特点。决定射频同轴电缆的性能参数主要是驻波比和插入损耗，控制质量性能参数的关键点在于射频同轴连接器与同轴电缆的焊接。射频电缆电装过程有严格的焊接工艺要求，对剥线、焊点、锡量等做了严格规定，工艺要求很高。但由于任务量增加、人员变化等不可控因素的存在，产品可靠性往往无法达到百分百要求，容易造成质量隐患。

2 工装设计

2.1　问题的提出

射频电缆组件是由射频同轴连接器与同轴电缆经过特定的工艺技术装联而成，射频连接器一般结构由插针/插孔、外壳体组成。射频同轴电缆一般结构由内导体、介质、外导体和护套组成。射频电缆内导体与连接器插针/插孔的连接方式为焊接，射频电缆外导体与连接器外壳体的连接方式分为压接和焊接。常见的射频电缆组件如图 1 所示。

射频电缆组件装联工艺质量控制重点在于：连接器插针/插孔与射频同轴电缆内导体装联和连接器外壳体与射频同轴电缆的外导体装联。

连接器插针/插孔与射频同轴电缆内导体装联包含 2 个技术要点：第一射频同轴电缆内导

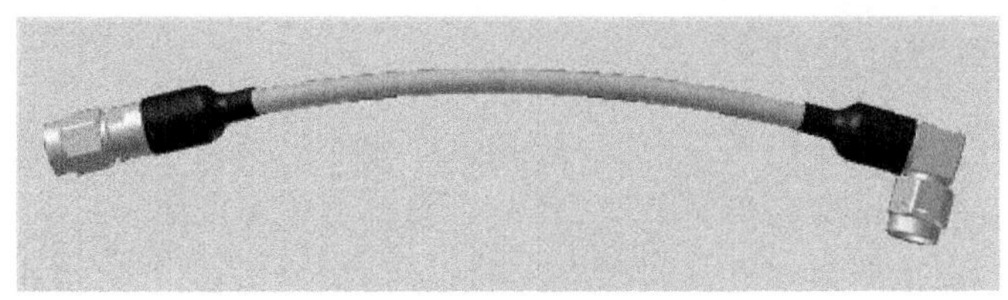

图 1 射频电缆组件

体与连接器插针/插孔保持同心同轴；第二射频电缆内导体介质末端与连接器插针/插孔末端之间的间隙需根据技术要求文件执行，间隙控制不当会使得射频电缆组件插入时的损耗增大，降低电缆组件功率承受能力。

连接器外壳体与射频同轴电缆的外导体装联控制技术要点为射频同轴电缆内导体与连接器外壳体无短路、无虚焊空洞等，降低射频信号传输泄露，提高驻波比。

以往的射频电缆焊接方法为：两人操作，一人为主焊接者、一人为辅助焊接者；辅助焊接者一手用镊子将连接器夹紧，另一手用镊子捏住电缆送入焊盘，这时主焊接人将焊点对正，并进行焊接；焊接完成后松开镊子，进行修复焊点，并且检查垂直状态和导线情况。

对以往的操作方式的特点进行分析：①所需工具少；②对操作者技能要求高；③容易造成垂直度不佳问题；④存在多人操作问题。

此方法的操作难点在于：焊接时线芯直送到插针焊盘，线缆与电连接器依靠人工夹持，人工定位保持垂直，操作过程中需保持焊接受热时间稳定、焊接过程无位移现象，对操作要求极高。

综上所述，射频同轴电缆组件焊接过程中有以下问题亟待解决：

① 电装过程中如何保证射频电缆不扭转、不移动、不磨损；

② 径向射频同轴连接器焊接时如何保证垂直度；

③ 多排线缆长度不同时，如何快速精准地确定线缆长度；

④ 如何实现单人多点操作；

⑤ 如何保证不同批次产品焊点焊接一致性。

2.2 试验材料

试验使用的电连接器型号为 JRF11－5GZJ，五排插针，屏蔽线缆直径为 ϕ3 mm，并排间距为 6 mm，与电连接器连接为压接连接，直插式送针，所以每根线缆都可以独立转动。电缆头部需焊接一种插针式射频连接头，射频连接头为圆柱状，焊盘在圆柱侧壁圆孔内，与线芯相连，焊接方式为径向焊接。

2.3 主体部分设计

工装的结构形式为“C”字形支撑框，此结构充分考虑了人体工程学，尺寸大小适合单人单手操作。“C”字形的一端开口方便了射频电缆和射频连接器的取放与装夹。底座起到整体支撑效果，设计有可调整高度的连接点，另一边完全敞开，保证操作时空间开阔、无干涉现象。工装框架与底座选用铝合金并表面阳极氧化，保证强度的同时，减轻了整体重量。具体形式如图 2 所示。

2.4　电缆装夹部分设计

射频屏蔽电缆有多种尺寸规格，且某些射频连接器上引出多根自带线形式的射频电缆，故电缆装夹部分需适应不同粗细的射频电缆，并可一次装夹多根电缆。

射频电缆具有一定强度和韧性，故射频屏蔽电缆的固定采用了柔性夹持方式。电缆装夹部分设计在“C”字形支撑框上端，框架主体和装夹片各开半圆形槽用以夹持射频电缆，间距与电连接器尺寸一致。装夹片和框架主体各安装8个高强度磁铁，配合半圆形槽用以夹紧射频电缆，与电缆接触部分粘贴柔性泡沫材料，防止工装磨损剐蹭射频电缆。磁性装夹片，可保证夹持力度适中；无紧固件的设计，使操作快捷方便，可实现单人单手操作工装。电缆装夹部分的具体结构形式如图3所示。

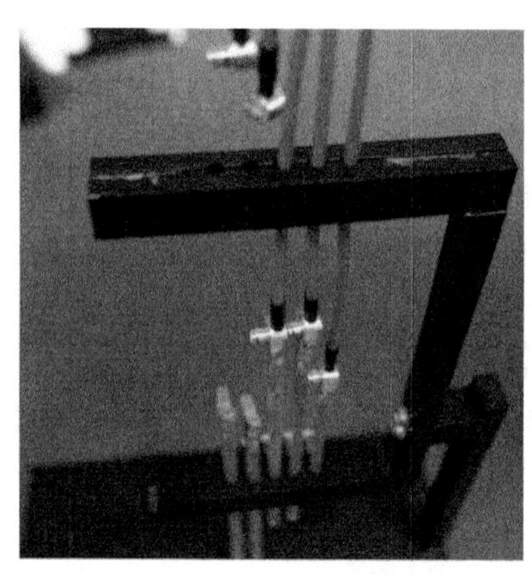

图2　工装全貌

图3　电缆装夹部分

2.5　射频连接器装夹部分设计

射频连接器有多种规格，常见的射频连接器外观如图4所示。

射频连接器装夹部分应准确适应不同连接器的尺寸、适应不同电缆的长度。故设计成可调节、可更换的杆状支撑机构。操作时，通过调整支撑杆的位置以适应不同尺寸的射频电缆；通过更换支撑杆以适应不同尺寸、不同型号的射频连接器。

图4　常见的射频连接器外观

射频连接器装夹部分设计在“C”字形支撑框的下端，用来稳固支撑射频连接器。主体框架下端设计有导向孔，孔的尺寸与形状与电缆装夹部分的半圆形槽对应。支撑杆插入导向孔中，在垂直方向设计弹性锁紧元件，以夹紧支撑杆，按压弹性锁紧元件的弹簧，即可调整支撑杆的位置；松开弹性锁紧元件的弹簧，即可夹紧支撑杆。实现了去紧固件设计，方便单人单手操作。

支撑杆选用聚酰亚胺材料，支撑杆的直径略小于导向孔直径，头部设计成U形叉口，叉口与射频连接器匹配。由于线束间距离较近，叉口壁尽量薄。聚酰亚胺强度高，韧性高，耐高温，不变形，散热慢，这些特点保证了产品焊接的一致性、可靠性。射频连接器装夹部分的具体结构形式如图5所示。

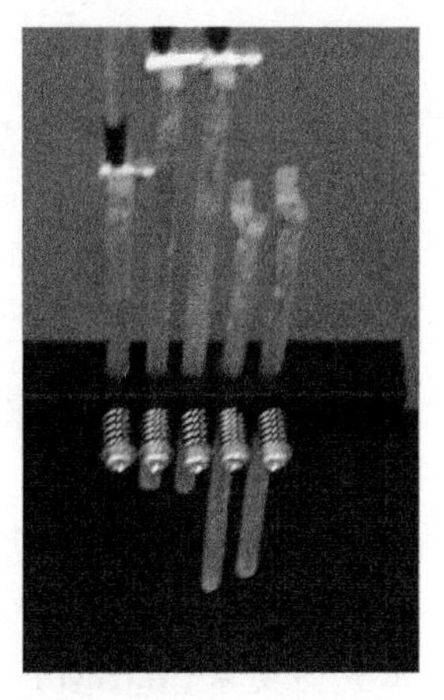
图5 射频连接器装夹部分

2.6 装联质量改善效果

对使用焊接工装装联的射频同轴电缆进行外观检查和电性能测试。

射频同轴电缆内导体与连接器插针/插孔通过工装控制保持同心同轴，内导体介质末端与连接器插针/插孔末端之间的间隙如图6所示。

连接器外壳体与射频同轴电缆的外导体装联通过工装控制垂直度，保证射频同轴电缆内导体与连接器外壳体无短路、无虚焊空洞等问题，如图7所示。

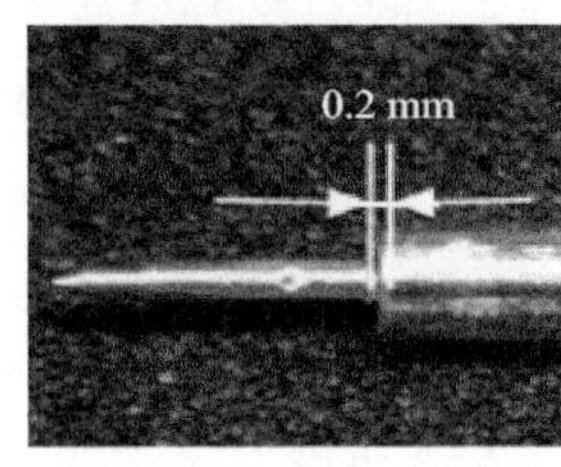

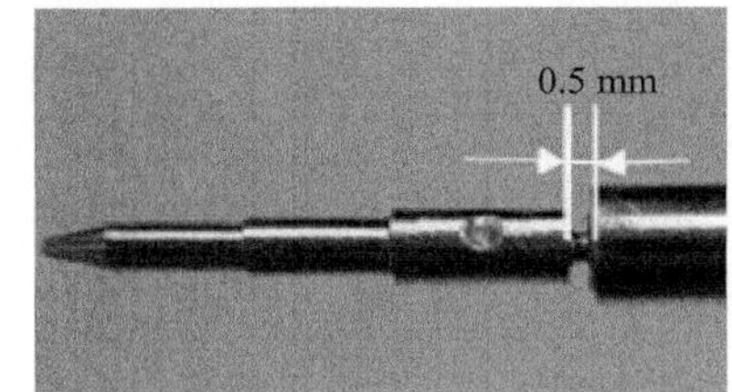

图6 内导体装联示意图

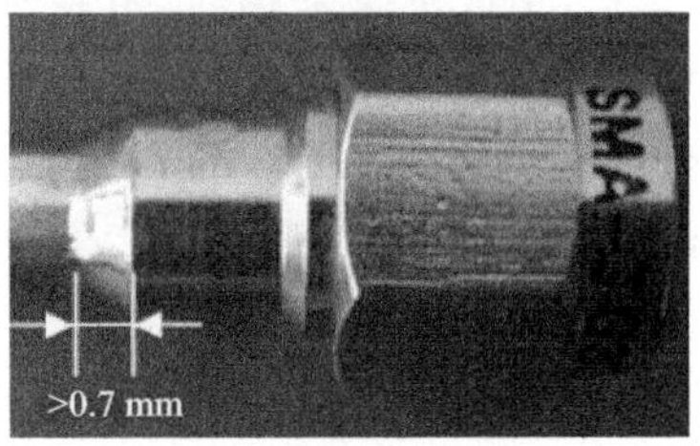

图7 外壳体装联示意图

通过网络矢量分析仪、介质耐压仪、绝缘电阻测试仪设备分别测试射频同轴电缆组件驻波比≤1.2、介质耐电压电压1 000 V/AC，作用1 min，无击穿或飞弧，漏电流≤1 mA、绝缘电阻≥5 000 MΩ。插入损耗在不同频率范围内均符合用户使用要求。

3 总　结

射频电缆组件在实际的应用中为各种电子设备功能的完善起着重要的保障作用，对系统信号传输质量的高低有着较大的影响。本文设计的工装构思精巧，解决了射频电缆组件的焊接问题，使得两人配合的繁杂操作变成了一人即可完成的简单操作；通过多处去紧固件设计和可调节设计，使得工装可适用多种射频电缆和射频连接器，并可实现单人单手调节。经过一段时间的试用，电装焊接环节工作效率提升近300%，并有效保证了焊接质量及工艺一致性，已广泛应用于我单位同系列产品中。

参考文献

[1] 史广芹，李海岸，华熙，等. 空间环境对射频电缆组件性能影响研究[J]. 光纤与电缆及其应用技术，2019(2).
[2] 蔡陈. 射频电缆组件设计及装配的几点建议[J]. 军民两用技术与产品，2016(14).
[3] 韩广银，顾文杰，纪云飞，等. 射频电缆组件装配工艺分析[J]. 机电元件，2019 (4).
[4] 欧骁. 射频电缆专利技术综述[J]. 现代信息科技，2019 (13).

挤压技术在生产线上的多种(开发)应用

高翔　高鹏飞　马明阳　胡浩岩

山东航天电子技术研究所,山东省·烟台,264001

摘要:在当今军工企业电子装联生产线中,SMT 技术的成熟应用已成为生产中不可或缺的一环,由于军工电子产品的特点是小批量、多品种,相比其他电子产业对 SMT 生产准备环节提出更高要求,在 SMT 设备送料系统中,确保原料的完整性是提高贴片可靠性和效率的一个关键因素,为此根据产品特点研发了多种华夫盘供料器工装,该工装系列属于组合式装置,在使用过程中需要对供料器进行固定锁紧,因此研究出了一系列的利用挤压技术达到锁紧目的应用。

关键词:挤压技术;SMT 送料系统;喂料器;供料器;华夫盘;锁紧装置

1　SMT 送料系统介绍

SMT 即表面组装技术,是当下电子组装行业里最流行的一种技术和工艺。电子产品的功能更完整,集成度越来越高,组装密度高,电子产品体积小、重量轻、贴片元件的体积和重量只有传统插装元件的十分之一左右。一般采用 SMT 之后,电子产品体积缩小 40%～60%,重量减轻 60%～80%,可靠性高,抗震能力强,焊点缺陷低,高频特性好,减少了电磁和射频的干扰,易于实现自动化,提高生产效率,降低成本达 30%～50%,节省材料、能源、设备、人力、时间等。通常情况下我们用的电子产品都是由 PCB 加上各种电容、电阻等电子元器件,按设计的电路图设计而成的,所以形形色色的电气需要各种不同的 SMT 贴片加工工艺来加工,简单地说该技术就是将表面封装的元器件贴附在已积淀焊膏的 PCB 板上,然后通过再流焊融化焊膏,将元器件电极或引脚与印制板焊盘的电气机械连接。而在 SMT 中处于关键问题的则是对于物料的传送问题,当下各类集成元器件发展迅速,元器件封装形式日新月异,各类元器件的封装及大小各不相同,对于在 SMT 生产准备过程中,如何安全高效地将印制板上各类元器件分门别类,传送至 SMT 前端,稳定精确地将元器件焊装到印制板上成为 SMT 生产环节中重要的一环。而作为这关键环节的就是 SMT 贴片供料器系统。

在 SMT 贴片供料器系统中存在很多影响元器件完整性、稳定性的因素,比如存在扭曲、翻转、空缺和位置不对等情况,将导致贴片机吸嘴很难取料,或即使取到料,也难于正确贴放,上述缺陷将导致在贴片过程中造成抛料问题的产生,影响生产效率和质量,因此如何提高送料的准确性,稳定性是其中关键因素。SMT 贴片机送料系统就是负责给贴片机输送需要贴装元器件的一整套系统,在送料系统中称为供料器(送料器、华夫盘),其作用是将 SMD 贴片元器件存放在供料器上,真空吸料嘴通过从供料器中的编程位置吸取元器件进行贴片。

供料器分为两类:一类按品牌及型号区分,一般来说不同品牌的喂料器是各不相同且不通用的。另一类按元件带的封装大小及类型区分,类型一般为 3 种,分别是带装、管装、托盘(又称华夫盘),散装带装又会区分为带装的大小(如 8 mm,16 mm,24 mm,32 mm,44 mm),由于产品种类众多，单模块上元器件型号种类繁杂，因此为了适应当下单模块贴片元器件繁杂的情况采用了自行设计工装，可活动式华夫盘。通过对不同封装类型元器件设计相应契合该元器件开槽的摆料条，制作所有类别通用元器件摆料条，再利用插接料盘工装将摆料条插装至料盘生成华夫盘。

华夫盘运作是靠贴片机贴片头在华夫盘与基板之间来回移动通过预先对华夫盘中相应位置的元器件进行编程将所需元器件所在位置坐标文件存储，使印制板基板上对应位置与所需华夫盘上对应元器件相呼应，真空吸料嘴来回移动，将元件从华夫盘中取出，经过对元件位置与方向的调整，然后放于印制板基板上，等完全放置完毕，至回流焊进行加温焊接。

2　问题情况分析

现有情况：在华夫盘中各摆料条工装为单列存放（见图 1），相互之间无紧固装置，现有操作方式为，利用防静电 3M 纸胶带对摆料条进行粘贴紧固，防止摆料条来回晃动导致物料掉落。其主要存在三方面问题：第一方面是粘贴不牢容易导致元器件晃动导致物料缺失；第二方面是元器件对应位置在程序中为已设置好，纸胶带粘贴不容易保证摆料条位置精确；第三方面是长此以往较为耗费纸胶带，造成资源浪费。

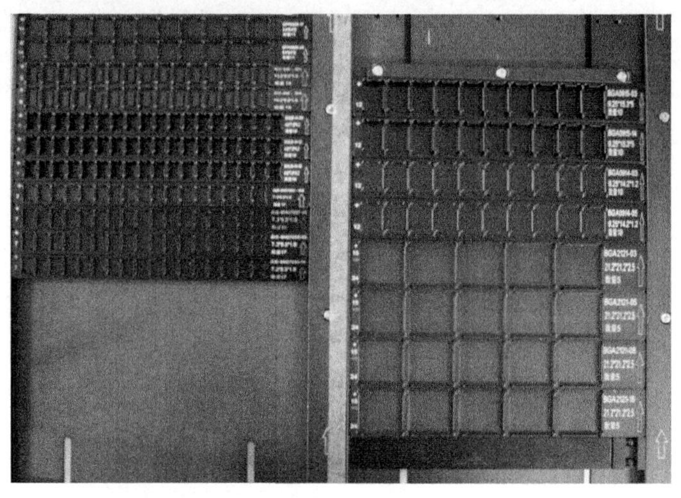

图 1　华夫盘

摆料工序：在各种供料器内摆放好各种贴片器件，然后进行组装，此时供料器需要挤紧，否则容易活动移位。由于供料器两端耳片伸进导轨槽中，限制了左右移动情况，这就需要仅对供料器前后进行限位挤紧。由于所有供料器都是延轨道槽推送进入，当最后一只供料器推送完成时如何快速稳定可靠挤紧是要考虑的问题。

2.1　问题提出

① 如何快速方便挤住料条？

② 如何在转运过程不被松动？

③ 如何达到操作简单？

2.2 解决问题的思路

摆料盘内成组摆放料条，长短一致，宽窄不一，按顺序推送料条后挤紧力度不能过大，否则容易变形；力度太小容易松动。所以设计挤紧工装要考虑实效性，工装简捷灵活，可调节。

由于料条排列有序，放入托盘后对料条采用快速挤紧方法达到装配目的。考虑到操作简单、方便时效性，设计工装采用挤压原理解决问题。工装设计要精巧，与料条相匹配，存放方便。

1. 弹珠式挤紧工装（见图2）

工装材料选用与料条一致的材料。工装长度与料条长短一致，两端也伸出5 mm耳片，方便插入导轨槽。工装宽为10 mm，在靠近两端适当位置设计标准螺纹，从螺纹上端做圆柱沉槽，ϕ10 mm×3 mm备用。安装标准波子螺丝，调整波子头部滑珠刚好露出工装底部时，在波子螺丝处安装的螺母至紧固。使用弹珠式工装时，对正摆料盘轨道槽，压住弹珠工装，设波子弹珠受力压缩，推送工装顺轨道槽直至挤紧料条（见图3）。

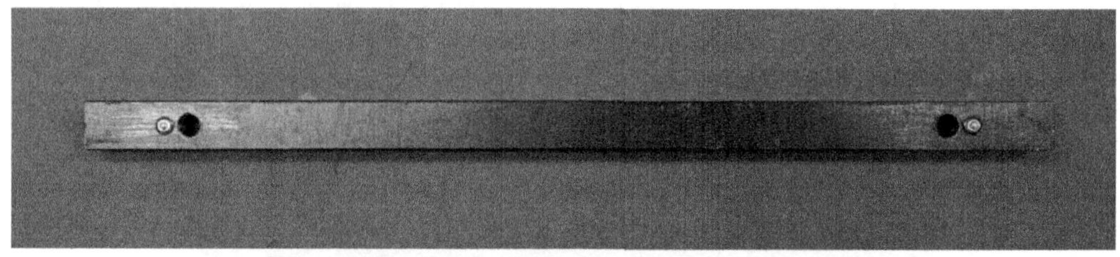

图2 弹珠式挤紧工装

图3 弹珠式挤紧工装在华夫盘中实际应用情况

2. 压簧式挤紧工装（见图4）

工装材料同样选取和料条一致的铝合金材料。工装分两部分，一部分是主条端，另一部分是压缩端。工装压缩总长度与料条一致，主条端占总长度的四分之三，与料条一致，伸出限位

图4 压簧式挤紧工装

耳片。与压缩对接端一侧设计两个放置弹簧圆柱沉孔，孔内做 M2 mm×6 mm 螺纹孔。压缩端是活动零件，做阶梯通孔，孔距与主条对接端对应，中间段有导向段，两边为 ϕ3.1 mm 的圆柱孔，表面开槽，便于拨动操作。装配时把 ϕ3 mm 压簧放入工装对接端，用 M2 mm 螺丝穿入拧上，调到总尺寸超过摆料盘轨道间距 1 mm 即可。使用时把工装耳片一端插入轨道槽，另一端压住压槽放入摆料盘推紧即可(见图 5)。

图 5　压簧式挤紧工装在华夫盘中实际应用情况

3. 小微原料挤紧工装(见图 6)

SMT 焊装生产线需要准备大量贴装器件，规格小数量多。每个器件引脚都做在本体上，按照航天产品高质量、高可靠要求，每个引脚都需要去金、搪锡工序。例如 SMD 贴片器件，尺寸只有 3.12 mm×2.5 mm×1.36 mm，器件非常小，不容易固定，去金、搪锡时锡料或焊油容易粘料，造成器件粘连移动，所以这种极小器件如何固定不动是个问题。现阶段把器件粘在 3M 胶带上，进行去金、搪锡操作，器件固定可靠了，但是电烙铁温度在 250～320 ℃，容易对胶带造成熔化，残胶容易粘在器件本体上难以清洗。

图 6　小微原料挤紧工装实际应用情况

微小元器件固定思路：设计一种可夹持多个单器件夹板，夹持后一次完成多个器件去金、搪锡操作，解决去金搪锡质量，提升效率。

工装设计：贴片器件本体尺寸较薄，一般在 2 mm 以下，根据器件薄厚设计挤压工装，整体设计成托板式结构，挤板条在托板上滑动，两端有滑动槽，滑动到位可固定锁紧。挤压器件部位尽量在中间区域，挤板厚度根据器件类别设计成多种规格，便于针对性选择。托板和挤板材料选用玻璃布板，可以防止热散失过快。由于挤板材料较硬，贴片器件尺寸有误差，当挤多个料时，只能挤住尺寸相对较大的器件，所以未达到全部被挤住目的。在挤板条中间开 1 mm×1.5 mm 长槽，在长槽内镶上 1 mm×2 mm 硅胶板条，硅胶条高出挤板 0.5 mm 这样挤料时硅胶板直接接触器件把贴片器件挤住。

解决的问题：

① 一次可挤住数十只器件，提高操作效率；

② 硅胶板较软，不容易伤害器件；

③ 规避(填补)器件尺寸误差，使每个器件都得到限位；

④ 可重复使用，更换也方便。

3 总 结

此次设计的三种规格挤压工装，投放于生产线分别试用近半年时间，大大提高了生产准备过程中物料的固定紧固程度，在对物料条不产生损坏的基础上，增加了华夫盘与物料条之间的双向锁紧紧固，加强了其灵活性，适用性强，对生产准备中效率有较大提升，方便了生产准备人员在选取物料的快速性，极大地提高了在产品批量化、生产自动化，以低成本、高产量出产优质产品以迎合顾客需求，加强市场竞争力。

参考文献

[1] 孙景.基于MES的SMT生产线智能制造改进.

[2] 龙锦中. 多种智能制造系统融合和应用研究[J]. 现代制造技术与装备，2019(4).

[3] 龙锦中. 数控机床反向间隙测量方法[J]. 轻工科技，2018 (6).

[4] 龙锦中，梁艳娟，马俊，等. A356合金铸造工艺及组织与性能研究[J]. 铸造技术，2018 (7).

用于系统集成的双面陶瓷混合封装技术

牛玉成　管培杰　柳舜昊　马朝辉　李文浩
（中国航天科技集团公司五院五一三所，山东·烟台，264003）

摘要：随着混合集成电路向系统集成（SiP）方向不断发展，小型化、高性能、高集成度等微电子模块不断应用于军用航空航天电子设备中，对微组装工艺提出了更高要求。本文介绍了一种系统集成 SiP 电路的封装设计，电路采用上下双面双腔陶瓷外壳，并采用 PGA 引线的封装结构，在较小空间内实现某型号信号控制电路的高密度集成，在封装工艺攻关中，解决了混合气密性封装工艺兼容性问题，提高了产品组装密度，达到了军用 H 级的可靠性质量等级。

关键词：混合集成；组装封装技术；双面陶瓷结构

1　引　言

混合集成技术是通过基板制造（厚/薄膜、LTCC 等）技术、微组装技术，将半导体集成电路（IC）、无源元件（片式电阻、电容、电感）等混合集成为一体，实现特定功能的集成组装技术，又称二次集成技术，是实现电子产品小型化、多功能、高性能的主要途径。目前广泛应用在商用和军用卫星、航天探测器、武器系统以及民用电子行业。据统计，一颗普通科学卫星通常使用多达五种或六种 60～100 块采用混合集成技术的 DC/DC 变换器。一辆汽车，通常使用数十块采用混合集成技术的微电路（如发动机微控制器、电压调节器等）。

混合集成技术与其他集成技术相比，优势明显。例如与系统级芯片（SOC）技术相比，具有研制周期短、成本低、设计灵活等优点，适用于多品种、小批量的军用电子产品研制。与采用表面贴装技术的 PCB 电路相比，具有体积小、重量轻、可靠性高等优点。随着半导体集成电路进入后摩尔时代，混合集成技术正逐步走向系统级封装，可以实现将数字电路、模拟电路以及电路外围的无源元件集成在一起，实现系统封装真正微小型化。

2　双面结构封装国内应用

目前国内多家军用电子产品研制单位已开展了双面结构封装的产品化工作。图 1 所示为采用双面双腔陶瓷封装结构，尺寸 27 mm×27 mm×8.2 mm，四边针式引脚，共 68pin。目前该类型双面结构封装已应用在一款高速总线控制器电路模块中，如图 2 所示，其内部集成了控制器芯片、驱动器芯片和电源芯片等。控制器芯片是采用 SOC 工艺技术研制的大规模专用芯片，电源供电部分是将 3.3 V 转换成 1.8 V 和 5.0 V，可以为电路提供三种电源。双面结构封装的应用，解决了产品集成度大、空间尺寸小、工艺复杂的难题。目前该款总线控制器电路模块质量等级达到 H 级，并成功应用到某型号控制单元整机系统中。

图1　双面双腔陶瓷外壳

图2　总线控制器电路

3　双面结构封装

3.1　封装结构要求及设计

封装结构形式往往在产品设计前，与用户单位打成的意向技术协议中，会确定产品封装尺寸、封装类型等。例如某款信号控制模块要求外壳封装尺寸不大于40 mm×40 mm×9 mm，与印制板装联方式为插装方式安装。设计时考虑到产品组装密度高，远超过单面组装密度，所以采用了图3所示的双面腔体的外壳，封装类型为PGA44陶瓷一体化封装，引线间距2.54 mm；采用上下腔体混合安装工艺，陶瓷一体化外壳采用高温共烧陶瓷技术，表面元器件采用微组装工艺装联裸芯片和片式电阻、电容。

(a) A　面

(b) B　面

图3　产品内部实物照片

3.2　组装、封装工艺

3.2.1　组装工艺流程

双面结构封装的电路组装，采用单一的组装工艺已无法实现，通常需采用混合集成工艺。在工艺设计时，应考虑双面组装顺序、多种焊接/粘接工艺、金丝/铝丝键合等，同时需遵循工艺温度递减原则，避免焊点重熔导致质量隐患。如图4所示，组装顺序为先完成A面腔体的裸芯片粘接固定，有机粘接材料采用高T_g的高温导电胶，然后完成A面腔体内裸芯片的金丝键合互联，再进行金锡合金密封，检漏合格后完成A面的组装；接着完成B面腔体的表贴元件锡铅焊接，焊料采用低熔点的锡铅合金焊料，焊接后进行芯片粘接操作和电容加固操作，裸芯片再使用低T_g的低温导电胶粘接固定，金丝互联键合后进行中测、内部目检，经密封前真空烘烤处理，然后完成B面腔体的平行缝焊密封和检漏，最后产品开展可靠性试验，完成筛选、QCI等试验考核。

3.2.2　封装质量控制

双面结构封装外壳需要进行两次气密性封盖，与一次封盖相比，漏气概率要高很多，对于

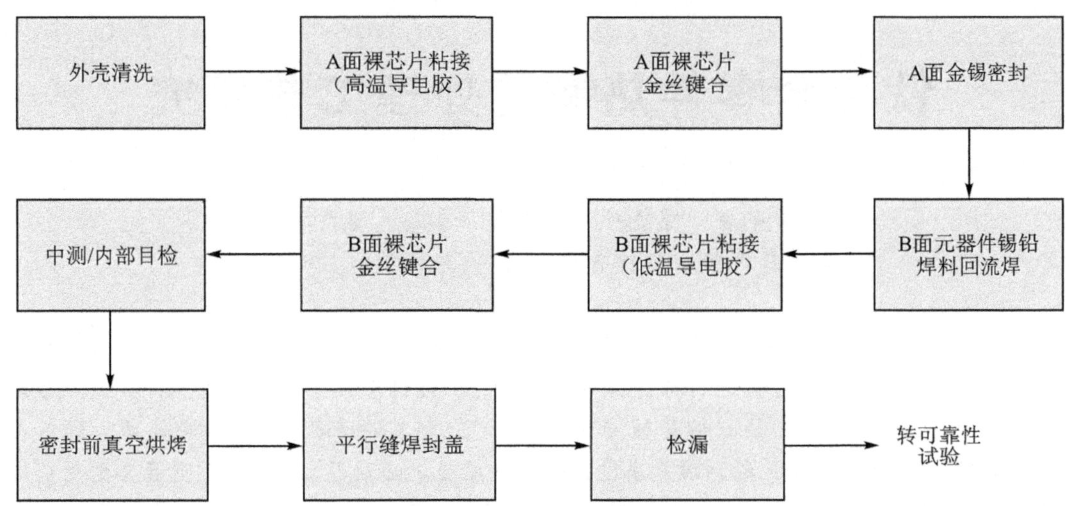

图 4　生产组装流程图

图 3 所示的外壳，考虑到外壳 A 面的两侧引脚高出密封面 7 mm，这给平行缝焊工艺带来很大困难。为避免平行缝焊焊接时，电极对外壳引脚造成损伤，采用的密封工艺顺序为 A 面采用金锡合金密封，B 面采用平行缝焊密封。在双面结构封装外壳的工艺试验中，我们对产品漏率进行了跟踪记录，记录了一次封盖、二次封盖的密封漏率值变化，试验数据如表 1 所列，说明密封性是符合 GJB548B—2005 密封试验要求。

表 1　一次封盖和二次封盖漏率值(单位：$Pa \cdot m^3/s$)

编　号	一次封盖(A 面)	二次封盖(B 面)
1	3.2×10^{-10}	1.5×10^{-9}
2	1.6×10^{-10}	6.1×10^{-10}
3	6.2×10^{-10}	1.7×10^{-9}

4　结束语

基于双面结构封装的混合集成工艺是实现高密度系统集成的有效途径之一，能够满足电子产品空间尺寸小、特定安装方式的技术要求，在现有成熟微组装工艺基础上，可以提高产品组装密度，产品满足军级质量等级要求。

参考文献

[1] 王俊峰，王英武．空间应用混合集成 DC/DC 变换器研究进展．

[2] 郭清军．用于系统集成的双面陶瓷封装[C]// 第三届航天元器件发展论坛文集，2012．

[3] 陈裕焜，贾新章，张德胜，等．微电子器件试验方法和程序：GJB548B—2005 [S]．总装备部军标发行部，2007．

钛合金零件热镦前处理工艺研究

宫兆泉　陈晓芳　郭晓彤　李鹏　贯东华

（东方蓝天钛金科技有限公司，山东·烟台，264003）

摘要：钛合金材料热镦前，需要对材料进行润滑处理，以避免出现材料及模具拉伤、冲头断裂等问题。通常对钛合金材料进行脉冲阳极化处理，在材料表面形成氧化膜层，以降低摩擦系数，提高表面耐磨性，防止粘接。但是脉冲阳极化工艺，加工效率低，成本相对较高。针对上述问题，本文对钛合金硼化工艺的润滑效果进行研究和验证。通过验证试验，表明钛合金材料经硼化处理后，热镦时未出现材料及模具拉伤、冲头断裂的问题，且加工成本降低，加工效率提高。

关键词：钛合金；热镦；前处理；脉冲阳极化；硼化

1　引　言

Ti－6Al－4V 材料紧固件通常采用热镦进行头部成型。钛合金材料动摩擦系数大，导热系数小，化学活性高，具有很强的表面粘结性，不经表面处理而直接热镦会导致模具及产品拉伤。通常 Ti－6Al－4V 材料在镦制前，需要进行脉冲阳极化处理。钛合金零件进行脉冲阳极化处理，是将钛合金零件放置在特制的挂具工装上，再放入磷酸、硫酸混合溶液中，施加脉冲电流后获得致密、厚度均匀的阳极氧化膜。

钛合金表面生成的阳极氧化膜层，可降低摩擦系数，提高表面耐磨性，起到降摩抗磨的作用。但是脉冲阳极化处理，需要操作人员将产品逐个放入弹簧挂具，加工效率低。

硼化处理也是提高钛合金材料表面润滑性能的方式之一。公司现有的硼化工艺是将钛合金浸没在加热的化学药品溶液中，化学药品起到活化与缓蚀的作用。溶液中相关原子与钛合金零件表面发生化学反应，被活化的硼原子吸附到钛或钛合金零件表面上，与活化的钛原子化合，生成一种薄而质地坚韧、耐磨、耐挤压而又不破裂的且带有微孔的黑褐色硼化膜层。硼化膜层可降低表面摩擦系数，消除粘结性，如 TB3 材料硼化一直是冷镦的前处理之一，而且硼化加工效率高。因此进行下列验证试验，将 Ti－6Al－4V 材料硼化后再镦制，检验零件表面硼化的润滑性能。

2　试验方案

2.1　硼化原理

硼化前，钛合金零件需要经过除油和粗化处理。硼化用化学药品为 KBF_4、$BaCl_2$ 和 NH_4NO_3，按比例加入水中，加热至一定温度，进行水解或电离反应如下：

① 硝酸铵水解：$NH_4NO_3+H_2O=NH_4OH+HNO_3$。

② 氯化钡电离：$BaCl_2=Ba^{2+}+2Cl^-$。

③ 氟硼酸钾电离：$KBF_4 = K^+ + BF_4^-$。

④ 氟硼酸根在盐酸溶液中分解：$BF_4^- = B^{3+} + 4F^-$。

上述化学药品经过水解或电离形成含有相关元素的过饱和酸性水溶液，将盛有钛合金零件的钛筐放入溶液。溶液中 HF 对钛合金零件表面起活化作用，HNO_3 起缓蚀作用，防止表面过腐蚀，使生成的硼化膜层稳定、不脱落。

2.2　验证方案

本次验证试验，拟对 Ti－6Al－4V 零件进行硼化处理，再进行热镦。热镦后检查零件及模具表面是否有拉伤，以验证硼化膜层的润滑性与耐磨性。

热镦时，不同头型的零件磨损情况可能有差异，而且规格越大，磨损越严重。因此，本次验证试验，选取了整批次不同头型、不同规格的螺栓(具体信息见表 1)。

表 1　整批次不同头型、不同规格的螺栓

材料牌号	名　称	材料直径
Ti－6Al－4V	钛合金抗剪型 100°沉头高锁螺栓	ϕ9.9
Ti－6Al－4V	短螺纹紧公差六角头抗拉型螺栓	ϕ8.0
Ti－6Al－4V	短螺纹紧公差 100°沉头十字槽螺栓	ϕ6.4

将整批零件进行硼化处理，硼化后对零件进行热镦，将头部热镦成型。

3　硼化后产品外观和镦制效果

Ti－6Al－4V 坯料硼化处理后，零件外观呈均匀致密的黑褐色膜层，硼化膜层未出现膜层不连续、疏松、脱落，基体过腐蚀等缺陷。Ti－6Al－4V 硼化后的部分零件照片如图 1 所示。

图 1　Ti－6Al－4V 硼化后的部分零件照片

坯料硼化后再热镦与脉冲后热镦的对比情况如表 2 所列。通过实际热镦生产验证，零件表面硼化膜层与脉冲膜层润滑效果一致，热镦后零件尺寸均符合标准要求。

表 2　坯料硼化后再热镦与脉冲后热镦的对比

表面处理	膜层外观	实际冷镦生产验证
Ti－6Al－4V 硼化前处理	黑褐色膜层	模具与产品无拉伤
Ti－6Al－4V 脉冲前处理	黑灰色膜层	模具与产品无拉伤

4　成本分析

分别对硼化处理与脉冲阳极化处理的成本及工时进行对比。

4.1　工时对比

硼化前需要对零件进行粗化处理，以增加硼化层与基体的结合力，且需要对硼化药品混合溶液进行加热处理。

零件进行脉冲阳极化处理时，需要将零件逐个放入钛制弹簧工装夹具，再放入氧化槽液中，使用脉冲氧化电源进行脉冲阳极化。

硼化工艺与脉冲阳极化工艺工时的对比如表3所列。

表3 硼化工艺与脉冲阳极化工艺工时的对比

表面处理	各工序工时/(min・批$^{-1}$)						工时合计/(h・批$^{-1}$)
	前处理	上挂具	表面处理	水洗	卸挂具	干燥	
硼化	20①	—②	20	2	—	30	1.2
脉冲阳极化	60③	35④	35	2	5	30	2.6

注：①硼化工艺前处理为粗化。

②“—”表示工艺中未涉及该工序。

③脉冲阳极化工艺前处理为化学除油。

④操作人员需要将零件逐个放入弹簧挂具中，才能进行脉冲阳极化操作。

由表3可知，硼化工艺所需的工时为脉冲阳极化工艺工时的1/2。

4.2 成本对比

硼化工艺与脉冲阳极化工艺成本的对比如表4所列。

表4 硼化工艺与脉冲阳极化工艺成本的对比

表面处理	成本构成
硼化	硼化之前需要进行喷砂处理，因此硼化成本包括喷砂的成本及硼化的化学药品，动力费用，工时，设备折旧成本
脉冲阳极化	脉冲阳极化成本包括化学药品，动力费用，工时，设备折旧

根据表4，分别对硼化和脉冲阳极化综合成本进行计算。由计算可知，每千克Ti-6Al-4V坯料硼化的成本约为脉冲阳极化成本的3/7。

5 结 论

Ti-6Al-4V坯料硼化处理后再热镦，模具与产品均无拉伤，润滑效果与脉冲阳极化膜层一致。

通过估算，每千克Ti-6Al-4V坯料硼化的成本约为脉冲阳极化成本的3/7，每批钛合金零件硼化的工时约为脉冲阳极化工时的1/2。

综合以上因素，将Ti-6Al-4V材料热镦之前的脉冲阳极化处理优化为硼化，在确保润滑效果一致的同时，工作效率提高一倍，且生产成本大幅降低。

参考文献

[1] 冯慧峤，张旭，师玉英，等. Ti-6Al-4V钛合金脉冲阳极氧化工艺[J]. 电镀与环保，2016，36（5）：40-42.

[2] 葛黔峰. 钛合金脉冲阳极氧化[J]. 电镀与环保，2003，23（4）：37-38.

[3] 屠振密，李宁，朱永明. 钛及钛合金表面处理技术和应用[M]. 北京：国防工业出版社，2010.

[4] 曲璇中. 钛合金螺纹表面硼化与MoS2润滑和摩擦学性能研究[J]. 航天标准化，2003.

Waspaloy 材料自锁螺母高温锁紧试验螺栓断裂分析

黄忠宏　王安琴
（东方蓝天钛金科技有限公司，山东·烟台，264670）

摘要：本文主要针对 Waspaloy 材料的自锁螺母高温锁紧性能试验中试验螺栓发生断裂的问题进行对比试验分析，从试验的角度分析、寻找试验螺栓断裂的根本原因，从而通过调整试验条件保证试验的顺利完成，同时从被测产品自锁螺母设计角度出发提出改进建议。

关键词：自锁螺母；高温锁紧性能试验；断裂；扭矩

0 引　言

自锁螺母高温锁紧性能试验是考核自锁螺母在高温下的锁紧性能试验，此类产品一般使用在高温环境下，根据实际的使用情况，试验应该在高温条件下进行，但由于试验条件的限制，一般采用自锁螺母装配后在高温下保温一段时间后，冷却至室温后在室温下检测螺母的锁紧性能。

国内外标准中对此类试验都有各自不同的理解和规定，然而在实际测试过程中发现，经过高温的试验组件在重新装配时，试验螺栓会在未加载至规定试验力矩时发生断裂，导致试验失败。

试验失败的自锁螺母为国外标准自锁螺母，其选用的试验方法及试验过程与目前国内常规紧固件螺母存在很大的差别，对自锁螺母应用条件及环境进行了更好的模拟，更好地保证了自锁螺母的可靠性。

为此我们对国内外标准及试验方法进行比对，并对试验螺栓断裂原因进行分析。

1 试验条件

1.1 试验自锁螺母

螺母名称：十二角自锁螺母。

材料：Waspaloy，材料标准：AMS5709。

材料规格：0.375－24UNJF－3B。

表面状态：螺纹局部镀银。

螺母收口方式：椭圆收口。

1.2 试验工具选择

根据产品技术规范要求使用以下试验螺栓及衬套。

试验螺栓及试验衬套材料：Waspaloy，材料标准：AMS5709。
试验螺栓规格：0.375－24UNJF－3A。
螺纹加工方式：螺坯杆喷砂后滚丝。
试验螺栓表面状态：清洗。

1.3 试验仪器

仪器：锁紧性能试验机。
测量范围：0.4～100 N·m，精度：1级。

1.4 试验环境

温度范围：10～30 ℃，湿度范围：≤70% RH。

1.5 试验内容

试验项目：高温锁紧性能试验(5次)。

试验方法：通过对自锁螺母施加扭矩的方法，将试验螺栓拉长规定的长度，然后在760 ℃环境中保温6～16 h，拆卸螺母，观察力矩。

图1 断裂件实物图

2 试验现象描述

按照规范要求，随机抽取10件自锁螺母进行试验，在完成第3次加温(760 ℃)，保温6 h后，拆卸时10件试件中有2件螺栓发生断裂，如图1所示。

3 试验问题分析

3.1 金相分析

为找出高温试验失败原因，项目组对试验螺栓的金相组织进行了分析，结果如表1所列。

表1 金相组织分析

检测对象 / 检测项目	原材料	试验螺栓(未做实验)	高温试验后试验螺栓
微观检测数量	1件	1件	2件
晶粒度	7级	7级(见图2)	1～2级(见图3) 相对于未使用螺栓晶粒度增大
螺纹变形区域	无螺纹	有明显的大量组织位错(见图2)	位错数量明显减少(见图3)
微观裂纹	无裂纹	无裂纹	对试验后未断裂试验螺栓进行金相观察，发现其中1件螺纹收尾处有深0.1 mm的裂纹(见图4)

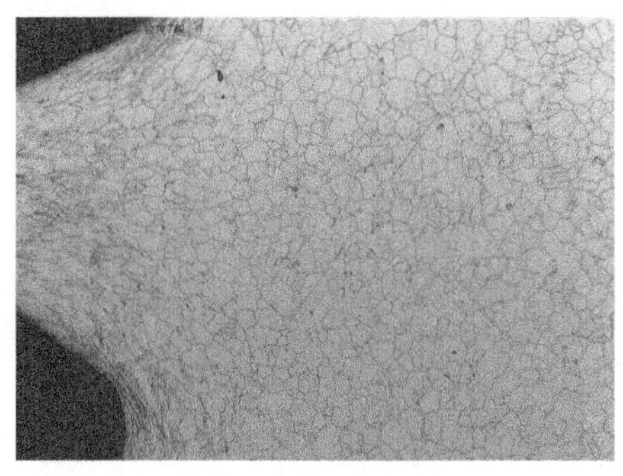

图 2 100 倍放大，试验前晶粒度 7 级

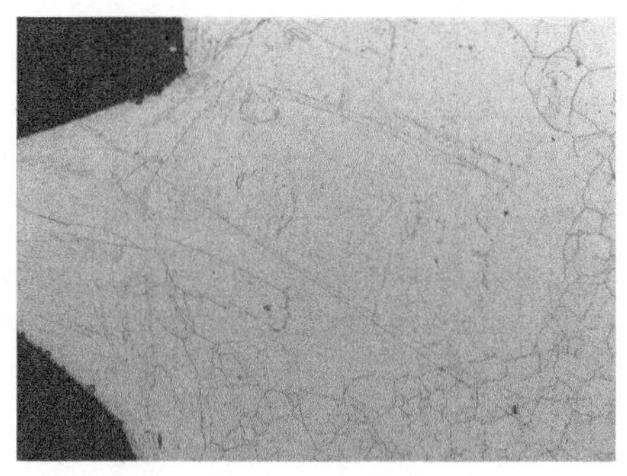

图 3 100 倍放大，试验后晶粒度 1～2 级

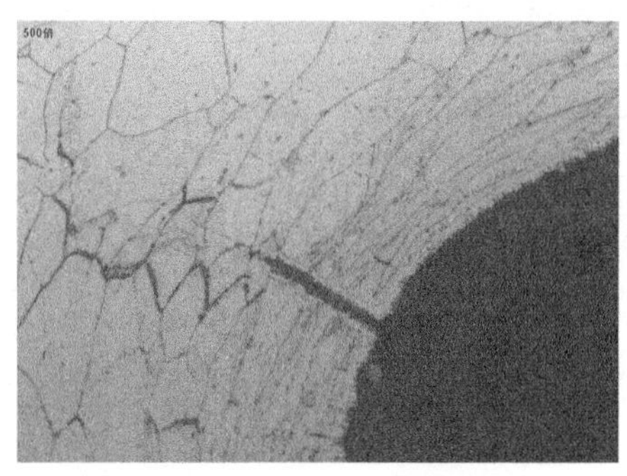

图 4 500 倍放大，螺纹断裂处

通过以上分析可以明显地看到，当试验螺栓经过 5 次高温 760 ℃烘烤，螺栓晶粒发生了明显的变化。

因此，试验螺栓的晶粒变化为产品发生断裂的首要变化因素，那么是否晶粒的变化就是试验螺栓断裂的主因？我们继续对试验螺栓进行了分析。

3.2 力学分析——轴向拉力

试验螺栓在整个试验过程中，都在受自锁螺母安装时产生的拉力和扭力的双重作用，那么在力学方面，试验螺栓的断裂主因是拉力还是扭力？我们做了对比分析见表 2、图 5 和图 6。

表 2 破坏拉力试验

试验对象 / 检测项目	试验螺栓（未进行试验）	试验螺栓（已进行试验，无裂纹）
螺栓试验时的需求伸长量/mm	0.095 3	0.095 3
螺栓发生屈服时的伸长量/mm	2.2	1.7
高温锁紧试验 初始安装产生的轴向拉力/kN	31	31
弹性变形区间/kN	20.1～33.7	19.3～32.0

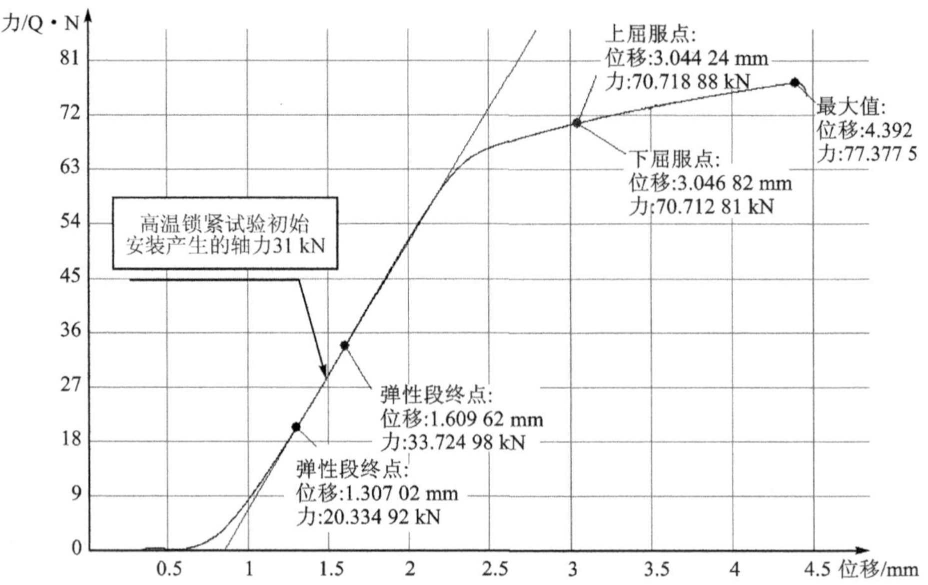

图 5　实验前试验螺栓，晶粒度 7 级

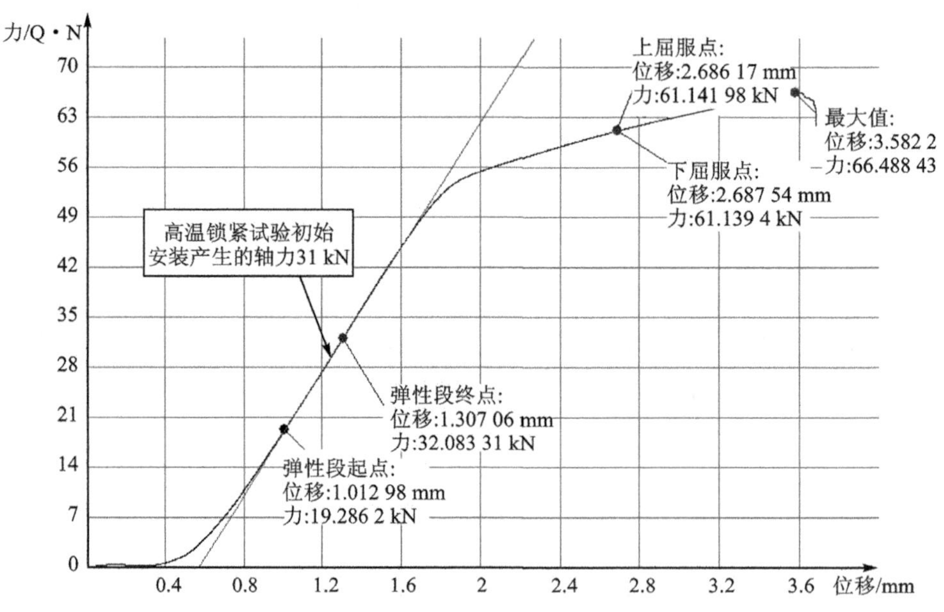

图 6　试验后试验螺栓，晶粒度 1 级

通过对试验前和试验后的试验螺栓进行破坏拉力分析可以看到，试验螺栓在试验前和试验后在力学性能方面并没有较大的差异，同时此次高温试验的初始安装产生的轴向力值均在试验螺栓的弹性变形范围内，且破坏拉力中试验螺栓发生非弹性变形所需的拉力值及伸长量远远大于试验条件。

因此，我们可以说试验过程中的轴向拉力及试验螺栓晶粒度并非试验螺栓断裂的主要原因。

3.3　力学分析——扭力

对试验中断裂试验螺栓 5 次安装力矩及卸载力矩进行统计如表 3 所列。

表 3　高温试验结果

高温试验加热次数 / 试验项目	第一次	第二次	第三次	第四次	第五次
试验螺栓加载前的长度/mm	64.125	64.132	64.166	64.219	64.234
安装力矩/(N·m)	67.08	121.16	130.06	135.02	130.03
卸载力矩/(N·m)	149.76	165.10	178.93	188.74	断裂

由表 3 的规律可知，装配后的自锁螺母及试验螺栓每完成一次高温加载，受高温影响试验螺栓及自锁螺母表面粗糙度就会增大，且在 760 ℃高温下螺栓和自锁螺母发生局部粘连，导致下一次循环时安装及卸载力矩都将增大，当力矩增大至螺栓受力极限时，螺栓发生断裂。

根据试验结果我们可以推断，试验螺栓断裂的主要原因是受极限扭力断裂。

4　断裂问题的避免方法

4.1　解决方案的设计

通过以上分析，我们得到了试验螺栓断裂的根本原因，那么怎么才能有效地降低试验螺栓受到的扭力呢？

为解决断裂问题我们进行了如下分析。

根据应力应变分析，推理如下：

应力 $\sigma=F/S$。

应变 $\varepsilon=\Delta L/L$，标准规定应变是一个定值。

弹性模量 $E=\sigma/\varepsilon$，同种材料的弹性模量是一个定值。

推理可以得到 $E=F/S\varepsilon \longrightarrow S= F/E\varepsilon$。

由推理可以知道如想减小轴载 F，只能减小受力面积 S，因此解决方案如图 7 所示。

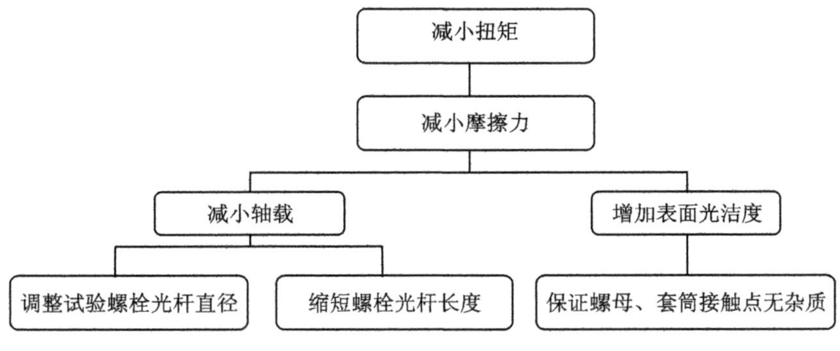

图 7　解决方案树

4.2 解决方案的验证

为验证以上方案的有效性,我们做了一下加强对比试验(见表4)。

表4 不同状态下的对比分析

试验状态 试验次数	安装扭矩值/(N·m)			
	未进行抛光	抛光套筒端面		
	大径杆-长螺栓	大径杆-长螺栓	大径杆-短螺栓	中径杆-短螺栓
第一次(高温6.5 h)	67	67	49	49
第二次(高温6.5 h)	120	100	76	70
第三次(高温6.5 h)	130(断裂)	100	90	80
第四次(高温6.5 h)		125	90	85
第五次(高温6.5 h)		115	95	92
第六次(高温6.5 h)		127(断裂)	105	100
第七次(高温6.5 h)			102	102
第八次(高温6.5 h)			122	120
第九次(高温12 h)			122(断裂)	122

注:以上各数据来自试验实测数据的平均值。

由对比试验我们可以看到,经过缩小光杆直径,缩短试验螺栓长度并及时去除组件间的表面杂质,可以有效地解决高温锁紧试验螺栓的断裂问题,当然螺栓的使用情况需根据螺母安装环境进行选择。

5 结束语

自锁螺母的高温锁紧试验是检测自锁螺母高温重复性使用性能的试验,对于试验螺栓来说,是检测产品——自锁螺母的一种辅助工具和量具,而试验工具的断裂问题并不能直接判定螺母产品的实际产品质量,我们在自锁螺母的试验过程中,应充分地理解规范要求,了解试验目的,尽量减少不利因素导致试验失败。参照本次试验失败的分析过程,我们建议产品设计师可以从产品使用情况出发对试验螺栓状态及是否允许更换试验螺栓等情况做出说明。

本文仅针对材料为Waspaloy的试验螺栓进行了分析,对于不同材料的试验螺栓,其抗扭能力并不相同。

针对确实需要进行高温锁紧试验的自锁螺母产品,需要设计者根据产品实际使用情况,合理规定试验螺栓材料及试验螺栓相关数据,这样才能有效地完成试验并真正检测出试验螺母的机械性能。

参考文献

[1] 李英亮. 紧固件概论[M]. 北京:国防工业出版社,2014.

一种泡沫金属制备工艺研究

辛蔚　边秀房

（山东大学材料科学与工程学院，山东·济南，250061）

摘要：泡沫金属独特的泡沫多孔结构使其具有低密度、隔热、抗氧化、隔音等良好性能和较强的电磁波吸收能力，具有较为广泛的应用前景。本文针对传统低温氯化亚铁体系通过电沉积制备的泡沫铁金属脆性大、夹带气孔多、电镀不均等问题，提出了更为高效的电镀工艺，通过测试镀液及镀层的性能，确定出最佳的镀液成分；通过优化电镀条件（改进搅拌方式、加入添加剂、调整电镀温度、二次电沉积等），制备出性能优异的泡沫铁金属。通过实验得出结论：合适的电流密度控制是最终成品的决定性因素，加入氯化锰可有效抑制二阶铁离子的快速氧化，采用超声波搅拌可有效阻止氯化亚铁氧化，采用二次沉积可提高泡沫铁强度，从而改善其力学性能。

关键词：泡沫金属；制备工艺；镀液成分；电镀条件；二次电沉积

1　引　言

泡沫金属是一种结构-功能一体化多孔金属材料，其独特的泡沫多孔结构使其具有泡沫材料高孔隙率、透气性强、比表面积大、容重小的优点，而且具有与实体金属材料相当的比强度、导电性和导热性。泡沫金属如今在汽车尾气处理、航空航天部件、电池极板等领域取得了广泛的应用。如今的电池工业发展迅猛，对泡沫金属的需求量日益剧增，镍等贵重金属的消耗急剧增加。铁与镍作为同族元素，有着近似的化学与物理性质，在电镀中析氢电位高，均可在简单的盐溶液中进行电化学反应完成电沉积过程，而且铁成本低廉，来源广泛，同时在电沉积过程中会造成较小的环境影响，因此，泡沫铁基材料有着替代泡沫镍基材料的潜力。

本文分析了低温氯化物镀液体系中不同因素对泡沫铁金属性能的影响，通过测试镀液及镀层的性能，确定出最佳的镀液成分。同时，通过添加辅助工艺，优化电镀条件，制备性能优异的泡沫铁材料。

2　氯化物镀液体系分析及成分确定

2.1　氯化亚铁浓度

氯化亚铁作为氯化亚铁镀液体系的主盐，必须确定合适的浓度范围。本文中，电解液成分与工艺条件：氯化铵为 200 g/L，硼酸为 8 g/L；电解液温度为 30～65 ℃之间；pH 值为 1.5，电流密度为 10 A/dm^2，氯化亚铁的浓度依次取：120 g/L、170 g/L、220 g/L、270 g/L、320 g/L。

阴极电流效率随氯化亚铁浓度的变化曲线如图 1 所示，材料抗拉强度随氯化亚铁浓度的变化曲线如图 2 所示，柔韧性随氯化亚铁浓度的变化如表 1 所列。

氯化亚铁浓度为200～230 g/L时有着良好的抗拉性能与柔韧性，浓度超过170 g/L后，阴极电流效率有所降低，但在200 g/L时仍有80%。电极极化程度受交换电流密度的影响，铁的交换电流密度小，所以极化明显。在电沉积过程中，随着主盐浓度降低，电极极化增大，镀液的电导率降低，出现海绵状沉淀；随着主盐浓度的升高，晶核生长速度升高，晶核形成困难，晶粒变得粗大，整体性能下降。

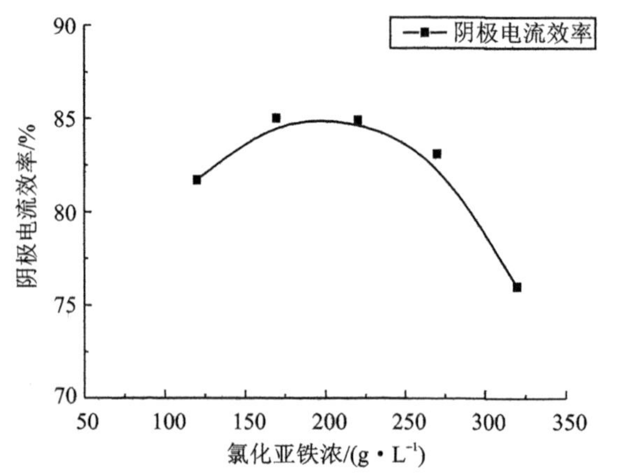

图1　阴极电流效率与氯化亚铁浓度的关系

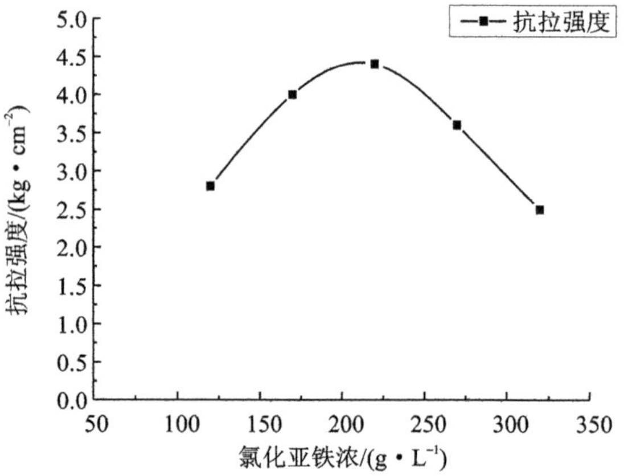

图2　材料抗拉强度与氯化亚铁浓度的关系

表1　柔韧性与氯化亚铁浓度

氯化亚铁浓度/(g·L^{-1})	缠绕直径/mm			
	50	40	30	20
120	无明显裂纹	有些许裂纹	有裂纹	断裂
170	无明显裂纹	无明显裂纹	无明显裂纹	断裂
220	无明显裂纹	无明显裂纹	无明显裂纹	断裂
270	无明显裂纹	有裂纹	有裂纹	断裂
320	无明显裂纹	有裂纹	断裂	断裂

2.2　氯化铵浓度

氯化铵作为镀液的辅盐添加，使得镀液变成络合物镀液，与无络合物的无机盐材料的镀层相比，络合物材料的镀层平整均匀。络盐镀液中的放电金属离子由原先的金属离子变成络合离子。这样既改变了金属离子还原反应时的电极平衡电位，又改善了只存在单一氯化亚铁离子时交换电流密度小的缺点，使镀液中的电极极化平衡发生改变。

本文的实验条件：氯化亚铁浓度为200 g/L，硼酸为8 g/L，电解液温度为30～65 ℃，电流密度为10 A/dm^2，pH值为1.5，氯化铵的浓度依次取100 g/L、150 g/L、200 g/L、250 g/L、300 g/L。阴极电流效率随氯化铵浓度的变化曲线如图3所示，抗拉强度随氯化铵浓度变化曲线如图4所示，柔韧性随氯化铵浓度变化如表2所列。

加入氯化铵后，抗拉强度峰值提高，柔韧性随着氯化铵浓度的升高也有着明显改善，同时氯化铵增强了镀液的导电性,阴极电流效率提高。但氯化铵与氯化亚铁离子进行络合时有多种配位数的搭配,存在易于沉积与不适合放电的两种搭配,多种配位数搭配的络合物会在镀液中维持平衡。适量氯化铵的加入,可使平衡向易于沉积的方向移动,易沉积的络合离子浓度逐渐提高,阴极电流效率提高,均镀能力增强。之后铵根离子浓度的继续增加,也会使平衡向不适合放电的方向移动,让不适合放电络合离子浓度增加,如不适合放电的亚铁离子占据主导,则会造成镀液的电导率下降,镀层性能的不理想,整体性能也相应下降。

可见,当氯化铵浓度为 175 g/L 时,具有较好的综合效果。

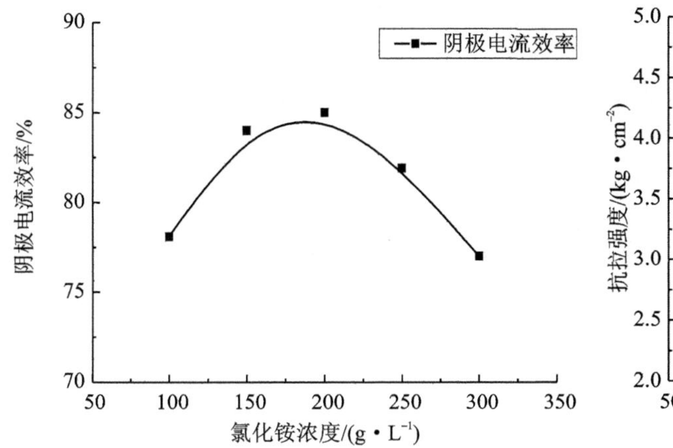

图 3　阴极电流效率与氯化铵浓度的关系

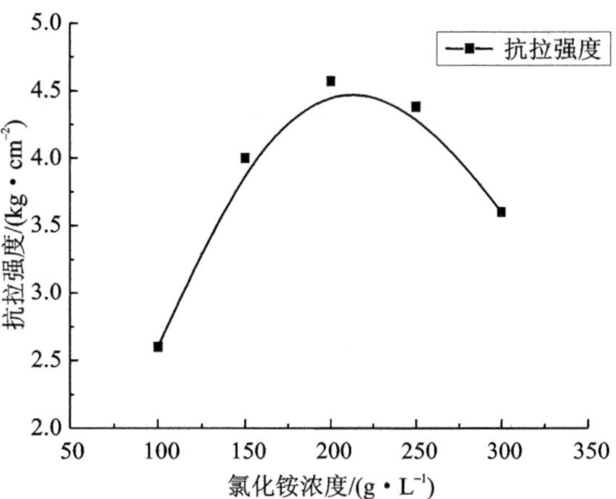

图 4　材料抗拉强度与氯化铵浓度关系

表 2　柔韧性随氯化铵浓度的变化

氯化铵浓度/($g \cdot L^{-1}$)	缠绕管直径/mm			
	50	40	30	20
100	有些许裂纹	断裂	断裂	断裂
150	无明显裂纹	有些许裂纹	有裂纹	断裂
200	无明显裂纹	无明显裂纹	无明显裂纹	断裂
250	无明显裂纹	无明显裂纹	无明显裂纹	断裂
300	无明显裂纹	有裂纹	有裂纹	断裂

2.3　氯化锰的添加

氯化锰作为添加剂之一,能抑制二价亚铁离子的氧化,电镀液中出现的三价铁离子会大大增加成品的脆性。因此,有必要分析确定合适的氯化锰浓度。本文实验工艺条件:氯化铵为 175 g/L,硼酸为 8 g/L,氯化亚铁 200 g/L,电流密度为 10 A/dm^2,pH 值为 1.5,温度为 30～65 ℃,改变氯化锰浓度依次取 0 g/L、10 g/L、20 g/L、50 g/L、100 g/L、200 g/L。结果如下:阴极电流效率随氯化锰浓度的变化曲线如图 5 所示,材料抗拉强度随氯化锰浓度的变化曲线如图 6 所示,柔韧性与氯化锰浓度的变化如表 3 所列。

表 3 柔韧性与氯化锰浓度的关系

氯化锰浓度/(g·L^{-1})	缠绕直径/mm			
	20	40	30	20
0	无明显裂纹	有些许裂纹	有些许裂纹	断裂
10	无明显裂纹	无明显裂纹	无明显裂纹	断裂
20	无明显裂纹	无明显裂纹	无明显裂纹	断裂
50	无明显裂纹	无明显裂纹	无明显裂纹	断裂
100	无明显裂纹	有些许裂纹	无明显裂纹	无明显裂纹
200	无明显裂纹	无明显裂纹	无明显裂纹	无明显裂纹

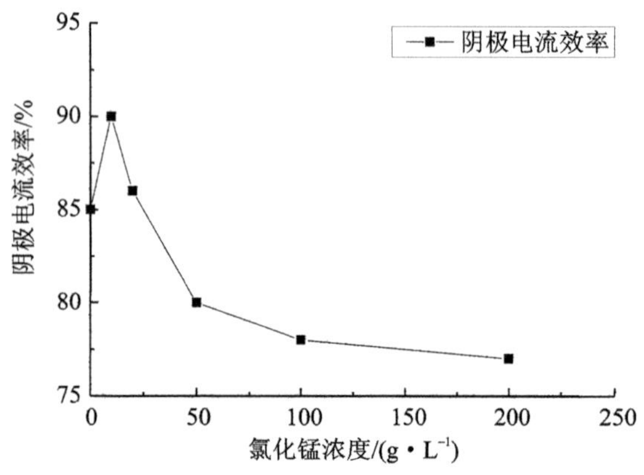

图 5 阴极电流效率与氯化锰浓度关系

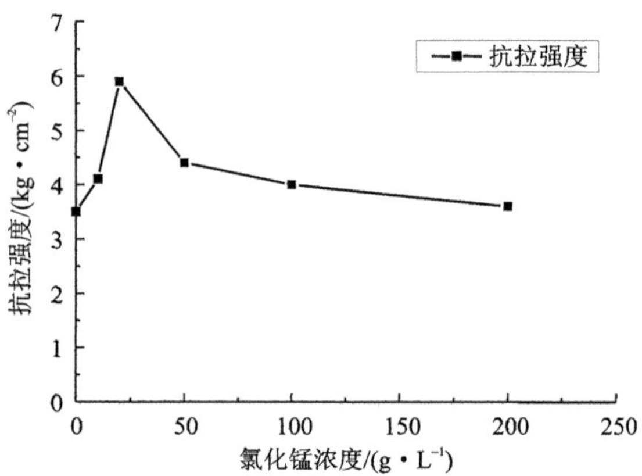

图 6 材料抗拉强度与氯化锰浓度的关系

氯化锰的加入对镀液性能有着明显的影响。当氯化锰浓度为 10～20 g/L 时，阴极电流效率出现峰值，在 25 g/L 时抗拉强度与柔韧性达到最大值。

2.4 温度的影响

所有的电镀都是在一定的温度环境下进行的，由于热运动加速的现象存在，温度的升高能提高离子的活度，增加镀液电导率，影响镀液中某一成分的浓度，此外温度对添加剂的影响也十分明显。因此需要为电沉积铁工艺确定合适的温度范围。

实验条件：氯化亚铁为 200 g/L，氯化铵为 175 g/L，氯化锰为 10 g/L，硼酸为 8 g/L；pH 值为 1.5，电流密度为 10 A/dm^2，温度分别取：30 ℃、40 ℃、50 ℃、60 ℃、70 ℃。探究温度对镀层阴极电流效率和抗拉强度的影响。

由图 7、图 8 可以得出当电沉积温度在 55 ℃时，材料的阴极电流效率拥有最大值，而抗拉强度的峰值则出现在 60 ℃左右。

2.5 电流密度的影响

电流密度对镀层的影响主要体现在电镀时间上，电流密度大，所需要的电镀时间短，生产效率高。同时电流密度也能改变镀层的晶体结构，适当的电流密度可以使镀层结晶紧凑，而过大的电流密度往往会出现枝状晶体。

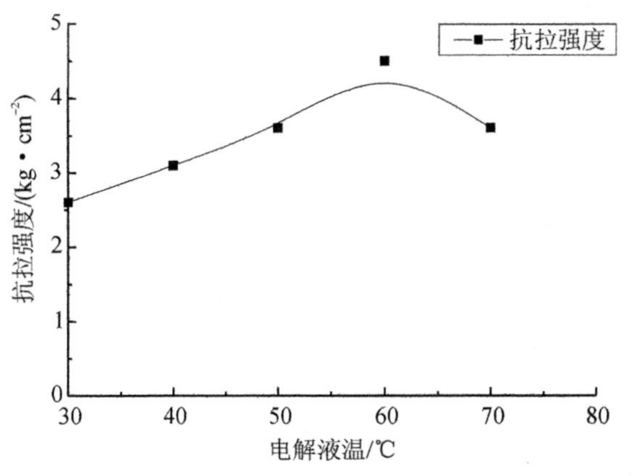

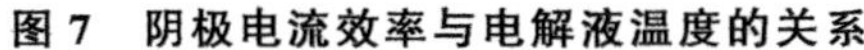
图 7　阴极电流效率与电解液温度的关系

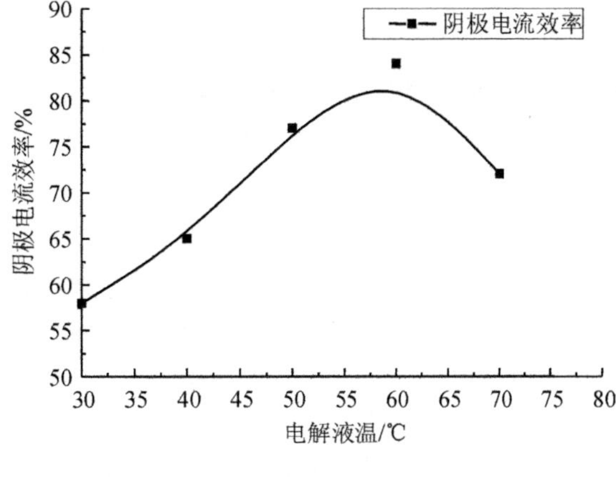

图 8　抗拉强度与电解液温度的关系

实验条件：氯化亚铁为 200 g/L；氯化铵为 175 g/L；氯化锰为 10 g/L；硼酸为 8 g/L；pH 值为 1.5；温度 50～60 ℃；电流密度依次为 6 A/dm^2、8 A/dm^2、10 A/dm^2、12 A/dm^2、14 A/dm^2。实验测得电流密度与阴极电流效率的关系如图 9 所示。

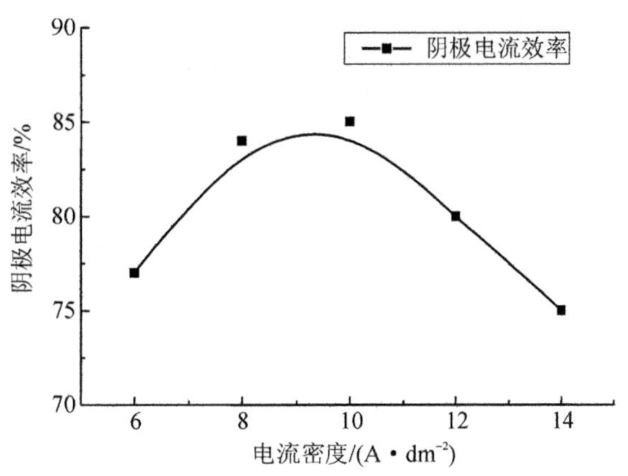

图 9　阴极电流效率与电流密度的关系

当电流密度为 10 A/dm^2 时，阴极电流效率出现峰值。当电流密度范围为 6～8 A/dm^2 时，因为电流密度较低，所以造成电极反应的过电势很小，晶核形成速度慢。过电势会随着电流密度的增大而增加，晶核形成速度就会提高。当电流密度上升超过上限后，电极反应造成严重的阴极析氢现象，使电镀液 pH 值降低，阴极电流效率受到影响，镀层强度下降脆性增加。由图 9 可知，电流密度为 10 A/dm^2 时有最佳的综合性能。

2.6　小　结

根据上述实验及分析，考虑兼顾阴极电流效率与抗拉强度、保证镀层厚度均匀性兼顾良好机械性能等关系，最终确定低温氯化亚铁电镀工艺，如表 4 所列。

表 4　低温氯化亚铁电镀工艺

名　称	参　数
氯化亚铁($FeCl_2$)	200 g/L
氯化铵(NH_4Cl)	175 g/L
氯化锰($MnCl_2$)	10 g/L
硼酸(H_3BO_3)	8 g/L
pH 值	1.5
温度	50～60 ℃
阴极电流密度	约为 10 A/dm^2
低碳钢	含碳量小于 1%

3 电沉积铁工艺改进

3.1 超声波搅拌

在电沉积过程中通常采用搅拌。搅拌可使电镀液成分均匀，便于电镀反应的发生。亚铁离子又容易在有氧的条件下氧化成三价铁离子，未能及时通过搅拌将气泡排出就会导致三价铁离子浓度增加，导致镀层脆性增加，力学性能下降。电沉积过程中伴随着析氢反应的发生，析氢反应产生的氢气存留在镀液中会附着在镀层表面，影响之后的电镀过程，气孔的形成率增加，氢气的生成也会造成 pH 值的变化，影响电沉积过程。

机械搅拌可使溶液镀液成分均匀，将析氢反应产生的氢气以气泡的形式排出，表面气孔数量减少，但在一定程度上加速氯化亚铁的氧化。

采用超声波搅拌可以有效缓解上述问题。首先，超声波搅拌是在密闭的环境下进行，避免了空气对镀液的影响，减少三价铁离子的生成；其次，超声波强烈的快速搅拌作用使得超声波搅拌有着比机械搅拌有更快的搅拌速度，更大的搅拌范围，可加快镀液流动，加速氢气的排出，减少镀层的气孔出现；再次，超声波的振动可以有效地降低镀层内应力。超声波搅拌结果与机械搅拌相比镀层更为平整，电镀均匀性良好，镀层无表面气孔的出现，镀液中没有明显的沉淀物。

3.2 二次电沉积

在电沉积过程中，长时间的电镀必然会使得镀层的质量随时间逐步下降，深镀能力比较差的镀液尤其明显。这时可以采用二次电沉积的方法来减少单次电沉积所需要的时间。二次电沉积可以在保证镀层性能的同时改变基体的质量。二次电沉积时既可以选择同种金属只改变质量，也可以选择不同密度和不同材料的金属沉积于第一次的表面，用于制作复合材料。本文实验中，采用了改进后的二次电沉积工艺：先电沉积 3 小时，进行热处理，再进行 3 小时的第二次电沉积，最后再进行热处理。

将二次电沉积的试样与普通电沉积的试样进行力学性能测试，通过对比发现，二次电沉积成品的抗拉强度有明显提高，但疲劳强度略有降低。说明二次电沉积使得泡沫铁的脆性有所增加，这是由于二次电沉积过程中产生的内应力没有被完全释放，但总体效果要优于只进行一次电沉积的结果。

4 结 论

本文在传统电沉积泡沫铁工艺上进行改良，通过对不同工艺过程下制备的泡沫铁试样进行性能测试，建立制备泡沫铁的新工艺体系，并有以下结论：①电流密度是最终成品决定性因素，电流密度的变化直接影响了电极反应，造成了表层性能和力学性能的变化，电流密度过高还会引起铁基泡沫的表面团簇现象。②镀液氧化速度较快，加入氯化锰可以抑制二价铁离子的快速氧化。超声波搅拌可以避免与空气的接触，阻止氯化亚铁的氧化。③二次电沉积可以提高泡沫铁的强度，从而改善其力学性能。

参考文献

[1] 张士卫. 泡沫金属的研究与应用进展[J]. 粉末冶金技术,2016,34(3):222-227.

[2] 曹华珍,洪坤宝,伍廉奎,等. 高孔隙率微观多孔泡沫铁的制备[J]. 电镀与涂饰,2015,34(16):918-924.

[3] Deng F, Olvera Vargas H, Garcia Rodriguez O, et al. The synergistic effect of nickel-iron-foam and tri-polyphosphate for enhancing the electro-Fenton process at circum-neutral pH[J]. Chemosphere, 2018, 201:687-696.

[4] 吴伟. 泡沫铁材料的制备及其性能的研究[D]. 秦皇岛:燕山大学,2010.

[5] 李环. 金、铂纳米材料电化学制备及其机理研究[D]. 长沙:湖南大学,2013.

[6] 王延相,等. 新编实用电镀工艺手册[M]. 北京:人民邮电出版社,2007.

[7] 赖依聂尔,等. 电镀原理:第一册[M]. 北京:机械工业出版社,1959.

[8] 单伟根,李阳,徐晨,等. 热处理工艺对泡沫铁结构与性能的影响[J]. 机械工程材料,2012,36(11):58-61.

[9] 刘国洪,匡同春,胡松青,等. 超声波电镀的研究进展[J]. 电镀与涂饰,2006,25(3):47-50.

[10] 于会生,罗守福,王永瑞. Ni-Cu-P合金化学镀层制备及组织结构的研究[J]. 功能材料与器件学报,2001,7(2):191-194.

[11] 单伟根. 泡沫铁及铁镍合金的制备与性能分析[D]. 南京:南京航空航天大学,2012.

计量测试技术

风洞设备监测与健康管理系统研究

杨宁　张建德　蔡奇　蒋海涛
（山东航天电子技术研究所，山东·烟台，264670）

摘要：面对逐年增加的试验任务，为解决风洞设备日益突出的试验、维修矛盾，我们基于目前国际先进的 OSA－CBM（Open System Architecture for Condition-Based Maintenance）体系，进行了风洞设备监测与健康管理系统的研究。首先，对系统进行了总体设计，包括体系结构设计与层次结构设计；其次，对系统关键技术进行了研究，包括状态监测技术、故障诊断技术以及故障预测技术等；最后，从不同角度对系统的维护管理效益进行了分析。通过风洞设备监测与健康管理系统，大幅提高了风洞设备维修、管理的智能化、科学化水平，增强了风洞设备保障的有效性、及时性和经济性，同时，对于以机械和电子为核心部件的其他设备设施开展自主式维修保障系统的研制也具有很高的指导意义。

关键词：风洞；健康管理；OSA－CBM；故障诊断；故障预测

1　引　言

风洞是航空航天领域极为重要的地面试验设施，风洞设备的运维是确保装备性能和试验能力至关重要的工作。长期以来，风洞试验装备运维普遍采用定期维修和故障维修（即事后维修）相结合的维修模式。这种维修模式的优点是可以有准备、有计划地安排维修活动，减少非计划故障停机，故障原因容易诊断。但随着风洞试验设备增多、结构复杂程度增加、设备智能化以及技术集成度增大，面对逐年增加的试验任务和日益突出的试修矛盾，上述维修模式已明显暴露出维修不足或维修过剩问题，难以满足装备保障的预见性、及时性、有效性的要求。因此，研制风洞设备监测及健康管理系统对于保障风洞的安全稳定运行，推动风洞视情维修建设具有重要意义和工程应用价值。

近年来，基于信息技术的风洞设备监测及健康管理系统在国内外风洞设备上取得了广泛应用。欧洲跨声速风洞建立了设备监测系统，实现了对风洞整体运行的实时监测，提供故障告警和故障原因分析，将有关信息传递给风洞控制系统，提高了风洞整体安全运行级别。NASA格伦研究中心研制了风洞涡轮叶片颤震实时监测系统，实现了对 22 个叶片运行故障的实时监测，保障了风洞的安全稳定运行。中国航空工业空气动力研究院研制了低速增压风洞风扇段轴系稳定监测系统，实现了低速增压风洞风扇段轴系温度的实时监测和监测曲线即时绘制。同济大学在地面交通工具风洞中建立了风洞能耗可视化监测系统，实现对风洞能耗数据的采集和监测，并可对各类数据进行可视化查询、统计、比较和分析。

现有风洞设备监测及健康管理系统主要是对设备运行过程中的监测和故障事后告警，存在以下不足：

① 对影响设备健康的参数缺乏量化，对风洞各分系统的监测对象和监测程度主要凭借经验确定，既缺少主次优先级，且未能覆盖全部的健康影响参数，与实际情况存在较大偏差，研制的健康管理系统性价比不高。

② 由于设备的健康状态是动态变化的，基于问题驱动的健康评价侧重于发现解决出现的问题，对设备健康程度缺乏科学评价。

③ 现有方法多是针对出现故障和问题的处理，缺少全寿命过程设备健康管理方法和系统。

针对以上问题，基于目前国际先进的 OSA - CBM 体系，进行了试验装备的健康管理系统平台建设，实现以保障风洞整体试验性能为中心，加强装备的状态监测能力，提高故障诊断的智能化水平，实时判断试验数据的有效性，增强装备维修预见性，建立风洞试验装备的动态管理能力等为目标，创建风洞试验装备健康管理新模式。系统一旦建成，将实现风洞设备由“事后”向“视情”的维修模式转变，实现设备的使用、维护、管理由分散式管理向集约式全寿命管理的转变，实现设备故障诊断与预测从经验知识向人工智能的转变，大幅提高设备维修、管理的智能化、科学化水平，大幅提升试验设备从使用、维护到管理的效率、效益，增强设备保障的有效性、及时性和经济性。同时，对于以机械和电子为核心部件的其他设备设施开展自主式维修保障系统的研制也具有很高的指导意义。

2 系统总体设计

系统总体方案遵循 OSA - CBM 标准设计，OSA - CBM 的体系结构分为数据采集模块、数据处理模块、状态监测模块、性能评估模块、寿命预测模块、决策支持模块及表述模块共 7 个架构层次，通过定义不同层级之间的数据接口和通信协议，保证了 OSA - CBM 体系结构内部不同层次模块的互操作性和互换性，如图 1 所示。

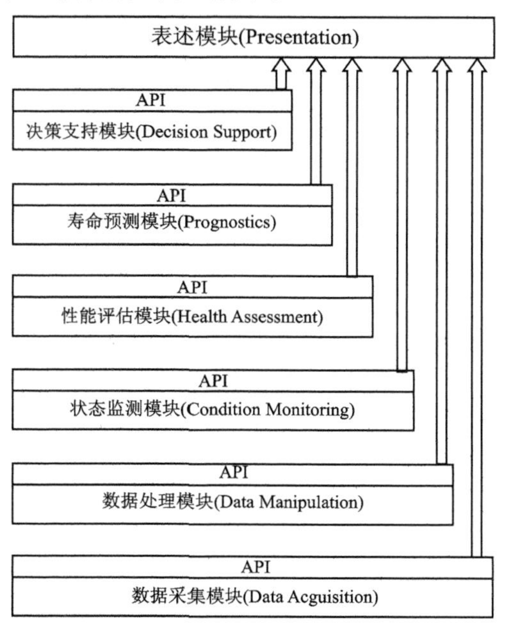

图 1 OSA - CBM 体系结构

与 OSA－CBM 体系结构相对应，风洞设备监测及健康管理系统主要包括设备信息管理、状态监测、故障诊断、故障预测、维修管理及人机交互五大功能模块。其中，设备信息管理、状态监测对应于 OSA－CBM 的前三层，包括数据采集模块、数据处理模块及状态监测模块；故障诊断、故障预测及维修管理对应于 OSA－CBM 体系的性能评估模块、寿命预测模块和决策支持模块；人机交互对应于 OSA－CBM 体系的表述模块。

系统采用 B/S 架构设计，系统层次结构分为五层：风洞设备层、测量采集层、网络传输层、数据服务层、功能应用层。其中，测量采集层实现风洞设备工作状态参数的直接采集和获取，网络传输层和数据服务层完成数据传输、数据管理和信息融合，功能应用层运用各种数据分析手段实现风洞设备监测及健康管理系统的功能应用。系统层次结构如图 2 所示。

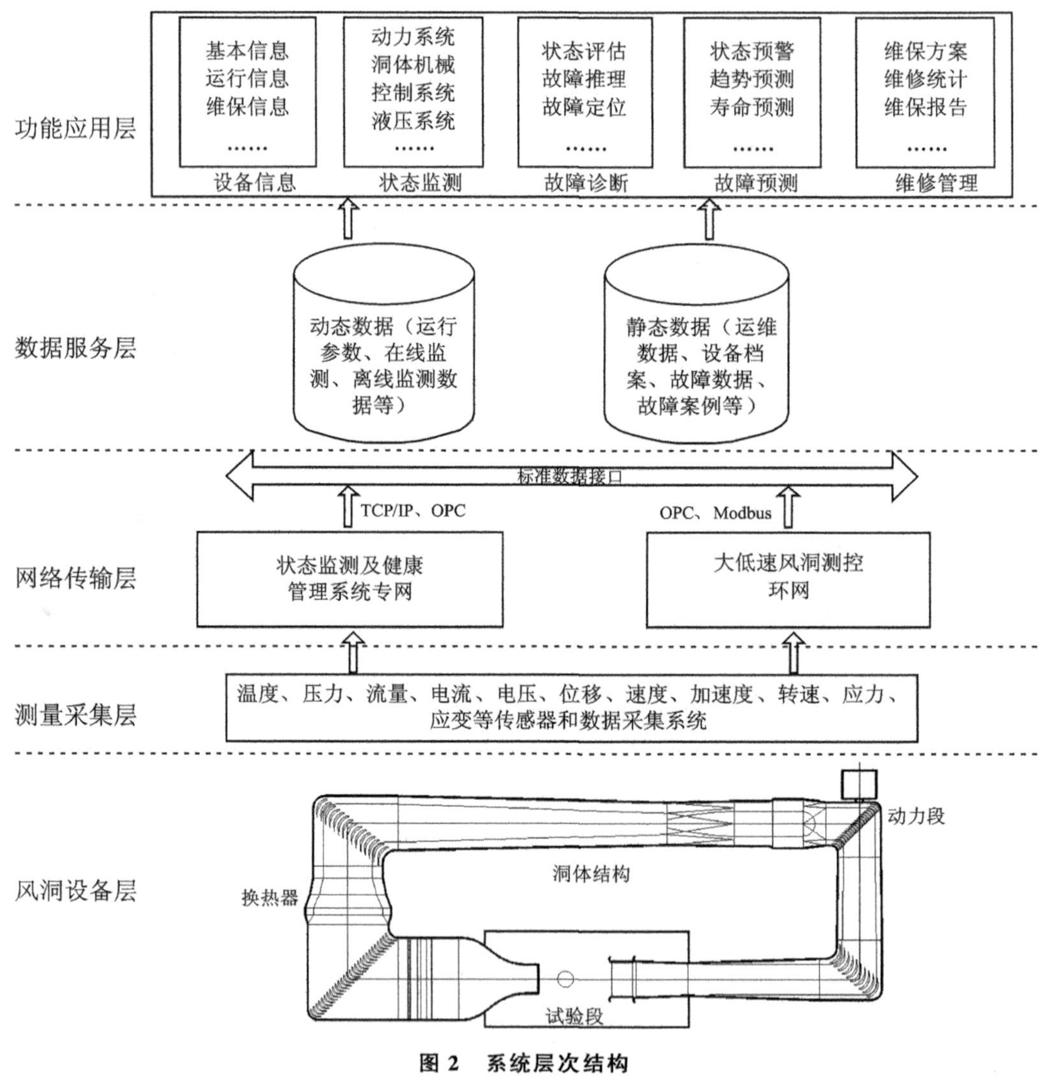

图 2 系统层次结构

3 系统关键技术

3.1 状态监测模块

状态监测模块对采集到的风洞设备状态数据进行实时监测，一旦设备状态数据超出设定阈值，状态监测模块立即发布预警信息，并通过人机交互模块进行显示。用户可以通过人机交互模块进行状态参数阈值设置。具体来说，状态监测模块主要包含状态监测与状态预警两部分。

1. 状态监测

状态监测功能是对重点关注的状态参数进行订阅和监测，包括风洞整体概况监测、动力系统状态监测、机械系统状态监测以及控制系统状态监测等。监测界面显示通过人机交互模块完成。

2. 状态预警

状态预警功能是针对监测的状态参数，通过与阈值比较，当状态参数超出设定阈值时，及时发布报警信息。阈值可通过人机交互模块界面手动设置，也可以通过系统智能学习获得。对于报警结果，用户可以通过人机交互模块进行人工判读，核对报警信息准确性后对报警信息进行误警忽略、故障确认、信息修改、报警规则修改等操作。

（1）阈值设置

状态预警的前提是设置可靠的参数阈值。用户可通过人机交互模块界面对参数阈值进行手动设置。系统支持参数阈值的增删改查，并提供批量设置模板供用户下载，用户按照模板文件填写参数及其阈值，可实现参数阈值的批量设置。

（2）阈值学习

系统除了支持手动设置参数阈值，还支持利用智能算法实现阈值的自主学习。通过蒙特卡洛方法实现状态参数阈值的智能推理学习，智能设置参数阈值。

（3）状态报警

对于完成阈值设置的状态参数，系统不断地将接收到的状态数据与阈值进行比对。当发现状态参数超出阈值时，则认为该状态参数满足报警条件，发布报警信息。报警信息主要包括报警设备、报警测点位置、报警参数名称、报警原因、报警等级、报警时间等。

报警信息除发布至系统内消息队列外，还针对尾撑等机构，通过网络通信和DO硬接线两种方式将报警信号直接反馈给机构控制系统PLC，并由机构控制系统PLC决策是否采取相应避险措施。

（4）人工判读

当系统发布报警信息后，用户通过人机交互模块查看报警信息，并在核对报警信息准确性后，对报警信息进行误警忽略、故障确认、信息修改、报警规则修改等操作。人工判读后的报警信息可作为新的学习样本对阈值学习算法进行优化，有效降低虚警率与漏警率。

系统提供了丰富的图标，图形界面友好，具有灵活易用的可视化组件，经过简单的界面操作就能通过分析来更好地理解数据，如图3所示。

3.2　故障诊断模块

故障诊断模块采用多种诊断方式相结合的模式，包括基于规则推理的故障诊断、基于大数据学习的故障诊断、基于大量案例学习的故障诊断，并支持算法的自定义。

1. 基于规则推理的故障诊断

故障诊断支持基于规则推理的智能诊断。用户通过人机界面设置或批量导入诊断规则，维护专家规则库；系统不断利用状态参数进行规则推理，如果满足相应故障条件，则发布故障信息。

在基于规则的诊断系统中，知识与经验被表示成产生式规则，一般形式是：if＜前提＞then＜结论＞，其中，前提部分表示能与数据匹配的任何模型，结论部分表示满足前提时可以得出的结论。基于规则的推理是先根据推理策略从知识规则库中选择相应的规则，再匹配规则的

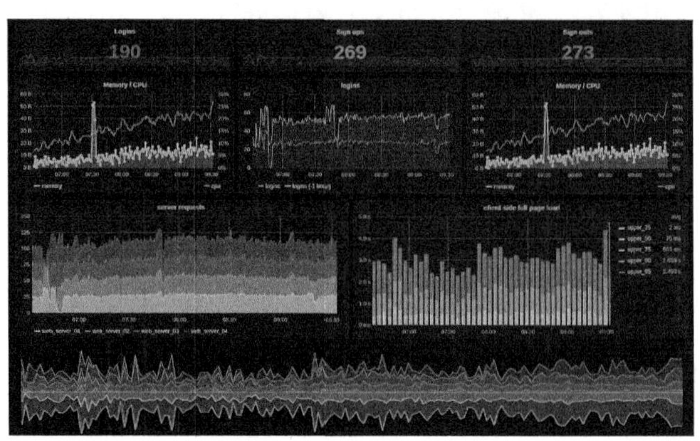

图3　状态监测模块人工判读界面

前提部分，最后根据匹配结果得出结论。

2. 基于大数据学习的故障诊断

故障诊断支持基于大数据学习的智能诊断。选定历史数据并标注故障数据后，利用智能学习算法进行学习训练，生成故障诊断模型，进而利用实时采集状态数据进行故障诊断，如果状态参数满足诊断模型故障条件，则发布故障信息。如利用人工神经网络方法对系统故障状态进行学习和训练，得到故障诊断模型，再利用故障诊断模型对系统状态参数进行实时判读，当判断结果判定系统故障时，生成故障信息并发布。

3. 基于案例学习的故障诊断

基于案例学习的智能诊断是利用以往求解类似问题的经验知识进行推理，从而获得当前问题求解结果。当状态参数与以往故障案例相配，则认为故障再次发生，发布故障信息。

一个有效的案例表示包括三部分：案例发生的原因或背景；案例的特点及过程；案例的解决方法和结果。案例推理的关键步骤包括案例检索、案例重用、案例修改/修正以及案例保留等。基于案例的推理避免了基于规则推理方法的知识获取这一瓶颈问题，利用相关案例扩大了解决问题的范围，简化了求解过程。

4. 算法自定义

系统采用微服务流式架构，支持用户自定义算法。诊断算法只要支持模板接口，就能够获取数据和发布诊断结果，即可封装为系统故障诊断的一个微服务，并与现有算法互不影响，因此系统能很好地支持算法自定义与算法扩展。

3.3　故障预测模块

故障预测模块通过相关算法分析系统当前状态，预测设备剩余寿命，为设备检修和更换提供参考。根据现阶段主流技术和应用研究的综合分析，故障预测方法主要有基于可靠性统计的预测方法、基于物理模型的预测方法以及基于数据驱动的预测方法，如图4所示。

1. 基于可靠性统计的预测方法

基于可靠性统计的预测方法是通过异常现象对应的关键参数集，依据历史数据的统计获取系统的失效概率和寿命分布模型，并利用该模型对系统进行寿命预测。典型的基于可靠性统计的故障概率曲线就是著名的“浴盆曲线”。常用的基于可靠性统计的预测方法有贝叶斯方法、信念函数、专家系统等。

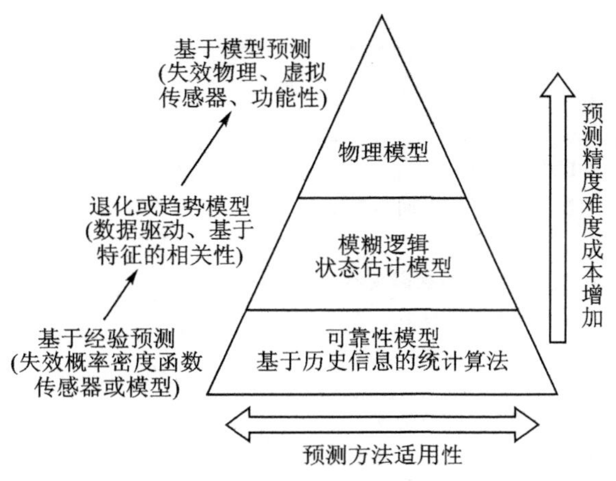

图4　故障预测方法分类

2. 基于物理模型的预测方法

基于物理模型的预测方法以性能可靠性理论为基础，通过建立精确的失效物理模型，构建系统退化量与系统应力的关系。通过监测环境和工作应力，进行累计损伤的计算来评估关键零部件的损耗程度，进而推断产品的剩余寿命及分布。基于物理模型的寿命预测方法能够从物理本质上描述系统的失效机理，容易实现实时的寿命预测。

3. 基于数据驱动的预测方法

基于数据驱动的预测方法通过各种数据分析方法挖掘可用数据中隐含的性能状态信息，智能的检测和评估系统的动态变化趋势，对系统当前和未来的健康进行判断和预测。基于数据驱动的方法不需要研究对象的先验知识，也不需要建立精确的系统模型，从而避免了基于可靠性统计和基于模型的预测方法的缺点，是一种更为实用的预测方法。常用的基于数据驱动的预测建模方法主要有时间序列分析、灰色理论、神经网络、支持向量机及深度学习等。

4　预期效果分析

风洞设备监测与健康管理系统创建了风洞健康管理的新模式，从而满足快速增长的风洞试验需求，其维护管理效益如表1所列。

表1　风洞设备监测与健康管理系统效益分析

		改造前	改造后
状态监测	方式	人工巡检	自动、实时、在线监测
	效果	记录状态点有限； 数据点有限； 分散可查询的状态数据； 难以及时判断运行故障而应急响应	全面覆盖系统关键点； 实时、连续记录系统运行状态； 系统、可视化、可查询的状态数据； 自动、分级地应急响应
故障诊断	方式	离线、依靠高技术人员诊断	在线、仿真运行故障诊断
	效果	难于准确、及时诊断； 影响装备运行效率	可预测故障； 直观、准确的故障诊断； 可提高装备运行效率

续表 1

		改造前	改造后
故障预测	方式	依靠经验预测	基于运行状态的在线故障预测
	效果	难以准确预测； 维护保障对象及时间不明确	较为科学、准确的预测； 维护保障对象及时间明确
自动化程度		人工完成装备的状态监测、故障诊断、故障预测等关键环节； 人工完成试验文档的填写	全自动完成装备的状态监测、故障诊断、故障预测等关键环节； 人工完成维护维修； 自动产生试验报告
运行安全性		依靠岗位人员应急响应； 发生故障时对装备的损坏程度依赖岗位人员	系统自动分级应急响应； 可完全避免发生故障时对装备的损坏
维修实时性		装备性能及故障不确定，维修效率低，维修费用、时间不确定	在明确的装备状态性能和高效的故障诊断和预测能力下，极大地提高了装备维修效率，维修费用、时间准确可控

5 结 论

风洞设备监测与健康管理系统实现了风洞设备由“事后”维修向“视情”维修的模式转变，实现了设备的使用、维护、管理由分散式管理向集约式全寿命管理的转变，实现了设备故障诊断与预测从经验知识向人工智能的转变，大幅提高了设备维修、管理的智能化、科学化水平，增强了设备保障的有效性、及时性和经济性。同时，对于以机械和电子为核心部件的其他设备设施开展自主式维修保障系统的研制也具有很高的推广应用价值。

参考文献

[1] 陈海峰，高鹏，阎成，等. 某跨超声速风洞运行监测及故障诊断系统[J]. 兵工自动化，2019，38(9)：35-38.

[2] 黄知龙，周平，顾正华. 大型低温风洞中的测控技术设计需求[C]//中国空气动力学会测控专业委员会第六届六次全国学术交流会. 广东惠州，2015：168-171.

[3] 陈万华，王元兴，王超琪，等. 基于有限元法的风洞结构故障诊断[J]. 实验流体力学，2011，25(2)：63-67.

[4] 郁文山，易凡，苘元臣，等. 基于 RBR 和 PCA 的 2.4 米风洞故障诊断系统应用研究[J]. 计算机测量与控制，2016，24(7)：31-34.

[5] 张鹏，杨兴锐，陈龙. 基于概率神经网络的风洞设备故障预测诊断方法[J]. 兵工自动化，2015，34(10)：72-75.

[6] 王超. 风洞测量系统校验及其控制系统故障诊断技术[D]. 保定：华北电力大学，2017.

[7] 马国辉. 4 米×3 米风洞自主式维修保障系统信息化[D]. 成都：电子科技大学，2014.

[8] 李杰，朱涛，许晓斌，等. Φ1 米高超声速风洞自主式维修保障系统设计[J]. 计算机测量与控制，2016，24(2)：126-129.

[9] 陈宏涛，吴勇航，易凡. 自主式维修保障技术在 2.4 米跨声速风洞中的应用[C]//. 中国空气动力学会测控专业委员会第六届六次全国学术交流会. 广东惠州，2015：259-261.

[10] 张伟，王仙勇，桂兵，等. 基于风洞的设备健康管理与数据有效性判定平台研究[J]. 计算机测量与控制，2017，25(10)：30-34.

[11] 吴勇航，易凡，陈斐，等. 大型暂冲式风洞自主式维修保障系统研究[J]. 计算机测量与控制，2018，26(7)：12-15.

基于电容充放电法的温度测量技术

吕春艳　马京亮　刘静　杨正
（山东航天电子技术研究所，山东·烟台，264670）

摘要：本文针对常规电子测温方式成本高、功耗高、结构复杂、对电源要求高的缺点，提出了一种基于电容充放电法测量温度的方式，适用于高精度电阻温度传感器测温场合。这种方式只需要少数阻容器件即可，占用空间小，且只需要在测量时供电，功耗极低。通过分析，当采用 PT1000 温度传感器测温时，温度分辨率优于 0.02 ℃，具有很高的测温精度和分辨率。

关键词：温度测量；电容充放电法；超低功耗；高分辨率

0　引　言

温度是日常生活和生产中的一个基本参数，在航空航天、工业控制、民用消费等各电子领域中，温度对电子器件、设备运行参数或生产工况的影响至关重要，温度的快速、准确测量不可缺少。随着科技水平的发展，电子产品集成度越来越高，功耗越来越低，传统的测温方式在很多场合已经不再适用。

本文提出了一种基于电容充放电法的电阻测温技术，本技术电路简单、成本低、功耗极低，并且有很高的测温精度及分辨率。

1　常用测温方法

目前常见的电子测温方式有数字温度传感器法、电桥法等。

常用数字温度传感器如 DS18B20、ADT7420 等，测量范围宽、数字信号输出、测量精度优于±0.25 ℃、无需校正，但其成本较高，并且不适用于高湿、高腐蚀等恶劣场合，在恶劣环境中测温一般采用电阻传感器，比如经过特殊封装的 PT1000 温度传感器。

电桥法测温度适用于电阻传感器测温场合。电桥法测温度实际上是测电阻，利用测温电阻阻值和温度的对应关系计算得到温度值。电桥法测电阻原理如图 1 所示，由 3 只定值电阻 R 和一只待测电阻 R_t 组成电桥，电桥供电电压为 V_{cc}，输出电压如公式(1)所示。根据公式(1)，只要测出输出电压 V_{out} 即可计算得到待测电阻 R_t，进一步得到对应的温度值。

$$V_{out}=\frac{V_{cc}\times(R-R_t)}{2\times(R+R_t)} \tag{1}$$

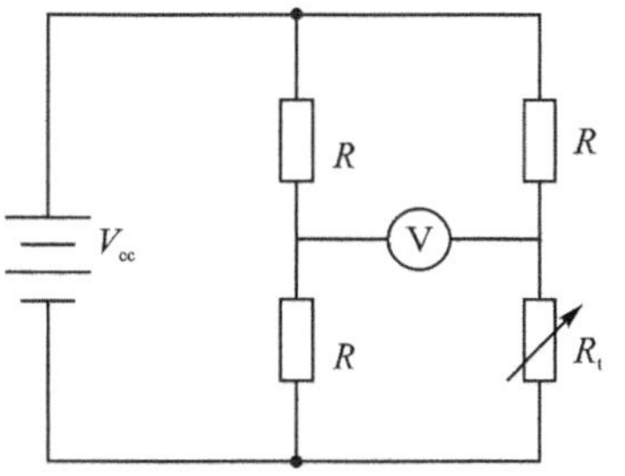

图 1　电桥法测电阻示意图

使用电桥法测温度，需要外接电源持续供电，功耗较大，并且测量结果容易受 3 只定值电阻的影响，同时对供电电压 V_{cc} 的稳定性要求较高。

2　电容充放电法测温度

2.1　测量原理

电容充放电法测温度，实际上也是测量测温电阻的阻值(如 PT1000)，根据阻值和温度的对应关系得到对应的温度值。

电容充放电法测电阻，是将电阻阻值转换为时间测量的一种方法，具体原理是利用不同阻值电阻对同一电容充放电到相同电压所需要的时间不同。测量原理如图 2 所示，由电阻 R 和电容 C 组成直流串联电路，电路的暂态过程为电容 C 的充电或放电过程。当开关打到位置 1 时，通过电阻 R 对电容 C 充电，待电容 C 电压达到 V_{cc} 后，将开关转换到位置 2，则电容 C 开始通过电阻 R 放电，根据基尔霍夫电压定律，此时电路满足公式(2)，其中 U_c 为电容 C 的电压，i 为流过电阻 R 的电流。

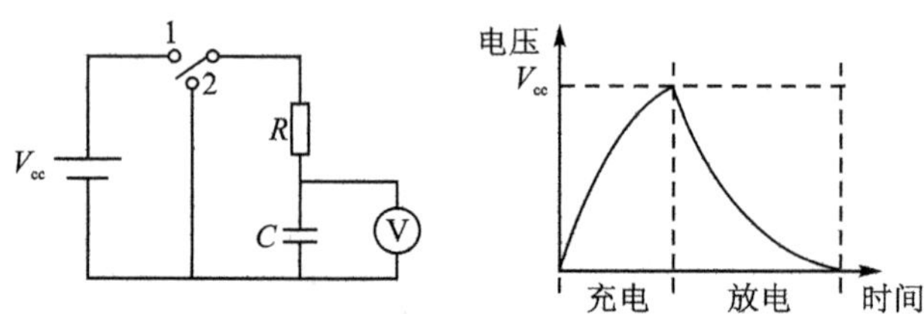

图 2　电容充放电示意图

$$U_c + iR = 0 \tag{2}$$

设电容 C 的电量为 Q_c，则电流 i 可用公式(3)表述，即电流为电容电量对时间的微分。

$$i = \frac{\mathrm{d}Q_c}{\mathrm{d}t} = C \times \frac{\mathrm{d}U_c}{\mathrm{d}t} \tag{3}$$

图 2 中电容 C 充满电后开始放电时的电压为 V_{cc}，在此条件下将公式(3)代入公式(2)可得电容两端电压 U_c 如公式(4)所述，根据公式(4)可得将电容放电到电压 U_c，所需放电时间如公式(5)所示。

$$U_c = V_{cc} \times \mathrm{e}^{-\frac{t}{RC}} \tag{4}$$

$$t = -RC \times \ln \frac{U_c}{V_{cc}} \tag{5}$$

基于以上理论，当电容 C 充电到 V_{cc} 后，分别通过一只参考电阻 R_{ref} 和待测电阻 R_x 放电到同一电压值 U_c，设通过 R_{ref} 放电所用时间为 t_{ref}，通过 R_x 放电所用时间为 t_x，分别代入公式(5)可得公式(6)所述关系，即放电时间和放电电阻阻值成比例关系。在公式(6)中参考电阻 R_{ref} 阻值已知，只需要得到 t_x 和 t_{ref} 的比例关系即可计算得到待测阻值 R_x。

$$\frac{t_x}{t_{ref}} = \frac{R_x}{R_{ref}} \tag{6}$$

2.2　电容充放电法测电阻的实现

在单片机技术非常成熟的今天，利用单片机的高速计时器记录电容的放电时间，让公式(6)中的 t_x 和 t_{ref} 比例关系成为可能。以 MSP430 单片机为例，电容充放电法测电阻的系统构成如图 3 所示，由单片机、充放电电容 C_0、参考电阻 R_{ref}、待测电阻 R_x、充电电阻 R_{fill} 构成，需要用到的单片机外设有 GPIO 脚、比较器、计数器。如图 3 所示，通过 3 个 GPIO 脚分别控制 R_{fill}、R_{ref}、R_x 对电容进行充放电，电容电压通过 P1.6 脚引入单片机内部比较器 A 的同相端，通过设置单片机相关寄存器，将比较器 A 的反相端连接到内部参考电压 $0.25V_{cc}$，并设置比较器 A 下降沿中断。

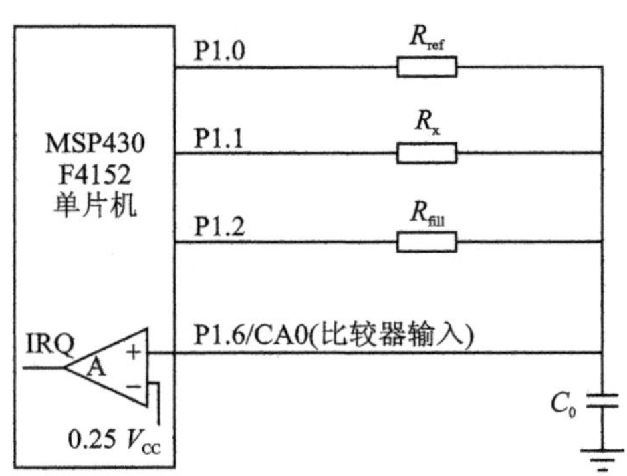

图 3　电容充放电法测电阻示意图

测量过程如下：

① 关闭比较器 A。

② 设置 P1.0、P1.1 为高阻状态，P1.2 输出高电平，通过 R_{fill} 对电容 C_0 充电，要保证有足够时间将 C_0 充电到最高电压 V_{cc}。

③ 设置 P1.1、P1.2 为高阻状态，P1.0 输出低电平，通过参考电阻 R_{ref} 对 C_0 放电，同时打开比较器 A，以检测 C_0 的电压，并同时开始计数器计数。当电容 C_0 放电到电压低于 $0.25V_{cc}$ 时，比较器 A 由输出高电平变为低电平，触发比较器中断，记录此时计数器的计数值为 t_{ref}。

④ 与步骤①～③相似，将 C_0 充满电，通过待测电阻 R_x 放电，得到放电到 $0.25V_{cc}$ 的计数器值 t_x。

通过步骤①～④，分别测得通过参考电阻 R_{ref} 和待测电阻 R_x 的放电时间 t_{ref}、t_x，代入公式(6)即得到待测阻值 R_x。将待测电阻阻值和温度的对应关系以表格的形式录入单片机，通过查表即可快速得到待测温度 T。

从测量过程来看，电容充放电法测电阻，只有进行测量时才需要给电容充放电，其他时间并不消耗电量，耗电量非常低。并且测量精度只与参考电阻 R_{ref}、计时精度有关，和电压值无关，对系统的电源要求较低。

3　测量精度分析

在以上测量过程中，将单片机比较器 A 的中断触发电压设置为 $0.25V_{cc}$，代入公式(5)可得放电时间 $t \approx 1.386 \times RC$，设单片机计数器计数周期为 N，当电容放电到 $0.25V_{cc}$ 时，触发比较器 A 中断的计数器值 t_{cnt} 为

$$t_{cnt} = \frac{1.386 \times RC}{N} \tag{7}$$

当公式(7)中 R 阻值变化 1 Ω 时，t_{cnt} 变化值 $\Delta t_{cnt} = 1.386 \times C/N$。假设计数器频率为

8 MHz,电容为1 μF,则Δt_{cnt}约等于11,即当待测电阻阻值变化1 Ω时,计数器变化值约为11,相当于电阻测量分辨率为1 Ω/11≈0.09 Ω。以PT1000为例,0 ℃时阻值为1 000 Ω,在−50～+200 ℃范围内,温度变化1 ℃阻值变化约3.8 Ω,可得温度测量分辨率为0.09/3.8≈0.02 ℃,理论上这种测量方式具有很高的温度分辨率。

电容充放电法测温度,由公式(6)和公式(7)可知,提高测量准确度和分辨率的方式有以下4种:

① 提高参考电阻准确度,有利于测量准确度提高。

② 适当增大充放电电容C值可提高测量分辨率,但C过大会导致充放电时间过长,影响单片机处理其他工作的效率。

③ 适当减小单片机计数器周期,即增大计数频率可提高测量分辨率。

④ 在高精度要求场合,可通过多次测量软件滤波的方式(比如中值法)提高测量准确度。

4 结束语

本文提出了一种基于电容充放电法测温度的方式,这种测量方式依托于现在成熟的单片机技术,只需要非常少的阻容器件即可实现,电路结构简单,且耗电量极低,非常适合小空间、低功耗的应用场合。通过分析,以PT1000为例,测温分辨率理论上优于0.02 ℃,具有非常高的分辨率,再实际项目应用中也取得了非常理想的效果,可应用于高精度温度测量场合。

参考文献

[1] 纽曼. 电子电路分析与设计[M]. 王宏宝,等译. 北京:清华大学出版社,2009.

[2] 张廷锋,许少衡. 一种基于电容充放电的时间间隔测量方法[J]. 理论与方法,2011,30(6):30-32.

[3] MSP430x4xx Family User's Guide[OL]. 2013[2018-03-20]. http://www.ti.com.cn/cn/lit/ug/slau056l/slau056l.pdf.

一种 CAN 总线高精度压力传感器

王阳　许涛　刘强　牟宏杰　关业辉　郭威

（山东航天电子技术研究所，山东·烟台，264670）

摘要：本文介绍了一种利用压阻效应原理的 CAN 总线高精度压力传感器，并进行了测试，测试结果表明其精度高，温度误差小，可广泛用于航空及军用各领域的压力测量。

关键词：压阻效应；CAN 总线；压力传感器

1　引　言

CAN(Controller Area Network)，即控制器局域网，是德国 BOSCH 公司 20 世纪 80 年代初为解决现代汽车中众多的控制与测试仪器之间的数据交换而开发的一种串行数据通信协议。由于高性能、高可靠性与独特的设计，CAN 越来越受到业界的重视，在国内外的应用范围也在不断地扩展，是目前公认的几种最有前途的现场总线之一。本文设计了一款基于 CAN 总线的高精度压力传感器，具有精度高、可靠性好的优点，可广泛用于航空及军用各领域的压力测量。

2　压阻效应

压阻式压力传感器，具有灵敏度高、动态响应决、测量精度高、稳定性好、易于小型与微型化、便于批量生产与使用方便等特点，已广泛应用于各行各业，非常适合制作高精度压力传感器。

压阻式压力传感器是根据压阻效应制作的，所谓压阻效应是指某些材料的电阻率(如半导体等)随应力的变化而变化。如图 1 所示，根据欧姆定律和压阻效应，长为 l、截面积为 A、电阻率为 ρ 的条形材料受轴向应力后的电阻变化率为

$$\frac{\Delta R}{R}=(1+2\mu)\frac{\Delta l}{l}+\frac{\Delta\rho}{\rho}=(\pi E+1+2\mu)\varepsilon=K\varepsilon \tag{1}$$

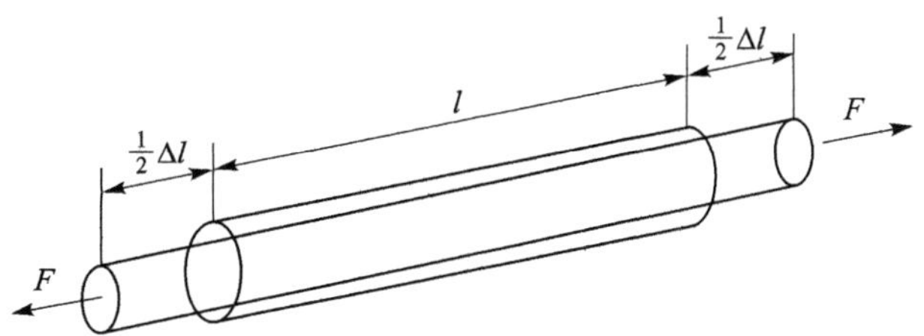

图 1　材料应变效应示意图

式中：π 为压阻系数；E 为材料的弹性模量；μ 为材料的泊松比；ε 为应变；$K=\pi E+1+2\mu$ 是

应变ε引起电阻变化灵敏度系数，也称为 G 因子，它表征电阻率随应力的变化率，即压阻效应的强弱。在灵敏系数 K 的表达式中，πE 是电阻率变化的贡献，$1+2\mu$ 是电阻纵横向尺寸变化的贡献。对于正常使用的固体材料来说，$\mu=0.25\sim0.5$，对于一般金属材料由于其 πE 几乎为零，因此金属丝、箔应变计的 K 值约为 1.5～2，灵敏度低。对于许多半导体材料来说压阻效应非常显著，压阻系数 π 引起电阻率的变化可以起主导作用，例如常用电阻率范围内的 P 型硅，在适当的电阻取向和应力作用下，$\pi\approx(40\sim80)\times10^{-11}\ \mathrm{m^2/N}$，其常用的弹性模量 $E=1.7\times10^{11}\ \mathrm{Pa}$，所以有 $K\approx\pi E\approx65\sim130$，而 $1+2\mu$ 的作用可忽略不计。这就是压阻式传感器通常比金属应变计式传感器灵敏度要高 1～2 个数量级的原因。

3 电路设计

压力传感器电路由压力探头、采集电路、温度采集电路，数据处理，通信电路几部分组成，原理框图如图 2 所示。

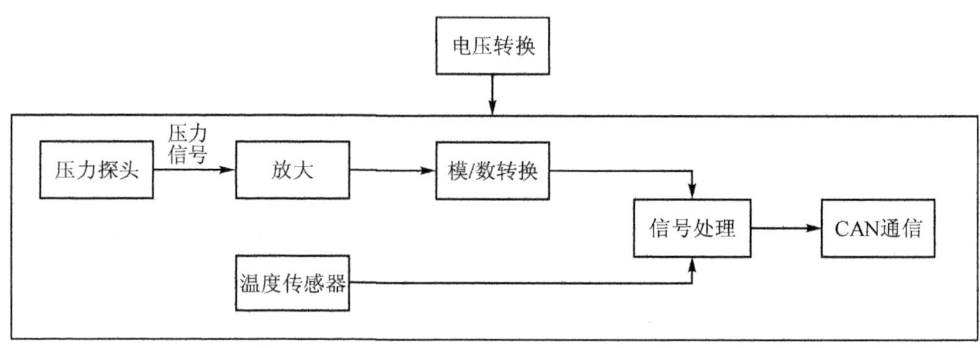

图 2 压阻式压力传感器原理框图

3.1 压力敏感元件的选用

压阻式压力敏感元件采用硅压阻效应原理，将压力转换成电压输出的元件，选用的是硅压阻式充油芯体(以下简称充油芯体)，结构如图 3 所示。

充油芯体是一种相当成熟的产品，被测压力作用在芯体的不锈钢膜片上，芯体中膜片和敏感芯片之间注有硅油，被测压力从膜片通过硅油传递到敏感芯片上，在保护敏感芯片的同时不影响压力的传递，适合在恶劣环境下测量多种介质。

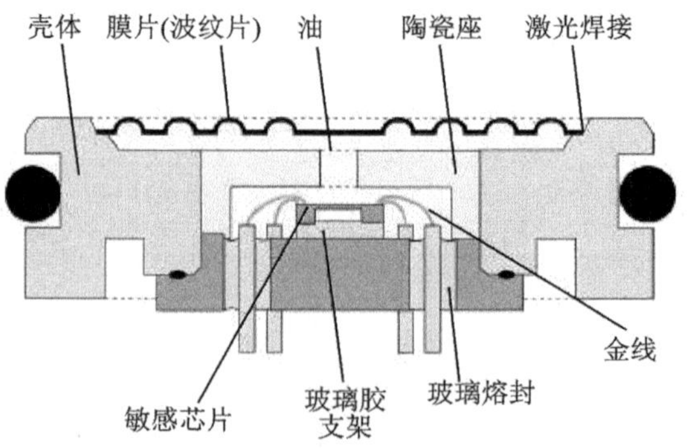

图 3 充油芯体结构图

3.2 压力采集电路

通常压力信号采集包括激励电路、放大电路、滤波电路及 A/D 转换组成，为节约体积，采用 AD7124－4 完成模拟前端接口，将压力信号放大转换成数字信号，送入 MCU 进行信号处理。AD7124－4 是一款适合高精度测量应用的低功耗、低噪声、完整模拟前端，集合了激励、放大、滤波、A/D等功能于一身。该器件内置一个低噪声24位Σ-Δ型模/数转换器(ADC)，可配置来提供4个差分输入或7个单端或伪差分输入。片内低噪声增益级确保ADC中可直接输入小信号。AD7124-4提供最高的信号链集成度。该器件内置一个精密低噪声、低漂移内部带隙基准电压源，也可采用内部缓冲的外部差分基准电压。其他主要集成特性包括可编程低漂移激励电流源、开路测试(burnout)电流和偏置电压产生器，利用偏置电压产生器可将某一通道的共模电压设置为AVDD/2。低端功率开关允许用户在两次转换之间关断桥式传感器，从而保证系统具有绝对最小功耗。该器件还允许用户采用内部时钟或外部时钟工作。

3.3　温度采集电路

压阻式压力传感器，具有灵敏度高、测量精度高、稳定性好的优点，但也存在一些问题，即在受到环境温度影响时，扩散硅力敏元件会产生输出信号的零点温度漂移和灵敏度温度漂移。因此，传感器需采集温度信息，用于传感器的温度补偿。

温度采集电路采用DS18B20芯片，测量范围为－55～＋125 ℃，在－10～＋85 ℃范围内精度优于0.5 ℃。DS18B20芯片为数字温度传感器，可产生对应温度的数字信号，从而极大地简化了硬件电路。单一信号线接口方式与单片机相连，不需要外围元件，使系统更加简单可靠。

3.4　信号处理

采用高性能基于ARM核心的单片机STM32F103进行数据处理，将压力、温度信号采集后进行温度补偿、非线性补偿等处理后，通过CAN总线输出。

STM32F103为32位基于ARM核心的带64 KB或128 KB闪存的微控制器，支持USB、CAN，具有7个定时器、2个ADC、9个通信接口。其主要技术特点如下：

- 最高72 MHz工作频率，在存储器的0等待周期访问时可达1.25 DMips/MHz；
- 从64 KB或128 KB的闪存程序存储器；
- 高达20 KB的SRAM；
- 2.0～3.6 V供电和I/O引脚；
- 4～16 MHz晶体振荡器；
- 内嵌经出厂调校的8 MHz的RC振荡器；
- 内嵌带校准的40 kHz的RC振荡器；
- 2个12位模/数转换器，1 μs转换时间(多达16个输入通道)；
- 转换范围：0～3.6 V；
- 多达80个快速I/O端口；
- CAN接口(2.0B主动)。

3.5　通信模块设计

CAN总线采用TI公司的SN65HVD230型现场总线收发器电路，通过单片机控制通信。SN65HVD230收发器具有差分收发能力，最高速率可达1 Mbps。选用SN65HVD230收发器可以增大通信距离，提高系统的瞬间抗干扰能力，保护总监，降低射频干扰，允许120个节点，实现热防护等。

4　软件设计

软件总体框图及温度补偿算法框图如图4和图5所示。

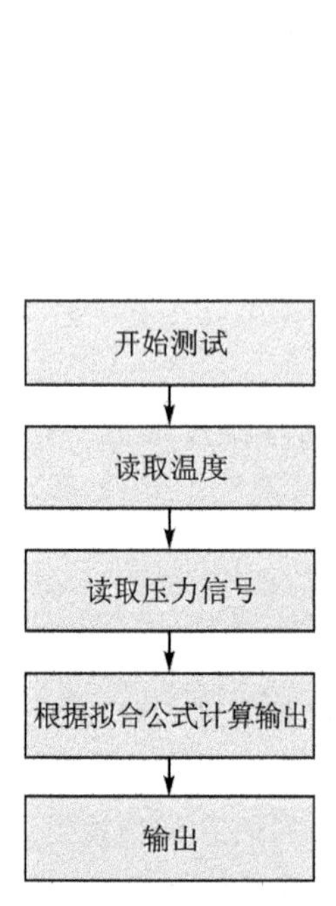

图4　总体框图

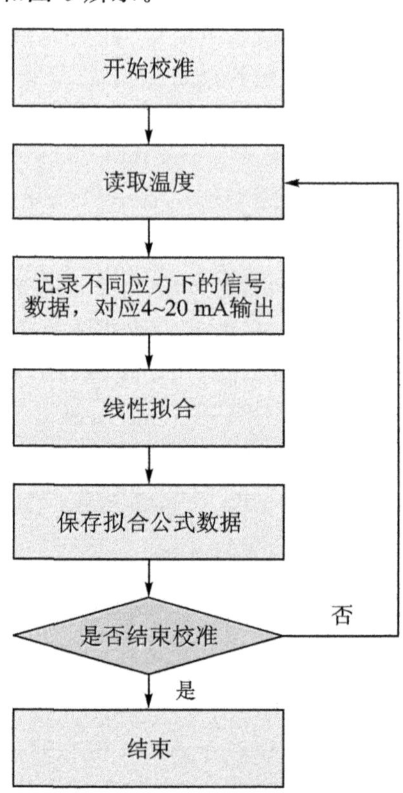

图5　温度补偿算法框图

5　测　试

本次试验共研制生产了5只压力传感器，对5只传感器进行了性能测试，测试结果如表1～表3所列。

表1　常温霍尔电流传感器测试数据

输入压力/MPa	测量压力/MPa				
	1	2	3	4	5
0	0.002	0.003	0.001	0.002	0.003
3	2.996	2.995	2.99	2.996	2.996
6	5.99	5.988	5.983	5.99	5.988
9	8.993	8.992	8.983	8.993	8.991
12	12.004	12.004	11.991	12.004	12.003
15	15.022	15.021	15.008	15.022	15.021
偏差最大值/MPa	0.022	0.021	0.017	0.022	0.021

表 2 高温 75 ℃霍尔电流传感器测试数据

输入压力/MPa	测量压力/MPa				
	1	2	3	4	5
0	0.002	0.004	0.003	0.001	0.005
3	2.99	3.001	2.994	2.984	3.012
6	5.961	5.971	5.985	5.961	5.982
9	8.945	8.954	8.987	8.948	8.961
12	11.942	11.951	12.003	11.949	11.951
15	14.951	14.958	15.02	14.959	14.955
偏差最大值/MPa	0.058	0.049	0.02	0.052	0.058

表 3 低温－40 ℃霍尔电流传感器测试数据

输入压力/MPa	测量压力/MPa				
	1	2	3	4	5
0	0.001	0.002	0.004	0.002	0.002
3	2.968	2.96	3.003	2.966	2.956
6	5.969	5.962	5.996	5.968	5.961
9	8.98	8.976	8.997	8.982	8.977
12	11.999	11.998	12.011	11.999	11.997
15	15.025	15.025	15.037	15.024	15.028
偏差最大值/MPa	0.032	0.04	0.037	0.034	0.044

6 结论与展望

利用压阻式充油芯体研制的一种 CAN 总线高精度压力传感器经测试，全温度范围精度最大仅为 0.4%，精度高、温度误差小，可广泛用于航空及军用各领域的压力测量。

参考文献

[1] 阳宪惠. 现场总线技术及其应用[M]. 北京：清华大学出版社，1999.
[2] 林龙信. 邓彬，张鼎，等. 传感器技术手册[M]. 北京：人民邮电出版社，2009.
[3] 郭冰，王冲. 压力传感器的现状与发展[J]. 中国仪器仪表，2009，(5)：72-75.
[4] 罗秦川. 多晶硅压力传感器热灵敏度漂移补偿技术[J]. 传感器技术，2003，22(5)：33-36.

电磁屏蔽效能检测中小型点频信号辐射源实现方法

胡林智　张宁　张震

（中电科仪器仪表有限公司，山东·青岛，266555）

摘要：针对电子设备电磁干扰及电磁信息泄漏问题，建造屏蔽体是一种重要的方法。对于屏蔽体屏蔽效能的检测，本文在研究现有屏蔽效能测试装置的局限性的同时，设计出一款成本低、体积小、重量轻、便于携带、操作简单的点频信号辐射源。点频信号辐射源采用直接数字合成技术，保障输出信号的频率准确度，选取小型线圈天线作为发射天线集成于点频信号辐射源整机中，减小整机体积及重量，采用放大及阻抗匹配网络，保障天线的辐射功率。小型点频信号辐射源的研制大大降低了电磁屏蔽效能检测系统的复杂程度，提高了用户的使用体验。

关键词：阻抗匹配；屏蔽效能；辐射源；小型化

1　引　言

随着现代高新技术的发展，大量的电子设备应用到市场中，电子设备产生的电磁干扰问题日益严重，不仅对电子仪器、设备造成干扰或者损坏，同时电磁泄漏还威胁到国家信息安全及军事机密的安全。利用计算机设备的电磁泄漏窃取机密信息是国内外情报机关截获信息的重要途径，因为用高灵敏度的仪器截获计算机及外部设备中泄漏的信息，比用其他方法获得的情报要准确、可靠、及时，且连续得多，隐蔽性好，不易被对方察觉，截获的内容十分广泛，如军事、政治、经济情报等。电磁屏蔽技术是抑制电磁干扰及电磁泄漏的重要方法。屏蔽体的设计能够有效减弱高强度辐射场对电子设备的干扰，同时能够有效抑制电磁信号的泄漏，保护国家信息安全。因此研究屏蔽的屏蔽效能具有很重要的意义。

屏蔽效能测试系统主要由信号发射装置、发射天线、信号接收装置、接收天线以及一系列接口等组成。目前国内屏蔽效能测试系统体积大、系统复杂、成本高，且主要针对边长不小于2.0 m的屏蔽体使用。对于小屏蔽体的检测，目前国内相关设备比较少。

本文设计的点频信号辐射源基于小型化设计，将信号发生装置及发射天线基于一体，体积小、重量轻、便于携带、操作简单，可用于检测边长不小于0.4 m的屏蔽体，可满足于C级及以下屏蔽体屏蔽效能的检测。

2　小型点频信号辐射源实现的整体方案

2.1　屏蔽效能检测基本原理

根据国军标GJB 6190—2008，屏蔽效能定义为，在同一激励信号下，无屏蔽材料时接收到的场强或功率与有屏蔽材料时接收到的场强或功率之比，并以对数表示，其计算公式为

$$SE = 20\ \lg \frac{E_0}{E_1} = 10\ \lg \frac{P_0}{P_1} \tag{1}$$

式中:SE 为屏蔽效能;E_0、P_0 为无屏蔽材料时空间某点的电场强度和接收功率;E_1、P_1 为有屏蔽材料时该点的电场强度和接收功率。

电磁屏蔽体屏蔽效能测试方法分为外部辐射法和内部辐射法。外部辐射法是发射设备和天线在电磁屏蔽体外部指定距离产生一个辐射场,屏蔽体内部用天线及接收设备测量接收到的场强大小。外部测试法中接收天线一般在屏蔽体内,接收设备通常置于屏蔽体外,通过预留测试接口与天线相连。内部辐射法为发射设备和天线在电磁屏蔽体内部产生一个辐射场,电磁屏蔽体外部用天线及接收设备测量接收到的场强大小。外部测试法由于需要预留测试口,限制了其适用范围,而内部辐射法无具体要求,适用范围更加广泛。

2.2　小型点频信号辐射源设计

在传统电磁屏蔽效能检测系统中,信号源与发射天线为分离式,且信号源为台式,系统占用空间、体积和重量都较大。本方案设计的点频信号辐射源采用小型化设计,重量轻,体积小,便于携带。每个整机实现单频点信号输出,整机内部集成发射天线,无需传统方式中的外加无源天线。可满足 C 级及以下屏蔽体屏蔽效能的测试,整机尺寸在 200 mm×100 mm×100 mm 左右,质量在 1 kg 以内,功耗在 10 W 左右。其实物图如图 1 所示。

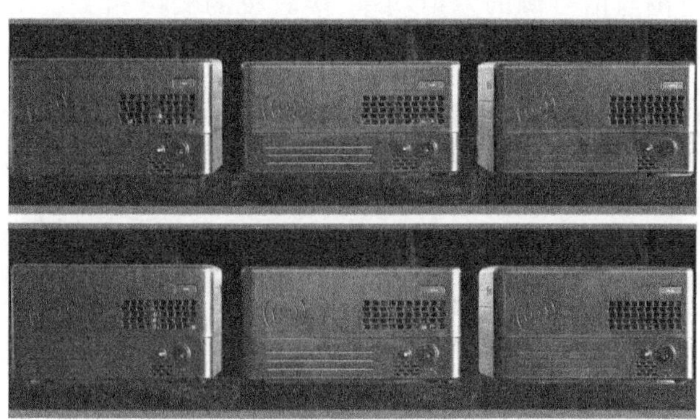

图 1　点频信号辐射源实物图

点频信号辐射源采用内部辐射法测量屏蔽体屏蔽效能示意图如图 2 所示,从图中可以看出,通过内辐射法设计的点频信号辐射源无需再外加发射天线,而且体积小、操作简单、工作方式灵活。

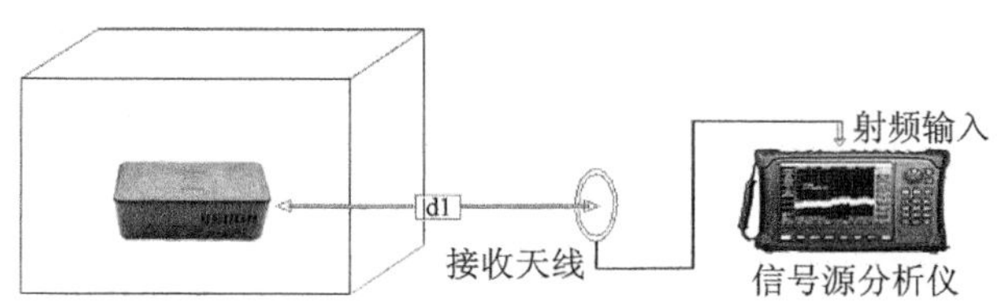

图 2　屏蔽体测试示意图

点频信号辐射源整机结构主要包括信号发生板、线圈天线、散热风扇及机壳。信号发生板采用直接数字合成的方式产生对应的点频信号,并通过放大电路、滤波电路、阻抗匹配电路与线圈天线连接。整机框图如图3所示，10 MHz晶振为CPLD提供参考时钟，根据频点需要，DDS直接产生单频点信号，为了使天线的辐射功率足够大，设计放大电路及滤波电路，将信号功率提升到20 dB以上，为了尽可能增大辐射效率，设计阻抗匹配电路。

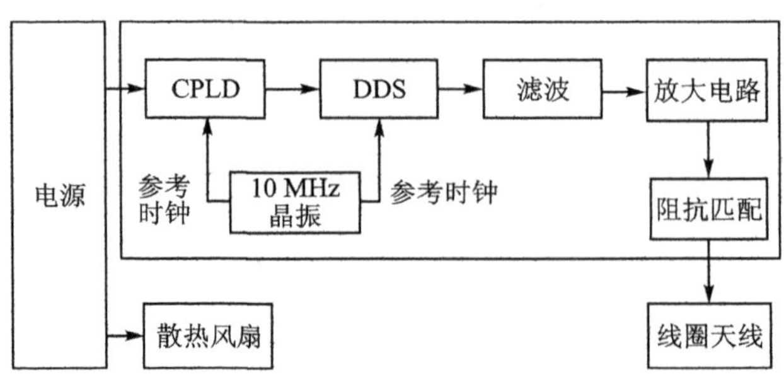

图3 点频信号辐射源整体框图

3 天线阻抗匹配实现方案

在对屏蔽室进行屏蔽效能检测时，整个测试系统的动态范围是十分重要的。测试系统的动态范围是指屏蔽效能测试系统中可测屏蔽效能的最大值，其大小表征了系统的测试能力。通常测试系统的动态范围与信号源的发射功率、接收机的噪声相关。本方案设计中为了提升信号辐射源发射功率，对信号通道与天线之间阻抗匹配进行研究。

3.1 阻抗匹配原理

在射频系统中，阻抗匹配具有十分重要的作用。当负载阻抗与信号传输通道阻抗不匹配时，负载会将部分能量反射回信号传输通道，这样会使传输信号失真、功率损耗，甚至毁坏元器件。而阻抗匹配电路能使信号以最佳的效率传输，使得整机性能达到最优。为了实现天线最大功率辐射，阻抗匹配是必不可少的。本方案选取体积更小的线圈环天线，且发射频率低，为14 kHz～100 MHz，因此信号输出端与天线之间的阻抗要十分准确。

阻抗匹配原理主要是使负载阻抗与信号传输阻抗互为共轭值。阻抗匹配网络分为有源匹配网络和无源匹配网络，有源匹配网络由源级跟随器、射级跟随器和缓冲器组成，无源匹配网络由电感和电容组成，结构简单。考虑电路复杂程度及小型化设计，本设计采用无源匹配网络。常用的无源匹配网络有三种结构：L形、T形和π形匹配网络。其示意图如图4所示。

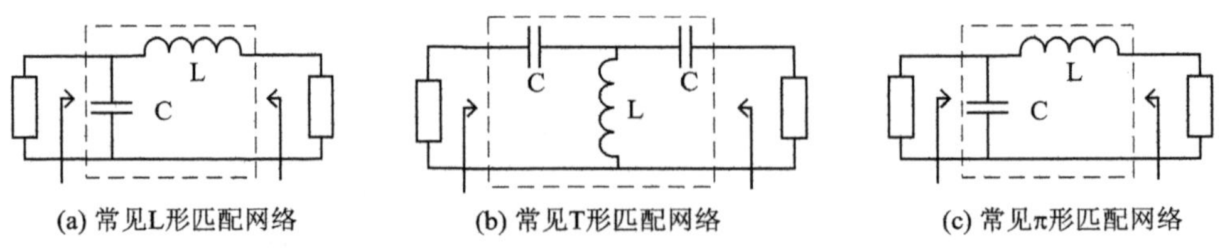

(a) 常见L形匹配网络 (b) 常见T形匹配网络 (c) 常见π形匹配网络

图4 常见阻抗匹配网络

3.2 小型点频信号辐射源阻抗匹配设计

本方案中，涉及的频率为14 kHz～100 MHz，频率比较低，基于小型化设计，本设计采用无源L形匹配网络。本方案设计中,天线选择多匝线圈天线,其尺寸小、相对尺寸而言增益较高、结构简单。对于多匝数线圈天线,其辐射效率与线圈的半径、导线的材质、导线半径以及各匝之间的间距有关。由于本方案中涉及频率较低,且工艺加工精度的限制,线圈天线的阻抗特性与理想状态对比会有相应变化,为了能够更好地进行线圈天线与信号通道之间的阻抗匹配,首先利用矢量网络分析仪对各频点线圈天线及信号发生板输出的阻抗特性进行测试。通过测试,100 kHz线圈天线的阻抗为 $Z_L=(8.5+j\times326)\Omega$,信号发生板输出阻抗为 $Z_S=(22.4+j\times0.9)\Omega$。根据阻抗值利用ADS软件中的史密斯圆图工具设计L形匹配网络。

仿真结果可以清楚看出,信号发生板和天线之间的反射系数在中心频率100 kHz时匹配良好。通过史密斯圆仿真电路对各个频点的信号发生板及天线的阻抗进行阻抗匹配仿真,可以有效提高天线端信号的辐射效率,增大辐射功率。本方案设计点频信号辐射源阻抗匹配实物图如图5所示。

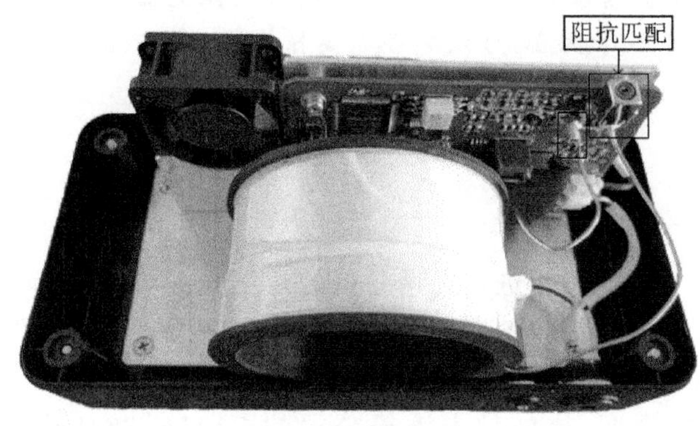

图5 点频信号辐射源阻抗匹配实物图

4 结 论

本文主要介绍了一种应用于电磁屏蔽效能检测中的小型点频信号辐射源。包括整机实现方案、信号通路及与天线间阻抗匹配的实现过程。信号通路采用直接数字合成的方式实现单频点生成,频率稳定度高,同时将多匝线圈天线内嵌整机中,减小整机体积。屏蔽体屏蔽效能的检测对于标定屏蔽体性能至关重要。本文介绍的小型点频信号辐射源体积小、重量轻、操作简单,插电即可使用、可靠性强,能够减小整个测试系统的复杂程度,目前已经应用在相关合同,得到用户一致肯定。

参考文献

[1] 高春柳.小型屏蔽体屏蔽效能测试方法和装置的研究[D].北京:北京工业大学,2019.

[2] 陈浩.小型机箱屏蔽效能测试技术研究[D].南京:东南大学,2013.

[3] 李美娜.天线自使用阻抗匹配网络的研究[D].大连:大连交通大学,2018.

高精度宽谱光源稳定性测试方法

宋平　吴威　刘磊　聂建华

（中电科仪器仪表有限公司，山东·青岛，266555）

摘要：氘灯和卤钨灯等宽光谱光源是进行光谱分析的常用光源，光输出稳定性是一项重要指标，其直接影响到光谱分析测试的准确性。本文介绍了一种高精度宽谱光源输出功率稳定度测试方法，采用三片光电探测器组成光阱式探测器测试光功率，使得探测器响应度增大，提高信噪比，从而提高了测量精度，实验结果表明，光阱式探测器具有具备灵敏度高、动态范围宽、线性度好、光谱响应平坦等优点，可以完成对高精度宽谱光源的光输出稳定性指标测试。

关键词：氘灯；卤钨灯；宽谱光源；光阱式探测器

1　引　言

氘灯和卤钨灯等宽光谱光源是进行光谱分析的常用光源，氘灯和卤钨灯组合使用可以实现对材料的紫外、可见、近红外波段的光谱分析，也广泛应用于紫外-可见分光光度计中。宽光谱光源的光输出稳定性是一项重要指标，其直接影响到光谱分析测试的准确性，目前宽谱光源的稳定度可达到很高的程度，比如日本滨松公司的 L10290 产品输出功率峰峰值波动在 0.004%，美国海洋光学公司的 D－2000 产品输出功率峰峰值波动为 0.005%。如何对其产品的光功率输出稳定度进行验证成为光源验收与检测时的一项难题。

显而易见，采用光功率计可以测量光源输出功率，通过长时间测量可以测出光源的稳定度指标，但是，一般的光功率计由于其探测器测量精度限制无法满足高稳定度光源指标测试要求，如美国 Newport 公司的 918D－ST 系列探测器的测量不确定度在 2%～4%之间，并且在测试时容易受到周围环境光的影响，测量误差太大，无法进行精确测量。

在光辐射计量中还通常使用低温辐射计对光源光功率进行辐射定标，低温辐射计在可见光波段测量光功率可以达到 0.005%～0.02%的精度。但是低温辐射计需工作在高真空、超低温的条件下，对实验室环境条件要求高，要考虑温度场热辐射和气流产生的影响，在测试光路中光学元件较多，要充分考虑光束的散射、反射等，调整不当就会引入额外的误差，在对功率稳定度测试时，效率低、费用高。

氘灯、卤钨灯等宽谱光源的电流 I 与所发射的辐射通量 Φ 之间存在以下关系：$(I_2/I_1)^Y = \Phi_2/\Phi_1$，式中，$I_1$ 为初始电流，I_2 为变化后的电流；Φ_1 是与 I_1 相对应的辐射通量，Φ_2 是与 I_2 相对应的辐射通量；Y 为 6.05～6.75 之间的任一常数（取决于宽谱光源的充气情况），若光源输出光功率峰峰值波动在 5×10^{-5} 以内，则要求电源驱动电流波动在 5×10^{-6} 以内，因此提出将测量驱动电源电流的波动来代替光输出功率的稳定性。若采用这种间接测试的方法则首先忽略了光源结构本身的影响，比如光源温度波动、光学镜片透过率变化等，测试不准确，其次一般光源都没有测试驱动电流的端口，在测试电流时需将仪器拆开将测量装置连入电路中，测试烦琐，效率低，对于氘灯其激发电压可达到 300 V 以上，拆开仪器测试不安全。

因此，本文提出了一种高精度宽谱光源输出功率稳定度测试方法，本方法采用三片光电探测器组合测试光功率，使得探测器响应度增大，提高信噪比，从而提高了测量精度，可以实现宽谱光源高稳定度指标测试。

2 实验过程

本论文提出的高精度宽谱光源稳定性测试方法由准直镜、光阱式探测器、程控放大电路、数据采集电路、数据实时显示记录电路等部分组成，其测试框图如图1所示。宽谱光源发出的光经过准直镜产生平行光，然后光进入光阱式探测器，经过光电转化后将光信号转化成电流信号，电信号进入程控放大电路通过 I/V 转换将电流信号转化成电压信号，并通过低噪声的前置放大器将电压信号放大至合适倍数进入数据采集电路，在数据采集电路中进行低通滤波与A/D转换将模拟信号转换成数字信号，然后，信号进入数据实时显示记录电路通过D/A转换将数字信号转换成模拟电压信号，并进行实时显示与记录。在一段时间内记录测得的光功率数值，通过公式 $\Delta_p = \pm \frac{P_{\max} - P_{\min}}{2\bar{P}} \times 100\%$，计算得到宽谱光源的光功率稳定度。

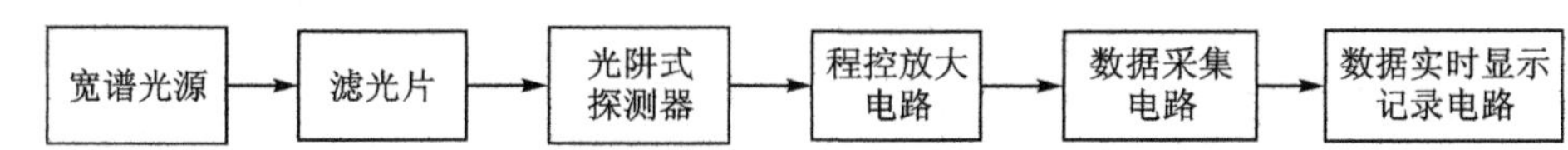

图1 宽谱光源稳定度测试图

其中，光阱式探测器采用三片光探测器按照一定的空间方位组合而构成复合型光探测器，如图2所示，光探测器1与光探测器3垂直放置，探测器2与探测器1、探测器3分别成45°夹角放置，入射光以45°入射角照射到探测器1上，然后反射到探测器2上，入射角同样为45°，经探测器2反射后垂直入射到探测器3上，然后光束又一次反射到探测器2和探测器1上，通过在探测器之间多次反射，测量光束的反射比大大减小，一般的光探测器的反射比为0.3，光在探测器1、2、3之间进行了5次反射，其反射比为0.002 43。减小了2个数量级，使得探测器响应度增大，从而提高了测量精度。经验证其测量不确定度达到了0.016%。

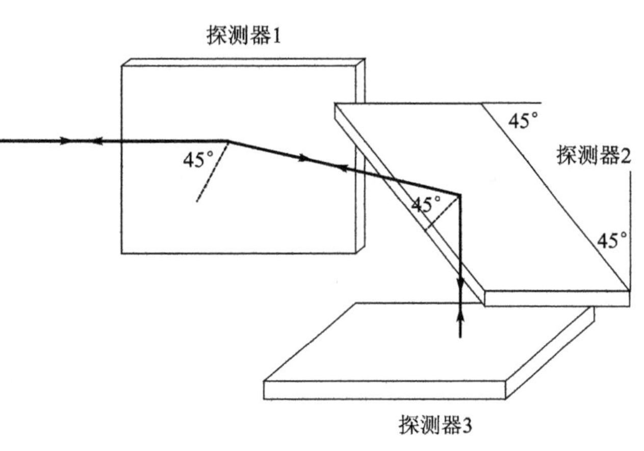

图2 光阱式探测器结构图

3 实验结果

本次实验所使用的光阱式探测器指标参数如表1所列。

将氙灯预热30 min后测量，在一定时间内测试光源输出功率，每分钟计算一次输出功率峰值不稳定度，输出功率峰值不稳定度平均值为0.002 802%，如图3所示。

表1 光阱式探测器指标参数表

波长响应范围/nm	响应率(A/W)				光敏面大小	暗电流/pA
	379 nm	514 nm	1 036 nm	1 064 nm		
190～1 100	0.293 5	0.411	0.366 3	0.387 5	10 mm×10 mm	600

将卤钨灯预热30 min后，在一定时间内测试光源输出功率，每分钟计算一次输出功率峰值不稳定度，输出功率峰值不稳定度平均值为0.002 802%，如图4所示。

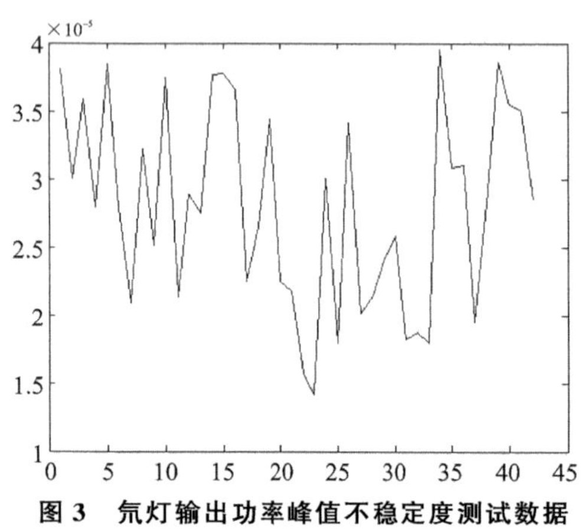

图3 氙灯输出功率峰值不稳定度测试数据

图4 卤钨灯输出功率峰值不稳定度测试数据

4 实验结论

光阱式探测器具有灵敏度高、空间响应均匀、动态范围宽、线性度好、光谱响应平坦、灵敏面大、温度系数小、时间稳定性好以及结实耐用等特性，主要用于高精度的光辐射功率计量，采用光阱式探测器可以完成对高精度宽谱光源的光输出稳定性指标测试。

参考文献

[1] 赵新华，孙永莉. 基于后分光测量技术的分光光度计设计探讨[J]. 计量与测试技术，2017，44(3)：27-30.

[2] Ren Zhong, Liu Guo dong, Huang Zhen. Spectrophotometer for Bio-chemical Analyzer Based on Automatic Adjustment of CCD Integration Time [J]. ActaPhotonicaSinica, 2017, 44(3): 27-30.

[3] 谢华锋，徐小力，王小川. 分光光度计系统集成化设计及研究[J]. 计算机测量与控制，2006，14(1)：134-135.

[4] 倪一，黄梅珍，等. 紫外可见分光光度计的发展与现状[J]. 现代科学仪器，2004，(3)：3-7.

[5] Lu Yun jun, Zheng Xiao bing, Li Jia jun. Absolute infrared flux responsivity calibration of trap detectors based on cryogenic radiometer [J]. Journal of Quantum Electronics, 2009, 26(5): 624-630.

[6] 李昌厚，孙吟秋，戴军. 一种高稳定性多功能氙灯恒流电源的研制[J]. 光学仪器，1991，13(5)：23-27.

[7] John Koshel R. Simplex optimization method for illumination design[J]. Optics Letters, Proc. of SPIE, 2005, 30(6): 649-651.

[8] Zou Peng, Zheng Xiao bing, Wu Hao yu. Research on Calibration of Radiance Detector Based on Trap Detector[J]. ActaOpticaSinica, 2013, 33(7): 1-6.

[9] 姚和军，吕正. 陷阱式探测器的发展[J]. 现代计量测试，1999，(6)：3-6.

[10] Shi Xue shun, Chen Kun feng, Wang Heng fei. Experimental Studies on Si Trap Detector Absolute Spectral Responsivity Calibration[J]. Optics & Optoelectronic Technology, 2009, 7(5): 63-65.

DWDM系统信噪比测试分析方法

李志增　张志辉　刘磊　张冰
（中电科仪器仪表有限公司，山东·青岛，266555）

摘要：光纤通信技术具有成本低、损耗低、高安全及不受电磁干扰等特点，密集波分复用(DWDM)充分挖掘光纤带宽能力，在5G组网中应用广泛。DWDM系统是实现大容量、高速通信、长距离的最佳手段，应用极广。DWDM系统的信噪比指标直接影响着信号传输容量和质量。本文阐述了一种基于光谱分析仪的DWDM系统信噪比测试分析方法，详细介绍了DWDM光谱测试方法及信噪比相关参数的提取及分析。

关键词：波分复用；DWDM；信噪比

0　引　言

光纤通信技术具有成本低、损耗低、高安全及不受电磁干扰等特点，现在已经成为主流的通信媒介。5G时代，虽然有正交频分复用等技术的提出，但实现400 Gbps光通信传输系统的技术主要有两种，基于单波模式和基于多波模式。现阶段，多波技术得到了广泛以及深入的研究，并且发展极其迅速。

波分复用技术在光纤通信技术的出现之时就成为热门研究的传输技术。早在20世纪80年代，双波长WDM传输系统就已经被应用。但是随着光纤通信的发展，波分复用技术并没有得到快速发展。主要受限于时分复用技术的发展以及波分复用系统中各组成部分没有完全成熟。

DWDM系统的质量直接决定了5G网络的通信质量，影响DWDM系统的重要指标之一就是各通道的信噪比。本文介绍了一种基于光栅分光式光谱仪的DWDM测试方案，并设计了DWDM光谱数据信噪比的分析方式。

1　DWDM系统

1.1　DWDM系统组成

若要给某一波长的光载入很多信息，则需要加宽频带。但这时，如果不提高平均接收功率，误码率将增加。相反，如果复用很多信息的光用一根光纤传输，那么用不着过分扩大每一个波长的频带，就可以实现大容量的通信。这就是密集波分复用(Dense Wavelength Division Multiplexing，DWDM)。通俗地讲，波分复用是将两种和多种不同波长的光载波信号（携带各种信息）在发送端经复用器（也称合波器）汇合到光线路的同一根光纤中，在同一根光纤中同时让两个或者两个以上的光波信号通过不同的光信道各自传输信息进行传输的技术，如图1所示。

波分复用技术可以充分利用光纤的带宽资源，使一根光纤的传输容量比单波长增加几倍至几十倍，从而有效地解决传输容量的问题。使多个波长复用在单模光纤中传输，在大容量长途传输时可以节约大量光纤。由于同一光纤中传输的信号波长彼此独立，因而可以传输特性完全不同的信号，完成各种电信业务信号的综合和分离，包括数字信号和模拟信号以及PDH信号和SDH信号的综合和分离。波分复用信道对数据格式是透明的，即与信号速率和电调制方式无关，是网络扩容的理想途径，也是引入宽带新业务的方便手段。增加一个附加波长即可引入想要的新业务与新容量。利用DWDM技术选路来实现网络交换和恢复从而可能过渡到未来透明的、具有高度生存性的全光网络。

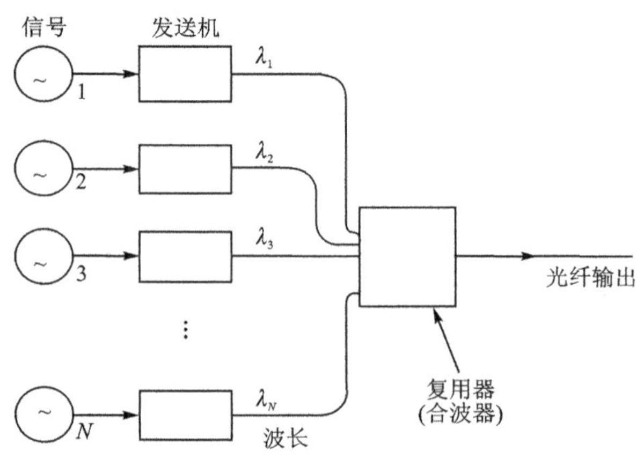

图1　光波分复用方式示意图

光纤通信技术正向着超高速、大容量通信系统发展，并且逐步向全光网络演进。DWDM是充分挖掘光纤带宽能力，实现大容量、高速通信、长距离的最佳手段。DWDM系统信号传输质量的性能是DWDM系统设计者必须考虑的因素，同时也是衡量DWDM系统性能的标准。

1.2　DWDM性能指标

1.2.1　中心波长及信道间隔

DWDM系统的输入信号都是波长固定的光信号，即各个通路的光信号波长是不同的，但是每个通路的中心波长是固定的。各通路的中心波长是有严格规定的，规定的中心波长和实际的中心波长的差值即为中心波长偏移。中心偏移过大不仅会对相应通路信号造成影响，还会对其他通路信号造成串扰。信道间隔即为各通道之间的波长间隔，此间隔也是严格定义的，此指标保证了各通路之间信号传输的质量，避免串扰。

1.2.2　信噪比

光通道中，信号的光功率与自发辐射噪声功率的比值称为信噪比。在波分复用光网中，光信号的信噪比是反应光信号质量的一个重要参数。在光的接收端，追求的正是高信噪比和低误码率。

2　信噪比测试及分析

2.1　信号波长及功率

波分复用系统对于激光器输出波长的稳定要求很高，波长输出不稳定会引起复用时相邻信道的串扰，增加系统的误码率。

针对DWDM系统波长稳定性测试指标，我们设计了两种信号波长及电平求解方式，即点电平及总功率电平方式，如图2和图3所示。

$$L_{\mathrm{SLin}} = P(\lambda_{\mathrm{sig}}) - N(\lambda_{\mathrm{sig}}) \tag{1}$$

式中：$P(\lambda_{\mathrm{sig}})$是探测信号波长的峰值电平；$N(\lambda_{\mathrm{sig}})$是探测信号的噪声电平。

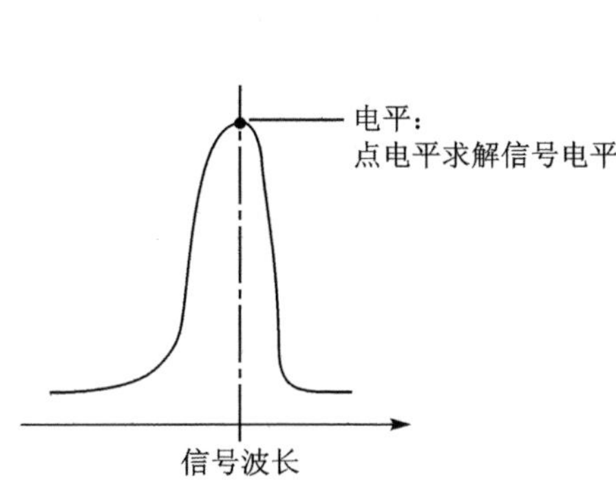

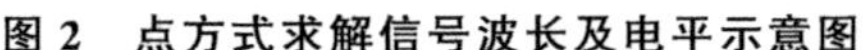

图 2　点方式求解信号波长及电平示意图

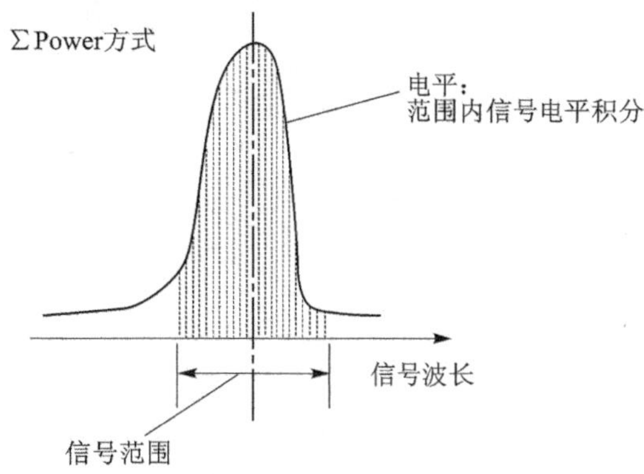

图 3　总功率方式求解信号波长及电平示意图

$$L_{\mathrm{SLin}} = \sum_{i=1}^{n} \left[P(i) - N(\lambda_{\mathrm{sig}}) \right] \times \frac{\mathrm{Span}}{\mathrm{Sampl} - 1} \times \frac{\alpha}{\mathrm{ActRes}(i)} \quad (\mathrm{W}) \tag{2}$$

式中：n 是信号区域内数据点个数；Span 是扫描带宽；Sampl 是采样点数；$P(i)$是第 i 个数据电平值；$N(\lambda_{\mathrm{sig}})$是探测波长噪声电平值，ActRes($i$)第 i 个数据的实际分辨率，α 是狭缝校准因子。

从上述两种方式，我们可以看出，不管是点方式的目标点的确认，还是总功率方式的信号范围确认，都和求解的峰值点有直接关系。峰值点的精确性直接影响着另一种方式求得的信号电平和波长的精确性。

2.2　噪声功率

光通道中，信号的光功率与自发辐射噪声功率的比值称为信噪比。在波分复用光网中，光信号的信噪比是反应光信号质量的一个重要参数。在光的接收端，追求的正是高信噪比和低误码率。

下面主要问题是计算噪声电平，我们设计了两种方式：一种是点噪声电平，另一种是区域噪声电平。点噪声电平是使用后面的点噪声探测方法指定的点的电平作为信号的噪声电平；区域噪声电平使用曲线拟合的方法在信号波长处得到信号的噪声电平。

点噪声电平：首先选择能代表信号噪声的点的位置（这又包括两种方法），并使用仪器上的噪声偏移进行选择，然后选择计算点噪声电平的方法。方法包括 4 种，Left 表示信号波长左边，Right 表示信号波长右边，Higher 表示左边或右边的较大者，$(L+R)/2$ 表示左边和右边的平均值，四种求解方式的示意图如图 4 所示。

当噪声偏移为开时，噪声电平的位置无论选择哪种方法都会在原信号波长的基础上附加一个波长偏移值 $\Delta\lambda$（可设置，范围 0.01～20.0 nm）。当噪声偏移为关时，噪声电平的位置即为信号波长左侧或右侧的波谷处。

区域噪声电平：需要设置噪声电平计算区域（噪声电平的波长位置就在信号波长处）和计算方法。计算方法是曲线拟合，共有 5 种方法：线性拟合 $f(\lambda) = a\lambda + b$；高斯拟合 $f(\lambda) = a\lambda^2 + b\lambda + c$；三次多项式拟合 $f(\lambda) = a\lambda^3 + b\lambda^2 + c\lambda + d$；四次多项式拟合 $f(\lambda) = a\lambda^4 + b\lambda^3 + c\lambda^2 + d\lambda + e$；五次多项式拟合 $f(\lambda) = a\lambda^5 + b\lambda^4 + c\lambda^3 + d\lambda^2 + e\lambda + f$。

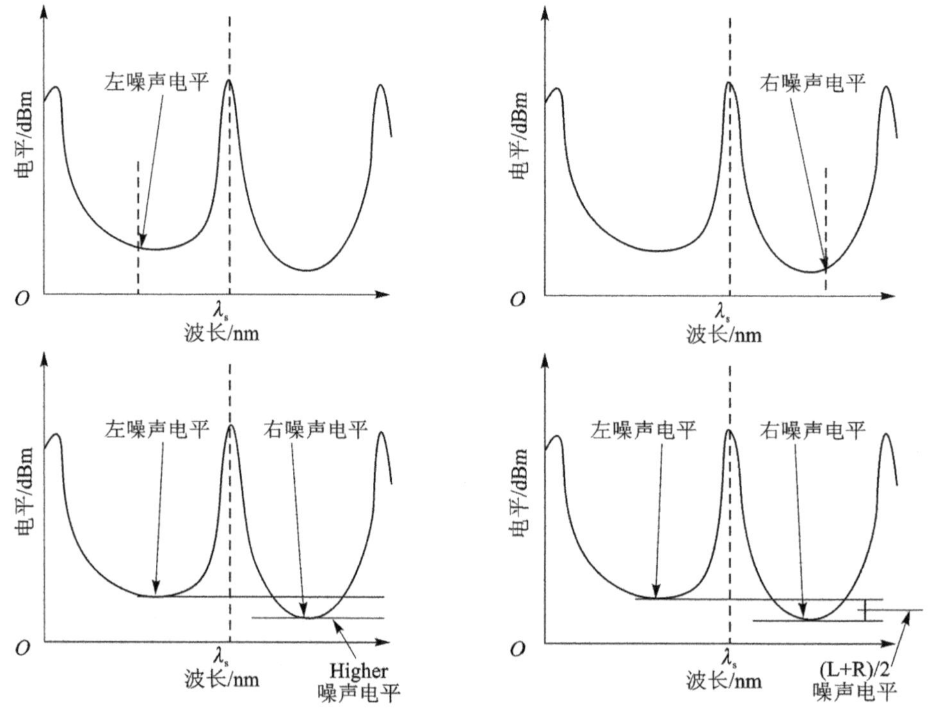

图4 四种点噪声求解方式示意图

曲线拟合是把平面上的一些已知数据点，找到一条曲线，使它与这些点最接近，拟合并不要求曲线通过所有点，这与插值法不同。

我们选取最小二乘法多项式曲线拟合方式对用户选择的拟合方式进行曲线拟合。假设已知点为$(x_i,y_i)(i=1,2,\cdots,N)$，那么我们很容易推算出，系数就是下面方程组公式3的解，即

$$\begin{bmatrix} c_0 & c_1 & \cdots & c_m \\ c_1 & c_2 & \cdots & c_{m+1} \\ \vdots & \vdots & & \vdots \\ c_m & c_{m+1} & \cdots & c_{2m} \end{bmatrix} \begin{bmatrix} a_0 \\ a_1 \\ \vdots \\ a_m \end{bmatrix} = \begin{bmatrix} b_0 \\ b_1 \\ \vdots \\ b_m \end{bmatrix} \tag{3}$$

其中，

$$\begin{cases} c_k = \sum_{i=1}^{N} x_i^k, & (k=0,1,\cdots,2m) \\ b_k = \sum_{i=1}^{N} y_i x_i^k, & (k=0,1,\cdots,2m) \end{cases} \tag{4}$$

曲线拟合需要找到参考点$(x_i,y_i)(i=1,2,\cdots,N)$，参考点的选择方式也至关重要。求解噪声电平时计算区域有两种方法：通道模型和自定义模式。

2.3 信噪比

通过上述计算，得到信号的噪声电平，根据上面得到信号的信号电平，信噪比为

$$\mathrm{SNR} = 10\log\left\{\frac{L_{\mathrm{SLin}}}{N(\lambda_{\mathrm{sig}})}\right\} \tag{5}$$

若选择归一化的噪声电平，噪声电平使用噪声带宽(NBW，范围 0.1～1 nm)进行归一化，公式为

$$N'(\lambda_{\text{sig}}) = \frac{N(\lambda_{\text{sig}})\alpha}{\text{ActRes}(\lambda_{\text{sig}})} \times \text{NBW} \tag{6}$$

则信噪比为

$$\text{SNR} = 10\ \log\left[\frac{L_{\text{SLin}}}{N'(\lambda_{\text{sig}})}\right] \tag{7}$$

3 试验与验证

6362A 光谱分析仪采用双通光栅分光单元、高分辨率衍射光栅定位、光学楔形延迟消偏振、小信号和宽波段光谱检测等技术研制而成。适用于 600～1 700 nm 波段范围的 LED、LD、FP - LD、DFB - LD、EDFA、光纤、光纤光栅、光学滤波器、光纤放大器、波分复用器等光源、光电子器件及有关系统的测试。整机如图 5 所示。

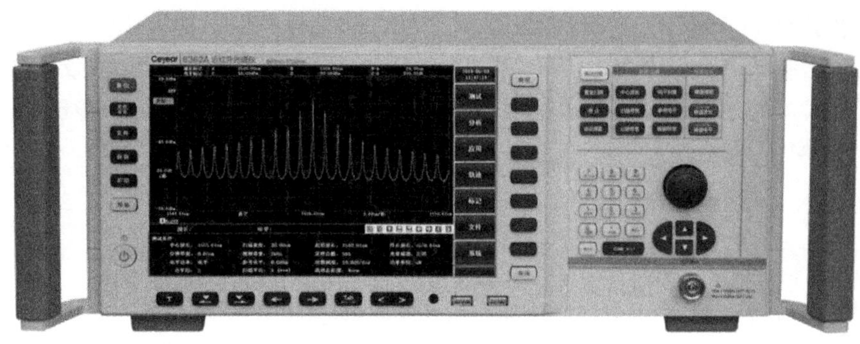

图 5 6362A 光谱分析仪

基于 6362A 光谱仪，应用上述测试分析方法，对 DWDM 系统进行了测试，测试及分析结果如图 6 和图 7 所示。

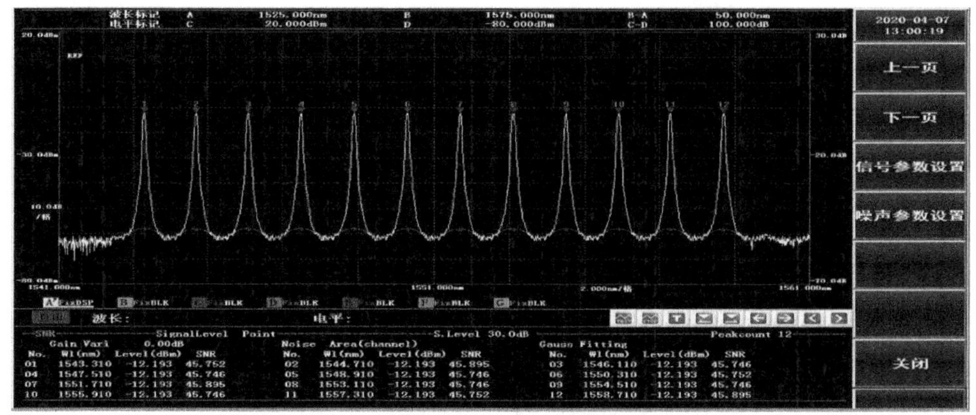

图 6 通道测量方式测试及分析结果

通过测试和分析结果与 WDM 系统厂家出厂报告以及计量结果比对，信噪比分析结果一致。

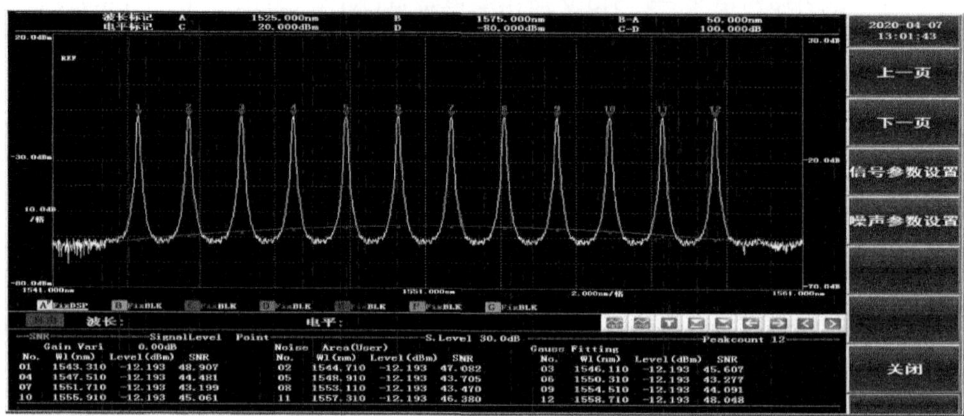

图7 自定义测量方式测试及分析结果

4 结束语

本文介绍了DWDM发展趋势、系统构成及影响系统的指标。同时，提出了三种不同的核心参数光信噪比参数测试分析方法，最后基于我所研制的6362A光谱分析仪实现对DWDM系统的光谱测试。通过对信号波长和功率及噪声功率的测量方法的设计，能够真实有效地反映出被测DWDM系统的性能。

参考文献

[1] Agrawal G P. Fiber-Optic Communication Systems, Fourth Edition[J]. 2012.

[2] 顾婉仪. 光纤通信系统[M]. 北京：人民邮电出版社，2006.

[3] Bao H, Shieh W. Transmission simulation of coherent optical OFDM signals in WDM system[J]. Optics Express, 2007, 15(8): 4410-8.

[4] Zhang J, Yu J, Yuan F. High Speed All Optical Nyquist Signal Generation and Full-band Coherent Detection[J]. Scientific Report, 2013, 4: 28-38.

[5] Ke J H, Gao Y, Cartledge J C. 400Gbit/s single-carrier and 1Tbit/s three-carrier superchannel signals using dual polarization 16-QAM with look-up table correction and optical pulse shaping[J]. Optics Express, 2014, 22(1): 71-83.

[6] 李凡龙，孙军强. 串扰影响密集波分复用网络扩展性研究[J]. 光学学报，2004，24(2)：208-214.

[7] 张幸福. CWDM多路数字传输系统的研究与设计[D]. 哈尔滨：哈尔滨工程大学，2006.

[8] Lee J H, Chung Y C. Improved OSNR monitoring technique based on polarization-nulling method[J]. Electronics Letters, 2004, 16(11): 2562-2564.

[9] 王国忠，施社平，古渊. DWDM系统中光纤的非线性仿真分析[J]. 电子学报，2004，32(12)：66-68.

[10] Kim C, Lee Y, Ji S. Preformance of an OSNR monitor based on the polarization-nulling technique[J]. Journal of Optical Networking, 3(6), 2004: 388-395.

工业摄影测量系统校准装置

梁邦远
（青岛前哨精密仪器有限公司，山东·青岛，266000）

摘要：工业摄影测量是测绘学科的一个分支，该学科是对摄影机摄取的影像（二维）进行测量，确定物体在空间的位置、形状、大小以及运动状态。摄影测量在近百年的历史中经历了模拟、解析和数字摄影测量三个阶段。数字工业摄影测量技术经过几十年的发展，国外测量系统已相当成熟，但国内还未建立起摄影测量系统的校准规范或标准。本文主要论述，依靠德国工程师协会与德国电气工程师协会提出的关于光学三维测量系统的验收和复检准则 VDI/VDE 2634，为设备设计准则设计研发一套可对工业摄影测量系统进行校准的三维空间装置。

关键词：工业摄影测量；空间位置；校准装置

1 引　言

工业摄影测量系统的相对精度一般在 1/10 万左右，适合动态物体的快速测量，它不需要建造观测墩，操作方便，节省时间，对现场环境要求较低。工业摄影测量系统主要针对高精度检测度、数据采集、三维尺寸计算、振动检测、应力变形等测量工作。其主要应用于航空航天、重型工业、水电风电、核电等行业。系统是由高精度相机、基准尺、测量标志、计算软件和笔记本电脑等组成。

工业摄影测量系统以其高准确度、对环境的高适应性，在国内得到广泛的应用。随着相关技术的进一步发展，对测量系统的校准也成为各科研单位的迫切需求。但是，目前国内还没有制定相关的标准及规范，摄影测量系统的校准方法仍在参照其他工业测量系统的校准方法进行。其校准设备也因检测方法而不同，设计制造各有不同互不统一。本文主要依据德国 VDI/VDE 2634 准则设计研发制造一款空间三维校准设备。

2 设备研发理论依据

2.1 VDI/VDE 2634 准则

工业摄影测量系统的校准主要参照 VDI/VDE 2634 准则第一部分，其是由德国工程师协会与德国电气工程师协会提出的关于光学三维测量系统的验收和复检。

其原理主要是通过比较空间三维内的标准器的品质参数长度测量误差，即测量长度与标称长度的差值来评定测量系统的准确度。主要校准设备为，建立一个三维测量框架，其大小为 2 m×2 m×1.5 m，如图 1 所示。在三维框架上放置 7 根标定的基准尺，每根基准尺上设置 5 个基准长度，如图 2 所示。在每条测量线上至少应该测试五个长度。在每条测量线上最长的测试长度应该至少与测量体积的最短边一样长。要测试的最长长度应该至少达到测量体积体对角线的三分之二。

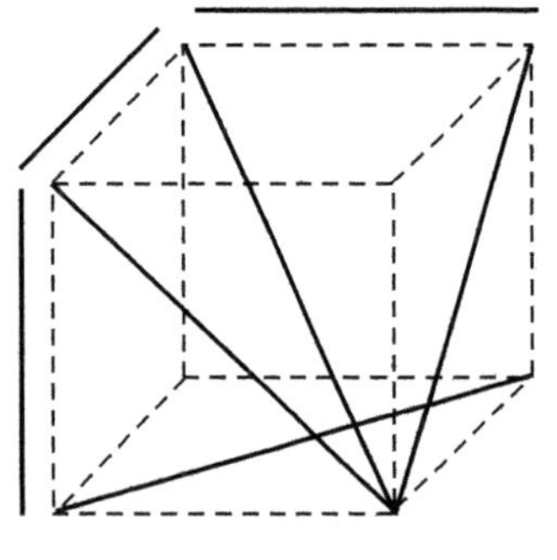

图1　三维测量框架示意图

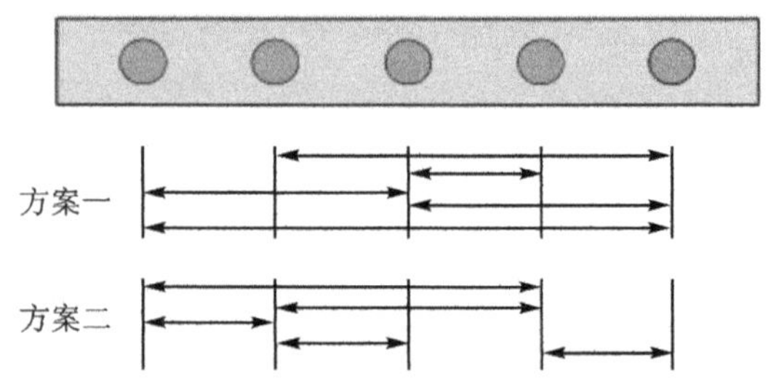

图2　基准尺上5个测量段选取方案

三维长度测量误差 Δl 是通过计算两点间测量值与校准值之差获得，即

$$\Delta l = l_{\mathrm{m}} - l_{\mathrm{k}}$$

允许的三维长度测量误差的极限值 E 是品质参数长度测量误差，即

$$E = A + K \cdot L \leqslant B$$

式中：A、K、和 B 为常量；L 是要测量的长度，如图2所示。

评定方法：

① 如果测量出的每个长度与标定长度之差均不超过规定误差，则检定合格。

② 如果有1根基准尺测量长度与标定长度之差超过规定误差，则重新检定。若检定后全部合格，则检定系统合格；若检定还有超过误差的，则检定系统为不合格。

2.2　目前校准设备说明

由于国内还没有制定相关的标准及规范，目前国内对工业摄影测量系统的校准检测的设备研发还处于空白阶段。依据VDI/VDE 2634准则，国外目前已有的的设备为依据铝合金(或其他金属材料)搭建一个三维测量框架，大小为2 m×2 m×1.5 m，框架上沿各个方向放置7根准确标定的碳纤维基准尺。原理图如图1，现有设备如图3所示。

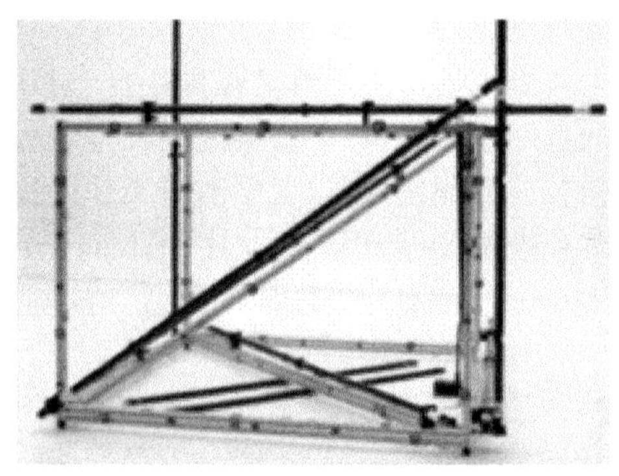

图3　检定框架

铝合金或其他金属作为基准尺的载体，受温度变化影响较大，其热膨胀系数高，严重影响整个校准设备的稳定性。

3　设备概述

3.1　设备设计原则

1. 结构稳定可靠

整个校准设备为框架式结构，大理石作为主要的承重构件，各方向均设置加强结构。

7 根碳纤维基准尺上分别各设置 5 个测量点即为 5 个基准长度。测量点设计为球式磁力靶座，如图 4 所示，可放置三坐标测量机的标准球、电子经纬仪测量系统的半球目标、摄影测量系统的半球反光目标等，以便于对多面体标准装置自身进行校准，仪器与其他工业测量系统进行比较实验。

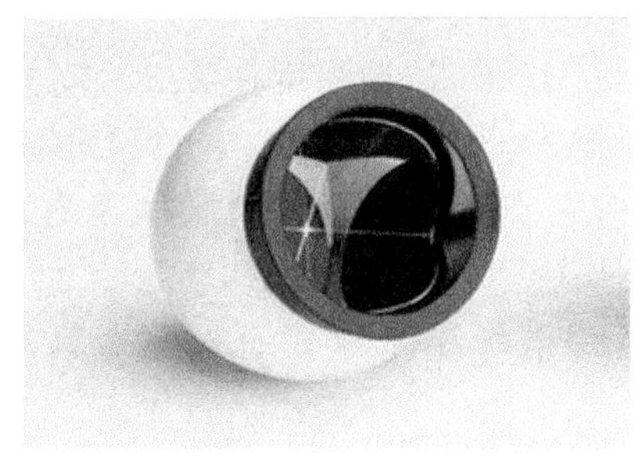
(a) 反射靶球

(b) 摄影测量靶标

图 4　反射靶球与摄影测量靶标

2. 对环境温度不敏感

设备整体承重部分为大理石构件，基准尺主体原料为碳纤维，两种材料的热膨胀系数小，受温度变化影响小。

3.2　设备构成说明

3.2.1　设备介绍

如图 5 所示的设备示意图，千斤顶支撑花岗石平台，花岗石平台上四周固定三根花岗石立柱，花岗石加工后具有精度高、不生锈、耐酸碱、不磁化、不变形、耐磨性好等优点，能在重负荷和一般温度下保持稳定，为整个系统的精确性和稳定性提供保障。三根花岗石立柱按图示位置固定 7 根准确标定的碳纤维基准尺，每根基准尺上有 5 个基准长度。建立起一个呈正方体的空间坐标系统。工业摄影测量系统通过不同位置、不同角度对碳纤维尺的每段基准长度进行测量，按照检定规程将测量结果与碳纤维尺的实际基准长度进行比对，从而检定出该工业测量系统的准确度。

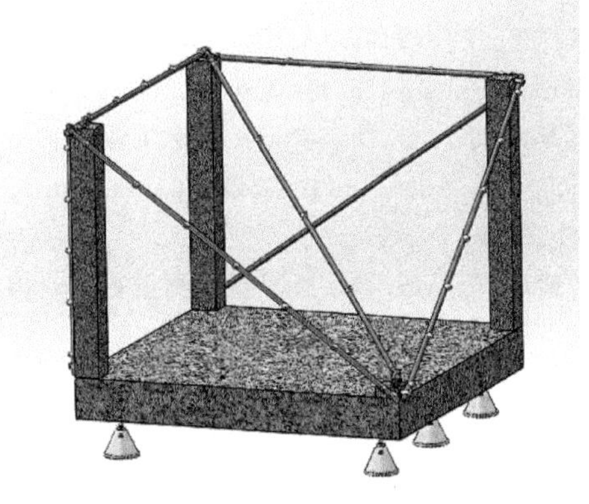
图 5　设备示意图

3.2.2　设备参数及选用材料性能特点

设备整体尺寸为 2 m×2 m，总高度 2 m。设备通过花岗石和碳纤维杆，构成一个空间三维坐标系。

花岗石底座大小为 2 m×2 m，厚 250 mm；

花岗石立柱大小为 150 mm×150 mm 高度 1.5 m；

千斤顶支撑系统高度 230～280 mm。

1. 花岗石性能的优点

① 稳定性好。经过亿万年的天然时效处理，内应力早已消除，组织稳定。

② 加工简便。通过研磨、抛光很容易得到很高的表面粗糙度和精度，加工设备简单，加工周期短，加工成品成本低。

③ 对温度不敏感。导热系数和热膨胀系数都较小，即使在没有恒温的环境下也能保持精度。

2. 碳纤维性能的优点

① 轻质、高强度、高模量。碳纤维密度在1.6～2.5 g/m^3，拉伸强度在2.2 GPa以上。

② 热膨胀系数小。碳纤维热胀系数，在室内为负数(－0.5～－1.6)×10^{-6}/K，在200～400 ℃时为零，在小于1 000 ℃时为1.5×10^{-6}/K。由它支撑的复合材料膨胀系数自然比较稳定。

③ 耐磨性好。碳纤维与金属对磨时，很少磨损，用碳纤维来取代石棉制成高级的摩擦材料。

4 结 论

目前，工业摄影测量系统测量技术虽然取得了长足的进步，在校准方面国内对于摄影测量系统主要参考的是德国VDI/VDE 2634准则。国内现已开展了部分对系统基准尺的标定研究，并取得了一定的研究成果。

在参考了国内外同类校准设备后，依据VDI/VDE 2634准则，结合我公司对于花岗石制造的优势及花岗石稳定的性能。我们研发设计了，通过将碳纤维基准尺固定在花岗石三维台面上，建立空间坐标的系统，实现对工业摄影测量系统的准确度的检定，避免了因金属框架随温度及其他环境因素引起的自身尺寸变化，导致整个检测系统的稳定性降低。

参考文献

[1] 黄桂平，王伟峰，轩亚兵，等. 工业摄影测量系统检定方法研究进展[J]. 中国测试，2015(7).

[2] 徐永，李艳，瞿剑苏，等. 工业摄影测量系统校准技术研究进展综述[J]. 计测技术，2016(6).

[3] 冯其强，李广云，李宗春，等. 数字工业摄影测量技术及应用[M]. 北京：测绘出版社，2013.

[4] VDI/VDE 2634—2002 Optical 3D measuring systems part 1：Imaging systemswith point-by-point probing [S]. 2002.

[5] 贾盛举，于晶涛. 数字近景摄影测量在工业检测中的应用[J]. 测绘学报，2002，31(5).

气动铆枪性能参数测试系统

韩敏行

(青岛前哨风动工具制造技术有限公司，山东·青岛，266114)

摘要：按照国际标准ISO2787—1984、国家标准GB/T 5621—2008的要求研制气动铆枪性能参数测试系统。测试内容包含气动铆枪冲击能(J)、冲击频率(Hz)、入射应力波形、工作压力(MPa)、温度(℃)和耗气量(L/s)等。通过参照国家标准对冲击能量进行公式计算使所测气动铆枪的冲击性能参数范围满足JB/T 9850和JB/T 7739现行产品行业标准的要求。气动铆枪性能参数测试系统包括波形记录分析仪、单通道动态应变仪、数字示波器、函数信号发生器、A/D采集卡、流量计、压力、温度传感器和仪表及压力表校验仪、气罐车(含气动元件)、小台位测试台、大台位(立柱式)测试台、仪表台、吸能器、微机、打印机、吸能器备件(含测杆、吸能体、吸能材料)、应变计、屏蔽线等。被测气动铆枪参数信号进入微机进行数据采集和处理。被测参数信号通过各自的传感器转换成电信号后，馈入仪器仪表进行放大、整形和A/D转换，然后送入微机进行数据采集和处理，由微机的显示屏或打印机给出试验结果。

关键词：气动铆枪；性能参数；测试系统；冲击能量

1 概况

气动铆枪性能参数测试系统按照国际标准ISO 2787—1984、国家标准GB/T 5621—2008的要求，所测产品的冲击性能参数范围满足JB/T 9850和JB/T 7739现行产品行业标准的要求进行设计。被测产品参数信号进入微机进行数据采集和处理，测试程序用下拉式菜单选择进行测试、标定、测试曲线和数据处理结果的保存、打开和打印等功能。被测参数信号通过各自的传感器转换成电信号后，馈入仪器仪表进行放大、整形和A/D转换，然后送入微机进行数据采集和处理，由微机的显示屏或打印机给出试验结果。噪声测试的钢球吸能器和声学隔音罩符合GB/T 5898及相关标准的规定。

2 技术指标

气动铆枪测试内容和范围如表1所列。

表1 测试内容和范围

测试项目	范　围	误　差	输出形式	备　注
冲击能	0.6～70 J	±8%	连续25次及其均值、方差；存储、打印	国际、国家标准规定±10%
冲击频率	5～90 Hz	±2%	连续25次及其均值、方差；存储、打印	
入射应力波形			抽样4条、绘图、存储、打印	
工作压力	0～0.8 MPa	±1.5%	可存储、打印	国家标准规定±2.4%
温度	0～100 ℃	±2%	可存储、打印	
耗气量	4～35 L/s	±5%	可存储、打印	0.63 MPa，20 ℃时

3 技术方案

冲击能量

冲击能量采用国际标准和国家标准规定的应力波法进行测试;参照中国地质科学院探矿工艺研究所的李常春同志在DA110型冲击器冲击式气动工具性能测试中使用的公式计算,撞击钎杆产生应力波,波在钎杆中传播时具有一定的能量:

$$E_{\mathrm{p}}=\int_{0}^{\tau} p V \mathrm{d}t=\int_{0}^{\tau}(A \sigma) \cdot\left(C \frac{\sigma}{E}\right) \mathrm{d}t=\frac{A C}{E} \int_{0}^{\tau} \sigma^{2} \mathrm{d}t$$

式中:E_{p}为总能量;p为受力;V为速度;$pV\mathrm{d}t$为测杆断面积;A为测杆断面积;σ为测杆应力;C为波速;τ为脉冲持续时间。

根据上式,气动铆枪的冲击能量可采用适当的瞬态应力记录手段捕获钎杆中一点的应力历程,然后平方求积进行确定。

冲击频率f是根据两次冲击入射应力波峰值周期T测取。

4 测试系统

4.1 冲击性能测试系统简介

冲击性能测试系统如图1所示,被测样机、测杆和吸能装置安装在立式台架上。推进缸给被测产品施加推力。测杆需要足够的长度,以准确地捕获入射应力波形,避免反射波的干扰,其一端置于吸能装置中。吸能装置采用长管结构,内置摩擦片和吸能材料,模拟实际工作过程中能量被不断吸收的情况,并消除了钎杆的多余振动,也提高了应变片的使用寿命。

在钎杆上采用两组应变片相对粘贴于钎杆两侧,串联作为半桥的一臂检测钎杆中的纵波。桥路中测取的电压经应变仪适当放大,输入到波形存储器分析仪,依次准确地俘获每次冲击的入射应力波,经A/D变换,通过接口输入微机进行数据处理。得到气动铆枪的连续25次冲击的测杆最大应力、冲击能量和冲击频率及其统计值。由打印机给出相应的数字结果和应力波形采样曲线。

工作压力的测试用安置在气罐车上的压力传感器完成,经由二次仪表放大,送入A/D板进行转换,调入微机进行数据处理和打印。气动铆枪的耗气量和压力温度的测试通过安置在储气罐进气端的流量计和气罐车上温度传感器完成,经由二次仪表变成模拟量信号送入A/D板中进行变换,输入微机进行数据处理和打印结果表。

台架采用立柱式台架,推进装置和标定装置呈90°绕立柱轴线可转动。以方便进行测试和标定。气罐车上装有调压阀和油雾器及阀门。以调节工作压力和推进压力。立柱上装有换向阀,控制推进气缸的进退。冲击能测试采用两个台位。气动铆枪采用4支吸能器。

4.2 冲击性能测试系统标定

由于电测系统受多种条件的影响,标定工作是保证测试精度的重要手段。本系统冲击能量标定采用国际标准所规定的自由落锤标定,标定工作在转臂立式试验台上进行。由导向的

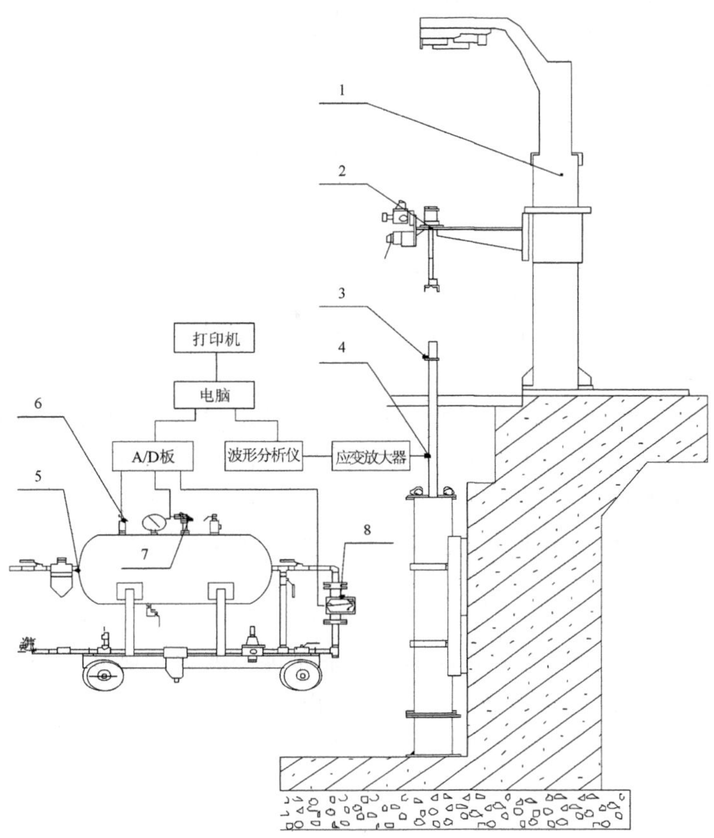

1—台架；2—推进缸；3—吸能器；4—应变片；5—气罐车；6—压力传感器；7—温度传感器；8—流量计

图1 冲击性能测试系统

落锤自一系列不同高度撞击测杆，计算其产生的最大应力 σ_{max}，即

$$\sigma_{max}=\varphi\frac{E}{C}V_p=\varphi\frac{E}{C}\sqrt{2gh}$$

式中：g 为重力加速度；h 为落锤下落高度；φ 为应力系数。

应力标定系数：

$$B_s=\frac{\sigma_{max}}{n_{max}}$$

式中：n_{max} 为应力波峰值采样点量化值。

由标定系数可确定出钎杆的最大应力：

$$\sigma_{max}=B_s\cdot n_{max}$$

冲击能：

$$E_p=\frac{AC}{E}\int\sigma^2\mathrm{d}t=\frac{AC}{E}B_s^2\int n^2\mathrm{d}t=C_sS$$

式中：n 为应力波各采样点量化值；C_s 为冲击能标定系数$=\frac{AC}{E}B_s^2$；S 为应力量化值平方积分和$=\int n^2\mathrm{d}t$。

同时亦可采用能量标定方法，

$$mgh = \frac{AC}{E} B_{\mathrm{E}}^2 S$$

应力标定系数：

$$B_{\mathrm{E}} = \sqrt{\frac{mgh \cdot E}{A \cdot C \cdot S}}$$

能量标定系数：

$$C_{\mathrm{E}} = \frac{mgh}{S}$$

在完善的测试条件下，两种方法得出的结果应该很好地一致，测试中可用这两种方法进行相互校正。

落锤采用标定管导向，标定管采用精炼无缝钢管制造，落锤与测杆等截面。标定管上部装有一套挂锤机构，提升落锤在设定的某一位置上，通过释锤机构，使落锤在标定管中顺管壁自动下落撞击钎杆进行标定。

吸能器反射能量 E_{r} 和入射能量 E_{p} 之比称为能量反射系数：

$$\lambda = \frac{E_{\mathrm{r}}}{E_{\mathrm{p}}}$$

它反映了吸能装置的吸能特性，在标定时对反射能量进行测定。要满足国际标准 ISO 2787—1984 规定“反射能量不应超过入射能量的 20%”的要求。

压力、温度、耗气量诸参数的标定分别采用压力表校准仪，标准电阻和流量计直接读数进行。

5 硬件系统

5.1 应力波标定台架

该台架用于应力波实验的标定(见图 2)。

5.1.1 大台位冲击能标定

当冲击能标定时，将标定测试架转到标定状态，根据测试样机选择所用的吸能器和落锤，将落锤装入到导向管中，调整落锤标定导向管中心与吸能器中心重合，拧紧螺丝，使标定测试架不能转动，拉动拉绳，使落锤下落。并测量落锤下落高度。记录落高。打开程序，选择大台位标定，将落高和所选落锤重量输入程序中，即可进行冲击能标定。

5.1.2 小台位冲击能标定

当进行小台位冲击能标定时，首先根据所测样机选择吸能器。然后将落锤标定导向管安装到小台位试验台上，注意：导向管下部距吸能器测杆端面的长度为落锤长度的三分之一。将落锤穿好拉绳，放入导向管中，使落锤下落靠近吸能器测杆端面，此时调整吸能器位置，使落锤中心与吸能器中心重合，然后测量落锤下落高度，记录落高。打开程序，选择小台位标定，输入落高和落锤重量，即可进行小台位标定。

5.2 应力波测试台架

该台架用于应力波实验的冲击能和冲击频率的测试(见图 3)。

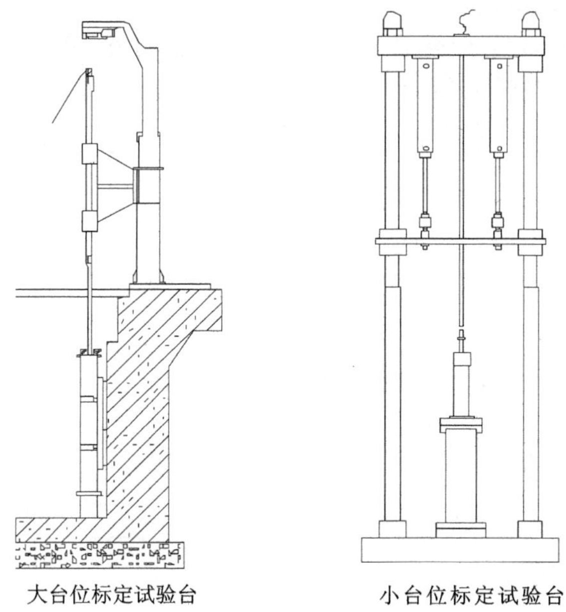

图 2　标定试验台

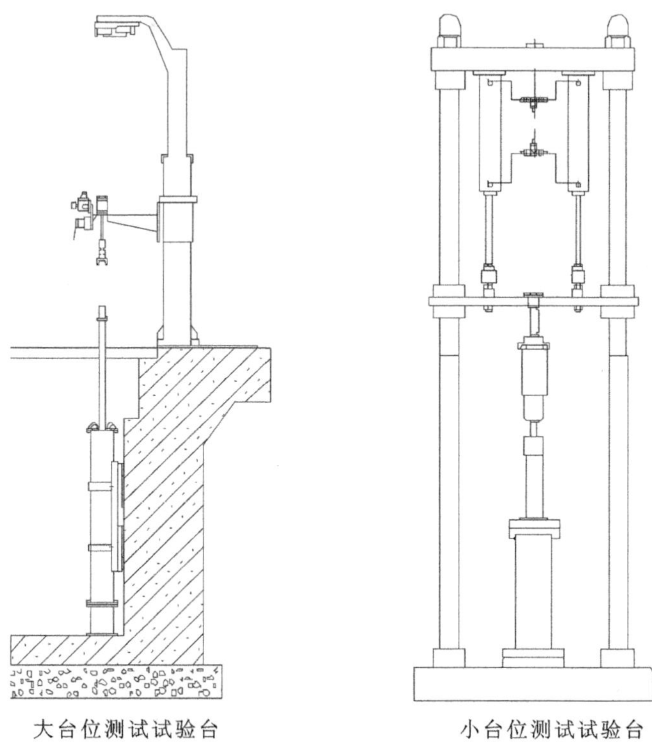

图 3　冲击能试验台

5.2.1　大台位冲击能测试

标定工作完成后，转动标定测试架，使气缸活塞杆与吸能器杆中心重合，拧紧螺丝，使标定测试架不能转动，将测试样机插入吸能器杆中，扳动换向阀，使气缸压紧样机，调节调压阀，使推力为 0.4 MPa，调整好气罐车气压，即可进行冲击能测试工作。

5.2.2 小台位冲击能测试

标定工作完成后，将标定导向管取下，装上压头装置，将样机插入吸能器中，扳动换向阀，使气缸缓慢下行，此时调整吸能器位置，使压头与样机垂直重合。调节调压阀，使推力为0.3 MPa，调整好气罐车气压，即可进行冲击能测试工作。

6 系统连线

应力波系统连线如图4所示。

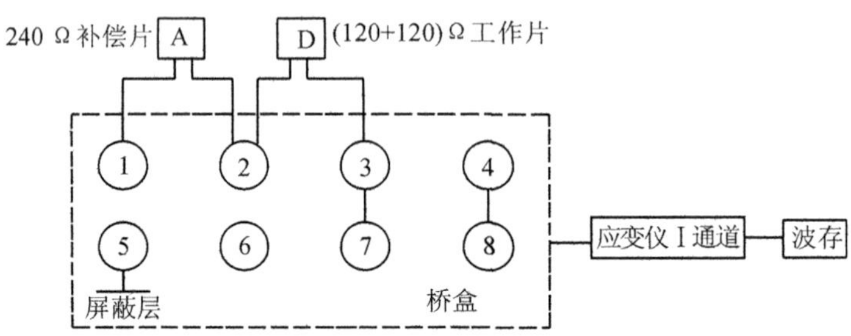

图4 应力波系统连线

系统信号线总图如图5所示。

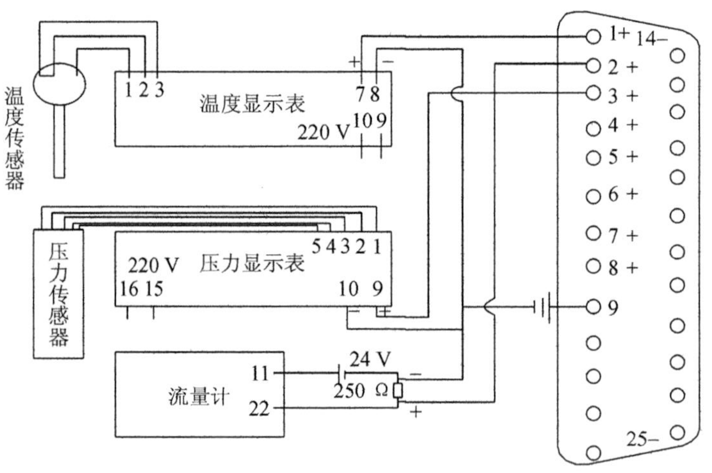

图5 系统信号线总图

7 程序使用说明

气动铆枪性能参数测试系统程序是为检测气动铆枪冲击参数专门开发的。微机通过瞬态波形记录分析仪对应力波进行采样，并通过A/D采样接口获得压力、温度、耗气量、冲击频率的数字信号，其后进行计算，最后给出测试结果（包括数值和波形曲线）；并具备试验报告的编制和打印功能，程序采用VB6.0编写，安装及使用方便，微机要求Windows系统操作环境。

7.1　程序的安装

7.1.1　设置 CMOS 参数

开机时按 Del 键进入 CMOS 设置界面，选择 Integrated Peripherals 项，回车后，选择 Parailel Port Mode:EPP 及 EppMode Select:EPP1.9，退到上层界面，按 F10 存盘退出。

提示：请注意电脑 CMOS 中是否有上述设置，如果没有，可能会导致程序报错。

7.1.2　安装气动铆枪性能参数测试系统软件

将气动铆枪性能参数测试系统软件安装盘中的压缩文件解压缩到硬盘的指定目录下，然后执行 setup.exe 文件进行安装。

7.2　程序使用方法

双击程序的快捷图标，进入软件的主菜单选项，内有：波存参数、AD 参数设置、AD 参数标定、大台位标定、小台位标定、铆枪标定、大台位测试、小台位测试、铆枪测试、大台位实验报告、小台位实验报告、实验报告、退出项。

7.2.1　波存参数设置

在主菜单中单击波存参数设置菜单，将进入波存参数设置界面，如图 6 所示。

参数设置文件保存的是前一次测试设置的参数和标定系数，参数设置是设置 XGC－E 瞬态波形记录分析仪的必须参数。

默认的参数是：XGC－E 瞬态波形记录分析仪的第一通道；量程：±1 V；耦合方式：AC；触发方式：上升沿触发；触发上沿电平：130；触发下沿电平：130；预延数：－50。

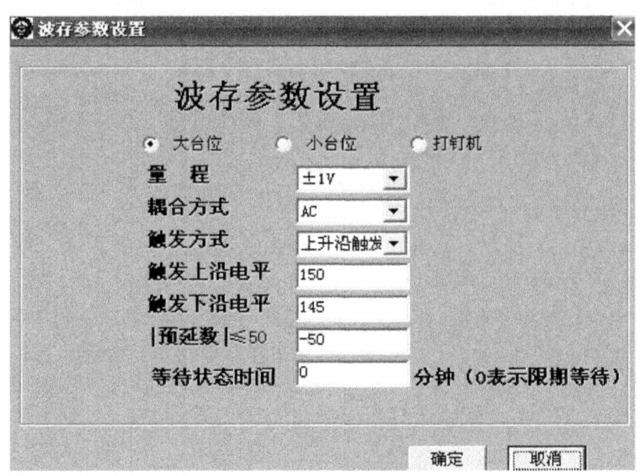

图 6　波存参数设置

如图 6 所示的波存参数设置的意义如下：

通道：选定的波形记录仪通道。大台位对应为一通道，小台位对应为二通道，由鼠标单击确定。

量程、耦合方式、触发方式：由右侧下拉菜单选定即可。

触发上沿电平、触发下沿电平、预延数：对触发信号的电平和预延数设定。设定预延数是为了记录触发点以前的信号，即负延迟的记录，以实现对一次实验的全程记录。上述三项参数均可借助鼠标键入。

在参数设置完成后，单击“确定”或“取消”按钮。即可重新回到主菜单画面，以便进行下一步操作。

7.2.2 AD参数设置

在主菜单中单击AD参数设置菜单，将进入AD参数设置界面(见图7)。

① 单击“增加”按钮，可增加相关参数。

② 单击“修改”按钮，可修改相关参数。

③ 单击“删除”按钮，可删除相关参数。

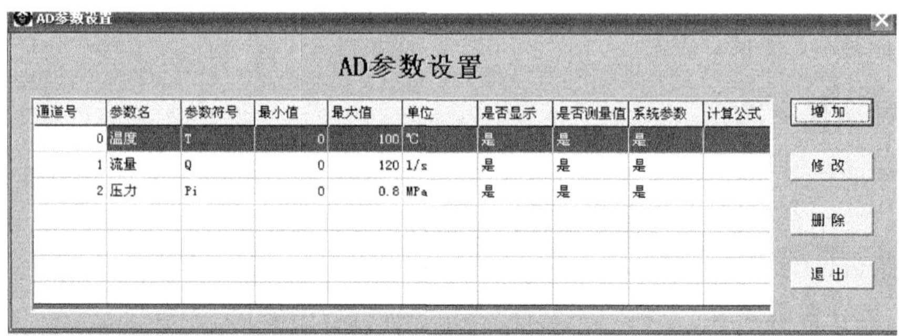

通道号	参数名	参数符号	最小值	最大值	单位	是否显示	是否测量值	系统参数	计算公式
0	温度	T	0	100	℃	是	是	是	
1	流量	Q	0	120	1/s	是	是	是	
2	压力	Pi	0	0.8	MPa	是	是	是	

图7 AD参数设置

7.2.3 AD参数标定

在主菜单中单击AD参数标定菜单，将进入AD参数标定界面(见图8)。

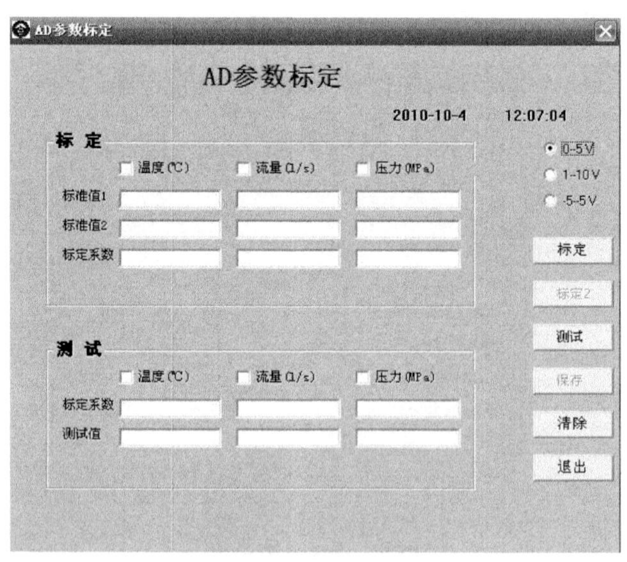

图8 AD参数标定

① 首先勾选需标定的参数，进行AD参数标定时，只能单独进行，三个参数不能同时标定。

温度参数标定：可采用电阻方法(50 Ω，0 ℃，70 Ω，40 ℃)进行标定。

流量参数标定：可采用通过气罐车出气口放气的方法，扳动出气口阀门，待流量计温度一个值后，标定一次，在开大阀门，待流量计温度另一值后标定第二次。

压力参数标定:可采用气罐压力(一般选择0.2 MPa和0.6 MPa)进行标定。

② 待提供的温度值(电阻值)、流量值、压力值稳定后,在标准值1中对应的框内输入参数值,单击“标定”按钮,等“标定”按钮变成灰白后,调整温度值(电阻值)、流量值、压力值,在标准值2中对应的框内输入参数值。单击“标定2”按钮,等“标定2”按钮变成灰白后,程序会自动计算出相关参数的标定系数。

③ 单击“保存”按钮,可保存相关参数的标定系数。

④ 在测试栏中勾选需测试的参数,单击“测试”按钮,可对相关参数进行测试。并校对已标定的参数是否正确,如不正确可按前面的步骤重新标定。测试时可三个参数同时测试。

⑤ 测试中可随时按“清除”按钮中断测试。

⑥ 标定完后单击“退出”即可。

7.2.4 大台位测试、小台位测试、铆枪测试

在主菜单中单击大台位测试、小台位测试或铆枪测试测试菜单,将进入应力波测试界面(见图9)。

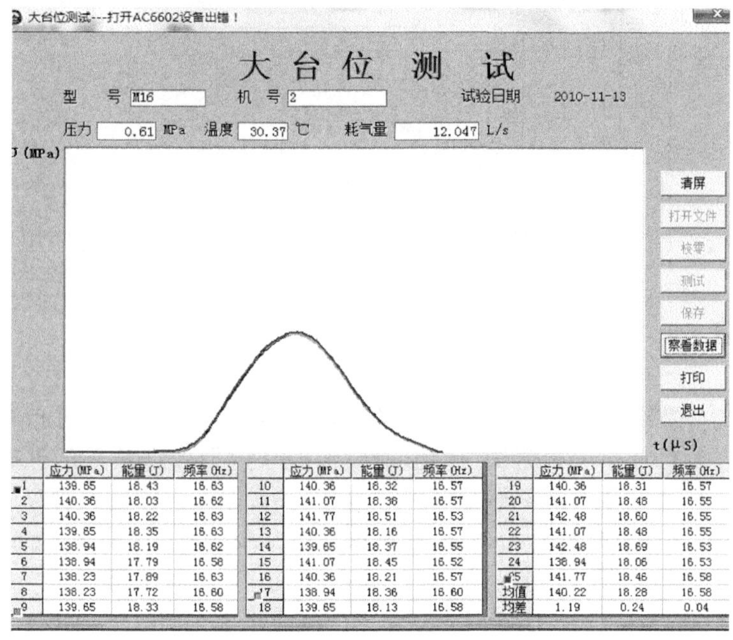

	应力(MPa)	能量(J)	频率(Hz)
1	139.65	18.43	16.63
2	140.36	18.03	16.62
3	140.36	18.22	16.63
4	139.65	18.35	16.63
5	138.94	18.19	16.62
6	138.94	17.79	16.58
7	138.23	17.89	16.63
8	138.23	17.72	16.60
9	139.65	18.33	16.58

	应力(MPa)	能量(J)	频率(Hz)
10	140.36	18.32	16.57
11	141.07	18.36	16.57
12	141.77	18.51	16.53
13	140.36	18.16	16.57
14	139.65	18.37	16.55
15	141.07	18.45	16.52
16	140.36	18.21	16.57
17	138.94	18.36	16.60
18	139.65	18.13	16.58

	应力(MPa)	能量(J)	频率(Hz)
19	140.36	18.31	16.57
20	141.07	18.48	16.55
21	142.48	18.60	16.55
22	141.07	18.48	16.55
23	142.48	18.69	16.53
24	138.94	18.06	16.53
25	141.77	18.46	16.58
均值	140.22	18.28	16.58
均差	1.19	0.24	0.04

图9 应力波试验

① 单击“打开文件”按钮,可调出以前保存的应力波测试文件的数据,进行显示、打印。

② 应力波测试前,必须对XGC-E瞬态波形记录分析仪进行校零,单击“校零”按钮,XGC-E瞬态波形记录分析仪的面板右侧的指示灯会闪烁,待指示灯停止闪烁后,方可开始测试。

③ 测试采集完所有的数据后,软件自动使“测试”按钮变灰,激活“保存”按钮和“打印”按钮,根据需要可单击相应按钮,将测试波形和数据打印出来或保存到文件中,文件名由自己输入确定。按“清屏”按钮可清除屏幕上的测试波形和数据。机型和机号可根据实际情况填入。

7.2.5 大台位试验报告、小台位实验报告、铆枪实验报告

在主菜单中单击大台位试验报告、小台位实验报告或铆枪实验报告菜单,将进入试验报告界面(见图10)。

单击“调测试值”按钮，可调出您要出报告的应力波测试文件的数据，落锤的重量和落高、机型和机号、标定系数以及应力波测试数据被自动调入，最多调入 5 个测试文件的数据，输入其他数据，单击“打印”按钮即可打印试验报告。

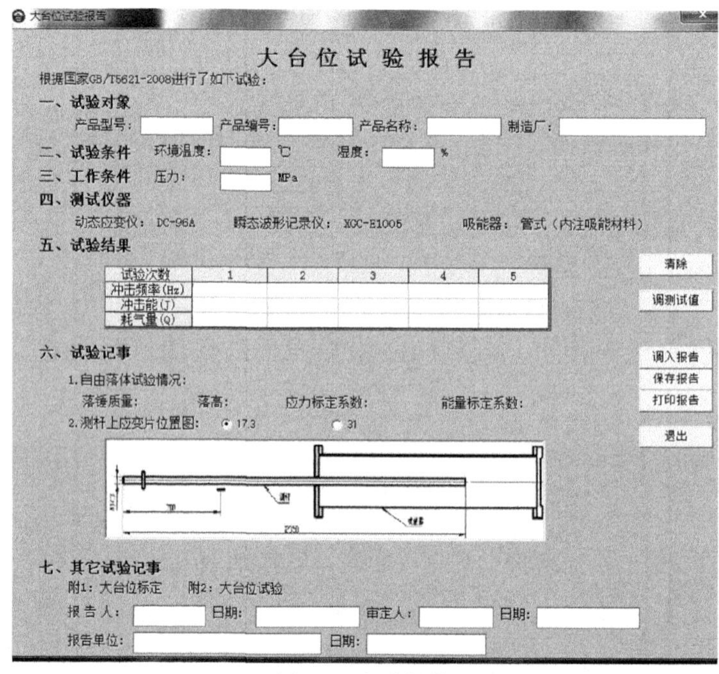

图 10　实验报告

8　总　结

气动铆枪性能参数测试系统通过被测气动铆枪参数信号进入微机进行数据采集和处理，测试程序用下拉式菜单选择进行测试、标定、测试曲线和数据处理结果的保存、打开和打印等功能。被测参数信号通过各自的传感器转换成电信号后，馈入仪器仪表进行放大、整形和 A/D 转换，然后送入微机进行数据采集和处理，由微机的显示屏或打印机给出试验结果。

测试内容包含气动铆枪冲击能(J)、冲击频率(Hz)、入射应力波形、工作压力(MPa)、温度(℃)和耗气量(L/s)等。满足 JB/T 9850 和 JB/T 7739 现行产品行业标准的要求。

参考文献

[1] 李志国. 深井采掘水力凿岩机冲击凿岩效率研究[D]. 长沙：中南大学，2010.

[2] 兰勇，邹国杰，贾平，等. 气动铆钉机性能参数测试系统的研制[J]. 凿岩机械气动工具，2015(3)：32-35，54.

[3] 李常春. DA110 型冲击器的设计及性能参数测试[J]. 探矿工程(岩土钻掘工程)，2008(7)：60-63.

[4] 高波，杨桢毅，吕闯，等. 应力波法测试液压凿岩机的应用[J]. 凿岩机械气动工具，2019(1)：45-50.

[5] 方家耀. 浅论钎杆上电阻应变片的粘贴方法[J]. 中国科技纵横，2016(4)：73-74.

一种适用于光学检测的气浮运动台

李明富
（青岛前哨精密仪器有限公司，山东·青岛，266045）

摘要：气浮运动台作为精密定位装置，具有无摩擦、运动平稳、高精度、无污染、易维护等诸多优点，使其在光学检测领域得到了广泛应用。但是，由于气浮运动台同时存在的承载刚性低、气体流动、抗干扰能力差等缺陷，在进行某些高精度检测时，会对测量精度造成一定的影响（例如配合激光干涉仪使用时，其气体的扰动会干扰激光在空气中的传播，从而造成测量误差）。因此，气浮运动台在高精度光学检测中应用时，如何采取措施来减小或消除上述缺陷带来的影响，成为一个亟待解决的重要问题。本文将系统介绍一种适用于光学检测的气浮运动台的实现方案，并提出了消除上述缺陷影响的解决方法。

关键词：四轴运动；气浮滑台；气浮转台；气体收集；精密定位

1 引 言

适用于光学检测的运动台主要用于配合激光干涉仪等设备进行精密元件的表面面形检测。其工作时要求具有不易变形，运行平稳，定位精度高，静止稳定度好，无污染，对测量激光无干扰等特点。因此，在设计该类运动台时，应选用抗压抗变形的基体，低摩擦或无摩擦的运动副，高刚性、高效率的传动系统，以及高精度测量反馈系统和控制系统。综合以上因素，由直线电机直接驱动的气浮运动台，因其自身特点成为光学检测运动台的一种理想选择。

此外，由于激光干涉仪等设备，在高精度检测时，周围环境对其精度的影响较大，如温度、空气波动等。因此此类光学检测的运动台在使用时，也应对其使用环境进行控制。

本文将系统介绍一种适用于光学检测的气浮运动台的实现方案。

2 方案概述

本文中涉及的一种用于光学检测的气浮运动台，主要由 2 个直线运动轴、2 个旋转运动轴以及主动隔震系统组成（见图 1）。其结构示意图及技术要求如表 1 所列。

表 1 技术要求

运动轴	运动方式	有效行程	直线度	定位精度	俯仰偏摆	静止稳定度	自重/kg	承重/kg
轴①	直线运动	1 300 mm	5 μm	1 μm	±5 μrad	±50 nm/30 min	180	55
轴②	直线运动	1 300 mm	5 μm	1 μm	±5 μrad	±50 nm/30 min	180	20
轴③	旋转运动	15 mrad	无	1 μrad	无	±50 nm/30 min	350	460
轴④	旋转运动	15 mrad	无	1 μrad	无	±50 nm/30 min	310	0

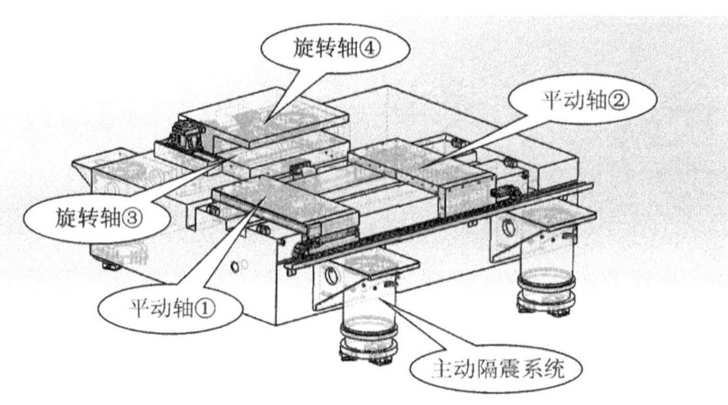

图1 设备结构示意图

3 直线运动的实现方案

结构组成:①、②采用矩形大理石("济南青")导轨和"U"形大理石("济南青")气吸附滑台(同时包含正负气)的结构,通过直线电机驱动,直线光栅尺(雷尼绍"ZreoMet直线栅尺")做位置反馈,闭环定位控制。另设有电限位、硬限位、拖链等附件。

实现原理:本结构通过控制矩形大理石("济南青")导轨和"U"形大理石("济南青")气吸附滑台的形位精度(平面度、直线度、平行度、垂直度等),为滑台提供高精度的导向基准,来满足滑台运动的直线度和俯仰偏摆要求;同时也为光栅尺、直线电机提供了高精度的安装基准面,使整个光栅系统的线性精度和直线电机的传动精度更高,以此保证定位精度要求。

同时,①、②滑台到位后,可通过断正气、断伺服的方式,使滑台通过负压吸附到导轨上来定位,以保证滑台的静止稳定性。

方案优点:大理石导轨("济南青")质量优异,可加工精度高,稳定性好;气吸附滑台,运动过程无摩擦,且可通过负压增加预紧力,提高气浮块刚度,并定位滑台;直线电机传动效率高,系统响应快,且可缩小传动机构空间体积;高精度光栅尺(雷尼绍"ZreoMet直线栅尺"),膨胀系数小。

4 旋转运动的实现方案

结构组成:③、④轴采用大理石("济南青")气浮台面和大理石("济南青")气吸附转台的结构。以空气轴承作为转台旋转轴心,配合直线-角位移转换机构,通过直线电机驱动,直线光栅尺(雷尼绍"ZreoMet直线栅尺")做位置反馈,闭环定位控制。另设有电限位、硬限位等附件。

实现原理:本结构通过控制大理石("济南青")气浮台面和大理石("济南青")气吸附转台的形位公差(平面度、平行度等)以及转轴与旋转面的垂直度,来保证转台的俯仰要求;转台旋转中心处的高精度旋转轴承(或者空气转轴)可做轴向移动和旋转运动,可补偿转台通气时气膜厚度带来的高度差,并作为转台的旋转基准;控制高精度旋转轴承(或者空气转轴)旋转时的径向跳动≤0.5 μm,来保证转台旋转时的径向跳动≤0.5 μm;采用直线-角位移转换机构,将直线电机的直线运动转换为滑台的旋转运动,达到通过控制高的直线定位精度来确保高的旋转定位精度的目的。

直线-角位移转换机构直线定位精度计算：当转台的旋转半径为 1 000 mm 时，要实现行程 15 mrad，定位精度 1 μrad 的精度，直线位移机构的行程应达到 15 mm，直线定位精度应达到 1 μm。

同时，③、④滑台到位后，可通过断正气、断伺服的方式，使滑台通过负压吸附到导轨上来定位，保证滑台的静止稳定性。

方案优点：花岗石导轨（“济南青”）质量优异，可加工精度高，稳定性好；气吸附滑台，运动过程无摩擦，且可通过负压增加预紧力，提高气浮块刚度，并定位滑台；直线电机传动效率高，系统响应快，且可缩小传动机构空间体积；高精度光栅尺（雷尼绍“ZreoMet 直线栅尺”），膨胀系数小；高精度旋转轴承旋转精度高，可保证转台径向跳动；直线-角位移转换机构，通过控制高的直线定位精度来确保高的旋转定位精度的目的。

5　环境控制

由于设备定位精度和静止稳定度要求较高，故需控制设备环境温度，以避免过大的温度变形带来测量偏差。基本温度 20 ℃，温度波动度≤±0.05 ℃，温度梯度≤0.1 ℃/m；基本湿度 50% RH，湿度波动≤±3% RH。

6　气浮结构刚性、稳定性及气体扰动的解决方案

气浮运动台的运动副由气浮导轨和气浮滑块组成。其工作时，将压缩空气通过气浮滑块底面的节流孔排出，在气浮导轨与气浮滑块之间行程一层压力气膜，借助此压力气膜来支撑负载并实现平稳运动。因其摩擦阻力小，噪音低、振动小、运行平稳，精度高等特性，在诸多领域得到应用。

传统的气浮结构只含有正气，虽然其承载能力尚可，但是其刚性较差，且排出的压缩空气对环境扰动大，静止时抗干扰能力差。对于当前的使用，明显不能满足要求。因此，我们在传统正压气浮块的基础上，进行了改进，增加了中心负压腔，对气浮块进行真空预紧和吸附定位，同时增加了环形负压腔，对气浮块排出的气体进行收集。其基本结构如图 2 所示。

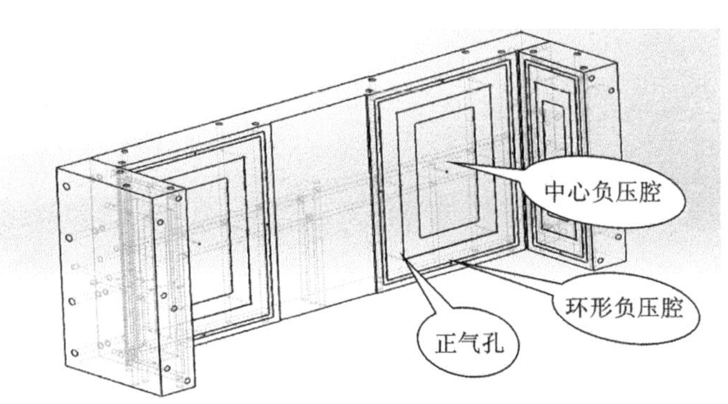

图 2　带真空预压和气体收集的气浮块

工作原理：正气孔排出的压缩空气，在气浮块表面形成压力气膜，以支撑负载；中心负压腔向外抽气形成负压区，对气浮块进行预紧，并当正气消失后吸附定位气浮块；环形真空腔，也向

外抽气，通过流量表监测并调整正气进气量与两负气抽气两相等，来达到气体收集的目的。此外，空气轴承也可通过此方法达到空气收集的目的。

7 总结

本文首先简单介绍了一种适用于光学检测的气浮运动台，并基于气浮运动台的指标要求，描述了其结构组成及实现原理，并针对气浮台的刚性差、存在空气扰动、易受干扰等不利问题，改进了气浮块的结构，使该种结构的气浮滑台更适用于光学检测。

参考文献

[1] 陈学东. 超精密气浮定位工作台技术[M]. 武汉：华中科技大学出版社，2008.
[2] 刘珊珊. 真空预紧气浮支承静承载特性仿真建模与实验分析[D]. 武汉：华中科技大学，2012.
[3] 刘晨帆. 基于多孔集成节流器的气浮轴承性能研究[D]. 西安：西安工业大学，2017.
[4] 蔡田，张鸣，朱煜，等. 超精密气浮工件台误差建模[J]. 清华大学学报(自然科学版)，2011(6).

自动进给钻孔装置的技术研究与应用

葛振涛　钟毅　韩大尧

（青岛前哨风动工具制造技术有限公司，山东·青岛，266000）

摘要：随着航空产业的发展，现代飞机大量采用先进的合金材料和复合材料，如何保证制孔的质量和提高制孔的工效，这对制孔工具提出了新的挑战和要求。自动进给钻可以轻松应对各种不同的材料，并满足严格的制孔要求。偏置头自动进给钻应用于狭窄部位的空间作业；根据需要将偏置头进行旋转，用于解决飞机装配过程中的制孔作业问题，对于提高工作效率，缩短工期具有重要作用，因此在现代飞机装配过程中得到大量应用，是目前飞行器制造领域较为常见与不可或缺的专用制孔设备。

关键词：自动进给钻孔装置；ADU；EDU；制孔；效率

1　国内外技术发展现状

1.1　国外发展现状

国外对于自动进给钻孔装置的发展较早，其产品规格齐全，技术成熟，产品形成了模块化、系列化，更新换代较快，目前处于领跑状态。“马头”在自动进给钻孔装置领域已经全面覆盖，有ADU、EDU两种，即气动自动进给钻和电动自动进给钻，在EDU上已经实现了模块化设计，具有机头与工作头是否匹配芯片，可以快速识别，快速度安装，图1～图3所示为Atlas、Desoutter公司的自动进给钻孔装置，其产品结构多样化，智能化，模块化。

图1　Desoutter自动进给钻(ADU)

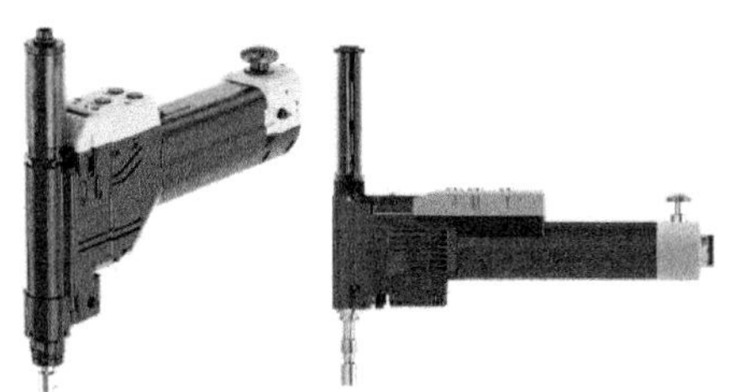

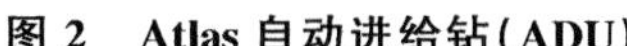

图2　Atlas自动进给钻(ADU)

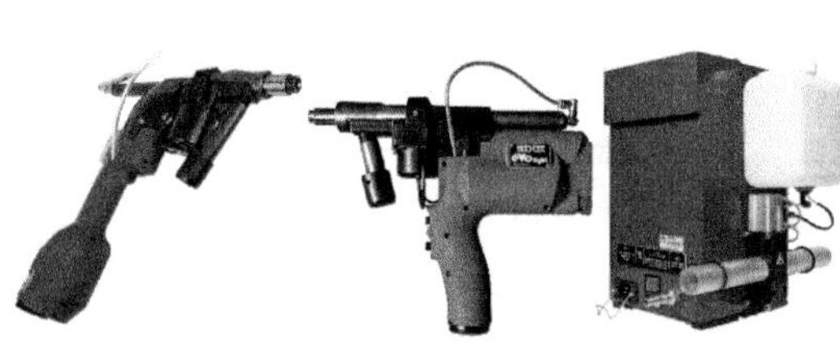

图3　Desoutter自动进给钻(EDU)

1.2 国内发展现状

自动进给钻在国外航空制造领域应用广泛，发展比较成熟。目前我国在对该类产品的技术掌握上还属于空白，起步较晚，缺少相关产品设计和使用经验，对产品加工及装配方法缺少经验，产品种类单一，与国外存在较大差距，图4是青岛前哨生产偏置头式自动进给钻(ADU)。

1.3 发展趋势

ADU的发展趋势是采用涡轮气动式发动机替代目前的偏心叶片式发动机，目前该过程已实现，且在航空领域呈现大规模应用；其次，产品模块化不断细化、产品向系列化、轻量化方向发展；同时，EDU目前也在国外大量应用，国内应用案例较少，仅在商飞、沈飞有成功案例；与ADU相比，具有速度、进给量可调等诸多优点，其发展朝智能化方向迈进，可以根据不同材料预设不同转速和进给量，大大提高工作效率，缩短了生产周期；其次，模块化设计的实现促使其具有更多应用场景，只需购买一套动力，匹配不同程度的工作头，具有快换式结构，一键拆卸，使用方便，提高了产品利用率，从而使动力更加节能、高效。

图4 前哨DE900-400自动进给钻(ADU)

2 自动进给钻孔装置的结构及工作原理

自动进给钻孔装置的结构和工作原理相对其他气动产品复杂，本文主要以前哨生产的DE900-400自动进给钻为例进行讲述，其他品牌产品的工作原理与此大致相同。ADU完全自动化的制孔循环周期：按下启动按钮使得机器主轴运转，并自动进给制孔。达到设定的行程后，主轴快速收缩复位，机器停止。

2.1 自动进给钻孔装置的结构

自动进给钻孔装置的结构主要由三大部分组成：动力单元、控制单元和偏置头工作单元组成。动力单元为自动进给钻提供适宜转速及所需动力；控制单元控制自动进给钻的启停、进给；偏置头单元用于不同工位的角度变换，及提供动力传递。

2.1.1 动力单元

动力单元由Ⅰ柄体组件、Ⅱ发动机组件、Ⅲ减速器组件构成，结构如图5所示。

2.1.2 控制单元

控制单元作为自动进给钻的控制部分，具有启停、控制进给、实现进刀、退刀功能，如图6所示，主要由Ⅳ离合器组件、Ⅴ微啄系统、Ⅵ气缸活塞、Ⅶ控制阀杆、Ⅷ换向结构组成。离合器组件控制自动进给钻的进给退刀；微啄系统实现切削断屑；气缸活塞实现离合器的啮合达到退刀目的；控制阀杆的上下移动实现气路通断，保证钻孔深度；换向结构实现偏置头的换向功能。

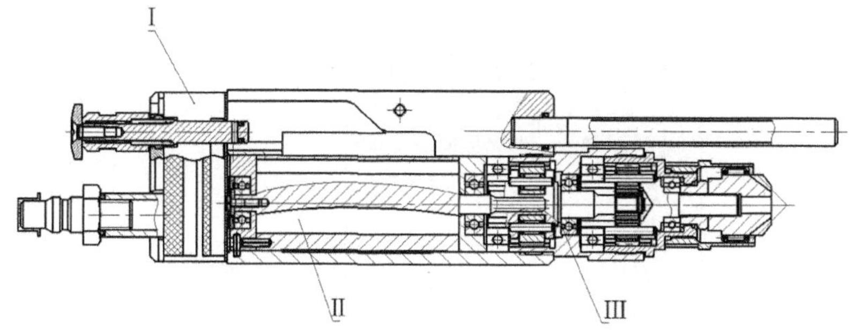

图 5　动力单元

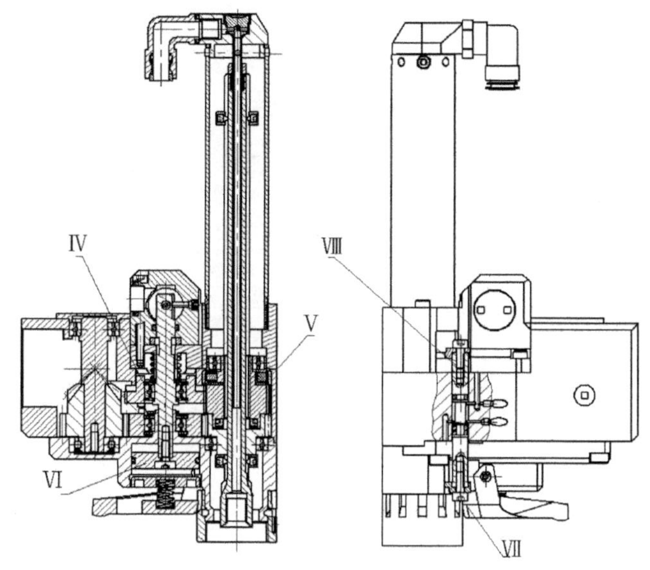

图 6　控制单元

2.1.3　偏置头单元

偏置头单元主要由Ⅸ传动齿轮箱和Ⅹ壳体组件构成，如图 7 所示。Ⅸ传动齿轮箱通过输入齿轮与控制箱的输出螺杆通过螺纹相连接，当动力通过控制单元输出到齿轮箱齿轮时，钻头开始旋转，壳体通过钻套将自动进给钻悬挂在钻模板上，实现钻孔作业。

2.1.4　辅助装置

单独的 ADU、EDU 无法实现制孔作业，需要钻套与钻模板配合，或者膨胀夹头与钻模板的配合进行使用。目前有两种形式：一种是需要钻模板、钻套才能进行制孔作业，该种形式只能进行钻孔、铰孔，无法进行锪窝；另一种是只需要钻模板，不需要钻套，利用自动进给钻孔装置的膨胀夹头与钻模板进行配合，实现固定工具，刀具的引导不需要钻套，利用内置钻套实现刀具引导，保证制孔的同轴度。前哨生产的 ADU 利用钻套凸耳将 ADU 悬挂在钻模板上，实现 ADU 的固定，实现钻孔作业。

2.2　自动进给钻的原理

2.2.1　自动进给钻的功率和转速计算

以 DE900－400ADU 为例，转子半径 $r=11$，根据发动机转速计算公式，K_1（单向）取 1，

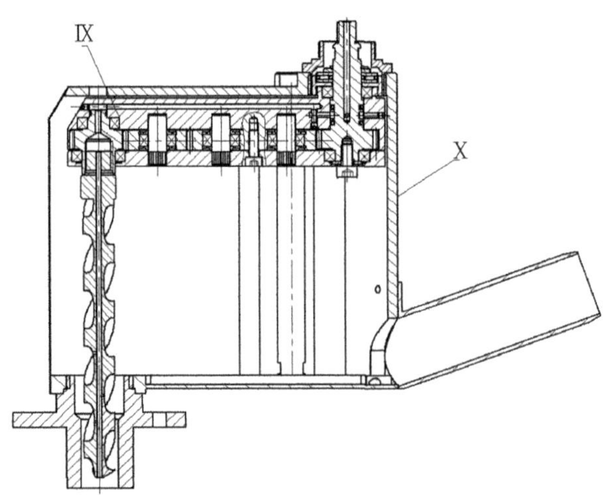

图7 偏置头单元

K_2(工作气压0.63 MPa)取1.1,一级减速器内齿套 $Z_a=49$,二级减速器内齿套 $Z_b=48$,转子齿数 $Z_3=5$,一级减速器套齿齿数 $Z_4=16$。

发动机转速:

$$n=18\ 500\times K_1\times K_2/r^{\frac{2}{3}}=19\ 097\ \text{r/min}$$

传动比:

$$i=\left(1+\frac{49}{5}\right)\times\left(1+\frac{48}{16}\right)=43.2$$

转速:

$$(19\ 097/43.2)=442\ \text{r/min}$$

2.2.2 自动进给钻的工作原理

1. 机械原理

在自动进给钻上,螺纹轴(17)由不同齿轮共同作用来实现其功能。螺纹轴(17)由外左螺纹和两个在轴旁的传动凹槽构成;进给齿轮(6A)的螺纹为内螺纹,根据不同螺纹轴的螺纹尺寸来确定,使轴向前或向后移动;螺纹轴的驱动齿轮(8)有两个内凸起,依靠凸起与旋转轴的凹槽配合实现螺纹轴的旋转。

2. 自动进给钻的工作过程

自动进给钻的工作状态分为三种,停止状态,进给过程、退刀过程。

(1) 停止状态

如图8所示,当自动进给钻处于停止状态时,阀门(3)处于关闭状态,马达处于静止状态,滑动离合齿轮(6B)与固定离合器座(5)、驱动齿轮(13)处于分离状态。

(2) 进给工作原理

如图9所示,当打开急停开关,按下开关(7)时,离合杆(12)在弹簧(4)作用下推动滑动离合齿轮(6B)松开,与驱动齿轮(13)啮合,同时阀门(3)打开,空气进入马达,由于齿轮(6A、6B)和齿轮(8、13)存在不同传动比,进给齿轮(6A)驱动螺纹杆(17) 向下移动,实现螺纹杆转动,螺纹杆推动传动齿轮箱上钻头向下移动,实现进给。

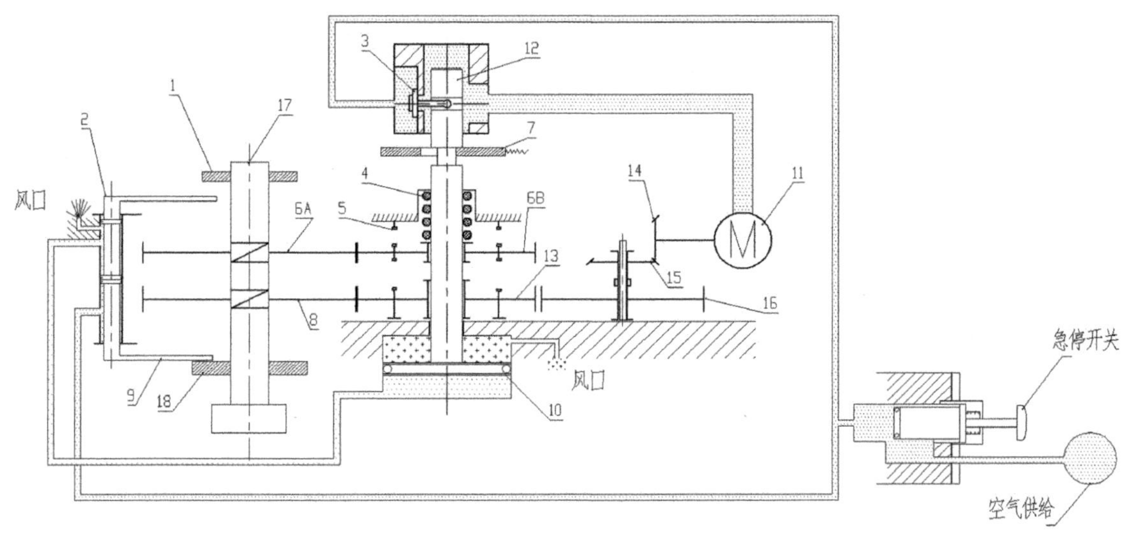

图 8 关闭状态原理图

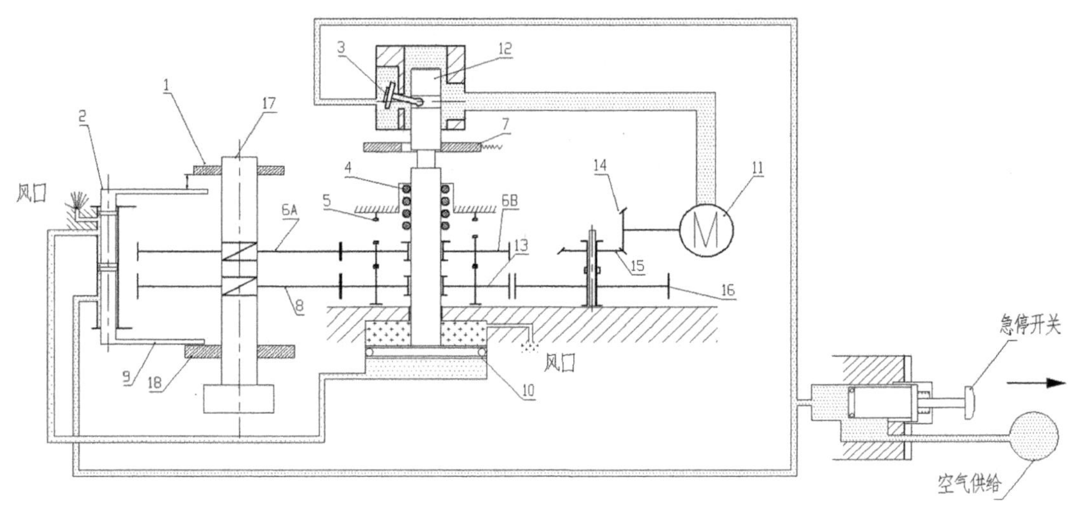

图 9 进给状态原理图

(3) 退刀工作原理

如图 10 所示，当螺纹轴(17)上的限位螺母(1)触碰到滑动阀杆(2)上的手动返回杆时，这一持续过程使得空气流入活塞缸，活塞(10)推动离合杆(12)向上移动，离合杆带动滑动离合齿轮(6B)向上移动与固定离合器座(5)啮合，进给齿轮(6A)停止转动，由于螺纹轴螺纹为左旋，从动驱动齿轮(8)带动螺纹轴快速旋转，实现退刀；当螺纹轴(17)上的限位螺母(18)触碰到滑动阀杆(2)上的手动返回杆时，这一持续过成将活塞气缸进气路关闭，滑动离合齿轮(6B)在弹簧(4)作用下带动离合杆(12)向下移动，阀门(3)立即关闭，马达停止运转，开关(7)卡住离合杆(12)，限制其向下运动，完成退刀。

2.2.3 振动辅助钻孔系统

振动辅助钻孔系统是一种利用机械结构实现碎屑功能的钻孔系统，主要由平垫圈、滚柱、波峰垫圈和滚柱保持架组成，主要解决多种材料叠堆加工难题，如钛＋复材＋铝、复材＋钛、复

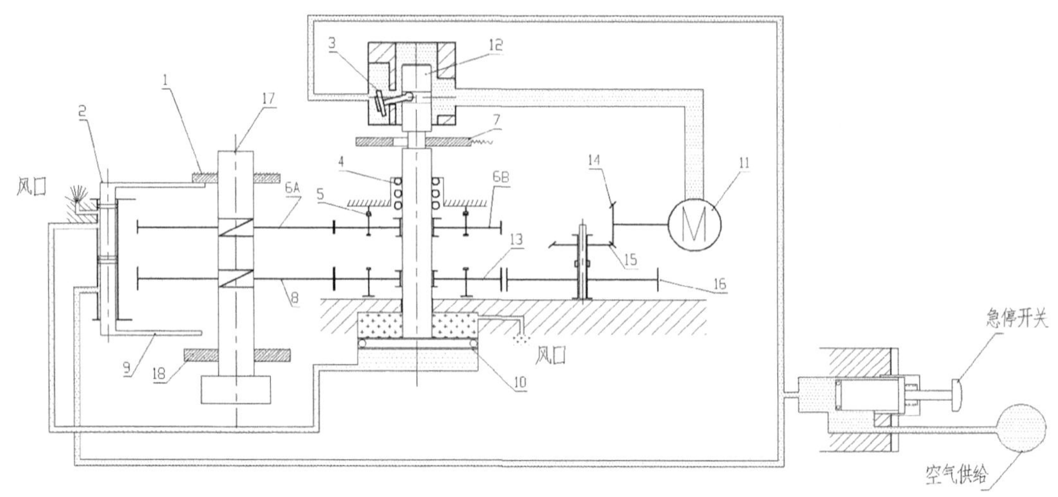

图10 退刀状态原理图

材+钛+铝;主轴以低频振动形式持续进给,振动辅助钻孔产生的切削屑均为碎屑,彻底解决长屑、缠屑问题,使排屑变得顺畅,同时具有保护孔壁和钻头作用,使刀具可以短暂离开工件,实现微量润滑;空气进来也对刀头形成有效的冷却,有效降低钻削过程中产生的热量,小片排屑降低划伤壁孔的风险,提高了孔的精度和表面质量。振动辅助单元如图11所示,波峰垫圈如图12所示。

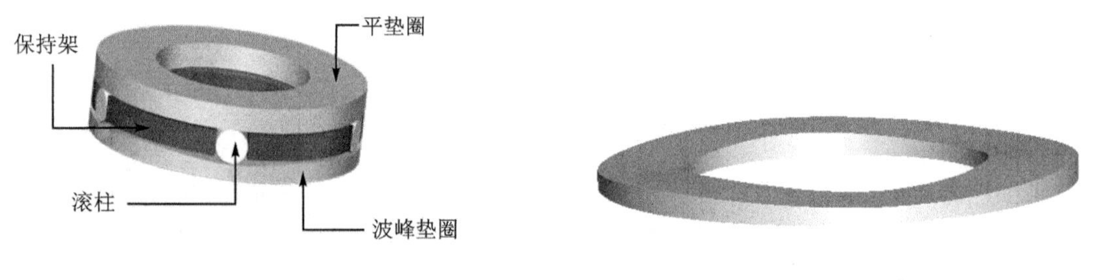

图11 振动辅助单元　　　　**图12 波峰垫圈**

1. 振幅和频率的确定

波峰垫圈可在以下范围内选择振动幅度:0.10 mm、0.15 mm、0.20 mm、0.25 mm、0.30 mm和0.35 mm,而振幅的选择主要取决于要钻孔的材料和自动进给钻孔装置所达到性能,振幅值的确定需要根据材料进行大量实验来确定最佳振幅,法国MITIS公司在振动辅助钻孔领域具有世界领先水平,Atlas、Desoutter、Cooper等公司的自动进给钻孔装置,均采用MITIS公司成熟产品结构,来实现振动辅助钻孔。

对于振动辅助钻孔的频率特性,可选择振动频率:1.5 Hz/r或2.5 Hz/r,振动频率的选择主要取决于要钻孔的直径和刀具的参数,振动的频率仍需要大量实验数据进行测定。

2. 进给量的计算

自动进给钻孔装置的进给量大小与螺纹轴(17)螺距、进给齿轮(6A)与滑动离合齿轮(6B)的传动比和驱动齿轮(13)与从动驱动齿轮(8)的传动比有关,以前哨的DE900-400ADU为例,螺纹轴螺距$P=1$ mm,进给齿轮齿数$Z_A=60$,滑动离合齿轮齿数$Z_B=76$,驱动齿轮齿数

$Z_1=30$,从动驱动齿轮齿数 $Z_2=24$,进行进给量的计算。

当 ADU 钻孔时,滑动离合齿轮与驱动齿轮通过离合器连接,两者转速一样,即 $n_b=n_1$,

$$i_{AB}=\frac{n_A}{n_B}=\frac{Z_B}{Z_A}=\frac{76}{60} \tag{1}$$

$$i_{12}=\frac{n_1}{n_2}=\frac{Z_2}{Z_1}=\frac{24}{30} \tag{2}$$

由式(1)、式(2)可得

$$\frac{n_A}{n_2}=\frac{76}{60}\times\frac{24}{30}=1.013\ 33$$

进给量

$$D=1.013\ 33P-1=0.013\ \mathrm{mm/r}$$

2.2.4　内冷与润滑系统

ADU 具有内置或外接两种润滑系统(见图 13 和图 14),内置内冷系统不需要任何额外的润滑系统来润滑刀具,如气冷。无论内置还是外接润滑,油罐的流量大小可以调节,根据不同材料采用不同的润滑,润滑液的喷射成雾化状,通过调整压力阀改变压力,实现流量大小控制,根据钻孔大小提供不同规格的油罐容积,以满足使用要求。

图 13　Desoutter 内置润滑

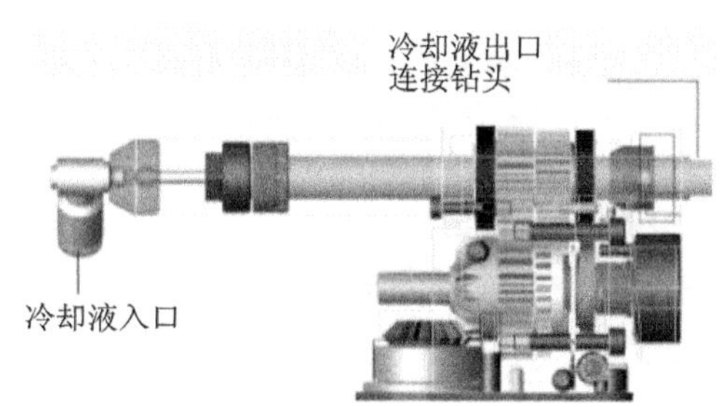

图 14　外接润滑

3　自动进给钻孔装置的应用

1. 为什么需要自动进给钻孔装置

现代航空业对飞机的安全性和可靠性提出了更高的要求,由此对飞机部件制造过程中的制孔也提出了非常严格的标准。同时,现代飞机大量采用适用于航空航天工业中所用的各种材料,例如铬镍铁合金、钛、钢、铝和复合材料,如何保证制孔的质量和提高制孔的工效,这对制孔工具提出了新的挑战和要求,自动进给钻孔装置适用于航空航天工业中所用的各种材料的钻、铰孔。

2. 自动进给钻孔装置应用在哪里

自动进给钻孔装置包括 ADU、EDU,目前 ADU 在航空航天领域应用比较广泛,EDU 在国内还处于推广应用阶段,但在国外已广泛应用,国内受加工工艺、生产安全等管理方面影响,还未大批量应用。

自动进给钻孔装置在飞机各个部位、各种材料上的应用，大大提高了飞机装配过程中的制孔效率，在飞机机身、机翼装配、肋板等制孔作业上大量应用，降低了人工劳动强度，缩短了生产周期，此在现代飞机装配过程中得到大量应用，是目前飞行器制造领域较为常见与不可或缺的专用制孔设备。自动进给钻孔装置应用如图15所示。

图15 自动进给钻孔装置应用

参考文献

[1] 周传文.大直径高锁螺栓孔的钻制技术研究与应用[J].科技展望,2015,25(14):148.

[2] 秦月.钛-复合材料复合结构快速制孔技术研究[J].航空制造技术,2014(9):85-87.

[3] 唐法从,崔连信,甘作霖.风动工具的使用与维修[M].北京:国防工业出版社,1989.

[4] 马滋澄.用于盲孔加工的自动进给钻[J].航空工艺技术,1994(2):47.

[5] 吕九九,檀甜甜,马兴海,等.玻璃钢复合材料自动钻铆工艺参数研究[J].航空精密制造技术,2018,54(1):21-24,28.

SLM技术成型铝合金粉末的力学性能研究

栾孟贵　赵正杰
（青岛前哨精密机械有限责任公司，山东·青岛，266045）

摘要：选择性激光熔化技术打印成型过程中，金属粉末表面单位面积内接收的能量密度与激光在输入和烧结过程中的控制参数有关，如激光功率、扫描速度和扫描间隔等。激光能量在粉末层表面形成熔池，熔池面积大小决定了粉末的熔融成型效果，成为零件成型质量的关键因素。本文研究了AlSi10Mg合金粉末打印过程中在其他工艺参数不变的情况下，改变扫描速度及扫描线宽对零件成型质量产生的影响。通过试验分析，SLM技术成型AlSi10Mg合金粉末的金属零件，采用合适的成型参数，其抗拉强度和屈服强度明显优于同种材料的铸造合金，尤其是屈服强度有显著提升。SLM打印成型过程中，在满足成型零件力学性能要求的前提下，可以在一定范围内增加扫描速度和扫描间隔，以提升零件成型效率。

关键词：选择性激光熔化；AlSi10Mg合金粉末；扫描速度；扫描间隔；成型效率

0 引　言

SLM(Selective Laser Melting，选择性激光熔化)，是金属材料增材制造中的一种主要技术途径。SLM技术选用激光作为能量源，按照三维CAD切片模型中规划好的路径将一定能量密度的激光能量输入粉末层，使得所扫描的区域内金属粉末达到熔融状态，并最终烧结成所设计的金属零件。与传统工艺相比，激光快速成型不受工艺限制，无需任何模具，可快速完成任意复杂的造型。

在SLM打印成型过程中，金属粉末表面单位面积内接收的能量密度与激光在输入和烧结过程中的控制参数有关，如激光功率、扫描速度和扫描间隔等。激光能量在粉末层表面形成熔池，熔池面积大小决定了金属粉末的熔融成型效果，成为零件成型质量的关键因素。选择性激光熔化技术原理图如图1所示。

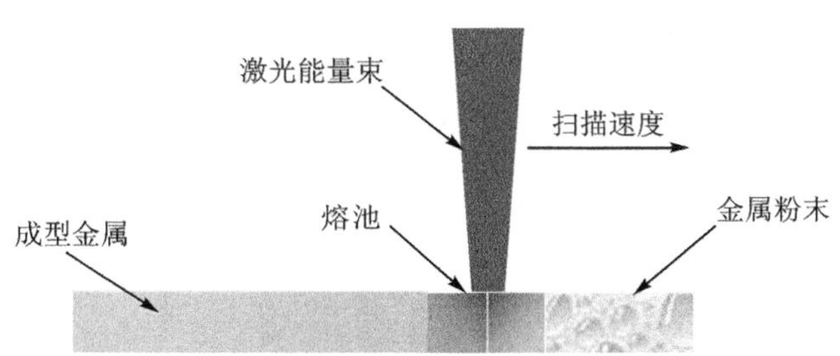

图1　选择性激光熔化技术原理图

前期对316L不锈钢粉末试验结果分析得出，在其他工艺参数不变，采用层层交错加旋转的扫描方式时，在一定范围内，提高扫描速度可以成型出近乎全致密且具有锻件性能的金属零件。

本期试验在前期试验结论基础上,即采用层层交错加旋转的扫描方式时,研究在其他参数不变的情况下,改变扫描速度和扫描间隔对零件成型质量产生的影响,以实现在保证打印零件性能的前提下,提升成型效率的目标。

1 试验设施

1.1 试验装备

试验装备采用德国 EOS Gmbh 生产的激光金属粉末烧结设备 EOSINT M280,Yb -光纤激光器的额定功率为 400 W,光斑的直径为 0.1 mm,最大成型尺寸是 250 mm×250 mm×325 mm。

1.2 试验材料

本期实验材料选用 AlSi10Mg 合金粉末。AlSi10Mg 合金是一种具有良好铸造性能的铸造合金,具有比强度高、密度低、抗腐蚀性强的特点,在航空航天连接件、仪表零件、汽车制造、工程部件和建筑等领域得到了广泛应用。

本次试验选用的 AlSi10Mg 合金粉末,化学成分如表 1 所列。

表 1 AlSi10Mg 合金粉末化学成分

Al	Si	Mg	Fe	Cu	Mn	Ti	Zn	Pb	Ni	Sn
Balance	9.0~11.0	0.2~0.45	≤0.55	≤0.05	≤0.45	≤0.15	≤0.10	≤0.05	≤0.05	≤0.05

1.3 试验试棒

力学试棒打印尺寸为 50 mm×5 mm×4 mm,尺寸形状如图 2 所示。

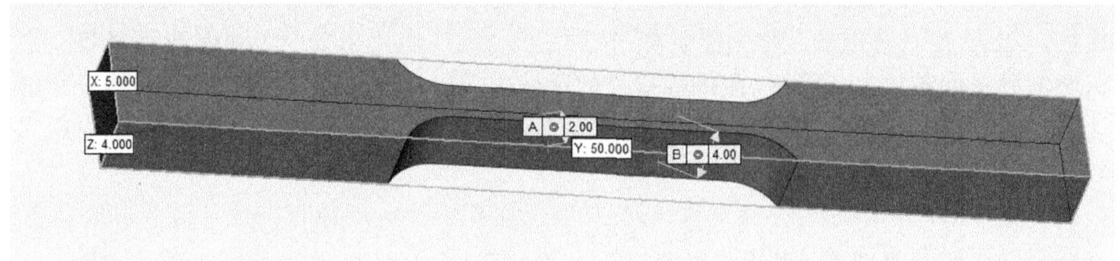

图 2 力学试棒尺寸形状

2 试验方法

能量密度公式

$$E = \frac{P}{D \times V}$$

式中:E 为激光能量密度(J/mm^2);P 为激光功率(W);D 为激光的光斑直径(mm);V 为扫描

速度(mm/s)。

激光能量密度 E 代表单位面积熔覆层所接受的激光辐射能量。

维持激光功率和激光光斑直径不变,单位面积激光能量密度主要受扫描速度的影响,而粉末层熔池面积大小由输入的激光能量决定。由此,在其他参数不变的情况下,扫描速度的大小会直接影响粉末层熔池面积大小。

扫描间隔增大可以提升成型效率,但受熔池面积影响,扫描间隔过大,搭接率过小,会产生内部缺陷,而扫描间隔过小会使得局部热量堆积,出现因热变形幅度增大而导致蹭刀甚至不能打印成型的现象。结合生产经验值,选择在激光功率 370 W,铺粉层厚 0.04 mm,层层交错加旋转扫描方式时,变化扫描速度和扫描间隔,对 AlSi10 Mg 合金粉末进行试验分析。

本次试验采用正交试验法,试验参数选择如表 2 所列。

表 2　AlSi10Mg 合金成型工艺参数

扫描速度/(mm·s^{-1})	扫描间隔/mm		
	0.16	0.19	0.22
1 100	1	2	3
1 300	4	5	6
1 500	7	8	9

注:激光功率为 370 W;铺粉层厚选用 0.04 mm;扫描方式选用层层交错加旋转扫描。

3　试验过程

3.1　数据准备

通过 Magics 软件将试棒三维实体模型摆放到合适位置,再通过 RP Tools 软件对三维模型切片分层,最后导入设备软件 PSW3.6 中,选择对应的工艺参数。

3.2　打印成型

基板材料选用与金属粉末热膨胀系数一致的铝质基板,预热温度设为 40 ℃,保护气体选用 99.999%的氩气,打印过程中成型仓内氧含量控制在 0.1%以下。

打印完成后,用线切割将试棒与基板分离。如图 3 所示。

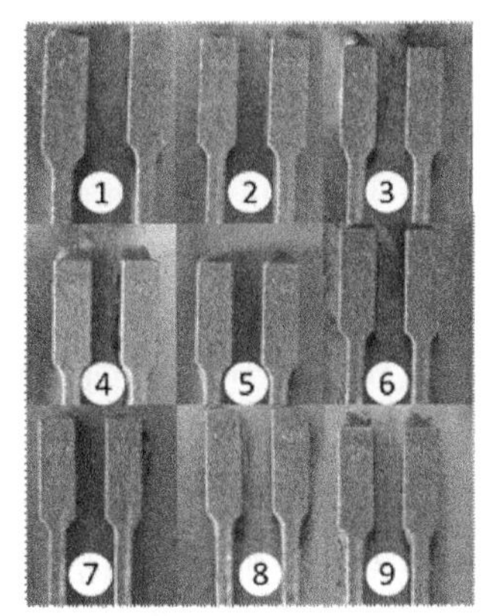

图 3　打印成型的 AlSi10Mg 合金试棒

3.3　数据分析

常温状态下,用万能试验机进行试棒拉伸强度测试,加载速率为 1 mm/min。

AlSi10Mg 合金试棒拉伸试验结果如图 4 所示。

分析图 4 试验结果,扫描速度为 1 300 mm/s,扫描间隔 0.16 mm 时,AlSi10Mg 合金试棒的抗拉强度和屈服强度均达到本次试验最大值,分别为 412.9 MPa 和 382.2 MPa;合金试棒的抗拉强度

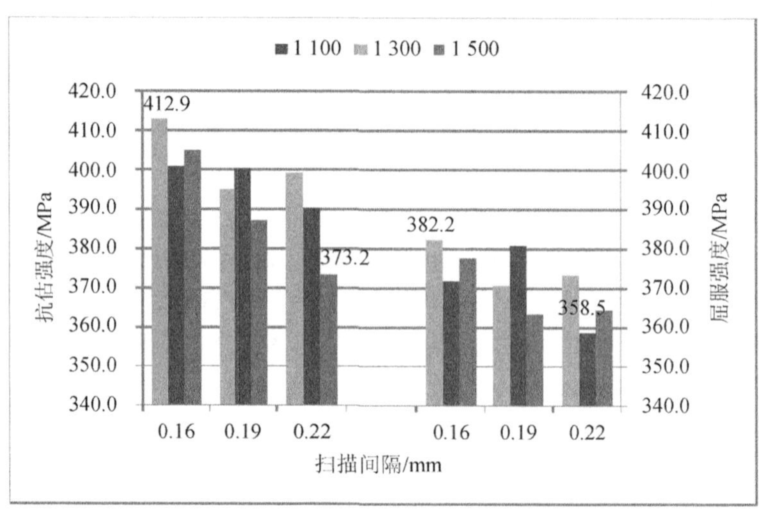

图 4 AlSi10Mg 合金拉伸试验结果

和屈服强度的最小值均发生在扫描间隔 0.22 mm 时，此时的扫描间隔较大，导致搭接率低，影响了其成型质量。

本次试验打印成型的 AlSi10Mg 合金试棒的抗拉强度达到 373.2～412.9 MPa，屈服强度达到 358.5～382.2 MPa，对比表 3 不同国家地区标准要求，按照较高的 360 铸态标准，抗拉强度和屈服强度分别提高了 24.4%～37.6%和 110.9%～124.8%。

表 3 AlSi10Mg 合金铸态标准拉伸性能对比

标准系列	牌　号	抗拉强度/MPa	屈服强度/MPa
SLM	AlSi10Mg	373.2	358.5
ISO 3522	AlSi10Mg	180	90
GB/T15114	YL104	220	
EN1706	ENAC－43000	240	140
ASTMB85	360	300	170

相同扫描速度下，如图 5 所示，AlSi10Mg 合金试棒的抗拉强度随着扫描间隔的增加而降低；屈服强度在扫描速度为 1 100 mm/s 时，随着扫描间隔的增大出现先升后降的趋势，在扫描速度超过 1 300 mm/s，随着扫描间隔的增大出现先降低后趋稳的态势。试棒抗拉强度和屈服强度的最小值都出现在扫描间隔为 0.22 mm 时。结合以上现象分析认为，扫描间隔的增加虽然可以提升打印效率，但对于一定的扫描速度范围，过小或过大都会严重影响打印零件的成型质量。本次试验中，扫描间隔为 0.16 mm 时成型质量最好。

根据图 6 试验结果，扫描间隔为 0.16 mm 和 0.22 mm 时，AlSi10Mg 合金试棒的抗拉强度和屈服强度都出现了先升后降的变化，而扫描间隔为 0.19 mm 时，随着扫描速度的增加，试棒的抗拉强度和屈服强度都呈现直线下降趋势。结合以上现象分析认为，在一定扫描间隔范围内，扫描速度的变化成为零件的成型质量的好坏的关键因素。本次试验中，扫描速度为 1 300 mm/s 时，合金试棒的抗拉强度和屈服强度都达到最大值。

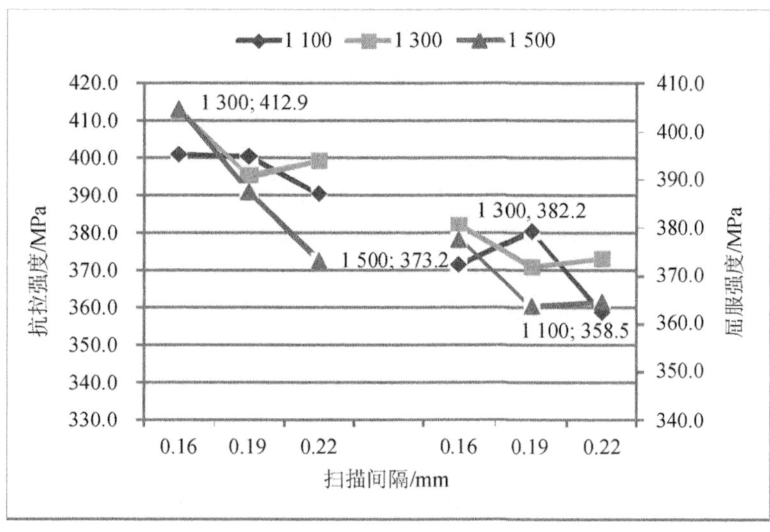

图 5　扫描间隔的变化对拉伸试验结果的影响

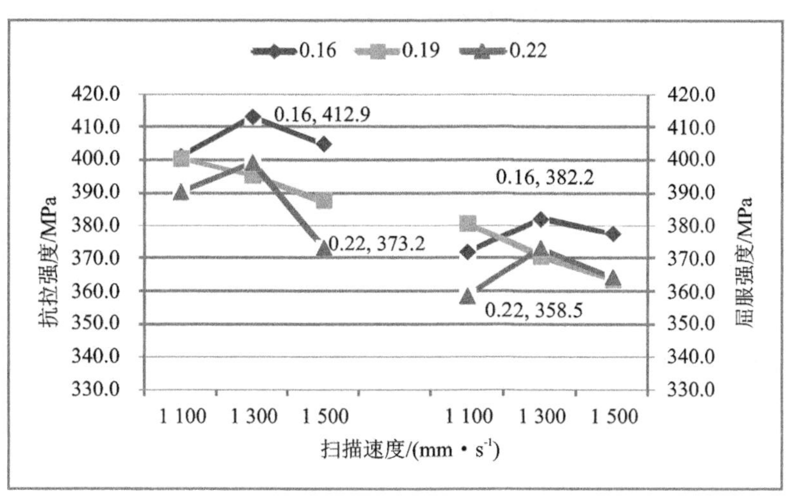

图 6　扫描速度的变化对拉伸试验结果的影响

4　结　论

① SLM 技术成型 AlSi10Mg 合金粉末的金属零件，采用合适的成型参数，其抗拉强度和屈服强度明显优于铝合金铸态标准中同种材料铸造合金的抗拉强度和屈服强度，尤其是屈服强度有显著提升。

② SLM 打印成型过程中，激光功率保持不变，为保持金属粉末层单位面积内接收的激光能量的稳定，在一定范围内，扫描间隔需随着扫描速度的提升而减小，以保证打印零件的力学性能的稳定性。

③ SLM 打印成型过程中，在满足成型零件力学性能要求的前提下，可以在一定范围内增加扫描速度和扫描间隔，以提升零件成型效率。

参考文献

[1] 王广春.增材制造技术及应用实例[M].北京:机械工业出版社,2014.

[2] 栾孟贵,王永艳,赵良兵.SLM技术工艺参数对316L不锈钢成型性研究[M]// 张明习.山东省航空航天学会2019学术年会论文集.北京:航空航天大学出版社,2019:173-178.

[3] 赵良兵,于承雪,王庆友.选择性激光熔化成型316L不锈钢成型性对比研究 [J].航空航天学报,2016.

[4] 彭昌吻,曾晓雁.基于选择性激光熔化技术的不锈钢零件宏观质量研究[D].武汉:华中科技大学,2009.

[5] 孙婷婷,杨永强,郭明华.选区激光熔化316L不锈钢粉末形貌分析[J].激光杂志,2009,30(5):68-70.

[6] 杨迪,杨永强,何兴荣,等.316L不锈钢粉末光纤选择性激光熔化特性[J].强激光与粒子束,2010,22(8):1881-1886.

[7] Hilton P D,JacobsP F. Rapid Tooling:Technologies and Industrial Applications[M]. CRC Press,2000.

[8] Mohammadi S,Wictorin L, Erixsonetal L E. Cast Titanium as Implant Material [J]. Journal of Materials Science:Materials of Medicine,1995(6):430-440.

[9] Dietmar Drummer, Katrin Wudy, Maximilian Drexler. Influence of energy input on degradation behavior of plastic components manufactured by selective laser melting[J]. Science Direct, 2014(56):176-183.

[10] Simchi. Direct laser sintering of metal powders:Mechanism,kinetics and microstructural features[J]. Materials Science and Engineering,2006(428):148-158.

凝固过程聚丙烯腈纤维的微观结构形成机理的研究

高权　王成国

（山东大学材料科学与工程学院，山东·济南，250061）

摘要：凝固过程是聚丙烯腈(PAN)纤维在纺丝过程中微观结构形成和演化的重要阶段之一。在本文中，我们采用电镜技术，研究了纤维凝固过程中的中间结构的形貌变化。初生纤维内部形成了片层和微原纤网络结构。但是在凝固过程初期，纤维内部主要以网状结构为主，随着相分离和凝固的发生，纤维内部的网状结构逐渐转变为片层结构。同时，该过程也伴随着结晶的发生，因此，折叠链片晶形成并聚集在微原纤中。该工作揭示了PAN初生纤维中现有的微观结构形态类型及其形成机制。

关键词：聚丙烯腈纤维；凝固过程；微原纤网络；片层

1 引　言

聚丙烯腈(PAN)基碳纤维可应用于汽车、体育、航空航天、风能和压力容器等方面，并且其市场需求迅速增加。碳纤维是由PAN原丝经过预氧化和碳化制备而成的，其力学性能与原丝的质量和微观结构密切相关。目前为止，PAN原丝一般采用湿法纺丝、干喷湿纺和凝胶法纺丝工艺制备。纺丝工艺参数对纤维的微观结构和最终原丝的质量有十分重要的影响。有许多团队对纤维微观结构的形成和演变机理开展了研究，从而通过优化纺丝工艺来调控纤维微观结构，以此来制备高性能碳纤维。然而，无论是哪一种纺丝技术，凝固过程都是PAN纤维结构形成的最初和最重要的阶段，对PAN纤维质量有决定性的作用，并对碳纤维的性能有一定的影响。因此，有必要对PAN纤维微观结构形成机理进行研究。

PAN纤维具有复杂的多尺度结构特征，例如皮芯结构、多孔结构、缺陷、结晶结构、微原纤等。其中，微原纤结构是PAN纤维的基本结构单元。PAN纤维内部的微原纤的直径在10～100 nm之间，原纤的直径在100～500 nm范围内。PAN原丝主要是由取向的微原纤结构组成的。然而，PAN初生纤维是由未取向的微原纤网络组成，同时在电子显微镜的观察研究中，在初生纤维内部发现了垂直于纤维轴向的片层结构。在之前的研究中发现：当凝固浴中的牵伸增加，初生纤维内部的网状结构转变为横向片层结构，但是切片经过溶解刻蚀后，初生纤维内的横向片层结构消失，呈现出未取向网络结构。因此，网状结构和片层结构共存于一些PAN初生纤维中。已有学者在PAN纤维结构研究的基础上，建立了一些模型来解释微原纤的形成机制。然而由于凝固过程的中间结构很难保留和表征，很少有人对PAN初生纤维凝固过程的中间结构形貌进行研究。因此，对于片层的形成尚不是很清楚。

在本文中，我们采用电镜技术来表征PAN初生纤维在凝固过程中微观结构形貌的变化。通过对PAN纤维中间结构的内部形貌的表征，来了解初生纤维微观结构形成过程中瞬态结构的演变过程，阐明其在凝固过程中形成和转变的潜在机制。这对于调控PAN初生纤维的微观结构和提高原丝质量和碳纤维的性能，都至关重要。

2 试验方法

2.1 材料

以丙烯腈(AN)和衣康酸(IA)为共聚单体,以二甲基亚砜(DMSO)为溶剂,以偶氮异丁氰为引发剂,在氮气气氛保护下反应12 h,获得PAN溶液,最后经过脱单、过滤、静置,获得均匀的纺丝溶液。

2.2 纤维制备

利用干喷湿纺技术制备PAN纤维,如图1所示,将挤出的纺丝原液在一定牵伸的作用下形成初生纤维。将第一牵伸辊停机,并在喷丝头和第一牵伸辊附近将纤维丝条剪断,迅速将纤维从凝固浴中抽出。根据图1所示的位置,我们得到不同的纤维样品(分别标记为P1,P2,P3)。P0代表了纺丝过程中纤维丝条未经牵伸处理和双扩散过程的初始状态。按照以下步骤获得P0:首先将喷丝头拉升远离凝固浴液面(如图1所示),纺丝原液在重力的作用下流出,并用盛有去离子水的容器收集纤维细流,即为P0。

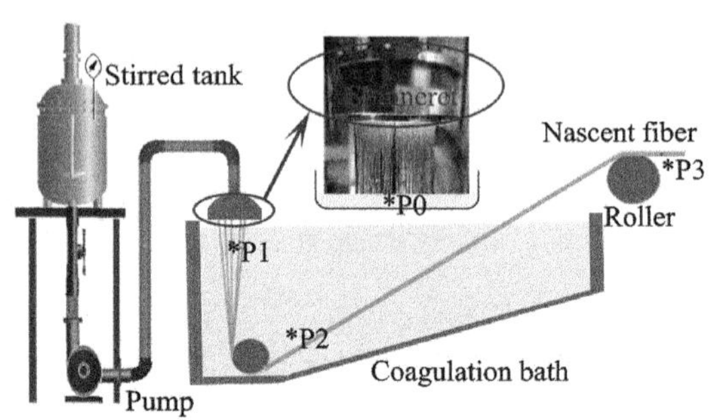

图1 PAN纤维凝固过程示意图

为了保留凝固浴中PAN初生纤维的中间结构,所有的纤维样品(P0～P3)用液氮冷冻,随后迅速放入冷冻干燥机的托盘中,最后在－70 ℃条件下真空干燥24 h。

2.3 样品的处理

制备平整的纤维断面用于扫描电镜(SEM)观察。制备50 nm厚的纵向超薄切片用于高分辨透射电镜(HRTEM)观察。并且采用溶液刻蚀的方法处理纤维切片(浓度为90%,时间为4 h)。

2.4 样品表征

利用SEM(SU－70, Hitachi Co., Japan)观察纤维表面和断面形貌。利用HRTEM(JEM－2100, JEOL Ltd., Japan)观察纤维超薄切片。采用单丝拉伸仪(XQ－1, Donghua University, China)测试纤维的力学性能。

3 结果与讨论

3.1 PAN纤维的表面和断面SEM形貌

图2是PAN纤维表面和断面的SEM形貌图。如图2上部分所示,所有的PAN纤维呈现光滑的表面,这主要是干喷湿纺工艺造成的。P0的直径约为189 μm,大于喷丝孔的孔径

(120 μm),这是由纺丝原液挤出胀大效应造成的。然而,P1,P2,P3 的直径分别是 50 μm,47 μm,45 μm,小于喷丝孔的孔径。干喷湿纺工艺中纤维直径的迅速减小主要发生在喷丝头附近,这是因为①喷丝头附近,纤维细流仍保持凝胶/溶液状态,分子链容易拉伸变形和滑移;②纤维细流在空气层形成的致密表皮可防止拉伸断裂。

如图 2 下部分所示,P0 内部呈现出一种非均匀的多孔网络结构,微原纤网络之间分布有大量的孔隙,其尺寸相对较大(见图 2(a))。P1 具有相似的多孔网络结构,但是孔隙的尺寸相对较小(见图 2(b))。与 P0 和 P1 相比,P2 和 P3 内部形成了相对致密的网状结构(见图 2(c)和(d)),并且纤维内部的孔的数量和尺寸下降很明显。结果表明:凝固过程中纤维直径的减小和致密网状结构的形成是由纤维细流凝固收缩造成的。

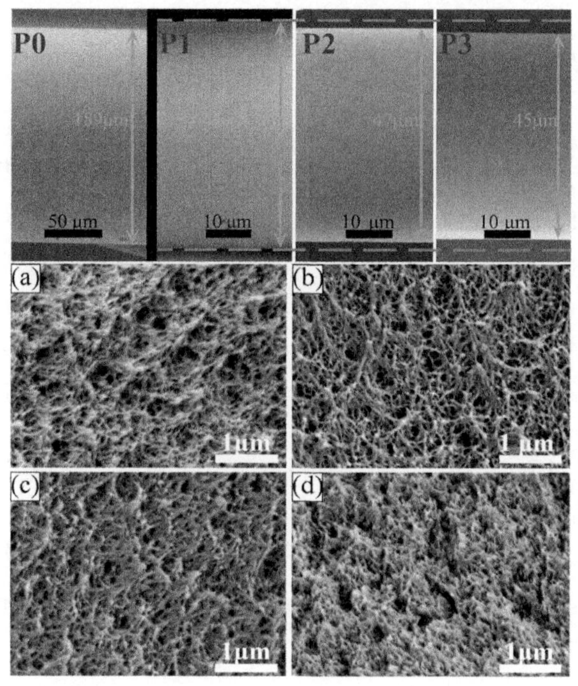

图 2 PAN 纤维的表面和断面的 SEM 形貌

(上部分:表面形貌;下部分:断面形貌(a) P0, (b) P1, (c) P2, (d) P3)

3.2 PAN 纤维超薄切片的 HRTEM 形貌

图 3 是 PAN 纤维 P0 超薄切片的形貌。P0 具有致密的表层,并且孔隙的尺寸相对较小(见图 3(a))。相比之下,P0 的亚外层和芯部区域结构疏松,并且具有大量的孔隙(见图 3(b)和(c)),且次外层的孔隙直径要比芯部区域的大。该形貌的变化反映了纤维细流在空气中,其内部的 DMSO 的扩散过程。当纺丝原液被挤出喷丝头进入空气中,纤维细流表层的 DMSO 溶剂迅速蒸发,并且表层的网络结构收缩。同时,在浓度梯度(DMSO 浓度:$c_{\text{surface}} < c_{\text{core}} \approx c_{\text{initial}}$)的作用下,芯部的 DMSO 向表层区域扩散,因此,大量的溶剂在亚外层聚集,使得纤维的亚外层形成疏松多孔的结构(见图 3(b))。

纤维的切片被 DMSO 溶液刻蚀,其形貌如图 3(d)～(f)所示。在纤维表层区域形成非均匀分布的片晶(见图 3(d)),同时纤维芯部分布有大量非取向的片晶(见图 3(e))。片晶形成说明:纤维细流在挤出喷丝帽后,P0 形成了晶核。然而,SEM 图片(见图 3(f))显示了随机取向的网络结构。

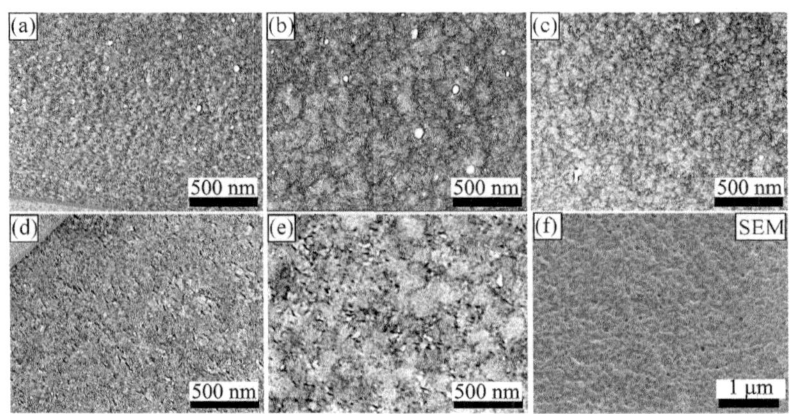

图3　PAN纤维P0超薄切片的形貌——HRTEM图片:(a) 表层,(b) 亚外层,(c) 芯部,(d)、(e) 超薄切片被溶液刻蚀;SEM图片:(f) 超薄切片被溶液刻蚀

图4是PAN纤维P1超薄切片的形貌。P1中形成了交联网络结构,纤维网络骨架之间分布有大量的孔隙(见图4(a)~(c))。P1表面的DMSO溶剂迅速扩散进入凝固浴,随后少量的芯部区域的溶剂也经过亚外层和表层进入凝固浴。同时,水作为凝固剂,扩散进入纤维细流,引起纤维凝固,液固界面由表层向内部推移,同时伴随着纤维收缩。因此,P1中形成了皮芯结构。P0和P1的形貌变化能够分别反映干喷湿纺工艺中DMSO溶剂在空气层和凝固初期的扩散过程。

超薄切片经过溶液刻蚀后,如图4(d)~(f)所示。无取向的微原纤网络结构被分离出来。与P0中无规分布的片晶相比,P1中的片层堆叠在微原纤中,但是微原纤内的片晶排列相对疏松、不规则(见图4(d)和(e))。在SEM图片(见图4(f))中,网络结构连接相对紧密。

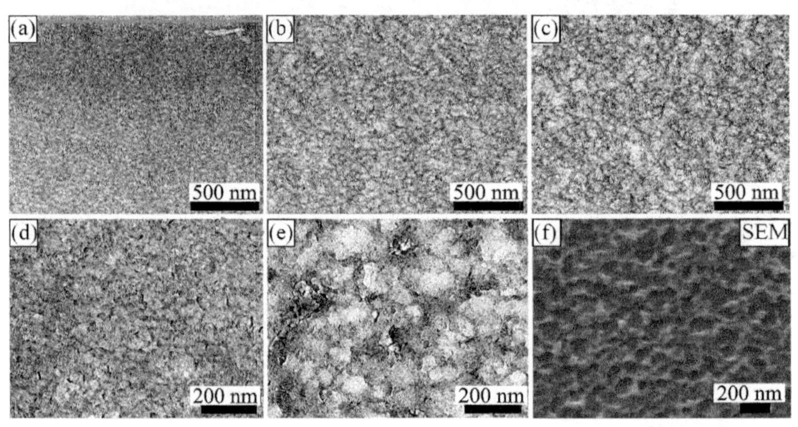

图4　PAN纤维P1超薄切片的形貌——HRTEM图片:(a) 表层,(b) 亚外层,(c) 芯部,(d)、(e) 超薄切片被溶液刻蚀;SEM图片:(f) 超薄切片被溶液刻蚀

图5是PAN纤维P2的超薄切片的形貌。在图5(a)~(c)中,由于HRTEM成像过程中的质厚衬度原理,黑色区域是富聚合物相,而白色区域是贫聚合物相(富溶剂相)。与P1中未取向的网状结构相比,P2的TEM图显示为片层畤结构,其形状是不规则的,并且垂直于纤维轴向延伸,这表明纤维细流中发生相分离,在流动方向上存在浓度差异,该形貌也被描述为平

面波动型浓度起伏。同时，片层的厚度从芯部到表层逐渐减小。

如图 5(d)所示，为在 P2 中，致密的表层、亚外层收缩的微原纤网络以及芯部疏松的网状结构。图 5(e)是网状结构放大的图片，微原纤内部是由片晶堆叠而成的，片晶周围分布有大量的非晶组织。而图 5(f)显示了交联网状结构，并且 P2 网状结构中间的空隙尺寸要小于 P1 的。

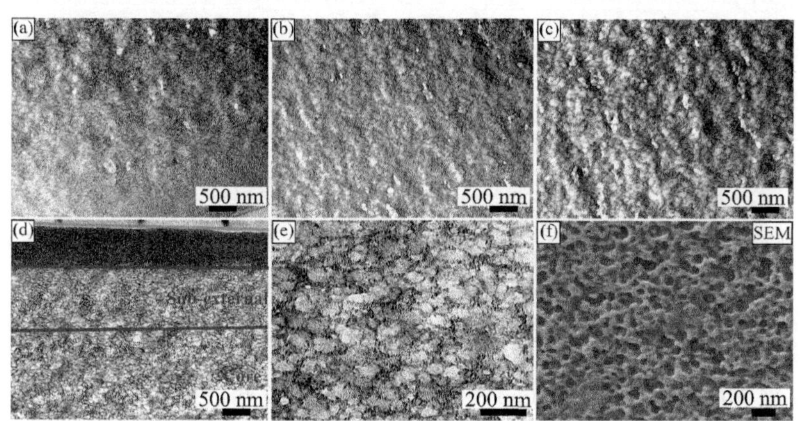

图 5　PAN 纤维 P2 超薄切片的形貌——HRTEM 图片：(a) 表层，(b) 亚外层，(c) 芯部，(d)、(e) 超薄切片被溶液刻蚀；SEM 图片：(f) 超薄切片被溶液刻蚀

图 6 是 PAN 纤维 P3 的超薄切片的形貌。纤维 P3 内部主要由垂直于纤维轴向的片层结构组成的。表层的片层排列相对致密有序(见图 6(a))，而亚外层和芯部的片层排列疏松、不规则(见图 6(b)和(c))。特别是在图 6(c)中，粗大的片层结构仍保留了前期片层畤的特征，但是被分裂为厚度较小的片层。这些形貌变化能够反映片层形成的过程：平面波动型浓度起伏(见图 5(c))、片状畤的形成(见图 5(a)和(b))以及片层的有序排列(见图 6(a)～(c))。

切片经过溶液刻蚀后，横向片层消失，分离出大量的片晶和网状结构，如图 6(d)～(f)所示。在纤维的表层，小片晶密集排列，并垂直于纤维轴向(见图 6(d))。然而，芯部则主要是微原纤网状结构，并且微原纤是由小片晶结构堆叠而成的(见图 6(e))。在 SEM 图片中(见图 6(f))，网络间的空隙尺寸都要比 P1 和 P2 的小，网状结构缠结的更加紧密。

切片的溶解过程中片层形貌的变化(见图 5 和图 6)表明：片层在溶解过程中优先被溶解，不耐溶液刻蚀。因此，可以推测：片层并不是主要由结晶连组成的。而根据 TEM 的结果，片层是分子链密集排布的结构畤，其形成与相分离密切相关。在凝固过程中，纤维内部在沿流动方向存在浓度差异，由此形成的横向片层畤可作为片层结构的前驱体。

3.3　PAN 纤维的拉伸性能

图 7 是 PAN 纤维的拉伸性能。所有的纤维展示了相似的应力应变曲线，在 $\varepsilon \approx 2.5$ 时，纤维样品屈服。随后，在单丝拉伸过程中，应力逐渐增大，直到纤维断裂。从 P0 到 P3，纤维的拉伸强度从 56.2 MPa 下降到了 38.7 MPa。在另一方面，他们的断裂伸长率从 104.5% 提升至 263.7%。

为了评价微原纤在纤维拉伸过程的作用，在单丝拉伸试验过程中，纤维拉断后，将断头收集，最后用 SEM 观察。图 8 是 PAN 纤维拉伸断裂后的断面形貌图。与平整的网状结构相比(见图 2)，微原纤被拔出，并沿着拉伸方向取向(见图 8(a)～(d))。该形貌结果表明：单丝拉伸

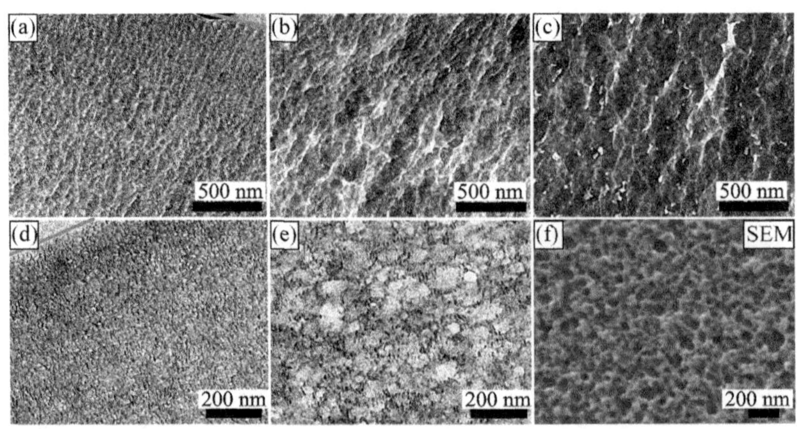

图6　PAN纤维P3超薄切片的形貌——HRTEM图片：(a) 表层，(b) 亚外层，(c) 芯部，(d)、(e) 超薄切片被溶液刻蚀；SEM图片：(f) 超薄切片被溶液刻蚀

过程中，纤维应力的提高(见图7)是由微原纤的取向造成。此外，如图8(a)右上角小图所示，P0中似乎只有表皮被拉伸。在图8(b)～(d)中，纤维表层和亚外层凸出，芯部塌陷。在拉伸过程中，承担载荷的表层区域的微原纤网络被拉伸取向，承受较大的变形，而芯部的微原纤则容易断裂。因此，微原纤可以作为纤维的增强单元，能够改善纤维的拉伸性能。

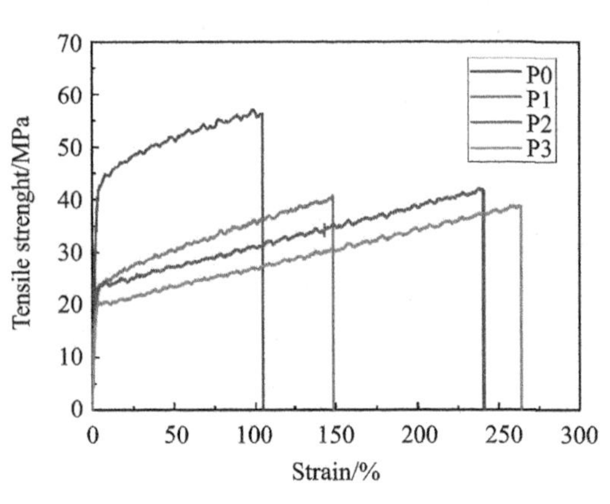

图7　PAN纤维的拉伸性能

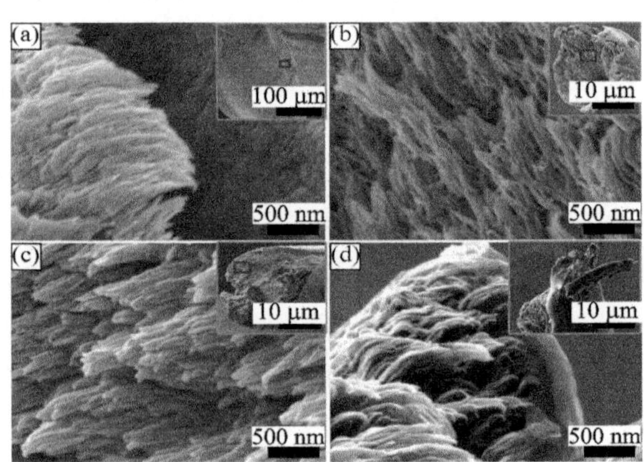

图8　PAN纤维拉伸断裂后的断面形貌
(a) P0，(b) P1，(c) P2，(d) P3

4　结　论

在本文中，我们阐述了PAN纤维片层的形成和转变机理。在凝固初期，PAN纤维内部主要以微原纤网络结构为主，而在凝固后期，PAN纤维内部出现横向片层结构，但是溶液刻蚀后，片层消失，出现微原纤网络结构。在凝固过程中，微原纤网络收缩，缠结得更为紧密。其中，微原纤主要由折叠链片晶组成的。在凝固过程中，纤维内部在沿流动方向存在浓度差异，由此形成的横向片层時可作为片层结构的前驱体，片层是分子链密集排布的结构時，其形成与相分离密切相关。在凝固过程中，PAN纤维的拉伸强度下降，但是断裂伸长率增长明显。在拉升过程中，微原纤作为增强单元，在拉伸过程中被拉伸和拔出。

参考文献

[1] Choi D, Kil H S, Lee S. Fabrication of low-cost carbon fibers using economical precursors and advanced processing technologies[J]. Carbon, 2019, 142: 610-649.

[2] Eyckens D J, Stojcevski F, Hendlmeier A, et al. An efficient high-throughput grafting procedure for enhancing carbon fiber-to-matrix interactions in composites[J]. Chemical Engineering Journal, 2018, 353: 373-380.

[3] Arbab S, Zeinolebadi A. Quantitative analysis of the effects of comonomers and heating conditions on the stabilization reactions of polyacrylonitrile fibers as carbon fiber precursors[J]. Polymer Degradation and Stability, 2017, 139: 107-116.

[4] Kaur J, Millington K, Smith S. Producing high-quality precursor polymer and fibers to achieve theoretical strength in carbon fibers: A review[J]. Journal of Applied Polymer Science, 2016, 133(38): 14.

[5] Newcomb B A. Processing, structure, and properties of carbon fibers[J]. Composites Part a-Applied Science and Manufacturing, 2016, 91(1): 262-282.

[6] Gao Q, Jing M, Wang C G, et al. Preparation of high-quality polyacrylonitrile precursors for carbon fibers through a high drawing ratio in the coagulation bath during a dry-jet wet spinning process[J]. Journal of Macromolecular Science Part B-Physics, 2019, 58(1): 128-140.

[7] Tucker P, George W. Microfibers within fibers: A review[J]. Polymer Engineering & Science, 1972, 12(5): 364-377.

[8] Gao Q, Jing M, Chen M, et al. Microfibril alignment induced by stretching fields during the dry-jet wet spinning process: Reinforcement on polyacrylonitrile fiber mechanical properties [J]. Polymer Testing, 2019.

[9] Gao Q, Jing M, Chen M, et al. Research on PAN nascent fiber interior microstructure through ultrasonic etching and ultrathin sectioning[J]. Polymer Science, 2018, 60(5): 594-598.

[10] Gao Q, Jing M, Chen M L, et al. Force field in coagulation bath at low temperature induced microfibril evolution within PAN nascent fiber and precursor fiber[J]. Journal of Applied Polymer Science, 2020, 49380.

[11] Warner S B, Jr L H P, Uhlmann D R. Oxidative stabilization of acrylic fibres[J]. Journal of Materials Science, 1979, 14(8): 1893-1900.

[12] Tan L, Liu S, Song K, et al. Gel-spun polyacrylonitrile fiber from pregelled spinning solution[J]. Polymer Engineering & Science, 2010, 50(7): 1290-1294.

碳纤维表面连续生长碳纳米管实现规模化生产

秦建杰　王成国

（山东大学材料科学与工程学院，山东·济南，250061）

摘要：开发了一种可扩展的制造工艺在连续碳纤维（CFs）表面上原位生长碳纳米管（CNTs），以便有效地控制CNTs的负载、排列和分散来增强复合材料的界面特性。通过研究连续生长过程中的各个阶段，证明了CNTs在纤维表面的连续生长。电化学阳极氧化显著改善了CFs表面活性，从而促进了催化剂前体的有效涂覆。当催化剂前体的浓度为0.05 mol/L时，CNTs/CF增强材料的平均拉伸强度增加，威布尔模量增加到5.23，表明在化学气相沉积（CVD）过程中修复了催化剂还原引起的纤维破坏。CNTs层改善了CFs与环氧树脂之间的润湿性，并有效抑制了界面裂纹的扩展，复合材料的界面剪切强度（IFSS）达到了90.08 MPa，显著提高了27.23%。

关键词：连续化；碳纤维；碳纳米管；化学气相沉积；界面剪切强度

1 引　言

碳纤维（CFs）增强复合材料由于其高强度和刚度而成功应用于许多现代工业，包括航空航天、汽车制造、体育娱乐等。通常，良好的界面结构对于有效载荷从连续树脂到增强CFs的传输至关重要。然而，CFs与树脂结合使用时通常表现出较低的润湿性，需要优异的中间相来降低内部应力集中并增强复合材料的层间机械强度。

自从发现碳纳米管（CNTs）以来，已迅速成为各个领域的研究热点。考虑到CNTs优异的机械性能和化学稳定性，对于增强各种基材方面吸引了广大研究者的极大兴趣。Li等证明了一种在航空级CFs上取向CNTs的高产量增长的新方法，并且通过真空辅助树脂成型法制备了单向复合材料，为进一步改善界面提供了有利的基础。为了研究复合材料断裂过程中裂纹的产生和扩展，Zhang等通过化学气相沉积（CVD）制备了多壁CNTs/CFs增强材料。但是，由于应力集中移向CNTs的末端和基材之间的界面，因此促进了基材的破坏并降低了界面剪切强度（IFSS）。Wang等在碳纤维织物上通过CVD原位生长CNTs，极大增强了复合材料中CFs与酚醛树脂之间的界面粘合性，从而提高了复合材料的摩擦系数和耐磨性。

在CFs增强复合材料界面改性的当前工作中，通过各种方法添加CNTs已取得了卓越的进展。但是，由于CNTs的分散性和添加量以及实验条件的限制，复合材料的制备不能满足大规模生产应用的需要。这项研究的目的是证明可扩展的制造工艺，以在连续CFs表面原位生长CNTs，从而有效控制CNTs的负载，排列和分散并改善复合材料的界面性能。为了实现该目标，提出了一种新颖的方法，利用独特的开放式CVD设备和一系列预处理设备实现CFs表面处理，催化剂负载和CNTs生长的连续过程。

2　实验方法

2.1　连续 CFs 表面生长 CNTs 的工艺过程

为了在移动的 CFs 表面上实现连续 CNTs 的生长，设计并构造了可在线应用的连续生产设备，如图 1 所示。连续实验线上共设置四组控制组件，以确保 CFs 的有效传输和张力控制。通过调节独立的控制系统来改变纤维的运行速度和纤维段之间的张力大小，成功地实现了 CFs 表面上 CNTs 的可扩展连续生长来制备大量的复合材料增强体。

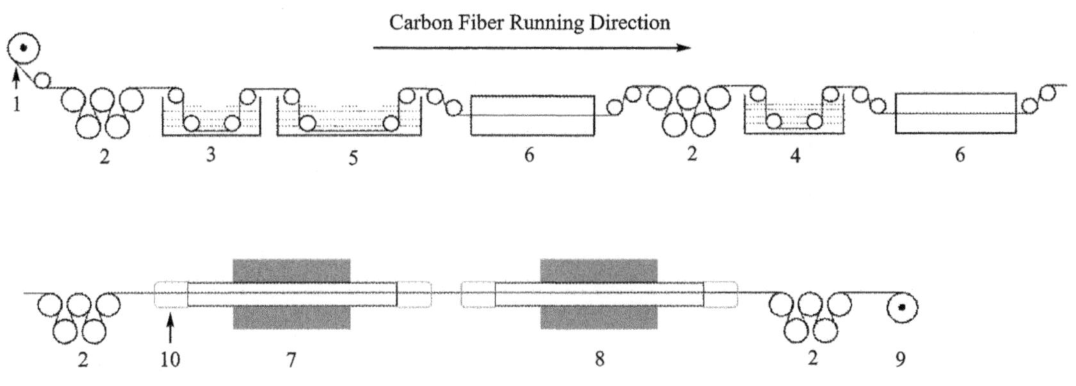

1—放丝架；2—纤维传输和张力控制组件；3—电化学阳极氧化槽；4—催化剂前体浸渍槽；5—水洗槽；6—干燥箱；7—催化剂前驱体还原炉；8—CNTs 原位生长炉；9—收丝机；10—气体密封装置

图 1　连续 CF 的表面上原位生长 CNTs 的连续生产设备

由于 CFs 表面具有连续且稳定的石墨结构，因此很难与催化剂前体充分结合，使用质量分数 5 %的 $NH_4H_2PO_4$ 作为电解质，通过电化学阳极氧化对 CFs 进行表面改性，以增加含氧官能团的含量。经过水洗除去残留的电解质并将纤维束干燥后，通过表面浸渍负载催化剂前体（$Co(NO_3)_2$ 乙醇溶液）。使用独特的开放式 CVD 炉在环境压力下进行催化剂前驱体的还原和 CNTs 的生长。值得一提的是，在管式炉的两端设置了气体密封装置，以确保实验过程中气氛的纯净，并避免外界环境的影响。实验反应过程中产生的过量气体和废气通过配备在管式炉两端的抽吸装置去除。在还原催化剂前体及原位生长 CNTs 之前，用 N_2 吹扫炉子，以确保整个实验在惰性气氛下进行。引入 H_2 和 N_2 的混合气体以在 450 ℃下将催化剂前体转化为纳米颗粒。然后，将 C_2H_2、H_2 和 N_2 引入设定为 600 ℃的 CNTs 生长区域，实现 CFs 表面上原位生长 CNTs。还原气体中的 H_2 与 N_2 的流量比为 0.3∶0.6 L/min，CNTs 生长气体的流量比为 0.15∶0.15∶0.3 L/min。在整个过程中，CFs 的行进速度为 15 cm/min。

2.2　测试与表征

X 射线光电子能谱（XPS，Kratos，Axis Supra）用于定量分析 CFs 表面的化学成分。CFs 的表面形貌由 AFM（Bruker，Dimension Icon，USA）进行扫描观察。扫描电子显微镜（SEM，SU－70）观察生长的 CNTs 的形态以及复合材料的断裂表面。用高分辨率透射电子显微镜（HRTEM，JEM－2100）研究 CNTs 的微观结构，工作电压为 200 kV。用 Renishaw in Via Reflex 微型拉曼光谱对表面生长 CNTs 后的碳纤维表面结构进行测试，分析其石墨化程度。

根据 ASTM D3822－07 规范，通过单纤维拉伸测试来测试不同样品拉伸强度。对于每个样品，取40根纤维进行测试，并计算平均值作为测试结果。根据以下公式计算拉伸强度：$\sigma=4F/\pi d^2$，其中σ代表拉伸强度(Pa)，F代表断裂拉伸载荷(N)，d代表单根纤维的直径(m)。CFs和环氧树脂之间的IFSS使用单纤维拉拔测试进行了评估，其测试示意图如图2所示。通过胶粘剂将单个CF固定在塑料支架上，然后使用细点涂布器将混合的环氧树脂体系涂覆到单个CF中以形成液滴并进行固化。选择长度为40～60 μm的环氧树脂液滴进行测试，并记录从固化的环氧树脂液滴中拉出CF时的最大负载。根据以下公式计算：$\text{IFSS}=F/\pi dl$，其中F代表拉出纤维时的最大负载(N)，d代表单根纤维的直径(m)，l代表固化环氧树脂液滴的长度(m)。

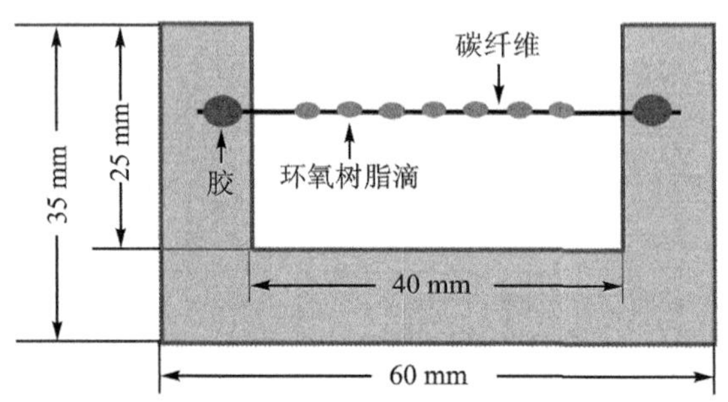

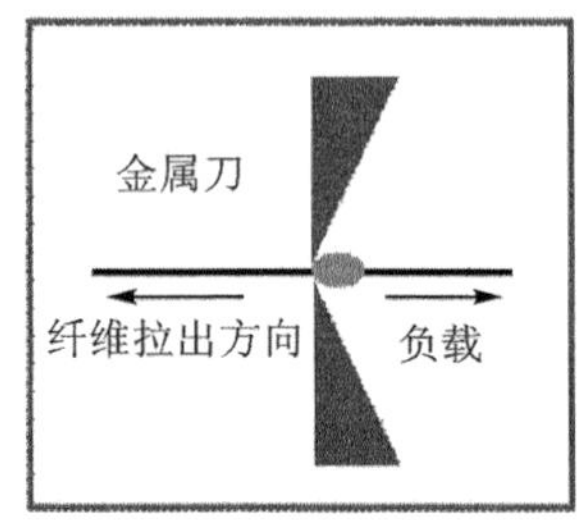

图2 IFSS测试示意图

3 结果与讨论

3.1 CF表面改性分析

用AFM观察CFs的表面形态，以表征电化学阳极氧化的改性作用。从CFs的表面形态可以看出，经过电化学阳极氧化处理后，表面原始沟槽被削弱，如图3所示。然而，CFs表面的平均粗糙度Ra从9.2 nm增加到15.1 nm。结果表明，CF表面不稳定的石墨结构脱落，电化学氧化后表观沟槽结构减少，但整体粗糙度得到改善，有利于催化剂前体的附着。

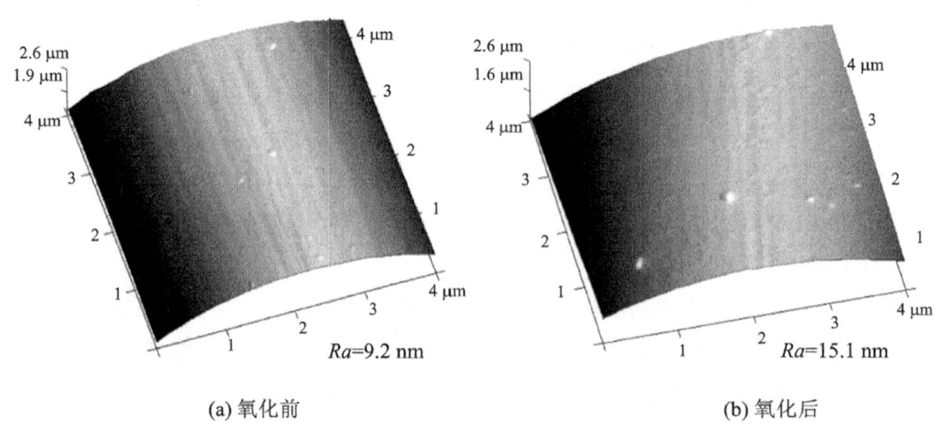

图3 电化学阳极氧化前、后CF表面形态的AFM图像

用XPS对电化学阳极氧化前后的CFs进行表征以分析表面化学成分。在图4中，对C1s

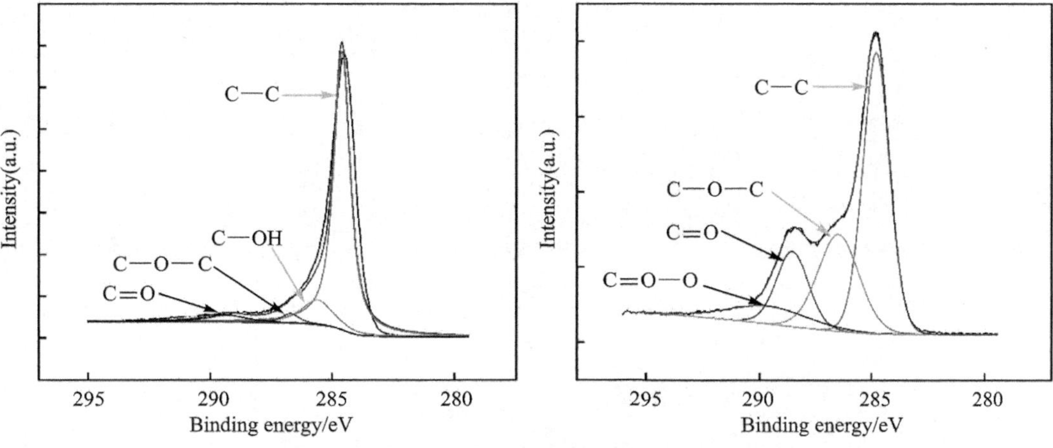

图 4 电化学阳极氧化改性前后 CFs 的 Cls 分峰谱图

光谱进行分峰拟合来分析纤维表面上官能团的种类和含量。表 1 显示了官能团含量和分布的变化。对于 CFs 原样，位于 284.6 eV 的峰为 C—C 键，位于 285.6 eV 的峰为 C—OH，而靠近 286.6 eV 和 288.5 eV 的峰分别为 C—O—C 和 C—O。电化学阳极氧化后，C—O—C 峰的含量从 2.95%增加到 25.92%，然而，官能团 C—OH 已被氧化并消失，在 289.3 eV 处出现新的官能团 O═C—O，含量达到 9.14%。此外，C═O 的含量从 4.57%增加到 15.92%。XPS 结果表明，CFs 表面含有许多含氧官能团，这证实了通过电化学阳极氧化对纤维的成功改性，并为后续实验提供了良好的先决条件。

表 1 官能团的含量和位置分布

官能团种类	峰位置/eV	官能团含量/%	
		原样纤维	改性纤维
C—C	284.6	79.17	49.92
C—OH	285.6	13.31	0
C—O—C	286.6	2.95	25.92
C═O	288.5	4.57	15.92
O═C—O	289.3	0	9.14

3.2 不同催化剂浓度下 CFs 表面生长 CNTs 的形貌和性能分析

从图 5 可以看出，使用不同浓度的催化剂前体在 CFs 表面上形成均匀分布的 CNTs，并且 CNTs 彼此缠结。这充分说明，设计和构造的连续生产线可以实现 CNTs 在连续 CFs 上的均匀生长。由于催化剂纳米颗粒的尺寸随催化剂前体的浓度而增加，因此 CNTs 直径呈现出增加的趋势。随着催化剂前体的浓度从 0.03 mol/L 增加到 0.07 mol/L，CNTs 的直径也相应地增加。如图 5(e)所示，当催化剂前体浓度为 0.05 mol/L 时，CNTs 的生长效率提高，并且在 CFs 上形成更松散的表面结构。然而，发现当催化剂前体的浓度达到 0.07 mol/L 时，由于部分催化剂颗粒的聚集使其失去催化活性，因此 CNTs 的生长量降低。

图 6 列出了在不同催化剂浓度下生长 CNTs 后的单纤维拉伸强度，并将其与原样和还原

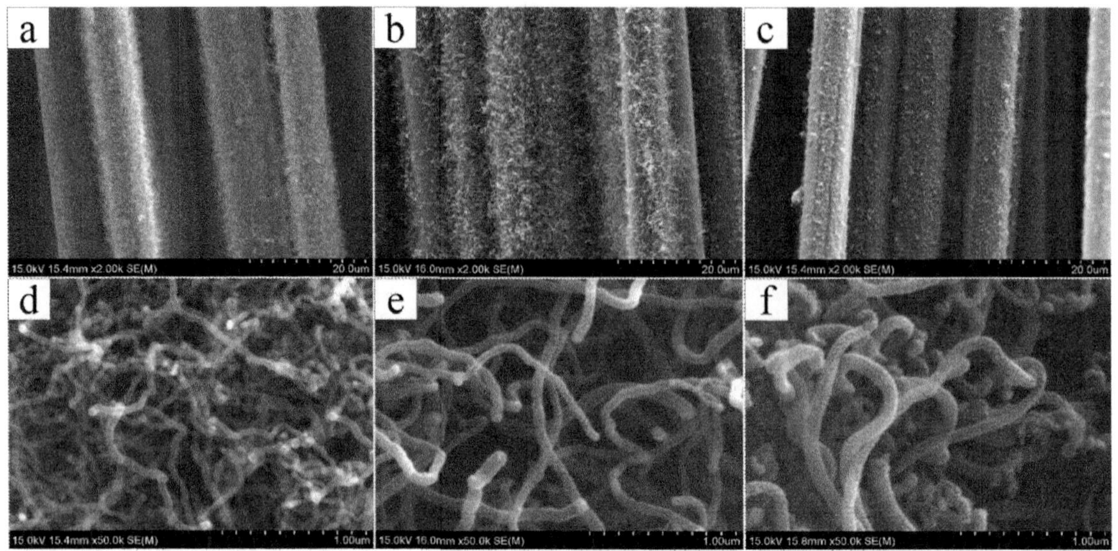

图5 不同催化剂前体浓度下CNTs形态的SEM图:(a)0.03 mol/L,(b)0.05 mol/L,(c)0.07 mol/L,(d)、(e)和(f)分别为(a)、(b)和(c)的部分放大图像

样进行了比较。从该图可以发现,在还原过程之后,纤维的拉伸强度显著降低,降低幅度达到了9%,这表明催化剂颗粒腐蚀了纤维表面并破坏了其不稳定的结构。CNTs生长后,拉伸强度有所提高,当催化剂前体的浓度为0.05 mol/L(0.05M)时,拉伸强度达到最大值。与还原工艺相比提高了13%,甚至高于纤维原样,这有利于改善复合材料的界面性能并保持优异的拉伸性能。CNTs的生长一方面可以弥补在纤维表面上形成的缺陷,另一方面可以为外部负载提供额外的抵抗力。

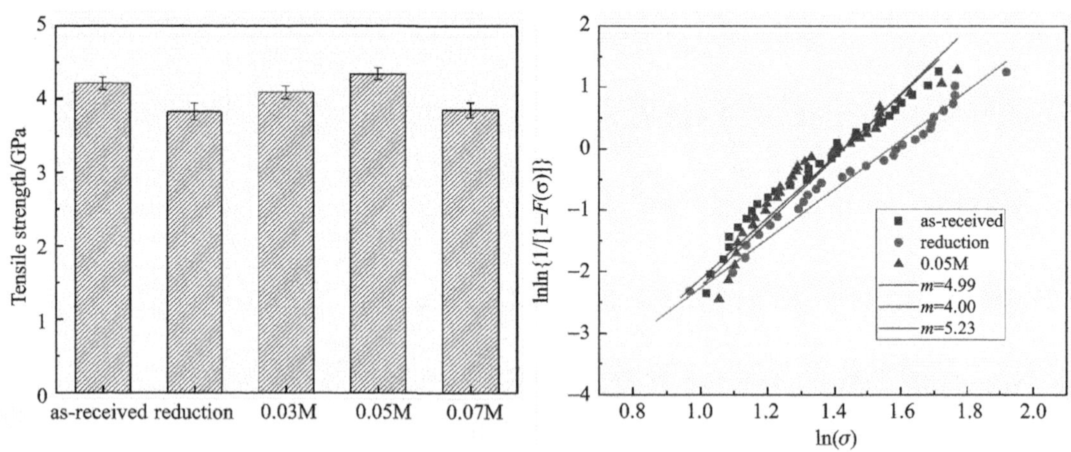

图6 催化剂前驱体浓度对CNTs/CFs增强体拉伸强度和部分样品威布尔分布的影响

威布尔分布函数是描述CFs内部结构破坏的良好模型。为了更深入地了解纤维强度,使用威布尔分布对数据进行了进一步分析。CFs原样的威布尔模量为4.99,在催化剂前体还原后,其威布尔模量降低至4.00,这表明CFs中产生了更多的缺陷。但是,当催化剂前体浓度为0.05 mol/L时,生长CNTs后威布尔模量增加到5.23,平均拉伸强度增加。因此,可以得出结论,催化剂还原过程中形成的损伤在CNTs的催化生长过程中得到了修复。

3.3 CFs/环氧树脂复合材料的界面特性

图 7 显示了 CFs/环氧树脂复合材料的 IFSS。受到纤维与树脂界面结合力弱的影响，未经处理的 CFs 原样的 IFSS 仅为 70.80 MPa。在 CFs(0.05 mol/L 催化剂前体溶液)表面上生长 CNTs 后，复合材料的 IFSS 达到 90.08，显著提高了 27.23%。原因在于 CNTs 层改善了 CFs 与树脂之间的润湿性，并且由于纤维与 CNTs 之间较强的化学交联而增强了机械互锁。另外，CNTs 在复合材料界面处的均匀分布将有效地抑制裂纹在界面处的扩展。

通过 SEM 观察 CFs 和环氧树脂脱粘后的表面形态。如图 8 所示，原样 CF 的表面整洁光滑，几乎没有环氧残留，这表明纤维和环氧树脂之间的界面较弱，CF 很容易从基体上剥离。CNTs 生长后，在脱粘纤维表面观察到更多残留的环氧碎屑。粗糙的表面意味着复合材料的 CNTs 层和环氧树脂发生内聚破坏，界面粘合性得到了显著改善。此外，环氧微滴截面的形态被撕裂(见图 8(d))，而原样复合材料的截面则相对整齐。这也表明通过原位生长方法在 CNTs 和 CF 之间形成了牢固的结合。

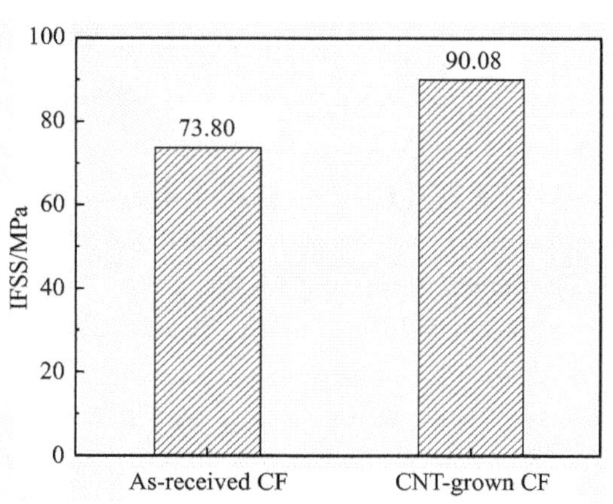

图 7 CF/环氧树脂复合材料的 IFSS 结果

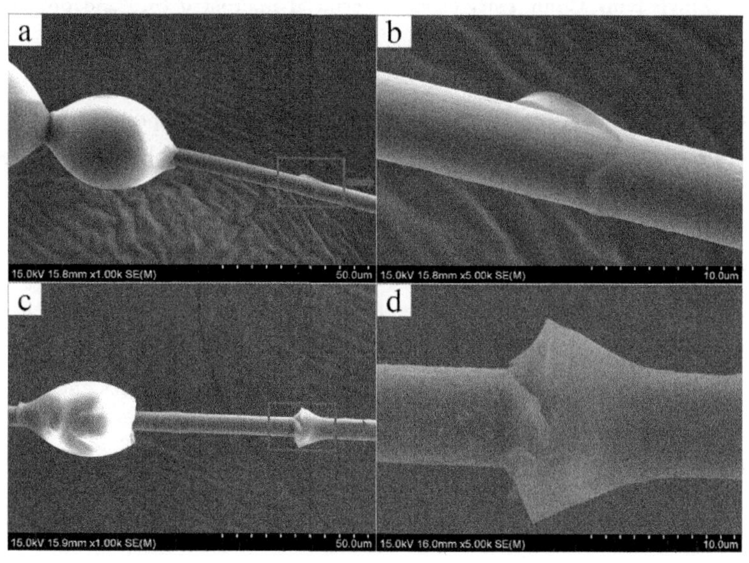

图 8 原样 CF(a)、(b)和 CNTs 生长后(c)、(d)的脱粘 SEM 图

4 结 论

使用能够在线应用的连续生产设备，可以在连续 CFs 上成功实现 CNTs 的原位生长。当催化剂前体浓度为 0.05 mol/L 时，可以获得具有最佳生长状态和最高拉伸强度的 CNTs/CF

增强材料。当 CNTs/CFs 增强材料用作环氧基体增强材料时，与原样的纤维增强材料相比，复合材料的 IFSS 可提高约 27.23%。从基体上脱粘后，CF 的表面上会出现更多的环氧片段，这意味着复合材料的 CNTs 层和环氧树脂具有很强的机械互锁，可以显著改善界面内聚力。通过研究各种工艺参数对 CNTs 生长的影响，可以促进连续工艺的进一步发展，并控制所获得的 CNTs 的形态，从而可大规模开发 CNTs/CFs 增强纳米复合材料。另外，该方法可以进一步扩展到传统的 CFs 生产中，以提高生产效率并减少由于多次收集纤维而引起的损坏，这是实现工业化生产应用的重要步骤。

参考文献

[1] Francois De Luca, Adam J Clancy, Noelia R Carrero, et al. Increasing carbon fiber composite strength with a nanostructured "brick-and-mortar" interphase[J]. Materials Horizons, 2018,5(4):668-674.

[2] Liu Liu, Fei Yan, Ming Li, et al. Improving interfacial properties of hierarchical reinforcement carbon fibers modified by graphene oxide with different bonding types[J]. Composites Part A: Applied Science and Manufacturing, 2018,107:616-625.

[3] Quanxiang Li, Jeffrey S Church, Minoo Naebe, et al. Interfacial characterization and reinforcing mechanism of novel carbon nanotube-carbon fibre hybrid composites[J]. Carbon, 2016,109:74-86.

[4] Amanda R Jones, Alicia Cintora, Scott R White, et al. Autonomic healing of carbon fiber/epoxy interfaces[J]. ACS Applied Materials & Interfaces, 2014,6(9):6033-6039.

[5] Lazaros Tzounis, Martin Kirsten, Frank Simon, et al. The interphase microstructure and electrical properties of glass fibers covalently and non-covalently bonded with multiwall carbon nanotubes[J]. Carbon, 2014,73:310-324.

[6] Xiaoqing Zhang, Xinyu Fan, Chun Yan, et al. Interfacial microstructure and properties of carbon fiber composites modified with graphene oxide[J]. ACS Applied Materials & Interfaces, 2012, 4(3): 1543-1552.

[7] Li Y W, Zhao F, Song Y J, et al. Interfacial microstructure and properties of poly (phenylene benzobisoxazole) fiber grafted with graphene oxide via solvothermal method[J]. Applied Surface Science, 2013, 266:306-312.

[8] Iijima S. Helical microtubules of graphitic carbon[J]. Nature, 1991,354(6348):56-58.

[9] Shukur Zainol Abidin M, Tomi Herceg, Emile S Greenhalgh, et al. Enhanced fracture toughness of hierarchical carbon nanotube reinforced carbon fibre epoxy composites with engineered matrix microstructure [J]. Composites Science and Technology, 2019,170:85-92.

[10] Terrones M. Carbon nanotubes: Synthesis and properties, electronic devices and other emerging applications[J]. International Materials Reviews, 2004,49(6):325-377.

[11] Yu M F, Lourie O, Dyer M J, et al. Strength and breaking mechanism of multiwalled carbon nanotubes under tensile load[J]. Science, 2000,287(5453):637-640.

[12] Marcos Felisberto, Lazaros Tzounis, Leandro Sacco, et al. Carbon nanotubes grown on carbon fiber yarns by a low temperature CVD method: A significant enhancement of the interfacial adhesion between carbon fiber/epoxy matrix hierarchical composites[J]. Composites Communications, 2017,3:33-37.

[13] Richard Li, Noa Lachman, Peter Florin, et al. Hierarchical carbon nanotube carbon fiber unidirectional composites with preserved tensile and interfacial properties[J]. Composites Science and Technology, 2015,117:139-145.

[14] Luman Zhang, Niels De Greef, Gerhard Kalinka, et al. Carbon nanotube-grafted carbon fiber polymer composites: Damage characterization on the micro-scale[J]. Composites Part B: Engineering, 2017,126:

202-210.

[15] Wang Beibei, Fu Qiangang, Yin Tao, et al. Grafting CNTs on carbon fabrics with enhanced mechanical and thermal properties for tribological applications of carbon fabrics/phenolic composites[J]. Carbon, 2018,139:45-51.

[16] Kyoung Ju Kim, Jina Kim, Woong-Ryeol Yu, et al. Improved tensile strength of carbon fibers undergoing catalytic growth of carbon nanotubes on their surface[J]. Carbon, 2013,54:258-267.

[17] Kyoung Ju Kim, Woong Ryeol Yu, Ji Ho Youk, et al. Degradation and healing mechanisms of carbon fibers during the catalytic growth of carbon nanotubes on their surfaces[J]. ACS Applied Materials & Interfaces, 2012,4(4):2250-2258.

[18] Zhang R L, Gao B, Zhang J, et al. Propagation of PAMAM dendrimers on the carbon fiber surface by in situ polymerization: A novel methodology for fiber/matrix composites[J]. Applied Surface Science, 2015,359:812-818.

[19] Jiang Dawei, Liu Li, Long Jun, et al. Reinforced unsaturated polyester composites by chemically grafting amino-POSS onto carbon fibers with active double spiral structural spiralphosphodicholor[J]. Composites Science and Technology, 2014,100:158-165.

[20] Zhao Feng, Huang Yudong, Liu Li, et al. Formation of a carbon fiber/polyhedral oligomeric silsesquioxane/carbon nanotube hybrid reinforcement and its effect on the interfacial properties of carbon fiber/epoxy composites[J]. Carbon, 2011,49(8):2624-2632.

微变形量对钛合金TB3晶粒度影响的研究

闫红文　孙嫣然　赵玉振　吕丹　李鹏　贾东华
(东方蓝天钛金科技有限公司，山东·烟台，264003)

摘要：钛合金TB3螺栓产品经过热处理后个别件发现晶粒度异常长大现象，本文通过对TB3材料晶粒度影响因素进行分析，识别出了对晶粒度异常长大的主要因素为材料临界变形，并通过制定合理的工艺验证方案，在临界变形度区间内成功复现了TB3材料晶粒度异常长大的故障现象，并为材料厂家控制TB3晶粒度提出了改进措施，成功应用到了实际生产中。

关键词：TB3；晶粒度粗大；临界变形度

1　引　言

TB3合金是一种可热强化的亚稳定β型钛合金。该合金的主要特点是在固溶处理状态具有优异的冷成形性能，其冷镦比可达2.8。该合金适合于制造航空航天紧固件，螺栓在固溶状态或固溶时效状态下使用，可用于制造性能等级为800 MPa和1 100 MPa的紧固件产品，长期工作温度为300 ℃以下。

在GJB 2219—94《紧固件用钛及钛合金棒(线)材规范》中3.7.3条款规定“固溶热处理状态的TB2和TB3钛合金棒(线)材，其横向显微组织应是单相等轴β组织；晶粒度应不低于6级”。正常生产的TB3螺钉螺栓金相组织均符合要求，但是在某项螺栓产品中，随机抽取的4件产品中有1件存在晶粒度异常问题，即产品中个别件晶粒度为2级(见图1左侧为异常，右侧为合格晶粒度)，不符合规范要求，随后对库存的62件产品进行清查，全部进行室温拉伸实验及金相检测，再次发现1件晶粒度异常产品。

图1　晶粒度异常组织(左)与正常产品的金相(右)金相照片

对于本次偶然出现的产品批中少量晶粒度超标问题，需要从根源上查找原因并加以解决。

2　影响材料晶粒度的因素分析

2.1　产品生产过程对晶粒度影响因素分析

影响材料晶粒大小的原因较多，通常有原材料、加工过程中的变形量大小以及热处理。由于本批次产品出现的晶粒度不合格问题为小概率事件，可以排除现用产品加工工艺和热处理工艺。通过过程复查发现本批次原材料复验合格、生产加工过程和热处理过程均符合工艺规定，排除掉了生产环节造成晶粒度异常的因素。

2.2　临界变形对晶粒度的影响分析

在排除了生产制造过程对晶粒度的影响因素后，将问题定位又重新转向了原材料。在材料制造过程中变形程度对金属再结晶晶粒大小有直接影响（见图 2），当变形量很小时，由于储存能很小，不足以引起再结晶，故晶粒度不改变。当变形量达到某一数值（一般金属在 2%～15%范围内）时，再结晶的晶粒度特别粗大，这样的变形度称为临界变形度。如果金属材料在临界变形度范围内发生冷变形，将会在后续的热处理过程中出现晶粒度异常长大现象。

由于金属材料通常存在临界变形度造成晶粒异常长大因素，其组织特征与本批次个别产品晶粒度异常长大相吻合，因此将问题定位于本批次材料在生产厂商制造过程中，局部位置可能出现了临界变形度区间的变形量，导致材料在出厂前的固溶处理过程中局部位置出现晶粒粗大现象。以此推论即本批原材料在入厂前就局部存在晶粒粗大组织，由于在原材料晶粒度复验取样为抽样，抽样位置没有取到问题部位，也就无法发现晶粒度不合格的质量问题，从而造成了本批原材料在后续的螺栓产品制造过程中出现个别件晶粒粗大问题。

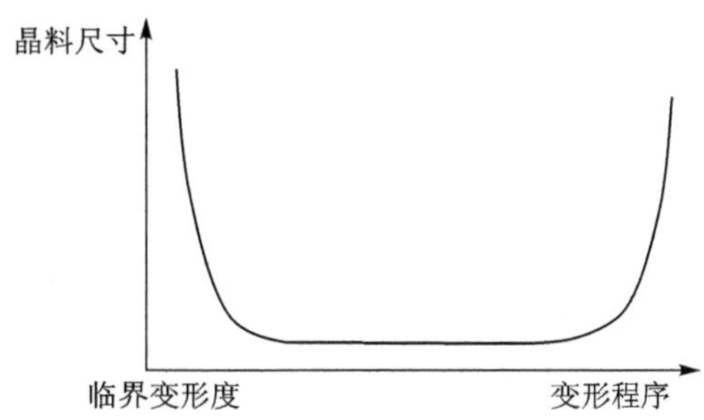

图 2　金属冷变形程度对再结晶晶粒大小的影响

3　TB3 材料微变形对晶粒度影响的工艺试验

3.1　微变形量对晶粒度影响的工艺试验方案

通过理论分析得出了造成产品晶粒度粗大的原因之后，根据航天产品质量问题技术归零中要求“定位准确、机理清楚、问题复现、措施有效、举一反三”，需要进行问题复现。由于金属材料晶粒度测量为破坏性试验，无法对问题批剩余库存材料进行晶粒度测量，我们在此利用替代方法，即模拟材料生产过程，人为制造出材料在临界变形度区间中的微变形量，对试样经过热处理后测量晶粒度，复现出 TB3 材料在临界度变形区间的晶粒度变化规律，当出现晶粒度与问题产品晶粒度组织特征基本一致时，即可确认理论分析的正确性。在此基础上我们制定出了如下工艺验证方案：

试验材料：从问题批次产品剩余原材料中随机任意取样。

试验方案:将试样通过无心磨削至不同的尺寸,然后进行镦制缩小直径,再按照与原材料厂家相同的固溶处理制度进行热处理,然后再测量晶粒度。试验取样和加工尺寸如表1所列。

具体工艺试验流程为:下料(ϕ7.86 mm±0.01 mm材料下料60件),磨削(每10件一组分成6组,将其中5组杆径分别磨削至ϕ7.7 mm、ϕ7.6 mm、ϕ7.5 mm、ϕ7.4 mm、ϕ7.3 mm),润滑处理,缩径处理(镦制缩小直径至ϕ7.18 mm),固溶处理(工艺参数为:800 ℃±10 ℃保温25 min空冷),金相检测(测量晶粒度大小)。

按照上述方案加工出的试样变形量如表1所列。

表1 试样加工尺寸及变形量

原始尺寸/mm	磨削尺寸/mm	镦制尺寸/mm	变形量/%
ϕ7.86	ϕ7.86(不磨削)	—	0
	ϕ7.7±0.01	ϕ7.18±0.01	13.1
	ϕ7.6±0.01	ϕ7.18±0.01	10.7
	ϕ7.5±0.01	ϕ7.18±0.01	8.4
	ϕ7.4±0.01	ϕ7.18±0.01	5.9
	ϕ7.3±0.01	ϕ7.18±0.01	3.3

3.2 不同微变形试样热处理后晶粒度变化规律

固溶处理后,测量晶粒度,晶粒度金相照片如图3所示。

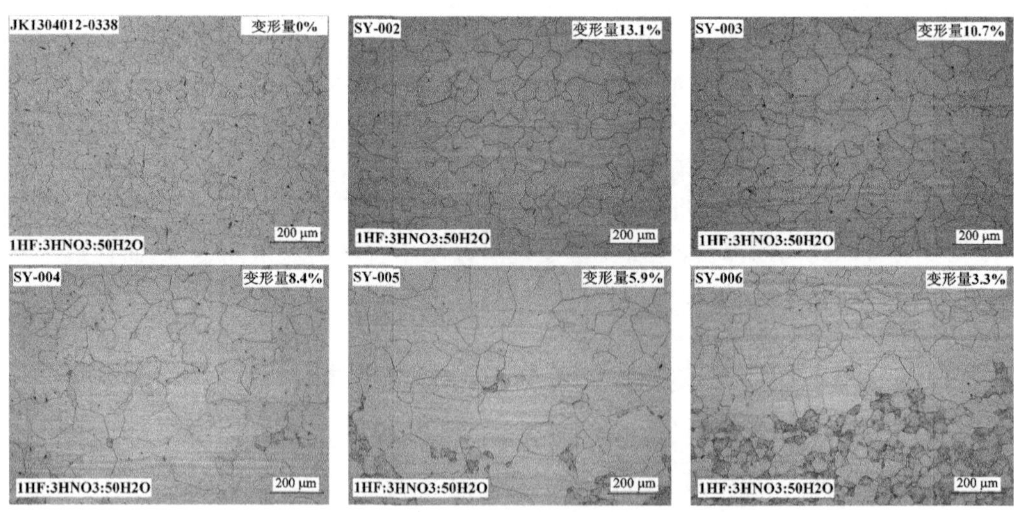

图3 不同变形量试样经固溶处理后晶粒度金相照片

不同变形量的试样经固溶处理后进行金相检测,未变形原材料和不同变形量试样的金相照片如图3所示。从金相图片上可见看出,相对于无变形的原材料,不同变形量试样的晶粒尺寸均有所长大。并且随变形量逐渐降低,材料的晶粒尺寸逐渐增大,当变形量为5.9%时,试样晶粒度已达3级,与问题批次产品晶粒度异常产品基本一致,问题批材料产品晶粒度异常长大的问题得以复现。

4　问题批材料晶粒度粗大原因分析

将 TB3 材料临界变形度的工艺验证结果反馈给材料生产厂家，生产厂家对问题批材料生产过程进行了排查。其原因为原材料生产过程中，因轧机螺钉出现问题，造成局部材料轧制变形量不足，其实际变形量恰好在 TB3 材料的临界变形度区间内，从而致使材料在固溶处理时局部材料出现了晶粒异常长大的问题。当发现轧制出现故障后，及时更换了螺钉并修复轧辊。当天轧制过程中进料仅一百多公斤，且有问题的原材料长度很短，并没有进入其他合同批。这就是本批问题批产品中个别件出现晶粒粗大不符合要求的原因。

5　TB3 晶粒度过程控制改进措施

TB3 原材料生产厂家针对此问题制定了在生产环节中出现设备故障、材料加工异常等现象的上报制度。由现场工艺检验员将事故情况在 2 小时内上报生产现场责任工程师，由工程师识别出对材料批质量的影响程度，并据此采取相应的措施。

我公司将入厂原材料金相试样检测抽样数量加倍，抽样方案从不同根材料上随机取样，加严了原材料入厂复验。

6　结　论

① TB3 材料在临界变形度范围内有晶粒异常长大倾向，在冷变形量约为 5.9%其晶粒长大达到最大值，其晶粒度级别为 3 级。

② 在原材料加工过程中，必须识别影响晶粒变化的因素，并对过程中出现设备故障、材料加工异常进行严格控制，避免产生局部材料的不均匀变形，从根源上杜绝晶粒度异常现象。

参考文献

[1] 颜鸣皋，刘伯操，吴世平. 中国航空材料手册：4 卷[M]. 北京：中国标准出版社，2000.
[2] 崔忠圻，刘北兴. 金属学与热处理原理[M]. 哈尔滨：哈尔滨工业大学出版社，2007.

钢制紧固件的铝涂层防护技术

陈晓芳　宫兆泉　郭晓彤　孙靖贻　李鹏
（东方蓝天钛金科技有限公司，山东·烟台，264003）

摘要：电镀镉是钢制紧固件常用的表面防护技术，尤其在潮湿空气和海洋大气等环境中，其耐腐蚀性能优越，但是在制备镉镀层的电解液中含有镉盐、氰化物等对环境和人体有毒的物质，废水处理难度高，不符合当今社会经济发展的环保趋势，且电镀镉易产生"氢脆"风险，镀后需进行严格除氢处理，超过 232 ℃使用时，还容易出现"镉脆"现象，降低紧固件使用寿命，影响飞机安全性能，因此镉镀层已经成为逐渐被淘汰的工艺类型，而铝涂层逐渐成为国内外广泛研究的镉镀层替代技术之一。目前，常见的铝涂层的制备方法主要有喷（浸）涂铝、离子镀铝、离子液体电镀铝等，本文主要针对以上三种铝涂层制备方法，从成膜原理、膜层制备、工艺特点等方面进行阐述及比较分析。

关键词：钢制紧固件；喷（浸）涂铝；离子镀铝；离子液体电镀铝

1　引　言

紧固件是广泛用于航空航天领域，起紧固连接作用的基础件。无论军机还是民机，都需要大量紧固件将飞机各部分通过机械连接的方法连接成一个整体，少则几十万件，多则几百万件，其中，高强度钢是生产航空航天紧固件的重要材料，具有抗拉性能好，强度高等优点。随着航空工业的发展及环境质量要求的提高，钢制紧固件的表面防护技术由镉镀层逐渐向铝涂层转换。铝涂层具有阳极涂层和隔离涂层的双重作用，能有效降低紧固件与机体间电位差，减少电位腐蚀及接触腐蚀，在飞机服役过程中，铝涂层表面未损伤时，起着惰性的隔离防腐涂层的作用；即使因外力不可抗因素导致铝涂层划伤，因铝的标准电位为－1 660 mV，电位较负，也可通过牺牲阳极的方式使铝涂层优先腐蚀从而使钢制紧固件得到保护。以下主要针对喷（浸）涂铝、离子镀铝、离子液体电镀铝三种铝涂层制备技术进行阐述。

2　喷(浸)涂铝

2.1　成膜原理

涂铝液主要由铝粉、高分子树脂、溶剂、助剂等组成。涂铝液均匀覆盖整个紧固件后，随着溶剂挥发，涂料中的高分子树脂、颜料等在紧固件表面形成干燥的漆膜，即铝涂层。

① 铝粉：铝粉作为颜料，其粒径与膜层表面光洁度、膜层润滑性能、膜层结合力、膜层颜色密切相关。

② 高分子树脂：主要成膜物质，主要与铝涂层颜色、膜层结合力以及膜层耐热性等指标有关。

③ 溶剂：主要与漆膜质量、固化时间有关。如果溶剂挥发得太快，涂料对基材没有足够的润湿，漆膜难以流平；但溶剂挥发得太慢，漆膜会因流挂而变得很薄，延长干燥时间，降低生产效率。

④ 助剂：主要与膜层润滑性能、固化时间等指标有关。

2.2 膜层制备

2.2.1 预处理

紧固件进行喷(浸)涂铝前，需对紧固件表面进行预处理——除油、清洗、粗化。除油目的是保持钢件表面清洁，增加涂铝液润湿性，提高涂层质量，多采用碱性除油液进行处理；除油并清洗结束后，进行粗化，钢制紧固件多采用喷砂方式进行粗化，能有效提高紧固件表面粗糙度，提高膜层结合力，喷砂结束后，需对产品进行水洗和干燥处理。

2.2.2 涂　覆

对于螺栓类产品，多采用空气喷涂(手动喷涂、自动化喷涂)的方式进行涂铝。利用压缩空气作为动力，将涂料从喷枪的喷嘴中喷出，压缩空气的气流在喷嘴处形成负压，涂料自动流出并在压缩空气气流的冲击混合下被充分雾化，漆雾在气流的带动下射向工件表面沉积，形成均匀的膜层。

对于螺母类产品，多采用浸涂的方式进行涂铝。将一定数量的紧固件用铜网包裹，浸入事先配制好的涂铝液中并轻微适当抖动，使紧固件与涂铝液充分接触后取出，采用甩干的方式去除紧固件表面多于涂料，最终在产品表面形成均匀的膜层。

2.2.3 固化处理

喷(浸)涂完成后，需将紧固件整齐平铺在托盘上，放入烘箱中，在预定温度下进行烘干固化。

2.3 喷(浸)涂铝工艺特点

膜层成分是由单质铝和高分子树脂等组成的混合物，具有耐腐蚀、润滑等效果，工艺简单，膜层厚度主要与喷(浸)涂次数、涂料粘度、喷枪压力(针对喷涂)、喷涂距离(针对喷涂)、离心转速(针对浸涂)、产品数量(针对浸涂)等因素有关，紧固件各部位膜层厚度均一性难以保证，涂料易在螺纹牙底形成堆积。

3 离子镀铝

3.1 成膜原理

离子镀铝是在真空条件下，充入氩气，利用高压放电使氩气和铝丝或铝箔部分离化，在阴极吸引下，带正电荷的氩离子和铝离子轰击紧固件的同时，沉积于紧固件表面，形成镀铝层。

3.2 膜层制备

3.2.1 预处理

紧固件离子镀铝时，表面需清洁无油污，除油后应尽快干燥以防止紧固件生锈。

3.2.2 离子镀

铝丝或铝箔(纯度≥99.5%)作为蒸发源接阳极,紧固件接阴极,在高压电源作用下,蒸发源与紧固件之间产生弧光放电。由于真空罩内充有惰性气体氩气,在放电电场作用下部分氩气被电离,从而在阴极紧固件周围形成等离子暗区,带正电荷的氩离子受阴极负高压的吸引,猛烈地轰击紧固件表面,致使工件表层粒子被轰溅抛出,从而使紧固件待镀表面得到充分的离子轰击清洗,另外,也能保证铝涂层与紧固件之间有良好的结合力。随后,调节蒸发源电压,打开挡板,铝丝或铝箔熔化蒸发,进入辉光放电区并被电离,带正电荷的铝离子,在阴极吸引下,随同氩离子一同冲向紧固件,当抛镀于紧固件表面上的铝离子超过溅失离子的数量时,则逐渐堆积形成一层牢固粘附于工件表面的铝镀层。

3.2.3 后处理

1. 表面致密化处理

离子镀铝后采用90°喷丸处理,要求100%覆盖被处理表面,提高致密度,减少孔隙,获得基本无孔防护层。喷丸前膜层由许多细小晶粒堆叠而成,呈菜花状,由于铝的熔点较低,镀膜过程中有铝液滴生成,局部形成较大颗粒,导致表面比较粗糙、疏松。喷丸后,镀铝层在弹丸冲击作用下产生形变,形成圆饼状结构,弹丸轰击位置底部明显被压实,结构致密。

2. 铬酸盐处理

喷丸处理后,进行六价铬酸盐钝化处理能显著提高铝镀层耐腐蚀性能。

3.3 离子镀铝工艺特点

① 膜层成分主要是 Al,此外还含有 O 和少量 Cr。

② 工艺温度低。

③ 入射粒子能量高,铝镀层结构致密,晶粒细小,厚度均匀,附着性好,绕镀性好。

④ 不损害基体机械性能,甚至能明显提高某些基体材料的疲劳性能。

⑤ 后处理溶液含铬,对环境有一定污染。

⑥ 工作电压过高,存在一定安全隐患。

⑦ 深孔部位难以镀覆。

⑧ 对设备要求较高。

4 离子液体电镀铝

4.1 成膜原理

离子液体电镀铝涂层技术是在完全由离子组成,不含任何分子物质的非水体系的离子液体的电镀槽液中,由离子状态的反应物质在紧固件表面发生还原反应,形成 Al 原子,逐渐形核长大成膜,在紧固件表面制备纯铝涂层的新型电镀技术。

4.2 膜层制备

在众多不同种类电镀液中,卤化烷基咪唑盐类是离子液体电镀铝中电镀液的研究热点,其电导率高,蒸气压低,熔点低,化学稳定性和热稳定性好,电化学窗口宽,可溶解多种金属氧化物,对空气和水相对稳定。故以卤化烷基咪唑盐类离子液体电镀铝为例,进行分析。

4.2.1　预处理

进行离子液体电镀铝前，需对紧固件进行除油处理。

4.2.2　离子液体电镀铝

①离子液体电镀铝需在室温的氮气环境中进行，控制环境中水汽及氧气浓度。

②配制离子液体溶液：将干燥的 $AlCl_3$ 和 1 -乙基- 3 -甲基咪唑氯化物按照一定摩尔比缓慢混合，持续搅拌，直至完全溶解，形成淡黄色透明液体。

③紧固件挂在阴极，控制电流密度，电镀温度及电镀时间，使相应离子在阴极发生还原反应，生成大量紧密排布的圆顶状突起物，从而形成所需厚度电镀铝涂层。

4.2.3　后处理

用三价铬酸盐进行化学氧化处理，在膜层表面形成氧化物膜层，能显著提高紧固件耐蚀性。

4.3　离子液体电镀铝工艺特点

① 离子电镀铝设备相对简单。

② 电镀液中不含分子物质，尤其不含水分子，不会产生氢脆风险。

③ 能够镀覆深孔等复杂结构紧固件。

④ 离子液体电导率好，电化学窗口宽，熔点低，性质稳定，对环境污染小。

⑤ 膜层与基体结合致密，附着性好，耐蚀性能优异。

⑥ 电镀液配制时高热反应易使有机物分解，且药品价格较高。

5　总　结

目前对喷(浸)涂铝、离子镀铝的研究及应用相对成熟，喷(浸)涂铝技术广泛用于航空航天钛及钛合金、不锈钢、高温合金紧固件的表面处理；离子镀铝逐步取代电镀镉技术应用于飞机起落架以及发动机吊架等结构；离子液体电镀铝属于铝涂层制备的表面处理前沿技术，具有设备简单，膜层耐蚀性能优越，工艺过程简单，污染小等优点，还可进行电镀铝合金镀层，以满足对某些特殊性能的需求，但离子液体在空气中存在易氧化和潮解变质的风险，因此离子液体电镀铝技术值得进行后续深入研究。

参考文献

[1] BROWN S A，BERMAN D E. Cadmium Alternatives for High-strength Steel[R]. ESTCP WP-0022，2011.

[2] 庄军，陈善忠. 电弧喷铝长效防护涂层工艺的研究[J]. 铁道车辆，1997，36(4)：95.

[3] 吴向清，田进，谢发琴，等. 多弧离子镀铝对 TiAl 合金高温抗氧化性能的影响[J]. 中国表面工程，2009，22(5)：50-55.

[4] 薛露平，许维超，叶晖. 高强钢多弧离子镀铝层性能研究[J]. 电镀与涂饰，2019，38(15)：767.

[5] Endres F，MacFarlane D，Abbott A. Electrodeposition from Ionic Liquids [B]. Weiheim，WILEY-VCH Verlag GmbH&Co. KGaA，2008.

[6] 詹中伟，孙志华，汤智慧，等. 后处理对离子液体电镀铝合金涂层耐蚀性能的影响[J]. 电镀与精饰，2015，37(11)：3.

[7] 柳泉，刘奎仁，韩庆，等. 低温电镀铝的研究进展[J]. 材料与冶金学报，2009，8(1)：43.

8D 报告在生产过程质量控制中的应用

肖颖　秦龙
（山东中航和辉航空标准件有限责任公司，山东·济南，250000）

摘要：8D 报告是一种标准化问题解决方法。本文通过 8D 报告的日常运用，使我们掌握快速处理问题的方式，达到不遗漏现场信息，防止相同问题或所类似问题重复发生的目的。

关键词：现场调查；5W2H；鱼骨图；标准化

1　引　言

8D 报告作为一个有效的质量工具，是质量管理及改善的特殊必备方法。通过 8D 报告的标准步骤有序地推进问题解决的过程，能够有效地解决生产过程中及客户投诉出现的问题，有助于问题系统性的分析，并制定有效的解决和预防措施，防止再次发生。

相关的步骤如下：

D1：建立小组；

D2：问题描述；

D3：实施临时措施；

D4：根本原因分析；

D5：选择和验证永久纠正措施；

D6：实施永久纠正措施；

D7：效果确认及标准化；

D8：祝贺小组。

2　8D 报告在公司生产过程质量控制中的应用

案例：2020 年 3 月 27 日，检验员在热处理车间日常检验中发现 1 个批次 XXX5×10 铆钉头部有异常凸点情况。该问题以前从未发生过，经相关部门确认后，决定采用 8D 报告的形式由专人来分析处理此问题。

此批次物料暂时隔离，并放置到待处理区，等待后续处理。

2.1　D1：建立小组

建立一个问题处理小组，见表 1，小组成员具备产品工艺的知识，有充足的时间和授予的权限，应具有所要求的解决问题和实施纠正措施的技术素质。

表 1　问题处理小组

部　门	技术	质量	工艺	检测	生产
姓　名	秦龙	肖颖	刘庆飞	屈瑞肖	刘鑫磊

2.2　D2：问题描述

问题描述时使用可量化的术语，例如与该问题有关的人、内容、时间、地点、原因、方式、和程度，可运用 5W2H 分析方法详细说明问题，见表 2。

5W2H 分析法又叫七何分析法，发明者用五个以 W 开头的英语单词和两个以 H 开头的英语单词进行设问，发现解决问题的线索，寻找解决思路，进行设计构思等，是二战中美国陆军兵器修理部首创，简单、方便，易于理解、使用，富有启发意义，广泛用于企业管理和技术活动，对于决策和执行性的活动措施也非常有帮助，也有助于弥补问题的疏漏。

表 2　5W2H 分析表

5W2H	具体情况
Who 谁发现的？	检验员崔学东
What 发生了什么？	1. 头部除材料标识外，还有大小不等的凸点。高度大约在 0.05～0.16 mm。 具体形状如下图所示：  2. 抽检 200 件，发现 8 件，比例为 4%
When 何时？	2020 年 3 月 27 日
Where 地点？	热处理车间
Why 为什么会是问题？	技术要求：头部除材料标识外，应平整光洁； 实际目测：有大小不等的凸点
How 怎样发现的？	目测
How much 数量多少？	订单数量 10 000 件，抽检 200 件，有 8 件头部有不同程度的凸点

2.3　D3：实施临时措施

此批次铆钉暂时隔离并标识放置，由生产部进行挑选，复检合格后流转到下一工序。

2.4　D4：根本原因分析

2.4.1　鱼骨图分析

鱼骨图又名石川图，是一种发现问题“根本原因”的方法，它也可以称之为“Ishikawa”或者“因果图”。其特点是简捷实用，深入直观。它看上去有些像鱼骨，问题或缺陷（即后果）标在

“鱼头”外。在“鱼骨”上长出“鱼刺”，上面按出现机会多寡列出产生问题的可能原因，有助于说明各个原因之间是如何相互影响的。

结合5W2H分析方法描述的铆钉头部异常凸点问题，处理问题小组分析了问题的原因及结构，并绘制了该问题的鱼骨图，见图1。

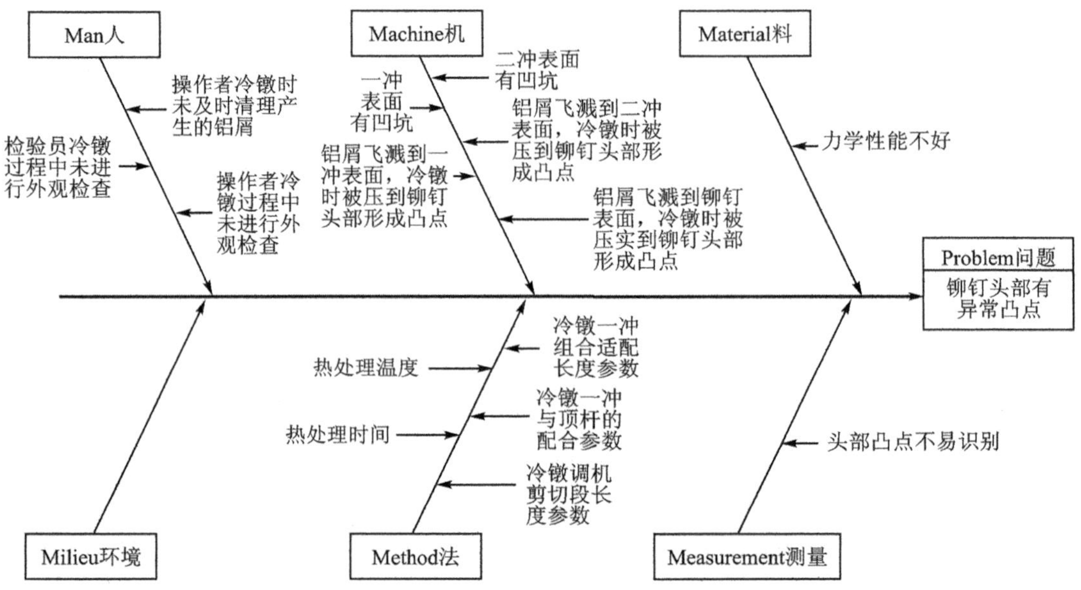

图1　铆钉头部异常凸点问题分析鱼骨图

2.4.2　分析选取重要因素

问题处理小组通过常规检查，分别在“人”“机”“料”“法”“环”“测”等方面分析了该问题的所有原因，排除了部分疑似因素，见表3，并通过特殊检验方式选取了需要进一步验证的重要因素。

表3　可能因素分析表

因　素	可能的原因	分　析
人	冷镦时未及时清理产生的铝屑	依据生产过程中的经验，铝屑除会粘附到头部产生凸点，也会造成头部压痕，经检查此批次，未见头部压痕。所以初步确认生产过程中没有较多铝屑，操作者对作业区的清理是及时有效的
	操作者冷镦过程中未进行外观检查	检查了冷镦过程的首检、末检、巡检、自检检验记录，记录完整。过程中也没有此问题的反馈。 检查了冷镦首、末件留样，没有发现头部凸点。 所以初步排除因人员未进行过程检查造成问题未被识别
	检验员冷镦过程中未进行外观检查	
机	一冲表面有凹坑	检查一冲表面质量，无凹坑。 所以初步排除是因一冲表面质量造成的头部凸点
	二冲表面有凹坑	检查二冲表面质量，无凹坑。 所以初步排除是因二冲表面质量造成的头部凸点

续表 3

因　素	可能的原因	分　析
机	铝屑飞溅到一冲表面，冷镦时被压到铆钉头部形成凸点	依据生产过程中的经验，铝屑除会粘附到头部产生凸点，也会造成头部压痕，经检查此批次，未见头部压痕。 所以初步排除是铝屑造成的头部凸点
	铝屑飞溅到二冲表面，冷镦时被压到铆钉头部形成凸点	
	铝屑飞溅到铆钉表面，冷镦时被压实到铆钉头部形成凸点	
料	力学性能不好	1. 检查此批次线材进料检验时的化学性能、机械性能、显微组织等相关记录，符合技术要求； 2. 检查同一批次线材生产的其他 6 个批次，没有此问题发生。 所以初步排除是材料造成的头部凸点
法	热处理温度	1. 此批次的热处理工艺为常规产品工艺，已实施多年，是成熟稳定有效的工艺； 2. 检查此批次的热处理过程记录，符合工艺技术要求。 所以初步排除是热处理过程中的工艺参数异常造成的头部凸点
	热处理时间	
	冷镦一冲组合适配长度参数	需进一步验证
	冷镦一冲与顶杆的配合参数	
	冷镦调机剪切段长度参数	
环	无	无
测	头部凸点不易识别	热处理后目测可识别

通过特殊检验方式进一步验证，找出问题重要因素：

① 运用剖检镶样放大查看，进一步检查头部凸点，金相照片见图 2，通过对比铆钉头部异常凸点横截面和纵截面的金相照片，可以确定是由头部多余料产生的折叠和空腔，空腔造成了异常凸点。

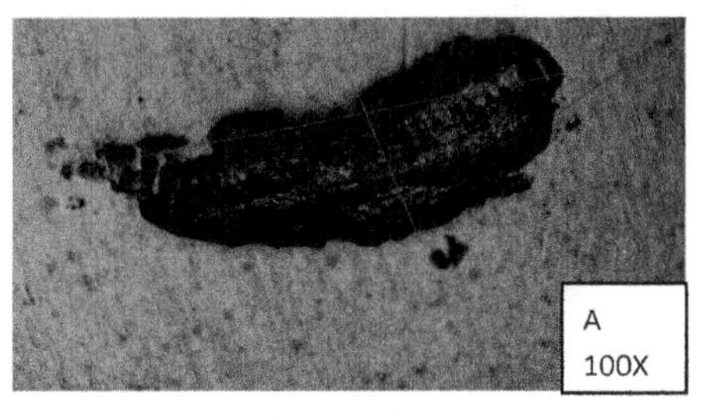

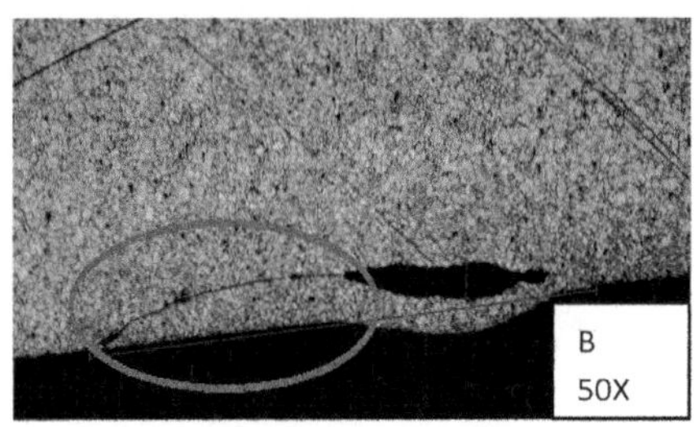

图 2　头部异常凸点金相照片(A 横截面，B 纵截面)

② 经测量凸点出现位置，是在一定的直径范围内。计算后发现正好是一冲预成型向外延展的位置。通过以上检查可以认为当冷镦一冲时，铆钉头部预成型形状不好，二冲头部余料向外延展形成折叠。因折叠处留存一定的空气及冷镦油污，在热处理工序高温加热时，折叠处膨胀造成空腔，头部形成异常凸点。

③ 头部折叠产生可能的原因主要有3种：

➢ 冷镦一冲组合适配长度参数不好；

➢ 冷镦一冲与顶杆的配合参数不好；

➢ 冷镦调机剪切段长度参数不好。

经进一步测量，冷镦一冲组合的配件弹簧垫块有损伤，顶杆与一冲模具配合不稳定，造成头部预成型形状不好，成型后内部形成折叠。另外在热处理后，折叠造成的凸点可以目测识别，但冷镦时头部内部发生折叠，无法立即识别出来。所以需要通过检查头部成型前期状态，来避免折叠的发生。

2.5 D5：选择和验证永久纠正措施

2.5.1 永久纠正措施

➢ 采购新的一冲配件；

➢ 增加对一冲配件的日常维护与检查；

➢ 增加对头部一冲预成型形状的检查；

➢ 培训操作者。

2.5.2 验 证

更换一冲组合的配件，试生产一个批次10 000件，成品检测头部再无异常凸点。

2.6 D6：实施永久纠正措施

增加对一冲配件的日常维护与检查，并定义到《年度设备维护保养计划》；增加对头部一冲预成型形状的检查，并定义到《××铆钉检验规范》。

2.7 D7：效果确认及标准化

新措施经3个月的运行，未再发现头部凸点的问题，并对相关措施进行标准化。

① 检查《年度设备维护保养计划》，相关要求已增加。

② 检查《××铆钉检验规范》，相关要求已增加。

③ 检查培训记录，新增维护要求和检验要求已培训。

④ 检查现场记录，操作者及检验员能按要求进行维护、检测并记录。

2.8 D8：祝贺小组

经小组成员的集体努力，成功解决了此问题，取得了可喜的成绩，也得到了公司相关部门的认可。

3 总 结

8D报告作为一个流程化、标准化的分析和解决问题的思路，经过日常生产过程控制中的运用，团队能够快速反应，建立小组训练内部合作技巧，推进有效的问题解决和预防技术，改进过程控制质量，提高生产效率，防止相同问题和所有类似问题的重复发生，有助于提高顾客满意度，同时增强了客户对企业产品和过程的信心，提高了企业的信誉和竞争力。

参考文献

[1] 黄文骏. 生产问题分析与解决[M]. 北京：北京大学出版社，2004.

提案改善活动在航空航天紧固件企业生产现场的开展与探究

邓兴智　黄乐　陶贡旭

（东方蓝天钛金科技有限公司，山东·烟台，264670）

摘要：精益提案改善活动是现代企业精益管理中的一项很重要的管理手段，提案改善活动本身就是通过研究企业在日常生产活动中的各种业务活动，发现其中存在的“不良点”，并进行有效改善从而获得效益的一种活动形式，提案改善活动会充分调动基层员工的生产积极性，提升企业管理的科学性。提案改善活动的实质与精髓便是全员参与、全员改善。航空航天紧固件属于多品种、小批量、短交期产品，且设备换模时间较长，生产现场存在极大浪费，提案改善活动是企业提高生产效率、改善企业生产水平、降低产品生产成本、增强竞争力的重要手段。本文简述了某航空航天紧固件公司开展探究提案改善活动的过程以及为公司带来的成效，并对如何深入的、彻底的在航空航天领域内推行提案改善活动做出了建议。

关键词：精益生产；提案改善；航空航天

0　引　言

作为航空航天企业来讲，航空航天紧固件产品存在多品种、小批量、短交期、插急单严重等情况，企业生产车间换模时间长、工艺相对落后，对企业车间的柔性生产要求更为严格；作为制造业来讲企业的车间生产现场是该企业实现创造价值的最重要部分，为满足市场需求，企业制造车间需要不断改善。所以笔者公司作为航空航天紧固件生产企业车间的现场管理水平与技术水平需要不断优化与提升，从而提高公司生产效率、改善企业生产水平、降低产品生产成本、增强企业在市场上的竞争力。

1　精益提案改善概述

提案改善活动是在企业发展战略框架下，系统性引导各级岗位员工通过精益管理理念和IE 手法，继续改善“人—人”、“物—物”和“人—物”关系，实现个人素质和工作绩效一起成长，推进企业管理创新、技术创新和经营模式创新。让专业的人和不专业的人、能力强的人和能力不强的人，通过“问题票”、“提案卡”或“提案改善表”等形式，人人都能参与改善，人人都能获得成就感的一种形式。

提案改善活动最早于 1872 年由克虏伯先生提出提案改善管理概念，后于丰田公司提出的“造人运动”，即提高人的素质，改善人的体质，后来借鉴美国福特公司的“动脑筋创新”制度提出了自己的“创意功夫”之路，后来慢慢地发展成为提案改善的形式，一直沿用至今。现提案改善活动已在国内众多公司开展应用，如天津汽车模具有限公司在提案改善制度推广现状以及取得成果的基础上，阐明了该制度对技术创新的影响，为我国企业技术创新提供了借鉴。如南车——石家庄车辆有限公司就提案改善推进实施路径,实施过程中应注意的问题和方法进行了详细介绍,阐述了提案改善机制的重要作用。北车——青岛重车四方机车车辆股份有限公司则阐述了提案改善在公司人才育成方面的重要作用,提案改善活动既是人才育成的方法和手段,也是人才育成的基本表现形式,通过提案改善,可以使公司员工的知识水平和技能水平有所提升,达到人才育成的目的。

笔者所在公司也正是借鉴以上各企业成功的经验与案例,企业的提案改善活动才得以成功。所以本文将主要介绍笔者所在公司开展提案改善活动的经验。笔者所在公司存在着现场管理不足,现场物品摆放混乱,现场工人有许多先进的加工方式得不到大面积推广等问题,这在一定程度上造成了公司的管理困难。本文也正是针对公司出现的以上问题,对现行公司管理方式与手段进行深入的分析总结后,并充分认意识到实施有效的精益改善才可以改变现状,激发全体员工的创新性,制定并落实改善方法,从而提高员工的工作效率和为企业创造更多的价值。

2 推行提案改善活动的目的及意义

2.1 提案改善重在育人

员工是一个企业的核心,在培训员工生产技能的同时,更需要培养发现并解决问题的能力,且加以传承。要让“不自觉的人”变为“自觉的人”,要让“只发现‘不良’的人”变成“能想到‘不良’的人”,要让“发现‘不良’的人”变成“解决‘不良’的人”。

2.2 提案改善让员工、企业受益

要切实做到“为人民服务”。通过提案改善活动一定要让员工切实享受到它带来的便利,工作比以前更加便利,效率更快,环境更好,工资更高等等。

提案改善作为精益管理的一大工具,本职就是消除“八大浪费”,从而为公司带来更多利润。通过发挥员工的聪明才智,并将成果固化,让企业得到进一步发展。

2.3 提案改善最终目的是形成企业的改善文化

提案改善的特点是从自身出发,进行自我改善。全员参与改善,让改善的思想在员工心中生根发芽,从生产车间到各级办公室再到领导层整体形成改善的氛围。

3 精益提案改善管理在某航空航天紧固件公司中的探究与应用

3.1 完善组织领导,健全制度管理

提案改善活动需要广泛动员职工参与,积极提交改善方案,为规范提案过程,把控提案的质量,在考虑到精益提案改善应用时,必须遵循实用实效、全员参与、循序渐进的原则,要在实施过程中完善组织领导,健全制度管理。公司为确保提案改善活动能够顺利进行,由公司副总作为改善小组领导,各部门负责人为小组成员,公司精益办公室进行改善活动教育与推进,将改善目标分解到每个部门每位员工手中,从而形成了领导层监控、管理层负责、工作组实现三个层面的组织体系。为了贯彻落实领导小组的决策部署,制定了提案改善活动在公司推行的

策划，明确各级领导、各个部门责任，加强各部门的执行力，对相关工作建立持续运行的机制并监督相关工作的执行。为激励员工积极投入到改善中去，一方面进行全面的思想教育；另一方面提案改善数量与员工的职级晋升、薪资待遇、年终评优等挂钩，未达到要求员工、部门会失去升职加薪、部门评先的资格。

3.2 强化宣传培训，活用改善工具

提案改善活动能否顺利推进，关键是要建立改善的思想，强化改善意识。因此活动初期，公司对制造部班组长班组核心员工进行了改善思想，解决问题的思想方法，改善的工具与方法，问题的根本解决方法等培训，目的是建立现场员工的改善思想，养成愿意思考、愿意解决问题的习惯。思想建立后，针对不同部门不同层级的员工，有组织、有计划地进行现场实践性培训，要求各级员工掌握改善相关的工具方法，如5W1H分析法、鱼骨图、ECRS原则、山积表等，从而确保能够将发现的问题进行有效的改善。

3.3 兼顾“大小”改善，确定提案范围

我们根据美式提案重视改善效益、侧重创新、注重重大问题的改善等特点开展了项目改善，根据日式改善重视全员参与、侧重改善提升、不放过每一个小改善的特点开展了个人改善活动与团队改善活动。

根据当前航空航天紧固件产品多品种、小批量的订单模式，只有尽快由传统型生产模式转变为柔性生产模式才能不被时代所淘汰，笔者所在企业也一直朝柔性生产模式发展，为了加快推进速度，特制定了柔性制造项目改善。较专业的、较苛刻的“大”的改善虽然能够为公司创造巨大利润，但是参与者较少，不能发挥每个人的优点与长处，对此又开展了更加注重参与范围、能够更大范围提高员工积极性的“小”的个人改善活动与团队改善活动。制造部作为直面生产的第一大部门，个人改善与团队改善的试点工作放到了制造部。

3.4 设计提案单，确定提案流程

为规范提案改善活动过程，笔者所在公司规定了适应于公司自身的提案改善表与提案改善流程，公司每季度进行一次提案改善评审活动，各部门将部门内提案改善想法进行初审，初审通过后对提案内容进行落实，落实完成后将提案改善表提交至提案评审组进行审核，审核通过后进行效果检查并进行评审、奖励公示、提案改善的标准化与推广应用。

3.5 不定时检查，保证改善效果

改善不是一时的，而是要深入、持续地进行，为防止员工的提案改善随时间的流逝而失去改善的效果，公司制定提案改善的检查制度，不定时对每个改善的成果进行跟踪，对改善持续效果差的提案改善进行相应考核。某航空航天紧固件企业提案流程图如图1所示。

4 精益提案改善活动在企业中的实施效果

4.1 理念引用，转变观念，提高认识

提案改善活动进行前，现场工作人员不仅对提案改善毫无兴趣可言，而且对自己工作的积

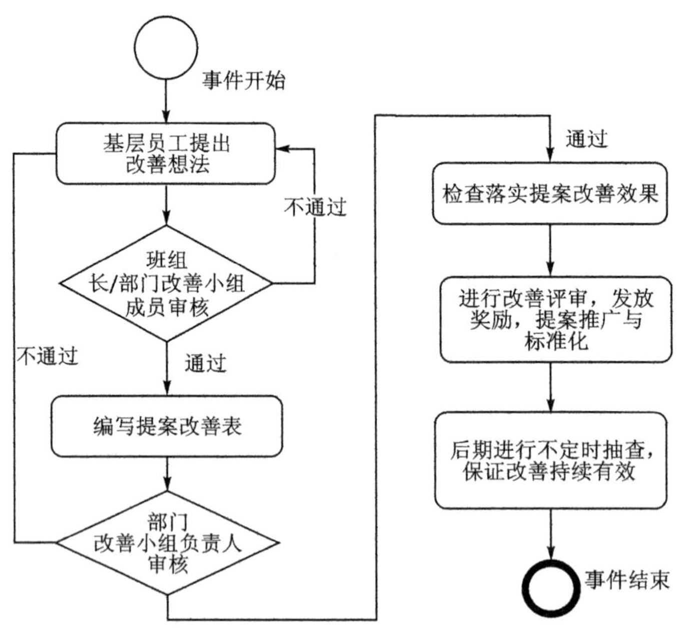

图1　某航空航天紧固件企业提案流程图

极性也很低，现场工作人员只会死板地按照师父、班组长教导的方式方法工作，无论这个方式正确与否、简单省力与否。我们后期通过推广提案改善活动，使员工的思考量增加了，转变了员工传统的观念，树立了“改善就是创新、改善就是效益”的新观念，最大限度地提高了员工工作的积极性。活动前期公司员工大都持否定与排斥态度，不排斥的员工也不清楚周围存在的可改善点，活动推展前期并没有急于求成、一味追求改善成果，而是稳扎稳打，更加注重对公司员工思想的教育，让改善思想在员工脑中生根发芽，在现场形成良好的改善氛围。并在提案改善活动推行第一阶段收获颇丰，年人均提案改善率也由2018年的10%，提升至2019年的90%，基本已经达到人人参与、人人改善的效果。

4.2　活用工具，打造样板，降本提效

通过推行此次提案改善活动，公司对广大员工进行了精益工具使用相关的培训，包括八大浪费、鱼骨图、5W1H、山积表、价值流图等相关技术、知识与工具的学习与介绍，使员工不仅支持提案改善活动，能够发现身边的“不良”，能够发现现场所有的无效劳动与不增值环节，而且能够有能力化“不良”为“良”，能够持续不断地改进工作的方式与方法。同时打造经典改善案例，建立全员改善互评机制，从而实现“员工增收、岗位增值、公司降本”的公司目标。其中对滚丝机机械手的改造提升了设备20%的工作效率，现在一名技术工人可监管3台滚丝机；对标记机的改造工作效率更是翻了四倍，由600件/h提升到惊人的3 000件/h，在行业内也是首创；对自动攻丝机PLC的改造、对自动标记机的改造等创新较大的改善等都已申请发明专利；仅对钛合金的某型螺栓提供的一项技术改进更是直接节约了30%的材料费用和15%的人工成本，每年累计可节约30万元！

4.3　典型带动，全员参与，提升管理

公司将此次提案改善活动按工作计划全部展开，将活动常态化、全员化，不断提升公司的

管理水平，也最大化地激发了员工的创造力。此次设备改善活动至目前为止，或自主研发或联合其他自动化公司共同开发已经完成了对滚丝机、标记机、收口机等设备的自动化改造，其他的改造项目也都已经启动。通过此次项目改善公司设备的智能水平产生了质的变化，这些自动化与智能化很高的设备也组成了公司的柔性制造系统。个人改善与团队改善活动也引起了巨大反响，现场工人积极参与其中，通过此次提案改善活动，各项改善活动已为公司节约资金约80万元，其中形成的公司文化、改善氛围等软实力更是无法用金钱来衡量。

4.4 工艺优化，利用提升，发掘人才

产品的加工工艺是公司最核心的机密，也是公司实力的象征。此前对工艺路线的编制一直由研发部门进行，研发工艺人员虽然理论技术过硬，但是并不如现场员工一样了解产品加工过程中的每一个细节，通过推广改善活动，员工将自己对产品工艺及加工方式上的理解告诉研发工艺人员，双方协作，各展其能，对公司工艺路线的优化起到了重要的推进作用。

推广提案改善活动前，公司有一部分设备由于设备功能与生产不匹配或大量缺少工装一直处于闲置状态或半闲置状态，通过此次改善活动激发了大家的积极性，对于这些设备公司员工利用工作之余设计工装、学习操作技术等，不仅节约了这些为公司用于购买工装工具的费用、提升了设备的利用率及员工自身的素质和技能水平，也潜在地为公司未来发展培养了一批愿意学习，乐于改善的技术性人才。

5 结 论

提案改善活动与6S管理均是精益管理的基础，任何公司将来要推广其他精益活动，必定要做好6S管理和创建完善的提案制度。

在本次改善活动中，结合相关的工业工程基础原理，采用了合理有效的改善方式，达到了理想的效果。作为一名IE人，最重要的是始终要坚持工业工程学的思考，培养发现问题的能力，然后利用一切有关工业工程的知识，从各个方面研究问题，制定合理的解决方案，达到解决问题的目的。

参考文献

[1] 姬生波. 精益改善提案管理在煤炭企业中的探究与应用[J]. 现代商贸工业，2017(4).
[2] 张升飞. 提案改善与知识管理之关系探析[J]. 商场现代化，2010(30).
[3] 聂志强. A公司推行精益生产过程中提案改善的分析与对策研究[D]. 武汉：湖北大学，2015.
[4] 李光君，丁家建. 造就企业成功的锦囊[N]. 中国质量报，2001-06-07.
[5] 袁丽霞. "提案改善"帮企业节约500万[N]. 四川日报，2015-12-10.
[6] 戴作辉. 提案改善——成本领先战略的助燃剂[M]. 北京：经济管理出版社，2015.
[7] 张增良. 提案改善运行机制推进企业精益文化建设[J]. 中小企业管理与开发，2011,(3).

基于精益生产方式的航空航天制造型企业质量管理方法的研究

董培生

（东方蓝天钛金科技有限公司，山东·烟台，26400）

摘要：长期以来，由于航空航天企业缺少与欧美日等发达国家间的技术交流，导致企业的生产组织方式与质量管理方法落后，主要表现为：产品交付周期长、库存量大、依靠专门质检员保证质量、不能有效利用全员的智慧持续改进质量、生产运营成本高等方面。习近平新时代中国特色社会主义理论要求借鉴世界上一切文明的先进成果，促进我国经济高质量发展，学习与应用先进的管理理论与方法提高航空航天企业的效率与质量就成为新时代的必然要求。本文在充分剖析基于精益生产方式的质量管理方法的基础上，结合某航空航天企业的精益实践，为航空航天制造型企业转变生产组织方式与质量管理方式提供一种可行的路径。

关键词：自动化；QC 小组活动；统计质量控制技术（SPC）；精益生产

1　航空航天制造型企业质量管理现状

航空航天制造属于典型的多品种、小批量生产模式，具有产品技术复杂、零部件精度高、可靠性与安全性要求高的特点。由于航空航天产品高质量要求的特点，在产品计划与产品设计阶段，强调质量目标可实现性，重视产品设计的可靠性与可检查性；在生产制造阶段，关注质量、进度、成本，有时候为了质量和进度不计成本，还不能实现质量管理与成本管理和生产管理的协同推进，无法实现低成本高质量的目的。

航空航天企业大多建立了完整的质量管理体系，并通过了国军标或 ISO 质量管理体系认证，各类流程与标准健全。但这套质量管理体系的指导思想是管控型的，而不是服务型的。这种质量管理方式源自福特制大批量生产模式，以适应企业高度专业分工的要求，也就是按照专业来划分部门。这种质量管理方式依赖专业的质量管理人员与专门的质检员来保证质量。设计、计划、采购、制造、检验等各业务部门的人员，只是被动地执行规定好质量管理流程与标准，员工质量改进的积极性不高，持续改善能力弱。

长期以来，由于航空航天企业缺少与欧美日等发达国家间的技术交流，导致企业的生产组织方式与质量管理方法落后，主要表现为：产品交付周期长、库存量大、依靠专门质检员来保证质量、不能有效利用全员的智慧改进质量、生产运营成本高等方面。

2　基于精益生产方式的质量管理方法综述

众所周知，精益生产方式起源于丰田汽车公司，也称为丰田生产方式。在丰田公司，质量管理定义为：以尽可能低的成本满足客户需要的产品开发、设计、制造以及服务，把满足客户对产品质量的要求作为目标。质量是精益生产方式不可或缺的一部分，如果没有质量管理，就不能确保生产的连续运行(也就是同步生产),所以质量的稳定性与可靠性是精益生产的基础和前提。精益生产有两大支柱:一个是准时化,要求的是效率与成本;另一个是自动化,要求的是质量。采取"人机分离、发现异常、自动停机"的策略在工序内保证质量,确保100%生产合格品,自动化也可以称为精益质量。

2.1 质量管理发展的三个阶段

在精益生产方式中,要求作业人员或者制造工序本身在质量管理中负起责任,当作业人员或者设备生产不合格品时,设备或作业人员应具备立即发现问题并加以改正的能力,如果具有这样的能力,那么序间专门质检员就可取消。但最终检验还是需要的,因为终检是从客户的观点,乃至经营的观点出发而进行检验的。检验作业不创造价值且质检员对不合格品信息的反馈需要花费时间,所以取消序间专门质检员不但能降低成本,还能大大提高生产效率。

1949年以前,丰田汽车公司的质量管理也是采取专门质检员检查的方式来保证质量,与当前绝大部分航空航天企业目前的做法一样,这是丰田公司质量管理的第一阶段;利用自动化、单元化生产线、标准作业保证质量,也就是在技术手段的协助下由作业人员自律地控制生产异常,在这个阶段,作业人员即可兼顾质检作业又能减少作业人员的数量,这个阶段属于质量管理的第二阶段;第三阶段则是全面质量管理阶段。图1为丰田公司质量管理活动展开图。

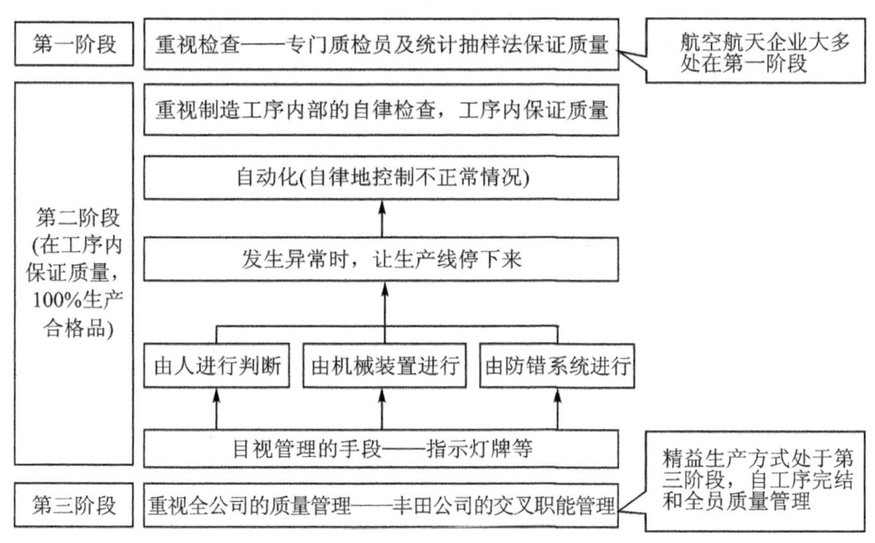

图1 丰田公司质量管理活动的展开

2.2 利用自动化和统计质量管理技术在工序内保证质量

为了实现工序内100%生产合格品,作业人员必然要在工序内进行全数量自检。在精益生产方式下,生产管理必须满足两个原则:一是过剩的库存是一种浪费,所以绝对不允许存在过量库存,必须把库存控制到最低限度;二是要做到准时生产或最短生产过程时间来应对需求的变化。遵守上述两原则,若在生产工序出现不合格品,就会阻碍生产的流动而停线,则必然要研究简便易行的制造与检查方法来保证质量。精益生产采用的技术手段如下:

第一种,利用统计质量管理技术与溜槽装置来确保作业员全数量自我检查。利用SPC统计过程控制工具,对生产设备的过程能力进行实时测量与在线监控,并通过抽样检查的方式保证溜槽内产品的质量,从而实现工序内产品的全数量自我检查,达到工序内质量保证的目的。

这种统计抽样法是建立在对设备与工具准确的维护保养,以及工序作业稳定运行的基础上的。

第二种,通过自动化实现质量管理功能。自动化是丰田公司创造出来的概念,意思是"自律地控制不正常情况"与"具有人的判断力的自动化"。自动化不仅是指利用机械作业代替手工作业的这一概念,也包含了与手工作业相关联的灵活应用,是一种在自动化生产中发现异常并加以修正的技术。自动化要组合两类装置:一类是发现异常或缺陷的装置,另一类是出现这些异常或缺陷时能使生产线或者设备停机的装置。自动化的目的是一出现不合格品,生产线就停止,配置了发现不合格零件就不让它通过生产线的装置,所以自动化包含质量管理功能,一发生异常情况,生产线就停下来,所以被迫立即关注问题,查明原因,并采取再发防止的修正措施。自动化还能达到通过削减作业人员数量降低成本、弹性地适应生产数量的变化、对人性的尊重的目的。图2所示为自动化目的实现图。

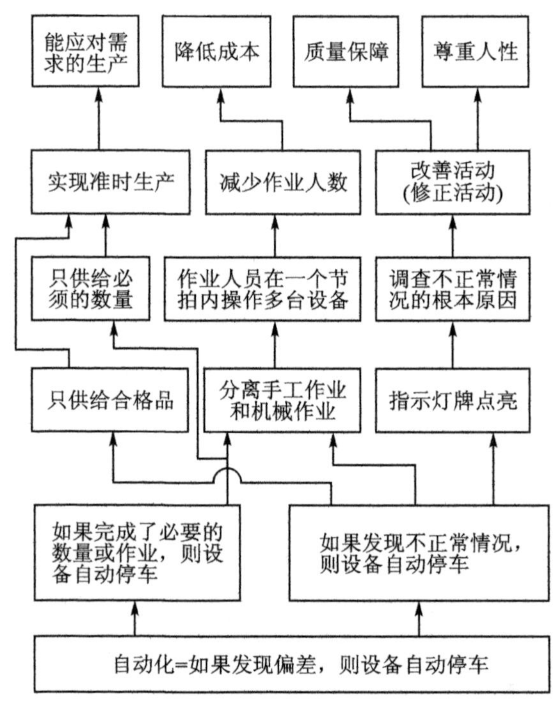

图2 自动化目的的实现图

2.3 实现自动化的技术

自动化能在工序内实现质量管理功能,保证100%生产合格品,所以实现自动化的技术就非常关键了。具体来讲有以下三类技术:第一类是发生异常情况时,停止生产线或设备所使用的方法;第二类是使作业人员习惯于自动化生产的技术;第三类是监控生产过程,在异常情况发生时修正它的手段。

实现自动化的第一类和第二类技术,是通用的自动化技术。下面重点介绍自动化的第三类技术,用来监控生产线的状态和生产流动的技术,即目视管理手段,安灯系统。安灯系统通常使用光和其他信号显示生产流程中发生的异常情况,常用工具包括指示灯牌、呼叫灯、标准作业表、看板、数字表示板、仓库表示板、库存物品表示板等。

目视管理方式虽然对实现自动化有效果,但是和其他质量管理方式一样,只不过是起着查明异常情况的作用,目视管理对自动化的效果图如图3所示。对不正常情况的修正还要靠一线班组长和作业人员进行，也就是遵守作业的标准化、异常情况检出、原因查明、通过 QC 小组进行改善活动、修订作业标准的程序。可见，一线班组长和作业人员的持续改善能力与目视管理手段的结合，对自动化功能的实现具有重要作用，缺一不可。

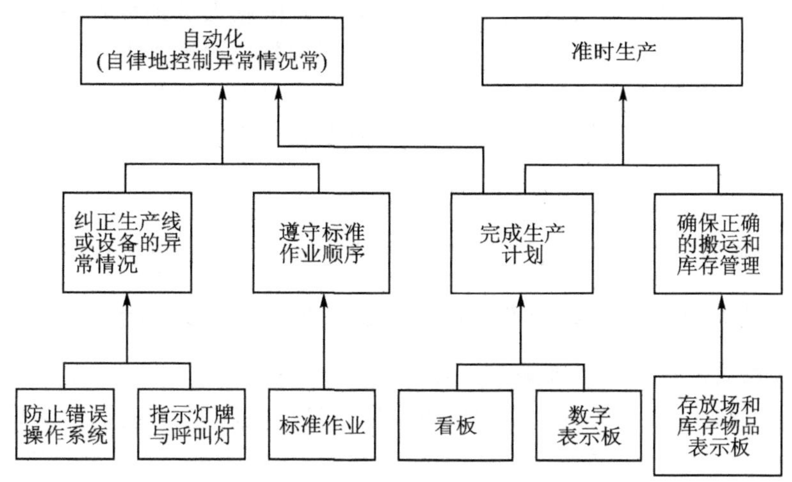

图 3　目视管理对自动化的效果框图

2.4　建立以 QC 小组活动为基础的质量管理系统

全体员工与所有部门参加的 QC 活动。为了确保产品质量，丰田公司内外所有的部门，甚至包括外协厂家、销售、服务等部门也必须参加质量管理活动。在产品开发以及产品设计阶段，QC 活动主要是预防质量问题；在制造阶段，QC 活动的目的是发现、分析与彻底解决质量问题；在产品售后阶段，QC 活动主要是解决客户投诉的质量问题。从最高管理者直至作业人员以及推销人员全员参加 QC 活动；质量管理职能与公司的各项相关职能密切地结合在一起推进。只有质量管理与成本管理和生产管理一起推进，形成交叉职能管理，才能发挥 QC 活动的威力。成本管理方法在识别改善机会或者削减工时方面作用明显，也可以用成本管理方法评价 QC 活动的效果。产品定价不仅决定着产品中的质量水准，还可以判断客户对质量的期望值。各种生产管理数据，可运用在不合格率的测定和 QC 活动目标的设定。

3　基于精益生产方式的航空航天质量管理方法的研究

在充分借鉴精益生产方式的质量管理方法与理念的基础上，从技术、制度、文化三个层次提出了航空航天企业质量管理方法，并把创新的质量管理方法在某航空航天企业进行了实践，取得良好的效果。

3.1　从技术层面考虑，通过自动化与 SPC 技术在工序内保证质量

在航空航天企业，无论是先进的全自动化设备还是老旧的普通设备，都要配置专职的设备监管人员，原因就是担心该设备会生产不合格品。为了实现人机分离，在设备的自动化改造时，必须同时实现以下三个功能：第一，发现异常时，既能通过自动检查装置停止设备/生产线，又能通过人工方式停止设备/生产线；第二，为了发现异常，建设以安灯系统(andon)、生产管理看板为主的目视管理系统，通过灯光或声音显示异常；第三，为了实现发现异常时自动停机，

必须在自动化改造中设计制作自动停止装置、人工停止按钮、防错装置等设施。

对于暂时没有条件实现自动化的航空航天企业,可以在生产线或设备中应用统计过程控制技术(SPC)来保证质量。也就是利用SPC工具、溜槽装置、统计抽样技术在工序内保证质量。SPC工具用来监控过程能力,确保过程是稳定的。作业人员抽取溜槽中第一个零件、中间一个零件与最后一个零件,如果这三个零件合格,则溜槽内全部产品就合格,作业人员利用这一装置实现全数自我检查。前提条件是做好设备与工具的维护保养和工序作业稳定运行。在航空航天企业,没有条件实现自动化的企业,可以率先实践这一质量管理方法。

最后,要协同推进安灯系统、自动化、单元化生产线、标准作业。安灯系统发出报警信息并记录异常处理过程,协助QC团队和作业人员解决质量问题。单元化生产线、标准作业与自动化协同推进,实现弹性适应客户需求量的变化,低成本满足交付与质量目标。

3.2 从制度层面考虑,建立以QC小组活动为基础的质量职能管理系统

只有质量管理活动与成本管理和生产管理在公司内所有的部门、所有的层次都贯彻到底的时候,全面质量管理才可能实现。实现的支撑手段是全体员工、所有部门参与产品全生命周期的QC小组活动。建立产品全生命周期的质量管理大纲,首先要明确质量管理规则,确定从产品计划一直到销售、售后服务的各个阶段业务活动的质量管理大纲,明确质量管理"什么时候干""干什么""由谁来干""在哪儿干"的问题。表1为缩减的质量保证大纲。

表1 缩减的质量保证大纲

企业活动各阶段	质量保证责任人	质量保证的业务	贡献度
产品计划	业务负责人、 项目负责人	1. 需求预测及部分确保预测。 2. 确保市场希望的质量: a. 设定与分解适当的质量目标、成本目标。 b. 防止重大质量问题再次发生	△ ◎
产品设计	设计部长、 技术部长、 制造部长	1. 试制设计: a. 对质量目标的适应。 b. 试验,研究性能、功能、信赖度。 2. 号口设计(确认保证质量的首要必要条件)	◎ ◎ ○
生产准备	技术部长、 质量部长、 检查部长、 制造部长	1. 编制满足设计质量的工序。 2. 编制合理的检验方法。 3. 号口试制的评价。 4. 研究制定初期、日常工序管理计划。 5. 确保工序能力	◎ ○ ○ △ ◎
采购	采购部长、 质量部长、 检查部长	1. 确认供货厂家质量、数量上的能力。 2. 由首件检查进行的制造质量检验活动。 3. 为强化供货厂家质量保证体系的援助	△ △ △
制造	制造部长、 工务部长	1. 使制造质量符合标准。 2. 确保工序的合理管理状态。 3. 保持工序能力、设备能力	○ ○ ○
检验	检查部长、 质量保证部长	1. 由首件检验进行的制造质量检验。 2. 决定是否可以发货	○ ◎
销售与售后服务	业务部长、 质量保证部长	1. 防止包装、保管、运输时的质量下降。 2. 正确的使用方法、保管的教育和PR。 3. 新产品检查。 4. 质量信息的分析和反馈	○ △ △ ◎

注:◎ 对该职能有决定性影响; ○ 对该职能有一定影响; △ 对该职能影响较小。

建立把公司质量方针贯彻到末端作业现场的制度。为了把公司质量方针贯彻落实到末端

作业现场,要在顶层设置三个会议,分别是公司经营会议、各职能会议、各部门会议。其中经营会议和职能会议作为决策机构,部门会议作为执行机构。质量职能会议每个月举行一次,每次会议要有主题。成本职能与生产职能两个月举行一次。具体运作过程见图4公司质量方针分解、执行与检查反馈图。

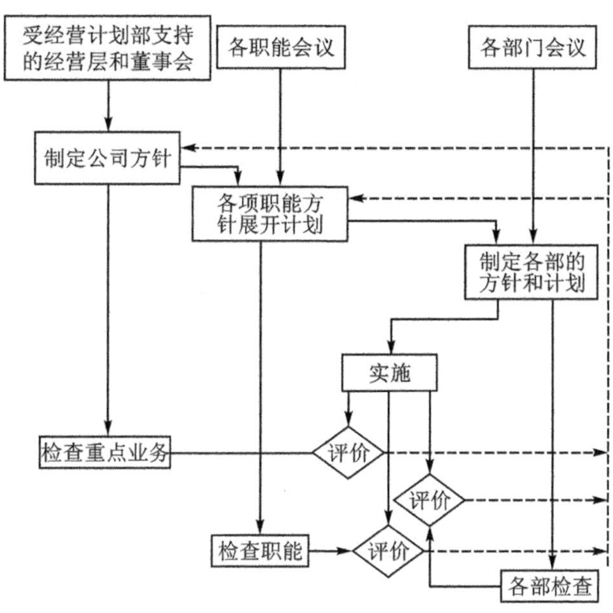

图4　公司方针分解、执行与检查反馈图

3.3　从企业文化层次上考虑,塑造尊重人性、全员参与的改善文化

航空航天企业的QC小组活动还不能做到全部门、全员参与,目前由工会主导推行,随意性强、力度弱,员工感兴趣就参与,不感兴趣就放弃。导致无法有效地利用员工的智慧来解决质量问题的。按照丰田公司的做法,应成立专门的QC小组活动推进部门,对QC小组活动进行整体策划,从产品计划与产品设计、生产准备与产品制造、售后服务等产品周期全过程开展QC小组活动,并有明确的活动主题。要充分做好最高经营者有效参与改善活动,这是形成改善氛围的关键环节。

以QC小组为基础的持续改善活动,是精益生产的核心,也是精益生产方式下最有效的质量管理方法。要开展全员学习QC技术,尤其要对一线班组长与管理人员进行教育训练,使他们具备如下三项能力:一是具备持续改善的能力;二是要具备主导改善项目的能力;三是掌握精益管理知识,具备当精益教练的能力。只有一线员工具备能力,加上公司领导干部的有效参与,才能建立起公司持续改善的精益文化。

4　基于精益生产方式的质量管理方法在某航空航天企业的实践

某航空航天企业主营业务为航空航天紧固件与结构件的研发、生产与销售,公司领导高度重视精益知识的学习与技术的应用,在现场开展了6S、QC活动与改善提案、作业标准化、设备自动化改造、一线班组长精益教育训练等多种精益实践活动。企业在建立完善的质量管理体系的基础上，坚持在现场实践基于精益生产方式的质量管理方法。图5为SPC工具在工序内保证质量示例图。该质量管理方法已经成功应用在车削工序，保证沉头高度、光杆直径、滚丝坯经三个质量特性处于受控状态。

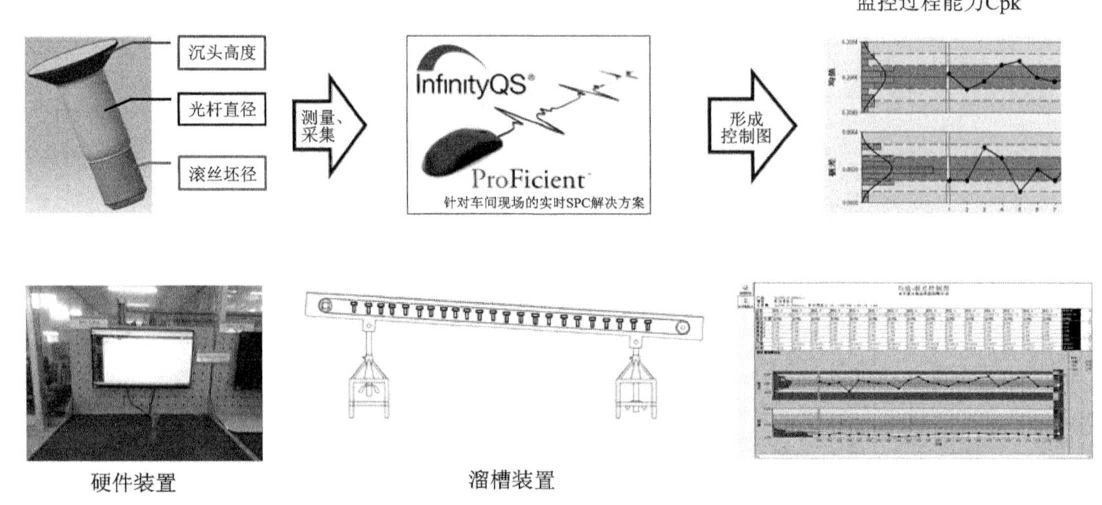

图5 SPC工具的应用示例图

参考文献

[1] 门田安弘. 新丰田生产方式[M]. 王瑞珠，译. 保定：河北大学出版社，2012.
[2] 赵勇. 精益生产实践之旅[M]. 北京：机械工业出版社，2017.

多品种小批量生产模式的研究

孙靖贻　邓兴智　陈晓芳

（东方蓝天钛金科技有限公司，山东·烟台，264003）

摘要：中国政府高度重视航空航天产业的发展，将其作为国家战略性新兴产业和优先发展的高新技术企业。随着国际形势的日趋严峻，航空航天产业国产化改革势在必行，这为相关配套企业的发展提供了契机。航空航天紧固件需求量大，材料、规格、种类及表面处理方式繁杂，这为紧固件供应商的生产管理提出了更高的要求：必须能够迅速响应市场多样化和定制的现实需求，在技能人员有限、设备紧张等资源瓶颈制约下，将准时、保质、保量和制造成本最小化作为生产管理最终目标。本文从投产方式优化、生产计划编制、紧急订单处理、生产过程可视、智能制造等角度出发，提出见解和思考，优化生产管理，尽可能地使产出效率最大化。

关键词：多品种小批量；生产管理；计划

1　引　言

作为一家为航空航天配套的高端紧固件供应商，其主要生产方式为按订单生产（Make To Order 简称 MTO），即收到客户订单后，根据客户订货的品种、规格、数量、表面处理方式等特殊需求进行定制化生产。但是客户群体庞大、配套设备多样以及随着航空航天事业的发展，对紧固件升级换代需求越来越强烈等，都会导致其多品种、小批量生产特点的形成。如果严格按照订单需求逐批生产，会导致生产效率降低，生产成本提高，周转批次数量庞大，造成生产管理混乱等问题出现，所以科学合理的生产管理模式的建立是十分有必要的。

2　生产管理存在的问题

① 订单数量多，前期计划投产工作量大，后期车间周转数据维护复杂。

② 订单结构及材料多样化，物料和产能配备难。

③ 紧急订单多，扰乱现场排产计划，难以实现均衡生产。

④ 多品种，小批量，产品稳定性难以保证。

⑤ 批次间共用资源多，产能受瓶颈工序制约明显。

3　生产管理优化方案

3.1　投产方式的优化选择

3.1.1　经济批量生产方式

经济批量投产不仅可以降低生产成本，还可以减少车间周转产品的批次数，在方便管理的同时提高生产管理效率，缩短交付周期，对解决多品种、小批量生产模式存在的弊端尤为重要。

由于生产准备、产品交付期以及库存存储成本的存在，在投产方式中有一个一次投产多少最经济的问题，该问题的目标是找到一个平衡点，使得生产成本最低且又能在产能有限的前提下，确保交付期，这个平衡点就是经济生产批量。经济生产批量的确定，需要以市场近三年的订单预测以及往年的订货历史数据为依据，同时还要考虑现场产能情况，计算得出最佳的投产批量。经济批量计算后还有诸多需考虑的因素，如热处理单炉装炉量、产品合格率、试验件需求量等。

经济批量法的投产方式优势明显，但其应用是有一定限定条件的，或者说其应用有一个基本前提，那就是分析对象的使用或者减少必须是均衡的。比如该产品在分析期中的订购不均衡，一段时间多，一段时间少，甚至一段时间不用，则不能使用经济批量法。又如自产半成品的领用或产成品的销售也必须是均衡的。如果某种产品生产得多，并可短时间内很快销售出去，则不适用经济批量法。

3.1.2　组批生产方式

组批投产可以扩大加工批量，减少调整、装夹时间，降低生产成本，使多品种小批量生产能取得同大批量生产相似的经济效果，同时也可以减少前期在线产品批次项数，可以减少前期排产的工作量。

组批投产方式是以产品标准为依据，根据零件的结构形状、尺寸大小和工艺特征进行系统的分类，将不同批次中的相似零件组成零件组，对相同工序采取集中加工的科学形式，以扩大加工投产批量，然后在差别工序中在进行分批生产，此投产方式使用也有一定适用范围，如长度差别在 20 mm 之内的产品，否则会造成材料成本的浪费。

3.1.3　预投产方式

预投产就是提前进行的订单备产，根据市场预测与历史数据进行分析提前进行产品投产，主要针对每年订购产品的量级来确定，达到规定批量进行投产，可以减少在产订单批次数，同时也可以避免因订单紧急而打乱现场原定生产计划的情况发生。

经济批量投产、组批投产、预投产三种投产方式都是以增加单次投产批量、提高经济效益、减少车间周转批次、便捷生产管理、缩短交付周期、提高生产质量为目的，能够有效缓解或避免小批量、多品种生产的缺点和弊端。

3.2　编制生产滚动计划

3.2.1　滚动计划的编制

生产滚动计划分为年度滚动计划和月度滚动计划。

年度滚动计划是通过对市场和客户的详细调查和了解，基于历史订单和上年度计划完成情况，按照“近细远粗”原则，而编制的三年计划，即第一年为执行计划，第二年为准备计划，第三年为预测计划。计划编制完成后，组织各相关部门，如检测、检验、市场、采购等，根据企业经营目标、产能情况等进行分析和优化，确定最佳年度滚动计划，下一年度则在上年度三年计划基础上，进行相应修改和完善，形成新的三年滚动计划，以此类推。

月度滚动计划连续编制三个月工作计划，即第一个月为执行计划，第二个月为准备计划，第三个月为预测计划。本月执行计划的编制，是基于上月执行计划完成情况，根据生产和市场实际情况和需求，对上月准备计划进行调整和修改，成为本月执行计划，同时需对上月预测计划进行修订，成为本月准备计划，同时编制新的预测计划，逐月滚动。

无论是年度滚动计划还是月度滚动计划，其关键都是“动”，而不是“静”。因为时间在“流动”，市场需求在“变动”，生产情况在“改动”，所以在编制计划时，无论是执行计划、准备计划还是预测计划都必须考虑“滚动”，需要调整和修改，需要一次又一次地重新平衡才能使计划更符合实际情况。

3.2.2　滚动计划的落实

各班组接到月度滚动计划后，首先根据本期执行计划，按照产品紧急程度，结合设备、人员情况，进行计划分解，责任落实。其次，在保证本期执行计划顺利推进的同时，按照准备计划进行下一月度工作准备，以保证下月度执行计划的实施。

3.2.3　滚动计划的优势

滚动计划可根据实际情况进行实时修改和调整，使计划更灵活，更符合生产需要，能够满足多品种、小批量生产模式的需求，同时对未来生产计划的准备和预测，可以使各相关部门提前明确工作方向及重点内容，减少因部门间工作衔接、工作准备等情况导致的生产效率下降，延缓交期的情况发生。

3.3　紧急订单的处理

3.3.1　紧急订单的处理方法

首先需要避免无谓的加急订单，每月设定急单上线，制定紧急订单、插单的处理流程，确立“期间内生产计划不变更原则”，预留少量产能应对急需，同时还可利用半成品、成品库存改制，设定优先级、分批交货、加班、外包等方法应对急单。

3.3.2　优先级设定的规则

① 先来先做。

② 最先交付的订单优先做。

③ 最快完成的订单优先做。

④ 客户重要程度。

⑤ 关键系数＝距离交付期时间/完成订单还需要的工作时间。

3.4　生产进度可视化控制

在生产制造中，通过信息化手段实现过程可视化，能够对整个生产过程有一个直观的管理，实施 MES 看板管理后，实时监测生产现场情况，管理者可以从看板中及时了解制造现场生产任务的投入、产出等情况，同时可以展现生产过程中各个班组的计划完成情况，也可以通过信息手段，将需要的信息与手机软件互通，当生产发生异常情况，第一时间信息提醒，可以及时地发现问题并调整滚动计划，实现对生产节奏的控制，作业人员可以从中掌握自己的作业任务，避免信息传递中的遗漏，各道工序生产可根据看板来进行，产品信息、生产、数量等，从当前工序逐次向前工序追溯，可以提高车间生产过程的控制能力，将生产计划落实到现场，从而提高计划执行力。

当月度滚动计划确定后，生产计划人员可根据产品的计划节点在 MES 中进行节点排产，在每道工序中设定规定时间，当未按预期节点完成时在看板中此项产品将变为红色预警，可以直观地告诉管理人员及作业人员此项已延期，需通过相应手段进行弥补，以达到可以按时交付的可能。

急单可以通过现场管理将急单产品进行特殊标识，到达某工序时第一时间进行生产，也可以通过信息化手段将急单在MES系统中做出标识，将急单划分为相应等级，如公司级、市场级、制造级等，各工序通过信息化看板展现，实时地查看急单进度情况，通过急单标识调整和控制现场生产节奏。

4 智能制造

通过智能制造实现智能化排产，随着业务量的逐渐增大，多品种、小批量生产模式的企业，其生产排产将面临重大挑战，人为计算排产将无法满足未来行业发展需求，需要通过大数据积累以实现智能化排产，面向航空航天紧固件全业务流程的信息化顶层设计，聚焦精益化、网络化、数字化、智能化，实现营销、研发、制造管理过程信息化集成，全面建成以ERP、PDM、MES、DNC、PDM、CRM、OA、BI等系统为核心的企业信息化系统，实现企业价值链全过程有效协同和资源共享，聚焦夯实信息化驱动精益生产能力，高起点实现智能制造。

5 小　结

在当前企业适应未来市场，提高市场占有率，大力推行多品种、小批量生产模式的情况下，以投产方式优化、滚动计划编制、紧急订单高效处理、生产过程可视化、智能驱动制造的方式进行生产管理，有利于指导企业的生产经营，提高经济效益，降低生产成本。

参考文献

[1] 赵周崎. 多品种、小批量生产模式下滚动计划法的生产计划编制[J]. 商业研究，2013，14：56.

标准作业在生产制造环节的应用研究

黄乐　邓兴智　陶贡旭　董培生
（东方蓝天钛金科技有限公司，山东·烟台，264000）

摘要：本文以某航空航天紧固件制造企业（M公司）为研究对象，在分析车间任务型企业生产模式特点的基础上，对标准作业的含义进行了新的诠释。运用工业工程的基本原理开展工作研究，从整体到局部、从宏观到微观对企业如何开展标准作业进行了探索，提出了在生产制造环节开展标准作业所必需的六项内容，使标准作业的实施更加科学、有效。

关键词：车间任务型企业；标准作业；工业工程；工作研究

0　引　言

标准作业在TPS(丰田生产方式)里被广泛使用，它有三个基本要素，分别为节拍时间、作业顺序和标准在制品，常应用于流水生产线或单元生产线，目的是通过精益生产的理念消除一切浪费、提高生产效率。本文的研究对象M公司是一个以车间任务型生产方式为主的航空航天柔性制造企业（车间任务型生产的特点是每项生产任务仅使用整个企业的一小部分能力和资源，另一特点是生产设备一般按机群方式布置），产品还具有"多品种、小批量"的特点。在这种生产模式下，实施标准作业是指整个作业系统（包括人、机、料、法、环）按照相应的标准进行配合和运转的过程，这里所说的"相应的标准"就是指作业标准。

1　企业生产特点分析

M公司主要按客户订单组织生产，销售人员与客户签订合同及技术协议后，科研生产部根据合同制订生产计划，并给制造部下发生产任务，同时还要组织原材料以及其他物料的采购；研发部根据图纸和技术协议设计产品工艺，提交物料清单，并负责解决整个生产过程中的技术问题；制造部按照计划领料，组织下辖的8个班组按工艺流程生产，保证产品在各工序的流转，最终将产品加工完成；质量部在各工序设立检验环节，产品检验合格方可流转到下道工序，入库前还要进行最终检验；整个生产过程需要在各部门、各班组的紧密配合下才能按时完成交付。公司的产品品种多、批量少，通用设备的比例高，生产现场专业化程度低，生产过程中的物流、信息流复杂。

生产方式以及产品特点决定了在实际生产过程中不确定因素较多，如代料、工艺调整、返工返修、产品的报废等，使生产管理人员很难及时掌控现场状况，公司在质量、成本、交付上面临巨大的压力和挑战。

2 实施标准作业的方法

针对系统中的问题进行标准作业设计，是一种比较系统的分析方法。根据工业工程的基本原理，实施标准作业必须进行科学的工作研究，工作研究包括方法研究和作业测定。方法研究就是运用各种分析技术对现有工作方法进行详细记录、严格考察、系统的分析和改进，设计出最经济、最合理、最有效的工作方法，从而减少人员、机器的无效动作和资源的消耗，并使方法标准化的一系列活动。方法研究的分析过程具有一定的层次性，一般首先进行程序分析，然后进行作业分析，最后再进行动作分析。程序分析是对整个生产过程的分析，研究的最小单位是工序；作业分析是对某项具体工序进行的分析，研究的最小单位是操作；动作分析是对作业者操作过程动作的进一步分析，研究的最小单位是动素。作业测定是指运用各种技术来确定合格工人按照规定的作业方法，完成某项工作所需时间的过程。作业测定具有科学性、客观性、公平性和复杂性，常用的方法有秒表法、工作抽样法、预定动作时间标准法等。方法研究和作业测定的结果构成了标准作业的基本内容。

3 标准作业的内容

实施标准作业是对公司整个生产制造环节进行的优化和改善，必须统筹规划，从宏观到微观，从整体到局部，从粗到细逐步进行。根据M公司的生产模式特点，结合公司对质量、成本、交期的要求，在生产制造环节实施标准作业应包含以下六个要素：工艺标准化、工装标准化、作业动作标准化、作业时间标准化、设备管理标准化和作业环境标准化，下面分别对以这六个要素进行阐述。

3.1 工艺标准化

工艺是企业进行生产准备、生产操作、检验和生产管理的基本依据。工艺标准化能缩短产品的生产准备周期，有利于多品种、多规格生产，有利于减轻工艺人员的工作量，能减少同类产品因设计人不同而工艺类型繁杂的情况，能减少工装种类，便于管理，降低成本，有利于成熟技术的继承完善和提高。工艺标准化至少应包含以下几个方面：

3.1.1 工艺术语和符号标准化

工艺术语是工艺领域的共同技术语言，工艺符号是表达工艺语言的工具。工艺术语和工艺符号的统一，是编制工艺文件和实行工艺标准化的基础，也是进行正常的技术交流和使生产工作顺利进行的必要前提。

3.1.2 工艺文件标准化

必须对工艺文件的种类、格式以及编制的内容实行标准化，它对加强工艺管理，保证和提高工艺水平，简化工艺文件种类有着至关重要的作用，也是工艺标准化的基本目的。

3.1.3 工艺要素标准化

工艺要素主要包括工艺参数、工艺尺寸和工艺余量。工艺参数是指为了达到预期的质量要求和技术指标，在工艺过程中所需选用和控制的有关量，工艺参数标准化是保证产品质量的前提；工艺尺寸是根据加工需要，在工艺规程中给出的尺寸，工艺尺寸标准化有助于坯料尺寸、规格种类以及减少余料的损失，还可以减少工装的种类，提高工艺操作的效率；工艺余量是指为后序工序加工时所留出的尺寸裕度。余量过大，会造成工时和材料的浪费；余量过小，会增加加工难度，导致工序不合格率提高。

3.1.4　工艺规程典型化

在工艺要素标准化的基础上，可以开展工艺规程的典型化工作。其是指把产品按照结构和工艺特征加以分类，识别出每类产品的典型特征，据此编制出典型工艺规程，作为加工同类产品的依据方法。工艺规程典型化是对成熟经验和成熟技术的总结，可以减少工艺文件的数量，减轻工艺人员的工作量，稳定生产，提升产品质量，提高工装利用率，缩短生产准备周期，从而促进产品设计，简化生产组织管理，为采用新技术、新工艺、新工装和专业化生产创造有利条件。

3.2　工装标准化

工装是工艺装备的总称，分为通用工装和专用工装。通用工装由专业工具厂生产，品种系列繁多，在市场上可以选购；专用工装需由企业自己设计制造，适用范围只限于某种特定产品，单件价值较高。开展工装标准化、系列化工作，就是把专用工装进行典型结构设计，规定其形式、结构，简化品种，不同产品对典型工装继承性引用，这样可以减少专用工装的数量、品种规格，扩大通用化程度，提高设计使用的继承性，从而达到降低生产成本、缩短生产准备时间的效果。

工装的设计实现标准化、系列化以后，在生产现场依然要进行标准化管理：工装要进行唯一编码，要建立工装的领用、维修、报废履历以及寿命报警机制，做到实时监控、定期维护，确保工装始终处于受控状态。工装在生产现场的管理也可以借助信息化手段，通过无纸化审批流程提高工作效率。

3.3　作业动作标准化

作业动作标准化在生产管理中常以标准作业指导书（SOP）的形式制定，以文件的形式描述操作者在作业过程中的操作步骤和应遵守的事项。SOP 的精髓就是对某一操作程序中的关键控制点进行细化和量化，是经过不断实践总结出来的，在当前条件下可以实现的最优化的操作设计。编制、实施并不断优化标准作业指导书是促进班组技术经验积累，提升班组整体操作技能水平，快速培养新员工的重要手段。

3.4　作业时间标准化

作业时间标准化要求生产的每个环节都要按照既定的时间去完成，包括每件产品按标准工时去加工完成，每个人要在规定的时间内完成规定的工作量，每个工序在规定时间内完成交接，最终才能保证产品按照既定时间去交付，标准工时是作业时间标准化的基础。标准工时是指在适宜的操作条件下，用最合适的操作方法，以普通熟练工人的正常速度完成标准作业所需的劳动时间。这里适宜的操作条件、最合适的操作方法，是指通过方法研究后所确定的操作条件与操作方法。许多生产企业为了完成绩效管理等目的，在未对作业进行方法研究和作业测定时，往往也要预先规定一个定额作为时间标准，所以它不能称为标准工时。标准工时的侧重点在于找出规定条件下按标准方法进行工作时所消耗的时间，常用的标准工时测定方法有秒表研究法、工作抽样法、预定时间标准法等。

3.5 设备管理标准化

设备是企业的生命线,是生产的支柱和企业良性发展的物质基础。如果只有先进的设备,没有标准化的管理手段,设备也无法发挥出最大的能力。做好设备的标准化管理工作应从以下几个方面入手:编制设备的安全操作规程;编制设备的日常点检作业指导书;编制设备的一、二级保养作业指导书,要明确规定保养的频率和具体的操作步骤,并有监督制度;设备的报修及维修流程也要进行标准化;设备的管理数据(如设备完好率、平均故障间隔时间 MTBF、平均修复时间 MTTR 等)要进行统计和公布;要建立设备易损件安全库存,提升维修效率;要开展全员参与的 TPM 活动,从过去的事后维修,逐步做到预防维修。

3.6 作业环境标准化

作业环境标准化通常是指现场的“6S”活动。“6S”的目标是为企业员工创造一个干净、整洁、舒适、合理、安全的工作环境,将一切浪费降到最低,最大限度地提高工作效率和员工士气,提高产品质量,降低成本,并提升企业的形象和竞争力。如“6S”中的“三定”管理,提出了对工装、物料、半成品、在制品“定点、定容、定量”的管理原则,保证操作者在第一时间能找到所需的物品,提高了生产效率;同时也使工作台面上废品、合格品明确区分,降低了出现混料的风险。“6S”是企业必须长期坚持的一项基本活动。

4 实施标准作业过程中应注意的问题

要抓住主要问题,生产管理过程中,会遇到各种问题,推行标准作业之初,要一次性解决全部问题,是很困难,也不现实的。在推行的不同时期、不同工序,反映出来的问题也是不同的,因此要有阶段性的工作重点。如果一个工序因为操作者的不规范操作造成的质量问题较多时,应该优先考虑作业动作标准化的问题,编制标准作业指导书,提高操作者的技能水平;如果企业的设备问题比较突出,因为维护保养不规范经常出现因故障问题导致设备停机、延误生产交期的状况,则应该优先对设备管理实施标准化,等等。

实施标准作业的团队必须有强大的执行力作为支撑,在充分培训的基础上逐步改变操作者以往的工作习惯,在充分沟通的基础上让员工理解进行标准作业的目的和意义,向每一名员工灌输标准作业的理念。

要加强对标准作业执行的监督力度,在员工自身素养不足以支撑其自觉完成标准作业的时候,可采用考核的手段来保证标准作业的顺利执行,要让员工明白,推行标准作业是企业行为,必须不折不扣地执行。

5 实施标准作业的作用

M公司在推行标准作业的过程中,生产成本连年下降、交付周期不断缩短、产品工序合格率也有了较大的提升。在生产过程中实施标准作业是企业实现长期稳定发展的重要途径,也是企业提高企业竞争力、树立良好的形象的必经之路;推行标准作业是企业走专业化道路的前提,标准作业对人、机、料都提出了明确的要求,标准化是专业化的基础;标准作业是进行生产现场管理的基本依据,也是持续改善的基础;标准作业是不断总结的产物,在实践中持续优化和完善的结果,企业通过整体标准化作业体系的推行必然会提高整体的运行效率。

6 结论与展望

本文以某航空航天车间任务型柔性制造企业为研究对象,分析了在生产制造环节实施标准作业过程中必须满足的6项基本要求,即工艺标准化、工装标准化、工时标准化、作业动作标准化、设备管理标准化、作业环境标准化。指出了在实施标准作业过程中应注意的问题,即分阶段、有重点地实施,要注重理念的培养和监督的力度。通过标准作业在生产制造环节的实施,生产现场的各项指标均得到了明显的提升,也为公司长期发展、走专业化道路打下了基础。

参考文献

[1] 高红花.基于精益生产的标准作业研究[J].企业标准化,2006(12):31.
[2] 易树平,郭付.基础工业工程[M]. 北京:机械工业出版社,2017.
[3] 范中志.工业工程基础[M]. 广州:华南理工大学出版社,2000.
[4] 卢新.产品工艺、工装标准化是提高产品质量的重要保障[J].技术基础研究与应用,2006(5):1-2.
[5] 刘霄亮.航天制造企业工艺装备标准化现状及发展建议[J].标准实践,2020(5):138-139.
[6] 邹树梁.制造业标准工时制定方法研究现状及展望[N].南华大学学报(社会科学版),2014(15):61-62.

基于SAP系统的工时定额标准化管理

刘传亮
（青岛前哨精密仪器有限公司，山东·青岛，266000）

摘要：工时定额管理是企业管理中最基础的工作，工时定额制定的质量和效率直接关系到企业的生产经营。在企业信息化管理中，产品的制造时间是企业最重要的基础数据之一，生产计划要发挥指导性作用也必须有准确的时间定额。企业进行成本核算、进度控制和交货期的考核，以及先进制造技术也需要有准确的时间数据。因此，如何科学、合理地制定工时定额是每家制造企业必须解决的问题。

青岛前哨精密仪器有限公司的主要产品为精密花岗石构件，没有通用的国家和行业工时定额标准。本文从公司实际出发，分析了企业现行工时定额中存在的定额标准不规范、主观性强和管理不规范等问题。借鉴了同行业其他企业的科学管理经验，采用经验估算法、统计分析法、技术测定法和比较类推法等方法，归纳总结出适合本公司的各工种加工工时定额的计算公式和相关系数，编制了适合本企业内部统一的精密花岗石加工工时定额标准手册，涵盖了本公司大部分工种的定额制定，使定额制定的范围更广、精度更高。

本文根据SAP系统的特点，对系统进行了二次开发，提出了新的计算机自动工时统计流程，提高了工时统计速度和准确度，使工时定额工作规范化和标准化，为企业推行ERP成本管理的实施打下了良好的基础。

关键词：精密花岗石加工；工时定额；SAP系统；标准手册；自动统计

1 引 言

工时定额是劳动定额的表达形式之一，它是指在一定的生产条件下，生产单位产品或完成产品的某一道工序所需要的时间。工时定额是企业编制计划和合理组织生产的基础，是改进生产技术、挖掘劳动潜力和提高劳动效率的重要手段，是企业内部进行成本核算、评价经济效益的重要依据，它也是测定企业生产线平衡率与产能平衡率的基础和瓶颈工序的判断依据。随着企业的不断发展，设备的更新，人才的替换，产品的工时定额也动态地变化。企业必须针对自身生产状况的实际情况，积极地做好产品工时定额信息的更新，这有利于企业准确地做出生产预测和安排生产任务。另外，工时定额的测定对判断工人的生产效率和效果，为生产过程中人员、设备和生产线的合理配置的重要依据。

2 工时定额的制定过程和基本要求

工时定额的制定就是在一定的技术组织条件下，按照工时消耗的客观规律，确定完成合格产品的加工和各项作业所需要的劳动量的过程。企业在工时定额的制定过程中应综合分析企业的技术组织条件、管理水平以及职工素养等因素，根据企业的生产类型、产品的特性，本着工时定额制定的及时性、条件适应性和经济合理性的原则，选用适合的工时定额指定的方法，从而制定出先进合理科学的工时定额。

工时定额制定要做到快、准、全。快就是工时定额的制订在时间上要快，能及时满足生产和管理上的需要；准就是工时定额的制定在质量上要准，制定的工时定额要符合先进合理科学的原则，要在不同车间、工种和工序之间保持定额水平的平衡，防止高低不一；全就是工时定额的制定在范围上要全，凡是能够制定工时定额的工种、工序和作业都应该制定定额。

3　工时定额的制定方法

工时定额指定的方法主要有经验估算法、统计分析法和技术测定法。还有一种由以上三种派生出来的比较类推法。

3.1　经验估算法

这种方法是目前我国企业中最常用的一种方法。它是由定额员按照产品图纸和工艺技术要求，对工时定额制定根据相关因素综合分析后，根据经验，对完成合格产品的加工所需的劳动量进行估算的一种方法。该方法简便易行、工作量小，能满足定额制定上的快和全的要求。由于是凭定额员的经验估算，因此，容易受定额员的水平、经验以及其他因素的影响和限制，制定出的工时定额准确性和平衡性差。

3.2　统计分析法

统计分析法就是根据过去生产的同类型产品的实际消耗的工时或者产量的原始记录和统计资料，经过整理和分析，结合企业生产技术组织条件的变化制定的方法。该方法具有工时定额制定的工作量小、简单易行的特点。运用这种方法，首先以统计资料为依据求出平均数，然后在平均数的基础上，求出平均先进数，再结合并考虑企业今后生产技术组织条件的变化，劳动生产率可能提高等因素，确定新的定额。这种方法一般适合于生产条件比较正常、产品比较固定、大量生产和成批生产、原始记录和统计资料比较健全的企业。

3.3　技术测定法

技术测定法是一种比较先进的工时定额的制定方法。它是通过对企业生产技术组织条件进行分析，采取分析计算或者现场测定制定工时定额的方法。优点是重视对生产技术组织条件和操作方法的分析，有一定的科学技术依据，制定的定额比较准确。

3.4　比较类推法

比较类推法就是以现有同类型产品的定额为依据，经过分析比较推算出另一种产品的定额的方法。该种方法通过把产品结构和加工工艺相似的零件进行分组排列，从各组中挑选出具有代表性的产品，根据加工的精度等有关影响工时消耗的因素，按照工序制定出典型工时定额标准，然后根据典型定额来比较类推，制定同类型产品的工序定额。优点是制定定额简便易行，便于保持定额水平的平衡。

4 公司现行定额管理现状

公司现行工时定额管理制度是前哨总部于1998年12月发布的编号为QG/RL022—98的管理制度。该制度基于《前哨机械厂工时定额标准》编制，采用的方法为经验估算法和技术测定法，适用于气动工具产品的工时定额。制度规定：其他单位的工时定额由各单位定额员制定，主管领导批准实行。随着时代的发展和技术水平的进步，公司在执行该制度的过程中暴露出越来越多的问题，主要集中在适用性、先进性、合理性。

4.1 适用性问题

现行制度基于国家有关部门正式颁布的时间定额标准，该标准适用于金属加工，在应用于石材加工过程中难以借鉴。石材加工过程分为切、磨、钻、铣等机械加工工序，还有研磨、抛光、粘接等手工加工工序，现行制度没有做到全面涵盖。另外，由于石料来源多样，石质硬度千差万别，无法全面衡量工时。企业在发展过程中，不断地引进新设备、采用新工艺，使原有的标准与实际加工存在脱节现象。

4.2 先进性问题

公司产品具有批量小、品种多、加工精度高的特点，产品复杂多样，更新换代快，工艺过程不确定性高，使工时定额的制定和维护存在很大难度。现行标准难以平衡产品加工难度和精度。在工时统计阶段，工人从车间取得工时小票，存在迟报、瞒报、换报、丢失等问题。统计员采用人工计算方式核算职工工时，工作量大、效率低下、错误率较高，无法满足现代企业信息化要求。

4.3 合理性问题

定额员常采用经验估算法核定工时，受主观因素影响，随意性大、科学合理性差，核定出的工时准确性差，不同工种、工序间不平衡，不同的定额员核定的相同的工时差距较大，相同的工序内容在不同设备加工时工时的差别制定不合理，例外工时超过总工时的50%。

5 工时定额标准手册的制定

工时定额标准是企业进行科学化、标准化管理的重要组成部分，它对于企业控制生产成本和制定生产计划，保证按时供货都有着非常重要的意义，同时工时定额也是付给工人劳动报酬的基本依据，是确定劳动定员的原始数据。

5.1 工时定额标准的概念和优点

工时定额标准是在典型的生产技术组织条件下，通过技术测定，制定出来的一系列典型的劳动作业或者代表性产品的工时消耗或产量的标准，在一定时期和一定范围内具有法定性。

依据定额标准来制定工时定额是一种比较科学的方法，其优点是：定额标准为制定工时定额提供了统一的尺度，保证了工时定额的统一性和先进合理性；能比较好地克服工时定额松紧不一的现象；有助于企业的生产经营管理和工艺技术上的改进，有助于工时定额的严肃性和法定性。

5.2　工时定额标准的制定原则

快速性原则、准确性原则、全面性原则、实际性原则、灵活性原则、方便性原则。

5.3　工时定额标准的制定方法的研究

5.3.1　技术路线的确定

通过分析公司现有产品种类，结合生产设备加工能力和水平，充分考虑加工者技术能力，以工艺图纸为依据，综合运用工时定额制定方法，建立如图 1 所示的工时定额标准制定的技术路线。

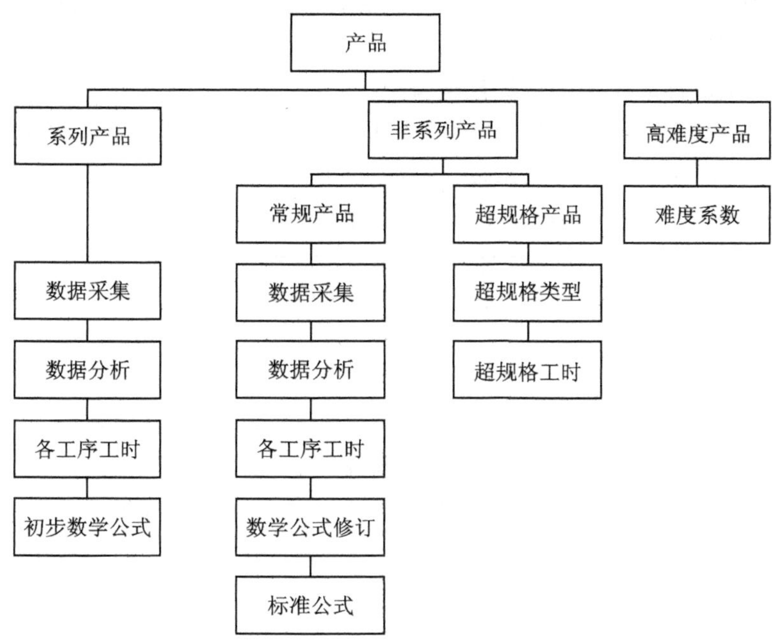

图 1　工时定额标准制定的技术路线

5.3.2　收集数据及定额制定方法的确定

① IIMQ、TSK、LPKF 的系列产品是公司的主要产品，因此，以这些产品作为数据采集样本具有非常好的代表性。笔者编制了这些产品的实作时间调查表，随机抽取了生产现场的各个工序的不同加工者，采用统计分析法作为调查表填写的方法，详细记录了每一道工序的加工时间。数据采集周期三个月，共采集样本 284 份，涵盖了三家公司系列产品的 90%以上。

对收集到的信息样本按照不同设备、工序进行分类，对相同设备、工序的数据进行统计分析。根据正态分布的原则，将实作时间与几何数据之间的关系换算成一系列的数学公式；对同系列产品的相同工序进行对比，使用类推比较法对数学公式进行验证，形成初步的工时定额公式。

② 笔者编制了非系列产品实作时间调查表，随机抽取生产现场非系列产品各个工序的实作时间，数据采集周期 1 个月，共采集样本 96 份，使用初步的工时定额公式进行验证，对比实作时间与几何数据之间的关系，修订数学公式，形成适合于各系列产品、各个工序的标准工时。

③ 由于受到机械设备加工范围的限制，部分产品需要二次装夹、对刀，增加了加工者的工

作量，对于这种超规格产品，采用经验估算法和技术测定法确定超规格产品加工工序的工时定额标准。

④ 由于企业内加工设备品种多，能够加工相同工序的设备生产效率不同，采用技术测定法给出设备效率系数。

⑤ 对于超高精度产品，采用技术测定法给出难度系数，将其以列表形式标准化。

5.3.3 数据分析及处理

对收集的数据使用正态分布法、散布图法、最小二乘法进行数据统计，得出实作时间与几何参数的关系，根据数学公式计算小体积小面积等特殊情况时，工时费极小，明显不适用于数学公式，因此，对于此类情况的处理方式采用经验估算法给出起步价。

综上，根据不同工序、不同设备、不同几何尺寸进行分类整合，共得出九大类工序，41个子工序，3个难度系数，6个特殊加工工艺的计算公式，形成了涵盖机械加工、精研加工、特殊加工的工时定额标准手册。

5.3.4 工时定额标准手册的可靠性检验

仪器公司工时定额标准手册自2014年10月开始编制，历时一年，于2015年10月起执行。表1对2015—2017年三年的数据进行对比。

表1 2015—2017年工时总额占营业收入比例对比

年份/年	2015	2016	2017
一线工资总额/万元	572	612	591
营业收入/万元	6 498	6 948	6 716
占比/%	8.803	8.808	8.800

经过对比可以发现在工时定额标准手册实施前后，一线加工者的工资总额占营业收入的比例几乎一致，说明，在一线加工者工资总额占营业收入比例不变的情况下，新版的工时定额标准手册更具有先进性、科学性和合理性。

6 SAP系统的应用

SAP是德国SAP公司的ERP系统的软件名称。ERP即企业资源计划系统，是建立在信息技术基础之上的管理平台。它吸收了先进的工厂技术和管理思想，企业通过ERP系统对物流、资金流和信息流进行统一管理，为企业管理者和员工提供了一个较完善的集成化信息系统，是企业参与竞争的强有力的管理手段。

ERP系统具有整合性、数据存储、便利性、实时性、及时性等特点，对于生产过程中的工时信息可以准确、及时地进行统计和查询，相较于传统的电子表格和工时小票效率和准确率得到大幅度提高。

SAP系统根据仪器公司实际需要，对软件进行了二次开发，将工时定额输入、输出功能嵌入整个系统内，按照图2所示的流程实现查询和统计的功能。

7 工时定额标准手册的修订

随着企业生产的不断发展，新技术、新方法和新设备的运用，生产和劳动管理水平的改进，

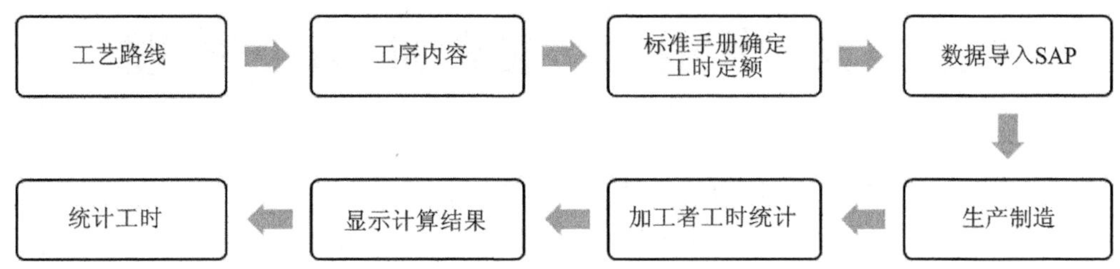

图 2　SAP 系统工时定额统计流程图

社会收入水平的普遍提高，工时定额标准手册会逐渐落后于生产发展和社会发展的要求，企业管理者需要对标准手册做出适当的调整。修订时需要遵循的原则是工时定额标准手册应保持相对稳定，不能经常变动，修订周期不能过于频繁，否则不利于调动工人的生产积极性，而且增加企业定额管理的工作量，对企业的生产经营不利。

标准手册的修订分为定期和不定期两种。定期修订是指全面系统地修订，根据企业发展规模和社会收入水平等宏观因素的影响进行修订，每 3～5 年修订一次。不定期修订是指使用新工艺、新装备时，原有标准手册无法应用的情况，以及因已制定的工时定额不准确，明显不合理时，经过工时小组讨论修改方案，按照组织审批流程进行的修订。

自 2015 年 10 月工时定额标准手册开始实施起，工时小组共组织过 3 次专题会议，新增 12 项标准。

8　总结与展望

本文结合笔者在实际工作中工时定额制定的情况，结合公司 SAP 系统的逐步深入，提出了工时定额标准手册的概念，并组织编制和实施，取得了预想的效果，使得公司的工时定额管理更加先进、科学、合理。

本文研究了基于 SAP 系统工时定额的制定方法，目的是解决先进、科学、合理的问题。但是由于企业在不断发展，企业制造技术和管理需求也在不断发展，SAP 系统仅仅用来查询和统计工时定额远远不能满足企业日后的发展，还应该继续丰富 SAP 系统的各类基础数据，实现生产能力评估、交货周期评价、生产成本核算等功能，以达到提升企业管理水平的目的。

参考文献

[1] 北京市机械工业管理局，北京机械工业劳动定员定额协会. 机械制造时间定额：C 型标准[S]. 1987：3-12，36-37.

[2] 艾兴，肖诗纲. 切削用量手册[M]. 北京：机械工业出版社，1987.

[3] 魏学祯，李新勇. 合理制定工时定额促进生产率的提高[J]. 机械研究与应用，2001(3)：12-13 .

[4] 李广义. 对现行《工时消耗分类，代号和标准时间构成》标准的思考[J]. 石油工业技术监督，1998(4)：5-6.

[5] 范中志. 工业工程基础[M]. 2 版. 广州：华南理工大学出版社，1996.

[6] 唐晓光，徐洪江，蔡启明. 工业企业劳动定额的分析与制定[J]. 商业研究，2004.(16).

[7] 葛瑞锦. 生产管理实用手册[M]. 北京：航空工业出版社，1999.

[8] 韩宇，王耀，崔国星，等. 基于多工种、多品种生产模式建立工时定额标准的探索与实践[J]. 航空工业管理，2019.

组建 QC 小组，助推企业精益管理

吕帅　王炜　牟秀宁　邹秀娟

(威海拓展纤维有限公司，山东·威海，264200)

摘要：受全球疫情冲击，世界经济严重衰退，产业链供应链循环受阻，国际贸易投资萎缩，大宗商品市场动荡。国内消费、投资、出口下滑，就业压力显著加大，企业特别是民营企业、中小微企业困难凸显，金融等领域风险有所积聚，基层财政收支矛盾加剧。为了在新形势下保持企业的竞争力，只有不断地降低成本，提高产品性能、质量，才能保持企业的盈利与产品的竞争力，为此公司推行了"两高一低"的发展战略，即高强、高模、低成本。这与精益管理的核心，不谋而合。作为精益管理的抓手——开展 QC 小组活动，成为企业顺应高质量发展形势下，最有效，最持久的方法。文中以具体的事例说明 QC 小组在企业的应用及指导意义。通过 QC 小组活动，遵循 PDCA 循环原则，在开展的过程中运用各种统计方法，如因果图、控制图、时间序列图、箱线图等质量控制及质量改进工具，对存在的质量问题进行分析，制定对策，以实现质量改进，精益管理。

关键词：精益管理；QC 小组；质量改进

0　引　言

受全球疫情冲击，世界经济严重衰退，产业链供应链循环受阻，国际贸易投资萎缩，大宗商品市场动荡。国内消费、投资、出口下滑，就业压力显著加大，企业特别是民营企业、中小微企业困难凸显，金融等领域风险有所积聚，基层财政收支矛盾加剧。

为了在新形势下保持企业的竞争力，只有不断地降低成本 ，提高产品性能、质量，才能保持企业的盈利与产品的竞争力，为此公司推行了"两高一低"的发展战略，即高强、高模、低成本。这与精益管理的核心，不谋而合。作为精益管理的抓手——开展 QC 小组活动，成为企业顺应高质量发展形势下，最有效，最持久的方法。

何为 QC 小组，QC 小组即质量管理小组，它是在生产或工作岗位上从事各种劳动的职工，围绕企业的经营战略、方针、目标和现场存在的问题，以改进质量、降低消耗、提高人的素质和经济效益为目的组织起来，运用质量管理的理论和方法开展活动的小组。QC 小组活动主要从以下几个方面来开展：提高人员意识；组建 QC 活动团队；匹配人才；选定课题；制定方案，持续改进；制度固化。这几个过程需要互联互通，融合发展，当过程彼此之间衔接有序，不再是"孤岛"，QC 小组活动的成功就会成为必然。

1　加强人员意识培训，走出思想误区

要开展 QC 小组活动，最先遇到的问题便是，大家会质疑开展这项活动的意义究竟是什么，QC 小组活动往往难以落到每一管理层与员工的心中，并取得他们的认同。大家往往会认为又在搞形式，走过场。为杜绝此类思想，公司首先召开了组建 QC 小组的动员会，各部门领

导及部门骨干都要参加，在早会和周例会上也要不断强调其重要意义。强调开展 QC 小组活动与公司战略规划、质量方针目标的关系。

2　选定课题

2.1　选题理由

只有选对课题才能够通过 QC 小组能力来提升企业的业绩。建课题前需要完善“立标、对标、达标、创标”的标杆运作机制。

碳纤维行业，东丽一直是世界巨头，产品等级型号以及产品性能参数均处于领跑地位。我们始终以日本东丽的技术参数为标杆，致力于提升公司内部产品性能稳定性。

我们以提升 QZ5526 24K 碳纤维力学性能稳定性课题为例，具体数据如表 1 和表 2 所列。

表 1　标杆东丽碳纤维 T800SC 数据

技术参数	拉伸强度/MPa	拉伸弹性模量/GPa	线密度/$(g\cdot km^{-1})$	体密度/$(g\cdot cm^{-3})$
数据范围	5 880～6 400	290～304	1 020～1 040	1.8

表 2　公司 QZ5526 24K 碳纤维现状调查分析数据

技术参数	拉伸强度/MPa	拉伸弹性模量/GPa	线密度/$(g\cdot km^{-1})$	体密度/$(g\cdot cm^{-3})$
数据范围	5 400～6 880	292～302	980～1070	1.8

2.2　课题概况

将公司产品技术参数数据与标杆东丽同类产品的技术参数对比，发现公司产品稳定性在拉伸强度方向，数据分布范围较广，稳定性有所差异，提升性能稳定性的关键指标是线密度、拉伸强度。

3　匹配人才，组建 QC 活动团队

只有好的团队才能够将个人能力转化为 QC 小组能力，经营好 QC 小组，要懂得把不同的人装入系统的不同部分，让系统高速运转起来。我们公司 QC 小组人才选拔重点关注企业三类人才：操作人才、技术人才、管理人才，三管齐下，组建专业团队。

要建立健全 QC 小组建设的系统，就要制定 QC 小组活动中的各种标准，包括人员能力标准、绩效标准、日常管理标准等；规范化管控，采取“日清、周结、月复盘”的机制使 QC 小组活动落到实处。

3.1　小组概况

表 3　公司 QC 小组概况

小组名称	公司内部 QC 小组
成立时间	2019 年 2 月
小组组长	总经理
小组成员	技术部、生产部、质管部(质检科、体系科)
课题名称	提高纤维力学性能稳定性
活动时间	2019 年 2 月—2020 年 12 月

3.2 小组成员分工

表4 公司QC小组人员分工

序 号	岗 位	组内职务	组内分工	接受QC教育时间/h
1	总经理	组长	全面协调	72
2	质管部长	组员	制定方案	36
3	技术部长	组员	技术支持	36
4	生产部长	组员	活动实施	36
5	质检科长	组员	活动实施	36
6	体系科长	组员	活动记录	36

4 制定方案，持续改进

质量改进要结合PDCA循环，使PDCA循环有效转动，全公司都要转动起来，各职能部门、各生产车间，QC小组都要有效转动。只有这样，企业的质量管理才会发挥作用，见到效果。因此，用PDCA循环的理念指导小组开展活动，并使其有效转动尤为重要。

在企业改善系统中，我们习惯将改善分为四个层次，分别是自主改善、专业改善、系统改善、突破改善；我企业QC小组建设实施的多为自主改善，所谓自主改善，即以基层员工为主体，基层管理者为骨干而实施的“点”式改善。

4.1 设定目标

通过项目实施，控制过程特殊变差，提升QZ5526级碳纤维主要性能指标稳定性。

4.2 分析原因

QC小组对影响QZ5526级碳纤维主要性能稳定性的人机料法环测等方面展开了分析，初步分析原因如图1所示。

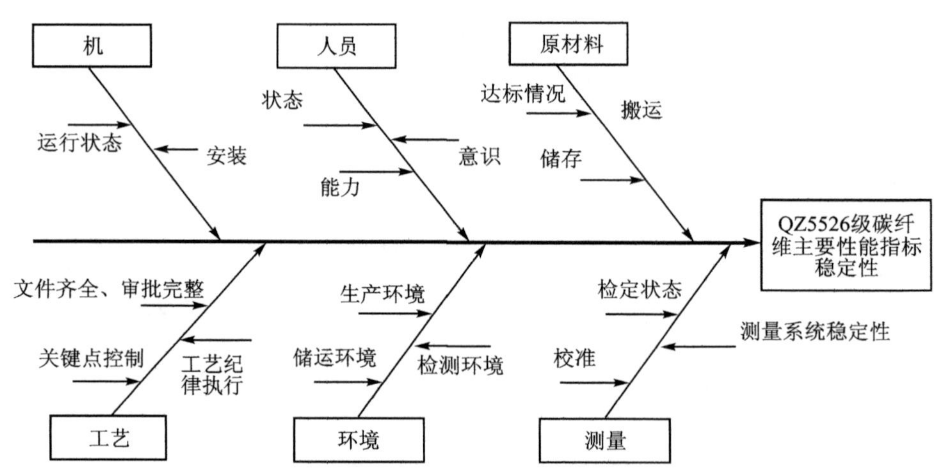

图1 影响QZ5526级碳纤维主要性能稳定性分析图

4.3　原因确认

经过进一步的分析和全组人员讨论，大家一致认为造成QZ5526级碳纤维力学性能主要性能指标波动相对较大的原因在于测量性能指标的测量系统分析可能存在误差、关键工艺点的控制存在特殊原因波动等方面。

4.4　制定对策

表5　影响QZ5526级碳纤维性能的原因制定对策

序　号	原　因	措　施	责任部门	实施时间
1	测量可能存在误差	MSA	质检科、体系科	2019.3
2	关键点控制存在特殊原因波动	SPC	技术部、生产部	2019.8

4.5　实施对策

1. 开展了测量系统分析(MSA)

针对原因分析中提出测量系统分析要求，参考测量系统分析手册建立了测量系统分析实施细则，并对线密度检测以及拉伸强度检测进行了测量系统分析，分析结果如下：

① 线密度测试：因样本可重复测量，三班次由不同人员检测，MSA采用重复性和再现性(GR&R)中方差分析的交叉模式进行分析。选取10卷不同批次碳丝，每卷取一个样本，3位日常操作者分别对10个样品进行3次的测试，对不同测量间断开、零件之间顺序打乱；测试数据由第4人记录，即保证测试者不知道他人和本人已测结果。以上测量结果每人30个数据，共90个数据。线密度测试测量系统分析结果见表6。

② 拉伸强度测试：因测试为破坏性试验，样本不可重复测量，MSA采用重复性和再现性(GR&R)中方差分析的嵌套模式进行分析。选取9卷不同批次碳丝，每卷取3个样本，3位日常操作者分别3卷(不重复)的9个样品进行测试，以上测量结果每人9个数据，共27个数据。

拉伸强度测试测量系统分析结果见表7。

综上：公司测量系统可靠，数据可信，测量误差可接受，测量系统满足使用要求。

2. 针对生产过程中的关键控制点实施SPC管理

识别关键控制点，明确各控制点实施SPC的方法与措施，通过SPC控制，识别和控制生产过程中影响质量稳定性的特殊原因，将事后把关改为事前预防，提升产品质量稳定性。

以保证产品的性能的可靠性和可重复性(一致性)，提升产品生产过程能力(CPK)为目标，开展了统计过程控制(SPC)的建立和实施，组建了SPC小组，原丝工序以及碳化工序共选取了7个关键控制点，按照SPC管理制度和实施细则，建立了控制限实施SPC控制。

以原丝工序聚合工段的关键特性为例，建立的SPC关键工艺参数(数据采集项目和方法)，见表8。

纺丝液粘度采用2019年8月份数据做分析用控制图，分别建立了控制限，并对9月份以后生产的检测数据进行了实时监控。粘度SPC实施见表9。

纺丝液固含量采用2019年8月份数据做分析用控制图，分别建立了控制限，并对9月份以后生产过程的检测数据进行了实时监控。纺丝液固含量SPC实施见表10。

表6　线密度测试测量系统分析结果

<table>
<tr><th>交叉分析图</th><th>结　　果</th><th>结　　论</th></tr>
<tr>
<td> 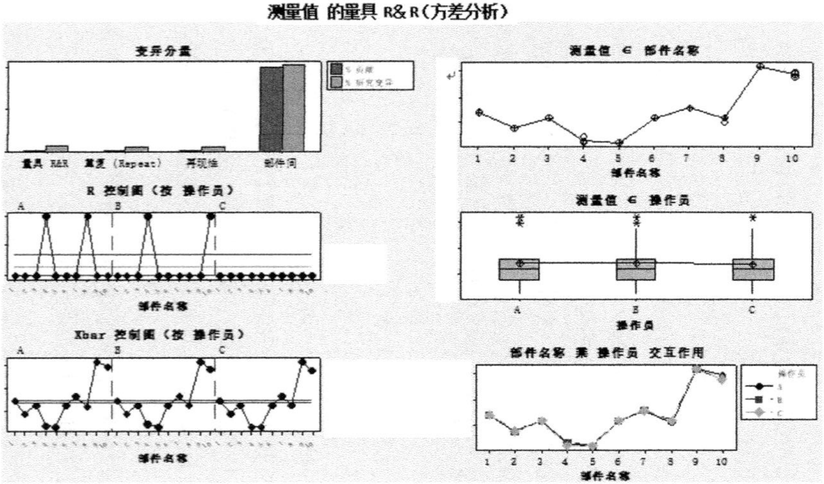测量值 的量具 R&R(方差分析)</td>
<td>
量具 R&R
<table>
<tr><td>来源</td><td>方差分量</td><td>方差分量贡献率</td></tr>
<tr><td>合计量具R&R</td><td>0.071 2</td><td>0.29</td></tr>
<tr><td>重复性</td><td>0.044 4</td><td>0.18</td></tr>
<tr><td>再现性</td><td>0.026 7</td><td>0.11</td></tr>
<tr><td>操作员</td><td>0.000 0</td><td>0.00</td></tr>
<tr><td>操作员*部件名称</td><td>0.026 7</td><td>0.11</td></tr>
<tr><td>部件间</td><td>24.181 1</td><td>99.71</td></tr>
<tr><td>合计变异</td><td>24.252 3</td><td>100.00</td></tr>
</table>
<table>
<tr><td>来源</td><td>标准差(SD)</td><td>研究变异(6 * SD)</td><td>%研究变异(%SV)</td></tr>
<tr><td>合计量具 R&R</td><td>0.266 82</td><td>1.600 9</td><td>5.42</td></tr>
<tr><td>重复性</td><td>0.210 82</td><td>1.264 9</td><td>4.28</td></tr>
<tr><td>再现性</td><td>0.163 55</td><td>0.981 3</td><td>3.32</td></tr>
<tr><td>操作员</td><td>0.000 00</td><td>0.000 0</td><td>0.00</td></tr>
<tr><td>操作员*部件名称</td><td>0.163 55</td><td>0.981 3</td><td>3.32</td></tr>
<tr><td>部件间</td><td>4.917 43</td><td>29.504 6</td><td>99.85</td></tr>
<tr><td>合计变异</td><td>4.924 66</td><td>29.548 0</td><td>100.00</td></tr>
</table>
可区分的类别数 = 25
</td>
<td>GR&R=5.42%，ndc=25,满足MSA手册及测量系统分析实施细则要求：—当GRR%≤10%并ndc≥5时，检测设备可正常使用。测量系统分析结果表明检测设备下正常使用。</td>
</tr>
</table>

表7 拉伸强度测试测量系统分析结果

<table>
<tr><th>嵌套分析图</th><th>结 果</th><th>结 论</th></tr>
<tr><td>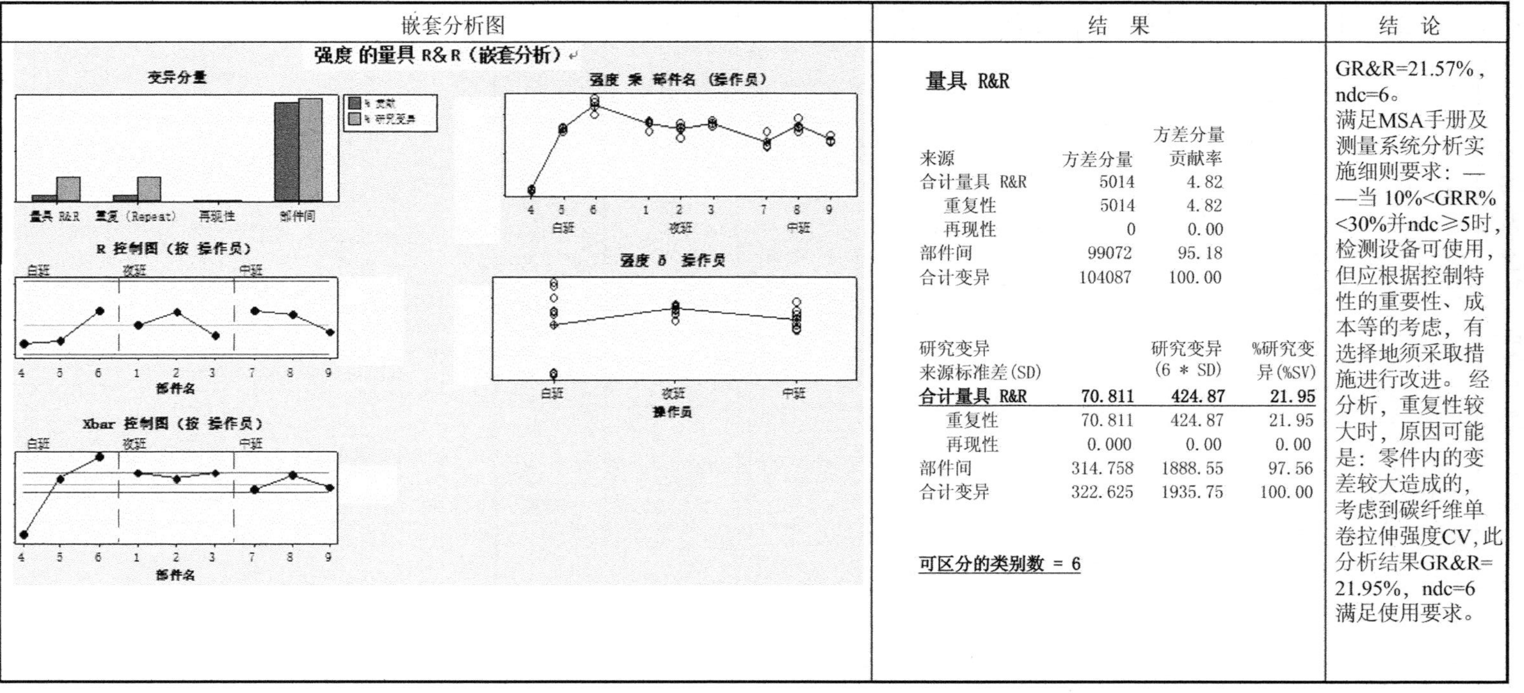
</td><td>量具 R&R

来源 | 方差分量 | 方差分量贡献率
合计量具 R&R | 5014 | 4.82
重复性 | 5014 | 4.82
再现性 | 0 | 0.00
部件间 | 99072 | 95.18
合计变异 | 104087 | 100.00

研究变异来源 | 标准差(SD) | 研究变异(6 * SD) | %研究变异(%SV)
合计量具 R&R | 70.811 | 424.87 | 21.95
重复性 | 70.811 | 424.87 | 21.95
再现性 | 0.000 | 0.00 | 0.00
部件间 | 314.758 | 1888.55 | 97.56
合计变异 | 322.625 | 1935.75 | 100.00

可区分的类别数 = 6</td><td>GR&R=21.57%，ndc=6。
满足MSA手册及测量系统分析实施细则要求：——当 10%<GRR%<30%并ndc≥5时，检测设备可使用，但应根据控制特性的重要性、成本等的考虑，有选择地须采取措施进行改进。经分析，重复性较大时，原因可能是：零件内的变差较大造成的，考虑到碳纤维单卷拉伸强度CV，此分析结果GR&R=21.95%，ndc=6满足使用要求。</td></tr>
</table>

表 8 原丝工序聚合工段 SPC 统计

工　序	序　号	项　目	数据采集依据	控制图类型
原丝工序聚合工段	1	纺丝液粘度	Q/TZ 61025—2016 3.5 取样频率	单值-移动极差控制图
	2	纺丝液固含量	Q/TZ 61025—2016 3.5 取样频率	单值-移动极差控制图

表 9 纺丝液粘度 SPC 实施情况

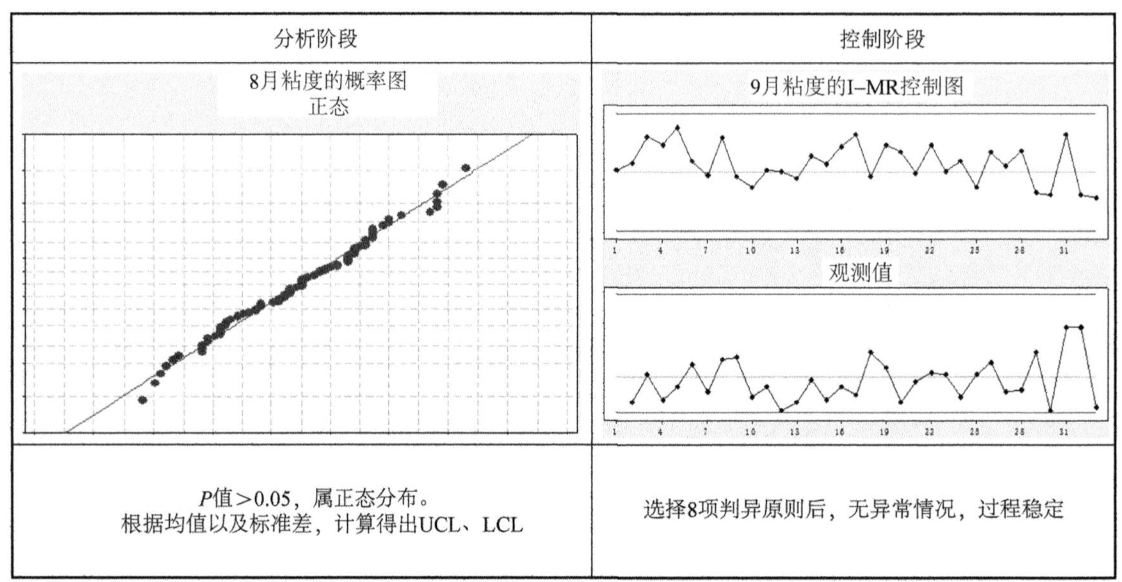

分析阶段	控制阶段
8月粘度的概率图 正态	9月粘度的I-MR控制图 观测值
*P*值＞0.05，属正态分布。 根据均值以及标准差，计算得出UCL、LCL	选择8项判异原则后，无异常情况，过程稳定

表 10 纺丝液固含量 SPC 实施情况

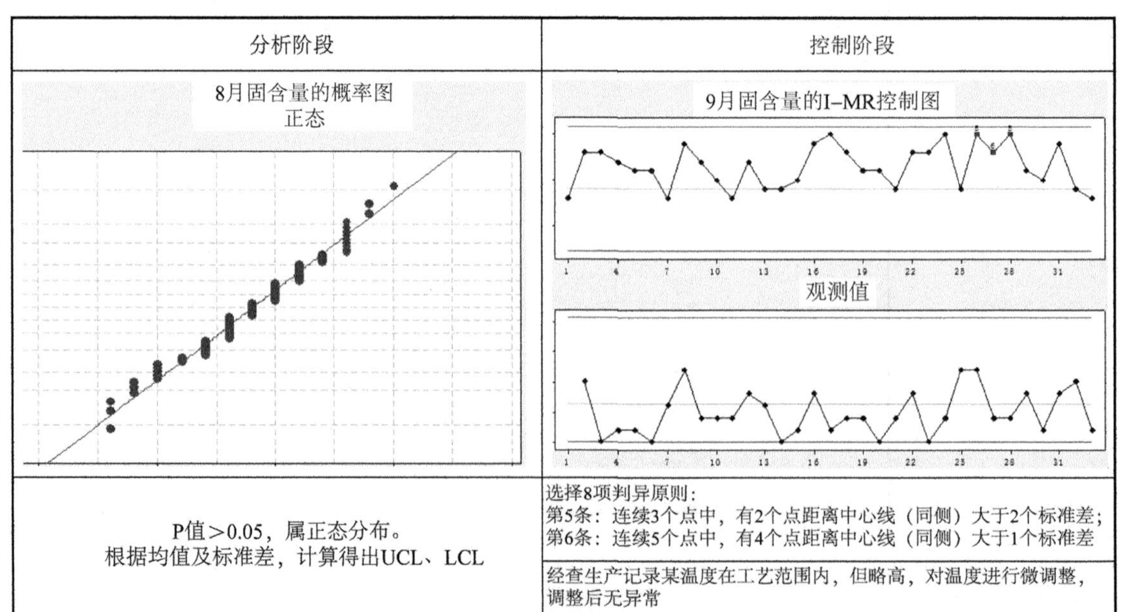

分析阶段	控制阶段
8月固含量的概率图 正态	9月固含量的I-MR控制图 观测值
P值＞0.05，属正态分布。 根据均值及标准差，计算得出UCL、LCL	选择8项判异原则： 第5条：连续3个点中，有2个点距离中心线（同侧）大于2个标准差； 第6条：连续5个点中，有4个点距离中心线（同侧）大于1个标准差 经查生产记录某温度在工艺范围内，但略高，对温度进行微调整，调整后无异常

4.6　活动成果及效益

通过对各工序关键控制点实施 SPC 控制，识别并因特殊原因造成的性能指标波动，采取措施消除特殊原因，控制各关键特性一致性。SPC 实施 6 个月之后，QZ5526 级碳纤维主要性能指标（线密度、拉伸强度）多批次检测数据如表 11 所列。

表 11　QZ5526 级碳纤维主要性能指标（线密度、拉伸强度）多批次检测数据

序　号	线密度/(g·km^{-1})	拉伸弹性模量/GPa	备　注
批次一	1 039	5 956	
批次二	1 034	6 225	
批次三	1 024	6 001	
批次四	1 022	6 077	
批次五	1 017	5 869	
批次六	1 022	5 871	
批次七	1 026	6 108	
批次八	1 018	6 087	
批次九	1 038	5 758	
……	……	……	

QZ5526 级碳纤维主要性能指标线密度、拉伸强度与实施 SPC 前数据对比见表 12、表 13。

表 12　线密度时间序列图、箱线图对比

时间序列图	箱线图

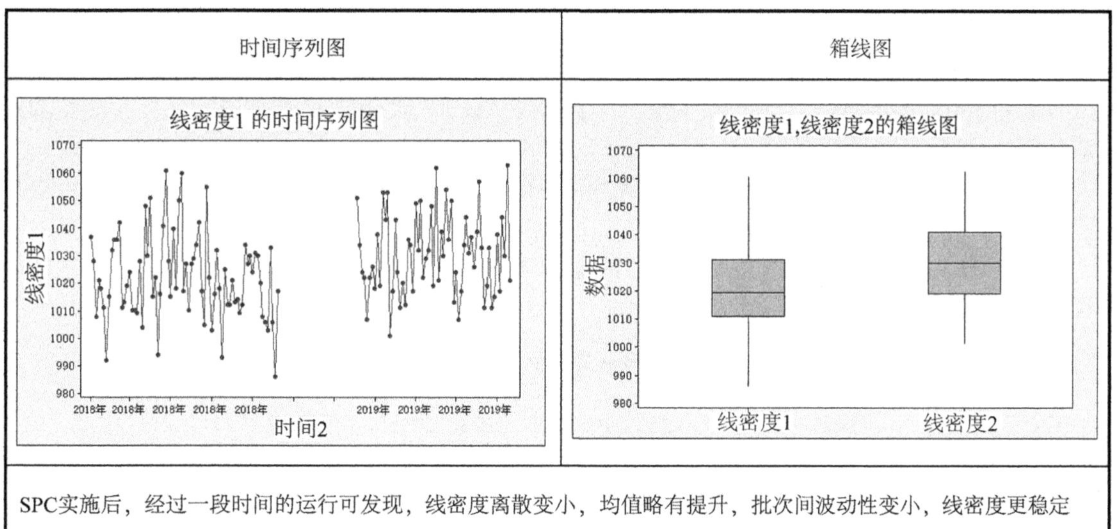

SPC实施后，经过一段时间的运行可发现，线密度离散变小，均值略有提升，批次间波动性变小，线密度更稳定

4.7　活动总结

经过 QC 小组的建立，通过前期识别的过程以及产品的关键控制点，制定的 SPC 管理方案实施有效，从检测数据上看，QZ5526 级碳纤维主要的性能指标稳定性加强，QC 小组本次活动取得了成功。除提高了产品的性能稳定性，直接给公司带来经济效益之外，还提高了管理人

员的素质，提升了整个团队的分析及应用统计工具能力，在后续的工作中，QC 小组将继续寻找课题，将此次应用及取得的成果进行推广。

表 13　拉伸强度时间序列图、箱线图对比

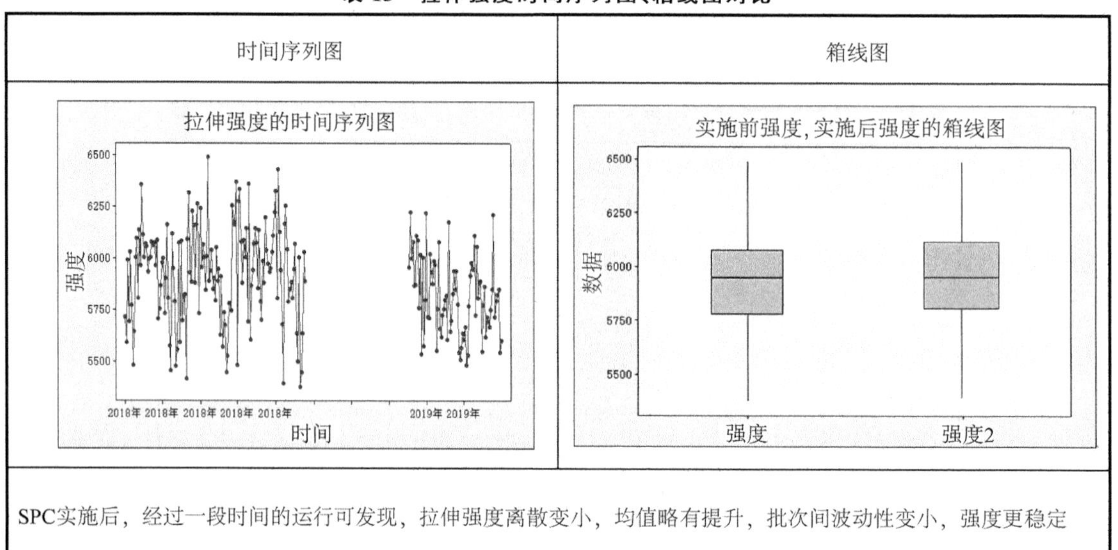

时间序列图	箱线图
SPC实施后，经过一段时间的运行可发现，拉伸强度离散变小，均值略有提升，批次间波动性变小，强度更稳定	

5　制度固化

通过本次 QC 活动的成功实施，公司结合顾客要求和公司提升产品质量稳定性、一致性的要求，制定了统计过程控制（SPC）管理制度以及实施细则，规定由质量管理部拟订年度 SPC 应用管理计划，并纳入公司年度质量目标和质量工作计划。各生产单位根据年度 SPC 应用计划，确定 SPC 应用项目，组建 SPC 应用小组，制定 SPC 实施计划。每季度，SPC 应用小组对工作开展情况进行总结，填写“SPC 应用报告”，经所在部门主管领导批准后，随同季度质量目标完成情况一并提交质量管理部。

SPC 统计工具的应用从事后检验做到事前预防，能及时地发现生产过程中的异常波动，消除因特殊原因造成的产品质量波动。

SPC 管理制度以及实施细则的制定，在流程及机制上对管理接口进行了明确，从根本上保证了 SPC 实施的有效性。

参考文献

[1] 中国质量协会. QC 小组基础教材[M]. 北京：中国社会出版社，2015.
[2] 陈心德，吴忠. 生产运营管理[M]. 北京：清华大学出版社，2019.
[3] 孙绍亭. 精益生产管理在企业管理中的应用[J]. 山东冶金，2019(3).
[4] 王文章. 论精益生产与精益企业[J]. 工业工程，2019(04).
[5] 马林. 何桢. 六西格玛管理[M]. 2 版. 北京：中国人民大学出版社，2007.
[6] 马敏莉. 袁国定. 基于过程方法的统计过程控制技术应用研究[J]. 制造自动化，2009(7)：49-53.

空域管理技术

低成本航空公司对复合型机场的设计参数的要求研究

苑永月　胡波　杜玉杰
（滨州学院飞行学院，山东·滨州，256603）

摘要：低成本航空公司（LCA）在全球范围内显著增加，带来了专门满足LCA要求的机场商业模式的转变。当前试图结合LCA的要求研究机场的战略设计参数。本文从社会因素、机场设计、空管状况、乘客体验等方面对机场的战略设计参数进行相应的分析。同时提出了复合型机场的考虑层面。该研究表明，基于模糊的QFD方法是面向客户的机场战略规划的一种有前途且务实的决策工具。

关键词：低成本航空公司；复合型机场；设计参数

1　概　述

低成本航空（Low Cost Airlines，LCA）的崛起为航空业带来了革命性的变化。LCA在欧洲、大洋洲、南美、亚洲和澳大利亚的全球范围内的市场份额空前增长。LCA的兴起使航空业有必要适应其特定需求。在LCA初期，许多二级机场的出现是为了满足其对简单、负担得起且不拥挤的设施的特殊需求，从而导致了“低成本机场”的出现，而主要机场则专门针对传统航空公司。随着LCA的成熟，他们开始从较大的机场进行运营，同时，传统航空公司改善了其业务模型和运营策略，以降低成本，应对在较大的机场运营时LCA日益激烈的竞争，这促使主要机场满足了传统和低成本航空公司的需求。因此，在当前情况下，低成本机场和主要机场都需要将LCA的要求整合到其服务产品中。

西南航空（Southwest Airlines）于1970年首先应用了LCA模式，并成为航空业中最成功的商业模式之一，截至2018年已连续46年获利，为旅客和整个经济带来了优质的服务。我国的春秋航空公司是国内首家低成本航空公司，于2004年5月成立。

2019年我国低成本航空现况如表1所列。

2025年我国廉航市场规模或千亿，国内低成本航空市场将受益行业成长红利。人均乘机次数至少存1倍空间，未来15年年复合增长率达到8%以上。2020年、2035我国人均乘机次数有望提升至0.5次、1次，预计2020—2035年我国航空客运量年复合增长为8%以上，仍有望维持高增速。最终，LCA流量的增加使机场有必要了解其特定需求并将其整合到其设计参数中。对LCA实际需求的具体理解将有助于机场运营商为航空运输业中LCA不断增长的细分市场提供定制服务。本文旨在评估我国低成本机场的战略设计参数，以及它们是否满足低成本航空公司的服务期望。该研究利用模糊多准则决策方法（MCDM）来评估LCA的服务需求满足 LCA 期望的程度。已使用模糊功能部署质量(QFD)将 LCA 的期望值集成到研究机场的技术设计参数中,从而得出研究机场的评估设计参数。

表1 我国低成本航空现况(截至2019年10月)

航空公司	代码	成立时间	母公司	航线类型	主要基地机场	航点/个	航线/条	机队数/个	前3大航线覆盖国家
中国联合航空	KN	2014	中国东方航空	国内	PKX	74	70	49	CN(100%)
祥鹏航空	8L	2004	海南航空	国内/国际	KMG	81	106	56	CN(99%),TH(1%)
春秋航空	9C	2004	春秋国际旅行社	国内/国际	SHA/PVG	58	90	89	CN(8%),JP(5%)TH(3%)
西部航空	PN	2007	海南航空	国内	CKG	32	34	35	CN(100%)

2 文献综述

2.1 机场对 LCA 的要求

全服务航空公司的机场选择决策过程与 LCA 在机场收费和运力方面有所不同。航空公司对机场的选择因素还取决于机场的服务质量。除机场服务质量外,航空公司的其他要求还包括机场收费和宵禁。Barrett 对机场的 LCA 要求进行了全面研究,并确定了对 LCA 有吸引力的7个因素,即机场费用低、周转时间短、单层机场航站楼、快速登机、良好的机场餐饮和购物、良好的地面运输设施、设有行政/商务休息室。Warnock-Smith 和 Potter 的研究是另一个重要贡献,该研究在欧洲进行了8次 LCA 调查,揭示了 LCA 的机场选择因素的差异,其核心要求是所有设施的低成本服务。

LCA 相对于传统机场的不同要求,这促使机场管理人员根据自己的需要制定战略。同时机场之间竞争的存在,这些竞争促进了 LCA 在其服务产品中的要求,并得出结论,机场应具有面向 LCA 的战略。机场是在枢纽航线的基础上吸引 LCA 的,而枢纽航线的重点是航空收入。然而由于二级机场位于市区之外,因此机场的汽车租赁量增加了。因此,非航空收入增加,这可以通过向 LCA 收取的航空费用减少来弥补。综上机场的有效运行条件是 LCA 最需要的期望。这对于减少周转时间和提高飞机利用率至关重要。

Lu 和 Mao 表示,二级机场的乘客愿意忍受不便的机场位置,以换取较低的运价。Dziedzic 和 Warnock-Smith 确定了 LCA 的15个机场选择因素,其基本因素与快速高效的周转设施,便捷的航班时间和良好的航空折扣有关。对机场的 LCA 要求建模了一个框架,并认为机场收费,运营时间,地面运输,航站楼面积,导航援助和对目的地的估计需求是相关因素。LCA 试图通过选择合适的航线网络来优化其盈利能力,然后引导他们选择合适的运营机场。

二级机场的发展促进了 LCA 在美国和欧洲市场的发展。LCA 对机场的选择取决于其业务模式。为了确定机场的 LCA 要求,进行了一些研究。但是,LCA 在复合型机场的要求尚未得到探索和验证。

2.2 低成本机场的设计与特点

LCA 的崛起促使机场的发展专门满足了低成本航空公司的需求。低成本机场如何开发设施和基础设施,并确定了可提高运营效率和减少额外费用的特征。LCA 和低成本机场的战略是并行发展并相互协调的。低成本机场的特点是设计简单，避免了宏伟的建筑；航站楼的人均空间较少，强调了机场中部署的每种资源的更高利用率和生产力；限制零售和商业空间，因为经营零售区域既昂贵又麻烦。低成本终端的设计具有简化的基础架构和高效的服务。低成本机场的航站楼投资少，设施有限。低成本机场的两种类型的航站楼，即转换后的和新建的。低成本航站楼的典型特征包括基本的航站楼设施，避免喷气机桥，有限的零售和餐饮，单层航站楼，没有行政或商务休息室，仅通往最近城市的道路服务和客车服务以及往返航站楼的出租车距离短建造。低成本终端的目标是LCA流量部分，但由于市场需求侧重，廉价终端重复了必不可少的资源。而且，它吞噬了来自其他终端的流量，并且缺乏扩展的能力。低成本终端的效率更多地取决于其位置而不是其配置。相对于跑道的位置会影响飞机的滑行距离，而简单的候机楼配置则有助于最大程度地减少乘客的步行距离。低成本机场的特点是：简化的航站楼；有限和最少的登机手续设施；自助式登机亭的广泛使用；豪华休息室的取消；起飞区座位的限制以及机场一两个传送带的使用到达区。

低成本机场不强调零售，但认为空侧和其他设施保持不变。相反，欧洲低价航空公司协会(2004)认为，低成本机场通过增加航站楼购物区，将更多的注意力放在非航空收入上。有人争辩说，交通的性质对机场商业模式有很大的影响。此外，LCA的增加使美国和欧洲的二级机场得以发展，从而提供了“低成本高效的设施”，从而加剧了提供LCA导向服务的机场之间的竞争(ELFAA，2004)。但是，次要机场的低成本设施的具体特征并未在研究中，这指向了未来调查的范围。

Singh认为，低成本机场强调保持服务质量和效率的战略。该机场的开发旨在使LCA轻松行使其商业模式。通常，机场会根据交通预测来方便处理20/40/80座位的窄体飞机。最初，机场仅在没有夜间运营设施的情况下根据VOR开始运营。机场的跑道长度为1 400～1 700 m，带有2个停车位。

尽管LCA在航空市场上的主导地位日益提高，但缺乏结合LCA要求的机场设计特性评估的研究还很少。由于大多数文献都认为低成本机场的开发应反映LCA和其他主要利益相关者在当前市场中正在实施的策略。缺乏有关复合型机场LCA要求的学术文献，因此当前的研究将解决文献中现有的空白。

3 对机场的战略设计参数分析

综合考虑LCA要求的目的来评估机场的战略设计参数。确定影响机场性能和服务满意度的LCA要求和相关的技术要求(战略设计参数)。LCA需求的分析层次结构如图1所示。

3.1 社会因素分析

针对以上因素我们可以看到，对于以后LCA的发展来说机场与服务城市之间的交通便利，机场与服务城市之间的距离，服务城市人口这三个因素属于航空业的社会层面的影响因素，在前期LCA成立之初，如何选定所要建立航线布局的城市及机场地点就变得尤为重要。

美国低成本航空的出现，是在20世纪70年代美国经济及世界资本主义经济走向衰落的背景下出现的。创新的低成本航空模式促进航空运输业百花齐放，在拉动经济增长的同时创造了就业机会。美国经济也从滞胀逐步恢复，呈现良好的增长态势，虽然中途再次出现调整，但是经历了近10年的持续发展期。

而中国低成本航空的出现，是在改革开放中国经济取得飞速发展、人民物质生活得到极大改善、可支配收入显著增长的背景下出现的，是在消费观念发生变化、消费能力显著提升、日益

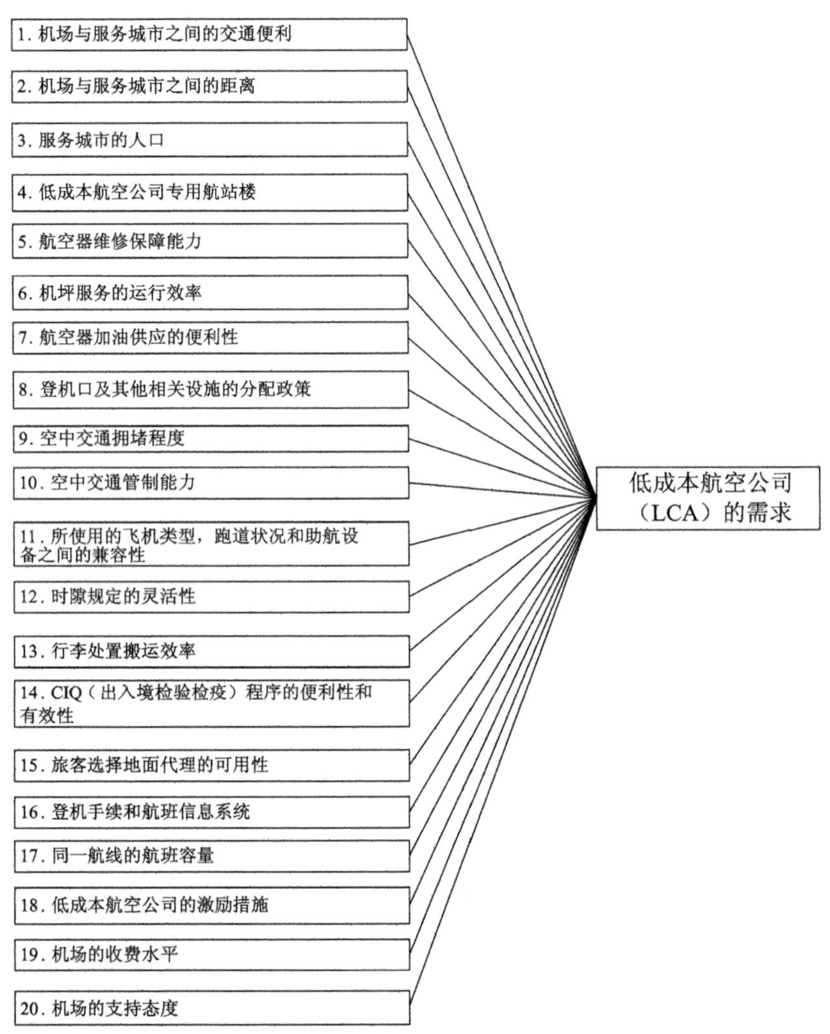

图 1 LCA 需求的分析层次结构

增长的消费需求与供给不足的矛盾背景下产生的。可以说，中国低成本航空的出现，是逆中国经济增长和可支配收入大幅提升的产物。比如春秋航空就是中国旅游经济蓬勃发展，当时航空公司无法满足春秋国旅舱位需求而出现的产物。国内外低成本航空发展背景的差异比较如图 2 所示。

3.2 机场设计分析

低成本航空公司专用终端，飞机维修保障能力，机坪服务的运作效率，提供飞机加油的便利，登机口及其他相关设施的分配政策，空中交通拥堵程度，空中交通管制能力，所使用的飞机类型、跑道状况和助航设备之间的兼容性等因素在低成本航空公司选择机场的时候起到了很大的作用。

对于 LCA 专用航站楼来说，在成本及收费上首先是精简且便捷的才能使顾客在选择 LCA 的时候不会感受到低价带来的不舒适感，同时能有更多的时间选择其他的菜单式服务。

飞机维修保障能力相对于传统公司来说相对简单，因为机型的单一，所以包括机务人员的后期培训以及相关资质的获得就不需要耗费太多的资本，这一方面给公司节省了不少的人力

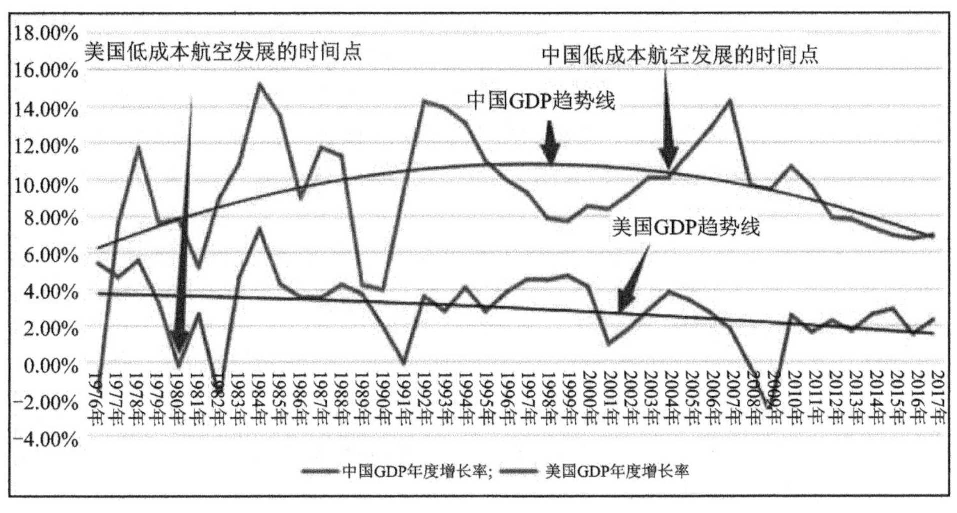

图 2 国内外低成本航空发展背景的差异比较

成本。

机坪服务的运作效率这一方面，低成本航空公司除了节省成本外，就要让本身运营的航空器的利用时间增大，才不至于增加太多的地面消耗成本，只要飞机能真正地在空中飞，它就会带来相应的盈利。

提供飞机加油的便利这个设计因素同样在低成本航空公司对于机场的考虑因素上，既然我们希望飞机在空中的时间加大，那么在地面的加油、停场检查、转场准备等方面的时间应尽可能减少，所以能否在复合型的机场为 LCA 提供加油的便利性就成为地面省时的一个重要因素。

登机口及其他相关设施的分配政策这个因素作为地面时间的影响因素，在航空器在地面滑行中的布局及周边路线设计的合理性就使得地面时间进一步减少。

3.3 空管状况分析

空中交通拥堵程度在很大程度上决定了同样时间内航班是否能够真正地降落或起飞，对于 LCA 来说，如果航班的准点率比较低或者备降次数多，那么首先对于乘客的满意度上不能很好地实现，另外因此带来的航班的成本也将会大大增加，此类因素将成为 LCA 考虑机场空中交通环境的一个重要方面。

空中交通管制能力与拥堵程度一样在交通方面和效率方面影响了航班的准点率，对于旅客来说是否会以低价没有好品质来衡量低成本航空公司的服务是值得考虑的因素。

所使用的飞机类型、跑道状况和助航设备之间的兼容性，众所周知，低成本航空公司的飞机类型较为单一，也属于成本相对较低的普遍机型，如春秋航空的 A320 系列，所需的跑道状况一般都可以达到，同时助航设备也是相对比较普遍的，所以在这个方面对于机场本身来讲就属于比较容易实现的因素。一般的机场此类环境都可以实现。

时隙规定的灵活性这一因素，如果机场本身的空中交通管制能力比较高可以使 LCA 在时刻选择，以及不同类型的乘客覆盖面上具有较大优势。

3.4 乘客体验分析

行李搬运效率，就国内的 LCA 来说，免费行李额是相对于传统公司定得比较低，如果一旦有超出规定重量的行李就会收费,在旅客的心理上就会觉得是花费了额外的金钱享受了服务,如果再加上行李搬运效率不高或者出现类似于行李处理位置偏远,处理效率低,行李丢失等问题的存在就会导致旅客的体验性差,后续再次选择 LCA 的可能性就很低。

CIQ 程序的便利性和有效性,安检程序能否高效同样能带来旅客体验度的差异,在这一方面来说,针对 LCA 可以单独开设相应的安检入口,形成自己的特有的安检程序,符合规定但又简便快捷。

旅客选择地面代理的可用性,登机手续和航班信息系统在便捷性以及体验性上也会影响旅客的选择,LCA 在这些方面的成本节省虽然带来了一定的不便利性,但因为有在系统上成本的节省,也带来机票的超值体验,旅客也会为了这样的优惠福利付出一定的时间,也可以牺牲一定程度的便利性。

同一航线的航班量的允许程度,低成本航空公司的激励措施,机场的收费水平,机场的配套设施等因素在旅客节省了一定的机票价格之后也可以作为比较小的因素去考虑,在后续的 LCA 选择上属于后期考虑的因素。

4 复合型机场的要求

"点到点"航线网络是低成本模式的重要特征。对于一家低成本航空公司而言,做枢纽、做中转会增加运营成本。但以联盟为核心、以机场为载体,在不改变单一低成本航空公司现有成熟航线网络的前提下,通过在某一大型机场协同微调现有航线和航班,就能实现参与各方均可接受的跨同类航空公司高效中转。由于受民航发展阶段限制,我国不可能在中短期内出现类似美国西南航空公司、爱尔兰瑞安航空公司等可以在市场上保持领先地位并独自建立枢纽的低成本航空公司。我国现有低成本航空公司可以采用成立"一带一路"低成本航空联盟的形式,建立一个类似大型低成本航空公司组织。这将从根本上推动我国低成本航空市场做大做强,在满足旅客个性化需求的同时,起到丰富我国航空服务产品的作用。同时设计转为低成本航空公司服务的机场实现专门化服务。

低成本机场的设计综合考虑为航站楼建设、登机门数、共享休息室、地面运输衔接、投资规模、商业设施。航站楼建设是最重要的参数,意味着需要保持较低的资本支出和保持高效率。"投资规模"表明,低成本机场必须保持较低的投资规模,从而降低其用户的征费,加强低成本航空公司的商业模式。登机门数表明应该以较高的运行效率保持利用率。"商业设施"的影响可以使得低成本机场可能会探索非航空来源的收入,并以低航空税征费为代价。但是,商业设施的设计应符合乘客的期望。地面运输衔接的好坏可以使得低成本航空公司的乘客更喜欢机场和转机城市之间的经济快速连接,这将在成本和旅行时间方面带来经济的运输。"共享休息室"这个因素,低成本机场旨在提供令人愉悦的用户体验,但与此同时,豪华休息室可能需要大量资金。因此,低成本航空公司休息室的共享权衡了收益。

5 结 论

将国内的机场打造成为跨航空公司、跨国际国内、跨市场主体协同发展的全新复合型航空枢纽。

建设"全服务+低成本"的全新复合型航空枢纽是国内非大型枢纽机场的一个发展机会。全服务航空发展出现疲态,低成本航空发展方兴未艾。复合型机场能以大力服务低成本航空的方式加速融入东南亚和南亚低成本航空市场;以跨低成本航空公司中转枢纽的角色构建起我国及东北亚与东南亚、南亚的低成本航空运输网络，丰富“国际飞”品牌的内涵，扩大复合型机场的国际中转旅客规模；以协同航空公司采用无缝衔接的低成本航班波的方式打造“新型发展之路”，借此建立起在低成本航空运输领域的先发优势，实现机场群核心枢纽的差异化定位和发展。

参考文献

[1] Barrett, S. How do the demands for airport service differ between full service carrier and low cost carrier? [J]. Air Transp. Manag, 2004, 10 (1): 33-39.

[2] Warnock Smith D, Potter A. An exploratory study into airport choice factors for European low cost airlines. [J]. Air Transp. Manag, 2005, 11: 388-392.

[3] Lu H A, Mao Y R. Evaluation of airport conditions to attract foreign low cost carriers: a case study of Taiwan. [J]. Air Transp. Manag, 2015, 42: 297-305.

[4] Dziedzic M, Warnock Smith D. The Role of Secondary Airports for Today's Low-Cost Carrier Business Models: the European Case. Research in Transportation Business and Management, 2016: 19-32.

[5] Singh D, Dalei N N, Raju T B. Economics of air connectivity in India during Post regulation and Post privatization era. Int. [J]. Appl. Res, 2015, 1 (11): 673-679.

[6] 齐朝辉，谢泗薪. 多维差异性视角下低成本航空发展新探索[J]. 空运商务，2019(10):35-40.

[7] 綦琦. 推动重庆民航高质量发展建设“全服务＋低成本”复合型航空枢纽[N]. 中国民航报，2019-10-31(007).

我国低空空域管理改革现状及发展策略研究

张玉梅　杜玉杰
（滨州学院飞行学院，山东·滨州，256600）

摘要：中国低空空域管理改革是一个漫长而持续的过程，国家从政策和实验试点等层面进行了不断的尝试。本文主要从我国低空空域改革政策发展现状和低空空域改革试点发展现状两个方面进行阐述。通过对现状和相关政策的研究提出我国低空空域管理改革的发展策略：第一是要重新界定军民航在低空空域管理中的飞行安全责任；第二是明确低空空域分类和划设的范围，第三是制定低空空域管理移交程序和法律法规，第四是明确低空空域内运行的公司、设备及人员标准，第五是建立新的低空空域服务保障和运行管理体系。

关键词：低空空域；空域管理；空域改革

0　引　言

低空空域是指真高 3 000 米以下的飞行区域，主要功能是无缝衔接监视空域和报告空域。长期以来，我国低空空域的使用和管理，如同中高空空域管理一样，必须经过批准才可以执行低空空域飞行活动，这种管理模式严重影响了通用航空的发展，通航产业发展迫切需要低空空域改革。

1　低空空域改革政策发展现状概述

为满足通航市场发展的需求，更好地促进通用航空产业发展，中国政府和民航局近几年以来，针对低空空域改革出台了一系列政策。

1.1　政策的初步形成

为深化低空空域改革管理，2010 年国务院中央军委下发了《关于深化我国低空空域管理改革的意见》，到 2014 年正式出台《低空空域使用管理规定（试行）》（征求意见稿），明确提出真高 1 000 米（含）以下区域为低空空域，分为管制空域、监视空域和报告空域以及目视飞行航线 4 部分，意见实施成效并不明显。2015 年民航局又出台了《关于进一步加快通用航空发展的若干意见》，提出利用信息技术提升监管效能，丰富监管手段，管放结合，进一步完善现有的监管机制。

1.2　政策的初始发展

尽管国家出台了一系列政策，然而低空空域与我国军民航管制空域之间的矛盾始终未能得到很好的解决，导致我国通用航空发展进程一直比较缓慢。为了更好地实现低空空域与民航管制空域之间的有效衔接，2016 年《关于促进通用航空业发展的指导意见》和《关于深化我国低空空域管理改革的意见》中同时提出将低空空域管理范围由真高 1 000 米推广到真高

3 000 米。2017 年《关于创新政府配置资源方式的指导意见》中提出优化空域资源配置，提高空域资源配置使用效率，增加民航可用空域，深化低空空域管理改革。

1.3　政策逐步成熟

为了加快低空空域改革步伐，民航局决定先从低空服务方向进行改革，2018 年推出《低空飞行服务保障体系建设总体方案》，规划 2022 年初步建成低空飞行服务保障体系，为低空飞行活动提供飞行计划申报、航空情报服务、航空气象服务、飞行情报服务以及告警和协助救援等服务，到 2030 年实现低空飞行服务保障体系全面覆盖低空报告空域、监视空域和通用机场管制范围。为了响应政策号召全国各地区近几年也陆续建立了通航服务站或通航服务中心，为通航飞行任务审批、飞行计划申报、飞行协调和气象服务等提供保障支持。2020 年国务院常务会议上明确要稳步扩大低空空域开放，再一次坚定了我国低空空域改革的决心。

低空空域管理改革涉及部队、民航、政府、企业等多个方面，是一个复杂的系统工程，要想合理高效地加快低空空域开放进度，需要全面细致地规划。

2　低空空域改革试点发展现状概述

近十几年国家不仅从理论层面对低空空域改革提供了支持和帮助，为了将低空空域管理改革理念快速地应用到实践中去，全国多地陆续尝试了多种形式的低空空域改革试点。

2.1　集中试点

为推进低空空域改革进度 2010—2014 年全国 14 个省自治区和直辖市集中开展低空空域改革试点，据空军统计，试点区域占全国空域的 33%，低空空域 254 个，其中管制空域 122 个、监视空域 63 个、报告空域 69 个、低空目视航线 12 条。改革试点内的通航飞行计划报批时限由原来前一天 15 点前缩短为飞行前 4 小时；监视空域内只需飞行前 1 小时进行飞行计划报备；报告空域只需飞行前半小时提出。集中试点改革极大地方便了通航用户，取得初步成果。

2.2　分散试点

集中试点虽然取得初步成果，但由于各地区有自己的管制特点和要求，为了适应地方特色，2015 年以后我国低空空域改革尝试分散式试点改革。比如 2015 年济南、重庆开展低空空域管理和通用航空发展综合配套改革试点；2016 年珠三角、海南开展空域精细化管理改革试点；2017 年西北地区开展通用航空低空空域监视与服务试点；2018 年四川省开展由政府牵头、军民航和当地公安部门共同参与的低空空域协同管理改革试点；2018 年山西大同开展低空空域管理改革试点，于 2019 年荣获通用航空业发展示范省荣誉称号，试点工作取得初步成效。

通过近十年的改革尝试，通航空域使用环境逐步得到改善，低空空域的使用和管理逐步深入，不仅为通用航空“飞起来”创造了条件，还为通用航空“畅通飞行”奠定了基础。

3　我国低空空域改革发展策略

低空空域是通航飞行活动运行的主要空间，是通用航空产业发展的基础，因此，低空空域开放程度是制约通航产业的发展的关键因素。为促进我国低空空域改革进程，建议从改变低空空域管理模式，优化空域结构，完善运行管理体系，健全通航法律法规体系和服务系统等方面实施改革。

3.1 重新界定军民航在低空空域管理中的飞行安全责任

军航的主要责任是保卫国家安全，随时为军事斗争准备，承担空防安全使命，然而现阶段却一直承担着通航飞行计划审批和飞行安全责任。这种运行模式不仅增加了军航空管部门的工作压力，分散了军航军事备战的精力，也不利于通用航空产业的发展和推空空域管理改革。因此，重新界定军民航在低空空域管理改革中的飞行安全责任，对保证军航空防安全责任，促进低空空域管理改革是非常必要和有意义的事。

通航飞行活动如果在民航提供空中交通管制服务区域内，即管制空域内，其飞行安全责任应由民航全权负责；通航飞行活动如果在远离军民航的偏远地区内，即监视空域或报告空域内，只要不超出规定范围，其飞行安全责任应由通航用户自行负责，但需要向空管部门报告飞行计划；通航飞行活动在低空空域内飞行时如果与国家空防安全冲突，应随时听从军队指挥，此时飞行责任安全主体移交给军队。

综上所述，国家的空防安全责任主体是军队，管制空域内飞行安全责任主体是民航，监视空域或报告空域内的飞行安全的责任主体是通用航空经营者和航空器驾驶员，公共安全责任主体是政府。

3.2 明确低空空域分类和划设的范围

低空空域改革始终要满足军用航空、民用航空和通用航空对飞行空域的不同使用需求，需要对空域资源进行安全、合理、有效、科学的分类管理。综合考虑我国军民航和通用航空对空域的使用需求，方便统一使用管理，建议全国低空空域统一规划分类。可将低空空域划分为管制空域（空中交通服务空域）、非管制空域（监视空域和报告空域），明确管制空域和非管制空域的划设标准，通航活动使用管制空域和非管制空域的方法、要求和规定等资料向社会公布。低空空域分类和划设过程中争取实现国家空防安全、民航飞行安全与通航飞行之间的最优组合，最大限度地共享我国空域资源。

3.3 制定低空空域管理移交程序和法律法规

《中华人民共和国飞行基本规则》是所有航空器应该遵守的基本规则，由于低空空域中的管制空域、监视空域和报告空域内飞行安全责任主体不同，因此，在不同的低空空域内运行时，对航空器和航空器驾驶人的运行要求也会不同。为了更好地保障低空空域内航空器安全、有序、高效运行，在明确低空空域分类和划设范围后，需要制定和明确不同类型空域内的运行规则、移交程序和相关法律法规。

3.4 明确低空空域内运行的公司、设备及人员标准

为了防止航空器在低空空域内运行，存在看不到、叫不到、联系不到的现象发生，航空公司在运行航空器进入低空空域之前，需要对航空公司、航空器上的相关通信导航监视设备以及飞行人员等进行明确的要求。

1. 通用航空公司运行要求

从事任何活动都应该做到有法可依，有迹可循。通用航空公司在从事通用航空活动之前也必须依据《通用航空经营许可管理规定》的要求取得中国民航总局批准的经营许可证、运行合格证，运行规范，实际运行中制定保存各类手册、大纲、运行记录的人员姓名、地点和清单等资料。

而且凡是需要在某地区从事通用航空活动的单位，在进入该地区运行之前需要提前向当地监管局报备，包含航空公司经营许可、航空公司营业执照、航空器适航证、航空器国籍登记

证、无线电电台执照、航空器保险证书、航空承运人运行合格证及运行合格证等材料。

2. 航空器通信导航监视设备要求

由于通用航空器飞行高度比较低,经常会出现“看不到、叫不到”的现象,成为减缓低空开放改革的主要因素之一。为了加快低空开放改革步伐,建议进入低空空域的航空器至少安装无线电甚高频通信设备、VOR 导航设备和 ADS - B 机载监视设备。

3. 飞行人员运行要求

在低空空域运行的飞行人员应取得中国民航总局下发的驾驶员执照,比如运动驾驶员执照、私用驾驶员执照、商用驾驶员执照等。如果涉及多类别空域交叉使用或长航线调机,建议驾驶员至少拥有仪表等级的私用驾驶员执照或商用驾驶员执照;如果涉及半径 5 千米范围内的飞行训练,建议驾驶员需要拥有私用驾驶员执照或商用驾驶员执照。

3.5 建立新的低空空域服务保障和运行管理体系

在新的飞行安全责任体系下,要保障通用航空活动在低空空域内安全运行,需要建立合理的运行管理体系和服务保障体系。为方便运行管理建议低空空域运行管理体系如图 1 所示。

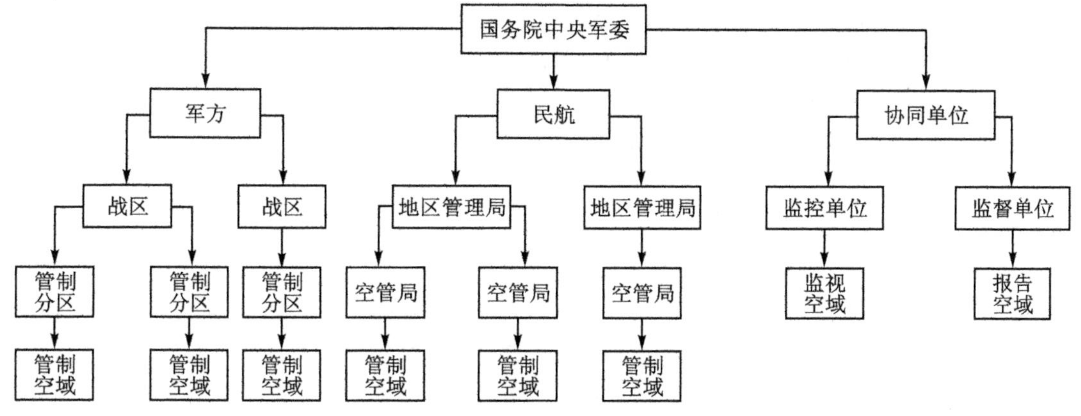

图 1　低空空域运行管理体系

根据新的运行体制,建议军方和民航主要负责低空空域范围内的管制空域内航空器的运行,监视空域和报告空域的监管交给协调运行单位管理。

参考文献

[1] 韩春艳. 中美通用航空发展对比及对我国的启示[J]. 科技经济导刊,2019,27(15):9-10,14.

[2] 张丰鑿. 加快构建行业社会共建、军民融合发展、服务高效便捷的低空飞行服务保障体[N]. 中国民航报,2018-10-15(002).

[3] 杨宇军. 通用航空产业飞近“黄金时代”[N]. 经济日报, 2014-11-01(005).

[4] 高远洋. 破浪前行 不进则退[N]. 中国民航报, 2020-01-06 (007).

[5] 杨惠. 郝秀辉. 航空法学原理与实例[M]. 2 版. 北京:法律出版社,2017.

[6] 中国民用航空局. 低空飞行服务保障体系建设总体方案. 北京,2018.

[7] 孙卫国. 40 年,中国通用航空发展“十大亮点”[N]. 中国航空报,2019-01-08.

[8] 谢进一, 石丽娜. 空中交通管理基础[M]. 北京:清华大学出版社,2012.

[9] 中国民用航空局. 通用航空经营许可管理规定. 北京,2016.

管理技术

宇航武器单机配套产品外协验收管理研究

王秋红　王翀　贾云鹤
（山东航天电子技术研究所，山东·烟台，264003）

摘要：宇航武器类单机是相关系统的重要组成部分，涉及技术难度高、专业多、范围广，产品实现很难由一家单位完成，相应配套产品的外协可有效降低成本，提高科研生产效率。随着外协产品的不断增加，发生的质量问题频率也在提高。为保证外协配套产品质量，需要规范产品的验收工作。笔者结合自身工作经验，针对单机配套产品外协验收过程中存在的问题，提出了加强外协验收工作的措施和思路。

关键词：外协验收；宇航武器单机；配套产品；措施思路

1　引　言

宇航武器单机因其设计难度大、生产过程复杂、产品质量要求高而不同于一般产品。随着科研生产任务不断增加，研制单位由于专业限制、资源配备不足等原因，同时为满足任务指标要求，通常会将某些单机的配套产品进行外协。随着外协产品的多样性以及数量的不断增加，产品的质量问题居高不下，更因宇航武器类产品要求可靠性高、质量第一的特点，故对配套外协产品的验收工作提出了更高要求。在外协产品验收过程中，不仅要对产品的各项性能指标进行检查，而且要对产品的外观、关键生产工序、过程照片、试验过程、过程文件等进行审查。

配套外协产品的验收工作是单机质量控制的关键环节，是单机装配前的重要检验工作，其质量可靠性直接影响单机后续装配、测试、交付等工作的顺利进行。验收工作主要包括：验收准备、验收实施、验收完成、验收评审。验收准备主要包括：检验员确认验收依据（验收大纲、技术要求）是否已受控，根据验收依据文件对产品测试覆盖性进行检查，成立验收组、制定验收计划等；验收实施包括：对产品功能与性能指标进行测试检验，审查数据包文件完整性等；验收完成包括：闭环验收过程中的待办事项，随机交付文件归档，对外协产品入厂复验、拍照后入库；验收评审：产品通过验收测试，由验收方组织召开验收评审会，围绕产品质量展开评议，并给出评审结论。

做好宇航武器类单机外协配套产品验收工作，是保证单机质量与研制进度的重要基础。

2　影响验收工作质量的主要因素

随着宇航武器类单机配套产品外协任务量的不断增加，产品验收工作逐渐被各级管理部门所重视，相应出台了各项规章制度来规范产品的验收工作。但是因外协产品而导致的单机质量问题仍时有发生,对单机的研制进度造成了影响,且增加了质量成本。导致外协验收问题的原因主要有以下几方面。

2.1　验收依据内容不明确

需求方制定的验收依据未能有效明确质量(功能参数、性能指标、数据包文档等)要求,内容粗放、不准确、不到位,已形成的文档没有经过供方会签,导致供方对依据内容的描述产生理解差异,不能有效指导供方开展工作,所以一旦产品指标未能满足验收要求,那么验收就不具备合法性,产品合格性不能确定。

2.2　信息沟通机制不力

双方未建立有效的信息传递与反馈制度,在外协产品的性能指标、技术协议、测试覆盖性等方面的内容多为口头约定,没有形成纪要等文字记录,沟通内容不能有效地传递落实,当验收过程中出现异常情况时,不能依据文件及时解决,更多的是边协商、边验收、事后控制,耽误产品验收进度且存在质量隐患。

2.3　供方研制过程监管不力

很多供方单位缺少航天及武器类产品的研制经历,另外,有些外协产品由于数量少、进度赶、质量要求高,厂家常出现"重头尾,疏过程"的情况,在产品研制过程中只注重产品的性能指标是否满足,忽略了产品的全过程质量控制与管理,导致质量记录不全,产品质量可追溯性差。一旦产品出现质量问题,就会无据可查。

2.4　外协检验人员管理不力

① 外协检验人员对验收大纲、技术要求等依据文件理解不彻底,质量意识薄弱,验收过程流于表面,缺少对产品的质量检验和风险识别能力,不能严格按照依据文件进行质量把关,同时存在验收检验人员越级处理权限以外问题的情况。

② 检验人员在进行验收工作时,存在很多主观因素,例如对于同一批次产品的验收,不同的检验人员会得出不同结论,即使同一检验员在不同时间内可能也会得出相反的结论,导致产品入所复验或者使用过程中发生质量问题。

2.5　二次外协隐患多

在外协过程中,供方有时会将产品进行二次外协,但是很多二次外协单位不少为民营企业,在生产过程控制、质量管理模式等方面达不到航天产品要求。二次外协主要存在以下问题。

① 供方对二次外协承制单位的产品研制能力、质量保证能力、风险控制能力等了解不多,甚至不能确认二次外协单位是否通过了质量管理体系认证。

② 供方与需求方签订合同、制定验收依据时缺乏对二次外协单位的质量管理要求。

③ 供方对二次外协产品所用的原材料、元器件的进货检验、选用筛选情况不了解。

④ 供方不能掌握二次外协产品的研制过程情况。比如工艺执行标准、关键强制检验点过程记录、技术状态的更改控制、超差情况等。

3 加强外协验收工作的措施

3.1 建立外协验收队伍，健全外协验收制度

① 验收工作开始前，检验员检查设计部门是否已提出外协验收需求，验收大纲与技术要求已归档受控，符合验收条件。对于二次或多次验收的产品，应查明原因，确认问题已闭环处理并具备验收条件，可进行正式验收。严格执行验收条件，不符合不进行验收的制度原则。

② 外协产品包含电气类、机械类、软件类等不同产品类型，所以在验收时要针对不同产品的特点，安排合适的人员进行验收。

③ 单机配套产品的外协验收通常由整机检验、主管设计师、型号产保、型号调度等人员组成验收小组。检验人员主要负责产品的机械尺寸测量与外观检查，侧重于产品性能测试、功能检查、指标判读和检查测试覆盖性情况，最终给出有效的验收结论；设计师结合单机研制情况和特性，检查产品的研制过程和技术状态控制情况；产保管理人员重点审核产品的数据包文件、质量管理实施情况；调度人员对合同履约、产品交付情况以及后续产品研制进度进行监督检查等。

④ 验收过程中，验收人员要各司其职、各负其责、相互协作，严格按照标准进行验收。

3.2 细化产品验收文件，确保信息传递到位

① 需求方要根据单机产品特性，有针对性地制定详尽的验收大纲与技术要求，并作为验收的唯一依据。文件内容应包含外协产品功能、性能指标要求、机械特性要求、质量控制要求(主要包括质量问题审批、设计评审、质量检验、工艺评审和元器件评审等)、试验项目要求、数据包文件要求、产品拒收条件等。

② 如有需要，双方要对验收依据文件中的要求进行分析确认，双方签字确认。需求方要保证验收依据文件逐级会签(产保、检验、供方负责人、主管领导)并传递到位，最终形成可控有效的归档文件。

3.3 重视外协产品研制过程控制

① 参加外协产品关键节点评审工作，例如试验矩阵评审、设计评审、产品转阶段评审、关键强制检验点现场检查等。

② 对外协产品研制生产的重点环节应严加控制，重点检测，必要时派专人跟产。

③ 对于进度紧急的产品，要实行研制信息周(月)报制度，重点关注供方的研制进度、风险短线、二次外协等，了解质量形势，如出现异常状况，双方应及时协商解决。

3.4 加强二次外协管理

① 需求方应在与供方合同中明确规定产品如需二次外协，供方须征得需求方同意，同时向二次外协单位提供对等的质量管理与验收要求。

② 二次外协单位必须在双方的合格供方目录内。

③ 如不在双方的目录内，供方应组织专家力量对二次外协单位进行评定，按“资质、质量、进度、价格、服务”等条件进行综合评价优先选择。必要时邀请需求方参加并征得同意。

④ 供方应及时向需求方通报二次外协的研制进度与产品质量情况，如出现质量问题应按航天产品要求进行处理或开展归零工作。

3.5　加强外协产品验收工作过程控制

① 在验收过程中，检验人员根据验收依据文件，对产品的性能指标、功能是否正常、机械特性、包装箱质量等进行检查测试，对产品的测试项目逐项核对，保证测试覆盖性。

② 测试完成后，检验人员要比对分析产品的验收数据与过程（主要是三防固封后与出所）测试数据，如产品已多次验收，要把数据与最近一次的验收数据进行比对，主要关注临界数据以及比对有明显差异的数据，要求供方解释、确认；对于批量产品的验收，要对产品的测试数据进行横向比对，发现产品潜在问题；产品的测试数据是验收的重要依据，要求记录准确规范，实事求是且签署完整。

③ 验收过程中，检验人员若发现测试数据不满足指标要求或者产品研制过程不受控，应及时通知设计师与型号产保，检验人员无权擅自做出结论。需求方若让步接收，供方应提交超差申请、分析报告等，双方讨论后仍存在异议，需求方可暂停或终止验收，待问题处理完成后，供方重新提交验收申请。

④ 检验人员检查随产品交付的产品证明书（合格证）、履历书是否已填写完整且完成签署、加盖单位质量印章。设计师与型号产保检查数据包文件是否齐套。

⑤ 验收测试结束后，双方应签订交接记录，对待办事项、超差项进行确认，对产品合格性给出明确结论，作为此次验收凭证。

⑥ 如不能到厂验收或遇有其他特殊情况，可采取视频会议、文件函审相结合的方式来进行外协产品验收。

验收流程图如图 1 所示。

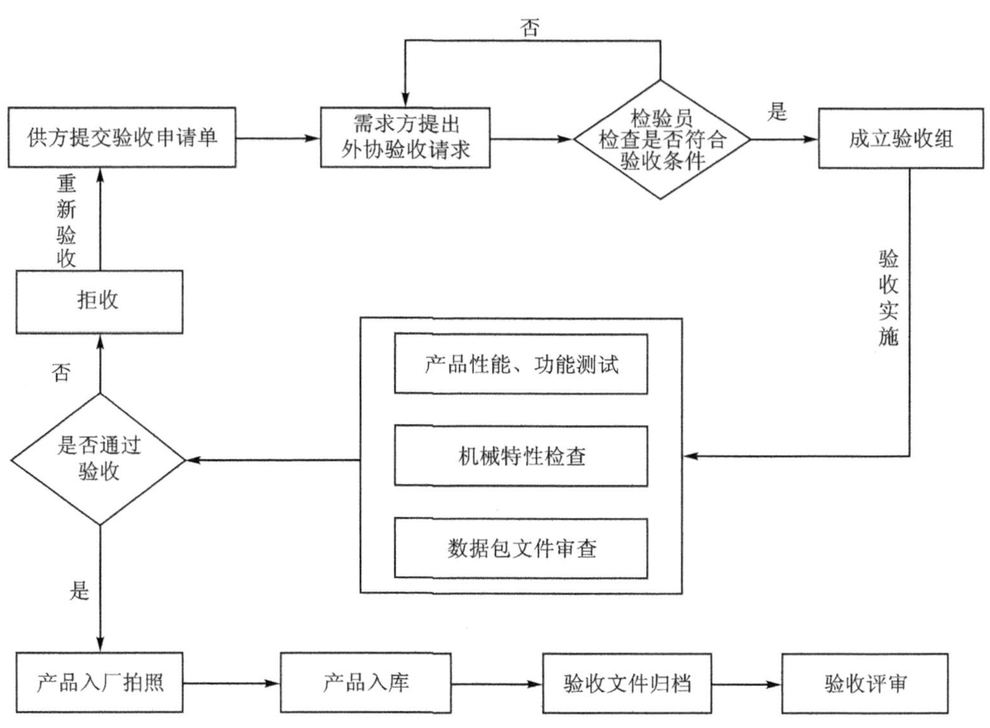

图 1　验收流程图

3.6 加强外协产品验收闭环管理

① 外协产品入厂由检验人员对产品外观再次检查并拍照留存，入厂合格的由检验人员携交接记录按流程交至物资库房，并由库房管理员签字确认。

② 对于验收过程中的待办事项，供方应制定计划，组织实施。验收检验人员应及时跟踪相关事项的落实情况，及时实现闭环管理。对于一般性事项，一般由验收组与供方共同协商解决，若有重大事项应报告单位主管领导审核裁决。

③ 上述事项闭环完成后，由检验人员编写验收检验报告，并按要求签字归档；对于随机交付的文件、数据包文件等由产保、检验人员按规定完成归档，确保验收工作有效完成。

3.7 加强外协产品验收质量信息管理

① 验收检验人员应加强外协产品质量信息的收集和反馈，主要包括产品在验收过程中、入厂复验以及使用过程中所产生的信息。

② 需求方检验部门对外协产品进行分类，将各类产品对上述所产生的质量信息进行分析、统计，形成外协产品质量信息数据库，实现信息资源共享，使检验人员在验收过程中能够正确识别产品质量问题。

4 结束语

宇航武器类单机配套产品的外协验收工作非常重要，是保证单机“零质量问题”的关键把关过程。如今型号任务时间紧、任务重，验收工作仍要坚持质量第一、实事求是、照章办事的工作原则，正确处理产品质量与进度的关系，杜绝验收工作走过场，进一步规范和提高外协产品验收流程和内容，为满足单机质量可靠性奠定基础，为单机研制及顺利交付保驾护航。

参考文献

[1] 刘珩，赫荣伟. 航天产品外协管理研究[J]. 质量与可靠性，2011，154(4)：36-38.

[2] 年永尚，荆泉，陈小庆，等. 航天项目产品验收管理实践[J]. 管理与实践，2015(7)：24-25.

[3] 祝军生，沙群. 企业外协产品质量管理之探索[J]. 质量与标准化，2017(11)：42-43.

[4] 李雁君，对航天产品二次外协开展质量管理的认识[J]. 质量与可靠性，2012(1)：39-40.

标准化设计系统在宇航电子类单机中的实践与应用

黄炳偲　刘炳杰　王庆博　牟懋竹
（山东航天电子技术研究所，山东·烟台，264000）

摘要：通过标准化设计系统在宇航电子类单机中的应用，实现了电子元器件库、电路模块库规范化管理，自动化设计核查，自动生成全套图纸；完成了设计系统与生产系统的集成，确保了从设计阶段到生产制造阶段数据传递的可靠性和准确性，减少低层次质量问题，提高了设计准确率，加快了产品设计流程。

关键词：标准化设计系统；宇航电子类单机；产品设计

1　引　言

设计是电子类单机的源头，标准化和规范化的设计能够大幅度提升产品的可制造性，标准化设计系统贯彻执行“宇航能力建设工程要求”，并结合所内设计生产转型需求，从源头抓起，以“系统工程”方法强化设计基础，规范管理各类元器件和电路模块库，实现标准化图纸“一键”输出和自动化设计核查，打通设计、物资、生产纵向数据链路。保障从设计阶段到生产制造阶段数据传递的可靠性和准确性；全面固化标准设计流程，提高设计准确率，加快产品设计流程。

2　存在的问题

传统的宇航电子产品设计主要依靠个人经验和组织经验，主要存在以下问题：

1. 效率低下，低层次质量问题频发

在电子设计流程中，电子元器件的参数需要人工进行核对，效率低下、工作烦琐，同时现有电子设计、软件设计、物资、生产加工数据信息不对称，影响产品流程的完整性，降低了产品可靠性，同时易发生低层次质量问题，占用公共生产资源，影响生产效率。

2. 设计不规范

各个设计团队或设计人员缺少统一的标准，多环节依赖于个人习惯和经验，同时器件选型随意，采购压力和产品成本逐年增加。

基于上述问题，对电子设计软件 ALTIUM 进行开发，实现标准化流程设计和可靠性检查，提高了设计准确率，加快了产品设计流程。

3　系统建设及应用

强化设计源头管控，先后发布了《五一三所产品可制造性设计禁令》《PCB 封装库建库规范》《PCB 设计核查表》等制度和规范，结合标准化设计系统固化了研制设计流程。

标准化设计系统主要分为两部分，标准化软件设计系统（ADMS）和可靠性设计辅助检测系统(ACMS)。

标准化软件设计系统(ADMS)主要包含:标准元器件库管理流程平台、固化电路复用模块、图纸标准化一键输出、智能BOM、物料检测、电气接线表等功能模块。

可靠性设计辅助检测系统(ACMS)主要包含:模糊匹配、封装库超库检查、产品可靠性设计核查等功能模块。下面分别说明两个模块的建设和应用。

3.1 标准化软件设计系统

1. 标准元器件库管理平台的搭建和系统集成

建立了元器件选用界面并进行目录管理、建立标准化元器件库选用组件库和物资系统进行集成,如图1和图2所示。

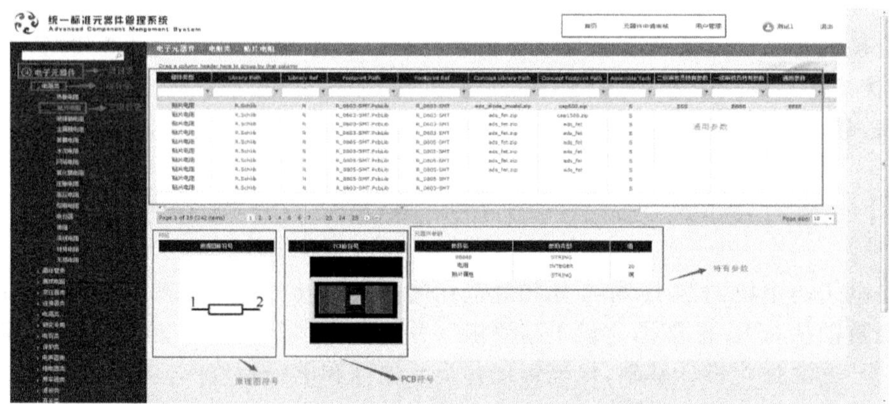

图1 元器件选用界面

图2 标准化元器件库选用组件图

通过标准元器件库管理平台的搭建,规范元器件库的统一命名和绘制要求;避免了受设计师主观因素影响,造成选用元器件库符号封装不一致的问题;提高了数据传递和沟通效率,减少了设计传递出错率,节省了大量错误排查所花费的时间,为完整顺畅的设计流程打下了坚实的基础。

标准化元器件库选用模块可实时查看所有元器件信息的分类情况以及每一个元器件的属性信息，为电子设计后续的流转提供必备参数，实现了输出明细表自动附带物资参数，图纸完成后自动校验物资备料，并核对是否与当前设计一致，自动生成生产用完整贴片文件等，省去大量人工操作，提升效率。

通过元器件调用板块，实现了可视化展现元器件的原理图符号信息、PCB 封装信息，3D 模型信息等。通过智能搜索功能，可以自由输入任意参数字段或通配符，在整个元器件库范围内进行模糊匹配或精确匹配，从而获得目标元器件，并可以点选元器件实时查看原理图符号、PCB 封装及其他参数信息，确保选用元器件满足工程设计要求，避免了仅能按照元器件符号名称进行搜索所带来的不便，如图 3 所示。

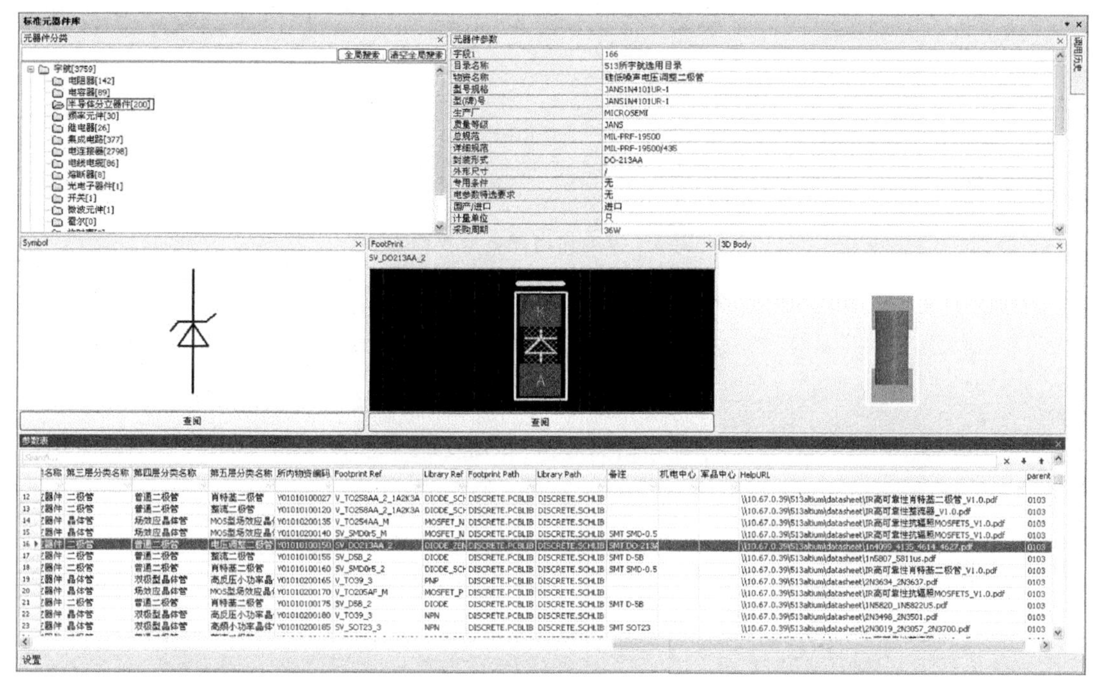

图 3　元器件调用模块

2. 标准化图纸输出一键输出

电子设计工程项目完成后需要输出很多的文件，数量也比较多，格式化、标准化要求都非常高。标准化图纸输出组件包括了原理图、PCB 板图的 PDF 输出以及各种镜像、A/B 面、模板尺寸、按比例输出，线路板行业描述线路板文件集合(Gerber)文件和导出坐标文件(Pick and Place)等一系列文件，占用设计大量的时间，且格式不统一，通过标准化图纸一键输出系统，实现了所有的输出文件都是“一键”完成。如图 4～图 6 所示。

标准格式化文档输出，确保了输出图纸的格式统一性，确保了各个上下级部门之间设计沟通与审核批准流程的顺利进行。在生成制造文件、Gerber 文件、钻带文件(NC Drill)文件和 Pick and Place 文件时，避免了手动进行操作出现的漏选或错选的情况，减少了制造文件输出信息缺失，设计师原来需要三到四天的工作量，由一键操作来完成，大大提高了设计工作效率。

标准化图纸输出组件中还包含了智能标准化的物料清单(BOM)的输出，可生成各类辅助 BOM，如检验核查 BOM、物资自动配套出库 BOM 等，保证了整个输出图纸的统一性，保障了设计部门、物资部门和制造部门之间的信息沟通，避免了数据传递错误，提高了设计准确率，加快了产品设计流程，如图 7 所示。

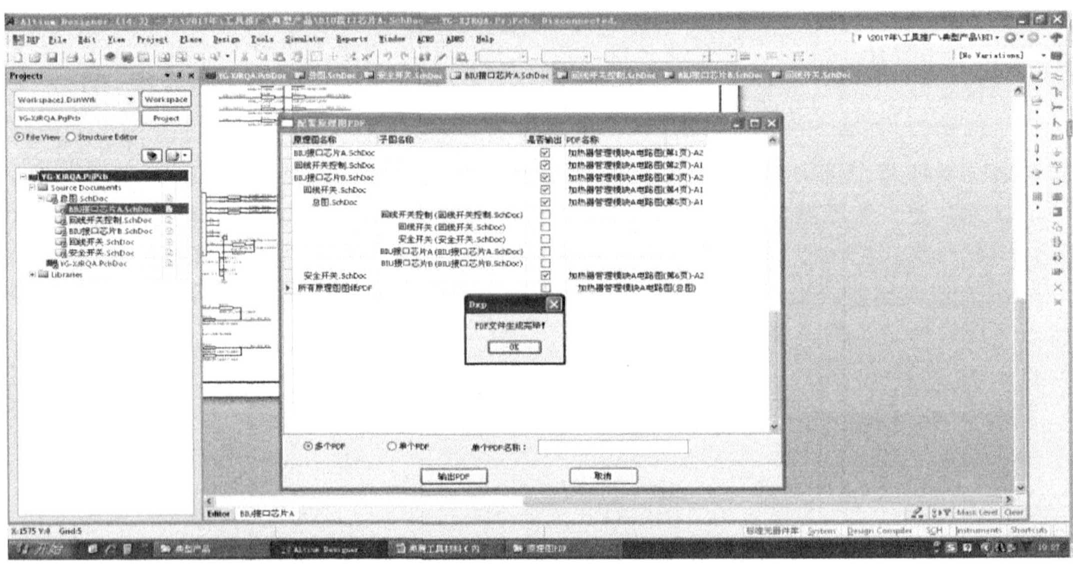

图4　标准化出图设置界面

格式6

项　目　代　号	代　号	名　称　和　型　号	数量	备注
	半导体分立器件			
VA41;VB41;V161～V184;		JANTXV1N6642US	26	SMT D-5D
V81～V120;		IRHNJ67230SCS (2N7591U3)	40	SMT SMD-0.5
V41～V80;		JANS1N5615US	40	SMT D-5A
V185;V186;V201～V206;		JANTXV1N5819UR-1	8	SMT DO-213AA
VB1～VB40;		JANTXV2N3700UB	120	SMT SOT23
VA1～VA40;				
V1～V40;				
	电连接器			
MX03;MX01;		J6W-50D01KNMB	2	
P2;P5;		K2B110FMD4TBH	2	
MX02;		J6W-25B01JNMB	1	
P1;P4;		K2A110FMD4TBH	2	
	电容器			
C29;C30;		CT41L-0805-2C1-100V-102-K	2	SMT 0805
C1～C12;		CAK45C-25V-22μF-J-F	12	SMT F
C69;C70;C75～C86;		CT41L-0805-2C1-100V-223-K	36	SMT 0805

图5　输出后明细表

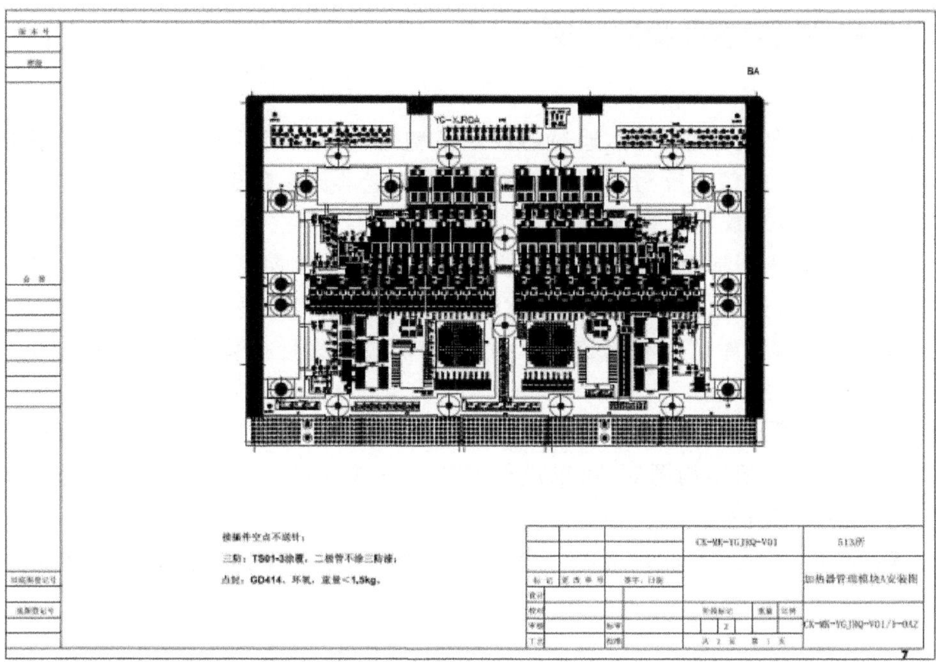

图 6 输出后安装图

检验核查用文件包含的信息有元器件位号、封装、印制板坐标信息、标称值、工艺备注信息等内容，可以满足物资出库、SMT 贴装、自动化检验等不同岗位的使用需求，提升生产环节自动化效率。

位号	所内物资编码	封装	X坐标	Y坐标	层	角度	标称值	备注
C2	Y01050100879	CAK45C_F	6062mil	5974.5mil	T	360.00	CAK45C-25V-22μF-J-F	SMT F
D35	Y01110100078	FP16	6512mil	5073mil	T	0.00	DS26LV32W-QML	SMT FP16成形
D36	Y01110100078	FP16	11437mil	5048mil	T	0.00	DS26LV32W-QML	SMT FP16成形
D45	Y01110100077	FP16	6512mil	5548mil	T	360.00	DS26LV31W-QML	SMT FP16成形
D46	Y01110100077	FP16	11437mil	5498mil	T	0.00	DS26LV31W-QML	SMT FP16成形
GA1	Y01160200641	SMD(7050)	7167.63mil	5963.139mil	T	360.00	ZA51T-11.0592MHz-3.3V	SMT 7050
GA2	Y01160200641	SMD(7050)	10543.382mil	5963.07mil	T	180.00	ZA51T-11.0592MHz-3.3V	SMT 7050
RB10	Y01080100472	0805R	6062mil	5148mil	T	90.00	RMK2012-W-B-102-J	SMT 0805
RA10	Y01080100472	0805R	10962mil	5098mil	T	90.00	RMK2012-W-B-102-J	SMT 0805
RA99	Y01080100472	0805R	10007mil	4943mil	T	0.00	RMK2012-W-B-102-J	SMT 0805
RB3	Y01080100472	0805R	6112mil	4893mil	T	180.00	RMK2012-W-B-102-J	SMT 0805
RA11	Y01080100472	0805R	10962mil	5198mil	T	270.00	RMK2012-W-B-102-J	SMT 0805
RB99	Y01080100472	0805R	8262mil	4948mil	T	0.00	RMK2012-W-B-102-J	SMT 0805
RB11	Y01080100472	0805R	6062mil	5243mil	T	270.00	RMK2012-W-B-102-J	SMT 0805
RB93	Y01080100472	0805R	8362mil	4948mil	T	0.00	RMK2012-W-B-102-J	SMT 0805
RA101	Y01080100472	0805R	10962mil	5398mil	T	90.00	RMK2012-W-B-102-J	SMT 0805
RA105	Y01080100478	0805R	11007mil	5943mil	T	90.00	RMK2012-W-B-103-J	SMT 0805
RA8	Y01080100478	0805R	11022mil	6108mil	T	360.00	RMK2012-W-B-103-J	SMT 0805
RB30	Y01080100476	0805R	8462mil	4948mil	T	0.00	RMK2012-W-B-472-J	SMT 0805
RA25	Y01080100476	0805R	9307mil	4943mil	T	0.00	RMK2012-W-B-472-J	SMT 0805
RA98	Y01080100476	0805R	10962mil	5598mil	T	270.00	RMK2012-W-B-472-J	SMT 0805
RA54	Y01080100476	0805R	10962mil	5798mil	T	270.00	RMK2012-W-B-472-J	SMT 0805
RA31	Y01080100476	0805R	9207mil	4943mil	T	180.00	RMK2012-W-B-472-J	SMT 0805
RA29	Y01080100476	0805R	9507mil	4943mil	T	180.00	RMK2012-W-B-472-J	SMT 0805
RA58	Y01080100476	0805R	10962mil	5494.5mil	T	270.00	RMK2012-W-B-472-J	SMT 0805
RA51	Y01080100476	0805R	10962mil	5698mil	T	90.00	RMK2012-W-B-472-J	SMT 0805
RA17	Y01080100476	0805R	9807mil	4943mil	T	0.00	RMK2012-W-B-472-J	SMT 0805
RB16	Y01080100476	0805R	7662mil	4948mil	T	180.00	RMK2012-W-B-472-J	SMT 0805
RB35	Y01080100476	0805R	7962mil	4948mil	T	180.00	RMK2012-W-B-472-J	SMT 0805
RA27	Y01080100476	0805R	9607mil	4943mil	T	0.00	RMK2012-W-B-472-J	SMT 0805
RB37	Y01080100476	0805R	7762mil	4948mil	T	180.00	RMK2012-W-B-472-J	SMT 0805
RB49	Y01080100476	0805R	8162mil	4948mil	T	0.00	RMK2012-W-B-472-J	SMT 0805

图 7 智能 BOM 表

3. 电气接线标准化自动生产较少错误，提升效率

传统接线表完全依赖人工制作，往往存在互连接点错误、正线与返回线不一致、编写不规范等问题，由于接线表互连关系复杂，错误信息隐蔽性强，也不易校对。“电气接线表”功能模块，实现了电器接线标准化的自动检查，减少了低层次问题，提高了标准化程度，减轻三级审签工作强度。

3.2 可靠性设计辅助检测系统

1. 模糊匹配

针对标准化程度低的工程文件，通过器件规格型号进行模糊匹配，帮助工程师快速地进行匹配类似器件，将对应的信息反写到器件属性框，完成老器件参数更新为新的器件参数。

2. 封装库超库和封装库比较检查

由于 PCB 封装调入印制板后具有可编辑性，PCB 封装的非预期更改可能会带来封装错误。为规避该类风险，ACMS 模块内嵌了“封装库超库检查”和“封装库比较”两个子功能模块，通过超库功能检查，可输出封装库超库清单和超库细节，并能统一进行封装更正和校正到位。

3. 元器件封装的可视化

3D 模型图实现了元器件封装的可视化，工艺人员在设计阶段可以很直观地进行工艺审查，3D 模型图导入到整机结构图后，可以进行元器件三维空间干涉检查，有利于整机的机电一体化协同设计，如图 8 所示。

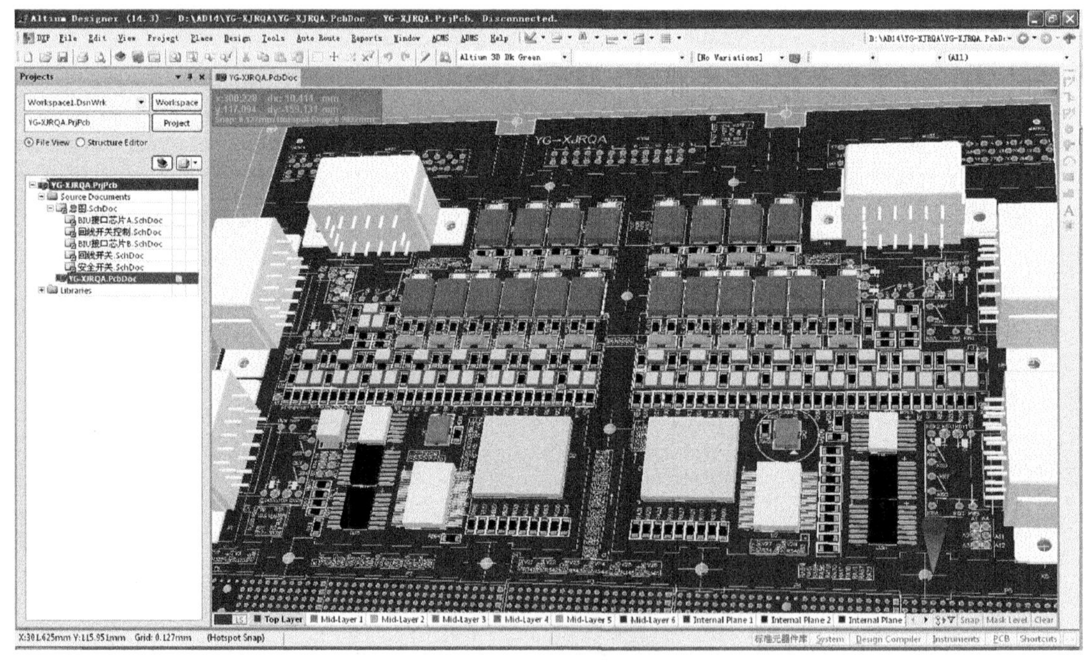

图 8 3D 可视化模型

4. 可靠性设计辅助检测

传统研发的可制造设计，往往依托人工检测或可制作性(DFM)分析软件进行检测，一般是在设计完成后进行，如发现问题将造成设计反复，或由于电子图纸无法修改而不能使用先进的制造工艺，造成资源浪费。而电子设计可制造性辅助检测解决了这个问题，他贯穿于电子研发的全流程中，即从电子设计开始、过程中和最后都对设计文件的可制造性进行检测分析，检测前置，即查即改，减少了后期反复和资源浪费。

电子设计可制造性辅助检测，将我所多年的工艺生产经验“写入”电子设计软件，从电路板波峰焊、回流焊和贴片机对电路板长宽尺寸要求、到元器件的布局、大质量元器件布局、BGA 器件的返修考虑、Mark 点的检测、PCB 走线的线长、线距考虑等，检查内容全部在服务器上部署，只有管理人员可进行配置和修改，即保护了组织的核心工艺参数，又兼顾了不同产品工艺参数差异性。

5. AVDIM 设计图样明细表物料检测

在 AVIDM 系统嵌入模块，对设计图样明细表和物资申报需求进行自动化匹配和比对，设计图样明细表必须通过 AVIDM 检入合格后才能归档。保证设计图样明细表中元器件命名的规范性和正确性，从源头规范设计图样明细表和物资申报需求相一致，保证后道各工序的顺利执行，促进生产效率大提升。

4　推广情况

五一三所在型号研制过程中应用了标准化设计系统标准化管理模块和可靠性设计核查模块，推进产品研制模式的转变和升级，充分发挥源头设计工具效能，提升产品研制质量。在以北斗三号、深空探测、载人、通信、小卫星为代表的卫星电子单机产品研制过程中，全面应用了标准化设计系统，建立了相应的标准规范和应用流程，在各卫星应用领域多个型号中推广应用，取得了良好效果，对所内其他科研单位具有很好的推广价值，如表 1 所列。

表 1　型号推广应用列表

序　号	应用领域	应用型号	应用产品
1	导航	BD-3 等	综合电子等
2	深空探测	CE-4、CE-5 等	综合电子等
3	载人	KJZ 等	计算机等
4	通信	XX-2 等	综合电子等
5	小卫星	XX-8A 等	下位机等

5　结束语

通过基于电子设计软件定制开发的实践，实现了图纸的标准化一键输出，元器件的选用控制和统一规范管理，保障了物料信息从设计阶段到生产制造阶段数据传递的可靠性和准确性。可靠性设计自动核查，固化了设计经验，提高了设计准确率，优化了产品设计流程。设计低层次问题减少 46%，元器件(电路)选用准确率和效率提升了 10%以上，能够按标准化要求实现一键出图，电路设计周期缩短 3～5 天。

后续还将继续深化实践成果，增加“设计禁忌”内容，固化到系统中，建立知识学习。

进一步将组织多年形成的典型电路进行固化，形成可直接、重复调用的“标准电路”，缩短开发周期。

进一步补充元器件三维模型封装，实现所有元器件的“三维可视化”，使相关人员在设计阶段即进行“可视化”工艺审查，全面实现机电一体化协同设计。

进一步补充标准元器件可靠性设计辅助数据，例如重量、辐照、失效率等基础数据，实现外部接口数据单核查，辅助设计人员开展深度可靠性设计工作。

标准化设计系统在宇航电子单机中的应用，推动了产品研发信息化建设进程，在提升宇航电子单机项目管理体系、队伍技术能力，产品研发进度、质量保证、物资采购、成本管控等方面都有着深远意义。

参考文献

[1] 刘方，王卫东. 航天器研制项目管理的实践与思考[J]. 航天工业管理，2005(7).

[2] 金历群，吴东. 卫星总体可靠性安全设计审查[J]. 航天器环境工程，2010(4).

[3] 刘靓燕. 浅析航天电子元器件标准化应用管理[J]. 中国科技投资，2017(11).

[4] 刘雪利. 注重设计过程标准化节约航天型号研制成本[J]. 航天标准化，2007(2).

单机产品科研生产一体化综合管理平台应用实践

高辉　王庆博　刘金刚　刘钦

（山东航天电子技术研究所，山东·烟台，264670）

摘要：本文针对目前航天单机单位的产品现状，提出了单机产品科研生产一体化综合管理平台的建设思路，应用基于模型的项目管理系统和柔性智能制造管理系统，在本单位进行了项目实践。平台涵盖物资、电装、结构、试验、调度等关键环节，实现了业务流程的灵活可配置和敏捷化开发，建立了单机产品生产过程全品质追溯体系，促进了单机科研生产管理体系的不断完善。

关键词：单机产品；科研生产一体化；综合管理平台

1　引　言

近年来，随着航天事业的不断发展，产品复杂程度不断提高，交付周期不断缩短，卫星总体对单机产品功能、性能指标和综合性要求也越来越高，原有的科研生产管理模式精细化程度难以满足后续科研生产信息化、体系化、高技术、高稳定、高可靠性的发展需求。各单机承制单位需要创新生产模式，以数字化技术为牵引带动科研生产管理流程转变，提升数字化生产管控水平，全面增强产品的可靠性、稳定性，提升科研生产核心能力，以应对复杂多变的市场环境。本文根据目前的需求，提出了单机产品科研生产一体化综合管理平台的建设思路，并在本单位进行了应用实践，取得了良好效果。

2　建设目标

满足不同型号、不同产品、不同生产模式的应用需求，建立单机产品科研生产一体化综合管理平台，实现科研生产过程的各类信息表达的规范化、型号产品研制过程的精细化、研制任务进度的透明化、生产过程及现场的可视化、车间现场作业的无纸化管理，实现质量数据包信息采集的自动化，提高生产过程管控能力和效率，逐步趋近于科研生产智能化。

3　平台体系架构

单机产品科研生产一体化综合管理平台分为两大部分，基于模型的项目管理系统（PS）和柔性智能制造管理系统（MES），两大部分相互贯通，互为依托，构成完整的科研生产一体化管理链条。

基于模型的项目管理系统（PS）实现了业务流程的灵活可配置和敏捷化开发，能够满足个性化且复杂多变的业务管理需求，系统内置丰富的流程、功能和报表模型，业务管理人员可以做到不依赖开发人员快速修改上线流程、功能和报表，可以做到部门级需求的快速实现。目前依托模型配置实现了数十个流程和近百个报表的上线运行和快速维护，满足了以项目管理为核心的系统需求，整合了设计、质量、物资采购等数据，为单机产品科研生产一体化综合管理平台提供了有力的数据支撑。

柔性智能制造管理系统（MES）针对单机产品多品种、小批量、并行生产批次多、生产周期长短不一的生产特点，负责生产过程的控制及与物资管理系统 WMS、仓储管理系统 WCS、工站控制系统、生产测试试验设备的集成。MES 通过工单下达建立生产计划并排配到各工序，在排产时对接 WMS 系统获取部件齐套情况并根据齐套情况与交期等排定生产计划；在生产过程中通过与 WCS、WMS 系统的对接实现产品在工站间的转移；作业人员在组装过程中通过工站作业模组可以查看 BOM、工艺、设计图纸、质量要求等数据；在测试、试验阶段 MES 系统集成测试、试验设备并将测试、试验的数据与产品建立对应关系。基于模型的项目管理系统（PS）模块组成如图 1 所示，柔性智能制造管理系统（EMS）系统组成如图 2 所示。

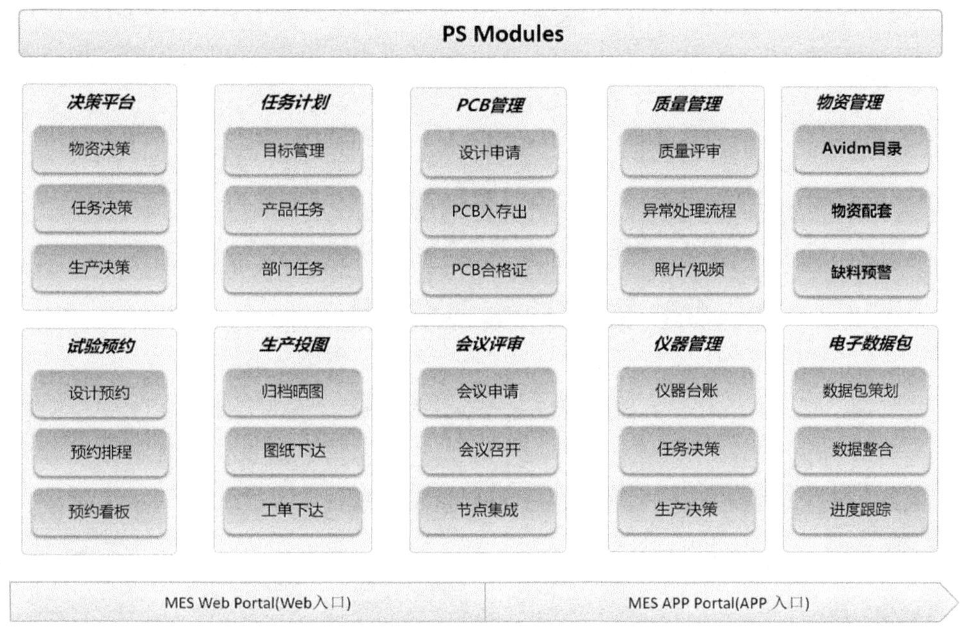

图 1　基于模型的项目管理系统（PS）模块组成

4　基于模型的项目管理系统

基于模型的项目管理系统基于产品结构标准化和物料编码的启用进行从流程到数据的全面融合和升级。系统核心为任务立项管理流程，实现任务过程节点与 PDM 系统、物资管理系统、软件流程、质量管理过程、试验过程整合，使任务过程节点和实际业务融合更智能、更准确。基于模型的项目管理系统流程和模块分解如图 3 所示。

基于模型的项目管理系统主要包括产品管理、任务管理、物资管理、试验管理、事务管理、决策支持等模块。

产品管理模块主要包含产品基础数据定义、产品结构管理，核心是建立和完善标准化的产品结构与物资物料编码。任务管理模块主要包含任务立项、专题会、风险管理、项目过程沟通等，核心是任务的计划、投产、执行与反馈的全流程监控，通过任务管理将整个项目过程透明化、可视化化与可控化，是一个 PDCA 的过程。物资管理模块实现与物资管理系统的深度集成，从采购计划到采购询比价、合同、在途管理、入库等均可获取完整的数据链并以报表呈现。

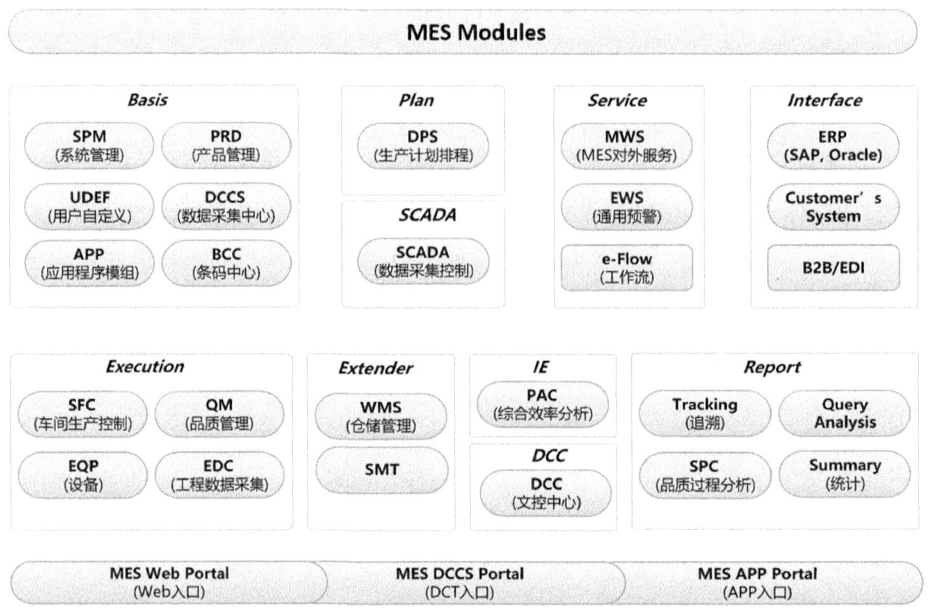

图2　柔性智能制造管理系统(MES)系统组成

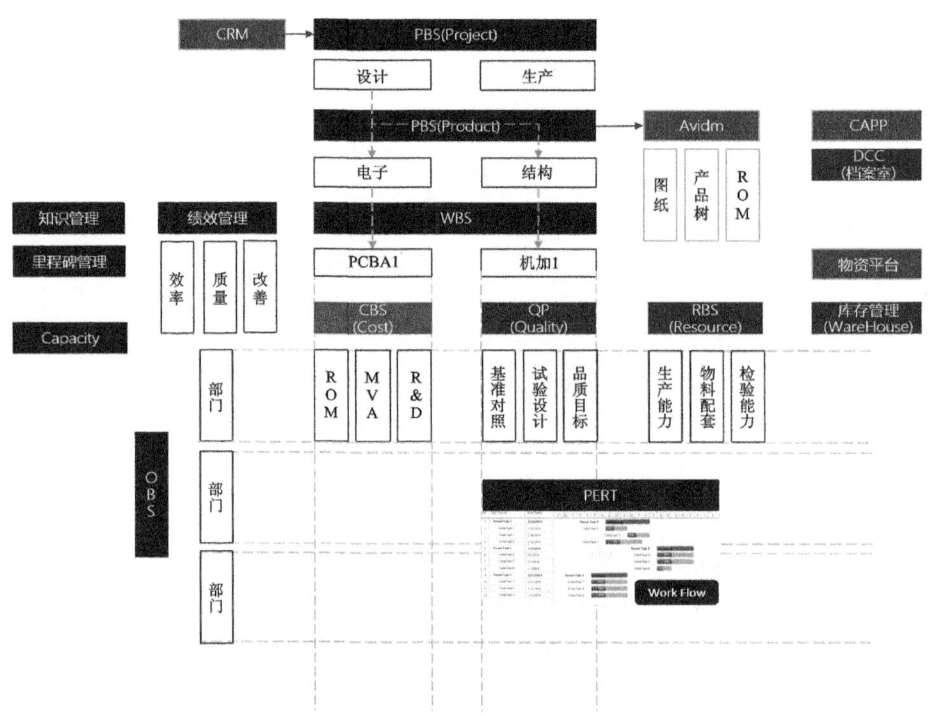

图3　基于模型的项目管理系统流程和模块分解

试验管理模块实现了环境试验过程条码化管理,将产品条码与设备条码在试验过程中绑定,并将试验数据与产品条码绑定,将试验数据的管理纳入全程追溯体系中来。事务管理模块实现了基于模型的流程配置平台的扩展,将会议、评审等日常业务流程与任务立项等核心流程结合起来,将事务数据与任务管理结合并纳入科研生产一体化管控体系中来。决策支持模块通过数据的整合,涵盖产品设计、物资、质量、试验、软件、制造等业务数据,通过智能分析,为领导的决策提供数据支持。

5　柔性智能制造管理系统

基于单机产品生产管理的需求和规划，柔性智能制造管理系统涉及调度、仓储、质量、研发、生产、试验等部门间协作，主要包含工艺管理、条码中心、计划与调度管理、生产过程管理、设备管理与数据采集、品质管理等模块，涵盖从计划到投产再到产出的产品生产全过程。

5.1　工艺管理

工艺管理由工艺任务管理、工艺路由、工艺 BOM、制造 BOM 几部分组成。

工艺任务管理实现了工艺任务的接收、分发、维护和作业，实现了工艺任务的精细化管理。工艺路由即产品的工艺路线，基于产品自身的特点，取自于工艺路由标准库，实现工艺路线的透明化、电子化管理。工艺 BOM 即工艺路由与 BOM 的结合，定义了一个产品在生产过程中在某个工站需要使用的原物料。工艺 BOM 是在生产过程中核对所使用物料正确性的重要依据，系统通过工艺 BOM 明确需要使用的物料信息并传递给 WMS，WMS 完成物料下料作业并搬运到 AGV 小车，WCS 控制 AGV 将物料运送到呼叫工站。工艺 BOM 不准确或者缺失将导致物料配送、用料正确性检查等无法运行。制造 BOM 是在制令单建立时复制的生产料号和 BOM，后续可修改自己的制造 BOM，这样便于修改自己的物料组成、替代料等。

5.2　条码中心

MES 中所有的条码产生和使用均由条码中心实现（见图 4），以此杜绝系统外条码流入。支持条码内容自定义，内置多种条码数据类型（流水码、固定码等），支持自定义绑定系统数据库字段。

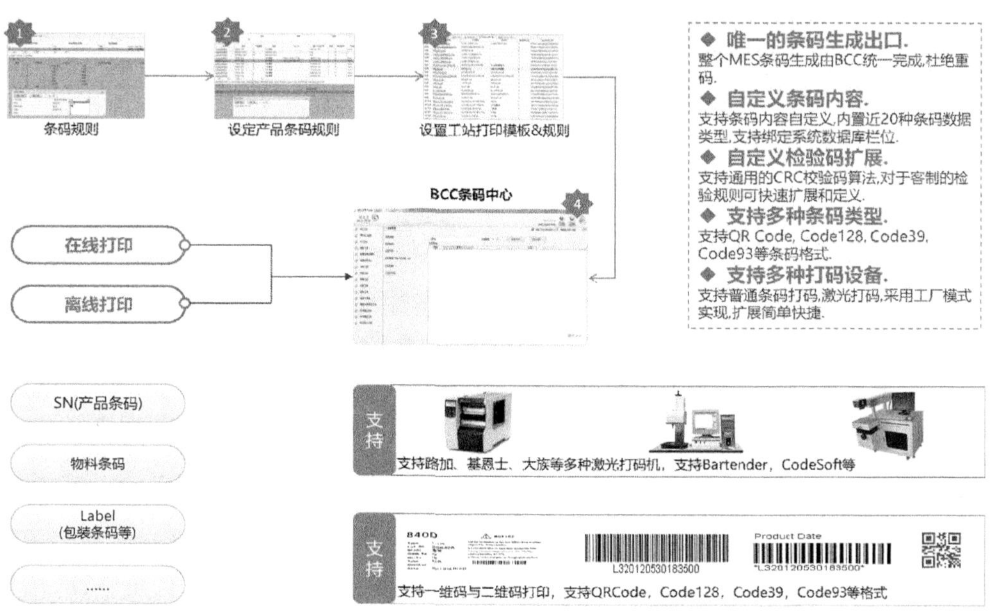

图 4　MES 条码中心

5.3 计划与调度管理

生产计划与调度管理的数据来源于项目管理系统(PS),包括计划、图、料、板、壳、软件等信息,包含生产前对图、料、板、壳、工艺等齐套情况的追踪与维护。实现各生产前要素自动获取齐套状态,MES通过WMS对外接口获取WMS库存数据,同时根据工艺BOM核算计算齐套状况。

生产时需对单机任务进行拆解,将主任务拆解为多个子任务,分别对子任务进行排产,同时考虑多个子任务之间相互的影响。拆解避免了主任务因部分物料不齐套而无法投产的情况,规避部分不齐套或者设计等带来影响,提升生产稼动率。

排产主要考虑的约束要素有设计数据、效率、物料、瓶颈工序或设备,人员设备的效率与瓶颈工序是排产要考虑的重点。在实际生产过程中当作业人员完成出站操作时,会将理论与实际的时间进行结合自动进行再次重排,并将未生产的工序的进度进行自动调整。计划与排产调度如图5所示。

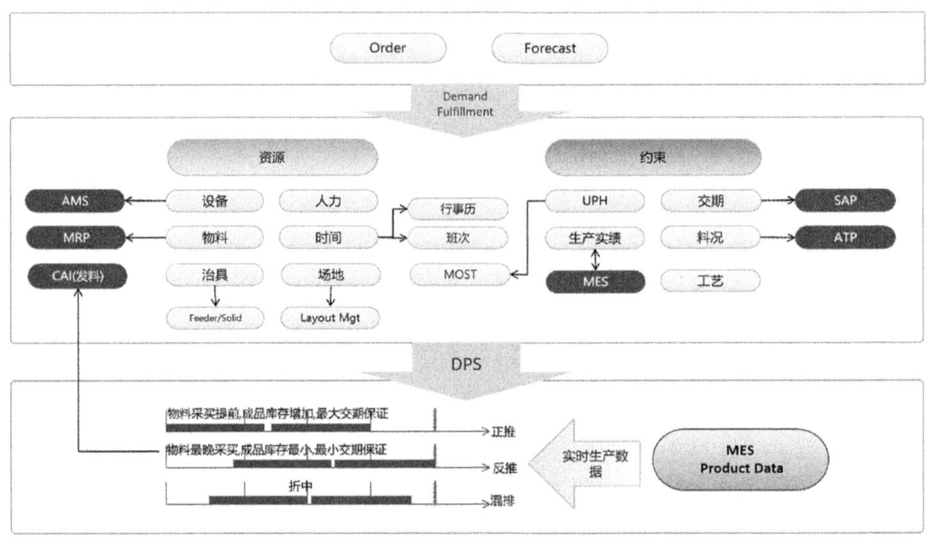

图5 计划与排产调度

5.4 生产过程管理

生产过程管理基于统一的产品结构,通过MES系统与PDM系统、工艺管理系统、物资管理系统之间的集成,将产品的技术状态实时贯彻到计划、物料准备、制造资源、生产现场和质量追溯整个产品制造环节中,避免实际产品与技术状态不一致。在技术状态管控的基础上,对生产过程中的变更过程通过分析变更源头和变更影响要素明确设计变更、工艺变更、生产计划变更和物料变更的管理流程,实现设计变更、工艺变更、物料变更等过程的精细化管理与落实追溯。

生产过程管控是生产过程全程追溯体系的重要一环,生产控制主要是对产品的用料和工艺过程进行控制和防呆和防错,它保证了产品的加工顺序、加工工序的工艺正确性、用料的正确性,同时还包含生产设备控制、加工工艺文件控制、检验检测控制、不合格品流转控制和不良率统计等。生产过程管控确保了生产过程处于受控状态,对直接或间接影响产品质量的生产、安装和服务过程进行作业技术和生产过程的分析、诊断和监控。

5.5　设备管理与数据采集

设备管理与数据采集管理通过 RFID、传感器、扫描器等获取物料和产品等车间要素，进行车间实物状态监控以及地理位置监控。通过摄像头、监视器等感知分析车间人员状态，形成车间人员感知网络，实现车间人员状态及工艺执行状态的监控。通过 PLC、传感器、执行器等形成车间设备工控网络，实现车间智能设备的加工数据采集以及实时监控。通过工业以太网接入车间信息网络，与生产过程管理、质量管理系统进行实时通信，为其提供数据支撑。

针对各类生产线设备以及检测设备，对所有设备都建立相关档案。对设备的保养也有提醒和记录，不再使用纸质记录，实现设备状态管理、设备维护无纸化。实现设备条码化并可进行高效的资源盘点。作业人员在加工过程中扫描设备条码，将所生产的产品与使用的设备相绑定，通过产品追溯到生产过程中所使用的哪个设备及使用设备的时间。

通过智能制造系统可以实时了解设备状态，进行设备远程控制。建立人、机、料间的互联互通，从而使生产过程数字化、透明化。通过产品条码与数字化工位的建设实现设计、物资、调度等部门与作业现场互联互通，图纸、工艺要求等按需实时推送，生产过程中的生产数据实时采集与反馈。通过与设备的集成，实时获取设备的工作状态，实现设备状态数据采集、参数获取、工时统计等核心功能，为生产提供可视化的统计分析数据和图表工具。搭建数据采集集成应用框架，实现采集数据的汇总。框架由人员状态监测、自动化装备控制、智能工具应用、物料管理、工艺指令发布、生产状态监控、车间环境监控、数据融合与集成展示等部分组成。

5.6　品质管理

车间品质管理是精益生产的核心环节，需要对生产线来料、在制品和成品质量进行严格控制。不同的作业模式对质量管理管控点以及管控要求均不相同，通过该功能建设可在企业级的制造执行管理系统中实现对不同业务模式的质量模型的建立。品质管理实现主要由检验、分析、控制三个环节组成，通过系统可以有效管理过程的各种质量问题，分析故障原因、及时反馈质量问题，并采用必要的手段处理质量问题，从而有效地监控物料的质量，帮助企业实施最佳的全过程质量控制和追溯，提高质量管理水平，降低生产成本。质量管理 SPC 示意图如图 6 所示。

通过车间质量管理模块建立全品质过程追溯体系，实现检验数据的采集与可溯源，不仅可以追溯到产品生产过程中的各项检验检测数据，同时还可以将采集到的数据进行大数据的统计分析，为产品的质量保证、生产决策等提供数据支撑。

6　应用效果

单机产品科研生产一体化综合管理平台的应用效果显著，具体效果可从以下几方面体现：

信息快速传递：通过生产过程实时采集，型号任务完成反馈率从平均 50%提升到 95%，物料准备效率提升了 75%，有效提高了生产过程管控水平。

自动防错与实时监控：实现制造过程防错，防止跳站、漏站、不良出货等错误，实现生产上料防错，备料防错，工程变更防错等，实现了电子表单的正确性检查，降低操作失误 30%以上。

数字化标识应用提升管理效率：生产线生产过程应用条码，系统设备应用条码，提升了任务派发效率。生产过程中，车间操作者、检验人员使用条码，进行任务快速反馈，取代了以往纸质的登记模式，减少了重复信息的录入，过程信息的正确性提高了 95%以上。

电子数据包：科研生产一体化综合管理平台与其他业务模块融合，从而使系统应用方面工

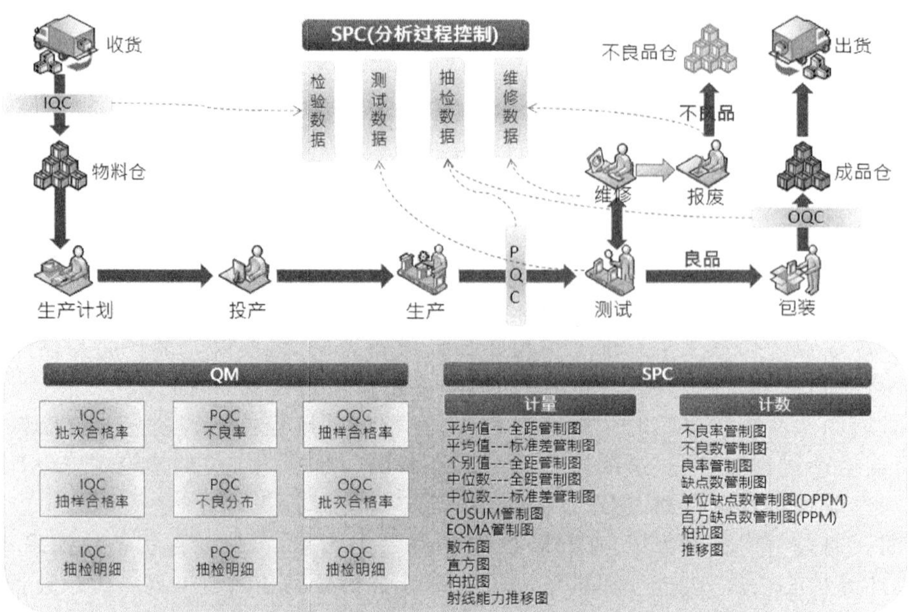

图6　质量管理SPC示意图

作效率提高了30%；简化了30项流程，实现了近90项记录表格的电子化，产品新研制图纸全部电子化，工艺文件全部电子化。

推进数字化制造模式的转变：通过数字化看板，逐步实现了对模型、工艺信息的承接和展示，改变了传统操作模式，引入了示教视频和示例图片，为车间现场提供更加全面支持，平均缩短产品生产周期2～3天。

7　结束语

单机产品科研生产一体化综合管理平台涵盖物资、电装、结构、试验、调度等关键环节，平台的实践促进管理体系不断完善，形成从项目计划执行管理到车间制造执行的管理逐级细化，实现以工序为单位的精准控制，有效提升了科研生产控制能力，为后期进一步降低成本、提升效率奠定了基础。

参考文献

[1] 贾丽，谢汶姝，李梓，等. 浅析信息化条件下航天装备保障发展趋势[J]. 中国科学技术大学，2019(7)：244-247.

[2] 邵世纲，邢冠楠，崔寅，等. 航天装备综合保障信息管理平台体系架构及工程研制实践[J]. 导弹与航天运载技术，2018(2)：24-30.

[3] 胥永康，吴家菊，杨永辉，等. 全寿命周期装备综合保障信息化框架研究[J]. 现代雷达，2014，36(3)：1-5.

电子数据包在产品全寿命周期的应用研究

刘金刚　孙玉龙　高辉　孙野　过骏
（山东航天电子技术研究所，山东・烟台，264670）

摘要：本文针对航天器产品系统功能复杂、配套生产单位分散，同时其产品又具有特殊性，对产品全寿命周期数据包要求较高的特点，以典型单机单位电子数据包系统为依托，结合相关信息化建设，阐述了电子数据包在航天器产品全寿命周期中的应用及其重要意义。

关键词：航天器；产品全寿命周期；电子数据包；信息化

1　引　言

近年来，随着军工事业的不断发展，产品复杂程度在不断提高、交付期缩短等情况逐步增多，对单机产品质量要求、性能指标和综合性要求也越来越高。以数字模型＋结构化数据为载体，建立航天器全流程、全要素一体化研制模式，实现产品全寿命周期管理，从而在提升产品质量的同时推动武器装备科研生产研制效率的大幅提升。电子数据包作为产品全寿命周期管理中最为核心的一环，对客观反映产品状态、保障产品质量与可靠性至关重要。

此前，航天产品数据包整理工作主要依靠人工收集、汇总，随产品线下完成交付验收。这就导致产品数据包错误率高、效率低下、数据难以利用等问题。随着信息技术的不断发展，产品各研制生产环节的电子流程及数据采集手段不断完善，为产品全寿命周期的电子数据包整理打下了坚实基础。本文旨在以本所电子数据包建设为依托，阐述电子数据包在产品全寿命周期中的相关应用。

2　产品全寿命周期中电子数据包的定位

航天产品研制全寿命周期包括任务下达、任务分解、产品设计、产品仿真、生产制造、测试检验、试验等环节，传统的以文档为核心的产品数据管理方法存在的问题主要体现在：众多信息分散于各个文档，难以保证完整性和一致性；对复杂的、动态交互性强的活动难以描述，表达力不足，有时会产生歧义；技术状态控制困难，工作量大，维护困难；部分数据包文档滞后于实际生产过程，产品数据状态难以掌控；产品数据传递主要依靠线下进行，整理周期长、效率低，数据难以利用，重复工作消耗设计师大量精力。

数据包作为产品全寿命周期数据的载体，在国内外航天器管理中一直作为产品质量保证工作的重要内容之一。欧洲航天局与美国宇航局均要求交付产品提供最终项目数据包，数据包中应包含产品制造、装配、试验等相关数据。国内航天产品数据包除具备以上特点外还具有数据更全、要求更严格等特点。随着国内军工企业管理信息化程度不断提高，电子数据包正逐步取代传统数据包模式。相比传统数据包，电子数据包具有数据结构化、实时化、智能化等特点，从而为产品全寿命周期提供了更完善、可追溯性更强的数据包络。

3 产品全寿命周期中电子数据包的构建与管理

3.1 数据包系统目标

数据包系统实现数据标准化采集,数据结构化管理,数据智能化分析,针对研制过程中获得的数据进行系统规划和综合利用,进一步完善、提升数据的分析和使用能力,面向产品实现“一键”报告,解放一线设计师压力,建立产品全生命周期追溯体系,规范产品保证工作,持续提升过程控制的科学性和有效性,使产品数据包管理系统对我所产品质量管理水平的提高发挥更大作用。如要实现以上目标,数据包需具备如下特性:

规范化:发布电子数据包模板和数据管理规范,从源头规范数据的录入,各项数据记录准确,结果客观真实,保证数据的统一性和准确性。

可视化:在生产、检验和测试等关键环节,各工序通过数据的多样化展示,如三维装配等,提升目视化管理水平,提升产品质量。

结构化:完善产品BOM管理系统,以BOM为桥梁,打通设计、生产、检验和试验等环节,实现向下可分解、向上可追溯的结构化数据包络,数据包齐套结构化展示。

流程化:通过提前进行数据包策划,确定节点中数据包包含的项目和内容文件,实现数据流程化管理,过程实时监督和管控,保证产品和数据包严格同步。

数字化:通过工具、方法、设备的应用,实现系统和自动化设备的集成,提高生产和检验的智能化水平,确保工艺参数量化,自动化设备信息在线采集。

智能化:建立研制过程数据的分析和诊断机制,将过程经验固化,引入质量知识管理,关注生产过程中差异化信息,深度挖掘,实现产品研制质量管理的决策分析。

3.2 系统流程

数据包管理是国外宇航公司产品保证工作的重要内容之一,数据包中包含产品制造、装配、试验等有关数据,作为产品的履历是验收评审的重要依据。为落实宇航产品生产阶段产品保证要素要求,完善产品研制全周期产品保证要素管控,形成了结合研制技术流程和产品保证计划进行分段式数据包管理模式,各阶段责任人负责本阶段数据包的采集及确认归档工作,流程如图1所示。

3.2.1 数据包策划

针对宇航产品多批次、小批量、定制化、差异化程度比较高的特点,系统依据相关质量规范及所内生产实际,建立统一的的数据包基础数据库,基础库中包含各个包络下产品的数据包内容。在任务下达过程中,将自动触发产品数据包策划节点,由主管设计师协同项目组相关成员策划确认本产品数据包范围。

3.2.2 模板预设要求值

不同产品或同一产品的不同阶段(如试样、正样)对相关数据均有不同的要求,产品数据包策划完成之后,应按照产品质量要求,将相关数据预置在数据包中,作为产品投产后的操作依据及判定准则。

3.2.3 产品数据采集

将策划完成的产品数据包文档、清单、记录、试验大纲、测试细则等形式分布到各个数据采集岗位。各岗位负责人完成本岗位数据记录上传。

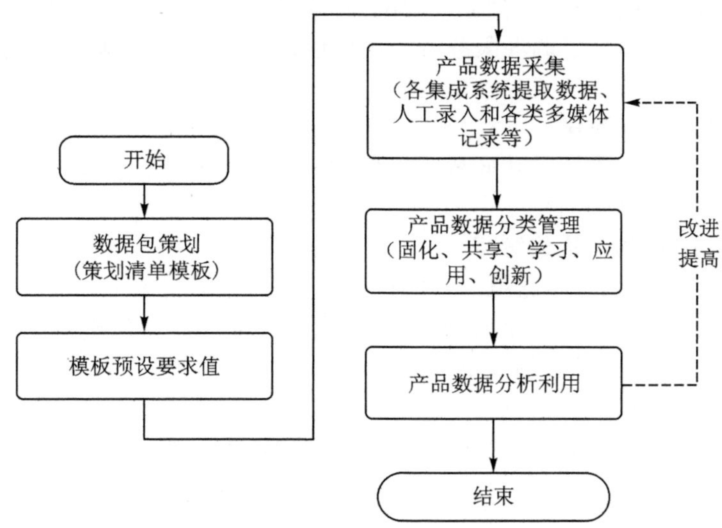

图1　数据包整体流程图

3.2.4　产品数据分类管理

产品数据包采集完成之后，需要分门别类地发布归档。结合产品的特点，数据包应当按照阶段（如设计阶段、生产阶段、试验阶段）指定相关责任人负责本阶段内数据的校对审核工作。如此既保证了专业的人做专业的事，也预防了将所有问题集中在数据包交付阶段。

3.2.5　产品数据分析利用

产品数据包的建立不仅对本产品可靠性与质量保障提供了基础与可追溯数据，同样也是建立相关质量体系持续改善产品质量、完善管理的基础。产品数据的积累构建了数字化、自动化、知识化、智能化的数据管理体系，从而实现结构化数据状态实时监控以及业务数据动态查询和综合分析，保证了信息采集及时、准确、完整。通过构建知识库、质量案例库等，围绕产品、工艺、器件等案例，进行深入分析，提升质量数据的应用范围和效果。

4　产品全寿命周期中电子数据包的应用

4.1　系统架构

系统根据业务流程，主要包含如下模块：接口管理模块、模板配置模块、后台数据模块、用户交互模块。

四个模块各有分工，又通过产品数据相互关联。接口管理模块作为电子数据包系统与其他单位的数据通道，通过 webservice 接口下达总体单位的数据包要求及格式并上传所内产品电子数据包；系统接收到新的数据包表单格式后，系统管理员通过模板配置模块将总体单位要求配置到所内数据采集流程中；在数据模板配置过程中，管理员通过后台数据模块将系统中已有数据自动抓取至交付表单相应位置；配置完成后的表单将通过用户交互模块展示给所内用户，产品电子数据包将伴随产品的研制生产流程完成数据的采集、归档等工作，随后交付用户验收。

4.2　系统特点

4.2.1　可视化接口配置

数据包系统接口配置依赖于调度平台，调度平台使用基于多线程架构的 Quarz. Net 框架，接口调用时间可以精确到秒。通过 Crons 表达式，可以动态配置事件周期和时间。在 Quarz. Net 基础上，系统拓展了调度服务可视化配置，实现数据自动采集、自动交付、实时查询交付结果等功能，交付过程人为可控，且支持系统远程热更新升级。

4.2.2 表单模板灵活可配

系统引入表单编辑器，支持零代码的表单创建。结合电子数据包模板管理模块，实现表单创建到表单采集节点的灵活配置。

4.2.3 “整存零取”的结构化数据

数据包导出及使用引入模板化概念，针对不同用户对数据包的不同需求，实现对系统中数据的“整存零取”，即在不增加新表单的情况下，系统配置常用数据包模板，可支持配置到数据层、表单层，对数据包系统中已有的表单可拆解重新组合成用户要求的表单格式。

4.2.4 友好的用户交互界面

数据包系统各个界面做到化繁为简，贴近用户使用需求。部分页面支持个性化设置，用户可根据自己使用习惯选择数据展示内容。数据包使用与交付界面功能划分清晰，切换简捷。

4.3 功能介绍

4.3.1 数据包模板配置

数据包模板配置包含数据包采集模板与数据包交付模板两部分。数据包采集模板紧密依托产品研制生产流程，遵循“数据实时采集、谁产生谁负责”的原则配置表单的采集与归档节点；数据包交付模板依托于数据包上游单位通过接口下发的数据需求，系统将需求转化为交付模板，管理员将交付数据字段与所内现有数据包字段关联，从而实现数据自动抓取交付上游单位。

4.3.2 数据包策划

宇航类产品有其定制化、差异化的特点，因此产品任务下达之后，主管设计师均要在对产品全过程质量控制要求进行充分理解和把握的基础上进行数据包的系统策划。要结合产品的特点，通过对产品保证大纲、产品技术要求、用户的要求和本单位质量与可靠性管理制度的规定进行系统梳理，明确产品研制各阶段应开展的质量与可靠性工作项目及要求，作为数据包策划的输入条件。数据包策划界面如图 2 所示，策划工作应当包含指定相应表单填写角色，并为该角色匹配实际责任人。

研制节点确认　设计段数据包策划　任务权限维护

角色维护　引用模板　存为模板　选择已有数据包项　添加自定义数据包项　保存

序号	表单名称	归属阶段	归口单位	数据包类型	数据来源	负责角色	填写人	完成节点	考核节点	必有	操作
101	产品概况	设计数据	测试装备事业部	A	自定义数据表	产保助理1	admin	详细设计评审	完成清洗三防固封合盖	✓	
102	文件清单	设计数据	测试装备事业部	A	自定义数据表	产保助理1	admin	PCB投产	完成清洗三防固封合盖	✓	
103	产品配套清单	设计数据	测试装备事业部	A	自定义数据表	产保助理1	admin	结构图纸归档	完成清洗三防固封合盖	✓	
104	软件配套清单	设计数据	测试装备事业部	A	自定义数据表	产保助理1	admin		完成清洗三防固封合盖	✓	
105	工艺清单	工艺数据	测试装备事业部	A	自定义数据表	产保助理2		电装生产要素确认	完成电装	✓	
106	材料清单	生产、装配数据	测试装备事业部	A	自定义数据表	产保助理1	admin	电装图投产到车间物资	完成清洗三防固封合盖	✓	
107	装机元器件清单	生产、装配数据	测试装备事业部	A	自定义数据表	产保助理2		PCB投产	完成清洗三防固封合盖	✓	
108	外协项目清单	生产、装配数据	测试装备事业部	A	自定义数据表	产保助理1	admin	发起外协	完成清洗三防固封合盖	✓	
109	生产阶段产品保证要素落实清单	生产、装配数据	生产部门	A	自定义数据表	产保助理2		完成电装	完成清洗三防固封合盖	✓	
112	电安全数据清单	设计数据	测试装备事业部	A	自定义数据表	请选择		PCB投产	完成电装	✓	维护标准值
113	焊接清单	设计数据	测试装备事业部	A	自定义数据表	请选择		结构图纸归档	完成电装	✓	维护标准值
114	火工品清单	设计数据	测试装备事业部	A	自定义数据表	请选择		电装图投产到车间物资	完成清洗三防固封合盖	✓	
115	密封件清单	设计数据	测试装备事业部	A	自定义数据表	请选择		结构图纸归档	完成清洗三防固封合盖	✓	
117	试验清单	测试、试验数据	测试装备事业部	A	自定义数据表	请选择		电装检验	完成环境试验	✓	
118	关键项目过程控制情况清单	测试、试验数据	测试装备事业部	A	自定义数据表	请选择		PCB投产	完成环境试验	✓	维护标准值
119	关重件过程控制情况清单	测试、试验数据	测试装备事业部	A	自定义数据表	请选择		编制关键检验点生产过程产保要素检查表归档	数据包整理出所评审	✓	
120	关键（强制）检验点控制情况清单	测试、试验数据	测试装备事业部	A	自定义数据表	请选择		电装生产要素确认	完成环境试验	✓	维护标准值
121	不可测试项目控制情况清单	测试、试验数据	测试装备事业部	A	自定义数据表	请选择		完成调试测试	数据包整理出所评审	✓	维护标准值
122	技术状态更改项目清单	设计数据	测试装备事业部	A	自定义数据表	请选择		电装生产要素确认	数据包整理出所评审	✓	

图 2　产品数据包策划

4.3.3　数据包导入导出

数据包系统支持多维度、多种格式的表单导入导出工作。设计师可根据需求选择从产品、批次到任务、型号等维度导出电子数据包，数据包中已包含系统数据，设计师仅需将补充数据或历史数据填写完成即可批量导入，导入过程中后台自动校验，防止系统中已有数据被篡改。

4.3.4　数据包在线审查、归档

数据包表单采集完成后，将按照表单性质及所属研制生产阶段分段审核发布，确保数据真实、准确。数据包发布流程均可灵活配置，各个节点可在线审查产品数据包，如发现确有记录错误的数据，可中止发布，由设计师闭环更改流程后重新发布数据包。同时数据包更改、发布均记入版本库中。

4.3.5　数据包在线交付验收

数据包交付采用生产者消费者模式，屏蔽底层交付设计。用户在使用过程中无需关注交付的中间环节。数据包整理完毕之后，用户发起交付时需绑定上游单位下达的任务，然后完成所内交付审批流程后，系统后台自动完成产品交付及状态更新工作。上游单位在线验收产品数据包，验收意见也可通过系统反馈至下游单位，下游单位根据意见完成数据包的更新，如此往复从而完成数据包的最终交付。数据包“异地验收”模式充分发挥电子数据包优势，在保证产品质量的同时提高了工作效率降低了验收成本。

4.3.6　数据分析利用

电子数据包系统围绕型号产品研制过程，为产品全生命周期的质量管理和控制提供了丰富的数据素材。系统包含产品数据管理中心，构建了数据数字化、自动化、知识化、智能化的数据管理体系，实现了结构化数据状态实时监控以及业务数据动态查询和综合分析，保证信息采集及时、准确、完整。构建了知识库、质量案例库等，围绕产品、工艺、器件等案例，进行了分类管理，提升了质量数据的应用范围和效果，为后续的数据深度利用打下了坚实基础。

5　结束语

电子数据包要确保产品全寿命周期的数据能接收、传回，结果能记录，推动武器装备科研生产研制效率的大幅提升。立足今天，面向未来，高新工程事业仍在不断前进，原有的数据管理模式精细化程度难以满足后续高新工程信息化、体系化、高技术、高稳定、高可靠性的发展需求，作为高新工程的重要单机承制单位，需要创新管理模式，以产品电子数据包为牵引带动产品研制过程和管理流程转变，提升产品全寿命周期数字化一体管控水平，全面增强产品质量高可靠、高稳定的核心能力。

参考文献

[1] 张柏楠，戚发轫，邢涛，等. 基于模型的载人航天器研制方法研究与实践[J]. 航空学报.
[2] 袁家军. 航天产品质量与可靠性数据包及其应用[J]. 中国质量，2009(4)：8-10.
[3] 戴屹梅，苏卫民. 航天产品数据包信息化管理的思考[J]. 质量与可靠性，2016(3)：21-25.
[4] 叶顺坚，梁莹，沈宏华，等. 基于信息化的航天产品原材料数据包管理[J]. 两化融合，2020(4).
[5] 张珂，王海英，杨亚宁，等. 通信卫星产品关键特性项目精细化管理方法[J]. 质量与可靠性，2019(2).

数字化技术在单机产品设计中的应用研究

高海乐　王庆博　刘钦　闫希
（山东航天电子技术研究所，山东·烟台，264670）

摘要：航天产品研制任务具有小批量、多品种、变化快等特点，针对单机产品设计中数据共享性差，设计工具易用性及各部门各专业协作水平低等问题。通过数字化技术，分别应用数据标准化管理、设计标准化、协同设计平台等理念，对上述问题进行了分析，体现了数字化技术在单机设计的应用。

关键词：数字化；单机产品；协同设计

1　引　言

2015 年国务院发布的《中国制造 2025》确定，中国今后的目标是实现信息化和工业化的深度融合，是指电子信息技术广泛应用到工业设计、工业生产各个环节。企业必须要不断应用数字化技术，用于提高科技创新能力、市场快速响应能力、产品设计能力，进而提高市场竞争力，实现可持续发展。

单机产品设计涉及多专业及多学科，多个设计工具，基础数据涉及面广，从而对基础数据标准化要求和工具设计效率以及各专业水平提出更高要求，数字化技术在单机产品设计中的应用是指运用数字化手段和方法，建设基础数据标准化管理。提升数据共享性，增强系统间的交互能力；建设标准化设计工具提升设计效率及准确率，为科研创新提供动能；建设协同设计平台提高各部门协作水平，保障产品质量，为的是缩短设计周期、提高设计准确率以及降低研制成本，提高市场竞争力。单机产品数字化建设系统图如图 1 所示。

2　基础数据标准化管理

2.1　数据标准化管理的意义

基础数据标准化管理是信息化的重要工作之一，通过建立集中、规范统一的基础数据标准，对于数字化技术建设的成功实施有着决定性的意义，在手工管理状态下，对基础数据处理存在很大的随意性，存在数据版本不统一、命名不规范，为后续设计生产带来重复性的比对、核对工作，增加了大量无形工作量，增加人工成本。然而通过基础数据标准化管理可以保证基础数据的准确性，提高数据的共享性。只有进行基础数据标准化管理，才能充分体现数字化所带来的管理效益。

2.2　数据标准化管理系统

实施 CMS 系统进行基础数据标准化管理，建立了统一标准化的设计资源库，实现从电子

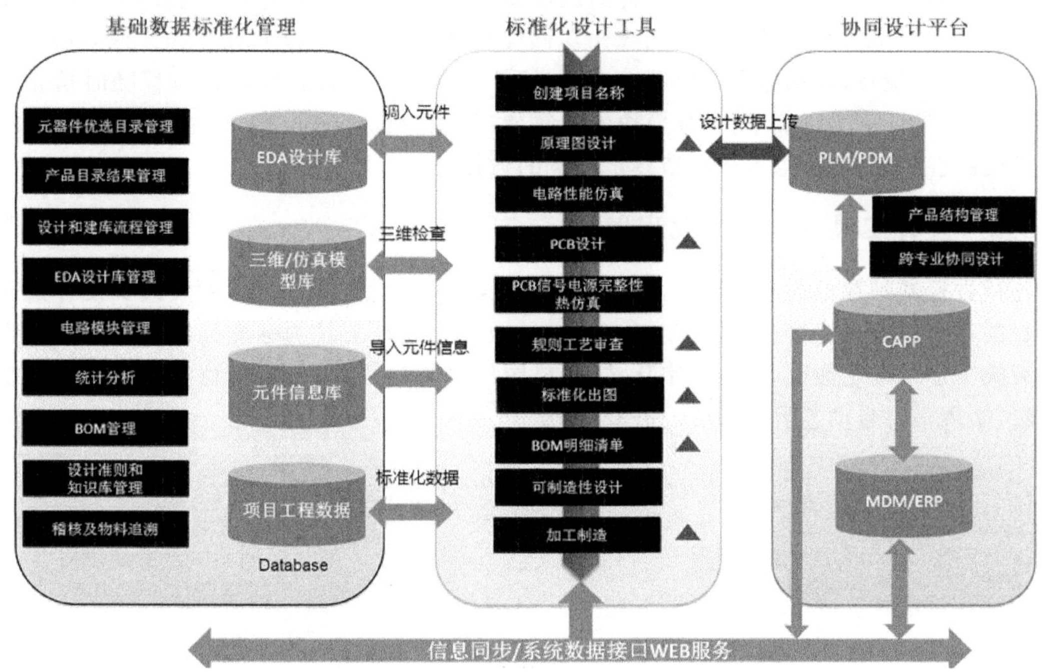

图 1 单机产品数字化建设系统图

设计、生产、采购、工艺、质量等部门对物资数据的规范化、标准化管理。将物资信息延伸到设计师的桌面和 EDA 设计工具,实现标准数据在各个系统交互,体现标准化数据的优势。

CMS 系统功能模块包括:数据库管理、流程管理、消息管理、权限管理、报表统计等模块,实现对于基础数据全方面可控的标准化管理。下面针对这些模块展开介绍。

1. *数据库管理*

数据库管理分为定义数据模型和制定标准数据分类规则。定义数据模型可以可根据用户需求自行扩展数据维度,增强了数据模型的可扩展性。通过设定分类规则,构成一个有层次的分类体系,提高数据标准化程度及数据质量。

2. *流程管理*

通过对于数据模型标准化的设定保证了数据的唯一性和可操作性,但是数据的标准化不仅仅体现在数据的分类和编码上,也体现在管理上,标准化的流程管理可以进一步提高数据规范化,为信息系统的数据共享提供保障。

3 标准化设计工具

3.1 标准化设计工具的重要性

基础数据标准化管理可以保证产品全生命周期各个阶段基础数据的唯一性,提高管理效益。标准化设计工具对于提高单机产品设计效率有着重要意义。在自行设计的状态下,设计师往往根据自己的设计习惯,导致选料不同,给生产带来压力,并且设计过程中容易出现错误,大大增加审核工作,还对实行数字化工厂带来负荷。所以通过对设计工具的二次开发,以“系统工程”方法强化设计基础,通过系统规范管理各类器件和模块库,实现固化标准设计流程;可以减少重复工作,加快设计速度。固化设计禁忌和可制造性经验进行标准化检查,实现产品设计可制造型数字化检测从“检”到“限”的转变。提高设计质量；便于实施数字化工厂，提高劳动生产率。

针对Candence、Creo设计工具二次开发，以固化设计流程、功能自动化为方向开展标准模块，知识库规则检查，自动标准化出图，自动归档等功能。实现设计师设计过程随时检查是否有错误，提高设计一次正确率；标准模块的重复使用，减少设计时间；设计完成后一键出图，提高图纸规范性和准确性，为生产制造奠定规范的数据源。

3.2　设计工具——标准化出图

通过进行基础数据标准化管理，提高了设计数据的准确性、唯一性，大大减少设计过程中因为数据不统一带来的修改，进一步提高了设计效率。设计工具的标准化出图功能的建设为设计后续工作带来了便捷，利用数字化技术，将图纸模板定义好，再进行整机和单板参数信息的设置，实现信息自动签署，如图2和图3所示。

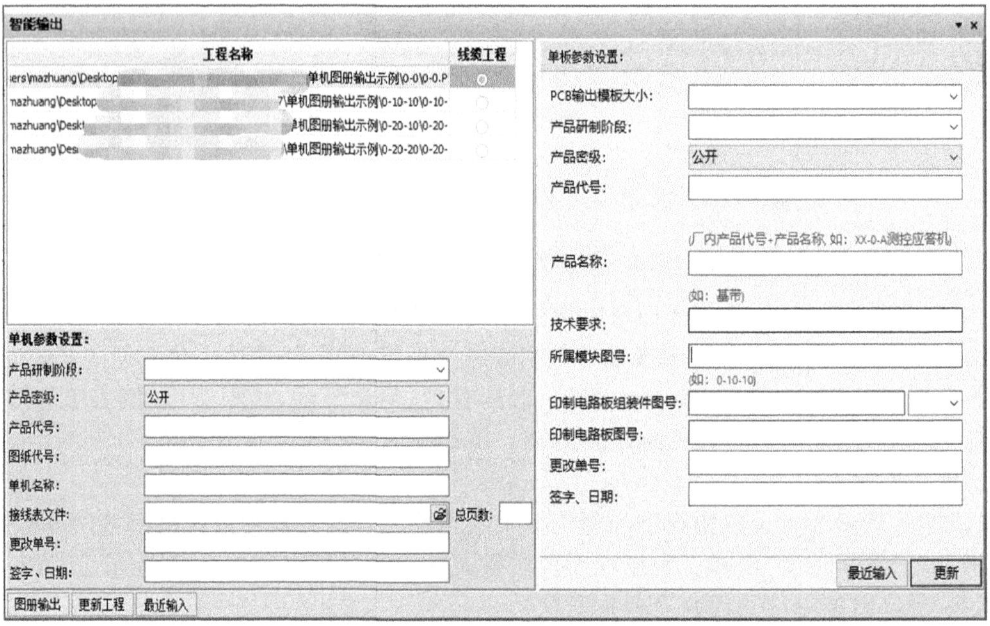

图2　整机和单机参数设置

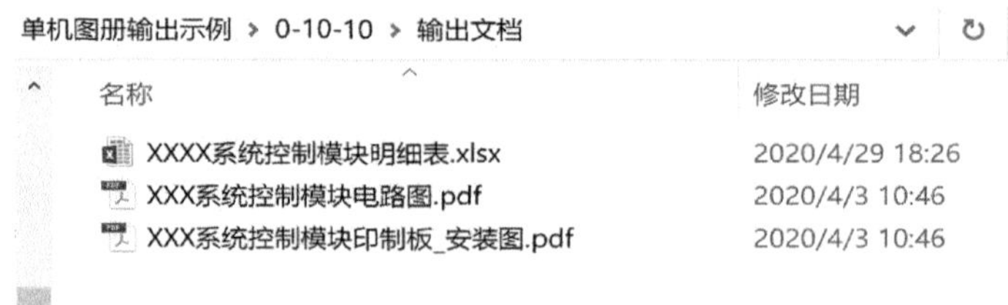

图3　自动输出图册目录

4　协同设计平台

4.1　协同设计概念

协同设计是当下设计行业技术更新的一个重要方向，也是设计技术发展的趋势，主要应用于复杂结构的三维 BIM 协同。通过协同设计建立统一的设计标准,包括图层、颜色、线型等,在此基础上,所有设计专业及人员在一个统一的平台上进行设计,从而减少现行各专业之间(以及专业内部)由于沟通不畅或沟通不及时导致的错、漏、缺,真正实现所有信息的统一性,实现一处修改其他自动修改,提升设计效率和设计质量。同时,协同设计也对设计项目的规范化管理起到重要作用。

4.2 协同设计平台应用背景

随着航天产品涉及越来越多的学科、专业、部门,增加了产品研制的复杂度,这对研制工作中的产品研制能力,多学科综合能力、质量与成本控制等方面提出更高要求。若想保持产品市场竞争力,则必须提高科技创新能力。

实施协同设计平台可以提高研发过程中的精细化管理,以及解决各个工具系统相对离散、独立,科研数据准确性、一致性差的问题;可以使企业级设计经验有效积累和复用。建立一个面向全产品的、跨专业、覆盖产品设计、工艺和制造各环节的协同研发管理环境,提高各部门间的协作水平。

4.3 协同设计平台

协同设计平台功能模块包括:基础数据管理、产品结构管理、跨专业协同设计、工作流程管理及可视化管理等功能,实现产品研制的规范,专业、经济与高效管理的系统。针对以下模块展开介绍。

4.3.1 产品结构管理

产品结构也称 BOM 表,它是详细记录一个产品所用到的所有下阶材料及相关属性,母件与所有子件的从属关系、单位用量及其他属性。是接收客户订单、选择装配、计算累计提前期,编制生产和采购计划、配套领料、跟踪物流,追溯任务、计算成本、改变成本设计不可缺少的重要文件,上述工作涉及企业的销售、计划、生产、供应、成本、设计、工艺等部门。BOM 是联系与沟通各部门的纽带,企业各个部门都要用到 BOM 表,各阶段业务数据产生于不同的单位或部门,产品结构的重要性显而易见。

协同设计平台中的产品结构管理模块将企业某个型号产品的组成以树状的方式进行展示,完整显示一个产品从顶层总装配到组成零件的层次结构关系。产品结构管理模块包括产品结构新建和编辑、产品结构版本管理、产品结构导出及产品结构比较等功能。

1. 产品结构的建立和编辑

如图 4 所示,协同设计平台具有图形化的 BOM 创建、编辑、查询功能,还可搭建、修改产品结构,例如设定零组件的相互关系、设立替代件、设置有效日期、安装位号等信息。

2. 产品结构比较

产品结构比较功能,通过比较相同或不同产品所使用零件的相同与差异之处,使用户可清楚了解 BOM 修改前后的差异,及时修正错误,并可追踪修正过程,也支持产生比较结果报告。具体功能展示如图 5 所示。

3 查询结果导出

查询结果的导出有助于用户进行统计分析,协同设计平台支持使用任意组合查询条件来查询相关资料。查询结果可通过打开详细信息的方法进行展示,还指出导出为不同格式的文件。具体展示效果如图 6 和图 7 所示。

Structure Manager

4500/A;1-Model Car (View) - CCC Latest Working - Date - "Now"

BOM Line	Item Type	Rule configure...	Item Rev Status	Find No.	M...	...	Refer...	All Notes	...	...	Variant Conditions	...	O...
4500/A;1-Model Car (View)	Item		Released						Y			Y	
3700/A;1-Rear ASM (View)	Item	Has Status(An...	Released	10		...		UG REF SET, UG N...	Y			Y	
3771/A;1-Drive gears	Item	Has Status(An...	Released	10		...		UG REF SET, UG E...	Y			Y	
3760/A;1-Main gear	Item	Has Status(An...	Released	20		...		UG REF SET, UG N...	Y			Y	
3750/A;1-Differential	Item	Has Status(An...	Released	30		...		UG ENTITY HANDL...	Y			Y	
3755/A;1-Shaft	Item	Has Status(An...	Released	40		...		UG NAME, UG ENTI...	Y			Y	
3770/A;1-Reducer gears	Item	Has Status(An...	Released	50		...		UG ENTITY HANDL...	Y			Y	
3600/A;1-Front ASM (View)	Item	Has Status(An...	Released	20		...		UG ENTITY HANDL...	Y			Y	
3602/A;1-Rack	Item	Has Status(An...	Released	10		...		UG ENTITY HANDL...	Y			Y	
3620/A;1-R side ASM (View)	Item	Has Status(An...	Released	20		...		UG NAME, UG ENTI...	Y			Y	
3605/A;1-Spring	Item	Has Status(An...	Released	10		...		UG ENTITY HANDL...	Y			Y	
3621/A;1-R-Pinion	Item	Has Status(An...	Released	20		...		UG REF SET, UG N...	Y			Y	
3601/A;1-Steer gear	Item	Has Status(An...	Released	30		...		UG ENTITY HANDL...	Y			Y	
3610/A;1-L side ASM (View)	Item	Has Status(An...	Released	40		...		UG ENTITY HANDL...	Y			Y	
3605/A;1-Spring	Item	Has Status(An...	Released	10		...		UG ENTITY HANDL...	Y			Y	
3611/A;1-L-Pinion	Item	Has Status(An...	Released	20		...		UG REF SET, UG N...	Y			Y	
3603/A;1-Motor	Item	Has Status(An...	Released	50		...		UG REF SET, UG E...	Y			Y	
3500/A;1-Chassis ASM (View)	Item	Has Status(An...	Released	30		...		UG NAME, UG REF ...	Y			Y	
3540/B;1-Bumper	Item	Working( )		10		...		UG NAME, UG ENTI...	Y			Y	
3510/A;1-Pan	Item	Has Status(An...	Released	20		...		UG ENTITY HANDL...	Y			Y	
3530/A;1-P-Pack	Item	Has Status(An...	Released	30		...		UG ENTITY HANDL...	Y			Y	
4510/A;1-Body	Item	Has Status(An...	Released	40		...		UG REF SET, UG N...	Y			Y	
2210/A;1-F-Wheel	Item	Has Status(An...	Released	50		...		UG ENTITY HANDL...	Y			Y	
2210/A;1-F-Wheel	Item	Has Status(An...	Released	60		...		UG REF SET, UG E...	Y			Y	
2212/A;1-R-Wheel	Item	Has Status(An...	Released	70		...		UG ENTITY HANDL...	Y			Y	
2212/A;1-R-Wheel	Item	Has Status(An...	Released	80		...		UG ENTITY HANDL...	Y			Y	

图 4　产品结构图

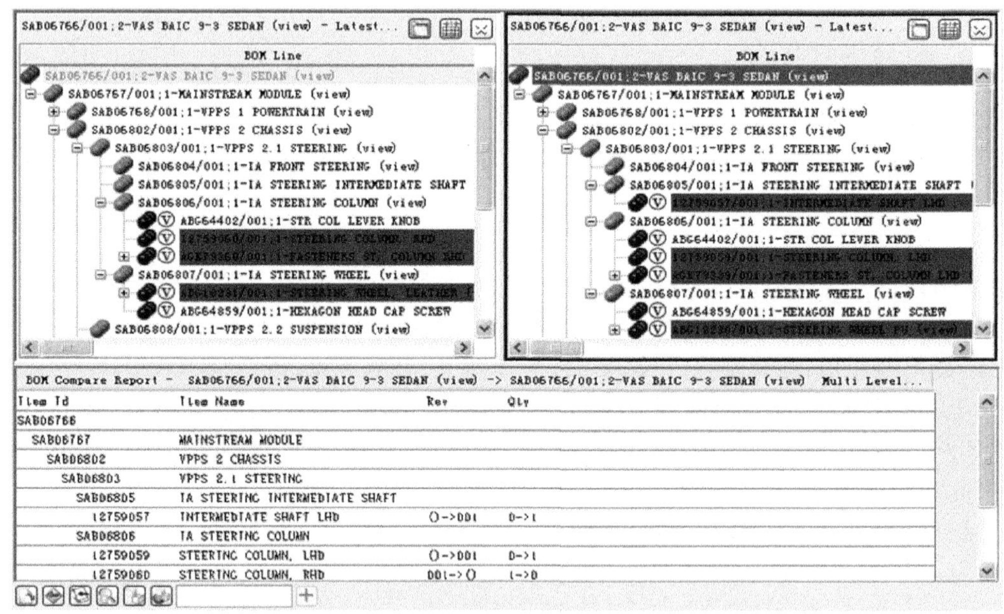

图 5　产品结构比较结果图

4.3.2　跨专业协同设计

目前产品设计涵盖了结构设计、电路设计、仿真等多学科专业。在现有的研发过程中，各专业管理人员和技术人员分布于不同的办公环境，同时在设计方面，各专业使用不用的设计软件，设计软件间缺乏必要的协同设计，设计软件产生的数据缺乏必要的关联关系，在设计与工艺方面，设计人员和工艺人员使用相对独立的平台软件，平台之间缺乏必要的一体化数据交流。产品设计现状如图 8 所示。

这些相对分割独立的研发环境给提升研发管理水平带来了阻碍，因此必须要在统一的协同设计平台之上建立跨专业的协同设计管理能力，各专业的管理人员和技术人员均在统一的协同设计平台中协同工作，充分利用协同设计平台中的数据、流程进行并行设计工作。

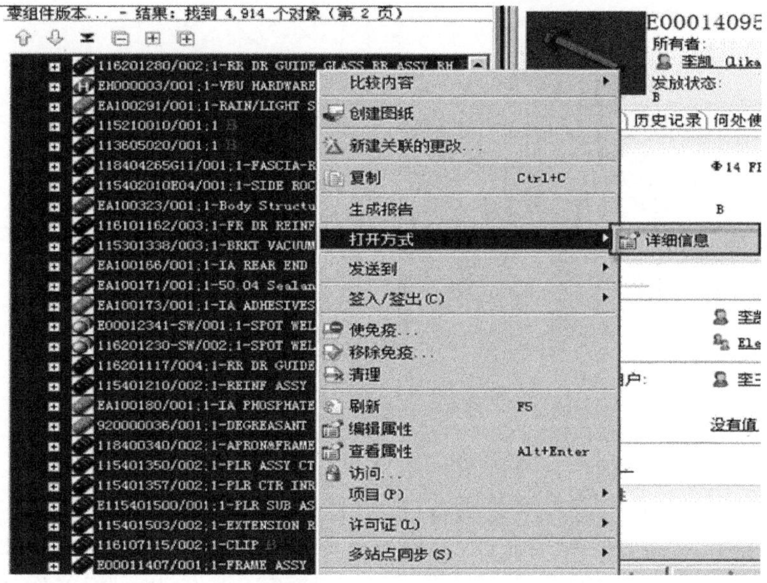

图 6　结果导出图(1)

图 7　结果导出图(2)

1．建立统一的协同工作区实现对专业数据的集中管理和利用

在协同设计平台中建立符合应用习惯和管理规范的协同工作区，协同工作区以 Teamcenter 基础功能为技术手段，是一组按照研制阶段、产品类型、专业门类等进行合理分类的用于组织和管理各专业数据的文件夹结构，协同工作区可以帮助专业人员在同一个可视化环境中，通过权限管理查看和利用其他专业的成果经验，减少本专业重复设计的工作，提高本专业

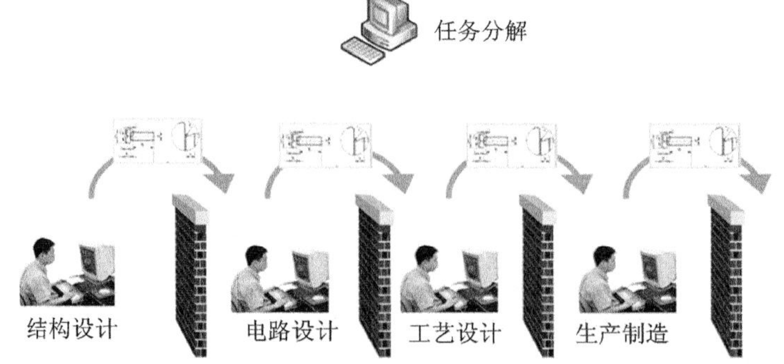

图8 产品设计现状

设计工作效率，把有限的时间用于本专业的创新设计上，提升本专业设计能力。

2. 建立机电热一体化的协同设计模式，提升设计协同能力

利用 TeamCenter 高效的集成能力，将机电各专业的设计软件集中、深入地与协同设计平台开展集成，有效、统一地管理机电设计数据。从总体设计出发，以协同工作区为基础，将分任务分解给机电各专业设计人员，各专业人员按照任务分解进行专业设计，最终结果在协同设计平台中统一展示和管理，这样确保了各专业人员按照统一的技术要求进行设计同时保持了各专业数据间关联性，能够在并行设计过程中实时对数据进行交流和检查，解决因交流障碍和技术指标不一致造成各专业间设计结果不配的问题。

5 结束语

本文将数字化技术应用于单机产品设计中，以基础数据为中心，以功能提升为牵引，打造标准化协同设计平台。一方面提高了数据共享性，增强系统间的交互能力；另一方面提升设计效率及准确率，为科研创新提供动能；还有一方面提高各部门协作水平，保障产品质量。尽管仍需要不断改进，但是在探索及优化的过程中也取得了成果和经验，为数字化在单机产品设计中的应用开拓了新思路。

参考文献

[1] 蔡亚宁，肖鹏飞，何德华，等. 数字化技术在高分三号卫星总装设计中的应用[J]. 航天器工程，2017，26(6)：137-142.

[2] 刘文庆，赵立新，张佳雯. 产品设计中设计思维与数字思维的探析[J]. 工业设计，2020(1).

[3] 于洪玉. 电子产品结构系统化设计法研究[J]. 冶金管理，2019(15).

[4] 刘效禹. 数字化工厂与协同设计[J]. 当代化工，2019(9).

[5] 郝倩，任重. 基于 PDMS 三维协同设计平台的系统集成与研发[J]. 北京电力高等专科学校校报(自然科学版)，2012，29(10)：280-281.

我国网络空间安全人才培养现状的研究

毕宗义　盛立文　郭洪龙　郎金鹏

(中电科仪器仪表有限公司,山东·青岛,266555)

摘要:当今世界通过网络联系和交流日益紧密,网络空间作为一个新兴空间已得到越来越多国家特别是网络科技强国的重视,其重要性不言而喻。当下国际网络空间安全的竞争说到底是人才竞争,而我国在网络空间安全领域面临的主要问题是人才短缺。本文从学科建设和培养体系方面介绍了网络空间安全人才培养的现状,指出了在培养目标、选拔机制、师资力量和基础设施方面存在的问题,就人才培养规划、专业和学科建设、人才选拔机制、校企合作培养模式、师资队伍建设、从业人员薪酬待遇六个方面提出了自己的建议。

关键词:信息化;人才竞争;培养模式;学科建设

1 引　言

没有网络安全,国家安全就无从谈起,没有信息化就谈不上现代化,没有网络安全人才的支撑,就谈不上网络安全。未来网络空间安全的竞争,归根结底是高水平网络安全人才的竞争。正如习主席所说"千军易得,一将难求",培养造就高水平、高素质的专家学者、行业领军人物、资深工程师、卓越的创新队伍就显得尤为迫切,要成为在网络安全领域先进的国家,需要自己掌握核心的技术,拥有成熟专业的信息化人才团队,还要建立能够引领行业发展的人才体制机制,只有建立了能够引领行业发展的人才体制机制,才能健康持续地培养出并将具备行业领军水平的科技人才纳入麾下。

2 我国人才培养现状

为进一步提高我国网络空间安全人才培养体系建设的速度,2015 年 6 月,教育部和学位委员会在"工学"目录下增加"网络空间安全"一级学科,这无疑为网络空间安全紧缺的人才培养与体系建设创造了极为有利的条件。2016 年 6 月,发展和改革委员会、教育部等六部门共同印发了《关于加强网络安全学科建设和人才培养的意见》,要求发挥各方面优势,充分调动积极性,利用好国内、国外的资源,聘用优质师资,招收优秀学生,集中精力和资金建设国际一流的网络安全学院,这一系列举措体现了我国要加快培养网络空间安全人才的意志。

在 2015 年之前,我国网络空间安全人才培养,主要挂靠在计算机软件相关的人才培育机制之下。最近几年,各相关院校积极响应培育优秀网络空间安全人才的号召,相继设立了网络空间安全学院。相关统计数据显示,截至 2018 年,我国共 241 所院校建立了信息安全类的专业,共计 244 个。

据 2016 年 1 月中国互联网信息中心发布的统计报告显示:到 2014 年,我国网络信息安全的相关行业对网络空间安全类的人才数量需求已升至 70 余万;根据目前情况推算,到 2020 年的需求数量约为 140 万,并且这个数字还会以每年 1.5 万人的速度递增,而目前每年各院校培养的各学历网络空间安全人才数量还不到1.5万。更不乐观的是，在我国网络安全领域人才较为匮乏的形势下，每年仍有为数不少的信息安全类及相关专业的学生在毕业后选择到国外留学或者进入国外公司工作，造成了较为严重的人才流失现象。

3 我国人才培养存在的问题

3.1 培养目标不明确

网络空间安全属于典型的工学学科，决定了其人才培养过程中应将理论与实践相结合的培养方式。然而，许多高校以人才招生数量为目标，忽视了人才培养的质量，与企业现实需求之间的差距较大。虽然重视程度高，但是对专业需求的认知少。课程体系多为直接引入，不能提出有针对性的教学内容和方法，并且伴随着网络科技的发展，高校网络安全教学的内容并未及时更新。一方面，用人单位认为高校培养出的人才质量难以满足需求，特别是大部分毕业生的实践动手能力及工作技能应当得到进一步提升；而另一方面对高校而言，宽口径人才是高校本科人才培养的主要目标，在当前高校制度、培养方案与课程体系的框架下，高校很难对教学计划进行重大调整以直接满足用人单位当下的需求。同时理论课程开设过多、忽略实践课程的教学造成了培养出的学生动手能力较差，难以解决网络安全方面的实际问题，这也导致了近年来国内许多高校网络安全专业的毕业生整体就业率偏低。对于网络空间安全学科的硕士生和博士生的培养，许多高校将该学科挂靠在其他学科下，直接导致网络空间安全学科的人才培养与日益发展的网络空间安全领域及行业严重脱节。

3.2 选拔机制有待进一步完善

网络空间安全实践能力突出的学生，尤其是一些"偏才""怪才"，受限于目前高校评价体系的制约，难以充分发挥自身所长，自身的发展受到了严重阻碍，自从国家提出网络安全应"不拘一格降人才"的倡议以来，虽然从宏观政策上为网络安全的"偏才""怪才"打开了方便之门，但是再具体落实时往往因与高校现有的人才培养方案或规章制度相冲突，加之高校的人员在具体执行缺少变通，导致遇到了不少实际问题。

当下的网络空间安全竞赛的参赛人员多数是企业技术人员或是本专科的学生，一般来说，这些竞赛的题目难度和考查范围不适合青少年，容易影响其对网络空间安全技术的积极性。目前举办的各类青少年网络空间安全竞赛均缺少实战对抗的元素，青少年参加这类竞赛难以检验其实际操作能力。目前，我国缺少一个兴趣导向、偏实践、高水平的青少年网络空间安全竞技对抗的平台。

虽然国内的技能竞赛数量较多，但是同质化和低水平的现象严重，有些技能竞赛的真正目的仅仅是为了提升"名气"，有些是为了应付任务，还有些是为了拓展自身竞赛平台的市场等。由于不少竞赛的题目设计者本身水平有限，导致竞赛题目质量不高，考察重点不清晰，这对参赛者的真实技能水平考察很有限。而且每次竞赛的组织与参赛都要耗费大量的人力和财力，同质化低水平的赛事实际上对于组织者和参赛者而言，都是资源的浪费。

目前我国尚未建立基于网络空间竞赛的发现人才和追踪人才的长效机制，使得一些在民间声誉很高的网络空间安全人才的信息和发展走向未能够被有效记录。这种现象不可避免地造成了网络空间安全人才流失。此外，网络安全单位普遍对于内部网络安全人才的情况缺乏公开性和透明性，阻碍了这些人才为国家做贡献的渠道。

3.3 师资力量不足

目前大多数高校普遍面临网络空间安全师资总体缺乏的情况，课程难以体系化开设，高水平网络空间安全师资力量尤为缺乏。许多高校对于网络空间安全学科的专业建设没有足够重视，师资结构配置欠妥；加之与网络空间安全专业完全对口的教师相对不多，一些课程通常是由计算机或者软件工程专业的相关教师负责教学，这就偏离了以网络空间安全专业教学为核心的培养要求，使得网络空间安全一直处于边缘学科的尴尬位置。大部分高校均由授课教师承担实验课程，而当下的高校教师学术研究压力大，很难将主要精力投入到技术性强的实验课程中去。这样，实验课程的质量和效果实际上很难得到保障。增长的学生数量和未被合理安排的课程增加了老师的教学压力，反而无法培养专业人才。部分高校甚至出现了根据老师研究方向设置课程，在老师退休后无法继续开课的情况。课程无法体系化开设，这将直接导致学生的知识体系不完整。

在网络空间安全师资人才招聘方面，由于目前社会上的高技能安全人才极度缺乏，加之当下高校人才录用标准的大幅度提升以及高校相对缺乏竞争力的薪酬水平，使得高校难以聘请到合适的教学人才。

3.4 教学基础设施匮乏

完备的网络空间安全专业的教学资源设施与教学环境，需要通过配套的软硬件设施和通信网络设施作为支撑。然而，由于目前网络空间安全实验设备相对昂贵，部分高校难以承受其费用。当前许多高校在网络安全的教学过程中，既不具备虚拟环境的靶场平台，又缺乏真实的实践场景。对学生而言，缺乏诸如上述实践环境的网络安全教学无异于纸上谈兵。空间网络安全教学基础设施的匮乏已成为阻碍学科发展的重要因素。教学资源的不足，使得学校在网络安全技术更新的情况下无法引入最新技术，从而使教学体系和教学内容不能与时俱进。另外，网络空间安全实验设备所支撑的实验环境与所提供的实验质量良莠不齐，部分实验设备提供的方案过于简单，更新速度缓慢，实际上也是造成人才培养效果低下的原因之一。

4 我国空间安全人才培养的建议

4.1 制定人才培养规划

发布包括网络空间安全人才应具备的理论知识和实际操作技术等在内的培养标准或划定在网络空间安全相关领域的基础上，建立我国网络空间安全人才培养的任务列表、相关职位清单以及所需要的知识技术能力目录，建立起一套完善合理的网络空间安全人才培养认证体系，对网络安全专业人员进行注册登记及认证，这有利于管理网络空间安全人才和提高培养质量。

4.2 加快学科专业建设，创新人才培养模式

集中优质资源编撰推出一套优秀的教学课程及教学方法，促进学生对知识的理解与知识面的扩展。在制定培养方案时，需要加大实验课程的学时量，建立开放的网络空间安全攻防技能实训平台，打破当前实验平台的封闭性，要加强军民融合，鼓励学校与军队院校师资、学生的互动与交流，鼓励其他学院和专业的学生选择网络空间安全专业，最大限度地发挥现有资源的作用，达到优势互补的目的，提升学科专业质量。增加设立网络空间安全一级学科的学校数量，扩大该学科的招生规模。在研究方面投入更多的资金、更多的人员从事该专业的研究。

4.3 增加人才选拔机制形式,为人才成长提供足够的空间

举办安全竞赛,对于选拔人才具有重要的作用,大力加强国际交流与合作,通过不断完善竞赛机制、提升竞赛水平,吸引更多人才参赛。

4.4 建立校企合作培养模式

校企合作的人才培养模式,填补了大学课程更新周期长的缺点,同时避免了高校与用工企业之间的脱节。企业的项目往往具有更广阔的应用前景,选拔出兴趣浓厚、动手能力强的学生进行项目驱动式教学,根据项目实践指导,让学生带着目的去学习,使教学与企业项目形成联动。学生在完成企业项目后,与企业的实际用工需求接轨,这样企业、学生和学校的利益均得到了保障。

4.5 加强师资队伍建设

一方面通过提升相关待遇和福利进一步吸引国内外优秀的教学科研人员加入到教师队伍中;另一方面,应利用企业现有资源,让企业技术员承担一定的教学任务,帮助学生掌握安全技能,从而培养更多与社会实际需求接轨的网络空间安全人才。

4.6 提高薪酬待遇

企业和相关部门通过提高网络空间安全毕业生的薪酬待遇,将更多的人才招纳到网络空间安全领域。因为网络空间安全具有较高的从业要求和技术门槛,同时,他们又担负着保卫国家、企业信息系统安全的重任。因此,提高网络空间安全毕业生的待遇,对于缓解网络安全人才缺乏的局面具有重要意义。

5 结束语

网络空间安全作为国家安全的重要组成部分,已得到了越来越多的重视。尽管目前我国在人才培养目标、选拔机制、师资力量和基础设施方面还存在一定的不足,但通过科学制定规划、建立健全培养、选拔机制和用人体系,相信我国未来网络空间安全领域的人才从数量和质量上一定会迈上崭新的台阶。

参考文献

[1] 中国共产党新闻. 习近平的网络观:没有网络安全就没有国家安全[EB/OL]. (2014-11-20)[2016-10-08]. http://cpc.people.com.cn/xuexi/n/2014/1120/c385475-26061137.html.

[2] 李进忠. 美国小班教学的研究、实验及政策[J]. 基础教育参考, 2004(增刊1):34-39.

[3] 郭春燕. 美国小班教学综述[J]. 外国教育研究,2005(7):50-53.

[4] 余翔湛,张宏莉,于海宁,等. 网络空间安全竞赛及人才管理[J]. 中国工程科学,2016(6):49-52.

[5] 杨文忠,刘淑娴,龚金辉,等. 信息安全专业学生创新实践能力培养模式研究[J]. 无线互联科技,2018(10):74-76.

[6] 李斌勇. 网络空间安全学科人才培养模式与途径探索[J]. 计算机教育, 2016(9):58-60.

[7] 李晖,张宁. 网络空间安全学科人才培养之思考[J]. 网络与信息安全学报, 2015(1):18-23.

[8] 封化民. 创新人才培养模式建设高素质的网络安全队伍[J]. 北京电子科技学院学报,2016(3):1-7.

[9] 李斌勇,乔少杰,雄熙,等. 网络安全实验示范班人才培养模式探索[J]. 计算机教育,2018(3):25-28.

[10] 彭国军,张焕国. 大学生创新实践注重能力培养[J]. 中国信息安全,2016(12):70-73.

[11] 崔光耀,冯雪竹. 强力推进网络空间安全一级学科建设——访沈昌祥院士[J]. 中国信息安全,2015(11):62-65.

[12] 周豫苹,黄茹芬,陈群山. 基于学科竞赛驱动的网络空间安全人才培养模式[J]. 长春师范大学学报,2017(8):117-120.

军工固定资产投资项目信息化管理研究

杜雷　张光山

（中电科仪器仪表有限公司，山东·青岛，266000）

摘要：军工固定资产投资项目是国家推动国防科学技术进步而进行的重要投资活动，对于国防科技工业的转型升级、自主创新发展具有重大作用。由于军工固定资产投资项目管理涉及技术研发、生产、物资采购、招投标管理、验收审计等众多环节，参与部门及人员众多，项目管理具有严格的管理规章制度，项目管理工作信息化全流程管理迫在眉睫。在“互联网＋”等信息技术的推动下，整合现有管理系统等信息化条件，探索研究项目管理的信息化管理，对于提高军工固定资产投资项目管理效率具有重要作用。本文分析了军工固定资产投资项目管理过程中的多个重要环节，针对每个环节提出了信息化构想和研究，为军工固定资产投资项目管理提出完整的信息化管理框架。

关键词：资产管理；军工固定资产投资；项目管理；信息化管理

1　军工固定投资项目

新中国成立初期，我国国防科技工业建设位于国家发展建设的首要地位。国家对国防科技工业建设投入了大量资源，体现了国防在国家建设中的优先发展战略地位。军工固定资产投资项目是以军工武器装备研制或生产任务为牵引，为推动国防科学技术进步而进行的相关投资活动，主要开展仪器设备的购置、建筑的新建、改建和扩建等。一般来说，军工固定资产投资指由国防科工局负责审批、核准或申报国务院审批，全部或部分使用中央财政资金，由集团公司负责组织相关单位实施的各类固定资产投资项目。

固定资产作为构成军工企业生产经营活动的主要劳动资料以及推动生产、再生产的主要手段，与企业发展的战略目标、战略规划紧密关联。军工固定资产投资是提升国防科技工业能力和保障武器装备建设的物质基础，是加快国防科技工业转型升级，提高我国国防科技工业自主创新能力，促进军民结合产业发展的重要保障，也是引导和促进国防科技工业能力调整和结构升级的重要措施。军工固定资产投资一直以来都是提升我国国防科技工业基础能力的重要途径，对推动相关军工产业升级起到了重要作用，有利促进了国防军队信息化建设，因此，能否做好军工固定资产投资项目管理，不仅决定了军工科研院所是否能够完成武器装备科研生产任务，也将对其后续发展创新产生深远影响。

军工固定资产投资的目的是为先进的武器装备这一特殊产品的研制、生产搭建与之相适应的研发平台，这决定了它的几个特点：一是投资目的均具有战略性；二是项目具有明显的计划性，建设目标可以充分体现国家意志；三是项目建设方案兼顾当前需求和未来发展，具有前瞻性和不确定性；四是项目全过程是一项十分复杂的高技术系统工程。从决策层面来看，保障目标覆盖陆海空天电所有武器系统，涉及了当代所有高技术门类。从执行层面来看，全过程必须依法办事，遵循的法律、法规、制度等多达 600 余项。因此军工固定资产的管理需要一支高素质复合型的专业队伍，这支队伍就是国防科工局赋予使命、实现全面提升武器装备供给能力、显著增强自主创新能力的基本依靠力量。

在经济飞速发展的今天，许多企事业单位运用信息技术建立了固定资产信息化管理系统，这在一定程度上提高了固定资产的管理效率，但如何建立数据间的有效沟通，解决长期以来固定资产账、卡、物难以对应的管理难点仍是目前固定资产管理的薄弱环节。近几年，各企事业单位加大了对信息化管理的投入，结合最新的管理理念积极加大对物资采购系统、固定资产投资管理系统、招投标系统、档案信息化管理系统等信息化手段的建设，在此基础上有必要研究军工固定资产投资的项目信息化管理，进一步推动军工固定资产的高效开展和管理。

2　军工固定投资项目管理

军工固定资产投资项目从论证到建成，可分为三个阶段，各个阶段及其主要任务如图1所示。

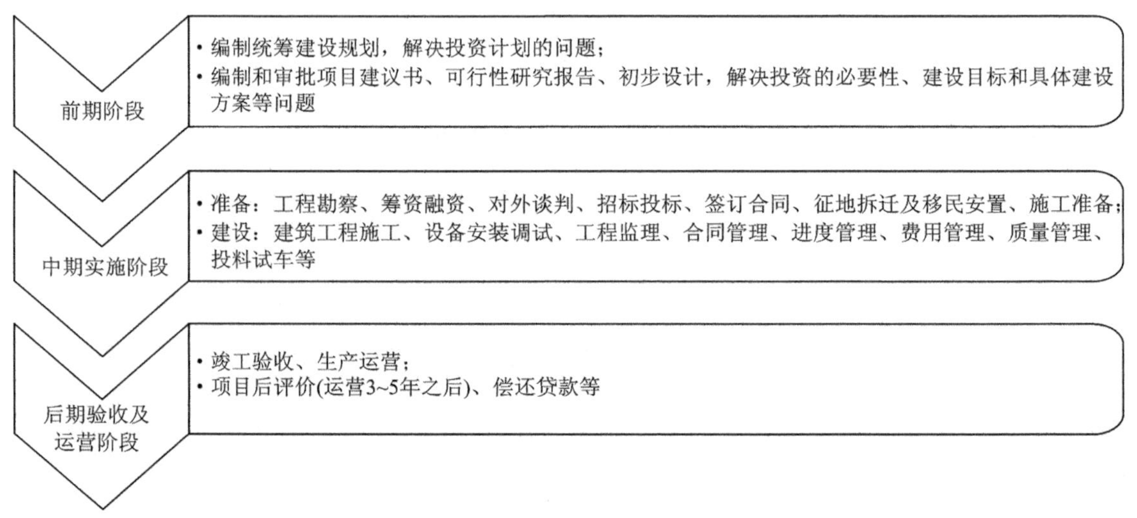

图1　项目管理图解

军工固定资产投资前期阶段主要分为前期阶段、中期实施阶段、后期验收及运营阶段，包括建议书立项、可行性研究、初步设计编制、项目执行、竣工验收及后评价等阶段。

建议书的编制和论证是整个前期阶段的起点，其编制的科学性、合理性、必要性以及符合性直接决定了项目立项的成败与否，其依据主要是国家相关固定资产投资管理政策和法规、国家发展总体规划、国防科技工业发展规划等；国防科技工业固定资产投资项目可行性研究报告是依据已批准的项目建议书（或规划）编制，重点对拟建项目在技术、工程和经济上的合理性和可行性，进行全面分析和论证，其要符合国家及地方现行的建筑工程建设标准和设计规划，满足国家有关法律和法规对环境保护、职业安全、职业卫生、消防、节能、地震安全、社会稳定等要求；国防科技工业固定资产投资项目初步设计是根据已批复的可行性研究报告编制建设项目具体实施方案，其编制内容要符合国家及地方现行的建筑工程标准、设计规范、制图标准等；中期实施阶段主要依据国家有关部门的批复逐步展开能力建设，安排投资计划并严格执行审批内容，分阶段逐步完成项目的建设工作，执行过程中的调整需要严格按照国家相关规定审批后执行；军工固定资产投资竣工总结报告是对项目执行情况的汇总整理，依据是可行性研究报告的批复情况，整理执行情况、档案验收情况、财务审计情况、“三同时”等单行验收情况，需符合国防科技工业相关管理办法；项目竣工验收后，科工局或集团会随机进行项目的后评价等工作。

3　军工固定资产项目信息化管理

随着全球信息化建设的深入推进，“互联网＋”信息化浪潮席卷全球，互联网思维、互联网创新正在深入改变着企业的管理方式和管理思维，在信息化发展新形势下，军工固定资产投资项目管理需要结合信息化进一步提高管理水平，提高管理效率，使项目执行合理合规，务实高效地提升军工研发及生产的能力，切实提高国防科技水平。目前针对军工固定资产投资项目信息化管理的研究较少，在高校固定资产管理研究较多，参考文献[4]以高校固定资产管理为研究对象，借鉴信息集成理论，提出高校固定资产信息化集成管理模式的设想和构思。参考文献[5]根据高校固定资产管理特点，通过对高校固定资产管理过程的分析，针对目前高校固定资产管理现状，设计和实现了一种基于 RFID 和 ZigBee 技术的高校固定资产管理系统，并给出了系统的设计与实现的详细过程，包括总体架构设计、RFID 阅读器和 ZigBee 传感器数据采集节点设计、网络主节点等硬件电路设计、网络传输的数据格式设计、网络通信接口及通信数据格式设计、无线节点控制程序设计等。

作为军工科研院所来说，随着企业信息化管理手段的投入，目前已经基本上覆盖了资产管理系统、物资采购系统、招投标管理系统等信息化手段，但在项目管理手段方面缺少集成，军工固定资产投资项目管理、资产管理各个单位由于体制机制不同管理方式不同，项目管理一般涉及众多部门及人员，专业性较强，因此如何实现项目管理的信息管理对于提高管理效率，提升项目执行的透明性和可行性具有重要作用。以下结合项目立项论证、执行管理、审计验收等环节提出信息化管理方法展开研究。

3.1　论证信息化

军工科研院所在国家投入及自身积累过程中，积累了大量固定资产，涉及研发及生产中的设计仿真、测试验证、试制加工、计量检测、信息化管理及批产能力水平，在项目论证阶段，国防科工局及评估公司会对现有能力进行评估，结合研发及批产项目的需求，进一步明确能力差距，统筹全行业合理配置条件需求，提升研发及生产能力，满足军品研发及生产需求。为提高效率，减少资源浪费，申报单位在申报前同样需要认真结合现有条件合理申报能力条件，在此需要统筹考虑现有条件，由于能力建设项目一般涉及全单位多部门、多工艺段，涉及研发及生产水平，因此项目管理部门需要结合现有固定资产管理系统认真研究现有条件指标，提取能力水平。

在项目建议书编制及立项论证过程中，需要结合现有的固定资产管理系统中现有能力基础，分析科研项目及生产任务，充分调研需求，合理统筹并评估能力差距，展开项目建议书谋划及编制工作。因此固定资产管理系统需要具备设备仪器及软件等资产的统计分析、关键指标及功能的查询、资金来源、成本折旧等数据，便于分析现有能力；科研项目管理系统需要提供科研项目的立项时间、关键指标、质量要求、产品成熟度及批产要求等信息，合理评估现有能力及能力需求，统筹资源配置，在明确差距的基础上谋划编制建议书并论证评估。

3.2 执行信息化

整个项目管理过程中会涉及建议书、可研报告、初步设计、投资计划下达、执行调增备案、审计验收等批复文件，项目执行需要严格执行机关批复的项目总投资、设备指标、招投标情况、建设周期、土建等建设内容，执行过程中一般涉及需求调研、计划、采购、招投标、入库等环节，可能涉及全所多个部门协同工作，如何打通各部门信息化流通管理，进一步提高沟通效率，进一步提高项目管理的合理性。资产采购过程中会涉及档案管理，需要进一步对接档案信息化系统，完成多系统协同，提高项目的信息化水平。资产入库后，需要导入固定资产管理系统，为后续的设备利用率、折旧、能力水平等进行全寿命周期管理。需要以项目为主线实现项目管理的信息化，需要进一步对接项目审批上报等OA系统、档案管理系统、物资采购系统、招投标管理系统、固定资产管理系统等信息化条件，项目管理信息化系统需要集成现有信息系统，完成项目全方位的信息化管理。

项目管理系统需要提供建议书、可行性研究报告、初步设计以及各类批复文件等资料的查询。在军工固定资产投资项目执行中，需要根据批复设备的指标、招投标等情况严格按照批复情况执行，在已批复的建设内容中需要能够查询执行计划、设备采购节点、合同、入库、招投标、价格等执行信息及统计功能，便于项目全过程的把控和管理。

3.3 审计及竣工验收信息化

项目在执行完后，科工局或集团公司需要委托具有相应资质的审计人员对项目进行审计，达到竣工验收条件后，需要按照职责权限组织专家展开现场竣工验收工作。

招投标、档案、决算审计、基建工程以及项目竣工验收等验收工作，涉及批复及各类执行数据的统计分析和汇总整理，项目信息化管理需要具有全项目周期的信息化统计分析功能，并具有Excel、Word等形式报表导出功能，提高信息化管理水平，提升全周期管理能力。

军工固定资产投资项目是个复杂的系统化工程，涉及部门、人员较多，在项目执行完后，需要统筹整个项目的论证、执行及验收过程，统计分析项目执行情况，识别存在项目中存在的问题和风险，对于项目管理的改进及后续绩效考核提供数据参考。

4 结束语

本文针对军工固定资产投资项目管理过程中的多个重要环节，围绕项目论证、执行、审计及验收等重要环节，分析了固定资产管理系统、物资采购系统、档案管理系统等系统条件，针对整个项目的全流程系统集成提出了信息化构想和研究，提出了军工固定资产投资项目信息化管理框架。

参考文献

[1] 赵志成. 军工固定资产投资对军工经济的促进作用[J]. 国防科技工业，2016.06:39-41.

[2] 王念. 军工固定资产投资的风险分析与防范[J]. 研究与探讨，2015:27-30.

[3] 郑岚. 固定资产管理与信息化技术的应用[J]. 现代经济信息，2013:108.

[4] 曹志杰. 大学固定资产信息化集成管理模式探究[J]. 计算机光盘软件与应用，2013:195-197.

[5] 单存波. 基于RFID的高校固定资产管理系统设计与实现[D]. 杭州:浙江大学，2011.

通信技术

无线光通信多光束发射和接收信道模型分析

徐建武　张磊　刘锡国　胡昊

(海军航空大学,山东·烟台,264001)

摘要:在单光束发射和接收FSO系统中光强闪烁在弱湍流下服从对数正态分布、强湍流下服从负指数分布以及强弱湍流都适应的Gamma-Gamma分布基础上,将它们推广到系统,建立起基于对数正态分布、负指数分布以及Gamma-Gamma分布的MBTR-FSO系统光强闪烁信道模型,对基于负指数分布的多光束信道模型与通信距离、发射波长、接收孔径及收发天线数目等参数的关系进行了仿真分析,并对所建立的三个信道模型进行了对比分析。

关键词:无线光通信;多光束发射和接收;信道模型

1 引　言

目前在无线光通信领域抑制大气湍流效应影响的常用方法有以下几种:增大发射功率、大孔径接收、自适应光学技术、信道编码技术、部分相干光传输技术。与上述常用的方法相比,多光束发射和接收(Multiple-Beam Transmission and Reception, MBTR)技术具有实现方法相对简单、成本较低、实用性强,因此成为近年来FSO通信领域研究的热点问题。多光束发射和接收技术能够同时利用时间分集和空间分集,而且不论湍流强弱大小,都能对其影响起到很好的抑制作用。

在单光束发射和接收的光强闪烁模型上,在早期的FSO通信研究中,Tatarskii依据对数振幅的Born微扰将湍流的影响看成是大量独立的、乘性湍涡造成的,利用中心极限定理得到光强闪烁服从对数正态分布。作为描述弱湍流下光强闪烁分布的有效模型,对数正态分布被人们普遍认可。Nakagami在Born微扰理论基础上,使用中心极限定理,得到光强闪烁服从Rice-Nakagami分布。Wang等人从理论上证明了在强湍流区光强闪烁服从负指数分布,其理由是接收端接收到的总光场为许多独立散射路径上光场的和,由中心极限定理可得光强闪烁应满足负指数分布。刘敏等分析了上述三种典型模型的物理意义和相互关系,指出它们可以通过在Born微扰理论基础上分别作圆高斯近似、强湍流近似和强湍流-圆高斯近似而得到,并推导出了一个新的模型——麦克劳林展开分布模型,但是该模型结构过于复杂,不适合在具体的无线光通信系统中应用。

要提高无线光通信系统的性能,就必须设法减弱接收端的光强起伏,进行有效的信道补偿。MBTR技术具有实现较简单、成本较低、实用性强的优点,因而成为近年来大气无线光通信中信道补偿方面的研究热点。多光束传输的光强分布与发射孔径间距离、激光发射波长、传输距离、收发天线数目、接收孔径等因素相关。因此，有必要建立一个基于无线光通信系统参数的多光束信道模型，从而为MBTR－FSO系统的终端设计、链路性能分析和信道补偿提供依据。

目前，在MBTR信道建模方面的文献资料不多，马东堂博士分析了无线光通信中多光束发射FSO系统的传输性能以及基于负指数分布的多光束发射信道模型，但是他们的研究只分析了多发射单接收的情况，而且基于负指数分布的模型只能适应于强湍流下，而在弱湍流下，或者说一般湍流情况下MBTR－FSO系统的信道建模研究资料不多。因此，在各种不同的大气湍流强度条件下，建立起多光束发射和接收光强闪烁信道模型对分析和研究MBTR－FSO系统性能很有必要。

本文首先对单光束发射和接收FSO通信系统的光强闪烁信道模型进行了分析，以此为基础，建立起MBTR－FSO系统光强闪烁信道模型，对MBTR－FSO通信系统的理论分析和实际系统设计都具有一定的指导意义。

2 单光束发射和接收模型

现在关于光强闪烁的模型有很多，但是现有的大部分模型结构都比较复杂，不适合具体应用，而目前被人们普遍认可且形式相对简单的有以下三个：

一是在弱湍流下，光强闪烁服从标准对数正态分布；

二是在强湍流下，光强闪烁服从负指数分布；

三是在一般湍流强度（强弱湍流）下，光强闪烁服从Gamma－Gamma分布。

2.1 对数正态分布模型

一般情况下，当闪烁指数$\sigma_I^2<0.2\sim0.5$时，大气湍流强度被认为是弱湍流。在弱湍流条件下，通过引入微扰假设的前提，光强起伏的大小可依据Rytov近似得到较好的预测。

Tatarskii依据对数振幅的Rytov微扰将湍流的影响看成是由大量独立的、乘性湍涡造成的，得到光强闪烁服从对数正态分布，该模型被人们普遍认可，其具体分布形式为

$$P(\ln I)=\frac{1}{\sqrt{2\pi}\sigma_{\ln I}}\exp\left\{-\frac{[\ln I-E(\ln I)]^2}{2\sigma_{\ln I}^2}\right\} \tag{1}$$

2.2 负指数分布模型

对于大气湍流为强湍流或者收发两端通信距离较长时，光强会出现方差饱和闪烁区域，一般认为此时大气湍流为强湍流。通过应用随机过程的相关理论，Markov近似能较好地预测在大气强湍流下光强的传输规律。此外，在强湍流情况下，由Dashen路径积分理论，相当于光束通过大量的路径，强度应满足负指数分布，其具体形式为

$$P[I]=\frac{1}{E[I]}\exp\left\{-\frac{I}{E[I]}\right\} \tag{2}$$

Wang等人从理论上证明了在强湍流下，光强闪烁服从负指数分布，而不是弱湍流下的对数正态分布。负指数分布模型作为强湍流下的光强闪烁分布模型被广泛使用，并得到了很多实验的验证。

2.3　Gamma-Gamma 分布模型

2001 年，M. A. Al-Habash 提出了 Gamma-Gamma 分布模型，该模型是在基于一种改进的 Rytov 理论基础上得到的。因为不管在何种强度的大气湍流情况下，Gamma-Gamma 分布通过对大尺度和小尺度参数的调整，都能比较准确的描述光强起伏的分布特性，因此成为近年来光强闪烁概率分布新的研究热点，其分布函数的具体表现形式为

$$P(I)=\frac{2(\alpha\beta)^{\frac{\alpha+\beta}{2}}}{\Gamma(\alpha)\Gamma(\beta)}I^{\frac{\alpha+\beta}{2}-1}K_{\alpha-\beta}(2\sqrt{\alpha\beta I}),\quad I>0 \tag{3}$$

式中：$\Gamma(\cdot)$为 Gamma 函数；$K_{\alpha-\beta}$ 是阶数为 $\alpha-\beta$ 的第二类修正贝塞尔函数；α 和 β 分别表示闪烁指数强度的大尺度和小尺度参数，当发射光波看成是均匀球面波时，它们的定义如下：

$$\begin{aligned}\alpha&=\left\{\exp\left[\frac{0.49\sigma^2}{(1+0.18d^2+0.56\sigma^{12/5})^{7/6}}\right]-1\right\}^{-1}\\ \beta&=\left\{\exp\left[\frac{0.51\sigma^2(1+0.69\sigma^{12/5})^{-5/6}}{1+0.9d^2+0.62d^2\sigma^{12/5}}\right]-1\right\}^{-1}\end{aligned} \tag{4}$$

式中：$\sigma^2=0.5C_n^2k^{7/6}L^{11/6}$；$d=\sqrt{\frac{\pi D^2}{2\lambda L}}$，$D$ 表示接收孔径直径，λ 表示发射激光的波长，L 表示收发两端的传输距离。

大小尺度参数与闪烁指数 σ_I^2 的关系为：$\sigma_I^2=\frac{1}{\alpha}+\frac{1}{\beta}+\frac{1}{\alpha\beta}$。通过简单分析可知，当 $\beta=1$ 时，Gamma-Gamma 分布模型退化为 K 分布模型，由于 Gamma-Gamma 分布模型的参数可以直接与大气条件相关，这个特点使得 Gamma-Gamma 分布在预测给定天气条件下的探测和衰落概率时广泛使用。

3　多光束发射和接收模型

本节在单光束发射和接收系统中目前人们普遍接受的（即在强湍流下服从负指数分布，在弱湍流下服从对数正态分布，以及研究的热点 Gamma-Gamma 分布）这三个分布模型的基础上，将它们推广到 MBTR-FSO 系统中，建立起 MBTR-FSO 系统的光强闪烁信道模型。

在分析 MBTR-FSO 系统的信道模型之前，考虑到大气湍流的实际情况以及模型建立的方便，首先做以下两点假设：

① 当系统配置的发射天线和接收天线数目分别为 M 和 N 时，假设所有 M 个激光束在 N 个接收天线孔径内各点光强 I_k（$k=1\sim MN$）的统计特性服从相同的概率分布，且各分布之间统计独立。

② 为了尽可能减小发射光束之间的相干性，在光强闪烁信道模型推导中引入下面的近似条件 $S\geqslant\sqrt{\lambda L}$，其中 S 为发射孔径间距离。

在研究多光束在大气信道传输过程中的空间相干性时，常用到下面两个重要的参量：一是大气湍流相干长度 $\rho_0=(1.46k^2C_n^2L)^{-3/5}$，其中 $k=2\pi/\lambda$ 是空间波数；二是第一 Fresnel 区半径，具体值为$\sqrt{\lambda L}$。在发射端，由于各光束的光源种类、规格和制造条件相同，在假设①中的各 I_k 之间必然存在一定的相干性，且 S 越大，相干性越小。如果光束之间相干性太强，将导致光强起伏增大，影响强度检测。

令所有 M 个激光光束在第 n 个接收天线孔径平面内点 (x,y) 处的瞬时叠加光强为 $I_n(x,y), n\in(1,\cdots,N)$，则有 $I_n(x,y)=\sum_{k=1}^{M} I_k, E[I_k]=E[I_n]/M$，那么，所有 M 个发射天线在所有 N 个接收天线孔径上总的叠加光强为 $I(x,y)=\sum_{k=1}^{MN} I_k, E[I_k]=E[I]/MN$。

3.1 基于对数正态分布的信道模型

现在考虑弱湍流下，基于对数正态分布的 MBTR－FSO 系统的光强闪烁信道模型，对于对数正态分布，由式(1)可推出其分布函数 I_k 可表示为

$$P(I_k)=\frac{1}{\sqrt{2\pi}I_k\sigma_{\ln I_k}}\exp\left\{-\frac{[\ln I_k-E(\ln I_k)]^2}{2\sigma_{\ln I_k}^2}\right\} \tag{5}$$

在弱湍流下，Rytov 方差 $\sigma_{\ln I_k}^2$ 可表示为

$$\sigma_{\ln I_k}^2=E\{[\ln(I/E[I])]^2\}=E\{(1-I/E[I])^2\}=\frac{E[I^2]-E[I]^2}{E[I]^2} \tag{6}$$

在弱湍流下 $\sigma_{\ln I_k}^2=\sigma_I^2$，为得到概率密度分布 $P(I_k)$ 的表达式，下面先求 $E(\ln I_k)$，由数理统计的知识可知，如果一个随机变量 f 服从正态分布，那么可满足：$E[e^f]=\exp(E[f]+0.5E[f-E[f]]^2)$。由 $\ln I_k$ 服从正态分布，可求得 $E[\ln I_k]=-0.5\sigma_{\ln I_k}^2$，因此得到弱湍流下 I_k 的概率密度函数为

$$P(I_k)=\frac{1}{\sqrt{2\pi}I_k\sigma_I}\exp\left[-\frac{(\ln I_k+0.5\sigma_I^2)^2}{2\sigma_I^2}\right] \tag{7}$$

由 I_k 的概率密度函数推导出其特征函数为

$$\Phi_{I_k}(t)=E\{e^{jtI_k}\}=\int_{-\infty}^{+\infty}e^{jtI_k}\frac{1}{\sqrt{2\pi}I_k\sigma_{\ln I_k}}\exp\left[-\frac{(\ln I_k+0.5\sigma_{\ln I_k}^2)^2}{2\sigma_{\ln I_k}^2}\right]dI_k \tag{8}$$

令 $a=0.5\sigma_{\ln I_k}^2, \sigma_{\ln I_k}^2=\sigma^2, y=\frac{\ln I_k-a}{\sigma}\in R$。

将 $\Phi_{I_k}(t)$ 化简得到

$$\Phi_{I_k}(t)=\frac{1}{\sqrt{2\pi}\sigma}\int_0^{+\infty}e^{itI_k-\frac{(\ln I_k-a)^2}{2\sigma^2}}\frac{1}{I_k}dI_k=\frac{1}{\sqrt{2\pi}}\int_{-\infty}^{+\infty}e^{ite^{a+\sigma y}-\frac{y^2}{2}}dy \tag{9}$$

由概率论知识可知 n 个独立同分布的随机变量其特征函数为单个随机变量特征函数的 n 次方，由假设①，可得总的叠加光强的特征函数为

$$\Phi_I(t)=[\Phi_{I_k}(t)]^{MN} \tag{10}$$

假设每个接收天线接收孔径 D_r 大小相等，每个孔径内包含互不相干散斑元的个数为 h，则总光强 $I(x,y)$ 的概率密度函数为

$$P_I(I)=\frac{1}{2\pi}\int_{-\infty}^{\infty}[\Phi_{I_k}(t)]^{MNh}e^{itI}dt=\frac{1}{(2\pi)^{1+MNh/2}}\int_{-\infty}^{\infty}\left(\int_{-\infty}^{+\infty}e^{ite^{a+\sigma y}-\frac{y^2}{2}}dy\right)^{MNh}e^{iIt}dt \tag{11}$$

式中：$h\approx\begin{cases}(D_r/\rho_0)^2, & D_r\geqslant\rho_0\\ 1, & 其他\end{cases}$。

3.2 基于负指数分布的信道模型

在强湍流情况下，光强闪烁服从负指数分布，由分布函数(2)可得 $I_{k2}(k2=1\sim MN)$ 的特

征函数为

$$\Phi_{I_{k2}}(t)=E\{e^{jtx}\}=\int_{-\infty}^{+\infty}e^{jtx}\frac{1}{E[I_{k2}]}\exp\left\{-\frac{I_{k2}}{E[I_{k2}]}\right\}dx \tag{12}$$

令 $E[I]=b$，则 $E[I_{k2}]=E[I]/MN=b/MN$，代入式(12)并将积分化简，得到特征函数的表达式为 $\Phi_{I_{k2}}(t)=\dfrac{1}{1-jbt/MN}$，由假设①，得到总的叠加光强的特征函数为

$$\Phi_I(t)=[\Phi_{I_{k2}}(t)]^{MN}=\left(\frac{1}{1-jbt/MN}\right)^{MN} \tag{13}$$

对式(13)进行傅氏反变换，得到总的叠加光强的概率密度函数 $P_I(I)$ 为

$$P_I(I)\approx\left(\frac{MN}{b}\right)^{MN}\times\frac{I^{MN-1}\exp(-MNI/b)}{\Gamma(MN)} \tag{14}$$

同样假设每个接收天线接收孔径 D_r 大小相等，每个孔径内包含互不相干散斑元的个数为 h，则总光强的概率密度函数为

$$P_I(I)\approx\left(\frac{MNh}{b}\right)^{MNh}\times\frac{I^{(MNh-1)}e^{-MNhI/b}}{\Gamma(MNh)} \tag{15}$$

当 $M=N=h=1$ 时，即系统采用单光束发射和单光束点接收，光强概率分布变为负指数分布，这个结论已经过许多实验验证并被广泛认可。

3.3　基于 Gamma－Gamma 分布的信道模型

现在考虑在一般湍流强度下(包括强、弱湍流)单光束发射和单光束接收光强闪烁分布的统一模型，目前 Gamma－Gamma 分布模型被人们普遍认为是在强弱湍流下都能较为准确描述光强闪烁分布的模型。现推导基于 Gamma－Gamma 分布的 MBTR－FSO 系统的光强闪烁信道模型。

由文献[15]可知：

$$\begin{aligned}K_\nu(z)&=\frac{\pi}{2\sin\nu\pi}[I_{-\nu}(z)-I_\nu(z)]\\ I_\nu(z)&=\sum_{m=0}^{\infty}\frac{1}{m!\,\Gamma(\nu+m-1)}\left(\frac{z}{2}\right)^{2m+\nu}\end{aligned} \tag{16}$$

再将式(16)代入式(3)，经过计算的 Gamma－Gamma 分布函数可化为

$$\begin{aligned}P(I_{k3})&=\frac{2(\alpha\beta)^{\frac{\alpha+\beta}{2}}}{\Gamma(\alpha)\Gamma(\beta)}I_{k3}^{\frac{\alpha+\beta}{2}-1}K_{\alpha-\beta}(2\sqrt{\alpha\beta I_{k3}})\\ &=\frac{\pi(\alpha\beta)^{\frac{\alpha+\beta}{2}}}{\Gamma(\alpha)\Gamma(\beta)\sin(\alpha-\beta)\pi}\times\left[\sum_{m=0}^{\infty}\frac{(\alpha\beta)^{m+(\beta-\alpha)/2}}{m!\ \Gamma(\beta-\alpha+m-1)}(I_{k3})^{\beta+m-1}-\right.\\ &\left.\sum_{m=0}^{\infty}\frac{(\alpha\beta)^{m+(\alpha-\beta)/2}}{m!\ \Gamma(\alpha-\beta+m-1)}(I_{k3})^{\alpha+m-1}\right]\end{aligned} \tag{17}$$

令 $k=\dfrac{\pi(\alpha\beta)^{\frac{\alpha+\beta}{2}}}{\Gamma(\alpha)\Gamma(\beta)\sin(\alpha-\beta)\pi}$，$p=\dfrac{(\alpha\beta)^{m+(\beta-\alpha)/2}}{m!\,\Gamma(\beta-\alpha+m-1)}$，$q=\dfrac{(\alpha\beta)^{m+(\alpha-\beta)/2}}{m!\,\Gamma(\alpha-\beta+m-1)}$得

$$P(I_{k3})=k\left(\sum_{m=0}^{\infty}pI_{k3}^{\beta+m-1}-\sum_{m=0}^{\infty}qI_{k3}^{\alpha+m-1}\right)=k\sum_{m=0}^{\infty}(pI_{k3}^{\beta+m-1}-qI_{k3}^{\alpha+m-1}) \tag{18}$$

则可推导出 I_{k3} 的特征函数为

$$\Phi_{I_{k3}}(t)=\int_{-\infty}^{+\infty}\mathrm{e}^{\mathrm{j}tI_{k3}}P(I_{k3})\mathrm{d}I_{k3}=k\int_{-\infty}^{+\infty}\mathrm{e}^{\mathrm{j}tI_{k3}}\sum_{m=0}^{\infty}\left(pI_{k3}^{\beta+m-1}-qI_{k3}^{\alpha+m-1}\right)\mathrm{d}I_{k3}$$

$$=k\sum_{m=0}^{\infty}\left(p\int_{-\infty}^{+\infty}\mathrm{e}^{\mathrm{j}tI_{k3}}I_{k3}^{\beta+m-1}\mathrm{d}I_{k3}-q\int_{-\infty}^{+\infty}\mathrm{e}^{\mathrm{j}tx}I_{k3}^{\alpha+m-1}\right)\mathrm{d}I_{k3} \tag{19}$$

再由 $\int_{0}^{+\infty}x^{n}\mathrm{e}^{ax}\,\mathrm{d}x=(-a)^{-n-1}\Gamma(n+1)$，以及假设①，得到总的叠加光强的特征函数为

$$\Phi_{I}(t)=[\Phi_{I_{k3}}(t)]^{MN}=\left\{k\sum_{m=0}^{\infty}\left[p(-\mathrm{j}t)^{-m-\beta}\Gamma(m+\beta)-q(-\mathrm{j}t)^{-m-\alpha}\Gamma(m+\alpha)\right]\right\}^{MN} \tag{20}$$

同样假设每个接收天线接收孔径 D_r 大小相等，每个孔径内包含互不相干散斑元的个数为 h，得到总的叠加光强的概率密度函数 $P_I(I)$ 为

$$P_{I}(I)=\frac{1}{2\pi}\times\int_{-\infty}^{\infty}\left\{k\sum_{m=0}^{\infty}\left[p(-\mathrm{j}t)^{-m-\beta}\Gamma(m+\beta)-q(-\mathrm{j}t)^{-m-\alpha}\Gamma(m+\alpha)\right]\right\}^{MNh}\mathrm{e}^{\mathrm{i}It}\,\mathrm{d}t \tag{21}$$

4 仿真分析

由上面得到的基于对数正态分布、负指数分布和 Gamma - Gamma 分布的 MBTR - FSO 系统光强闪烁信道模型，而光强闪烁的分布形式与多个参数密切相关，包括：发射孔径间距离、发射波长、传输距离、收发天线数目、接收孔径等。下面首先通过仿真上述各个参数与光强闪烁模型之间的关系，具体分析它们对光强闪烁统计特性的影响，因仿真过程类似，本文只分析基于负指数分布的 MBTR - FSO 系统光强闪烁信道模型，其他两个模型可进行类似的仿真分析，最后对比分析了推导出的三个模型之间的相互关系。

4.1 不同传输距离

首先仿真分析传输距离对 MBTR - FSO 系统光强闪烁分布的影响，具体的仿真参数如表 1 所列。

表 1 仿真参数一

参 数	天线数目	接收孔径	激光波长	传输距离	C_n^2
数 值	$M=2, N=1$	73 mm	1 550 nm	1 km、2 km、5 km、10 km	$2\times10^{-14}\ \mathrm{m}^{-2/3}$

分析图 1，可得出以下结论：

① 从 4 条曲线的轮廓可以明显看出，多光束发射和接收 FSO 系统光强闪烁分布不再是服从负指数分布，而是近似于正态分布。这是因为虽然单个传输路径服从负指数分布，但推广到 MBTR - FSO 系统后，根据中心极限定理，大量独立同分布传输路径的总和服从正态分布。

② 传输距离对光强闪烁分布的影响很大，随着传输距离的增加，光强起伏方差减小。这与参考文献[5]中的结论不太一致，究其原因主要是在于散斑元数目 h 的取值不同，在文献[5]的仿真中，h 的取值恒为 1，即在接收端认为是点接收，而在本文中，h 的取值大小跟传输距离密切相关。由 $\rho_0=(1.46k^2C_n^2L)^{-3/5}$ 可知，大气湍流相干长度 ρ_0 与传输距离 L 成反比关系，在接收孔径、湍流强度和发射波长保持不变的情况下，L 增大，ρ_0 将减小，导致单个接收孔径内互不相干散斑元的数目增加。换句话说，在近距离传输情况下，各光束传输路径的相关性和接收散斑元自身的相干性将导致多光束对光强起伏的减弱效果降低。

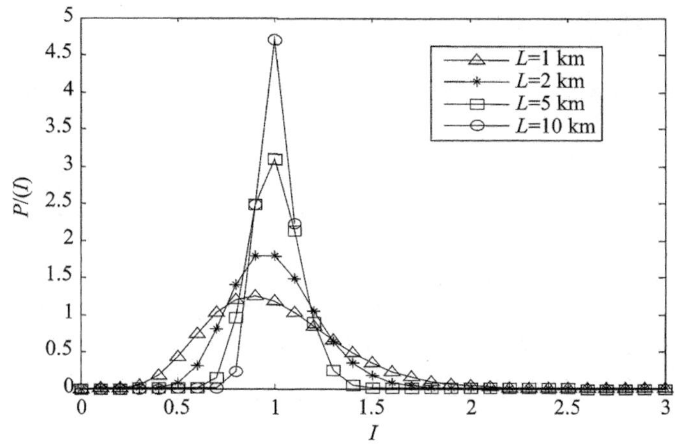

图 1　P(I)在不同传输距离下的分布

4.2　不同接收孔径

仿真分析不同接收孔径大小对 MBTR－FSO 系统光强闪烁分布的影响，具体的仿真参数如表 2 所列。

表 2　仿真参数二

参　数	天线数目	接收孔径	激光波长	传输距离	C_n^2
数　值	$M=2, N=1$	50 mm、80 mm、150 mm、200 mm	1 550 nm	1 km	$2\times10^{-14}\mathrm{m}^{-2/3}$

由图 2 可知，接收孔径越小，接收端光强闪烁分布曲线越接近于负指数分布，但是随着接收孔径的增大，分布曲线更接近于正态分布，同时光强起伏方差变小。究其原因主要是因为大孔径对湍流效应的平滑作用，从而使得湍流影响越小。

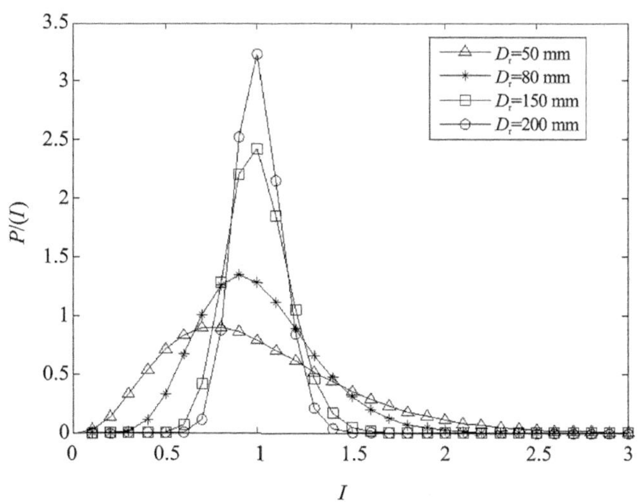

图 2　P(I)在不同接收孔径下的分布

4.3　不同发射波长

仿真分析不同激光发射波长对MBTR－FSO系统光强闪烁分布的影响，具体的仿真参数如表3所列。

表3　仿真参数三

参　数	天线数目	接收孔径	激光波长	传输距离	C_n^2
数　值	$M=2,N=1$	100 mm	850 mm、1 060 mm、1 550 nm	1 km	$2\times10^{-14}\ m^{-2/3}$

由图3可知，不同发射激光波长对光强分布也具有一定的影响，但是其影响程度与传输距离和接收孔径相比，要小很多，但是总的来说，波长越小，大气湍流相干长度越小，光强分布越集中。

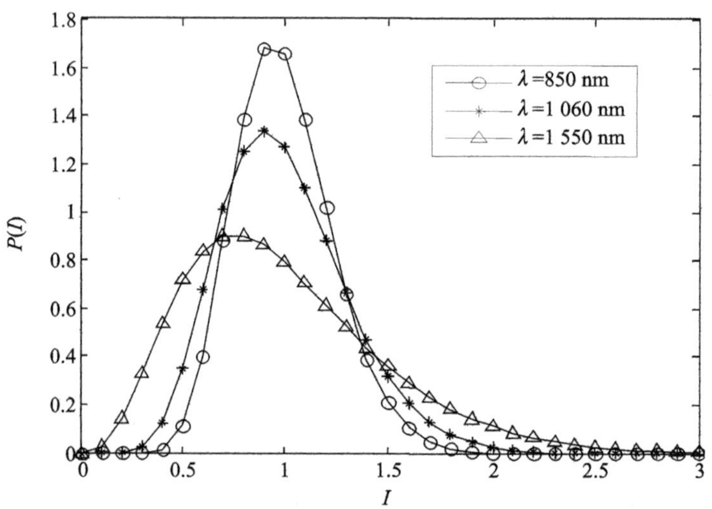

图3　P(I)在不同发射波长下的分布

4.4　不同收发天线数目和传输距离

仿真分析不同收发天线数目和不同传输距离对MBTR－FSO系统光强闪烁分布的影响，具体的仿真参数如表4所列。

表4　仿真参数四

参　数	天线数目	接收孔径	激光波长	传输距离	C_n^2
数　值	$M=1,2,3,4,N=1$; $M=1,2,3,4,N=2$	80 mm	1 550 nm	500 m、3 km	$2\times10^{-14}m^{-2/3}$

由图4可知：

① 在传输距离为3 km，接收天线个数为2，发射天线个数分别为1、2、3和4时的一组分布曲线明显要比传输距离为500 m、采用单天线接收的分布曲线组分布更集中，分析其原因，除了传输距离的影响之外，还因为接收天线数目的增加，相当于增大了接收孔径，所以接收光强方差更小。

② 在传输距离和接收天线固定的情况下，分布曲线随发射天线的增加越接近正态分布，

光强闪烁的方差就越小，这充分印证了采用多光束发射的好处。

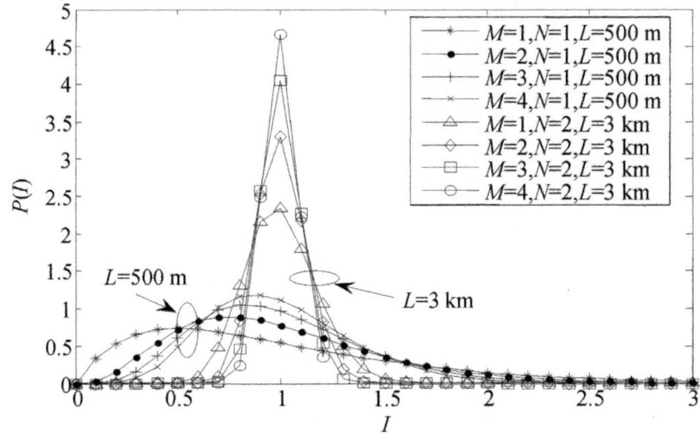

图 4　$P(I)$在不同天线数目和传输距离下的分布

4.5　模型对比分析

首先在单光束发射和接收 FSO 系统中，对三个分布进行对比分析。具体仿真步骤为：在强湍流情况下，对比分析 Gamma - Gamma 分布和负指数分布，在弱湍流情况下，对 Gamma - Gamma 分布和对数正态分布进行对比分析，仿真参数如表 5 所列。

表 5　仿真参数五

参　数	接收孔径	激光波长	传输距离	C_n^2	α	β	σ_I^2
强湍流下	50 mm	1 550 nm	1 000 m	$4\times10^{-13}\mathrm{m}^{-2/3}$	2.690 7	2.339 5	3.24
弱湍流下	50 mm	1 550 nm	1 500 m	$2\times10^{-14}\mathrm{m}^{-2/3}$	2.718 4	1.586 2	0.34

由图 5 可知，在湍流较弱的情况下（$\sigma_I^2=0.34$），Gamma - Gamma 模型的光强闪烁分布曲线形状与对数正态分布较为相近，而在强湍流下（$\sigma_I^2=3.24$），Gamma - Gamma 模型的光强闪烁分布曲线形状与负指数分布更为接近，这也在侧面反映了 Gamma - Gamma 分布确实能够通过对大尺度和小尺度参数的调整，反映出一般湍流强度下的光强闪烁分布情况。

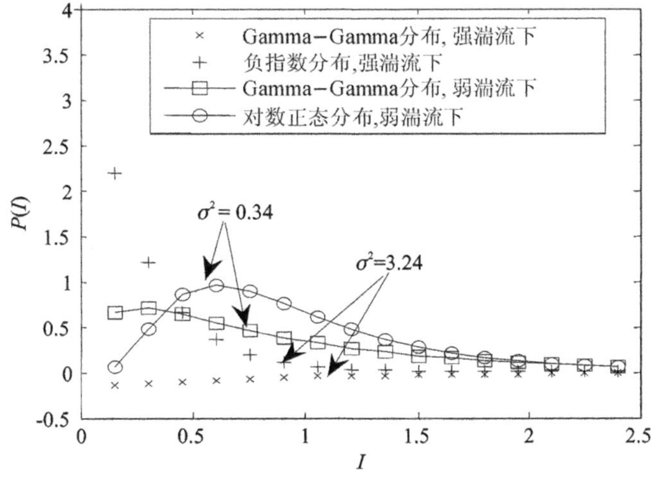

图 5　单光束发射和接收系统中 $P(I)$的分布情况

在上述单光束发射和接收仿真下，再根据上节中推导出的多光束发射和接收 FSO 系统光强闪烁信道模型，下面对这三个推导出的模型进行对比仿真分析，仿真条件如表 6 所列。

表 6　仿真参数六

参　数	天线数目	接收孔径	激光波长	传输距离	C_n^2
强湍流	$M=2,N=1$	100 mm	1 550 nm	1 000 m	$4\times10^{-13}\,m^{-2/3}$
弱湍流	$M=2,N=1$	100 mm	1 550 nm	1 000 m	$2\times10^{-14}\,m^{-2/3}$

分析图 6，可以得到以下几点结论：

① 从图中四条曲线的轮廓可看出，单光束发射和接收中的负指数分布、对数正态分布和 Gamma - Gamma 分布，在推广到 MBTR - FSO 系统之后，光强闪烁不再服从原来的分布，而是都接近于正态分布。这是因为不管单个传输路径服从什么分布，在推广到多路径之后，根据中心极限定理，大量独立同分布传输路径的总和服从正态分布，因此图 6 中的仿真结果与实际是相符的。

② 虽然上述三个分布在 MBTR - FSO 系统中光强闪烁分布都接近于正态分布，但是可以看出，光强的均值有明显不同，总的来说，强湍流下的光强均值比弱湍流下的光强均值明显要小。

③ 在强湍流情况下，基于 Gamma - Gamma 分布的 MBTR - FSO 系统的光强闪烁分布接近于相同湍流情况下基于负指数分布的 MBTR - FSO 系统，而在弱湍流情况下，基于 Gamma - Gamma 分布的 MBTR - FSO 系统的光强闪烁分布接近于相同湍流情况下基于对数正态分布的 MBTR - FSO 系统。因此，这一仿真结果可以很好地说明，在 MBTR - FSO 系统中，Gamma - Gamma 分布也可以很好地描述光强闪烁的分布情况。

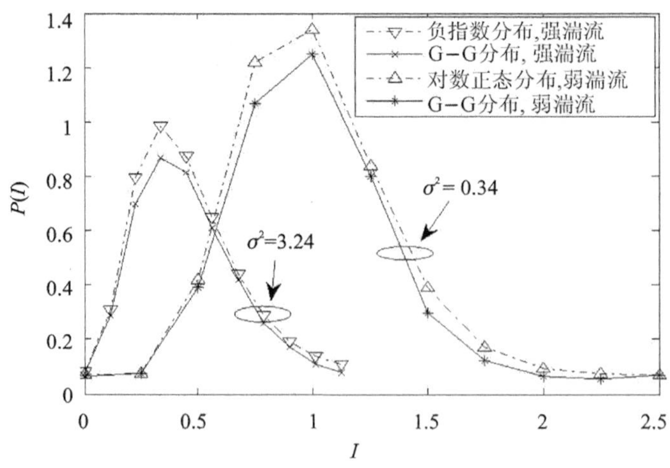

图 6　多光束发射和接收下 $P(I)$ 的分布情况

5　结　论

本文在单光束发射和接收 FSO 系统中人们普遍认可的弱湍流下服从对数正态分布、强湍流下服从负指数分布以及强弱湍流都适应的 Gamma - Gamma 分布基础上，将它们推广到 MBTR - FSO 系统，分别推导出了基于对数正态分布、负指数分布以及 Gamma - Gamma 分布的 MBTR－FSO 系统的光强闪烁概率密度分布函数，建立起 MBTR－FSO 系统光强闪烁信道模型，对基于负指数分布的信道模型推出了其光强闪烁概率密度函数的解析解，并仿真分析了传输距离、发射波长、接收孔径及收发天线数目对光强闪烁分布的影响，最后对所推导出的三个模型进行了对比分析，建立的 MBTR－FSO 系统光强闪烁信道模型，对 MBTR－FSO 通信系统的理论分析和实际系统设计都具有一定的指导意义。

参考文献

[1] Gilles Planche, Bernard Laurent, JeanClaude Guillen, et al. SILEX final ground testing and in-flight performances assessment[J]. Proc. SPIE, 1999,3615 (64).

[2] Andreas Mauroschat. Reliability analysis of a multiple-laser-diode beacon for inter-satellite links[J]. Proc. SPIE,1991,1417(513).

[3] 柯西政，殷致云．无线激光通信系统中的编码理论[M]．北京：科技出版社，2008.

[4] 陈纯毅，杨华民，姜会林，等．大气光通信中大气湍流影响抑制技术研究进展[J]．兵工学报，2009，30(6)：779-791.

[5] 马东堂．大气激光通信中的多光束发射和接收技术研究[D]．北京：国防科学技术大学，2004.

[6] Tatarski V I. Wave propagation in a turbulent mediun [M]. New York: McGraw-Hill Book Company, 1961.

[7] Churnside J H, Clifford S F. Log-normal Rician probability-density function of optical scintillations in the turbulent atmosphere[J]. Journal of the Optical Society of America A, 1987, 4(10): 1923-1930.

[8] 张逸新，迟泽英．光波在大气中的传输与成像[M]．北京：国防工业出版社，1997.

[9] Wang Hong xing, Liu Min, Wang Qian, et al. A new probability distribution model of turbulent irradiance based on Bron perturbation theory[J]. Sci China Phys Mech Astron, 2010,53(10): 1811-1818.

[10] 马东堂，魏急波，庄钊文．大气激光通信中的多光束传输性能分析和信道建模[J]．光学学报，2004，24(8)：1020-1024.

[11] Christopher C. Davis, Igor I. Smolyaninov. The effect of atmospheric turbulence on bit-error-rate in an on-off-keyed optical wireless system[C]. Proceedings of SPIE, 2002(4489): 126-137.

[12] Lutz H P. Optical communications in space-twenty years of ESA effort[J]. ESA Bulletin, 1997,8(91): 25-31.

[13] Al-Habash M A, Andrews L C, Phillips R L. Mathematical model for the irradiance PDF of a laser beam propagating through turbulent media[J]. Opt. Eng, 2001 (40): 1554-1562.

[14] Gappmair W, Muhammad S S. Error performance of PPM/Poisson channels in turbulent atmosphere with gamma-gamma distribution[J]. Electronics Letters, 2007, 43(16): 880-882.

[15] 叶其孝，沈永欢．实用数学手册[M]．2 版．北京：科学出版社，2006.

无人机技术

浅析无人机在武器系统校飞中的应用前景

戢治洪　李季颖　张磊
（海军航空大学，山东·烟台，264001）

摘要：无人机作为一种迅猛发展的高新技术而引起国内外广泛关注，在多领域拓展的潜力和前景被人们所看好。本文针对目前防空武器系统校飞模式中存在的问题，分析了利用无人机进行武器系统校飞的优势和应用前景，阐述了校飞无人机系统组成及工作流程的初步构想，并分析了相关的关键技术，具有较大的前瞻性，对降低校飞成本和提高校飞效率，实现自成体系的校飞系统具有重要意义。

关键词：武器系统；校飞；无人机；应用前景

0　引　言

校飞是对防空武器系统的精度和可靠性进行检查的必要手段，在武器系统进行实弹射击之前，通过系统校飞确认全系统的技术状态和工作情况，以满足射击需求，是动态条件下考核系统设备主要技术指标，确保武器系统达到最佳状态的有效途径。防空武器系统通常采用亚音速或超音速飞机来进行校飞，但随着装备类型的增多和遂行任务的多元化，常规的有人机校飞模式已经逐渐暴露出局限性，这种模式任务策划时间长、组织协调难度大、有效控制周期长、不定因素多，难以满足日益增长的多任务需求。

1　武器系统校飞的现状

1.1　校飞原理

以某型半主动制导体制的防空武器系统为例，阐述校飞工作原理。根据导弹制导原理分析可知，影响导弹武器系统功能及精度的因素包括：对空警戒雷达精度、火控系统精度、照射器跟踪精度、发射架跟踪精度及发控设备装定参数的准确性。导弹武器系统校飞过程中由对空警戒雷达向火控系统提供目标的运动参数（距离、方位、俯仰及相对速度等），火控系统连续不断地解算出导弹预装参数，通过发控设备向导弹导引头装定，导引头频率截获及跟踪回路将其中心频率调整至装定频率附近，并将回波天线指向目标出现的空域，如果武器系统综合精度满足要求，在允许频率截获指令发出时，导引头应在给定的时间范围内完成频率截获和角度跟踪，并且在给出频率截获信号后保持目标速度及角度的稳定跟踪。

在武器系统校飞过程中，由飞机或拖靶模拟不同类型来袭目标，武器系统各分机与位于发射装置上的导弹同时工作，完成对目标的搜索、跟踪、建航，根据火控模型解算出目标特性参数和飞行任务参数，并不间断地向导弹装定，使导弹在预定空域、频域完成截获。校飞过程中武器系统中的数据记录装置记录下信息处理系统输出的目标距离、方位、高低角刻度或传感器等误差，从而给出了系统跟踪精度校验。

1.2　校飞现状

防空武器系统高空性能校飞，通常使用较大反射面积的亚音速飞机或无人机。当检验系统的低空性能时，也可使用反射面积较小的拖靶或无人机，用于模拟低空飞行的目标特性。校飞在航路的工作段进行，通常飞机从远处接近开始校飞，远离和转弯时不校飞。为了正确得出雷达顶空盲区的数据，执行校飞任务的飞机必须升到预定的高度后，才能进入检验航线和通过雷达上空，返航时也应在穿过雷达顶空后再下降高度。根据武器系统的数量不同，校飞的航次也不同，正常情况下需要航次较多，通常还要备用若干个航次。

当前的武器系统校飞模式，主要存在以下不足：一是武器系统类型增多，校飞需求多样，校飞时机、校飞标准差异大，校飞任务日益繁重，校飞所使用的飞行器不足；二是影响因素较多，校飞时效性和自主性难以保证；三是动用资源较多，在任务部署、组织指挥、任务界面划分、器材备件保障等方面需投入较多的人力、物力和财力，校飞工作成本较高；四是校飞标准日趋严格，安全性要求较高，全天候及复杂环境条件下开展校飞工作难度较大。

2　无人机的作用

2.1　国外无人机在装备性能检验中的应用概况

近年来，伴随着军用无人机的长足发展，西方发达国家已经开始采用无人机校飞，检验舰载武器系统的性能和精度。据有关资料，美国“好人理查德”号两栖舰飞行甲板上停放着 2 架 L－29 无人机，用来模拟敌对方发射空基巡航导弹袭击美国舰船的情景，进行舰载武器系统性能和精度检验。原始 L－29 的最高时速仅为 655 公里，而配备 J－60 发动机并进行改装后，其最高时速可达 800 公里，可用于模拟敌方导弹进行舰载武器系统校飞。美国海军“尼米兹”级航母“杜鲁门”号以一架航母发射的无人机作为目标，进行舰艇作战系统鉴定测试(CSSQT)。在测试期间，可实现对该艘航母的近程末端防御系统以及“海麻雀”导弹武器系统的作战能力进行验证。同时，该无人机还可实现对由所有舰载武器系统组成的航母自防御系统(SSDS)进行测试，以确保航母在应对潜在导弹威胁以及小型高速舰艇的打击时具备自防御能力。此外，美、德等国还尝试使用无人机为激光反导系统进行性能检验。

2.2　无人机在武器系统校飞中的优势

2.2.1　可满足常态化保障需求

采用传统的有人机校飞模式，需要多方协调配合，存在周期长、任务上传下达以及分配环节多、效率低等问题，难以满足实时性要求。相比而言，采用无人机校飞具有体积小、造价低、组织协调快等优势，能极大提高武器系统校飞的时效性，满足武器系统校飞的常态化保障需求，为任务装备遂行军事任务提供必要的支撑。

2.2.2 可有效提高校飞自主性

采用无人机校飞具有方式灵活、携带方便、自主性好等特点，不需依托其他资源配合，可结合任务需要自行组织校飞，可有效提高校飞的自主性保障。在近岸海域，可采用无人机陆基校飞和舰基校飞相结合的方式。在远海海域，可根据任务需求采用舰基校飞的方式，通过为舰艇配备舰载无人机，用来模拟敌方来袭目标特性，进行舰载武器系统性能和精度检验。

2.2.3 可大幅降低校飞成本

无人机系统具有低成本、易维护，便于部署、机动性强等特点，校飞过程不用动用和部署太多兵力，技术准备过程相对简单。通常一套高速无人机系统的使用寿命为上百架次，保守估计发动机寿命为数十个小时，一架无人机在全寿命周期内只需要更换一次发动机，其校飞成本比有人机要低很多。

2.2.4 可有效提升校飞安全性

使用有人机校飞，其安全性受到一定限制，无法保证全天候及复杂环境条件下开展校飞工作。特别是对超低空掠海飞行目标特性的模拟，需要飞行员进行掠海飞行，其操作难度大，安全性难以保证。而无人机采取的是操控手与无人机的“人机分离”模式，具备更好的安全性。

3 初步构想及关键技术分析

3.1 系统组成及工作流程初步构想

校飞无人机系统初步构想主要由无人机以及地面车辆构成，系统装备组成框图如图1所示。

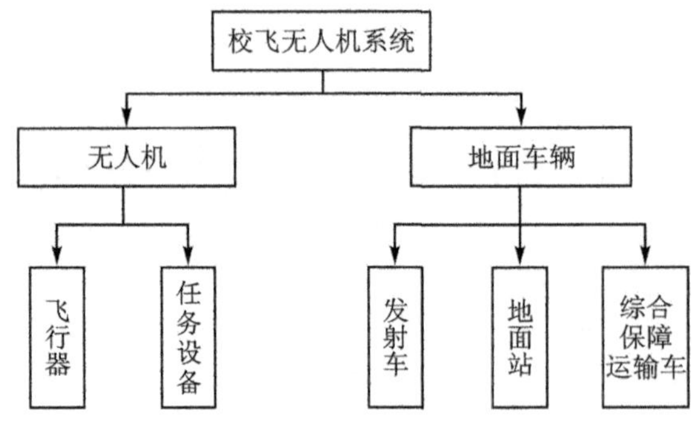

图1 系统设备组成图

根据需要，用无人机取代有人机进行校飞，其主要有工作流程如下：①发射前准备，包括系统准备、系统检测、发动机启动并检测等；②射前检测与任务装定，包括发射前检测、助推器检测、进入待发阶段等；③发射，助推器点火、飞机离架；④爬升，飞机按照预先设置的航线进行爬升；⑤任务飞行，飞机进入靶廊，执行飞行任务，任务段可通过预先装订的规划飞行，也可通过地面控制操作飞行；⑥远距任务，利用中继站接管飞机，进行远距离校飞试验。⑦回收，飞行任务完成后，飞机返程进入回收航线开伞回收，其工作流程如图2所示。

3.2 关键技术分析

3.2.1 目标特性模拟技术

在武器系统无人机校飞过程中，无人机的作用是在实弹射击之前用来模拟敌方飞机或导弹袭击我方舰船的情景，借以了解武器系统的工作情况，提高操作人员的训练水平，调整系统达到最佳状态，以满足使用需求。目标特性的模拟主要考虑以下几个要素：

1. 飞行高度和飞行速度

飞行高度和飞行速度是目标特性的两个重要组成部分，要尽可能地使无人机的飞行高度和速度参数与被模拟的敌方飞机或导弹相吻合，以提高目标模拟的真实程度。在确保校飞效果的同时也要兼顾到成本、安全性和可行性等诸多因素，以确定无人机高度及速度参数的适中选择范围。

2. 反射面积(RCS)

目标的反射面积是雷达捕获目标的重要特征，一般情况下目标越大，反射面积也越大，雷达越容易捕获。考虑到反射面积模拟技术已经比较成熟，因此目标反射面积的模拟尽可能地接近真实值。

3. 光学特性

在进行目标模拟时，还应考虑武器系统中光学传感器的校飞需求。

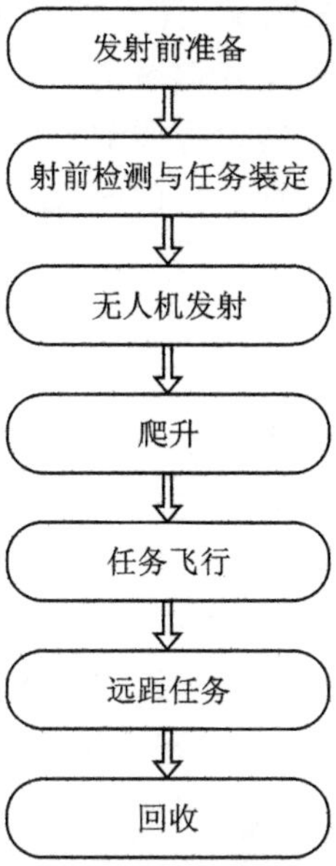

发射前准备 ⇩ 射前检测与任务装定 ⇩ 无人机发射 ⇩ 爬升 ⇩ 任务飞行 ⇩ 远距任务 ⇩ 回收

图 2　系统工作流程图

3.2.2　无人机特种技术

1. 无人机的总体结构

考虑到舰载无人机的着舰需求，其长度和宽度要受舰船甲板空间的限制。

2. 发动机燃油

由于舰船动力系统采用的是重油(如柴油)发动机，且为了杜绝安全隐患，舰船上一般也不允许使用轻油(如汽油)。这样，校飞无人机应选用重油发动机，应增加其上舰的适应性和可行性。

3. 环境适应性

舰载无人机所处的海洋环境具有“三高一多”的特点，即高温、高湿、高盐雾、多霉菌，外部自然环境远比岸基外部自然环境复杂，且战备值班时间长，加之轮机设备运转、海浪砰击等因素，舰船上搭载的无人机长期处于摇摆、振动和冲击等复杂的机械环境中。因此，舰载无人机的材料疲劳寿命、电子器件可靠性等方面都比普通无人机要求高。

4. 发射回收技术

为了充分发挥无人机校飞机动、灵活、快捷、高效的优势，原则上无人机的发射和回收都无须机场。根据校飞场合和校飞时机的不同，可采用两种发射回收方案：车载火箭助推发射，陆地伞降回收；舰载火箭助推发射，海上回收。

5. 电磁兼容技术

水面舰艇是一个电子装备高度集中的作战平台，电磁环境远较地面复杂得多。而无人机系统无论陆地发射还是舰面发射都要保证舰面有数据接收显示终端，通过测控链路对无人机进行控制，在飞行中数据链极易受到干扰而变得不稳定或者完全失去数据链控制。因此，无人机校飞系统与水面舰艇的电磁兼容性至关重要，直接影响到飞行安全和能否优质地完成校飞任务。

3.2.3 无人机校飞飞行控制技术

根据武器系统无人机校飞的大机动要求，可知高速靶机在该情况下的法向过载非常大，对应的滚转角也非常大，此时如果滚转角继续增大，则会引起过载的急剧变化，这对飞行安全是极为不利的。因此，需要一种有效的飞行控制策略，来满足无人机校飞的机动性指标需求。

4 无人机校飞的应用前景

无人机最早被设计应用于代替人类完成高强度高风险的工作并提高工作效率，在各领域发展得非常迅速。在消防抗灾领域，无人机在高空中搭配高精度摄像头电子眼，可以快速观察和判断险情位置、救援位置；在摄影拍摄领域，无人机用于航拍有着独特视角，能够捕捉全景画面；在农业生产领域，无人机经过地面遥控或GPS飞控进行喷洒作业，可喷洒药剂、种子、粉剂等；在军事领域，当前无人机发展更为迅猛，国内很多研究机构已经成功研制出多种技术成熟的无人机，已经在情报侦察监视、电子对抗、通信中继等任务中发挥了一定作用。

在无人机校飞应用方面，围绕靶场测量设备精度校准、航天测控设备精度鉴定等领域均开展了研究应用工作。对用于武器系统校飞的无人机型号，当前在无人机设计、动力装置、飞行控制、导航与制导、发射回收、系统集成、飞行试验等领域积累了丰富的经验，掌握了关键技术，有比较成熟的选择范围。

综上，从常态化需求、自主性要求、成本估算和安全性保证等方面综合衡量，无人机用于防空武器系统校飞的技术条件趋于成熟，具有充分的可行性。

5 结束语

随着科学技术的发展，无人机以其机动性好、生存能力强、费用低、安全系数高、可重复利用等优势，逐渐成为未来信息化条件下的主力军，同时也为防空武器系统校飞提供了一种全新的技术途径。在无人机技术迅速发展、军队大量配备并在研无人机的前提下，采用无人机进行武器系统校飞，具有很大的前瞻性和实用性，可提高校飞效率、降低校飞成本，具有广阔的应用前景。

参考文献

[1] 王健宇. 关于民航通信导航监视设备校飞方案的探讨[J]. 中国新通信，2016(20):4-5.

[2] 熊毅，张承志. 基于无人机GPS系统雷达精度分析方法研究[J]. 雷达与对抗，2012(2):21-23.

[3] 刘美玲，罗克菊，汪晶. 浅谈无人机在水环境监测工作的应用前景[J]. 资源节约与环保，2018(12):61.

[4] 苏瑞东. 无人机在现代农业中的应用综述[J]. 江苏农业科学，2019,47(21):75-79.

[5] 甄云卉，路平. 无人机相关技术与发展趋势[J]. 兵工自动化，2009,28(1):14-16.

[6] 王涛，赵增兴，黄土顺. 无人机校飞系统姿态测量装置检测方法[J]. 计测技术(增刊)，2017,37:181-184.

[7] 罗海英，王青伟，李强. 无人机在航天测控设备精度鉴定领域研究应用[C]//第五届中国无人机大会论文集，2014:514-518.

[8] 周航，无人机关键技术[J]. 航空电子技术，2010(02):51-52.